普通高等教育“十三五”规划教材
——园林与风景园林系列

花卉学

王奎玲　主编
郭绍霞　李　成　副主编

化学工业出版社
·北京·

《花卉学》是研究花卉的分类、生态习性、繁殖、栽培管理及园林应用的一门学科。本教材共 19 章，第 1 章主要介绍花卉的概念、作用、中国花卉种质资源的特点、中国花卉栽培简史及国内外花卉产业发展概况；第 2 章至第 7 章主要综述花卉的分类、影响花卉生长发育的生态因子、花卉栽培的设施与设备、花卉的繁殖、花卉的栽培管理、花期调控等内容；第 8 章至第 19 章详细阐述园林中常见露地花卉与温室花卉的形态特征、生态习性、繁殖及栽培管理、常见品种类型及园林应用等知识。

《花卉学》可作为园林、风景园林、观赏园艺、植物学、林学等专业的教学用书，也可作为相关专业的科研、栽培、管理人员参考用书。

图书在版编目（CIP）数据

花卉学/王奎玲主编.—北京：化学工业出版社，2016.2（2023.1 重印）

普通高等教育“十三五”规划教材——园林与风景园林系列

ISBN 978-7-122-25878-6

Ⅰ.①花…　Ⅱ.①王…　Ⅲ.①花卉-观赏园艺-教材　Ⅳ.①S68

中国版本图书馆 CIP 数据核字（2015）第 299176 号

责任编辑：尤彩霞　　装帧设计：关　飞

责任校对：宋　玮

出版发行：化学工业出版社（北京市东城区青年湖南街 13 号　邮政编码 100011）

印　　装：天津盛通数码科技有限公司

787mm×1092mm　1/16　印张 21　字数 518 千字　　2023 年 1 月北京第 1 版第 6 次印刷

购书咨询：010-64518888　　售后服务：010-64518899

网　　址：http://www.cip.com.cn

凡购买本书，如有缺损质量问题，本社销售中心负责调换。

定　　价：59.00 元

《花卉学》编写人员名单

主　　编　王奎玲

副 主 编　郭绍霞　李　成

编写人员（以姓氏笔画为序）

王奎玲　刘　孟　李　成　李　伟

赵贤慧　郝　青　郭绍霞

前 言

花卉学是研究花卉的分类、生态习性、繁殖、栽培管理及园林应用的一门学科，是培养合格的园林、风景园林、观赏园艺专门人才必不可少的课程之一。

《花卉学》教材根据青岛农业大学、山东建筑大学应用型人才培养特色名校建设工程教学要求编写而成。教材以培养应用型人才为目标，以全面提高学生的综合素养为宗旨，以培养学生的创新精神和实践能力为重点。

《花卉学》教材在编写过程中力求做到结构严谨、重点突出、内容广泛、知识新颖，能够满足园林专业应用型人才培养的需求。教材注重增加花卉领域的新技术、新成果、新方法及国内外最新的花卉种类、品种。为了便于学生全面了解所学知识并掌握和巩固重点内容，在每章的开头有教学目标，结尾有复习题。本教材既可作为园林、风景园林、观赏园艺专业本的课程教材，也可作为从事园林、风景园林、林业、观赏园艺等工作人员的参考书。本教材的编写工作由王奎玲、郭绍霞、李成负责组织，赵贤慧、郝青、李伟、刘孟参加。书稿由王奎玲校改并整理定稿。书中各部分编写分工如下：

第 1 章、第 2 章、第 3 章由王奎玲编写；第 4 章、第 6 章、第 7 章由郭绍霞编写；第 8 章、第 9 章由郝青编写；第 10 章、第 13 章由李成编写；第 11 章、第 12 章由李伟编写；第 14 章、第 15 章、第 16 章、第 17 章由赵贤慧编写；第 5 章、第 18 章、第 19 章由刘孟编写。

本教材承蒙河南农业大学何松林教授、北京林业大学董丽教授审阅，在此表示衷心感谢。感谢青岛农业大学刘庆华教授、北京林业大学潘会堂教授在本教材的编写过程中给予的大力支持和帮助；感谢青岛农业大学园林植物教研室全体教师的无私帮助；感谢出版、编辑人员为此书出版付出的大量辛勤劳动。

本教材得到了青岛农业大学应用型人才培养特色名校建设工程教材建设项目资金资助，得到了青岛农业大学教务处的大力支持与关注，在此表示衷心感谢。

由于时间和编者水平所限，错误和不妥之处在所难免，敬请读者批评指正。

王奎玲
2016 年 2 月

目　录

第 6 章　花卉的栽培管理 ………………………………………… 75

第 7 章　花卉的花期调控 ………………………………………… 101

第 8 章　露地一、二年生花卉 ……………………………………… 114

第 9 章　露地宿根与球根花卉 ……………………………………… 136

第1章 绪 论

[**教学目标**] 通过学习，掌握花卉的概念、花卉学的内容及学习方法，掌握中国花卉种质资源特点及对世界的贡献；熟悉世界花卉产业发展概况及其特点；了解中国花卉栽培简史、发展现状及存在的主要问题。

1.1 花卉的概念

花卉有广义和狭义两种概念。广义的花卉是指具有观赏价值的植物，包括木本和草本植物。狭义的花卉仅指具有观赏价值的草本植物。

有关花卉的文字记载始于3000年前。“花”、“卉”二字最早出现在公元前11世纪商朝甲骨文中，“花”代表所有的开花植物，“卉”为各种草的总称。现代意义上的“花卉”一词最早出现在《梁书·何点传》中：“园内有卞忠贞塚，点植花卉于塚侧”。

从社会发展的角度看，花卉在人类生活中的最初作用是其实用性，如药用、食用、香料、染料等。随着社会的发展，花卉逐渐由以实用为主转为以观赏为主，花卉作为环境绿化、美化和香化的重要材料，在人们生活中的地位越来越重要。花卉尤其是草本花卉，繁殖系数高、生长快、花色艳丽、装饰效果强，可用来布置花坛、花境、花丛、花台等，不仅可以美化环境，增加节日气氛，还有助于消除现代人快节奏的工作所产生的身体和精神疲劳，利于身心健康。

花卉作为商品，不仅可用于观赏、美化、装饰环境，也是现代国民经济重要的支柱产业。世界上许多国家花卉收入为国民收入的重要组成部分。

1.2 中国花卉种质资源特点及对世界园林的贡献

花卉种质资源是指携带一定可利用价值的遗传物质，表现为一定的优良性状，通过生殖细胞或体细胞能将其遗传给后代的花卉的总称。花卉种质资源包括野生种、栽培种及人工选育或杂交的品种。

花卉种质资源是丰富城市园林植物多样性的基础，是育种、科学研究、创造有价值栽培作物新类型的重要物质基础。

1.2.1 中国花卉种质资源特点

中国地域辽阔，地形复杂，气候多样，花卉种质资源十分丰富。中国花卉种质资源具有种类繁多、分布集中、丰富多彩、特点突出等方面的特性。

(1) 种类繁多　中国是一个植物资源十分丰富的国家，蕴藏着宝贵的花卉种质资源。中国有高等植物3万多种，其中有观赏价值的约占1/6。全世界有杜鹃花属植物900多种，原产中国的530种；山茶属植物220种，原产中国的195种；报春花属植物500种，原产中国的294种。

（2）分布集中　中国西南山区是世界上植物种类最丰富的地区之一，在相对较小的范围内，集中分布着众多的植物，这一地区的植物种类比毗邻的印度、缅甸、尼泊尔等国多4～5倍。中国是杜鹃花属植物的世界分布中心，集中分布于西南山区；中国的山茶属植物以西南、华南为分布中心，主要分布于四川、云南、广西、广东等地；中国报春花属植物以云南、四川、西藏为分布中心。

（3）丰富多彩　中国幅员辽阔，地跨寒带、温带、亚热带三个气候带，自然生态环境复杂，物种丰富。以常绿杜鹃亚属为例，植株形态、生态习性、地理分布等差别极大，变幅甚广。小型的平卧杜鹃株高仅5～10cm，巨型的大树杜鹃植株高达20m；花序、花形、花色、花香等方面也存在巨大差异，或单花或数朵或排成伞形花序；花朵形状有钟形、漏斗形、筒形等；花色有粉红、朱红、紫红、玫瑰红、金黄、淡黄、雪白、斑点、条纹及变色等；在花香方面，则有不香、淡香、幽香、烈香等种种变化。

中国的蔷薇、紫薇、乌头、报春花等类型丰富，也是世界上其他国家或地区少有的。

（4）特点突出　中国有243个特有属，527个特有种。中国花卉优良遗传品质主要表现在以下几方面。

① 多季开花的种与品种多　多季开花的植物主要表现在一年四季或三季能开花不断。这是培育周年开花新品种的重要基因资源及难得的育种材料。四季开花的类型如月季花及其相关品种、香水月季及其相关品种，这些种或品种在温度适合时，四季开花不断。除此之外，四季开花的还有小叶丁香、‘四季玫瑰’、‘长春二乔玉兰’、‘四季米兰’、‘四季桂’、‘四季小石榴’、‘四季荷花’等。

② 早花种类与品种多　早花类的植物多在冬季或早春较低温度条件下开花，是一类培育低能耗花卉的重要基因资源与育种材料。低温开花的植物有梅花、山桃、蜡梅、迎春、瑞香、玉兰、木兰、连翘、报春等。

③ 珍稀黄色的种与品种多　很多植物的科或属缺少黄色的种，黄色的种和品种被视为极为珍贵的植物资源，是培育黄色花系列品种的重要基因资源。中国含有黄色基因的花卉资源相对丰富，如金花茶及其相关的20余个黄色的山茶花种类、黄牡丹、大花黄牡丹、蜡梅、黄色的月季花、黄色的香水月季等，这些花卉资源对中国乃至世界黄色花卉新品种培育起到了重要作用。

④ 奇异类型与品种多　中国花卉栽培历史达数千年，花卉遗传多样性极为丰富，奇异类型与品种多。主要表现在如变色类型的品种、台阁类型的品种、天然龙游类型的品种、枝条天然下垂的品种、微型与巨型种及品种等。月季品种‘姣容三变’在中国1000多年前就已产生，该品种一天中有三种颜色的变化，从粉白色、粉红色至深红色。中国还有牡丹、木槿、扶桑、蜀葵、荷花、石榴等的变色品种。台阁类型品种是花芽分化时产生的特殊变异类型，形成一花之中又完全包含另一朵花的特征，这类品种在梅花中较为丰富，牡丹、芍药、桃花、麦李等也有大量台阁类型品种。天然龙游类型品种有龙桑、龙爪槐、龙游梅。枝条下垂的品种有垂枝桃、垂枝梅等。

1.2.2　中国花卉种质资源对世界园林的贡献

中国花卉资源丰富，对世界各国，特别是北温带地区的国家和地区城市园林建设起到了重要作用。中国花卉资源对世界花卉育种、花卉产业及其贸易也做出了重要贡献。

1.2.2.1 中国花卉资源对世界城市园林绿化的贡献

早在公元 300 年，中国的桃花就传到了伊朗，以后通过伊朗传到欧洲各国；公元 5 世纪，中国的荷花经朝鲜传到日本；公元 7 世纪，中国的山茶花传到日本，然后从日本又传到欧洲和美国；公元 8 世纪，中国的梅花、菊花、牡丹、芍药相继传到日本和朝鲜；约在公元 14 世纪，中国兰花传到日本，以后由日本传到欧洲及美国；1702 年，中国石竹传入英国；1728 年，翠菊传入法国。

18 世纪中期至 19 世纪，随着国外植物收集家在中国的考察和采集，大量的花卉被引种到国外，特别是引入欧洲和美国等地。1839—1939 年 100 年间，受雇于英国和美国的一些植物分类学家和植物采集家到中国进行了大量的调查和采集。

亨利·威尔逊（Wilson）1899—1911 年间四次到中国，在湖北、四川引种植物 1000 余种。1929 年他在《中国，花园之母》（《China，The Mother of Gardens》）中写道："中国的确是世界花园之母，因为所有其它国家的花园，都深深受惠于她。那里有优异独特的植物，从早春开花的连翘、玉兰直至秋天的菊花，显然都是中国贡献给这些花园里的珍宝，还有现代月季的亲本、温室的杜鹃、报春，吃的桃、桔子、柠檬、柚子等都是。老实说来，美国或欧洲的园林中无不具备中国代表性的植物，而这些都是乔木、灌木或藤本中最好的种类，假如中国原产的这些花卉全部撤离的话，我们的花园必将黯然失色。"

据不完全统计，18 世纪以来，国外引种中国的植物近 3000 种。其中北美引种 1500 种以上，意大利引种 1000 种以上。英国皇家植物园邱园从中国引种的树木约占该园树木总数的 1/3，美国加州的园林植物有 70%来自中国。

1.2.2.2 中国花卉资源对世界花卉育种及其产业的贡献

中国花卉资源具有很多重要特点，如四季开花特性，早花性，高抗性，奇异性，花形、枝姿多样性等。这些重要的基因资源为世界花卉育种和产业化栽培做出了重要贡献。

现代花卉育种的两大奇迹均是中国种质资源创造的。

现代月季不仅是城市园林应用最广的花卉，也是世界切花贸易产值最高的花卉之一。现代月季最初大约是由 15 个原种育成，其中来源于中国的原种有 10 余个。欧洲人进行了几百年的月季、蔷薇的育种，在 1800 年以前仍然只育成一季或一季半开花的品种，且花色、花形单调。对现代月季育种起重要作用的亲本是中国的月季花和香水月季。1789 年，中国的月季品种'月月粉'引入欧洲；1791 年，'月月红'引入欧洲；1809 年，'彩晕香水月季'引入欧洲；1824 年，'淡黄香水月季'引入欧洲。到目前为止，月季授权新品种已达 20000 个以上。

菊花是世界四大切花之一，产值在各类切花中名列前茅，而这个对世界花卉产业做出巨大贡献的种类原产中国，经过长期的努力，菊花授权新品种已达到 6000 个以上。

杜鹃花是世界庭园花卉和盆花产值最高的花卉之一，现代杜鹃的几千个品种，其主要种源是中国的杜鹃种类。

中国百合属植物资源丰富，世界很多百合品种都是以原产中国的百合为材料选育出来的，特别在抗性方面，中国的王百合、沙紫百合等均起到了重要的作用。

另外，中国的丁香、翠菊、海棠、乌头等都对世界花卉业的发展产生了重要影响。

1.3 中国花卉栽培简史

花卉的栽培与应用，是伴随着人类社会的发展进行的，社会的安定、经济的发展和文化水平的提高都促进了花卉的栽培与应用。

中国有着悠久的花卉栽培历史，花卉栽培与应用大致可分为以下几个时期。

1.3.1 萌芽期

约3000年以前至新石器时代后期是中国花卉栽培与应用的萌芽阶段。在浙江余姚河姆渡新石器时期的遗址中，发掘出约7000年前的刻有盆栽植物的陶片，表明当时中国先民不仅知道在田间种植植物，而且知道如何在容器中栽培植物，这是中国将植物用于观赏的最早例证。

1.3.2 初始期

距今约3000～2000年，即春秋战国至秦代末期。此时，由于中国社会的变革和经济的发展，社会分工不断扩大，各种手工业生产、青铜冶铸、丝织工艺得以迅速发展，人们开始注意各种花草树木，并进行引种、栽培、应用和欣赏。中国最早的诗歌总集《诗经》中有大量关于花卉的记载，在《诗经》305篇中，提到的花草达132种，如描写桃花盛开景象的"桃之夭夭，灼灼其华"；描写青年男女生活、爱情的"维士与女，伊其相谑，赠之以芍药"，"摽有梅，其实七兮，求我庶士，迨其吉兮"；描写开花物候的"季秋之月，鞠有黄华"；描写生态环境的"彼泽之陂、有蒲与荷"、"山有扶苏、隰有荷华"。秦朝期间，秦始皇兴建的上林苑除了有大量天然植被外，还从外地引进大量奇花、异草、珍果，如梅花、桃、女贞、黄栌、杨梅、枇杷等。

秦代引种主要以实用为主，观赏性仅作为兼用。

1.3.3 渐盛期

距今2000～1500年，即东汉、晋、南北朝时期。这个时期是中国历史上一个动荡的时期，南北分立，战乱频繁，也是佛教传入中国的时期。此时中国与西方诸国频繁交流，促进了中国寺庙园林和花卉的发展。这个时期的花卉栽培已由以实用为主逐渐转为以观赏为主。在此时期，已有多个以观赏为主的梅花、桃花品种，"梅始以花闻天下"。

汉武帝刘彻于公元前138年在长安扩修上林苑，广种奇花异草，群臣远方献名木、奇树、花草达2000多种。西汉张骞通西域，带回来许多果树花木。养花栽树在官僚、富户中盛行。

晋朝中国观赏园艺在原有基础上有较大提高。西晋嵇含的《南方草木状》是世界上最早的植物分类学方面的专著。东晋戴凯的《竹谱》记载了70多种竹子，是中国第一部观赏植物专谱。陶渊明诗集中有'九华菊'的记载，这是世界上首次出现栽培菊花的品种。在此时期，有关花卉的书籍、绘画、诗词、歌赋以及工艺品等大量出现。盆景和插花艺术开始流行。

南北朝时期，随着寺庙的大肆营建及自然山水园的出现，园林中植物用量加大，植物种类丰富。贾思勰的《齐民要术》记载了园林植物的一些栽培原理和技术，如嫁接技术的原理、方法、砧木接穗选择；催芽技术中浸种和荷花的种皮刻伤。

1.3.4 兴盛期

距今1500～800年，即隋、唐、宋时期。唐、宋时期为中国封建社会的全盛时期，社会安定，经济发达，国家富强，农业、手工业、冶炼铸造、纺织、文学、绘画及其他文化艺术有了很大发展，这个时期花卉的栽培、引种、应用、欣赏、交流及品种均达到了中国古代的最高水平，也是中国古代花卉专著产生最多的一个时期。

据王应麟《海记》记载："隋炀帝，辟地二百里为西苑，诏天下进花卉，易州进廿箱牡丹，有'鞓红'、'飞来红'、'一佛黄'、'软条黄'、'延安黄'……等名"，此当系牡丹在中国的首次栽培、选种。

兰花的栽培始于唐代。唐以前记载的"兰"大多是指菊科的中华泽兰、泽兰，而"蕙"则多指菊科的零陵香、佩兰及唇形科的罗勒等。唐代诗人唐彦谦的《咏兰》诗"清风摇翠环，凉露滴苍玉。美人胡不纫，幽香蔼空谷"，现在学术界比较一致地认为此诗描写的是真正的兰花。

在花卉品种方面，唐代已有'绿萼梅'、'朱砂梅'、'宫粉梅'等梅花类型和新品种，如"蜀州郡阁有红梅数株"（《全唐诗话》）。

宋朝中国的艺梅已有了较高的水平，文人墨客赞美梅花的诗词歌赋大量出现。北宋林逋（和靖）的诗句"疏影横斜水清浅，暗香浮动月黄昏"（《山园小梅》）即为咏梅的传神之作。南宋时期，已有对梅花品种的收集及分类研究，范成大所著的《梅谱》，介绍了当时出现的江梅型、宫粉型、朱砂型、玉碟型、绿萼型、单杏型、黄香型和早梅型等品种，书中还介绍了梅花繁殖的方法，是世界上第一部梅花专著。北宋苏轼、王安石，南宋陆游、范成大皆有大量赞美梅花的诗句传世。

宋朝除了在兰花栽培技术方面有较大发展外，对兰花的分类也进行了较为深入的研究。北宋黄庭坚《书幽芳亭》中记载："一干一花而香有余者兰，一干五七花而香不足者蕙"。此分类标准被现代兰花专家吴应祥先生在其兰花分类系统中所采纳。

宋朝，菊花新品种大量出现，栽培技术不断提高，已由室外露地栽培发展到盆栽，并已用其他植物作砧木嫁接菊花。宋代刘蒙的《菊谱》是中国第一部菊花专著，该书记载了菊花36品：黄色17品、白色15品、杂色4品；书中还阐述了菊花花朵大小、重瓣性变异与育种的基本原理和途径。

唐、宋时期，大量的花卉专著相继问世。如唐·王方庆的《园庭草木疏》，宋·欧阳修的《洛阳牡丹记》、周师厚的《洛阳花木记》、沈立的《海棠记》、苏颂的《本草图经》、陈景沂的《全芳备祖》、刘攽的《芍药谱》、刘蒙的《菊谱》、范成大的《梅谱》。

唐、宋时期，由于国家较为稳定，对外交流广泛，此时很多名花开始被引种到国外，如荷花、菊花、梅花被引入日本和朝鲜。中国也从欧洲引进了法国水仙，现在我们国家广泛栽培的中国水仙就是法国水仙的变种。

1.3.5 滞缓期

距今700～600年，主要是元代。从元代开始中国封建社会开始衰落，经济出现了严重倒退，社会不稳定，百姓生活困难，花卉业基本处于停滞不前的状态。此间，一些士大夫对朝政不满，以书画寄情、花草言志，留下了不少花卉的名画、名诗。在花卉的栽培、引种、选种、分类以及花卉欣赏、花卉文学、花卉艺术等方面则停滞不前，花卉方面的专著也较少。

1.3.6 发展期

距今500～150年，即明代和清康熙、乾隆时期。这一时期，国家经济有了一定发展，社会较为稳定。花卉发展的主要特点是较为专业化的花卉生产基地有所发展；花卉的应用渐趋多样化、艺术化和普及化；花卉著作数量多、科学性强、涉及面广。

从明代到清代形成了中国特有的小规模的花卉生产基地。如北京丰台的“花乡十八村”，自明代起已是重要的花卉生产区。当时人们利用北京的自然条件，在用土坯搭制的简易温室中栽培梅花、牡丹，并在冬季进行催花生产。广州芳村远在南汉时期就以盛产素馨、茉莉花而闻名于世；山东菏泽赵楼村种植牡丹数百年，现在仍是中国重要的牡丹生产与品种培育基地；甘肃兰州及平凉等地自明代起就广种兰州百合，至今仍是中国重要的百合生产基地；河南鄢陵的姚家花园栽培蜡梅已有400～500年的历史。

明清以后花卉品种日益增多。清代江南著名园林家沈复在《浮生六记》中写到：“对渡名花地，花木甚繁，广州卖花处也。余自以为无花不识，至此仅识十之六七，询其名有《群芳谱》所未载者”。

在园林绿化方面，明清时期是中国皇家园林和文人园林发展的重要时期，大量名花被应用于园林中。如北京颐和园，国花台上种植牡丹，园内种植玉兰、海棠、紫藤、玉簪，昆明湖中种植荷花，庭院内种植油松、侧柏、槐等。苏州文人宅园中常种植梅花、山茶、月季、芍药、桃花、枇杷、杜鹃等名花。

明清时期，花卉专著大量涌现，花卉著作科学性强、涉及面广。如明朝王象晋的《群芳谱》、李时珍的《本草纲目》、王世懋的《学圃杂疏》、陈继儒的《月季新谱》、王路的《花史左编》、周文华的《汝南圃史》、张应文的《兰谱》、张谦德的《瓶花谱》、袁宏道的《瓶史》。清朝著作有陈淏子的《花镜》、汪灏的《广群芳谱》、杨钟宝的《缸荷谱》、赵学敏的《凤仙谱》、李奎的《菊谱》、吴其濬的《植物名实图考》（中国第一部区域性植物志）。

1.3.7 萧条期

从清代后期至1949年。由于清政府的腐败无能，帝国主义大举侵略中国，中国经济衰退，民不聊生，花卉生产土地几乎荒芜。花卉资源及名花品种大量被掠夺或流失于国外，很多花卉优异品种失传。这个时期，中国的梅花品种‘黄香梅’、桃花品种‘菊花桃’、山茶花品种‘黄河’、变色香水月季以及大量的名贵牡丹品种失传或流入国外。同时，以英、美为首的帝国主义国家派来了很多采集家到中国采集植物种子、标本、活体植物，使中国在这个时期向国外流失的植物种类近3000种。

民国时期，由于军阀混战，日本的入侵，中国花卉业几乎处于停滞状态，仅有少数几所大学及植物园在从事花卉的生产、科研与教学工作。这个时期，花卉方面的专著较少，正式出版的有陈植的《观赏树木学》、《造园学概论》；黄岳渊、黄德邻的《花经》等。

1.3.8 恢复期

1949年中华人民共和国成立至20世纪60年代初期。随着国民经济的逐渐恢复与发展，花卉业的生产恢复很快，全国各地相继成立了园林管理部门和花圃，植物园和专类园如雨后春笋般出现。花卉栽培特别是名花栽培面积不断扩大，品种不断增多。在此时期，花卉栽培技术如花期调控、养护、繁殖、遗传、育种等方面有了很大提高，花卉生产蓬勃发展。

1.3.9 受挫期

20世纪60年代中期至70年代末期。这个时期花卉教学、科研停止，花卉业受损严重。

1.3.10 繁荣期

20世纪80年代初期至今。这是中国历史上花卉业前所未有的发展与繁荣时期。花卉业取得了令世人瞩目的成绩，花卉产业规模稳步发展，生产格局基本形成，市场建设初具规模，对外合作不断扩大。

1.4 花卉产业发展概况

从历史来看，花卉栽培、应用的兴衰与社会经济的发展情况、社会安定情况、人们生活水平有密切关系，社会经济的发展推动了花卉栽培技术及应用的发展。

1.4.1 世界花卉产业发展概况

世界各国花卉产业的历史多的长达二三百年，少则三四十年。第二次世界大战后，由于世界各国进入相对平稳时期，伴随着战后经济的恢复和快速发展，花卉业迅速在全球兴起，成为当今世界最具活力的产业之一，花卉产品已成为国际贸易大宗商品（表1-1、表1-2）。

表1-1 2012年世界各国花卉消费水平

国家	人均消费额/欧元	市场总额/百万欧元	人均国民收入/欧元	国家	人均消费额/欧元	市场总额/百万欧元	人均国民收入/欧元
挪威	283*	1131*	51500	比利时	135	1240	31000
西班牙	28*	1092*	24200	法国	127	6732	28600
奥地利	153	1102	33500	意大利	75	3835	26500
德国	139	9900	33400	美国	85	26700	41000
瑞典	170	1342	33500	日本	66	8539	28400
丹麦	184	846	33600	英国	78	4062	27000
荷兰	126	1738	33500	捷克共和国	32	284	19400

资料来源：International Statistics Flowers and Plants 2014 Volume 62。

*2011年数据。

表1-2 世界各国花卉生产面积及花卉产值（鲜切花及盆花）

国家	保护地生产面积/hm^2	露地生产面积/hm^2	总生产面积/hm^2	花卉产值/百万欧元
欧洲				
荷兰	4396	2905	7307	4130
意大利	5443	7282	12724	1330
英国	545	5163	5708	430
德国	1848	4893	6741	1319
西班牙	1911	4611	6522	880
法国			9159	954
比利时	426	912	1388	227
匈牙利	280	680	960	42
希腊	363	732	1094	66
波兰	1616	3840	5456	180
奥地利	211	197	408	195

续表

国 家	保护地生产面积/hm^2	露地生产面积/hm^2	总生产面积/hm^2	花卉产值/百万欧元
丹麦	265		265	453
瑞士	195		195	294
挪威	113		113	22
爱尔兰			415	17
芬兰	128	26	154	101
瑞典	135		135	154
合计			61500	11300
北美洲				
美国	21294	8113	29407	4434
加拿大	814		814	786
合计			30500	5220
亚太地区				
澳大利亚	349	3840	4189	175
中国			169081	5095
印度			242000	
日本	10190	9869	16840	2512
泰国			9280	60
中国台湾			4929	199
韩国	3132		3132	598
菲律宾			670	3
中国香港			153	5
新加坡			312	27
马来西亚			2000	102
合计			453000	9000
中东及非洲				
以色列	1748	1000	2748	129
土耳其			1192	57
埃塞俄比亚	700	1300	2000	470
肯尼亚			4039	595
摩洛哥	113	52	165	10
南非			11461	49
坦桑尼亚			120	21
乌干达			205	42
赞比亚			195	25
合计			22200	1490
中南美洲				
巴西			13800	1747

续表

国 家	保护地生产面积/hm^2	露地生产面积/hm^2	总生产面积/hm^2	花卉产值/百万欧元
哥伦比亚	6783		6783	1012
哥斯达黎加			850	116
厄瓜多尔	5377	1292	6669	630
墨西哥	1158	13963	15121	281
合计			45000	3800
世界总计			620000	32000

资料来源：International Statistics Flowers and Plants 2014 Volume 62。

就目前世界花卉产业来看，经济发达国家仍主导着世界花卉产业的发展，但一些第三世界国家在世界花卉领域的地位明显提高。据不完全统计，目前全世界花卉（鲜切花及盆花）种植面积为 62.00 万公顷，其中亚太地区 45.30 万公顷；欧洲 6.15 万公顷；中南美洲 4.50 万公顷；北美 3.05 万公顷；非洲及中东 2.22 万公顷。花卉栽培面积较大的 10 个国家依次是印度、中国、美国、日本、墨西哥、巴西、意大利、南非、泰国、法国。花卉出口创汇额比较高的国家是荷兰、哥伦比亚、厄瓜多尔、肯尼亚、德国、比利时等。花卉消费市场则形成了欧共体（以荷兰、德国为核心）、北美（以美国、加拿大为核心）、东南亚（以日本、中国香港为核心）三大花卉消费中心。四大传统花卉批发市场为荷兰的阿姆斯特丹、美国的麦阿密、哥伦比亚的波哥大、以色列的特拉维夫。另外，亚洲也凭借热带花卉、本土性花卉和反季节的中档鲜切花逐渐成为一个新的国际性花卉集散中心。

近年来，世界花卉业发展的主要特点如下。

1. 花卉生产由高成本的发达国家向低成本的发展中国家转移

20 世纪 90 年代以前，世界花卉生产主要集中于花卉消费国内，即欧美、日本等发达国家和地区。如今已转移至气候条件优越，土地和劳动力廉价且又受到一定政策扶持的地区，主要在低纬度温暖地区，如南美洲的哥伦比亚、厄瓜多尔、非洲的津巴布韦、肯尼亚以及东南亚等国家和地区。

2. 花卉生产者或花卉企业由独立经营向合作经营发展

由于花卉业具有一定的风险性，因此世界花卉企业发展的方向是合作经营或联合经营。欧美多数国家的花卉企业均采用了不同程度的合作，主要表现为生产上的合作和贸易上的合作两个方面。在经营和贸易上的合作可以实现利益共享，风险共担，最大限度地保护了生产者和经营者的利益，农民加入合作组织后，该组织可高额投资购置大型设备，为农民提供生产加工的场地和生产花卉必需的设备。

3. 以切花为主向切花、盆花、切叶、种球、种苗、园林绿化苗木多样性发展

从 20 世纪 50～80 年代初，切花生产占主要地位。80 年代后，世界各国在发展切花的同时，也大力发展其他类型花卉。据不完全统计，2013 年美国花坛和庭园植物贸易额为 19.6 亿美元；盆栽观花植物贸易额为 7.78 亿美元；观叶植物贸易额为 6.31 亿美元；切花贸易额 4.19 亿美元；繁殖材料贸易额为 3.90 亿美元；切叶切枝贸易额为 7720 万美元。在中国的花卉消费中，盆栽植物、室内观叶植物和园林绿化苗木与鲜切花是并重的，且其产值大大高于鲜切花。

4. 新优品种不断涌现，种类趋于丰富

世界切花市场以月季、菊花、香石竹、唐菖蒲、非洲菊、百合、郁金香等为主要种类；盆栽植物以杜鹃花、一品红、花烛、球根秋海棠、凤梨类植物、竹芋类植物等最为畅销。近年来，一些新种类和新品种受到欢迎，如大花飞燕草、乌头、蓍草、风铃草、羽衣草、藿香蓟、石竹以及由南美和非洲及热带地区开发的花卉种类在市场上普遍受到欢迎。

1.4.2 中国花卉产业发展现状

1978 年改革开放后，中国花卉产业进入了前所未有的发展与繁荣期。

1.4.2.1 中国花卉产业发展现状

改革开放以后，伴随着现代化建设的深入开展，国民经济的持续快速增长，人民生活水平的不断提高，中国花卉产业得以全面恢复、发展和振兴，取得了令人瞩目的成就，展现出了巨大的发展潜力和广阔的发展前景。中国花卉业的发展，大致经历了恢复发展（1978～1990 年）、巩固提高（1991～2000 年）、调整转型（2001 年至今）三个阶段。

1. 恢复发展阶段（1978～1990 年）

20 世纪 80 年代初，主要在园林系统和大型厂矿企业的花圃、苗圃以及各类植物园进行观赏栽培和标本栽培，以后有个别城市有少量商业生产栽培。1984 年中国花卉协会成立后，国内开始有花卉博览会、市花展览、专业花展等，促进了花卉的栽培和应用，花卉商业生产栽培面积不断恢复扩大，主要进行切花生产，但多使用传统品种和传统栽培技术。据统计，1984 年全国花卉种植面积刚刚突破 1 万公顷，产值 6 亿元，出口额仅仅 200 万美元。1990 年，花卉种植面积已达到 3.3 万公顷，年销售额和出口额增加到 18 亿元和 2285 万美元。

2. 巩固提高阶段（1991～2000 年）

20 世纪 90 年代初，花卉栽培从观赏栽培为主转向商业生产栽培为主。在这之前，稍有规模的花卉栽培多以提炼香精和药用成分为目的，之后社会文化生活和环境建设用花卉栽培规模不断扩大，逐渐形成花卉产业并进入快速发展阶段，特别是 1992 年国务院召开发展“高产、优质、高效”农业经验交流会后，发展花卉业成为农业产业结构调整的重要措施。同时国内外交流频繁，大量引入花卉栽培品种和技术，各项工作全面展开，生产快速发展，草本花卉的栽培及应用得以迅猛发展。

3. 调整转型阶段（2001 年至今）

这个阶段，中国花卉产业发展取得了可喜的成就，成为世界上仅次于印度的花卉种植大国。花卉产品的生产数量迅速上升，销售总额有了很大突破。2001 年中国花卉生产面积为 24.6 万公顷，花卉销售总额为 215.8 亿元，出口额 8003 万美元；2013 年，中国花卉生产面积达 122.7 万公顷，花卉销售总额达 1288.1 亿元，出口总额达 6.5 亿美元。

总之，经过 30 年的努力，中国的花卉业已成为重要的高效农业产业，对中国经济和社会发展产生了重要影响。

1.4.2.2 中国花卉产业存在的主要问题

改革开放以后，中国花卉业取得了举世瞩目的成绩，但仍存在许多问题，如新品种培育工作落后，花卉生产用的种子、种球、种苗主要依赖进口；专业化程度低，生产技术水平落后，花卉产品产量低、质量差；花卉产业链没有完全形成，产后销售及售后服务存在诸多问题；花卉业相关产业，如化肥、农药、生产设备等行业发展滞后。

1. 花卉新品种创新方面

花卉新品种是花卉产业发展的基础，也是衡量一个国家花卉创新能力的重要标志。与世界花卉园艺发达国家相比，中国在品种创新方面还相当落后，一些主要的切花、盆花、球根类品种主要还是依靠进口。1999～2014 年，中国农业部共受理申请花卉新品种保护 877 个，获得植物新品种权 151 个；国家林业局授权新品种 753 个，观赏植物授权 441 个。另外没有列入名录、没有申请保护、仅在学术刊物发表或通过专家鉴定的品种有 1000 多个。市场上的主要切花品种月季、百合、非洲菊很多仍是国外保护品种。而以家族企业和育种公司为代表的欧洲和美国，每年都能推出大量突破性的新品种占领市场。欧洲的几个国家，特别是切花和盆花育种能力比较强的国家如荷兰，每年推出的新品种在 900～1100 个，德国也有 700～800 个。2013 年 8 月 UPOV（国际植物新品种保护联盟）数据显示月季、菊花、百合、非洲菊、康乃馨、大丽花、常绿杜鹃、映山红 8 种切花与盆花授权新品种共计 35725 个，其中月季 20311 个、菊花 6481 个、百合 3708 个、非洲菊 1945 个、康乃馨 1622 个、大丽花 707 个、常绿杜鹃 729 个、映山红 222 个。而中国 10 年时间切花和盆花只有 500 多个新品种（表 1-3）。

表 1-3　1998～2013 年中国花卉种植面积、销售额、出口额

年份/年	种植面积/hm^2	销售额/万元	出口额/万美元	年份/年	种植面积/hm^2	销售额/万元	出口额/万美元
1998	69830.2	989988.7	3168.3	2006	722136.1	5562338.6	60913.0
1999	122581.0	5413160.4	2865.9	2007	750331.9	6136970.6	32754.5
2000	147518.4	1600164.0	2772.8	2008	775488.9	6669594.8	39896.1
2001	246005.9	2158419.4	8003.4	2009	834138.8	7197580.5	40617.7
2002	334453.7	2939916.2	8283.2	2010	917565.3	8619594.9	46307.6
2003	430115.4	3531089.5	9756.8	2011	1024010.8	10685350.1	48024.4
2004	636006.3	4305751.1	14434.0	2012	1120276.1	12077146.5	53265.1
2005	810181.2	5033435.1	15425.8	2013	1227126.4	12881124.7	64621.0

注：数据来源于农业部花卉统计数据。

2. 花卉生产技术水平及花卉产量与质量方面

相对于发达国家的花卉生产，中国花卉生产技术相对落后，专业化程度不高，大部分花农还在使用传统的设施和技术来栽培花卉，缺乏标准化、规范化的生产管理体系，导致花卉生产单位面积产值低，生产效益低下，产品质量难以保证。截至 2013 年，中国花卉企业已达 83338 个，其中大型生产企业（种植面积在 3.0hm^2 以上或年营业额在 500 万元人民币以上）15403 个，而规模较小的农户高达 1834117 户。小农户大多是当地的普通农民，没有经过专业的培训，技术素质较低；花卉生产规模小、产地分散，生产方式落后。如 2013 年中国鲜切花及盆栽花卉生产面积为 169081hm^2，产值 50.95 亿欧元；荷兰鲜切花及盆栽花卉生产面积为 7301hm^2，产值 41.30 亿欧元，单位面积产值接近中国的 20 倍。此外中国生产的花卉产品的质量也仅达到国际切花商品质量标准的第三级。

3. 花卉产业链及流通体系方面

花卉产业链由生产者、批发商、零售商和消费者 4 个群体组成。为了实现花卉产业的高速发展，产业链中的各个环节需衔接紧密，便捷高效，没有滞留。

以荷兰为代表的花卉业发达国家，一般都拥有独特的生产营销途径，花卉产业分工细化，从花卉育种、生产到加工、运输，产业链中的每个环节都有其特定的职能。花卉公司、科研中心和政府紧密结合组成了花卉产业链的核心——“黄金三角”，花卉公司和科研机构致力于生产技术研究、基础设施的完善和出口经营策略的研究，政府则负责各组织、机构的授权管理，制定相应政策法规，促进行业规范化管理。

今后几年中国花卉业的发展目标是着力推进现代花卉业建设，提升花卉质量效益，使花卉品种创新和技术研发能力显著增强，先进实用配套技术得到广泛应用，产业结构和布局更趋合理，市场流通体系基本健全，花文化体系初步构成，基本实现花卉生产标准化、经营规模化、发展区域化、服务专业化。

1.5 花卉学的内容及学习方法

花卉学是研究花卉的分类、生物学特性、繁殖、栽培管理及园林应用的一门学科。本课程以草本花卉为主要研究对象，也包括亚灌木和部分木本花卉。

花卉学是一门综合性较强的学科，与植物学、植物生理学、土壤学、气象学、园林树木学等课程有密切联系，学生需在掌握好上述课程的基础上，进一步掌握花卉生长发育的规律及其与环境的相互关系，以及花卉的分类、繁殖、栽培管理及园林应用。

花卉学是一门实践性很强的学科，学习过程中，要注意理论联系实际，通过学习、实践各个教学环节，将课堂所学知识转化为实际操作技能。

复 习 题

1. 花卉及花卉学的概念是什么？花卉学的研究内容是什么？
2. 简述中国花卉种质资源特点及对世界的贡献。
3. 简述世界花卉产业发展概况及其特点。
4. 简述中国花卉栽培简史。
5. 简述中国花卉产业发展现状及存在的主要问题。
6. 列举中国古代著名的花卉著作。

第 2 章　花卉的分类

［**教学目标**］通过学习，掌握依花卉生命周期和地下形态特征进行分类，依花卉对环境适应性进行分类，依花卉生态习性和栽培类型进行分类的分类方法；掌握花卉原产地的气候特点与花卉类型。熟悉依植物科属或类群进行分类，依用途和观赏特性进行分类的花卉分类方法。了解其他常见的花卉分类方法。

花卉种类繁多，分布广泛，既有陆生又有水生、附生；有的匍匐矮小，有的高大直立；有观花、观果、观叶的，也有观茎、观根的；有草本也有木本。花卉形态各异，生态习性千差万别，要认识和利用它们，就必须对其进行分门别类。

花卉分类方法多种多样，不同时代、不同国家、不同学者，常有不同的分类方式。我们国家自古至今，就出现过各种差异很大的花卉分类体系。如陈淏子在《花镜》中分为 4 类：花木、花果、花草、藤蔓。汪灏在《广群芳谱》中分为 6 类：花、果、木、竹、卉、药。吴其濬在《植物名实图考》中分为 10 类：山草类、湿草类、石草类、水草类、蔓草类、芳草类、毒草类、群芳类、果类、木类。

至近代，花卉分类的体系更多。陈俊愉、刘师汉等在《园林花卉》中，将花卉分为露地花卉、温室花卉、木本花卉。

2.1　依花卉生命周期和地下形态特征进行分类

自然界的植物有各自的生长发育规律，依生命周期和地下形态特征的不同，草本花卉可分为以下几种类型。

（1）一年生花卉　当年完成全部生活史的花卉，即从播种到开花、结实、枯死均在一个生长季内完成。一般春季播种，夏秋开花结实，然后枯死，故又称春播花卉。如凤仙花、翠菊、鸡冠花、波斯菊、百日草、半支莲、万寿菊等。

（2）二年生花卉　在两个生长季内完成生活史的花卉，当年只进行营养生长，越年后开花、结实、死亡。一般秋季播种，次年春夏开花，故常称为秋播花卉。如紫罗兰、羽衣甘蓝、须苞石竹等。

（3）多年生花卉　个体寿命超过两年，可以生存多年，多次开花、结实的花卉。

多年生花卉依据地下部分是否发生变态，又可分为宿根花卉和球根花卉。

① 宿根花卉　地下部分形态正常，不发生变态的多年生花卉。这类花卉地下部分可以存活多年，有的地上部分每年冬季枯死，如萱草、宿根福禄考、芍药、玉簪等；有的地上部分可以跨年生存，呈常绿状态，如土麦冬、沿阶草等。

② 球根花卉　地下部分变态肥大，成球状或块状的多年生花卉。如唐菖蒲、百合、郁金香、水仙、美人蕉、大丽花、仙客来、朱顶红、大岩桐、马蹄莲等。

在实际应用过程中，有的多年生花卉在人工栽培条件下，第二次开花时株形不整齐，开花不繁茂，因此常作一、二年生栽培。如一串红、麦秆菊、矮牵牛、三色堇、金鱼草等。

2.2 依花卉生态习性和栽培类型进行分类

某种植物长期生活在某种特定环境里，受到该特定环境条件的影响，形成其生长发育的内在规律，即生态习性。

依据花卉生态习性和栽培类型可将花卉分为以下几种。

(1) 露地花卉　在当地自然条件下，不需保护设施，即可完成全部生长过程的花卉。露地花卉又分为一年生花卉、二年生花卉及多年生花卉。如三色堇、矮牵牛、百日草、万寿菊、紫罗兰、萱草、芍药等。

实际栽培中某些露地花卉冬季也需要简单的保护，如使用阳畦或覆盖物等。

(2) 温室花卉　在当地需要温室中栽培，提供保护方能完成整个生长发育过程的花卉。一般多指原产于热带、亚热带及南方温暖地区的花卉，在北方寒冷地区，必须在温室内栽培或冬季需要在温室中保护越冬。其种类因地区而异，如扶桑、含笑、茉莉、山茶在华南为露地花卉，而在华北等地区则为温室花卉。利用温室栽培的非洲菊、香石竹、花烛、报春花等，习惯上也常归于温室花卉。

2.3 依花卉对环境的适应性进行分类

花卉的生长发育除决定于自身的遗传特性外，还与外界环境有关。花卉种类繁多，不同花卉在生长发育过程中，对环境条件的要求不同。

2.3.1 依花卉对温度的适应性进行分类

由于原产地气候条件不同，花卉耐寒力有很大差别。通常依花卉耐寒力大小不同，将其分为三类。

(1) 耐寒性花卉　大多原产温带或寒带地区，主要包括露地二年生花卉、部分宿根花卉、部分球根花卉。此类花卉抗寒力强，能耐－5～－10℃低温，甚至在更低温度下亦能安全越冬。如三色堇、金鱼草、蜀葵、玉簪、菊花、郁金香、风信子等。

(2) 不耐寒性花卉　多原产热带、亚热带地区，包括一年生花卉、春植球根花卉、不耐寒的多年生常绿草本和木本温室花卉。生长期间要求高温，不能忍受0℃以下温度，甚至在5℃或更高温度下即停止生长或死亡。如仙客来、花烛、扶桑、变叶木等。

(3) 半耐寒性花卉　大多原产温带南缘和亚热带北缘地区，耐寒力介于耐寒性花卉与不耐寒性花卉之间，通常能忍受较轻微霜冻，在长江流域可安全越冬。但因种类不同，耐寒力有较大差异，部分种类在长江流域或淮河以北不能露地越冬，而有些种类则有较强耐寒力，华北地区通过适当保护可安全越冬。如紫罗兰、桂竹香、金盏菊。

2.3.2 依花卉对光照的适应性进行分类

阳光是花卉赖以生长的基础。花卉种类不同，在生长发育过程中对光照的要求不同。

2.3.2.1 依对光照强度的要求进行分类

(1) 阳性花卉　该类花卉必须在完全的光照下生长，不能忍受若干庇荫，一般需全日照70%以上的光强，否则生长不良。多数露地一、二年生花卉及宿根花卉、仙人掌科、景天科和番杏科等多浆植物属于此类。

（2）阴性花卉　该类花卉要求适度庇荫方能生长良好，不能忍受强烈的直射光线，生长期间一般要求50%～80%的庇荫度。如蕨类植物、兰科植物、苦苣苔科植物、凤梨科植物、姜科植物、天南星科以及秋海棠科植物。

（3）中性花卉　该类花卉对光照强度的要求介于阳性花卉和阴性花卉之间，一般喜欢阳光充足，但在微荫下也生长良好。绝大多数花卉属于此类。

2.3.2.2　依对光照长度的要求进行分类

（1）长日照花卉　在其生长过程中，要求经历一段白昼长于一定的临界值（临界日长）、黑夜短于一定长度的时期才能开花的花卉。许多晚春与初夏开花的花卉属于长日照花卉。如天人菊、藿香蓟。

（2）短日照花卉　在其生长过程中，要求一段白昼短于一定长度、黑夜长于一定长度（临界暗期）的时期才能开花的花卉。一些温带地区晚秋开花的花卉属于此类。如一品红、秋菊、叶子花等。

长日照花卉与短日照花卉的区别，不在于临界日长是否大于或小于12h，而在于要求日长大于或小于某一临界值。

（3）日照中性花卉　也称日长钝感花卉，这类花卉成花或开花过程不受日照长短的影响，只要在一定的温度和营养条件下，即可开花。绝大多数花卉属于此类。

2.3.3　依花卉对水分的适应性进行分类

花卉种类不同，在生长过程中对水分需求差异很大。

（1）旱生花卉　能较长时间忍受空气或土壤干燥而良好生长的花卉。如仙人掌科、景天科、番杏科以及大戟科植物等。

（2）中生花卉　适于生长在干湿适中的环境中，对水分要求介于旱生花卉与湿生花卉之间的花卉。绝大部分露地花卉属于此类。

（3）湿生花卉　耐旱性弱，需要生长在潮湿环境中，在干旱或中等湿度环境下生长不良或枯死的花卉。如一些热带兰、凤梨科、天南星科、秋海棠类、湿生鸢尾类、蕨类等植物。

（4）水生花卉　常年生活在水中或在其生命周期内某段时间生活在水中的花卉。在枯水季节它们比任何一种陆生植物更易死亡。如荷花、睡莲等。

2.4　依植物科属或类群进行分类

（1）兰科花卉　兰科植物中观赏价值高的花卉。地生兰类如春兰、蕙兰、建兰、墨兰等；附生兰类如蝴蝶兰、卡特兰、兜兰、石斛等。

（2）凤梨科花卉　凤梨科中观赏价值高的花卉。如水塔花、铁兰等。

（3）仙人掌与多浆类植物　茎叶具有发达的储水组织、呈肥厚多汁变态状的植物。包括仙人掌科、景天科、番杏科、大戟科、萝藦科、菊科、百合科等科的植物。

（4）食虫植物　外形独特，具有捕获昆虫能力的植物。如猪笼草、瓶子草等。

（5）观赏蕨类　蕨类植物中具有较高观赏价值的一类。如鹿角蕨、鸟巢蕨、铁线蕨等。

2.5 依用途及观赏特性进行分类

依花卉的用途及观赏特性进行分类是花卉的重要分类方法。

2.5.1 依用途进行分类

这种分类方法以花卉的主要用途作为分类依据。

(1) 室内花卉　比较耐阴，能适应室内环境条件，适宜在室内较长期摆放和观赏的花卉。多原产于热带、亚热带地区，有观叶、观花、观果等类。如君子兰、虎尾兰、仙客来、椒草等。

(2) 盆花花卉　植株较小，株丛紧密，开花繁茂，整齐一致，栽于一般花盆内，观赏价值较高的花卉。如竹芋类、观赏凤梨类等。

(3) 切花花卉　用来进行切花生产的花卉。可切取其茎、叶、花、果等作为装饰材料。如菊花、百合、非洲菊、香石竹、鹤望兰等。

(4) 花坛花卉　花坛中应用的花卉。主要为一、二年生花卉、宿根花卉、球根花卉以及少量木本花卉等。如一串红、三色堇、矮牵牛、万寿菊等。

(5) 地被花卉　植株低矮、抗性强，用做覆盖地面的花卉。如百里香、二月兰、白三叶等。

(6) 药用花卉　具有药用功能的花卉。如芍药、乌头、桔梗等。

(7) 食用花卉　可以食用的花卉。如兰州百合、黄花菜等。

2.5.2 依观赏特性进行分类

这种分类方法以花卉的主要观赏部位作为分类依据。

(1) 观花类　以花为主要观赏对象的花卉。或欣赏其艳丽的花色，或观赏其奇异的花形。一般花期较长。如月季、牡丹、山茶、杜鹃、大丽花等。

(2) 观叶类　以叶为主要观赏对象的花卉。大多以叶的形、色、斑纹取胜。如龙血树、朱蕉、椒草、花叶万年青、喜林芋、变叶木等。

(3) 观果类　以果实为主要观赏对象的花卉。它们有的色彩艳丽，有的果形奇特，有的香气浓郁，有的着果丰硕或兼具多种观赏性能。园林中常用以丰富花后的色彩变化，也可剪取果枝或摘果实存放果盘，以供室内观赏。如柿树、石榴、火棘、南天竹、观赏瓜类等。

(4) 观茎类　其茎枝的形态及色彩具有较高观赏价值的花卉。如光棍树、佛肚竹、龟甲竹等。

(5) 观根类　以植物裸露的根为主要观赏对象的花卉。如榕树等。

(6) 芳香类　花期长，花香浓郁的花卉。如米兰、茉莉、桂花、白兰花、玉兰、含笑等。

2.6 依茎的性质进行分类

(1) 木本花卉　植物体含有大量的木质素，茎干坚硬的花卉。如月季、蔷薇、玫瑰、山茶等。

(2) 草本花卉　植物体木质素含量低，茎干较软的花卉。如菊花、唐菖蒲、百合、水仙等。

(3) 亚灌木花卉　茎干半木质化的多年生花卉。如香石竹、天竺葵、倒挂金钟等。

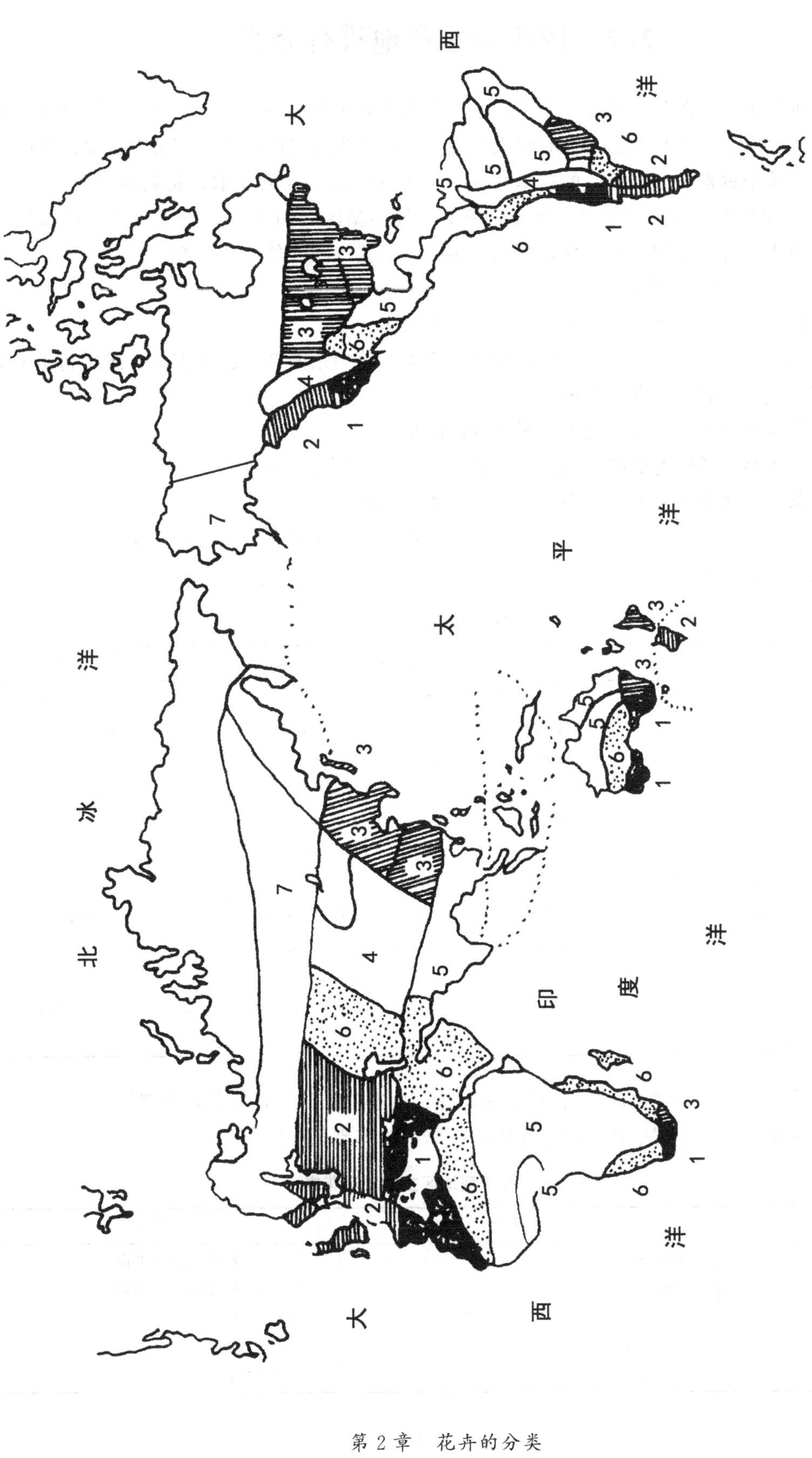

图2-1　花卉原产地的气候型

1—地中海气候型；2—大陆西岸气候型；3—大陆东岸气候型；4—热带高原气候型；5—热带气候型；6—沙漠气候型；7—寒带气候型

2.7 依花卉原产地进行分类

花卉种类繁多，既包括热带、温带花卉，又包括寒带和高山花卉，其原产地气候条件差异很大，生长发育特性与生态习性有很大差别。了解各类花卉的自然地理分布、原产地的气候条件，在栽培过程中采取相应的技术措施，满足其生长发育的要求，是栽培成功的关键。根据Miller和日本塚本氏的分类，全球分为7个气候型区（图2-1），每个气候区所属地理区域内，由于特有的相似气候条件，形成了某类野生花卉的自然分布中心。

1. 中国气候型（大陆东岸气候型）

气候特点：冬寒夏热，年温差大，夏季降水较多。

地理范围：包括中国大部分省份，朝鲜、日本、美国东南部、巴西南部、澳大利亚东南部、新西兰北部、非洲东南部等地。

因冬季气温高低不同又可分为温暖型和冷凉型。

（1）温暖型（低纬度地区） 包括中国长江以南（华东、华中、华南）、日本西南部、北美洲东南部、巴西南部、非洲东南部、澳大利亚东南部。

低纬度地区是喜温暖的球根花卉和不耐寒的宿根花卉的分布中心。原产这一气候型地区的著名花卉见表2-1。

表2-1 温暖型地区主要原产花卉

中文名称	拉丁学名	原产地	中文名称	拉丁学名	原产地
石蒜	*Lycoris*	中国、日本	银边翠	*Euphorbia marginata*	北美洲东南部
山茶	*Camellia*	中国、日本	天人菊	*Gaillardia*	北美洲东南部
杜鹃	*Rhododendron*	中国、日本	福禄考	*Phlox*	北美洲东南部
百合	*Lilium*	中国、日本	堆心菊	*Helenium*	北美洲东南部
中国水仙	*Narcissus tazetta* var *chinensis*	中国	一串红	*Salvia splendens*	巴西南部
石竹	*Dianthus chinensis*	中国	叶子花	*Bougainvillea*	巴西南部
南天竹	*Nandina*	中国	美女樱	*Verbena*	巴西南部
凤仙	*Impatiens*	中国	花烟草	*Nicotiana alata*	巴西南部
报春	*Primula*	中国	半支莲	*Portulaca*	巴西南部
唐菖蒲	*Gladiolus*	非洲南部	矮牵牛	*Petunia*	巴西南部
非洲菊	*Gerbera*	非洲南部	麦秆菊	*Helichrysum bracteatum*	澳大利亚东南部
马蹄莲	*Zantedeschia*	非洲东南部			

（2）冷凉型（高纬度地区） 包括中国北部、日本东北部、北美洲东北部等地区。

高纬度地区是耐寒宿根花卉的分布中心。原产的重要花卉见表2-2。

表2-2 冷凉型地区主要原产花卉

中文名称	拉丁学名	原产地
百合	*Lilium*	中国、日本、北美洲东北部
荷包牡丹	*Dicentra*	中国、日本、北美洲东北部
芍药	*Paeonia lactiflora*	中国、日本
醉鱼草	*Buddleja*	中国、日本
花菖蒲	*Iris ensata* var. *hortensis*	中国、日本

续表

中文名称	拉丁学名	原产地
燕子花	*Iris laevigata*	中国、日本
乌头	*Aconitum*	中国、北美洲东北部
铁线莲	*Clematis*	中国、北美洲东北部
紫菀	*Aster*	中国、北美洲东北部
翠雀	*Delphinium*	中国、北美洲东北部
菊花	*Dendranthema*×*grandiflorum*	中国
翠菊	*Callistephus chinensis*	中国
吊钟柳	*Penstemon*	北美洲东北部
金光菊	*Rudbeckia*	北美洲东北部
荷兰菊	*Aster novi-belgii*	北美洲东北部
蛇鞭菊	*Liatris*	北美洲东北部
向日葵	*Helianthus annuus*	北美洲东北部
美洲矢车菊	*Centaurea americana*	北美洲东北部
随意草	*Physostegia virginiana*	北美洲东北部

2. 欧洲气候型（大陆西岸气候型）

气候特点：冬季温暖，夏季气温不高，一般不超过15～17℃，年温差小；降水不多，但四季都有，里海西海岸地区雨量较少。

地理范围：包括欧洲大部分地区、北美洲西海岸中部、南美洲西南角及新西兰南部。

该气候型地区原产的花卉不多，是一些喜凉爽二年生花卉和部分宿根花卉的分布中心。原产于该区的花卉最忌夏季高温多湿。原产这一气候型地区的著名花卉见表2-3。

表 2-3　欧洲气候型主要原产花卉

中文名称	拉丁学名	中文名称	拉丁学名
三色堇	*Viola tricolor*	耧斗菜	*Aguilegia vulgaris*
毛地黄	*Digitalis purpurea*	飞燕草	*Consolida ajacis*
矢车菊	*Centaurea*	丝石竹	*Gypsophila paniculata*
铃兰	*Convallaria*	高山勿忘草	*Myosotis alpestris*
喇叭水仙	*Narcissus pseudo-narcissus*	雏菊	*Bellis*
宿根亚麻	*Linum perenne*	锦葵	*Malva*

3. 地中海气候型

气候特点：冬季温暖，最冷月平均气温6～10℃，夏季最热月平均气温20～25℃。从秋季到次年春末为降雨期，夏季极少降雨，为干燥期。

地理范围：包括地中海沿岸、南非好望角附近、澳大利亚东南和西南、南美洲智利中部、北美洲加利福尼亚等地。

该区是世界上多种秋植球根花卉的分布中心。原产的一、二年生花卉耐寒性较差。原产这一地区的主要花卉见表2-4。

4. 墨西哥气候型（热带高原气候型）

气候特点：周年平均气温在14～17℃，温差小。降水量因地区不同而异，有年雨量充沛的，也有集中在夏季的。

地理范围：包括墨西哥高原、南美安第斯山脉、非洲中部高山地区、中国云南等地。

表 2-4 原产地中海气候型的主要花卉

中文名称	拉 丁 学 名	原 产 地	中文名称	拉 丁 学 名	原 产 地
麦秆菊	*Helichrysum*	澳大利亚	羽衣甘蓝	*Brassica oleracea* var. *acephala* 'tricolor'	地中海
酢浆草	*Oxalis*	北美洲、南非			
花菱草	*Eschscholtzia*	北美洲	郁金香	*Tulipa*	地中海
蓝花鼠尾草	*Salvia farinacea*	北美洲	鸢尾	*Iris*	地中海
羽扇豆	*Lupinus*	北美洲	紫花鼠尾草	*Salvia viridis*	地中海
地中海蓝钟花	*Scilla peruviana*	地中海	紫罗兰	*Matthiola incana*	地中海
番红花	*Crocus*	地中海	紫毛蕊花	*Verbascum phoeniceum*	地中海
风铃草	*Campanula medium*	地中海	紫盆花	*Scabiosa atropurpurea*	地中海
风信子	*Hyacinthus*	地中海	唐菖蒲	*Gladiolus*	地中海、南非
虎眼万年青	*Ornithogalum*	地中海	鹤望兰	*Strelitzia*	南非
花毛茛	*Ranunculus*	地中海	君子兰	*Clivia*	南非
金鱼草	*Antirrhinum majus*	地中海	龙面花	*Nemesia*	南非
金盏菊	*Calendula officinalis*	地中海	唐菖蒲	*Gladiolus hybridus*	南非
欧洲白头翁	*Pulsatilla vulgaris*	地中海	天竺葵	*Pelargonium*	南非
葡萄风信子	*Muscari botryoides*	地中海	小苍兰	*Freesia* × *hybrida*	南非
石竹	*Dinathus*	地中海	小鸢尾	*Ixia*	南非
水仙	*Narcissus*	地中海	蛾蝶花	*Schizanthus*	南美洲
西班牙鸢尾	*Iris xiphium*	地中海	猴面花	*Mimulus luteus*	南美洲
仙客来	*Cyclamen*	地中海	蒲包花	*Calceolaria*	南美洲
香豌豆	*Lathyrus*	地中海	射干水仙	*Watsonia*	南美洲
			智利喇叭花	*Salpiglossis*	南美洲

该区是一些春植球根花卉的分布中心。原产于该区的花卉，一般喜欢夏季冷凉、冬季温暖的气候。原产这一地区的主要花卉见表 2-5。

表 2-5 墨西哥气候型主要花卉

中文名称	拉 丁 学 名	原产地	中文名称	拉 丁 学 名	原产地
一品红	*Euphorbia pulcherrima*	墨西哥	藿香蓟	*Ageratum*	墨西哥
万寿菊	*Tagetes*	墨西哥	旱金莲	*Tropaeolum*	南美洲
大丽花	*Dahlia*	墨西哥	球根秋海棠	*Begonia tuberhybrida*	南美洲
百日草	*Zannia*	墨西哥	香水月季	*Rosa* × *odorata*	中国
晚香玉	*Polianthes*	墨西哥	常绿杜鹃	*Rhododendron*	中国
波斯菊	*Cosmos*	墨西哥			

5. 热带气候型

气候特点：周年高温，温差小，离赤道渐远，温差加大。雨量大，有旱季和雨季之分，也有全年雨水充沛区。

地理范围：包括亚洲、非洲和大洋洲三洲热带（旧热带）和中、南美洲热带（新热带）两个区。此地区是不耐寒一年生花卉及热带观赏花木类分布中心。

热带气候型花卉在花卉园艺上贡献很大。该区原产的花卉一般不休眠，对持续一段时期的缺水很敏感。原产的木本花卉和宿根花卉在温带均要求温室栽培，一年生草花可以在露地无霜期栽培。原产这一地区的主要花卉见表 2-6。

6. 沙漠气候型

气候特点：周年降雨很少，气候干旱，多为不毛之地。夏季白天长，风大。

地理范围：撒哈拉沙漠东南部、阿拉伯半岛、伊朗、黑海东北部、非洲东南和西南部、

表 2-6 热带气候型主要花卉

中文名称	拉丁学名	原产地	中文名称	拉丁学名	原产地
鸡冠花	*Celosia*	亚洲、非洲及大洋洲热带	紫茉莉	*Mirabilis*	中美洲和南美洲热带
虎尾兰	*Sansevieria*		花烛	*Anthurium*	
蟆叶秋海棠	*Begonia rex*		长春花	*Vinca*	
彩叶草	*Coleus*		大岩桐	*Sinningia*	
蝙蝠蕨	*Platycerium*		胡椒草	*Peperomia*	
非洲紫罗兰	*Saintpaulia*		美人蕉	*Canna*	
猪笼草	*Nepenthus*		竹芋	*Maranta*	
变叶木	*Codiaeum*		花茼麻	*Abutilon*	
红桑	*Acalypha*		牵牛花	*Ipomea*	
万带兰	*Vanda*		秋海棠	*Begonia*	
凤仙花	*Impatiens*		水塔花	*Billbergia*	
			卡特兰	*Cattleya*	
			朱顶红	*Hippeastrum*	

马达加斯加岛、大洋洲中部的维多利亚大沙漠、墨西哥西北部、秘鲁与阿根廷部分地区、中国海南岛西南部。

该区是仙人掌和多浆植物的分布中心。仙人掌类植物主要分布在墨西哥东部及南美洲东海岸；多浆植物主要分布在南非。

7. 寒带气候型

气候特点：冬季漫长而寒冷，夏季凉爽而短暂，植物生长季只有 2～3 个月。年降水量很少，但在生长季有足够的湿气。

地理范围：包括阿拉斯加、西伯利亚、斯堪的纳维亚等寒带地区。

该区是耐寒性花卉及高山花卉的分布中心。原产这一地区的花卉，植株低矮、生长缓慢，常成垫状。原产这一地区的主要花卉有细叶百合、绿绒蒿、龙胆、雪莲、点地梅等。

复 习 题

1. 花卉实用分类与植物的自然科属分类本质上有何不同？
2. 试述露地花卉、温室花卉的含义，并举例说明。
3. 试述一年生花卉、二年生花卉、宿根花卉、球根花卉的含义，并举例说明。
4. 花卉依原产地气候型是如何分类的？各气候区的特点如何？举出 3～5 种著名花卉。
5. 依花卉对环境的适应性可将花卉分为哪些类型？举出 3～5 种常见的代表植物。

第3章 花卉与生态因子

[教学目标] 通过学习，掌握温度、光照、水分、土壤对花卉生长发育的影响；熟悉大气、矿质营养对花卉生长发育的影响；了解生物因子、人为因子对花卉生长发育的影响。

环境中对植物生长发育有直接、间接影响的因子称为生态因子。生态因子主要包括气候因子（温度、光照、水分、空气）、土壤因子（土壤物理性质、土壤化学性质）、生物因子（相关的动物、昆虫、微生物）、人为因子（栽培、引种、育种）等。生态因子与遗传因子共同决定着花卉的生长发育。花卉人工栽培成功的关键在于掌握各种花卉的生态习性，并通过采取不同的措施来适应其生态要求。

3.1 温度对花卉生长发育的影响

温度是影响花卉生长发育最重要的因子之一，任何花卉都必须在一定的温度范围内才能生存并生长发育。

地球表面温度的高低主要是由纬度、海拔高度、地形和时间等因素决定。

地球表面不同纬度地区，温度有所不同。随着纬度的增高，太阳高度角减小，太阳辐射量减少，温度逐渐降低。一般纬度每增加1°（距离约111km），温度降低0.5～0.9℃。

温度还随海拔高度的变化而发生变化。随着海拔高度的不断升高，虽然太阳辐射增强，但大气层变薄，大气密度下降，导致大气逆辐射下降，地面有效辐射增多，大气温度下降。海拔每升高100m，气温下降0.5℃左右。

温度也与坡面有关。南坡受太阳辐射量大，气温与土温均比北坡高。而西南坡由于蒸发耗热较少，用于土壤、空气增温的热量较多，其土温比南坡更高。

温度随时间变化尤为明显。我国大部分地区属亚热带和温带，春、夏、秋、冬四季分明，春秋季平均气温在10～22℃，夏季平均气温一般高于22℃，冬季平均气温多低于10℃。温度也随昼夜而变化，一般日出前气温最低，日出后气温逐渐上升，13:00～14:00左右最高，然后开始逐渐下降直到日出前。

温度是影响花卉分布的重要因子，不同气候带中分布着不同的花卉，通常按花卉耐寒力大小不同，将其分为耐寒性花卉、半耐寒性花卉与不耐寒性花卉。

每一种花卉的生长发育，对温度都有一定的要求，都有温度的“三基点”，即最低温度、最适温度和最高温度。在最适温度下，花卉生长发育最好，当逐渐偏离最适温度后，花卉生长发育受阻，严重时不能开花结实。

花卉原产地气候条件不同，温度“三基点”会有很大不同。原产热带的花卉，生长的基点温度较高，一般在18℃左右；原产温带的花卉，生长的基点温度较低，一般在10℃左右；原产亚热带的花卉，基点温度介于上述二者之间，一般在15～16℃开始生长。这里所说的最适温度，是指在这个温度下，植物不仅生长快，而且生长健壮、不徒长，与植物生理代谢过程中各种酶的最高活性的最适温度可能不同。

一般来说，花卉的最适生长温度为25℃左右，在最低温度到最适温度范围内，随温度升高生长加快，而当超过最适温度后，随着温度升高生长速度反而下降。

3.1.1 温度对花卉生长的影响

温度不仅影响花卉的地理分布，还影响花卉生长发育的不同阶段和时期。一年生花卉，种子萌发在较高温度下进行，幼苗期要求温度较低，以后随着植株的生长发育，对温度的要求逐渐提高。二年生花卉，种子萌发在较低温度下进行，幼苗期要求温度更低，以利于通过春化阶段，开花结实时，则要求稍高的温度。花卉栽培中为使花卉生长迅速，还需要一定的昼夜温差，一般热带植物的昼夜温差为3～6℃，温带植物为5～7℃，而仙人掌类则为10℃以上。在花卉栽培中最理想的条件是：昼夜温差要大，白天温度应在该花卉光合作用的最佳温度范围内，夜间温度应尽量在该花卉呼吸作用较弱的温度限度内。

3.1.2 温度对花芽分化和发育的影响

花芽分化和发育是植物生长发育的重要阶段，温度对花芽分化和发育起着重要作用。花卉种类或品种不同，花芽分化发育所要求的温度也不同。

1. 高温条件下进行花芽分化

一年生花卉、宿根花卉中夏秋开花的种类、球根花卉的大部分种类，在较高的温度下进行花芽分化。春植球根花卉，如唐菖蒲、晚香玉、美人蕉等，在夏季生长季进行花芽分化；秋植球根花卉，如百合、郁金香、风信子等，在夏季休眠期进行花芽分化；许多木本花卉如杜鹃、山茶、梅和樱花等，是在6～8月气温高达25℃以上时进行花芽分化，入秋后，植物体进入休眠状态，经过一定低温后结束或打破休眠而开花。

2. 低温条件下进行花芽分化

许多原产温带中北部的花卉以及各地的高山花卉，多要求在20℃以下较凉爽气候条件下进行花芽分化，如八仙花、卡特兰、石斛的某些种类在13℃左右和短日照条件下促进花芽分化；许多秋播草花，如金盏菊、雏菊等，也要在低温下进行花芽分化。

温度对于分化后花芽的发育也有很大影响。有些植物种类花芽分化温度较高，而花芽发育则需一段低温过程，如一些春花类木本花卉。又如郁金香20℃左右处理20～25d促进花芽分化，其后在2～9℃下处理50～60d促进花芽发育，再用10～15℃进行处理促其生根。

3. 春化作用

低温诱导促使植物开花的作用，称为春化作用。根据植物可以感受春化的状态，通常分为种子春化（如香豌豆）、器官春化（如郁金香）和植株整体春化（如榆叶梅）。春化作用的温度范围，不同植物种类之间差异不大，一般是－5～15℃，最有效温度一般为8～10℃，但是最佳温度因植物种类的不同而略有差异。不同花卉要求的低温时间长短也有差异，在自然界中一般是几周时间。从整体上看，需要春化作用才能开花的植物主要是典型的二年生植物和某些多年生植物。

3.1.3 极端温度对花卉的伤害

在花卉生长发育过程中，突然的高温或低温，会打乱其体内正常的生理生化过程而造成伤害，严重时会导致死亡。

常见的低温伤害有寒害和冻害。寒害又称冷害，指0℃以上的低温对植物造成的伤害，多发生于原产热带和亚热带南部地区喜温的花卉。冻害是指0℃以下的低温对植物造成的伤害。不同植物对低温的抵抗力不同。同一植物在不同的生长发育时期，对低温的忍受能力也有很大差别，休眠种子的抗寒力最高，休眠植株的抗寒力也较高，而生长中的植株抗寒力明显下降。植物的耐寒力除了与遗传因素有关外，在一定程度上是在外界环境条件作用下获得的，经过秋季和初冬冷凉气候的锻炼，可以增强花卉忍受低温的能力。增强花卉耐寒力是一项重要工作，在温室或温床中培育的盆花或幼苗，在移植露地前，必须加强通风，逐渐降温以提高其对低温的抵抗能力。增加磷钾肥，减少氮的施用，是增强抗寒力的栽培措施之一。常用的简单防寒措施是于地面覆盖秫秸、落叶、塑料薄膜、设置风障等。

高温同样可对植物造成伤害，当温度超过植物生长的最适温度时，植物生长速度反而下降，如继续升高，则植物生长不良甚至死亡。一般当气温达 35～40℃时，很多植物生长缓慢甚至停滞，当气温高达 45～50℃时，除少数原产热带干旱地区的多浆植物外，绝大多数植物会死亡。为防止高温对植物的伤害，应经常保持土壤湿润，以促进蒸腾作用的进行，使植物体温降低。在栽培过程中常采取灌溉、松土、叶面喷水、设置荫棚等措施以免除或降低高温对植物的伤害。

3.2 光照对花卉生长发育的影响

阳光是花卉赖以生活的必要条件，它不仅为光合作用提供能量，还作为一种外部信号调节植物生长发育。光通过对基因表达的调控，调节植物的生长发育。光对花卉生长发育的影响主要表现在三个方面：光照强度、光照长度和光的组成。

3.2.1 光照强度对花卉生长发育的影响

自然界中的光照强度是不断变化的，它常依地理位置、地势高低以及云量、雨量的不同而异。一般变化规律是随纬度的增加而减弱，随海拔的升高而增强；一年中以夏季最强，冬季最弱；一天中以中午最强，早晚最弱。

光照强度的强弱，不仅直接影响光合作用的强弱，而且影响到植物体一系列形态和结构上的变化，如叶片的大小和厚薄、茎的粗细和节间的长短、叶片结构与花色浓淡等。

花卉种类不同，对光照强度需求不同。大多数花卉喜欢阳光充足，在高光照强度下，植株生长健壮，花大色艳，如郁金香、香豌豆等。这类花卉大多原产温带平原，高原南坡以及高山阳面岩石上。但有些花卉需光量少，喜欢微阴或半阴（50%～80%的遮阴度），过强的光照反而不利于植物的生长发育，如蕨类、竹芋类、苦苣苔科、铃兰等。这些花卉主要来自热带雨林、林下或阴坡。还有一些花卉喜光但耐半阴或微阴，如萱草、耧斗菜、桔梗、白芨等。

依照花卉在生长发育过程中对光照强度的需求不同，可将花卉分为阳性花卉、阴性花卉、中性花卉。

花卉种类不同，对光的需求量不同，花卉不同生长发育阶段对光的需求量亦不同。

1. 光照强度对花卉种子萌发的影响

一般来说，种子萌发和光照关系不大，无论在黑暗或光照条件下都能正常进行。但有少数植物的种子，需在有光的条件下才能萌发良好，光成为其萌发的必要条件，这类种子称为喜光种子，如毛地黄、非洲凤仙、报春花、秋海棠、杜鹃等。此类种子播种后不必覆土或稍覆土即可。相反，也有少数植物的种子只有在黑暗条件下才能萌发，称嫌光种子，如苋菜、黑种草、仙客来等。此类种子播种后必须覆土。

2. 光照强度对花卉生长的影响

充足的光照可以使花卉株形紧凑、生长健壮。光线过弱，营养生长不良，植株瘦弱、徒长，叶片变大变薄，开花不良，严重时不能转向生殖生长，易感病虫害。光线过强，生长受到抑制，产生灼伤，严重时造成死亡。

3. 光照强度对花蕾开放的影响

光照强度对花蕾开放的影响因种而异。有些花卉要在强光下开放，如半支莲、酢浆草；有些花卉傍晚开放，如月见草、紫茉莉、晚香玉；有的夜间开放，如昙花；有的花晨曦开放，如亚麻、牵牛花。

4. 光照强度对花色的影响

以花青素为主的花卉，在光照充足的条件下，花色艳丽。高山花卉较低海拔花卉色彩艳丽；同一种花卉，在室外栽培较室内栽培色彩艳丽。

3.2.2 光照长度对花卉生长发育的影响

光照长度是指一天中日出到日落的时数。自然界中光照长度随纬度和季节的变化而变化。在低纬度的热带地区，光照长度周年接近 12h；在两极区有极昼和极夜现象，夏至时北极圈内光照长度为 24h。植物对光照长度发生反应的现象，称光周期现象。根据花卉对光周期的反应不同，可将花卉主要分为长日照花卉、短日照花卉、日照中性花卉。

目前发现也有一些花卉的成花对光照长度的要求比较复杂。例如，翠菊在长日照下花芽形成、伸长，在短日照下开花，称为长短日照花卉；也有一些花卉开花需要短日照条件加长日照条件，称为短长日照花卉，如天竺葵、风铃草等。此外，一些花卉对光周期长短的要求还受温度的影响，矮牵牛在 13～20℃下是长日照花卉，但超过这个温度就是日照中性花卉。同种花卉不同品种，光周期反应也可能不同。

植物在发育上，要求不同日照长度的这种特性，是与它们原产地日照长度有关的，是植物系统发育过程中对环境的适应。一般说来，长日照植物大多起源于高纬度地带；短日照植物起源于低纬度地带；日照中性植物，南北各地均有分布。

日照长度对植物营养生长和休眠也有重要作用。一般来说，延长光照时数会促进植物的生长，延长生长期，反之则会使植物进入休眠或缩短生长期。对从南方引种的植物，为了使其及时准备越冬，可用短日照的办法使其提早休眠，以提高抗逆性。

3.2.3 光质对花卉生长发育的影响

光质即光的组成，是指具有不同波长的太阳光谱成分。太阳光波长范围主要为 150～4000nm，其中可见光波长范围为 380～760nm，占全部太阳光辐射的 52%，不可见光中红外线占 43%，紫外线占 5%。

不同光谱成分对植物生长发育的作用不同。在可见光范围内，大部分光波能被绿色植物吸收利用，其中红光吸收利用最多，其次是蓝紫光，绿光大部分被叶子所透射或反射，很少被吸收利用。研究发现，红光、橙光有利于碳水化合物的合成，加速长日照植物发育，延迟短日照植物发育；蓝光、紫光有利于蛋白质合成，加速短日照植物发育，延迟长日照植物发育。此外，蓝光、紫光和紫外线可以抑制茎伸长，促进花青素形成；紫外线还可以促进发芽，抑制徒长。在自然界中，高山花卉一般都具有植株低矮、叶面缩小、茎叶富含花青素、花色鲜艳等特征，这除了与高山低温有关外，也与高山上蓝、紫、青等短波光以及紫外线较多密切相关。

最新研究发现，紫外线波长不同，作用也不同。紫外线B（280～320nm）明显抑制茎伸长，而紫外线A（320～400nm）则促进茎伸长。除了降低植株高度，紫外线B还可以增强植物的抗逆性，提高栽培应用时抵抗强光或弱光伤害的能力；明显提高叶片花青素合成能力，可以改变某些花卉的叶片颜色；使花朵颜色更鲜艳。

3.3 水分对花卉生长发育的影响

水是植物体的重要组成部分，植物体的一切生命活动都是在水的参与下进行的，如光合作用，呼吸作用，蒸腾作用，矿质营养的吸收、运转与合成等。水能维持细胞膨压，使枝条挺立、叶片开展、花朵丰满，同时植物还依靠叶面水分蒸腾来调节体温。自然条件下，水分通常以雨、雪、冰雹、雾等不同形式出现，其数量的多少和维持时间长短对植物影响非常显著。

植物的需水量因种类不同而有很大差异。通常依据花卉在生长发育过程中对水分的需求不同，将花卉分为旱生花卉、中生花卉、湿生花卉、水生花卉。

旱生花卉能较长时间忍受空气干燥或土壤干燥而生活，为了适应干旱的环境，它们在外部形态和内部构造上产生许多适应性的变化和特征，如叶片变小或退化变成刺毛状、针状或肉质化；表皮角质层加厚，气孔下陷；叶表面具茸毛等。同时这类花卉根系都比较发达，更增加了其抵御干旱的能力。

水生花卉常年生活在水中，或在其生命周期内有段时间生活在水中。水生花卉的细胞间隙发达，经常发育有特殊的通气组织；叶面积通常增大，表皮发育微弱或在有的情况下几乎没有表皮；水中的叶片常常分裂成带状或丝状，以增加对光、二氧化碳和无机盐类的吸收面积。

3.3.1 水量对花卉生长发育的影响

环境中影响花卉生长发育的水分主要是空气湿度和土壤水分。

1. 空气湿度对花卉生长发育的影响

对大多数花卉而言，空气中水分含量主要影响花卉的蒸发，进而影响花卉从土壤中吸收水分；对于原产于热带和亚热带雨林的花卉，尤其是一些附生花卉，可以通过气孔或气生根直接吸收空气中的水分。

空气中的水分含量用空气相对湿度表示。不同花卉对空气湿度的要求不同。原产干旱、沙漠地区的仙人掌类花卉要求空气湿度低，而原产于热带雨林的观叶植物要求空气湿度高。蕨类、苔藓、苦苣苔科、凤梨科、食虫植物及气生兰类在原生境中附生于树干上或生长于岩壁上、石缝中，对空气湿度要求高，这些花卉向温带及山下低海拔处引种时，成功的关键就是保持一定的空气湿度。

花卉在生长发育过程中，一般要求65%～70%的空气湿度。空气湿度过大，往往会使枝叶徒长、植株柔弱，降低对病虫害的抵抗力；还会妨碍花药开放，影响传粉与结实，造成落花落果。空气湿度过小，花卉易受红蜘蛛等危害。

在花卉不同生长发育阶段，对空气湿度的要求不同。一般来说，在营养生长阶段对湿度要求高，开花期要求低，结实和种子发育期要求更低。

2. 土壤水分对花卉生长发育的影响

花卉主要栽植在土壤中，土壤水分是大多数花卉所需水分的主要来源。土壤水分不仅提供花卉生长发育所需，还影响土壤空气含量和土壤微生物活动，从而影响花卉根系的发育、分布和代谢。

（1）对花卉生长的影响　花卉在整个生长过程中都需要一定的土壤水分，但在不同阶段对土壤含水量要求不同。一般情况下，种子萌发时，需要较多水分，以利胚根抽出；幼苗期根系弱小，在土壤中分布较浅，抗旱力极弱，必须经常保持土壤湿润；成长期植株抗旱能力虽有所增强，但若要生长旺盛，必须给予适当水分。

土壤过干或过湿均不利于花卉正常生长发育。多数草花在干旱时，植物体各部分木质化程度增加，叶面粗糙、失去光泽。相反，水分过多，使土壤空气不足，根系正常生理活动受到抑制，影响水分、养分的吸收，严重时会使根系窒息死亡；另外，水分过多会导致叶色发黄、植株徒长、易倒伏、易受病菌侵害。

花卉的耐旱性与花卉的原产地、生活型、形态及其生长发育阶段有关。一般而言，宿根花卉较一、二年生花卉耐旱。球根花卉地下器官膨大，是旱生结构，但这些花卉的原产地有明确的雨旱季之分，在其旺盛生长的季节，雨水很充沛，因此大多不耐旱。一般休眠期的花卉较生长期的花卉耐旱。

（2）对花卉发育的影响　花卉花芽分化要求一定的水分供给，在此前提下，控制花卉的水分供应，可控制营养生长，促进花芽分化。梅花的“扣水”就是控制水分供给，使新梢顶端自然干梢，叶面卷曲，停止生长而转向花芽分化。对球根花卉而言，一般情况下，球根含水量少，花芽分化早。同一种球根花卉，如果栽植在沙地上或采收晚，球根含水量低，花芽分化早，开花就早；栽植在较湿润的土壤中或采收早，则球根含水量高，开花就晚。

（3）对花卉花色的影响　花卉的花色主要是由花瓣表皮及近表皮细胞中所含有的色素以及花瓣的构造所决定的。已发现的各类色素，除了不溶于水的类胡萝卜素以质体的形式存在于细胞质中，其他色素如类黄酮、花青素、甜菜红素都溶解在细胞的细胞液中。花卉在适当的细胞水分含量下才能呈现出各种与品种应有的色彩，一般水分充足时花色正常，缺水时花色变浓。由于花瓣的构造和生理条件也参与决定花卉的颜色，水分对花色素浓度的直接影响在外观表现是有限的，更多情况是间接的综合影响，大多数花卉的花色对土壤中水分的变化并不十分敏感。

3.3.2　水质对花卉生长发育的影响

水质是水体质量的简称。它标志着水体的物理、化学和生物特性及其组成状况。水的含盐量和酸碱度是评价水质的重要标准。

在水中含有各种溶解性盐，阳离子主要有 Ca^{2+}、Mg^{2+}、Na^{+}、K^{+} 等，阴离子主要有 CO_3^{2-}、HCO_3^{-}、Cl^{-}、SO_4^{2-}、NO_3^{-} 等。长期使用含有较高盐度的水浇花，会造成一些盐离子在土壤或基质中积累，直接影响土壤或基质酸碱度，进而影响土壤养分的有效性和根系营养吸收。水中可溶性盐含量用电导率（EC 值）衡量，浇花用水 EC 值小于 1.0mS/cm 为好（植物栽培一般要求在 1～4mS/cm）。

灌溉用水的 pH 值直接影响土壤的酸碱度，从而影响土壤中养分的有效性，间接影响花卉的生长发育。不适宜的 pH 值将导致植株生长不良、叶片变黄，严重时会使植株死亡。大多数花卉适合 pH 值为 6.0～7.0 的水。

3.4 土壤对花卉生长发育的影响

土壤是花卉进行生命活动的场所，花卉从土壤中吸收生长发育所需的营养元素、水分和氧气。土壤的种类很多，其理化特性、肥力状况、土壤微生物种类不同，形成了不同的地下环境。土壤物理特性（土壤质地、土壤温度、土壤水分等）、土壤化学特性（土壤酸碱度、土壤氧化还原电位）以及土壤有机质、土壤微生物等是花卉地下根系环境的主要因子，影响着花卉的生长发育。

适宜花卉生长发育的土壤，因花卉种类和花卉不同生长发育阶段而异。一般含有丰富的腐殖质、保水保肥力强、排水好、通气性好、酸碱度适宜的土壤是花卉适宜的栽培土壤。

3.4.1 土壤质地对花卉生长发育的影响

土壤质地是指土壤中不同大小直径的矿物颗粒的组合状况。土壤质地与土壤通气、保肥、保水状况及耕作的难易有密切关系。土壤质地状况是拟定土壤利用、管理和改良措施的重要依据。通常按照土壤矿物质颗粒直径大小将其分为沙土类、黏土类和壤土类三种。

(1) 沙土类　土壤质地较粗，含沙粒较多，土粒间隙大，土壤疏松，通透性强，排水良好，但保水性差，易干旱；土温受环境影响较大，昼夜温差大；有机质含量少，分解快，肥劲强但肥力短。常用作培养土的配制成分和改良黏土的成分，也常用作扦插、播种基质或栽培耐旱花卉。

(2) 黏土类　土壤质地较细，土粒间隙小，干燥时板结，水分过多又太黏；含矿质元素和有机质较多，保水保肥能力强且肥效长久；通透性差，排水不良；土壤昼夜温差小，早春土温上升慢。在黏土中花卉生长较迟缓，尤其不利于幼苗生长。除少数喜黏性土花卉外，绝大部分花卉不适应此类土壤，常需与其他土壤或基质配合使用。

(3) 壤土类　土壤质地均匀，土粒大小适中，性状介于沙土与黏土之间，有机质含量较多，土温比较稳定，既有较好的通气排水能力，又能保水保肥，对植物生长有利，能满足大多数花卉的要求，是理想的花卉栽培用土。

土壤空气、水分、温度直接影响花卉生长发育。土壤内水分和空气的多少主要与土壤质地和结构有关。

植物根系进行呼吸时要消耗大量氧气，土壤中大部分微生物的生命活动也需消耗氧气，土壤中氧含量低于大气中的含氧量。一般土壤中氧含量为 10%～21%，当氧含量为 12%以上时，大部分植物根系能正常生长和更新，当浓度降至 10%时，多数植物根系正常机能开始衰退，当氧分下降到 2%时，植物根系只够维持生存。

土壤中水分的多少与花卉的生长发育密切相关。含水量过高时，土壤空隙全为水分所占据，根系因得不到氧气而腐烂，严重时导致叶片失绿，植株死亡。一定限度的水分亏缺，迫使根系向深层土壤发展，同时又有充足的氧气供应，常使根系发达。

3.4.2 土壤酸碱度对花卉生长发育的影响

土壤酸碱度一般指土壤溶液的 H^+ 浓度，用 pH 值表示。土壤 pH 值多为 4～9。土壤酸碱度与土壤理化性质及微生物活动有关，它影响着土壤有机物与矿物质的分解和利用。土壤酸碱度对植物的影响往往是间接的，如在碱性土壤中，植物对铁元素吸收困难，常造成喜酸性植物出现缺绿症。

土壤反应有酸性、中性、碱性三种。过强的酸性或碱性均对植物生长不利，甚至造成植物死亡。各种花卉对土壤酸碱度适应力有较大差异，大多数要求中性或弱酸性土壤，只有少数能适应强酸性（pH 值 4.5～5.5）和碱性（pH 值 7.5～8.0）土壤。依花卉对土壤酸碱度的要求，可将花卉分为三类。

（1）酸性土花卉　在呈或轻或重的酸性土壤上生长良好的花卉，土壤 pH 值在 6.5 以下。又因花卉种类不同，对酸性要求差异较大，如凤梨科植物、蕨类植物、兰科植物以及栀子花、山茶、杜鹃花等对酸性要求严格；仙客来、朱顶红、秋海棠、柑橘、棕榈等相对要求不严。

（2）中性土花卉　在中性土壤上生长良好的花卉，土壤 pH 值为 6.5～7.5 之间。绝大多数花卉属于此类。

（3）碱性土花卉　能耐 pH 值 7.5 以上土壤的花卉。如石竹、香豌豆、非洲菊、天竺葵等。

3.4.3　土壤有机质对花卉生长发育的影响

土壤有机质指土壤中以各种形式存在的含碳有机化合物，是土壤养分的主要来源，是衡量土壤肥力大小的重要指标。土壤有机质的主要来源是植物残体和根系以及施入的各种有机肥料。土壤中的微生物和动物也为土壤提供一定量的有机质。

土壤有机质按其分解程度不同分为新鲜有机质、半分解有机质和腐殖质。腐殖质是土壤有机质的主要组成部分，一般占有机质总量的 50%～70%，是新鲜有机质经过微生物分解转化而成的黑色胶体物质。腐殖质并非单一的有机化合物，而是在组成、结构及性质上既有共性又有差别的一系列有机化合物的混合物，主要组成元素为碳、氢、氧、氮、硫、磷等。其中以胡敏酸和富里酸为主要组分。

腐殖质是土壤养分的主要来源，对土壤的物化和生物学特性有重要影响。土壤中，腐殖质在一定条件下缓慢分解，释放出以氮和硫为主的养分来供给植物吸收，同时放出二氧化碳加强植物的光合作用；腐殖质是良好的胶结剂，能促进土壤团粒结构的形成；腐殖质是一种有机胶体，有巨大的吸收代换能力和缓冲性能，对调节土壤的保肥性能及改善土壤酸碱性有重要作用。

3.4.4　土壤微生物对花卉生长发育的影响

土壤微生物对土壤物化和生物状态都有一定影响，对土壤肥力起着重要作用，数量和种类受多种因素的影响。土壤微生物在土壤中可以增加和分解有机质、合成土壤腐殖质、释放养分。大量研究表明，微生物具有双重作用，可划分为有益微生物和有害微生物。它们直接或间接促进或抑制根的营养吸收和生长；影响根际土壤中的物质转化；影响土壤的酸碱度等，从而影响许多营养元素，特别是微量元素如铁、铜、锰、锌的存在状态，进而影响植物生长。

3.5　养分对花卉生长发育的影响

养分是花卉所需营养元素的总称。花卉生长发育需要一定的养分，只有满足养分需求，花卉的新陈代谢才能得以完成。

3.5.1 花卉生长发育的必需元素

目前普遍认为有16种元素为植物生长发育所必需，它们具有不可缺性、不可替代性和直接功能性。这16种元素被称为必需元素或必要元素。其中花卉对碳（C）、氢（H）、氧（O）、氮（N）、磷（P）、钾（K）、硫（S）、钙（Ca）、镁（Mg）9种元素的需要量较大，通常称为大量元素；而对铁（Fe）、硼（B）、铜（Cu）、锌（Zn）、锰（Mn）、氯（Cl）、钼（Mo）7种元素需要量很少，称微量元素。必需元素中除了碳、氢、氧、氮外，皆为矿质元素，但氮的施用方式与矿质元素相同，它们主要通过植物根系吸收。还有一些元素，对某些植物生长有利，能够减缓一些必需元素的缺乏症，称为有利元素，有钴（Co）、钠（Na）、硒（Se）、硅（Si）、镓（Ga）、钒（V）。钴对共生固氮细菌是必要的；钠对一些盐生植物有利；硒有类似于硫的作用；硅改善一些禾谷类植物的生长。

近年来许多植物营养专家将镍（Ni）列为必需元素，还有一些学者将钠和硅也列为必需元素。

3.5.2 一些必需元素对花卉生长发育的主要作用

(1) 氮（N） 氮是植物体内蛋白质、核酸和叶绿素的重要组成成分，被称为生命元素。氮在植物生命活动中占有重要地位，它可以促进植物的营养生长，促进叶绿素的形成，使花朵增大、种子充实。但如果超过植物生长需要，就会推迟开花，使茎徒长，降低对病害的抵抗力。

氮主要以铵态或硝态的形式为植物所吸收，有些可溶性有机氮化物如尿素等也能为植物所利用。

一年生花卉在幼苗期对氮肥需要量较少，随着植株生长，需要量逐渐增多；二年生花卉和宿根花卉，在春季生长初期要求较多氮肥，应适当增加施肥量，以满足其生长要求。观花花卉与观叶花卉对氮肥的需要量不同：观叶花卉在整个生长期都需要较多氮肥，以使其在较长时期内保持叶色美观；观花类花卉，在营养生长期要求较多氮肥，进入生殖生长阶段，应适当控制氮肥用量，否则将延迟开花。

植物缺氮时植株矮小，叶小、色淡或发红，分枝少，花少，籽实不饱和，产量低。氮素在植物体内可以自由移动，缺氮时老叶出现缺绿病，情况严重时老叶完全变黄枯死，但幼叶可较长时间保持绿色。

(2) 磷（P） 磷是核苷酸和膜脂的组成成分，与光合作用、呼吸作用和其他代谢过程有关，此外，植物细胞中的磷酸盐起到酸碱缓冲作用。磷能促进种子萌发；促进根系发育；使茎发育坚韧，不易倒伏；提早开花结实；部分抵消氮肥施用过多造成的影响，增强植株对不良环境和病虫害的抵御能力。

磷主要以 HPO_4^{2-} 和 $H_2PO_4^-$ 形式被植物所吸收。

花卉在幼苗生长阶段需要施入适量磷肥，进入开花期以后，磷肥需要量更多。球根花卉对磷肥的要求较一般花卉多。

缺磷会抑制植物生长，虽然对地上部分的抑制不如缺氮严重，但对根部的抑制甚于缺氮。磷在植物体内可以重新移动，植物缺磷症状首先表现在老叶上，叶片呈暗绿色，茎和叶脉变成紫红色，严重时植株各部分还会出现坏死区。

（3）钾（K） 钾在植物体内不形成任何形式的结构物质，可能起着某些酶的活化剂的作用。钾能增强花卉的抗寒性和抗病性；增强茎的坚韧性，使植株不易倒伏；促进叶绿素形成，提高光合效率；促进根系扩大，尤其对球根花卉的地下变态器官发育有益；能使花色鲜艳。过量钾肥能使植株低矮，节间缩短，叶子变黄，继而呈褐色并皱缩，使植株在短时间内枯萎。

缺钾时叶片出现斑驳的缺绿区，然后沿着叶缘和叶尖产生坏死区，叶片卷曲，最后发黑枯焦；植物缺钾还会导致茎生长减小，茎干变弱和抗病性降低。钾在植物体内有高度移动性，植物缺钾症状通常首先从老叶开始。

（4）钙（Ca） 钙在植物体内有多种作用，如稳定细胞壁的结构，保持细胞质膜的稳定性，调节细胞的代谢活动。钙可以降低土壤酸度，在我国南方酸性土地区是重要的肥料之一；可以改进土壤的物理性质，黏重土壤施用后可以变得疏松，沙质土壤可以变得紧密。土壤中的钙可被植物根系直接吸收，使植物组织坚固。

植物缺钙的典型症状是幼叶的叶尖和叶缘坏死，然后芽坏死，严重时根尖也停止生长。钙是一个不易移动的元素，植物缺钙首先表现在新叶上。

（5）硫（S） 硫是蛋白质及辅酶 A、硫胺素、生物素等的组成成分。生理作用十分广泛，能促进根系生长，并与叶绿素形成有关。土壤中的硫能促进微生物（如根瘤菌）的增殖，增加土壤中氮的含量。

缺硫时蛋白质合成和叶绿素合成受阻，植株生长受到抑制，叶片均匀缺绿、变黄。硫在植物体内不易重新分布，缺乏症一般表现在幼叶中。

（6）镁（Mg） 镁是叶绿素分子的中心元素，对调节叶绿体和细胞质内的 pH 值起重要作用。镁能使构成核糖体的亚基连接在一起，以维持核糖体结构的稳定；镁还是许多重要酶类的活化剂。镁对磷的可利用性也有很大影响。植物体缺镁时，无法正常合成叶绿素。

植物缺镁的典型症状是脉间缺绿，有时出现红、橙、黄、紫等鲜明颜色，严重时，出现小面积坏死。镁在植物体内易于移动，缺镁症状首先在老叶出现。

（7）铁（Fe） 铁在植物体中有两个重要功能：一是某些酶和许多电子传递蛋白的重要组成部分；二是调节叶绿体蛋白和叶绿素的合成。缺铁条件下，叶绿素合成受阻，至少部分是由于蛋白质合成削弱所致。

通常情况下，一般不会发生缺铁现象，但在石灰质土或碱土中，由于铁与氢氧根离子形成沉淀，无法为植物根系吸收，故虽然土壤中有大量铁元素，仍能发生缺铁现象。

植物缺铁时，叶绿素不能形成，幼嫩叶片失绿，整个叶片呈黄白色。铁在植物体内不易移动，缺铁时老叶仍保持绿色。

（8）硼（B） 硼与植物的生殖过程密切相关，能促进花粉的萌发和花粉管的生长，促进开花结实。另外，硼能改善氧气的供应，促进根系的发育和豆科植物根瘤的形成。

植物缺硼时根系不发达，顶端停止生长并逐渐死亡，叶色暗绿，叶片肥厚、皱缩，植株矮化，茎及叶柄易开裂。硼在植物体中不易移动，缺乏时幼叶先显出症状。

（9）锰（Mn） 锰能参与植物体内氧化还原过程，并能促进硝态氮的还原，对含氮化合物的合成有一定的作用；锰还对叶绿素的形成有良好的作用。锰供应充足，对种子发芽、幼苗生长及开花结实均有良好作用。

植物缺锰时，幼嫩叶片上脉间失绿、发黄，呈现清晰的脉纹。但锰过多时也会使植株产生失绿现象，叶缘及叶尖发黄焦枯，并有褐色坏死斑点。锰在植物体内不易移动，缺乏时幼叶先显出症状。

(10) 锌 (Zn) 锌与植物生长素的合成有关。缺锌时植物生长素不能正常形成，植株生长异常。同时，锌与叶绿素形成关系密切，缺锌时容易引起叶绿素减少从而形成失绿症。

植物缺锌时，叶小簇生、中下部叶片失绿，主脉两侧有不规则的棕色斑点，植株矮化，生长缓慢。锌在植物体内易移动，缺乏时老叶先显出症状。

(11) 钼 (Mo) 钼对植物体内氮素代谢和蛋白质合成有很大影响。缺钼植株叶色淡、发黄，严重时，叶片出现斑点，边缘焦枯卷曲，叶片畸形。钼对生物固氮是必需的，固氮菌和根瘤菌缺钼时便失掉固氮能力。

植物缺钼时，植株矮小，生长受抑制，叶片失绿、枯萎以致坏死。钼在植物体内不易移动，缺乏时幼叶先显出症状。

3.5.3 营养元素的补充

通过施肥可以给花卉提供或补充所需要的营养元素。

花卉通过根系或叶片从环境中获得所需要的营养元素。主要途径是通过根系从其所在的土壤或栽培基质中获得。有些栽培基质基本没有或仅含有少量营养元素，就需要把所需的必需元素配成营养液，浇灌到栽培基质中供给花卉生长发育。花卉生长发育过程中，对 N、P、K 需要量很大，土壤往往不能满足，需要补充。其他必需元素基本可以满足，仅在特殊情况下需要补充。

土壤施肥有两种方式，即基肥与追肥。

基肥是在种植花卉前，先将固体肥料掺入土壤或基质中。方法是将肥料均匀撒在土壤表面，然后翻地、整地；盆栽时与盆土搅拌均匀或将蹄片等块状肥料埋在盆底。追肥是补充基肥的不足，满足花卉不同生长发育时期的特殊要求。一般施用无机肥或腐熟后的液体有机肥。可将固体肥料撒在土表或撒在花卉根系周围事先开好的沟内，然后覆土、浇水；液体肥料则可以结合灌溉进行。此外，追肥还可以使用液体肥料喷洒整个植株，靠叶面吸收，称为根外追肥或叶面施肥。根外追肥或叶面施肥一般使用专用叶面肥。

施肥是花卉栽培的重要技术措施，合理施肥是花卉栽培的关键。施肥需要在充分了解肥料特性基础上，依据花卉种类、所处生长发育阶段、栽培目的、施肥季节、气候条件等综合考虑，选用适宜的肥料种类、施用浓度、施用频率、施用方法和施用时间。

3.6 空气成分对花卉生长发育的影响

大气组成成分复杂，在正常环境中，空气成分主要是氧气（占 21%）、二氧化碳（占 0.03%）、氮气（占 78%）和微量的其他气体。在这样的环境中，花卉可以正常生长发育。

3.6.1 氧气 (O_2) 对花卉生长发育的影响

氧气与花卉生长发育密切相关，它直接影响植物的呼吸作用和光合作用。在一般栽培条件下，不会出现氧气供应不足的现象。但如果土壤过于紧实或表土板结时，会影响气体交换，使土壤板结层以下二氧化碳大量积累，氧气含量不足，有氧呼吸困难，无氧呼吸增加，产生大量乙醇等有毒物质，使植物中毒甚至死亡。花卉种子萌发对氧气有一定要求，大多数种子萌发需要较高的氧分压，如翠菊、波斯菊等种子浸种时间过长，往往因为缺氧而不能发芽。但有些花卉种子，如睡莲、荷花、王莲等能在含氧量极低的水中发芽。

3.6.2 二氧化碳（CO_2）对花卉生长发育的影响

二氧化碳是植物进行光合作用的重要物质，其含量多少与光合作用密切相关。在一定范围内，增加二氧化碳浓度，可提高光合作用效率，但当二氧化碳浓度达到2%～5%时，即对光合作用产生抑制效应。在花卉保护地栽培中，为提高花卉产量与品质，可以合理进行二氧化碳施肥。但花卉种类繁多，栽培设施多种多样，二氧化碳具体施用浓度很难确定，一般施用量以阴天0.5‰～0.8‰，晴天1.3‰～2‰为宜。此外还应根据气温高低、植物生长期等的不同而有所区别：温度较高时，二氧化碳浓度可稍高；花卉在开花期、幼果膨大期对二氧化碳需求量最多。

3.6.3 氮气（N_2）对花卉生长发育的影响

氮气对大多数花卉生长没有影响。豆科植物及非豆科但具有固氮根瘤菌的植物，可以利用空气中的氮气，生成氨或铵盐，在土壤微生物作用下被植物吸收。

3.6.4 大气中的有害气体对花卉生长发育的影响

当发生大气污染，空气中的有毒气体会对花卉生长发育产生影响，严重时会造成死亡。大气污染物对花卉的毒性，一方面决定于有毒气体的成分、浓度、作用时间，另一方面决定于花卉对有毒气体的抗性。不同花卉、相同花卉在不同的生长发育阶段受到的影响不同。

大气污染主要是由人类的活动造成的。大气中有毒气体和有害物质的种类目前尚无准确数据，但已知工业废气中有400多种有毒或有害物质，造成危害的有20～30种。目前已发现对花卉生长发育危害严重的主要污染物为二氧化硫、氟化氢、过氧乙酰硝酸酯、臭氧、氯气、硫化氢、乙烯、乙炔、丙烯还有粉尘等。

花卉种类或品种不同，对有害气体的反应不同。有些花卉在较高的浓度下仍然正常生长，有些花卉在极低的浓度就表现出受害症状。

(1) 二氧化硫（SO_2） 二氧化硫是当前最主要的大气污染物，也是全球范围造成植物伤害的主要污染物。火力发电厂、黑色和有色金属冶炼、炼焦、合成纤维、合成氨工业是主要排放源。不同植物对二氧化硫的浓度反应不同，敏感植物在0.05～0.5μL/L浓度中8h就会受害，抗性强的植物在2μL/L浓度中8h或10μL/L浓度中30min，才会出现受害症状。美人蕉、鸡冠花、晚香玉、凤仙花、夹竹桃等对二氧化硫抗性较强；金鱼草、美女樱、麦秆菊、福禄考、瓜叶菊等对二氧化硫抗性较弱。

(2) 氟化氢（HF） 氟化氢是氟化物中毒性最强，排放量最大的一种，主要来源于炼铝厂、磷肥厂及搪瓷厂等厂矿区。空气中氟化氢的浓度即使很低，暴露时间长也能造成伤害。氟化氢浓度达到二氧化硫危害浓度的1%时，即可伤害植物。它首先危害植物幼芽或幼叶，使叶尖和叶缘出现淡褐色至暗褐色病斑，并向内部扩散，以后出现萎蔫现象。氟化氢还能导致植株矮化、早期落叶、落花和不结实。对氟化氢抗性较强的花卉主要有棕榈、凤尾兰、大丽花、一品红、天竺葵、万寿菊、倒挂金钟、山茶、秋海棠等。郁金香、唐菖蒲、杜鹃等对氟化氢抗性较弱。

(3) 氯气（Cl_2）和氯化氢（HCl） 氯气和氯化氢浓度较高时，对植物极易产生危害。症状与二氧化硫相似，但受伤组织与健康组织之间常无明显界限，毒害症状也大多出现在生理旺盛的叶片上，而下部老叶和顶端新叶受害较少。常见对氯气和氯化氢抗性较强的花卉有矮牵牛、凤尾兰、紫薇、龙柏、刺槐、夹竹桃、广玉兰、丁香等。

(4) 氨气 (NH_3) 在保护地栽培中，由于大量施肥，常会导致氨气的大量积累，氨气含量过多，对花卉生长不利。当空气中氨含量达到 0.1%～0.6%时，就会发生叶缘烧伤现象；若含量达到 4%，经 24h，植物即中毒死亡。施用尿素也会产生氨气，最好在施肥后盖土或浇水，以避免氨害发生。

(5) 其他气体 氧化剂类的臭氧和过氧乙酰硝酸酯 (PAN) 是光化学烟雾的主要成分，对植物有严重毒害。主要来源于内燃机和工厂排放的碳氢化合物和氧氮化合物，它们在有氧条件下依靠日光激发而形成。敏感植物在 0.1μL/L 臭氧中 1h 就会产生症状，能忍受 0.35μL/L 者即属于抗性植物。伤害症状是叶上表皮出现杂色、缺绿或坏死斑，严重时可能出现褪绿或褪成白色，两面坏死。0.02μL/L 过氧乙酰硝酸酯 2～4h 就使敏感植物受害，但抗性植物可耐 0.1μL/L 以上。受害症状是叶的下表皮呈半透明或呈古铜色光泽，上表皮无受害症状，随着叶生长，叶片向下弯曲呈杯状。过氧乙酰硝酸酯的伤害仅出现在中龄叶片上，幼叶和老叶都不受害。

乙烯含量达 1μL/L 就可使植物受害。症状是生长异常，如叶偏上生长，幼茎弯曲，叶子发黄、落叶、组织坏死。

硫化氢含量达到 40～400μL/L 可使植物受害。冶炼厂放出的沥青气体，可使距厂房附近 100～200m 地面上的草花萎蔫或死亡。

复习题

1. 何谓植物的生态习性？了解和掌握它有何重要意义？
2. 影响花卉生长发育的主要生态因子有哪些？这些因子之间的关系是怎样的？
3. 温度是如何影响花卉生长发育的？如何理解花卉生长发育的最适温度？
4. 光照是如何影响花卉生长发育的？
5. 什么是短日照花卉？举例说明。
6. 水分是如何影响花卉生长发育的？
7. 花卉生长发育的必需元素有哪些？对花卉生长发育的作用如何？
8. 土壤的哪些性质影响花卉的生长发育？
9. 大气成分是如何影响花卉生长发育的？

第 4 章　花卉栽培的设施与设备

［教学目标］通过学习，掌握花卉保护地栽培的特点及意义；掌握温室的分类、温室的基本结构、温室内的辅助设施以及温室的生产应用。熟悉花卉栽培的其他设施与设备。了解花卉保护地栽培的历史。

花卉栽培是精细栽培，现代社会的发展对花卉生产提出了更高的要求，不仅要求花卉种类丰富，高产优质，而且要求不受地区和季节限制，达到周年生产，这就必须有一定的设施保障；同时设施也为花卉的集约栽培、工厂化生产创造了条件。栽培设施及设备是花卉栽培中的重要因素，适宜的栽培设施可以为花卉的生长发育提供良好的环境条件。

4.1　花卉保护地的作用、特点及历史

花卉栽培设施和设备所创造的环境，称为保护地。利用人工创造的栽培环境进行花卉栽培，实现在自然条件下不能实现或难于实现的栽培活动，称为花卉保护地栽培。常用的保护地设施主要有温室、荫棚、风障、冷床、温床、冷窖以及其他一些相关的设备，如环境控制设备和各种机具、用器等。

4.1.1　花卉保护地的作用及特点

伴随着社会和经济的发展，保护地栽培已成为花卉等作物高产优质的重要保障。保护地栽培的效率和效益比传统的露地栽培要提高几倍、甚至几十倍。应用栽培设施，可在不适于某类花卉生态要求的地区栽培该类花卉。例如在北方地区，冬季严寒干燥，春季寒冷多风，利用温室等栽培设施，可以终年栽培原产热带、亚热带的热带兰、一品红、变叶木等。应用栽培设施，可以在不适于花卉生长的季节进行花卉栽培。例如在酷热的夏季，一些要求气候凉爽的花卉，如仙客来、郁金香等被迫进入休眠，若在有降温设备的温室中，仍可继续生长开花。利用设施栽培与露地栽培相结合，可以周年进行花卉生产，保证鲜花的周年供应。

保护地栽培与露地栽培相比，具有以下特点。

（1）高投入，高产出　保护地栽培需要保护设施和设备。设备费用大，生产费用高。

（2）抗灾害能力强　温室等栽培设施具有很强的抵御自然灾害的能力，可以有效地避免冬季的冻害、早春的倒春寒，避免花期雨水过多、大风、暴雨、冰雹等自然灾害，易于进行病虫害防治，使花卉产量稳定、品质优良。即便是无加温设备的塑料大棚，在室外温度为－10℃的寒冷天气，也能保证室内花卉正常生长发育。

（3）科技含量高　保护地栽培实际上是在人为控制的环境中进行花卉栽培，不仅应用了现代工程技术，也应用了其他现代技术，如增施二氧化碳技术。

（4）生产与销售紧密衔接　保护地栽培是具有一定规模的专业化生产，产品只有进入市场流通，才能不断扩大生产规模，取得规模效益。若生产与销售脱节，产品不能及时售出，会造成很大的经济损失。良好的生产销售体系是设施栽培发展的前提。

（5）栽培管理技术要求严格　对栽培花卉的生长发育规律和生态习性要有深入的了解；对当地的气象条件和栽培地周围环境条件要心中有数；对花卉栽培设备的性能要有全面了解；要有熟练的栽培技术和经验。

4.1.2　花卉保护地栽培的发展历史

4.1.2.1　中国花卉保护地栽培的发展历史

中国保护地栽培有着悠久的历史。远在公元前 2 世纪就有了保护地栽培的记载，《古文奇字》："秦始皇密令人种瓜于骊山沟谷中温处，瓜实成"。中国种植植物的温室始建于汉代，《汉书·循吏传》记载："自汉世太官园，冬种葱韭菜茹，复以屋庑，昼夜熬蕴火，得温气乃生。"到唐代，利用温室种菜已相当普遍。宋代已有用温室催花的技术，"宋时武林马塍藏花之法，以纸窗糊密室，凿地作坑，编竹置于上...... 然后沸汤于坑中，候气熏蒸，扇之经宿，则花即放"（《香祖笔记》）。唐朝已用天然温泉进行瓜类栽培。明代，在北京的黄土岗地区用土炕纸窗的土温室来培养花卉。

19 世纪末，上海出现了近代的玻璃温室；20 世纪初，出现专门栽培一种盆花的单栋温室。

20 世纪 80 年代中期开始，中国从国外（荷兰、美国、西班牙、以色列等国家）引进现代化大型温室的同时，也出现了一些大型的专业温室生产厂家，各地相继建成一批以现代化大型温室为主体的高科技农业示范园，在温室引进、推广和改良、设计适合中国气候特点的现代化大型温室方面起了积极作用。

4.1.2.2　国外花卉保护地栽培的发展历史

公元前 3 年至公元 69 年，罗马人已经用透明矿物质覆盖透光，烧木材和干马粪来培植植物。现代意义上的温室雏形出现在法国。1385 年在法国波依斯戴都，首次用玻璃建成亭子，并在其内栽培花卉。18 世纪，玻璃工业发展起来后，玻璃屋面的温室才普及应用。19 世纪，世界已有加温温室、玻璃覆盖温室。第二次世界大战后，伴随着塑料工业的发展，以塑料薄膜作覆盖材料的塑料温室得以在日本等国大力发展。1903 年和 1967 年，荷兰人先后建成历史上第一座双屋面温室和第一座连栋温室，为现代温室事业的发展做出了巨大贡献。19 世纪 40 年代，温室的加温装置得以改进，有了热水和蒸汽加温设备。以后随着技术的发展，温室的结构和设备更加完善，机械化、自动化水平不断提高。1949 年，美国加利福尼亚州，Farhort 植物实验室创建了世界上第一个人工气候室。20 世纪 70 年代，美国盛行由双充气薄膜覆盖的连栋温室，其后又为玻璃钢温室所代替，至今欧洲各地仍以玻璃钢温室为主。

4.2　温室

温室是以有透光能力的材料作为全部或部分围护结构材料建成的一种特殊建筑，能够提供适宜植物生长发育的环境条件。温室是花卉栽培中最重要的，同时也是应用最广泛的栽培设施，比其他栽培设施（如风障、冷床、温床、冷窖、荫棚等）对环境因子的调控能力更强、更全面，是比较完善的保护地类型。据不完全统计，截止到 2013 年，中国花卉的温室栽培面积已达 36096hm^2，在提高花卉产量和品质方面起到了重要作用。

4.2.1 温室的种类

根据不同的分类标准，可将温室分为不同的类型。

1. 依温室覆盖材料划分

（1）玻璃温室　以玻璃为覆盖材料。主要特点是使用寿命长；气候调控能力强；采光性能高；造价高；运行费用高。

（2）PC板温室　以硬质塑料板材为覆盖材料。常用的硬质塑料板材主要有丙烯酸塑料板、聚碳酸酯板（PC）、聚酯纤维玻璃（玻璃钢，FRP）、聚乙烯波浪板（PVC）。聚碳酸酯板是当前温室建造应用最广泛的覆盖材料。主要特点是使用寿命长；气候调控能力强；采光性能仅次于玻璃温室；保温效果好；造价高。

（3）薄膜温室　以各种塑料薄膜为覆盖材料。主要特点是造价较低，属经济型温室；气候调控能力较强。南方地区普遍采用单层膜温室。为了降低冬季加温运行费用，北方地区多采用双层膜温室，但它在提高了节能效果的同时，也降低了温室的采光性能。

2. 依温室结构形式划分

根据温室结构形式的不同，温室可以分为单体温室和连栋温室两大类。其中单体温室又可分为单拱棚温室和单坡面日光温室；连栋温室可分为尖顶屋面温室、拱顶屋面温室、锯齿形屋面温室和单坡面双连栋日光温室等。

（1）单体温室　单拱棚温室主要在中国南方地区使用，功能是冬季保温，夏季遮阳、防雨。在北方地区也有使用，主要用于春提早、秋延后栽培，一般比露地生产可提早或延后一个月左右。由于其保温性能较差，在北方地区一般不用它做越冬生产。单坡面日光温室是一种具有中国特色的温室形式，它是以太阳能为主要能源，夜间不加温或少加温，采用保温被或草帘等在前屋面保温进行越冬生产，是北方地区越冬生产园艺产品的主要温室形式。单体温室的缺点主要是温室表面积比例大，冬季加温负荷高；操作空间小，室内光温环境变化大；占地面积大，土地利用率低等。

（2）连栋温室　是将多个单跨的温室通过天沟连接起来的大面积生产温室。它克服了单体温室的上述缺点，能够完全实现温室生产的自动化和智能化控制，是当今世界和中国发展现代化设施农业的趋势和潮流。

3. 依温室用途划分

根据温室的用途，温室可以分为栽培温室、展厅温室、观赏温室、生态餐厅温室、庭院温室和荫棚等。

（1）栽培温室　以花卉生产栽培为主，建筑形式以符合栽培需要和经济实用为原则。花卉栽培温室的可控程度高，不论外界环境多么恶劣，都能够满足花卉对光照、湿度、温度、空气等因素的需要，并且可以合理灌溉，化肥的用量及水的消耗量也相对较少，合理地配置和运行管理可以降低生产成本，提高花卉的产量和品质。

（2）展厅温室　主要用于花卉展览和花卉交易。温室功能既要保证花卉的正常生长，又具有一定的观光效应。花卉展厅一般选用高档温室，主要采用PC板温室和玻璃温室。这个类型的温室内部空间广阔，立柱高度高，室内气候宜人。

（3）观赏温室　专供陈列观赏花卉用，一般建于公园及植物园内。观赏温室的整体艺术性、观赏性和参与性较强，是集观光、旅游、科普、文化等活动于一体的活动空间。温室的建造构型比其他建筑更具有灵活性，人们完全可以根据地形、植物高矮、植物的生长、光照习性及人们的主观愿望，建造不同风格和多候性的温室，并赋予温室建筑景观化、园林化、生态化的艺术美感。

(4) 生态餐厅温室　生态餐厅是近几年出现的一种温室使用模式，它依托领先的温室制造技术，综合运用建筑学、园林学、设施园艺学、生物科技等相关学科知识，把大自然丰富多彩的生态景观“微缩化”和“艺术化”。它以绿色景观植物为主，蔬、果、花、草、药、菌为辅的植物配置格局，配以假山、叠水的园林景观，或大或小，或园林或生态，为消费者营造了一个小桥流水，鸟语花香，翠色环绕的饮食环境，赋予传统餐厅健康、休闲的新概念。

(5) 庭院温室　庭院温室外形美观，占地面积小，安装简单、方便、可靠，不仅适用于庭院家庭，同时适用于厂矿、企事业单位、学校等，用于小面积花卉养护、苗木栽培、人工休闲、夏天临时住所等。

(6) 荫棚　荫棚主要用于提供苗木存放场所。通过70%遮阳率的遮阳，防止了可能的阳光直射，起到降温作用，并有足够的阳光使苗木处于正常生长状态。可减少苗木在未木质化时移出温室所引起的冲击；减少当根系在寒冷或结冻条件下叶片脱水所引起的苗木枯萎；在夏天减少蒸腾蒸发量，从而减少了灌溉量；防止苗木受大风、冰雹、大雨造成的损伤等。

4. 依温室是否有人工热源划分

(1) 不加温温室　也称为日光温室，只利用太阳辐射热来维持温室温度。

(2) 加温温室　除利用太阳辐射外，还用人为加温的方法来提高温室温度。

5. 依温室建筑形式划分（图 4-1）

(1) 单屋面温室　温室屋顶只有 1 个向南倾斜的玻璃屋面，其北面为墙体。

(2) 双屋面温室　温室屋顶有 2 个相等的屋面，通常南北延长，屋面分向东西两方，偶尔也有东西延长的。

(3) 不等屋面温室　温室屋顶具有 2 个宽度不等的屋面，向南一面较宽，向北一面较窄，二者的比例为 4∶3 或 3∶2。

(4) 连栋温室　由上述若干个双屋面或不等屋面温室，借纵向侧柱或柱网连接起来，相互通连，可以连续搭接，形成室内串通的大型温室，现代化温室均为此类。

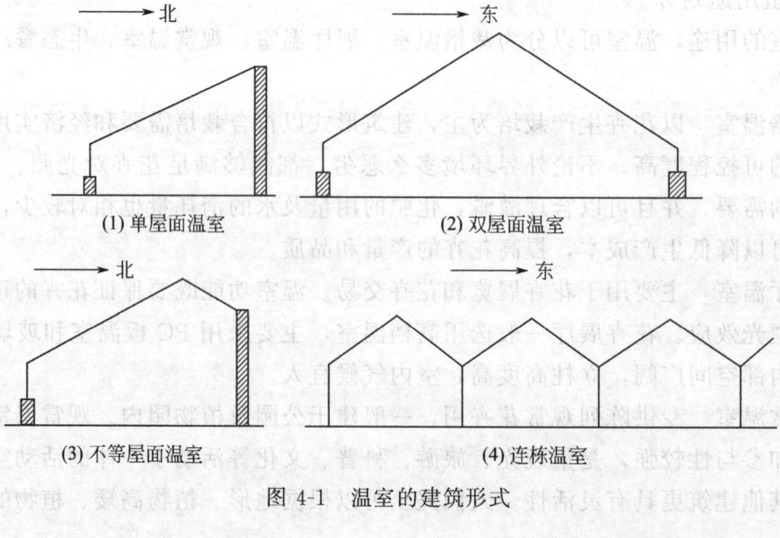

图 4-1　温室的建筑形式

6. 依温室相对于地面位置划分（图 4-2）

（1）地上式温室　室内与室外的地面在同一个平面上。

（2）半地下式温室　四周短墙深入地下，仅侧窗留于地面以上。

（3）地下式温室　仅屋顶凸出于地面，只由屋面采光。此类温室保温、保湿性能好，但采光不足，空气不流通，适于在北方严寒地区栽培湿度要求大及耐阴的花卉，如蕨类植物、热带兰花等。

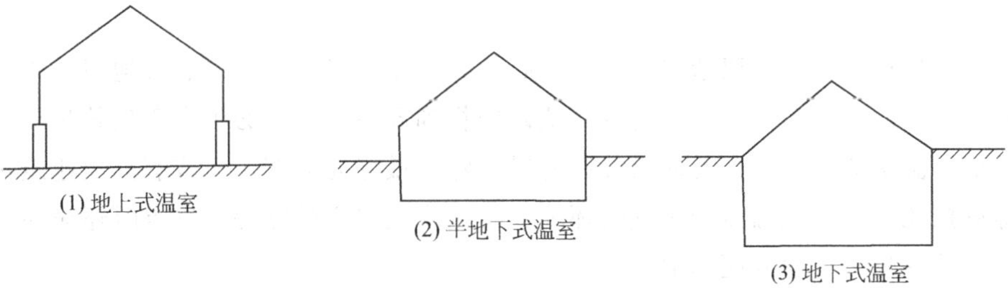

图 4-2　温室相对于地面的位置

7. 依温室建筑材料划分

（1）土温室　墙壁用泥土筑成，屋顶上面主要材料也为泥土，其他各部分结构为木材，采光面最早为纸窗，目前常用玻璃窗和塑料薄膜。只限于北方冬季无雨季节使用。

（2）木结构温室　屋架及门窗框等都为木制。木结构温室造价低，但使用几年后，温室密闭度常降低。使用年限一般 15～20 年。

（3）钢结构温室　柱、屋架、门窗框等结构均用钢材制成，可建筑大型温室。钢材坚固耐久，强度大，用料较细，支撑结构少，遮光面积较小，能充分利用日光。但造价较高，容易生锈，由于热胀冷缩常使玻璃面破碎。一般可用 20～25 年。

（4）钢木混合结构温室　除中柱、衍条及屋架用钢材外，其他部分都为木制。由于温室主要结构应用钢材，可建较大的温室，使用年限也较久。

（5）铝合金结构温室　结构轻，强度大，门窗及温室的结合部分密闭度高，能建大型温室。使用年限很长，可用 25～30 年，但是造价高，是目前大型现代化温室的主要结构类型之一。

（6）钢铝混合结构温室　柱、屋架等采用钢制异形管材结构，门窗框等与外界接触部分是铝合金构件。这种温室具有钢结构和铝合金结构二者的长处，造价比铝合金结构的低，是大型现代化温室较理想的结构。

4.2.2　温室设计与建造

设计温室的基本依据是花卉作物的生态要求。温室设计是否科学和实用，主要是看它能否最大限度地满足花卉生长发育所要求的各项条件。目前，除大型观赏性温室和特殊植物的专类温室对温室的外观和结构设计有较高的要求或特殊要求外，一般园艺生产中所用的温室，专业温室生产厂家均可根据温室使用者提出的基本要求，提供温室的具体设计和配置，包括温室的外形、结构材料、覆盖材料、温室气候控制系统、温室灌溉系统等，并负责指导安装。

一个完整的温室系统通常有以下几个组成部分：温室的建筑结构、覆盖材料、通风设备、降温设备、保温节能设备、遮光/遮阳设备、加热设备、加湿设备、空气循环设备、二氧化碳施肥设备、人工光照设备、栽培床/槽、灌溉施肥设备、防虫设备、气候控制系统等。

在决定建造温室时，需要考虑注意以下几方面的问题。

(1) 要有足够的土地面积　除温室所占的土地外，还要考虑温室辅助用地的面积。不同类型的温室要求的辅助用地面积不同，要根据温室生产的性质具体确定。一般情况下，辅助设施用地面积为温室占用面积的10%，生产温室规模越小，辅助用地面积的比例相对越高。

(2) 温室建造的位置　建造温室的地点必须有充足的光照，不可有其他建筑物及树木遮阴。温室南面、西面、东面的建筑物或其他遮挡物到温室的距离必须大于建筑物或遮挡物高度的2.5倍。温室的北面和西北面最好有防风屏障，最好北面有山，或有高大建筑物，或有防风林等遮挡北风，形成温暖的小气候环境，可以降低温室的能耗。选点时还应注意选择水源便利、水质优良、交通方便的地方。

(3) 气候条件　影响温室应用的首要限制因子是冬季的温度和光照强度。冬季多雾、严寒的地区基本上不具备温室生产的条件。高纬度地区光照条件越好，对温室作物冬季生产越有利，特别是对光照要求较高的花卉。夏季的温度也影响了温室花卉的生产，夏季高温给温室的降温带来困难，尤其是在高温、高湿的气候条件下。冬季不冷、夏季不热、冬季光照强度高的地区是发展温室花卉生产的最佳区域。

(4) 温室的排列　进行大规模花卉生产，对于温室的排列及冷床、温床、荫棚等附属设备的设置，应有全面的规划。首光要避免温室之间互相遮阴，但不可相距过远，在互不遮阴的前提下，温室间的距离越近越有利。温室的合理距离决定于温室的高度及地理纬度的不同。当温室为东西向延长时，南北两排温室间的距离通常为温室高度的2倍；当温室为南北向延长时，东西两温室之间的距离应为温室高度的2/3。温室高度不等时，高的温室应设置在北面，矮的设置在南面，工作室及锅炉房应设在温室的北面或东西两侧。温室排列时，要注意温室之间及温室与其他辅助设施（如工作室、贮藏室、荫棚等）尽量在同一平面，避免有台阶，影响温室与辅助设施间的运输。

(5) 温室屋面倾斜度和温室朝向　太阳辐射是温室的基本热量来源之一，能否充分利用太阳辐射热，是衡量温室性能的重要标志。温室吸收太阳辐射能量的多少，取决于太阳的高度角和南向温室屋面的倾斜角度。太阳高度角一年之中是不断变化的，而温室的利用多以冬季为主，在北半球，通常以冬至中午太阳的高度角为确定南向温室屋面倾斜角度的依据。温室南向屋面的倾斜角度不同，太阳辐射强度有显著的差异，以太阳光投向屋面的投射角为90°时最大。在北京地区，为了既要便于在建筑结构上易于处理，又要尽可能多地吸收太阳辐射，透射到南向温室屋面的太阳光线投射角应不小于60°，南向温室屋面的倾斜角应不小于33.4°。南北向延长的双屋面温室，屋面倾斜角度的大小在中午前后与太阳辐射强度关系不大，但为了上午和下午能更多地接受太阳的辐射能量，屋面倾斜角度不宜小于30°。

4.2.3　几种温室的特点

(1) 单屋面温室　仅有一个向南倾斜的透光屋面，构造简单，小面积温室多采用此种形式。一般跨度3～7m，屋面倾斜角度较大，可充分利用冬季和早春的太阳辐射，温室北墙可以阻挡冬季的西北风，适宜在北方严寒地区使用。通常北墙高200～300cm，南墙高60～90cm，有的不设南墙。冬季温室外部一般设有保温材料（保温被、草苫），用于夜间保温。

单屋面温室光线充足，保温良好，结构简单，建造容易。但该类温室土地利用率及温室空间利用率均较低，且温室中的植物常向光弯曲，所以要经常进行转盆以调整株态。

（2）双坡面温室　这种温室因有两个相等的屋面，因此室内受光均匀。通常建筑较为宽大，一般跨度600～1000cm，也有达1500cm的。主要特点是温室内的温度和湿度不易受到外界环境的影响，有较大的稳定性。温室有较高栽培床时，四周矮墙的高度为60～90cm；采用低栽培床时，四周矮墙高40～50cm。采光屋面倾斜角度较单屋面温室小，一般为28°～35°。由于采光屋面较大，散热较多，必须有完善的加温设备。为利于采光，双屋面单栋温室在高纬度地区（>40°N）宜采用东西延长方向，低纬度地区采用南北延长方向。

（3）连栋温室　连栋温室除结构骨架外，一般所有屋面与四周墙体都为透明材料，温室内部可根据需要进行空间分割。在冬季北风较强的地区，为提高温室的保温性，温室的北墙可选用保温性能强的不透明材料。国际上，大型、超大型温室皆属此类。连栋温室的土地利用率高，光照强，内部作业空间大，一般自动化程度较高，可以实现规模化、工厂化生产，也便于机械化、自动化管理。

4.2.4 温室环境的调控及调控设备

4.2.4.1 降温系统

温室中常用的降温设施有自然通风系统、强制通风系统、遮阳网、湿帘-风机降温系统、微雾降温系统。

（1）自然通风和强制通风降温

① 自然通风降温　温室的自然通风主要是靠开窗来实现的。简易温室和日光温室一般用人工掀起部分塑料薄膜进行通风，而大型温室则设有相应的通风装置。自然通风适于高温、高湿季节的通风及寒冷季节的微弱换气。

② 强制通风降温　利用排风扇作为换气的主要动力，强制通风降温。由于设备和运行费用较高，主要用于盛夏季节需要蒸发降温，或开窗受到限制、高温季节通风不良的温室。排风扇一般与水帘结合使用，组成水帘-风扇降温系统。当强制通风不能达到降温目的时，水帘开启，启动水帘降温。

（2）蒸发降温　蒸发降温是利用水蒸发吸热来降温，同时提高空气湿度。蒸发降温过程中必须保证温室内外空气流动，将温室内高温、高湿的气体排出温室并补充新鲜空气。目前采用的蒸发降温方法有湿帘-风机降温和喷雾降温。

① 湿帘-风机降温　湿帘-风机降温系统由湿帘箱、循环水系统、轴流风机、控制系统4部分组成。降温效率取决于湿帘的性能，湿帘必须有非常大的表面积与流过的空气接触，以便空气和水有充分的接触时间，使空气达到近水饱和。湿帘材料要求有强吸附水的能力、强通风透气的能力及多孔性和耐用性。国产湿帘大部分是由压制成蜂窝结构的

纸制成的。

② 喷雾降温　喷雾降温是直接将水以雾状喷在温室的空中，雾粒直径非常小，只有50～90μm，可在空气中直接汽化，雾滴不落到地面。雾粒汽化时吸收热量，降低温室温度，其降温速度快，蒸发效率高，温度分布均匀，是蒸发降温的最好形式。喷雾降温效果很好，但整个系统比较复杂，对设备的要求很高，造价及运行费用都较高。

(3) 遮阳网降温　遮阳网降温是利用遮阳网减少进入温室内的太阳辐射，起到降温效果。遮阳网还可以防止夏季强光、高温条件下导致的一些阴生植物叶片灼伤，缓解强光对植物光合作用造成的光抑制。遮阳网遮光率的变化范围为25%～75%，与网的颜色、网孔大小和纤维粗细有关。遮阳网的形式多种多样，目前常用的遮阳材料，主要是黑色或银灰色的聚乙烯薄膜编网，遮阴率为45%～85%。欧美一些国家生产的遮阳网形式很多，有内用、外用各种不同遮阴率的遮阳网及具遮阳和保温双重作用的遮阴幕，多为铝条和其他透光材料按比例混编而成，既可遮挡又可反射光线。

4.2.4.2　保温、加温系统

(1) 保温设备　一般情况下，温室通过覆盖材料散失的热量损失占总散热量的70%，通风换气及冷风渗透造成的热量损失占20%，通过地下传出的热量损失占10%以下。因此，提高温室保温性途径主要是增加温室围护结构的热阻，减少通风换气及冷风渗透。

① 室外覆盖保温设备　包括草苫、纸被、棉被及特制的温室保温被。多用于塑料棚和单屋面温室的保温，一般覆盖在设施透明覆盖材料外表面。傍晚湿度下降时覆盖，早晨开始升温时揭开。

② 室内保温设备　主要采用保温幕。保温幕一般设在温室透明覆盖材料的下方，白天打开进光，夜间密闭保温。连栋温室一般在温室顶部设置可移动的保温幕（或遮阳/保温幕），人工、机械开启或自动控制开启。保温幕常用材料有无纺布、聚乙烯薄膜、真空镀铝薄膜等。

(2) 加温系统　温室的采暖方式主要有热水加温、热风加温、电加温和红外线加温等。

① 热水加温　热水加温系统由热水锅炉、供热管道和散热设备3个基本部分组成。优点是温室内温度稳定、均匀，系统热惰性大，温室采暖系统发生紧急故障，临时停止供暖时，2h内不会对作物造成大的影响；缺点是系统复杂，设备多，造价高，设备一次性投资较大。

② 热风加温　热风加温系统由热源、空气换热器、风机和送风管道组成。热风加温系统的热源可以是燃油、燃气、燃煤装置或电加温器，也可以是热水或蒸汽。蒸汽、电热或热水式加温装置的空气换热器安装在温室内，与风机配合直接提供热风。燃油、燃气的加温装置安装在温室内，燃烧后的烟气排放到室外大气中。燃煤热风炉一般体积较大，使用中也比较脏，一般都安装在温室外面。为了使热风在温室内均匀分布，由通风机将热空气送入均匀分布在温室中的通风管中。

热风加温系统的优点是温度分布比较均匀，热惰性小，易于实现快速温度调节，设备投资少；缺点是运行费用高，温室较长时，风机单侧送风压力不够，造成温度分布不均匀。

③ 电加温　电加温系统一般用于热风供暖系统。另外一种较常见的电加温方式是将电热线埋在苗床或扦插床下面，用以提高地温，主要用于温室育苗。电能是最方便清洁的能源，但电能本身比较贵，因此只作为临时加温措施。

④ 红外线加温　利用辐射加热器释放的红外线直接对温室内空气、土壤和植物加热。此加热方法的优点是升温快，效率高，设备运行费用低，叶面不易结露，对光合、呼吸和蒸腾作用有明显效果。

4.2.4.3　补光设备

补光的目的一是延长光照时间，二是在自然光照强度较弱时，补充一定光强的光照，以促进植物生长发育，提高产量和品质。补光方法主要是用电光源补光。

用于温室补光的理想的人造光源要求要有与自然光照相似的光谱成分，或光谱成分近似于植物光和有效辐射的光谱；要有一定的强度，能使床面光强达到光补偿点以上和光饱和点以下，一般在 30~50klx，最大可达 80klx。补光量依植物种类、生长发育阶段以及补光日的来确定。用于温室补光的光源主要有白炽灯、荧光灯、高压汞灯、金属卤化物灯、高压钠灯。它们的光谱成分不同，使用寿命和成本也有差异。

在短日照条件下，给长日照植物进行光周期补光时，按产生光周期效应有效性的强弱，各种电光源可以排列如下：白炽灯＞高压钠灯＞金属卤化灯＝冷白色荧光灯＝低压钠灯＞汞灯。

荧光灯在欧美温室生产中广泛应用于温室种苗生产，很少用于成品花卉生产。金属卤化物灯和高压钠灯在欧美国家广泛应用于花卉和蔬菜的光合补光。

除用电灯补光外，在温室的北墙上涂白或张挂反光板（如铝板、铝箔或聚酯镀铝薄膜）将光线反射到温室中后部，可明显提高温室内侧的光照强度，有效改善温室内的光照分布。

4.2.4.4　防虫网

温室是一个相对密闭的空间，室外昆虫进入温室的主要入口为温室的顶窗和侧窗，防虫网就设于这些开口处。防虫网可以有效地防止外界植物害虫进入温室，使温室中的农作物免受病虫害的侵袭，减少农药的使用。安装防虫网要特别注意防虫网网孔的大小，并选择合适的风扇，保证使风扇能正常运转，同时不降低通风降温效率。

4.2.4.5　CO_2 施肥系统

现代化的温室生产中一般配备 CO_2 发生器，结合 CO_2 浓度检测和反馈控制系统进行 CO_2 施肥，施肥浓度一般为 600～1500μmol/mol，绝不能超过 5000μmol/mol。浓度达到 5000μmol/mol 时，人会感到乏力、不舒服。目前，中国的蔬菜生产中已经常采用化学反应产生 CO_2，但在花卉生产中还很少采用。

4.2.4.6　施肥系统

在设施生产中多利用缓释性肥料和营养液施肥。营养液施肥广泛地应用于无土栽培中，无论采取基质栽培还是无基质栽培，都必须配备施肥系统。施肥系统可分为开放式（对废液不进行回收利用）和循环式（回收废液，进行处理后再行使用）两种。施肥系统一般是由贮液槽、供水泵、浓度控制器、酸碱控制器、管道系统和各种传感器组成。施肥设备的配置与供液方法的确定要根据栽培基质、营养液的循环情况及栽培对象而定。自动施肥系统可以根据预设程序自动控制营养液中各种母液的配比、营养液的 EC 值和 pH 值、每天的施肥次数及每次施肥的时间。营养液施肥系统一般与自动灌溉系统结合使用。

4.2.4.7　灌溉设备

灌溉系统是温室生产中的重要设备，目前使用的灌溉方式大致有人工浇灌、漫灌、喷灌

(移动式和固定式)、滴灌、渗灌等。前两者为较原始的灌溉方式，无法精确控制灌溉的水量，也无法达到均匀灌溉的目的，常造成水肥的浪费。人工灌溉现在多只用于小规模花卉生产。后几种方式多为机械化或自动化灌溉方式，可用于大规模花卉生产，容易实现自动控制灌溉。

4.3 其他栽培设施

4.3.1 塑料大棚

塑料大棚简称大棚，是中国20世纪60年代发展起来的保护地设施，与玻璃温室相比，具有结构简单、一次性投资少、有效栽培面积大、作业方便等优点，是目前常用的花卉生产设施。

塑料大棚以单层塑料薄膜作为覆盖材料，全部依靠日光作为能量来源，冬季不加温。塑料大棚的光照条件比较好，光照时间长，分布均匀，无死角阴影；大棚散热面大，夜间没有保温覆盖，且没有加温设备，所以棚内的气温直接受外界自然条件的影响，季节差异明显，且日变化较棚外剧烈。塑料大棚密封性强，棚内空气湿度较高，晴天中午，温度会很高，需要及时通风降温、降湿。

塑料大棚在北方只是临时性保护设施，常用于花卉的春提前、秋延后生产。但在长江以南可用于一些花卉的周年生产。大棚还用于播种、扦插及组培苗的过渡培养等，与露地育苗相比具有出苗早、生根快、成活率高、生长快、种苗质量高等优点。

塑料大棚一般南北延长，长30～50m，跨度6～12m，脊高1.8～3.2m，占地面积180～600m^2，主要由骨架和透明覆盖材料组成，棚膜覆盖在大棚骨架上。大棚骨架由立柱、拱杆(架)、拉杆（纵梁)、压杆（压膜绳）等部件组成（图4-3)。棚膜一般采用塑料薄膜，目前生产中常用的有聚氯乙烯（PVC)、聚乙烯（PE)。乙烯-醋酸乙烯共聚物（EVA）膜和氟质塑料（F-clean）也逐步用于设施花卉生产。

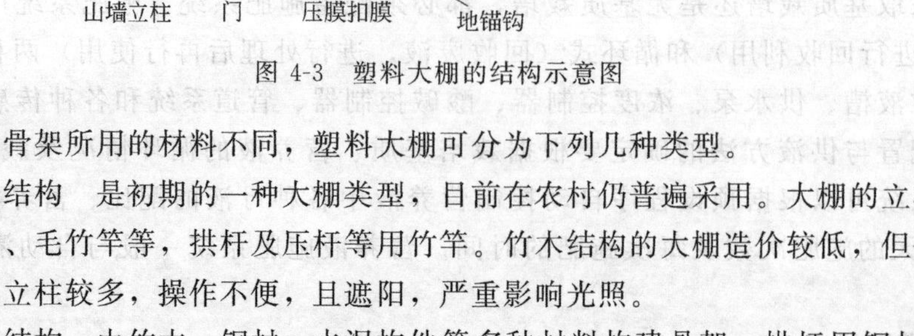

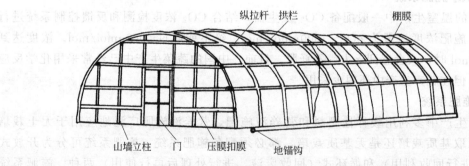

图4-3 塑料大棚的结构示意图

根据大棚骨架所用的材料不同，塑料大棚可分为下列几种类型。

(1) 竹木结构 是初期的一种大棚类型，目前在农村仍普遍采用。大棚的立柱和拉杆使用的是硬杂木、毛竹竿等，拱杆及压杆等用竹竿。竹木结构的大棚造价较低，但使用年限较短，又因棚内立柱较多，操作不便，且遮阳，严重影响光照。

(2) 混合结构 由竹木、钢材、水泥构件等多种材料构建骨架。拱杆用钢材或竹竿等，主柱用钢材或水泥柱，拉杆用竹木、钢材等。该种大棚既坚固耐久，又节省钢材，造价较低。

（3）钢结构　大棚的骨架采用轻型钢材焊接成单杆拱、桁架或三角形拱架或拱梁，并减少立柱或没有立柱。这种大棚抗风雪力强，坚固耐久，操作方便，是目前主要的棚型结构，但造价较高，钢材容易锈蚀，需定期防锈维护或采用热浸镀锌钢材。

（4）装配式钢管结构　主要构件采用内外热浸镀锌薄壁钢管，然后用承插、螺钉、卡销或弹簧卡具连接组装而成。所有部件由工厂按照标准规格，进行专业生产，配套安装。目前常用的有 6m、8m、10m 及 12m 跨度的大棚。该类大棚的特点是规格标准、结构合理、耐锈蚀、安装拆卸方便、坚固耐用。

4.3.2　风障

风障是用秸秆或草席等材料做成的防风设施，是中国北方常用的简单保护设施之一。在花卉生产中多与冷床或温床结合使用，可用于耐寒的二年生花卉越冬，一年生花卉提早播种和开花。南方地区少用。

4.3.2.1　风障的作用

风障的防风效能极为显著，能使风障前近地表气流比较稳定，一般能削弱风速 10%～50%；风速越大，防风效果越显著。风障的防风范围为风障高度的 8～12 倍，风障设置排数越多，效果越好。

风障能充分利用太阳辐射能，提高风障保护区的地温和气温。由于风障增加了接受太阳辐射的面积，使太阳照射在风障上的辐射热扩散于风障前，因此风障前的温度比较容易保持。一般风障南面的夜间气温较开阔地高 2～3℃，白天高 5～6℃，距风障愈近温度越高。在风障保护下的耐寒花卉，如芍药、鸢尾等可提早花期 10～15d。风障的增温效果在有风的晴天最显著，无风晴天次之，阴天则不显著。

风障还有减少水分蒸发和降低相对湿度的作用，形成良好的小气候环境。在中国北方冬春晴朗多风的地区，风障是一种常用的保护地栽培设施，但在冬季光照条件差，多南向风或风向不定的地区不适用。

4.3.2.2　风障的设置

依结构不同，风障分为有披风风障和无披风风障两种，前者防寒作用大。花卉栽培常用有披风风障（图 4-4），由篱笆、基埂、披风 3 部分组成。篱笆是风障的主体，高度为2.5～3m，一般由芦苇、高粱秆、玉米秸、细竹等构成；基埂是篱笆基部北面筑起来的土埂，一般高约 20cm，用以固定篱笆，也能增强保温效能；披风是附在篱笆北面的柴草层，用来增强防风、保温功能，其基部与篱笆一并埋入土中，中部用横杆缚于篱笆之上，高度 1.3～1.7m。

具体设置方法是在地面上东西向挖宽约 30cm 的沟，栽入篱笆后填土压实，在距地面约 1.8m 处扎一横杆，加基埂。披风可晚半月加上。建成后的篱笆向南倾斜，与地面夹角 75°～80°。相邻两个风障间的距离以其高度的 2 倍为宜，相距过近妨碍日照，相距过远又降低防寒效果。由多个风障组成的风障群，其防护功能更强。在大规模花卉栽培中，常设置许多排风障组成风障

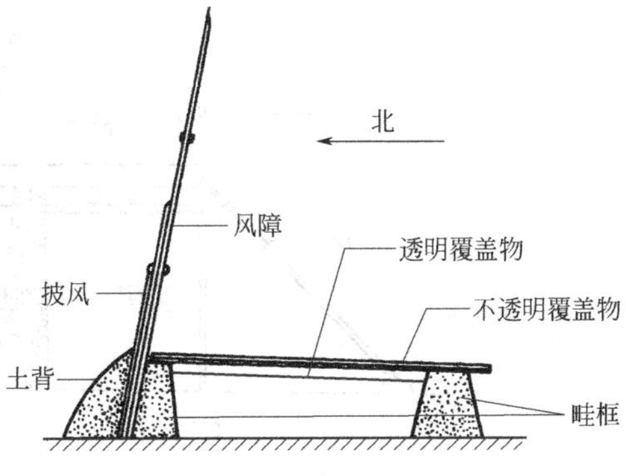

图 4-4　抢阳阳畦

区。为进一步增强防风保温效果，通常还在风障区的东、西两面埋设围篱。

在北京地区，一般在 10 月底至 11 月初设置风障，次年 3 月下旬天转暖时去掉披风，以利于通风，4 月上旬至 4 月下旬，只留最北面一排风障，余者拆除，到 5 月上旬可全部拆除。

4.3.3 冷床和温床

冷床和温床是花卉栽培常用的设备。冷床只利用太阳辐射热以维持一定的温度。温床除利用太阳辐射热外，还需人工加热以补充太阳辐射的不足，两者在形式和结构上基本相同。

冷床和温床在花卉生产中一般用于以下两种方式。

① 露地花卉促成栽培　如春播花卉提前播种提早开花，球根花卉（如水仙、百合、风信子、郁金香等）的冬春季促成栽培。

② 二年生草花和半耐寒盆花的保护性越冬　在北京地区，雏菊、金盏菊、三色堇等“五一”花卉的生产一般要用到冷床或温床；在长江流域地区，天竺葵、小苍兰、万年青、芦荟等半耐寒花卉可在冷床中保护越冬。另外，温床和冷床还可用于温室或温床生产的幼苗的过渡性栽培，以及秋冬季节木本花卉的硬枝扦插。

4.3.3.1 冷床

冷床是不需人工加热而只利用太阳辐射维持一定温度，使植物安全越冬或提早栽培繁殖的栽植床，它是介于温床和露地栽培之间的一种保护地类型，又称“阳畦”。冷床广泛用于冬春季节日光资源丰富而且多风的地区，主要用于二年生花卉的保护越冬及一、二年生草花的提前播种，耐寒花卉的促成栽培及温室种苗移栽露地前的锻炼期栽培。

冷床分为抢阳阳畦和改良阳畦两种类型。

(1) 抢阳阳畦　由风障、畦框及覆盖物三部分组成。风障的篱笆与地面夹角约 70°，向南倾斜，土背底宽 50cm、顶宽 20cm、高 40cm。畦框经过叠垒、夯实、铲削等工序，一般北框高 35～50cm，底宽 40cm，顶宽 20cm；南框高 25～40cm，底宽 30～40cm，顶宽 25cm，形成南低北高的结构。畦宽一般约 1.6m，长 5～6m。覆盖物常用玻璃、塑料薄膜、蒲席等。白天接受日光照射，提高畦内温度，傍晚，透光覆盖材料上再加不透明的覆盖物，如蒲席、草苫等保温。

(2) 改良阳畦　由风障、土墙、棚架、棚顶及覆盖物组成（图 4-5）。风障一般直立；墙高约 1m，厚 50cm；棚架由木质或钢质柱、柁构成，前柱长 1.7m，柁长 1.7m；棚顶由棚架和泥顶两部分组成，在棚架上铺以芦苇、玉米秸秆等，上覆 10cm 左右厚土，最后以草

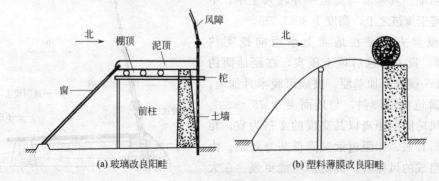

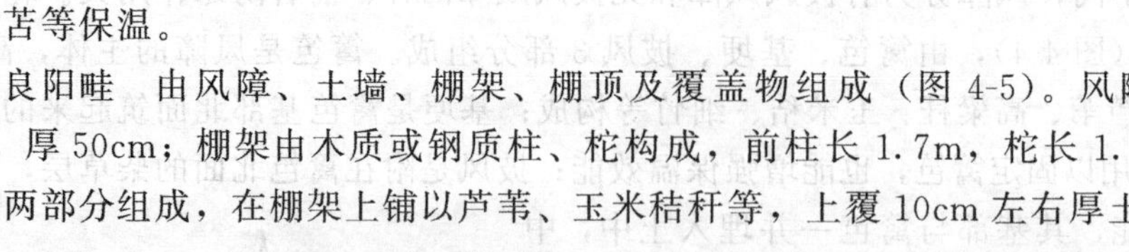

图 4-5　改良阳畦

泥封裹；覆盖物以玻璃、塑料薄膜为主。建成后的改良阳畦前檐高 1.5m，前柱距土墙和南窗各为 1.33m，玻璃倾角 45°，后墙高 93cm，跨度 2.7m。用塑料薄膜覆盖的改良阳畦不再设棚顶。

抢阳阳畦和改良阳畦均有降低风速、充分接收太阳辐射、减少蒸腾、降低热量损耗、提高畦内温度等作用。冬季晴天，抢阳阳畦内的平均温度要比露地高 13～15.5℃，有玻璃覆盖的阳畦夜间最低温度为 2～3℃，改良阳畦较抢阳阳畦又高 4～7℃，增温效果相当显著，而且日常可以进入畦内管理，应用时间较长，应用范围也比较广。但在春天气温上升时，为防止高温窝风，应在北墙开窗通风。阳畦内温度在晴天条件下可保持较高，但在阴天、雪天等没有热源的情况下，阳畦内的温度会很低。

4.3.3.2 温床

温床除利用太阳辐射外，还需人为加热以维持较高温度，供花卉促成栽培或越冬之用，是中国北方地区常用的保护地类型之一。温床保温性能明显高于冷床，是使不耐寒花卉越冬，一年生花卉提早播种，二年生花卉促成栽培的简易设施。温床建造宜选在背风向阳、排水良好的场所。

温床由床框、床孔及玻璃窗（也可用塑料薄膜代替）3 部分组成。

（1）床框　长约 4m，宽 1.3～1.5m，框板厚约 5cm，前框高 20～25cm，后框高30～50cm。为了操作方便，通常做成组合式，即长 4m 的床框上盖有 1m 宽的玻璃窗四块，在床框上缘每距 1m 设椽木一条，中间开沟，以使雨水随沟流向床外。

（2）床孔　是床框下面挖出的空间，是发酵温床填入酿热物的处所。床孔大小与床框一致，其深度依床内所需温度及酿热物填充量而定。为使床内温度均匀，通常中部较浅，周围较深。

（3）玻璃窗　用以覆盖床面，一般宽约 1m，窗框宽 5cm，厚 4cm，窗框中部设椽木1～2 条，宽 2cm，厚 4cm，上嵌玻璃，上下玻璃重叠约 1cm，成覆瓦状。为了便于调节，常用撑窗板调节开窗的大小。撑窗板长约 50cm，宽约 10cm。床框及窗框通常涂以油漆或桐油防腐。

温床加温可分为发酵热和电热两类。发酵物依其发酵速度的快慢可分为两类：马粪、鸡粪、蚕粪、米糠及油饼等发热快，但持续时间短；稻草、落叶、猪粪、牛粪及有机垃圾等发酵慢，但发热持续时间长。在实际应用中，可将两类发酵物配合使用。在填入酿热物时，要在底层先铺树叶等隔温层，厚约 10cm，然后将酿热物逐次填入，每填 10～15cm，要踏实一次，并加适量人粪尿或水，促其发酵。全部填完后覆土。电热温床选用外包耐高温的绝缘塑料、耗电少、电阻适中的加热线作为热源，发热 50～60℃。在铺设线路前先垫以 10～15cm 厚的煤渣等，再盖以 5cm 厚的河沙，加热线以 15cm 间隔平行铺设，最后覆土。温度可用控温仪来控制。

发酵温床由于设置复杂，温度不易控制，现已很少采用。电热温床具有可调温、发热快、可长时间加热，并且可以随时应用等特点，因而采用较多。目前，电热温床常用于温室或塑料大棚中。

4.3.4 地窖

地窖又称冷窖，是不需人为加温的用来贮藏植物营养器官或植物防寒越冬的地下设施。冷窖是植物材料越冬的最简易的临时性或永久性保护场所，在北方地区应用较多。冷窖具有保温性能较好、建造简便易行的特点。建造时，从地面挖掘至一定深度、大小，而后作顶。冷窖通常用于北方地区贮藏不能露地越冬的多年生草本花卉及一些冬季落叶的半耐寒花木，如石榴、无花果、蜡梅等，也可用来贮藏如大丽花块根、风信子鳞茎等。

冷窖依其与地表面的相对位置，可分为地下式和半地下式两类。地下式的窖顶与地表面持平；半地下式窖顶高出地表面。地下式地窖保温良好，但在地下水位较高及过湿地区不宜采用。

不同植物材料对冷窖的深度要求不同。一般用于贮藏花木植株的冷窖较浅，深度1m左右；用于贮藏营养器官的较深，达2～3m。窖顶结构有人字式、单坡式和平顶式3类。人字式出入方便；单坡式由于南低北高，保温性能较好。窖顶建好后，上铺以保温材料，如高粱秆、玉米秸、稻草等10～15cm，其上再覆土30cm厚封盖。

冷窖在使用过程中，要注意开口通风。有出入口的活窖可打开出入口通气，无出入口的死窖应注意逐渐封口，天气转暖时要及时打开通气口。气温越高，通气次数应越多。另外，植物出入窖时，要锻炼几天再行封顶或出窖，以免造成伤害。

4.3.5 荫棚

荫棚也是花卉栽培与养护中必不可少的设施。大部分温室花卉在夏季出温室后，均需置于荫棚下养护，夏季花卉的嫩枝扦插及播种等也需在荫棚下进行，一部分露地栽培的切花花卉如有荫棚保护，可获得比露地栽培更好的效果。

荫棚的种类和形式很多，可大致分为永久性与临时性两类。永久性荫棚多用于温室花卉栽培，临时性荫棚多用于露地繁殖床及切花栽培。在江南地区栽培杜鹃花等时，常设永久性荫棚；栽培兰花也需要设置永久性的专用荫棚。荫棚按使用性质可分为生产荫棚和展览荫棚。

永久性荫棚多设在温室附近地势高燥、通风和排水良好的地方，一般高2.0～2.5m。用钢管或钢筋混凝土柱做成主架，棚架上覆盖竹帘、苇帘或遮阳网等。为避免上午和下午的太阳光进入棚内，荫棚的东西两端还要设荫帘，其下缘要离地50cm以上，以便通风。荫棚的遮光程度根据植物的不同要求而定，可选用不同遮光率的遮荫网来达到不同的要求。

露地扦插床及播种床所用的荫棚多较低矮，通常高度为0.5～1m，一般为临时性荫棚。临时性荫棚多以木材构成主架，用竹帘、苇帘或遮荫网覆盖。

在具有特殊要求的情况下，可以设置可移动性荫棚，这种荫棚多是为了在中午高温、高光照期间遮去强光并利于降温，同时又有效地利用早晚的光照。大型的现代化连栋温室的外遮荫系统即是此类，这种系统通常由一套自动、半自动或手动机械转动装置来控制遮荫幕的开启。

4.4 花卉栽培的容器

4.4.1 栽培床（槽）

主要用于各类保护地中。

栽培床通常直接建在地面上。根据温室走向和所种植花卉的需求而定，一般是沿南北方向用砖在地面上砌成一长方形的槽，槽壁高约30cm，内宽80～100cm，长度不限。也有的将床底抬高，距地面50～60cm，槽内深25～30cm。床体材料多采用混凝土，现在也常用硬质塑料板折叠成槽状，或用发泡塑料或金属材料制成。

在现代化温室中，一般采用可移动式栽培床。床体用轻质金属材料制成，床底部装有“滚轮”或可滚动的圆管用以移动栽培床。使用移动式苗床时，可以只留一条通道的空间，通常宽 50～80cm，通过苗床滚动平移，可依次在不同的苗床上操作。使用移动式苗床可以利用温室面积达 86%～88%，而设在苗床间固定通道的温室的利用面积只占 62%～66%，提高温室利用面积意味着增加了产量。

移动式栽培床一般用于周期较短的盆花和种苗的生产。栽培槽常用于栽植期较长的切花栽培。

不论何种栽培床（槽），在建造和安装时，都应注意：①栽培床底部应有排水孔道，以便及时将多余的水排掉；②床底要有一定的坡度，便于多余的水及时排走；③栽培床宽度和安装高度的设计，应以有利于人员操作为准。一般情况下，如果是双侧操作，床宽不应超过 180cm，床高不应超过 90cm。

4.4.2 花盆

种植花卉的花盆形式多样，大小不一。花卉生产者或养花人士可以根据花卉的特性和需要以及花盆的特点选用花盆。

(1) 瓦盆　又称泥盆、素烧盆。用黏土烧制而成，有红色和灰色两种。虽质地粗糙，但有良好的通气、排水性能，适合花卉的生长。虽价格低廉，但笨重、易碎，不利于长途运输，目前用量逐年减少。

(2) 紫砂盆　又称陶盆。制作精巧，古朴大方，规格齐全，但其透水、透气性能不及瓦盆。它用于栽植喜湿润的花木，也可用作套盆。

(3) 瓷盆　瓷泥制成，外涂彩釉。工艺精致，洁净素雅，造型美观。缺点是排水透气不良。多用作瓦盆的套盆，用来装点室内或展览花卉。

(4) 釉陶盆　在陶盆上涂以各色彩釉，外形美观，形式多样。内外上釉的陶盆排水透气性差。还有一种只在外壁上釉的陶盆，由于内壁无釉保持了瓦盆的本质，兼具外形的美观与内在的疏水透气性，更适合长期摆放与栽种。

(5) 塑料盆　用聚氯乙烯按一定模型制成。这类盆质料轻巧、造型多变、色彩丰富、价格便宜、使用方便、经久耐用。但因制作材料结构较紧密，盆壁孔隙很少，壁面不容易吸收或蒸发水分，所以排水、通气性能较差。用来养花，应注意培养土的物理性状。在育苗阶段，常用小型软质的塑料盆（营养钵），使用方便。

(6) 玻璃钢花盆　又称 FRP 花盆，纹理由泥雕塑或开模而成。款式多样，坚固耐用，不变形，耐腐蚀。规格齐全。表面可做各种颜色效果。

(7) 菱镁花盆　混合氧化镁和卤水，添加改性剂，将混合好的料浆抹在玻璃网布上，制作需要的花盆。此花盆价格低廉、样式多样、坚固耐用。

(8) GRC 水泥花盆　此花盆比较笨重。花盆中水泥添加防腐、防冻、防腐蚀材料外加纤维布，坚固耐用，表面效果可做成喷真石漆效果等。

(9) 水养盆　盆底无排水孔，盆面阔大而较浅，专用于水生花卉盆栽。

4.4.3 育苗容器

花卉种苗生产中常用的育苗容器有穴盘、育苗盘、育苗钵等。

（1）穴盘　穴盘是用塑料制成的蜂窝状的有同样规格的小孔组成的育苗容器。盘的大小及每盘上的穴洞数目不等，规格128～800穴/盘。穴盘能保持种苗根系的完整性，节约生产时间、减少劳动力，提高生产的机械化程度，便于花卉种苗的大规模工厂化生产。常用的穴盘育苗机械有混料、填料设备和穴盘播种机。

（2）育苗盘　育苗盘也叫催芽盘，多由塑料铸成，也可以用木板自行制作。用育苗盘育苗有很多优点，如水分、温度、光照容易调节，便于种苗贮藏、运输等。

（3）育苗钵　育苗钵是指培育小苗用的钵状容器。按制作材料不同可分为两类：一类是塑料育苗钵，另一类是有机质育苗钵，是以泥炭为主要原料制作的。有机质育苗钵质地疏松，透气、透水，装满水后能在底部无孔情况下，40～60min内全部渗出；钵体在土壤中会迅速降解，不影响根系生长；移植时育苗钵可与种苗同时栽入土中，不会伤根，无缓苗期，成苗率高，生长快。

复 习 题

1. 简述保护地的概念、作用及特点。

2. 栽培设施主要有哪几种类型？各有何特点？

3. 在建造温室时需要考虑哪几方面的问题？

4. 温室环境的调控设备有哪些？

5. 目前花卉生产中常用的温室有哪几类？各有何特点？各适合哪些地区应用？在应用中应注意哪些问题？

6. 根据你所在地区的气候特点，对其花卉生产中应采用的栽培设施或温室类型提出建议，并说出你的理由。

第5章　花卉的繁殖

［教学目标］通过学习，掌握花卉种子繁殖、扦插繁殖、分生繁殖等繁殖方法的特点和技术要点，了解嫁接繁殖和压条繁殖、孢子繁殖、组织培养繁殖的特点和技术要点。

5.1　花卉繁殖概述

植物繁殖是用各种方式增加个体的数量，促使种族延续、群体扩大和生物界进化的过程与方法。在栽培植物中，人类以各种方法干预或促进其繁殖，不仅从数量上，而且从质量上保证繁殖对象所具有的特性不变，以满足人类的各种需要。在花卉生产中，繁殖是重要的一环。

花卉繁殖是花卉生产、种质资源保存、新品种选育的重要而不可或缺的手段，只有将种质资源保存下来，繁殖一定的数量，才能为园林应用及花卉选种、育种提供条件。不同种或品种的花卉，其繁殖方法和繁殖时期各有不同，在人类长期的探索和实践中，发现和总结了许多花卉繁殖的方法。对不同种花卉适时地应用正确的繁殖方法，不仅可以提高繁殖系数，不断扩大种群数量，使幼苗生长健壮，而且可以使花卉种类和品种越来越丰富。花卉繁殖的方法多种多样，通常可分为如下几类。

（1）有性繁殖　有性繁殖又称为种子繁殖、实生繁殖。种子植物的有性繁殖是经过减数分裂形成的雌、雄配子结合后产生合子，然后由合子发育成的胚再生长发育成新个体的过程。有性繁殖的后代，细胞中含有来自双亲各一半的遗传信息，故常有基因的重组，产生不同程度的变异，也有较强的生命力。有性繁殖具有简便、快速、量大的优点，也是新品种培育的常规手段。大部分一、二年生草花和部分多年生草花常采用种子繁殖，如翠菊、一串红、鸡冠花、金鱼草、百日草、金盏菊、三色堇、矮牵牛等。

（2）无性繁殖　无性繁殖又称为营养繁殖，是以植物细胞的全能性为基础，并在适当的生长条件下，通过花卉的营养器官或一部分组织细胞脱分化并恢复分生能力获得新植株的繁殖方法。通常包括扦插、嫁接、压条、分株及组织培养等方法。无性繁殖的植株由于是母体的分割部分，由体细胞经有丝分裂的方式增殖，不经过减数分裂与受精作用，遗传变异很少，一般都能保持母体固有的特性。

用无性繁殖产生的后代群体称为无性系或营养系，它在花卉生产中具有重要意义。许多观赏价值较高的花卉如菊花、大丽花、月季花、唐菖蒲、郁金香等，由于高度杂合，只有用无性繁殖才能保持品种的特性；另一些花卉不能产生种子，必须用无性繁殖，如香石竹、重瓣矮牵牛及其他重瓣花卉品种。

温室木本花卉、多年生花卉、多年生作一、二年栽培的花卉常用分生、扦插方法繁殖，如一品红、变叶木、金盏菊、矮牵牛、瓜叶菊等。仙人掌类及多浆植物也常采用扦插、嫁接繁殖。一般情况，无性繁殖是一种快速、简捷又能保持品种特性的繁殖方法。

（3）孢子繁殖　孢子是由苔藓、蕨类植物孢子体直接产生的，蕨类植物中的不少种类为重要的观叶植物，除采用分株繁殖外，也采用孢子繁殖。如荚果蕨、波斯顿肾蕨、铁线蕨等。

（4）组织培养　将植物体细胞、组织或器官的一部分，在无菌条件下接种到一定的培养基上，在培养容器内进行培养，从而得到新植株的方法（组织培养从根本上来说也是营养繁殖的一种方法）。许多花卉的组培繁殖已成为商品生产的主要育苗方法。

5.2 种子繁殖

在花卉栽培繁育实践中，绝大多数的一、二年生草本花卉、部分宿根花卉和木本花卉是靠种子进行繁殖。

① 种子繁殖（有性繁殖）的优点　种子来源广泛，受环境条件影响相对较小，且繁殖系数高，在短时间内能够产生大量幼苗，便于生产上的需要；种子细小质轻，采收、贮藏、运输、播种均较简便；实生苗生长旺盛，寿命长，对环境适应能力较强；新个体兼有母体的性状，通过性状筛选，可以选育新的品种。

② 种子繁殖（有性繁殖）的缺点　后代对母株的性状不能全部遗传，易出现变异，易丧失优良种性；木本花卉和某些多年生草本花卉用种子繁殖的实生苗开花结实晚，生产周期长；某些重瓣花卉品种，因不能产生发育正常的种子而无法进行有性繁殖，影响下一代的苗木生产。

5.2.1 种子的分类与优良种子的标准

5.2.1.1 种子的分类

花卉的种类及品种繁多，为了能够正确识别其种（子）实（果实），便于种子贮藏、防止品种混杂、清除杂草种子等工作的顺利进行，常对种子进行以下分类。

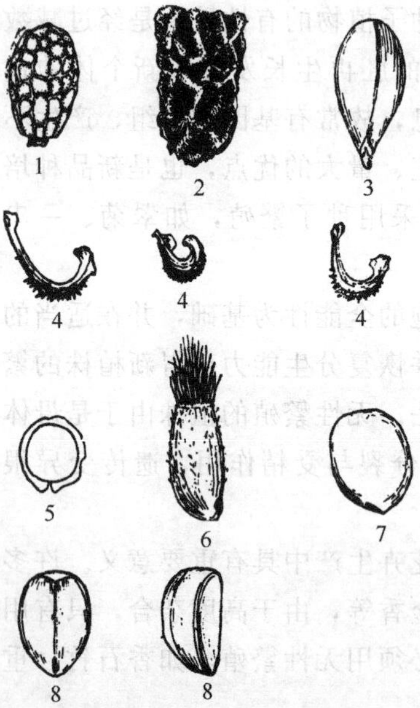

1-秋海棠：椭圆形，表面具网眼；
2-金鱼草：广卵形、上端平截，表面具网眼；
3-三色堇：倒卵形；
4-金盏：半月型、环型、船型；
5-紫罗兰：扁平圆形，具白色膜质边；
6-矢车菊：长圆形，具冠毛；
7-牡丹：椭圆至圆形；
8-牵牛：三棱状卵形

图 5-1　种实形状

（1）按粒径大小（以长轴为准）分类

① 大粒种子　粒径在 5.5mm 以上，如牵牛、紫茉莉、金盏菊等的种子。

② 中粒种子　粒径为 2.0～5.0mm，如紫罗兰、凤仙花等的种子。

③ 小粒种子　粒径为 1.0～2.0mm，如三色堇、报春花等的种子。

④ 微粒种子　粒径在 1.0mm 以下，如四季秋海棠、金鱼草等的种子。

（2）按种实形状分类　卵形（如紫茉莉）、球形（如凤仙花）、披针形（如天人菊）、披针状线形（如硫华菊）、扁圆形具翼（如蜀葵）、棒状（如美女樱）、三棱状卵形（如牵牛）、线形（如万寿菊）等（图 5-1）。

5.2.1.2 优良种子的标准

种子品质的优劣直接影响育苗的成功与否，在种苗繁育中，常常选择优良的种子进行播种，以便产生苗壮的幼苗，形成健壮的植株。一般情况下，衡量优良种子的标准为如下。

① 品种要纯正，符合该品种的优异特性，各性状指标较整齐。

② 发育充分、成熟饱满，有较高的发芽力及生活力。

③ 除有休眠特性的种子需要一定时间进行贮藏外，大部分种子越新鲜生活力也越强，所以优良种子往往是当年新采摘的种子。

④ 优良种子要纯净，杂物少，各表面物理性状基本一致。

⑤ 无病虫害和机械损伤，有安全贮藏的含水量。

5.2.2 花卉种子的寿命与贮藏

种子的寿命是指在一定的条件下能保持生活力的期限。种子寿命的终结以发芽力的丧失为标志。生产上一般把一批种子发芽率降低到原发芽率50%的时间定为种子群体的寿命。

种子采收后，由于种种原因不能立即播种或销售时，需要进行贮藏。

5.2.2.1 花卉种子的寿命

在自然条件下，花卉种子寿命的长短因种而异，差别很大，短的只几天，长的达百年以上。种子按寿命的长短，一般分为以下几类。

（1）短寿种子　寿命在3年以内的种子，常见于以下几类植物：有种子在早春成熟的树木，原产于高温、高湿地区无休眠期的植物，子叶肥大的植物，水生植物。有些观赏植物的种子如果不在特殊条件下保存，则保持生活力的时间不超过1年，如报春类、秋海棠类种子的发芽力只能保持数个月，非洲菊则更短。

（2）中寿种子　寿命在3～15年，大多数花卉是这一类。

（3）长寿种子　寿命在15年以上。这类种子以豆科植物最多，莲、美人蕉属及锦葵科某些种子寿命也很长。这类种子一般都有不透水的硬种皮，甚至在温度较高情况下也能保持其生活力。

5.2.2.2 影响种子寿命的因素

种子寿命的缩短是由种子自身衰败所引起的，是生物体存在的规律，是不可逆转的。

（1）影响种子寿命的内在因素

在相同的外界条件下，花卉种子寿命的长短存在着天然差别。同一种植物的种子，因为内在因素的变化，其寿命也会有很大的不同。一般情况下种子的寿命与种子的成熟度、种子的含水量及种皮好坏有很大关系。

一般来说，种子采收时成熟度越高，寿命越长。成熟、饱满、无病虫害的种子寿命较长。

种子含水量是影响种子寿命的重要因素。大多数种子含水量在5%～6%时寿命最长；含水量低于5%，细胞膜的结构易被破坏，加速种子的衰败；含水量达8%～9%易出现虫害；含水量达12%～14%则有利于真菌繁殖；含水量达13%～20%时易发热而败坏；达到40%～60%时，种子会发芽。常规贮存时，大多数种子含水量保持在5%～8%为宜。种子的完好程度也会影响到种子寿命。完好的种皮能够阻止水分和氧气通过，保持种子的休眠状态。受到机械损伤的种子易腐烂，从而影响种子寿命。

（2）影响种子寿命的环境因素

种子寿命的长短，除遗传因素外，也受环境条件的影响，主要有温度、湿度、氧气、光照和病虫害。

① 温度　温度高，种子呼吸作用强，贮藏物质消耗快，而且由于呼吸强度增加也导致蛋白质变性、酶的活性降低，因而缩短种子寿命；低温可以抑制种子的呼吸作用，延

长其寿命。含水量低的种子在低温下，能够长期的保持生活力，而含水量高的种子在低温下则会降低发芽率。实践证明，多数花卉种子在干燥密封后，贮存在1～5℃低温条件下为宜。

② 湿度　空气湿度对植物种子寿命的影响很大，不同种类的种子要求湿度不同。对多数花卉种子来说，空气湿度维持在30%～60%贮藏较为适宜。

③ 氧气　氧气可促进种子的呼吸作用，降低氧气含量能延长种子寿命。如将种子贮藏于其他气体中，也可以减弱氧气的作用，延长种子的寿命。但含水量高的种子存储时需要一定的氧气，否则因为呼吸不畅，造成腐烂。

④ 光照　多数种子需避光贮藏。有些花卉种实长时间暴露于强烈的日光下，会影响发芽力及寿命。

⑤ 病虫害　在种子贮藏中，虫、鼠和微生物等都直接危害种子，造成种子部分损伤，影响种子的寿命。

另外，空气湿度常和环境温度共同发生作用，影响种子寿命。多数草本花卉种子经过充分干燥，贮藏在低温下可以延长寿命；对于多数木本类种子，在比较干燥的条件下，容易丧失发芽力。

5.2.2.3 花卉种子的贮藏方法

种子采收后，由于种种原因不能立即播种或销售时，需要进行贮藏。花卉种子与其他作物相比，有用量少、价格高、种类多的特点，宜选择较精细的贮藏方法。不同的贮藏方法对花卉种子寿命的影响不同。

(1) 干燥贮藏法　耐干燥的一、二年生草本花卉种子，在充分干燥后放进布袋、纸袋或纸箱中，置于阴凉、干燥、通风的室内保存。大多数草花和乔灌木种子适用此方法。

(2) 干燥密闭法　把充分干燥的种子，装入罐或瓶一类密闭容器中放在冷凉处保存。即使保存时间稍长，种子质量仍然较好。此方法适用于需要长期贮藏，尤其是一些易丧失发芽能力的种子。密封贮藏的种子必须含水量很低。含淀粉种子达12%，含油脂种子达9%时，密封时种子的衰败反较不密封者快，效果不佳。

干燥的种子在放入密封容器前或中途取拿种子时，均可使种子吸湿而增高含水量。最简便的方法是在密封容器内放入吸湿力强的经氯化铵处理的变色硅胶。将约占种子量1/10的硅胶与种子同时放玻璃干燥器内，当容器内空气湿度超过45%时，硅胶中蓝色变为淡红色，这时应换用蓝色的干燥硅胶。换下的淡红色硅胶在120℃烘箱中除水后又转蓝色再次应用。

(3) 干燥低温密闭法　把充分干燥（含水量控制在6%以内）的种子放在干燥容器中，置于1～5℃（不高于15℃）的冷室或冰箱中贮藏，可以较长时间保存。这种方法适用于贮藏寿命较长的种子。

(4) 湿藏法　也称层积贮藏、沙藏，即在一定湿度、较低温度和通风条件下，将种子与湿沙分层堆积，有利于种子维持一定的含水量和保持种子的生活力。此方法适用于多数木本花卉的种子，对于一些含水量较高和休眠期长以及需要进行催芽的种子非常适合。为了使种子完成生理后熟，硬皮种子的种皮软化，促进种子萌发，一般采用湿藏与越冬贮藏相结合的方法。通常牡丹、芍药的种子采收后可进行沙藏层积。

(5) 水藏法　种子采收后，立即贮藏在水中。某些水生花卉的种子（如睡莲、王莲等）必须贮藏于水中才能保持其发芽力。

5.2.3 花卉种子萌发条件及播种前的种子处理

一般花卉的健康种子在适宜的水分、温度和氧气的条件下都能顺利萌发，仅有部分花卉的种子要求光照感应或者打破休眠才能萌发。

5.2.3.1 种子萌发所需要的条件

（1）基质　基质将直接改变影响种子发芽的水、热、气、肥、病、虫等条件，一般要求细而均匀，不带石块、植物残体及杂物，通气排水性好，保湿性能好，肥力低且不带病虫。

（2）水分　种子萌发需要吸收充足的水分。种子吸水膨胀，种皮松软后破裂，呼吸强度增大，各种酶的活性也相应提高，蛋白质及淀粉等贮藏物发生分解、转化，被分解的营养物质输送到胚，使胚开始生长。种子的吸水能力因种子的构造不同而差异较大，蛋白质较多的种子需水量大，脂肪多的种子需水量少。种子发芽所需的水分，为土壤饱和含水量的60%～70%，是花卉正常生长时土壤含水量的3倍。

（3）温度　花卉种子萌发的适宜温度，依种类及原产地的不同而有差异。通常原产于热带的花卉所需温度较高，原产于亚热带及温带者次之，原产于温带北部的花卉则需要一定的低温才易萌发。绝大多数花卉的种子发芽的最适温度为18～21℃。

（4）氧气　氧气是花卉种子萌发的条件之一，供氧不足会妨碍种子萌发。但对于水生花卉来说，只需少量氧气就可满足种子萌发需要。

（5）光照　不同花卉种子萌发对光的依赖性不同。大多数花卉的种子，只要有足够的水分、适宜的温度和一定的氧气，就可以萌发。但有些花卉种子萌发受光照影响，往往需要有光条件下才能保证萌芽。依花卉种子萌发对光的依赖性不同，可将其分为以下几种。

① 需光性种子　植物的种子，需在有光的条件下才能萌发良好，光成为其萌发的必要条件，如毛地黄、非洲凤仙、报春花、秋海棠、杜鹃等。此类种子，播种后不必覆土或稍覆土即可。

② 嫌光性种子　植物的种子只有在黑暗条件下才能萌发，如苋菜、黑种草、仙客来等。此类种子播种后必须覆土。

5.2.3.2 花卉播种前的种子处理

不同花卉种子萌发所需时间不同，有些种子在某些地区无法获得萌发需要的气候条件，不能萌发。针对不同种子的萌发情况，在播种前对种子进行催芽处理，是打破种子休眠、促进种子萌发或使种子发芽迅速整齐的有效办法。

催芽是根据种子休眠特性人为采取措施来打破种子休眠，使其萌发的方法。常用控温、控湿、机械摩擦等物理方法和药物处理等化学方法来促进种子发芽。催芽可以提高出芽率和出芽势，消除发芽所遇到的各种障碍，缩短出苗期。

（1）浸种处理　种子吸水可使种皮软化，有利于其贮藏物质的转化和利用，以促进发芽。不同种子浸种所需的水温和时间不同，一般水温在0～30℃，浸种时间在6～24h，适用于种皮软薄的种子，如香豌豆、锦带花等；对于种皮较厚的，如仙客来、旱金莲、文竹等，水温在40～60℃，浸种时间在12～24h；对一些种皮坚硬、不易透水的种子，如紫荆、合欢、紫藤等，水温在70～100℃，浸种24h；对于外皮有油蜡质的种子，水分难以渗入，可以用草木灰水或石灰水浸渍，除去油蜡质，让水分容易渗入种仁。浸种时间过长种子易腐烂，浸水处理过的种子必须立即播种。细小的种子一般不采用此法。

（2）低温处理　适用于需要在低温下完成休眠的花卉种子。如果气温居高不下，又急需提早发芽，就必须先进行低温（0～10℃）处理后再播种。一般多采用雪藏、冷箱藏等。

（3）沙藏处理　某些花卉的种子需要完成生理后熟，这类种子收获后，及时给它最适宜的条件，仍然不会萌发，因此采种后进行沙藏处理。沙藏时，清洁河沙与种子的比例为3∶1，沙的湿度以手捏成团一触即散为适度，常采用一层沙一层种子相间排列，注意沙与种子不能混拌在一起贮藏，以防种子发霉相互传染。沙藏时间因种类而异，杜鹃、榆叶梅需30～40d，海棠需50～60d，桃、山杏需70～90d。在低温过程中，如适当给予短时间的高温（15～25℃）处理，可提高发芽率。

（4）机械物理处理　用于一些种皮厚硬的种子。用人工方法将种皮机械损伤，迫使种皮破裂，增加透性；也可用超声波处理，促进水分、空气进入种子，促进萌发，如美人蕉、荷花、夹竹桃等的种子处理。

（5）化学处理　化学处理可改善种皮透性，常用于一些种皮坚硬、质地致密、吸水透气性差的木本花卉种子。常用强酸（如H_2SO_4、HCl）、强碱（如NaOH）、强氧化剂（如H_2O_2）等腐蚀软化种皮，改善种子吸水透气状况，使种子迅速发芽。这种方法有危险，需通过试验后再处理。处理的浓度和时间，依种皮坚硬程度而定，待种皮变软后，应及时用清水冲洗。此外，还可用赤霉素、微量元素、尿素等做浸种催芽处理。赤霉素的浓度一般为50～100mg/kg，浸种时间为1～3h；微量元素多采用硫酸锰、硫酸亚铁、硫酸铜、硼砂、钼酸铵、碘化钾等。

5.2.4　播种时期及方法

5.2.4.1　播种时期

播种时期应根据不同花卉的生长发育特性、耐寒力、越冬温度、种子寿命、计划供花时间以及播种的环境条件来灵活掌握。在人工控制条件下，按需要时期播种；在自然环境下，依花卉种子发芽所需温度及将来的生长条件，结合当地气候来确定。适时播种能节约管理费用，且出苗整齐，能培育出优质产品。自然条件下的播种时间，按下列原则处理。

（1）一年生花卉的播种期　一年生草本花卉耐寒力弱，遇霜即枯死，通常在春季晚霜过后平均气温已稳定在花卉种子发芽的最低气温以上时播种，若延迟到气温已接近发芽最适温度时播种则发芽较快而整齐。春播要适时早播，尽量缩短播种期，南方约在2月下旬到3月上旬；北方可比南方推迟15～30d。为了促使种实提早开花或着花较多，往往在温室、温床或冷床中预先播种育苗或露地播种用塑料薄膜覆盖保护。

（2）露地二年生花卉的播种期　露地二年生花卉一般为耐寒性花卉，种子需经过冬季低温的春化才能发芽，温度过高，反而不易发芽。原则上秋播，一般在立秋后，气温降至30℃以下时争取早播。北方多在9月上中旬播种，南方在9月下旬至10月上旬播种。华东地区不加防寒保护可以顺利地在露地过冬；北方冬季气候寒冷，多数种类需转入温床或冷床中防寒越冬或做一年生栽培。

（3）多年生花卉的播种期　宿根花卉的播种期依耐寒力强弱而异。不耐寒常绿宿根花卉宜春播或种子成熟后即播。一些要求低温与湿润条件完成休眠的种子，如芍药、鸢尾、飞燕草等必须秋播，在冬季低温、湿润条件下休眠被打破，次年春季即可发芽。也可人工破除休眠后春季播种。耐寒性宿根花卉因耐寒力较强，春播、夏播或秋播均可，尤以种子成熟后即播为佳。球根花卉大部分采用无性繁殖，种子繁殖只在育种时应用，其播种时间和方法同宿根花卉。水生花卉在种子成熟时，立即播种为好，否则易丧失发芽率。露地木本花卉的许多种类宜冷凉湿润沙藏后进行春播或秋播。

（4）温室花卉的播种期　温室花卉播种通常在温室中进行，受季节性气候条件的影响较小，因此播种期没有严格的季节性限制，可周年播种。通常随所需要的供花时间和温室面积而定。大多数种类在春季，即1～4月播种，少数种类（如瓜叶菊、仙客来等）通常在7～9月间播种。

5.2.4.2 播种方法

1. 露地花卉播种

多数露地花卉均先在露地苗床、室内浅盆或穴盘中播种育苗，经分苗培养后再定植，此法便于幼苗期间的养护管理。

（1）露地苗床播种　根据植物的种类、种子的大小，可采用点播、条播和撒播三种方式。点播又称穴播，在整理好的畦面上作穴，每穴1～3粒种子，适用于大粒种子。条播最为常用，通常等距离横条播，适用于中粒种子。撒播是将种子均匀地撒在播种床上，再用耙轻耙或覆盖上一层薄土，此法适用于小粒和微粒种子。覆土深度取决于种子的大小。通常大粒种子覆土深度为种子厚度的3倍；小粒种子以不见种子为宜。覆盖种子用土最好用0.3cm孔径的筛子筛过。

（2）露地直播　对于某些生长较快、植株较小、管理粗放种类或为了避免损伤主根不宜移植的直根性种类幼苗，应采用露地直播的方法。中粒种子用条播，大粒种子用点播。这一类花卉如需要提早育苗时，可先播种于小花盆中，成苗后带土球定植于露地，也可用营养钵或纸盆育苗。室外露地直播是南方常用的方法，适用于生长较易、生长快、不适移栽的种类。大面积粗放栽培也常用直播，如虞美人、花菱草、二月兰、紫茉莉及一些锦葵科花卉。

（3）播后管理　覆土完毕后，在床面均匀地覆盖一层稻草，然后用细孔喷壶充分喷水。干旱季节可在播种前充分灌水，待水分渗入土中再播种覆土，这样可以较长时间保持湿润状态。雨季应有防雨设施。种子发芽出土时，应撤去覆盖物，以防幼苗徒长。

2. 温室花卉播种

温室花卉播种通常在温室或大棚中进行，受季节性的气候条件影响较小，播种期没有严格的季节性限制，环境条件易控制。它可分为床播、盆播、箱播和穴盘播种。

（1）温室内床播　在室内固定的温床或冷床上进行播种育苗，是大规模生产常用的方法。通常等距离条播，利于通风透光及除草、施肥、间苗等管理，移栽起苗也方便。小粒种子也可以撒播。操作时先作沟，播种后一般覆以种子直径2～4倍厚的细土，小粒种子及需光种子不覆土。出苗前常覆膜或喷雾保温。

（2）温室内盆播　常用深10cm，直径30cm的浅盆；培养土以富含有机质的沙质土为宜。播种时用碎盆片把盆底排水孔盖上，填入碎盆片或粗沙砾，为盆深的1/3，其上填入筛出的粗粒培养土，厚约1/3，最上层为播种用土，厚约1/3。盆土填入后，用木条将土面压实刮平，使土面距盆沿约1～2cm。用"盆浸法"将浅盆下部浸入较大的水盆或水池中，使土面位于盆外水面以上，待土壤浸湿后，将盆提出，过多的水分渗出后，即可播种。

细小种子宜采用撒播法，播种不可过密，可掺入细沙，与种子一起播入，用细筛筛过的土覆盖，厚度约为种子大小的2～3倍；矮牵牛、大岩桐等细小种子，覆土以不见种子为度。大粒种子常用点播或条播法。覆土后在盆面上覆盖玻璃、报纸等，减少水分的蒸发。多数种子宜在暗处发芽，像报春花等好光性种子，可用玻璃盖在盆面，以保持湿度。

蕨类植物孢子的播种，常用双盆法。把孢子播在小瓦盆中，再把小盆置于大盆内的湿润水苔中，小瓦盆借助盆壁吸取水苔中的水分，更有利于孢子萌发。

(3) 温室内箱播　箱体大小为长×宽×高为 60cm×40cm×10cm。其余技术与盆播相同。

(4) 穴盘播种　以穴盘为容器，选用泥炭土配蛭石作为培养土，采用机器或人工播种，1 穴 1 粒种子，种子发芽率要求 98%以上。穴盘播种是穴盘育苗的第一步。播种后将穴盘移入发芽室，待出苗后移回温室，长到一定大小时移栽到大一号的穴盘中，直到出售或栽植。其好处就是每棵苗株都带有小的土团，移植不伤根系，缓苗快，成活率高。穴盘通常分为聚苯泡沫穴盘和塑料穴盘。花卉育苗一般用塑料穴盘，外围尺寸通常为 54cm×28cm，常用的孔穴数量为 72、128、200 和 288 (图 5-2)。

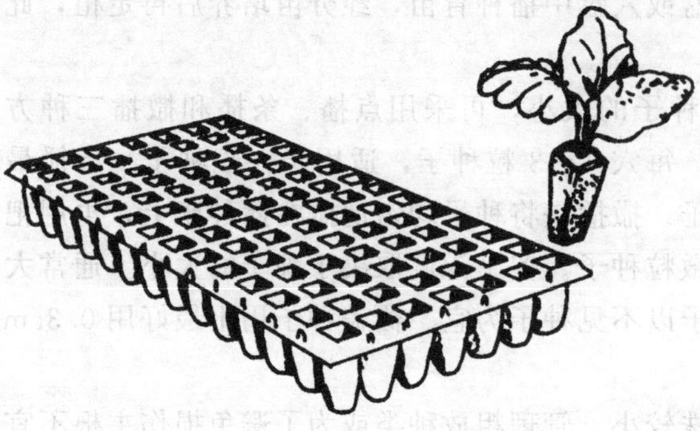
图 5-2　穴盘和穴盘苗

在穴盘育苗过程中，发芽过程被分为下列 4 个阶段。

阶段 1：开始生根；

阶段 2：根系的形成及子叶的出现；

阶段 3：第一真叶的出现；

阶段 4：幼苗准备移栽。

穴盘育苗 4 个阶段所需温度也不尽相同。第 1 阶段所需温度较高，以后各阶段温度都有所降低，第 4 阶段温度最低，以适应炼苗的需求。花卉种类不同，各阶段的温度也有所不同。

矮牵牛：

阶段 1：温度 24～26℃，相对湿度 100%，光照 4500lx；

阶段 2：温度 22～26℃，相对湿度 85%，光照 4500lx，20(N)-10(P)-20(K) 肥料按照 50～75μL/L 氮每周施 1～2 次；

阶段 3：温度 17～20℃，20(N)-10(P)-20(K) 肥料按照 150μL/L 氮每周施 1～2 次；

阶段 4：温度 17～18℃，根据需要施肥。

紫罗兰：

阶段 1：温度 17～20℃，相对湿度 100%，光照 4000lx；

阶段 2：温度 17～20℃，相对湿度 75%，光照 4000lx，20(N)-10(P)-20(K) 肥料按照 50μL/L 氮每周施 1 次；

阶段 3：温度 16～17℃。20(N)-10(P)-20(K) 肥料按照 100μL/L 氮每周施 1 次；

阶段 4：温度 13～16℃，根据需要施肥。

凤仙花：

阶段 1：温度 24～27℃，相对湿度 100%，光照 4500lx；

阶段 2：温度 22～24℃，相对湿度 75%，光照 4500lx，20(N)-10(P)-20(K) 肥料按照 50～100μL/L 氮每周施 1 次；

阶段 3：温度 18～21℃，20(N)-10(P)-20(K) 按照肥料 100～150μL/L 氮每周施 1 次；

阶段 4：温度 16～17℃，根据需要施肥。

(5) 播后管理　种子萌发后要使其接受足够的阳光，保证幼苗的健康生长，需进行间苗。间苗要及时，过密者可分两次间苗。播种基质肥力低，苗期宜每周施 1 次极低浓度的完全肥料，总浓度以不超过0.25%为安全。移栽前先炼苗。移栽适期因植物而异，一般在幼苗具2～4枚展开的真叶时进行，苗太小时操作不便，过大又伤根太多。大口径容器培育的苗带土移栽，可考虑其他因素来确定移栽时期。播种盆（箱）最好不要直接放在地面上，而是略抬高于地面，以利于排水。阴天或雨后空气湿度高时移栽，成活率高。以清晨或傍晚移苗最好，忌晴天中午栽苗。起苗前半天，苗床浇1次透水，使幼苗吸足水分更适移栽。移栽后常采用遮阴、中午喷水等措施保证幼苗不萎蔫，有利于成活及快速生长。

5.3 扦插繁殖

扦插繁殖是利用植物营养器官（根、茎、叶）的再生能力或分生机能，将其从母体上切取，插入沙或其他基质中，在适当的环境下进行培养，促使其生根发芽，从而长成新的植株的繁殖方法。

扦插繁殖的优点在于用这种方法繁育出的植株比实生苗生长快，可缩短培育时间，开花早、结实提前，且能保持原有品种的特性。另外，此方法技术简单、栽植成活率高、繁殖迅速，对不易产生种子的花卉，尤其适用。缺点是扦插苗无主根，根系常较实生苗弱，常为浅根，固地性差，而且植株寿命较短、抗性也较弱。

5.3.1 扦插的种类及方法

花卉依选取的扦插材料和插穗成熟度不同分为叶插（全叶插和片叶插）、芽叶插、茎插（软材扦插、半软材扦插和硬材扦插）及根插。

5.3.1.1 叶插

叶插是利用有些种类的花卉能自叶上发生不定根或不定芽的特性，以叶片为插穗来繁殖新的个体的方法。可用此法繁殖的花卉一般都具有粗壮的叶柄、叶脉或肥厚的叶片，如秋海棠类、景天类、虎尾兰类、百合类（鳞片插）、大岩桐和非洲紫罗兰等。叶插必须选取发育充实的叶片，扦插时将整个叶片或部分叶片，直插、斜插或平放在基质上，维持适宜的温度及湿度，会很快从叶脉或叶柄处长根发芽，形成新植株。

（1）全叶插　即以完整叶片作为插穗。可采用叶片平置法和直插法（图5-3）。

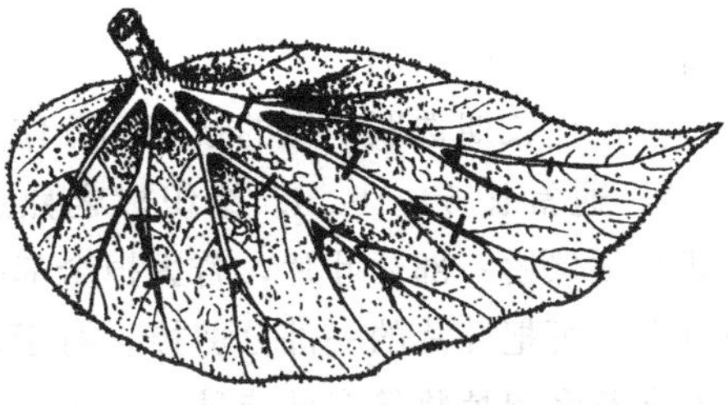

(a) 平置法：割伤叶脉

(b) 平置法：生出新株

图5-3　全叶插

① 平置法　切去叶柄，将叶片平铺于基质上，用铁针或竹针固定，叶片下面与基质紧密接触。维持适宜的温度及湿度，会很快从叶缘（落地生根等）、叶片基部或叶脉（蟆叶秋海棠等）处长根发芽，形成新植株。

② 直插法　将叶柄插入基质中，叶片立于基质上，叶柄基部就发生不定芽。用此法繁

殖的花卉有大岩桐、非洲紫罗兰、豆瓣绿、球兰、虎尾兰等。百合的鳞片也可以扦插。

(2) 片叶插　将一片叶分切为数块，分别进行扦插，使每块叶片上形成不定芽和不定根。适宜用此法繁殖的花卉有大岩桐、非洲紫罗兰、豆瓣绿、秋海棠、虎尾兰、十二卷、景天科的许多种。

5.3.1.2　芽叶插

芽叶插，又称单芽插，是以1叶1芽及其着生处茎的一部分作为插条的方法。具有节约插穗的优点，但成苗较慢。此法适用于叶插不易产生不定芽的花卉种类，如橡皮树、桂花、八仙花、茉莉及扶桑等。扦插时，深度为仅露芽尖即可，以免阳光直射。插后盖一玻璃罩，以防水分过量蒸发（图5-4）。

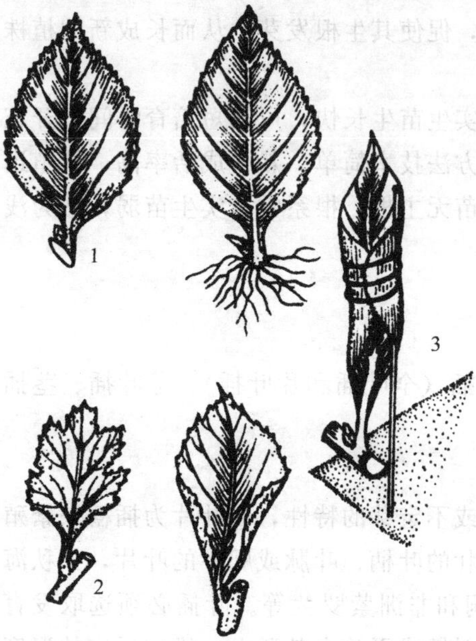

1—扶桑；2—菊花；3—橡皮树

图 5-4　芽叶插

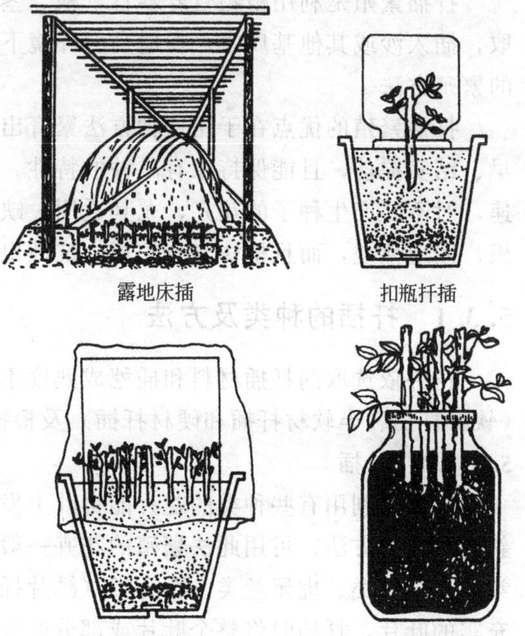

图 5-5　室内茎插

5.3.1.3　茎插

茎插是指选取枝条的一部分作为插穗进行繁殖的方法（图5-5）。

(1) 软材扦插　软材扦插又称为生长期扦插，是在生长期选取幼嫩的枝梢部分作为插穗的扦插方法。插穗长度依花卉种类、节间长度而异，通常长5～10cm。组织以老熟适中为宜，过于柔嫩易腐烂，过老则生根缓慢。软材扦插必须保留一部分叶片，若去掉全部叶片则难以生根。对叶片较大的种类，为避免水分蒸腾过大，可把叶片的一部分剪掉。对于多数花卉宜在扦插前剪取枝条，以提高成活率。对于仙人掌及多肉植物等多汁液种类，因含水分较多，插穗剪好后应置于阴凉处使切口水分散失或用草木灰涂抹切口，干燥半日至数日后扦插，以防止霉烂影响发根。在生产中，软材扦插多在植株开花后剪取插穗，因此时体内养分多向花枝输送，枝条内积累的营养物质最多，从而可以提高扦插的成活率。

具体做法：在生长期间选当年生发育充实的嫩枝，剪成长8～12cm的枝段作插穗，每段保留2～4枚叶片，如果叶片较大可剪去叶片的1/2～2/3，插穗上端剪口在芽上1.5cm处，下端剪口在芽下0.3cm处。扦插时用湿布把插穗包裹起来置阴凉处保湿。扦插深度依植物种类不同而灵活掌握。插好后用手指将插条四周压紧，喷一次透水，使插穗与基质紧密接触，同时注意遮阴、保湿、保温和适当的通风。

软材扦插适用于某些常绿及落叶木本花卉和部分草本花卉。木本花卉如木兰属、蔷薇属、绣线菊属、火棘属、连翘属和夹竹桃等；草本花卉如菊花、天竺葵属、大丽花、丝石竹、矮牵牛、香石竹和秋海棠等。

(2) 半硬材扦插　夏季以生长季发育充实的带叶枝梢作为插穗的扦插方法，如枝梢过嫩时，可弃去枝梢部分，保留下段枝条备用。常用于温室木本花卉和常绿或半常绿木本花卉的繁殖，如月季、米兰、栀子、杜鹃、海桐。

(3) 硬材扦插　也称为休眠期扦插，是以生长成熟的休眠枝作插穗的繁殖方法。枝条一般是在秋冬落叶后至来年萌芽前，剪取一、二年生充分木质化的枝条，将其剪去叶片和叶柄进行扦插。插条长一般为 20cm 左右，插条的大部分插入土中，上面只留侧芽 1～2 枚。插条的切削方法和嫩枝扦插基本相同。在北方进行秋插时，为了防止插条抽干，都应埋土保护越冬，至来年萌芽前再将土扒开。此扦插法多用于落叶木本花卉的扦插，如木芙蓉、紫薇、木槿、石榴紫藤等。

5.3.1.4 根插

根插是以根作为繁殖材料的扦插方法。可用于根插繁殖的花卉大多具有粗壮的根，直径不小于 5mm。根插多结合春秋两季对母株进行移栽或分株时进行。方法是把根剪成长 3～5cm 的小段，撒播于浅箱、花盆的沙面（或播种用土）上，覆土（沙）约 1cm，保持湿润，待产生不定芽之后进行移植。还有一些花卉，根部粗大或为肉质，如东方罂粟、芍药、荷包牡丹、补血草、博落回、宿根霞草等，可剪成长 3～8cm 的根段，垂直插入土中，上端稍露出土面，待生出不定芽后进行移植（图 5-6）。

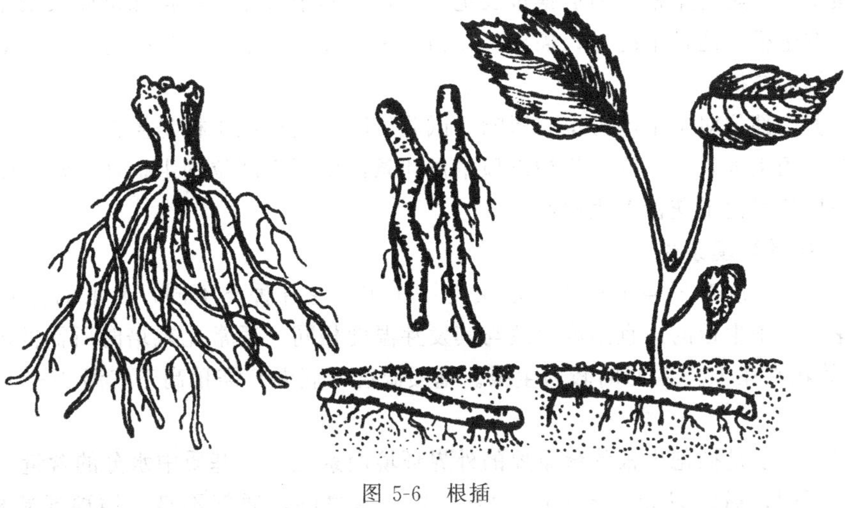

图 5-6　根插

5.3.2 影响扦插生根的因素

影响扦插成活的因素很多，有植物本身的内在因素，也有外在的环境条件因素。

5.3.2.1 内在因素

1. 植物种类

不同花卉遗传性不同，其插穗生根的难易程度也有所不同。不同科、属、种，甚至品种间都会存在差别。有的扦插后很容易生根；有的稍难；有的不生根。近代科学对生根机理的研究，已探索出一些规律。从解剖学看，不定根的发生很大一部分取决于插穗皮层的解剖构造，皮层没有环状厚壁组织或环状厚壁组织不连续的插穗容易生根；皮层厚壁组织呈环状或多层的插穗难生根。从有无根原基来看，一些树种的枝条生长过程中已经形成根原基，扦插时满足其生根条件，根原基很快就会突破皮层，长出根系，而一些无根原基的花木就难生根。从生理功能看，树皮薄而柔软的插穗，代谢作用强，吸收土壤中的水分也较容易，根原基容易形成，易于生根，而树皮坚硬、有软木层或有树脂的树种，由于这些物质阻塞水分、氧气进入切口内部，呼吸作用弱，代谢作用缓慢，则不利于生根。

生产中，如仙人掌、景天科的植物普遍易扦插生根；木犀科的大多数易扦插生根，但流苏树则难生根；山茶属的种间反应不一，山茶、茶梅易生根，而云南山茶难；菊花、月季花等品种间差异较大。

2. 母株状况

营养良好、生长正常的母株，体内含有各种丰富的促进生根物质，是插条生根的重要物质基础。多年生的花卉，一般插穗的生根能力随母株年龄的增长而降低，所以采插穗时多从幼龄母株上采剪。

3. 插穗的剪取

插穗的成熟程度不同，其生根能力也不同。嫩枝处于生长旺盛时期，枝条代谢能力较强，而且嫩枝上的芽和叶能合成内源激素和碳水化合物，有利于不定根的形成，提高嫩枝插穗生根成活率。休眠枝条积累碳水化合物多，芽体饱满，发育完善，在正常通过休眠期后，适当给予外源生长素，也能促进发芽和生根。

插穗的长短、粗细对扦插成活率也有一定影响。一般说插穗愈大（长而粗），内部贮藏的营养物质愈多，则易生根。但插穗过长也不好，不利于操作，插穗如果插入太深，通气性差，反而影响生根。通常情况下，插穗长度为5～20cm。多数花卉枝插易生根成苗，叶插能生根的种类均能枝插。

插穗的剪取部位对生根能力也有影响。试验表明，侧枝比主枝易生根，硬枝扦插时取自枝梢基部的插条生根较好，软枝扦插以顶梢作插条比用下方部位的生根好，营养枝比果枝更易生根，去掉花蕾比带花蕾者生根好。

5.3.2.2　扦插的环境条件

（1）温度　温度对扦插生根快慢起决定性作用。花卉种类不同，要求的扦插温度也不同。一般花卉插条生根的适宜温度大致与其发芽温度相同，通常比栽培时所需的温度高2～3℃。大多数花卉在15～20℃时较易生根。基质温度（底温）需稍高于气温3～6℃时利于扦插生根。

（2）湿度　水是插穗生根的最重要的外界环境因素之一。基质中水分的含量，依植物种类的不同而不同，通常以50%～60%为宜。如土壤过湿，通气不良，插穗或新根易腐烂，导致扦插失败，尤其是仙人掌与多浆类植物。为避免插穗水分过度蒸腾，要求保持较高的空气湿度，通常相对湿度保持在80%～90%为宜。在扦插时经常喷水或采用塑料膜覆盖、遮阳等办法来维持空气湿度。在室内扦插初期，为了保证空气中的湿度常避免空气过分流通，但在插条已长成愈伤组织开始发根时，则应注意通风换气，促使其迅速发根生长。

（3）光照　光照对扦插繁殖也很重要，尤其是带顶芽和叶片的软材扦插。光照能够使其进行光合作用来制造有机物质和生长素，以促进生根、发芽。一般接受40%～50%的光照对插穗生根更有利。一些研究表明，夜间增加光照有利于插穗成活，因此可以在扦插床（箱）上面装置电灯，以增加夜间照明。

（4）氧气　当插穗生根时，愈伤组织细胞分裂旺盛、呼吸作用增强，需要充足的氧气。通常以15%以上氧气并保持适当水分的基质对生根有利。

（5）扦插基质　基质直接影响水分、空气、温度及卫生条件，是扦插的重要环境。理想的扦插基质（土壤）是既能经常保持湿润，又可做到通气良好。由于扦插是利用植物营养器官本身所含养分或叶片进行光合作用所补充的营养来供给发根，因此基质中的养分不是十分重要，有机质的存在有时反而会引起病菌侵入而使插条腐烂。扦插基质以中性为好，酸性不易生根。花卉常用扦插基质有沙土、沙、蛭石、珍珠岩、泥炭、煤灰和炉渣等。

在露地扦插时，应选用有一定保水力而又排水良好的疏松沙质土壤，避免积水黏重土壤。插条不宜入土过深、愈深则氧气愈少。

5.3.3 促进扦插生根的方法

花卉种类不同，扦插生根的难易程度不同，对各种处理反应也不同。同种花卉的不同品种，对一些药剂的反应也不同。促进插穗生根的方法主要有物理方法和化学方法。

5.3.3.1 物理方法处理

（1）环状剥皮　环状剥皮是在生长期环割插穗下端的韧皮部，截断养分向下运输，使养分积聚于环剥部分的上端，隔一段时间后或者到休眠期，在此处剪取插穗进行扦插。它可使不易生根的木本植物如杜鹃花、木槿、橡皮树等扦插生根。

（2）软化处理　即在插穗剪取前，先在剪取部分用不透水的黑纸或黑布，将枝条正在生长的部位遮光处理，由于缺光，枝条内的物质积累发生变化，变白变软，预先给予生根环境和刺激，促进根原组织的形成，待新梢继续生长到适宜长度时，即可自遮光部分剪下进行扦插。一部分木本植物由于枝条含有多量色素、油分、松脂，插条不易成活，这时应用此处理方法会取得良好的效果。如丁香插穗的处理：早春在其芽未开放前，用长10cm的黑纸袋将其新梢部分遮住，到夏末时在新遮阴部分，便形成根的原始体，在8月末或翌年春季，即可剪下此部分作为插穗。

（3）增加地温　此方法应用极为广泛，主要是通过增加地温，使地温高于气温3～6℃，这时由于地温高，可促进生根；同时，由于气温低，抑制枝条生长，所以利于插穗生根成活。最常用的是电热温床催根法，一般采用地下式温床，保温效果好，便于管理。用此法催根，开始1～2d，把温度调到15～20℃，2d以后调到25℃左右，见插穗基部产生愈伤组织，发出幼根后，停电锻炼1～2d，可取出扦插。温室内无电热温床时，通常将扦插床或扦插箱设置在暖气管道或烟道上，以增加地温，比未经增温时的气温高3～6℃，也可以达到促生根的目的。

（4）喷雾处理　近年来国内外流行喷雾扦插方法，即在扦插床上安装自动喷雾设备，不断地或间歇地喷出雾状细水珠，保持空气中的湿度，可以大大促进扦插生根成活率。全光喷雾扦插育苗的新技术，是植物繁殖技术的一次革新。利用这一技术，很多不能扦插生根的植物，通过全光喷雾都能生根；常用扦插繁殖的植物也能提前生根，缩短繁殖期。此方法在全光喷雾苗床上进行。

（5）超声波处理　超声波雾化器处理插穗切口，可以使水或营养液通过超声波震荡形成细雾，这种细雾具有颗粒小、容易被植物吸收的优点，还具有随风飘移便于随风送达至目标空间的最佳供给效果，进而达到促进生根的作用。植物的根系完全伸展于超细雾化的空气中，可以高效快速地吸取生长所需的养分、水，可以适时地调节供应的营养成分与激素配比。由于插穗的切口都是处于氧气最充足的空中环境，完全可以在最富氧的空中完成生根，避免了在常规的土壤或基质，甚至是水体中扦插因缺氧导致的生根困难问题。而且，扦插基质不需进行消毒，只需向超声波雾化气中加入双氧水就可以实现消毒增氧的效果。

此外还有电流处理、热水处理、低温处理等很多其他的物理处理方法。

5.3.3.2 化学药剂处理

(1) 植物生长调节剂处理　现已证实吲哚乙酸、吲哚丁酸、萘乙酸、2,4-D丁酯、三十烷醇和生根粉等多种植物生长调节剂对扦插生根有显著作用，尤其对于茎插。目前在生产实践中广泛使用的为生根粉。

植物生长调节剂应用的方法很多，如粉剂处理、液剂处理、脂剂处理、对采条母株喷射或注射以及扦插基质的处理等。在花卉繁殖中，采用液剂和粉剂处理最为普遍。

① 使用粉末状的生根粉　取出适量生根粉放在暂时的容器中，然后将有新鲜切口的插穗浸入生根粉，如果是处理成捆的插穗，浸蘸速度要快，确保捆内外的插穗蘸有均匀足够的药粉，蘸后要轻拍以去除插穗上过量的药粉，并保证留有足够的药粉。如插穗基部不够湿润，在蘸药粉之前用湿润的棉团擦拭插穗基部。插穗处理后，应立即插入生根基质中，为避免扦插时插穗基部的药粉被抹掉，在扦插前，在基质上先打洞或划沟，然后再扦插。

使用药粉时，用过之后扔掉剩余的药粉，而不能将插穗在药粉原容器中直接浸蘸，这样会导致药粉受湿，受真菌或细菌感染而失去药效。

② 使用稀释的生根粉长时间浸泡　扦插之前，将插穗基部2cm浸入稀释的生根粉溶液中约24h。易生根的花卉使用生根粉的浓度为20μL/L左右，难生根的花卉使用生根粉的浓度为200μL/L左右。在浸液过程中，插穗的温度宜保持在20℃左右，不能放在阳光下。浸液过程中的周围环境条件决定插穗吸收的药剂数量，直接影响插穗的生根效果。

③ 使用高浓度的生根粉速蘸　将生根粉药液配成500～1000μL/L的浓度，插穗基部0.5～1cm的部分迅速粘取药液（约5s左右），然后将插穗栽植到基质中。

(2) 其他化学药剂　高锰酸钾（$KMnO_4$）对多数木本植物扦插生根效果较好，对一些较难生根的针叶树种也有一定作用。一般用0.1%～1.0%溶液浸泡插条24h即可扦插。如丁香、石竹、菊花，在浓度0.1%的高锰酸钾溶液中处理12h可促进扦插生根。

蔗糖对木本及草本植物均有效，应用的浓度为2%～10%（草本植物可稍低），一般浸泡插条10～24h，时间不宜过长，因糖液有利于微生物活动，处理完毕后，应用清水冲洗后扦插。此外，醋酸和B族维生素等，也可以起到促进生根作用。

5.4 嫁接繁殖

嫁接是把植物体的一部分（接穗）嫁接到另外一个植物体（砧木）上，使其组织相互愈合，培养成独立个体的繁殖方法。

在花卉繁殖中，嫁接法一般用于木本花卉，在草本花卉繁殖中应用不多。宿根花卉中菊花常以嫁接法进行菊艺栽培，用黄蒿或白蒿为砧木，嫁接菊花品种，养成大立菊、塔菊等。仙人掌科植物也常采用嫁接法进行繁殖。

嫁接繁殖的优点：可以保持接穗品种的优良品质；提高接穗品种对不良环境的适应性与抗性（如抗寒、抗旱、抗病虫害等）、进行品种复壮；克服不易繁殖现象（如扦插难以生根或难以得到种子等）；改变花木株型，选用矮化砧和乔化砧作砧木，可培育出不同株形的花卉或苗木；促进植物生长发育，提早开花结实。

5.4.1 影响嫁接成活的因素

嫁接成功与否主要是由内在因素决定的，其次也受外部因素的影响。

5.4.1.1 植物内在因素

植物内在因素是嫁接成功与否的基本条件，它取决于下列几方面的差异。

(1) 植物维管束类型　裸子植物和双子叶植物均具有环状排列的开放维管束，形成层能不断分生新细胞构成愈合的基础，砧穗间的维管系统也易于连通，故一般都能嫁接成活。单子叶植物因具有散生的闭合维管束，细胞再生力弱，维管束系统更难贯通，嫁接不易成活。

(2) 砧穗间的亲缘关系　一般而言，砧穗间的亲缘关系愈近，成活的可能性愈大。同种间的亲和力最强；同属不同种的植物亲和力次之；同科不同属的亲和力比较小；不同科之间的亲和力极弱。同一无性系间的嫁接都能成功，而且是亲和的。同种的不同品种或不同无性系间也总是成功的。同属的种间嫁接因属种而异，例如柑橘属、苹果属、蔷薇属、李属、山茶属、杜鹃花属的属内种间常能成活。同科异属间在某些种属间也能成活，例如仙人掌科的许多属间，柑橘亚科的各属间，茄科的一些属，桂花与女贞间，菊花与蒿属间都易嫁接成活。但不同科之间尚无真正嫁接成功的例证。

(3) 嫁接的亲和性　嫁接成活的难易和嫁接苗生长的好坏程度与砧穗间的亲和性有关。从亲和到不亲和之间有各种程度，砧穗不能很好愈合或不能正常生长成株的是完全不亲和。造成不亲和有解剖、生理、生化各方面的原因，比较复杂。亲和不良的表现为：植株矮化，生长弱，叶早落，枯尖，嫁接口肿大，砧穗粗细不一，接合处易断裂，树龄短等。

(4) 愈伤组织的生长速度与数量　愈伤组织对砧穗结合有重要影响，愈伤组织的形成与植物种类、环境条件等有关。一般砧木和接穗接合处，愈伤组织形成快，嫁接成活率高；愈伤组织生长缓慢，则其嫁接成活率低，甚至不能成活。

(5) 砧木和接穗的内含物质　有些植物体内含有松脂、单宁、酚类等特殊物质，嫁接时砧木的切口上产生伤流，伤流物会在砧木和接穗的结合面上产生隔离作用，阻碍砧、穗间的物质和能量交流，从而影响嫁接成活。含有这些物质的植物嫁接时要选择伤流较小的时期进行，如在砧木春季萌芽前进行嫁接。

(6) 砧木接穗的生长营养情况　生长健壮、营养良好的砧木与接穗中含有丰富的营养物质和激素，有助于细胞旺盛分裂，成活率高。

接穗以一年生的充实枝梢最好。枝梢或芽正处于旺盛生长时期不宜作为接穗。

5.4.1.2 环境因素

嫁接后最初一段时间的环境因素对成活的影响很大。

(1) 温度　多数植物生长最适宜温度为12～32℃，也是嫁接适宜的温度。低于15℃或高于30℃就会对愈伤组织生长产生不利影响。因此，进行嫁接时要合理控制温度，或者选择适宜的嫁接时期。

(2) 湿度　在嫁接愈合的全过程中，保持嫁接口的高湿度是非常必要的，一般情况下，空气湿度越接近饱和，对愈伤组织生长就越有利。干燥将会使接穗失水，削口细胞枯死，不分生新细胞，不愈合。达到饱和的相对湿度时，愈伤组织形成最快。在实践中，为了保持砧穗间的湿度，常用塑料薄膜绑扎接口或涂蜡。

（3）氧气　细胞旺盛分裂时呼吸作用加强，需有充足的氧气。生产上常用既透气又不透水的聚乙烯膜封扎嫁接口和接穗，是较方便的理想方法。

（4）光照　光照过强接穗往往活动旺盛，此时砧木还没有水分供应给接穗，往往造成接穗失水而死。光照过强不利于砧穗间愈伤组织的形成，所以，一般选择在弱光条件下培育嫁接苗。

（5）嫁接技术　嫁接的关键技术是嫁接面的削切和绑扎。刀要锋利；操作要快速准确；削切面平整光滑，形成层要相互吻合；捆扎要牢、密闭。另外，嫁接时间越及时，成功率就越高。

5.4.2 嫁接方法

嫁接方法多种多样，因时、因地、因植物种类、因砧穗情况而选用。依砧木和接穗的来源性质不同可分为枝接、芽接、根接。

5.4.2.1 枝接

枝接是用一段完整的枝作接穗嫁接于砧木茎上的方法。

1. 切接

切接是枝接中最常见的方法（图 5-7），也是嫁接最基本的技术，普遍用于各种植物上，适于砧木较接穗粗的情况。一般于春、秋进行，以春季较好。选择一、二年的生长健壮、侧芽饱满的枝条，截成 5～9cm 枝段，每段要带有两个芽作为插穗。将接穗下端稍带木质部削一长 2～3cm 的切面，在其背面削一短斜面，使接穗下端成短楔形。截完后放在盘中，用湿布覆盖，防止干燥。将作为砧木的植株从离地面 3～5cm 处截断，必须将截面削光滑平整，顺砧木上皮层平直的方向，用刀靠边稍带木质部垂直向下切一个平直光滑的切口，长度与接穗切口相同，深约 2.5cm。嫁接时，将接穗插入砧木的切口，将接穗削面至少和砧木的形成层一面对准紧接，将砧木切开的皮抱合在接穗外。接穗插入对准后，立即用塑料薄膜带将切口自下至上扎紧、扎实。之后，用蜡涂封接穗顶端及接口处，以防失水及雨水浸入。

2. 劈接

劈接也称割接。具体做法：砧木去顶，过中心或偏一侧劈开一个长 5～8cm 的切口。接穗长 8～10cm，有 3～4 个饱满芽，将基部两侧略带木质部削成长 4～6cm 的楔形斜面。将

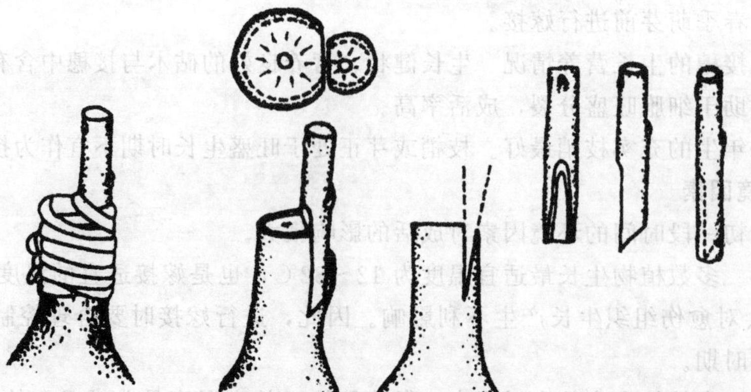

图 5-7　切接

接穗外侧的形成层与砧木一侧的形成层相对插入砧木中。高接的粗大砧木在劈口的两侧宜均插上接穗。劈接应在砧木发芽前进行，旺盛生长的砧木，韧皮部与木质部易分离使操作不便，也不易愈合。劈接的缺点有：伤口大，愈合慢；切面难于十分吻合。此法常用于砧木较粗（直径大于 2～3cm），而接穗较细的嫁接。如草本植物菊花、大丽花和仙人掌类嫁接。

3. 靠接

靠接又称寄接法（图 5-8），是将两株植物的枝条相靠结合，使其愈合后再剪切分离的嫁接方法。在嫁接后，成活之前，切穗并不切离母株，仍由母株供给水分和养分。

图 5-8　靠接

靠接在春季至秋季植物生育旺盛期进行为佳，冬天至早春休眠期或生育迟缓期不利于愈合。由于靠接繁殖时接穗与砧木仍各自留有自己的根系，因此即使嫁接失败，也能保持正常生长而不伤植株，十分安全可靠。但此法繁殖系数小且时间慢，比较适用于用其他方法嫁接不易成活或珍稀的植物种类。为了便于操作，在嫁接前，先将砧木、接穗植株盆栽培养，上盆时，将植株栽于靠盆边的一侧，以便于嫁接时贴合。应在植物生长期间进行，靠接时，在二植株茎的适当位置上分别削一凹形的三角口和一同样大小的凸形三角，深达木质部。然后使二者的形成层密切接触，用塑料薄膜条扎缚。靠接后 1～2 个月即可愈合，然后将接穗与母株剪断，并将砧木上部枝茎剪去，即成独立植株。常用此法嫁接的植物有桂花、蜡梅等。

4. 腹接

腹接的特点是砧木不去顶，接穗插入砧木的侧面，成活后再剪砧去顶。腹接的最大优点是一次失败后还可及时再补接，成活率高。常用于较细的砧木上，如柑橘属、金柑属、李属、松属均常用。腹接的切口与切接相似，但接穗常为单芽（图 5-9）。

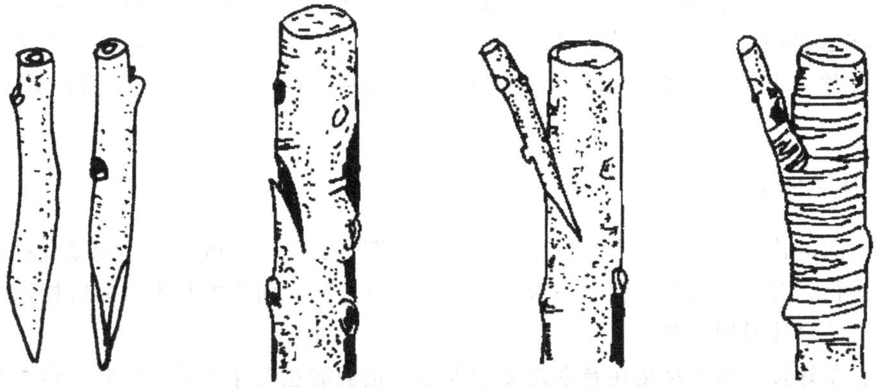

(a) 削接穗　(b) 斜切砧木皮层　(c) 将接穗插入砧木　(d) 绑扎密封

图 5-9　皮下腹接

5.4.2.2　芽接

芽接与枝接的区别为接穗是带一芽的茎片，或仅为一片不带木质部的树皮，或带有部分木质部。常用于较细的砧木上，具有接穗用量省、操作快速简便、嫁接适期长、接合口牢固、不伤砧木、嫁接枝条生长坚实等优点，应用广泛。如柑橘属、月季花均常用。但芽接的操作技术较精细，枝条生长较枝接法缓慢。

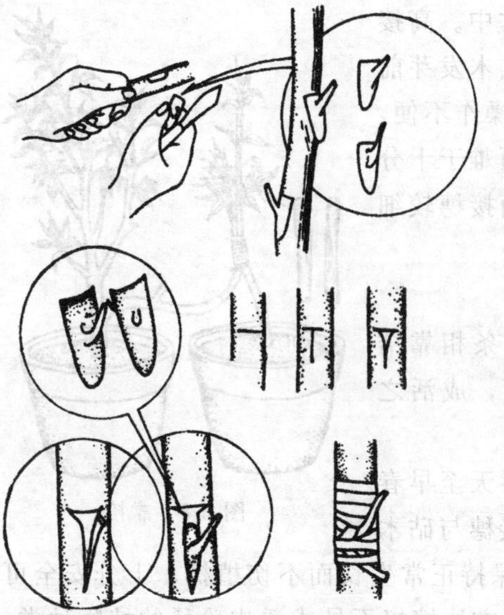

图 5-10　T 字形芽接

1.盾形芽接

将接穗削成带有少量木质部的盾状芽片，再接于砧木的各式切口上的方法。适用树皮较薄和砧木较细的情况。依砧木的切口不同常用的有下列 3 种方法。

(1) T 字形芽接　是最常用的方法。选择当年生或者上年生的枝条，剪去两端，将叶片剪去，仅留 1/4 叶柄，在芽的上方约 1cm 处略带木质部向下平削至芽下 2cm 处，再在此处横切一刀，即成一盾状芽片，芽片一般不带木质部，剪掉后用湿布包裹。在砧木近基部光滑部位，将树皮横、纵各切一刀，深达木质部，成“T”字形，其长宽略大于芽片，然后用刀柄轻轻剥开皮层。将芽片插入砧木切口内，至芽的上部与砧木的横切面平齐为止，使之与砧木切口吻合而紧贴，再用塑料带绑缚伤口，叶柄及芽需露在外面（图 5-10）。

(2) 倒 T 形芽接　若将砧木的切口做成“⊥”形，则称为倒 T 形芽接。

(3) 嵌芽接　削芽片时，先在接穗的上方 0.5～1cm 处向下斜切一刀，稍带部分木质部，长约 1.5cm，再在芽下方 0.5～0.8cm 处斜切一刀，取下芽片。在砧木的相应处切一略比芽片长的切口。插入芽片，使两侧形成层对齐，芽片上端露出一段砧木皮层，然后绑缚即成。

2.贴皮芽接

接穗均为一片不带木质部的树皮，贴嵌在砧剥去树皮部位的方法。适用于树皮较厚或砧木太粗，不便于盾形芽接的情况，也适于含单宁多及含乳汁的植物。在剥取接穗芽片时，要注意将内方与芽相连处的很少一点维管组织保留在芽片上，使芽片与砧木密合，否则便在芽片内方留下一小孔隙，会造成芽片上的芽不能与砧木的维管系统连接，不能成活。

5.4.3　嫁接时间

嫁接时间的选择与植物种类、嫁接方法和物候期等有关。一般来说，枝接宜在春季芽未萌动之前进行；芽接宜在夏、秋季砧木树皮易剥离时进行；而草本和木本的嫩枝嫁接，多在生长期进行。具体时期主要有以下几种。

(1) 春季嫁接　春季芽接在春季发芽前进行，接穗需在发芽前采下贮藏。春季是枝接的适宜时期，主要在 2～4 月，树液开始流动时进行。由于这时气温低，接穗水分平衡较好，嫁接时易成活，但愈合较慢。因适期短，接后抽梢迟，故一般少用，常只用于秋接失败后补接用。

(2) 夏季嫁接　夏季是嫩枝接和芽接的适宜时期。一般以 5～7 月为宜，尤其是以 5 月中旬至 6 月中旬最适宜。成活后即剪砧，促使快发快长，当年即可成苗出圃。绝大多数植物适合此时嫁接。

(3) 秋季嫁接　秋季也是芽接的适宜时期，北方是从 8 月中旬至 9 月初，这是芽接的适合时期。这个时期新梢充实，养分贮存多，芽充实，也是树液流动，形成层活动的旺盛时期，适合芽接。秋季芽接成活苗越冬后，至次年春季发芽前始将接口上方部分剪去，促使接芽萌发生长。剪砧可一次或两次完成。

5.5 压条繁殖

压条繁殖，是将一植株枝条不脱离母体埋入土中或用其他湿润的材料包裹，促使枝条的被压部分生根，以后再与母株割离，成为独立的新植株的繁殖方法。压条繁殖依据埋条的状态、位置及其操作方法的不同，可分为空中压条、埋土压条、单干压条、波状压条等。

(1) 空中压条　它始于我国，故又称中国压条，适用于大树及不易弯曲埋土的情况。先在母株上选好枝梢，将基部环割并用生根粉处理，用苔藓或其他保湿基质包裹，外用聚乙烯膜包密，两端扎紧即可。一般植物 2～3 个月后生根，最好在进入休眠后剪下。高空压条适合于植株茎秆较硬的植物，如杜鹃花、山茶、桂花、米兰等均常用（图 5-11）。

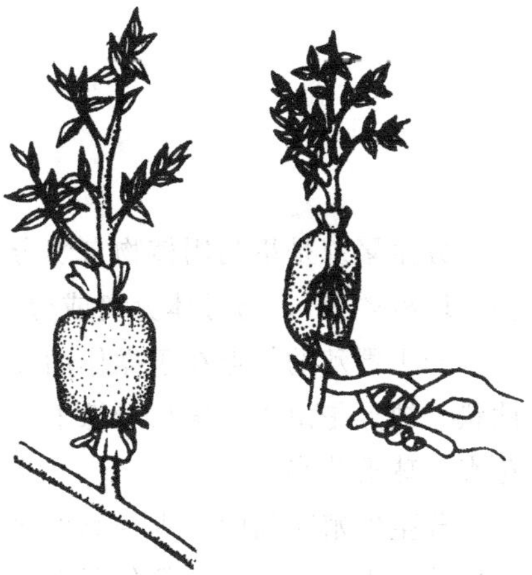

图 5-11　空中压条

(2) 埋土压条　将较幼龄母株在春季发芽前于近地表处截头，促生多数萌枝。当萌枝高 10cm 左右时将基部刻伤，并培土将基部 1/2 埋入土中，生长期中可再培土 1～2 次，培土共深约 15～20cm，以免基部露出，生根后，分别移栽。这种压条方法适用于萌芽性强、丛生性强的植物种类，如贴梗海棠、八仙花、杜鹃、木兰等均可用此法繁殖。

(3) 单干压条　取靠近地面的枝条，作为压条材料，使枝条中部埋于土中 10～15cm 深，将埋入地下枝条部分施行割伤或轮状剥皮，枝条顶端露出地面，以竹钩或铁丝固定，覆土并压紧。经过一个生长季即可生根分离成独立植株。连翘、罗汉松、棣棠、迎春等常用此法繁殖（图 5-12）。

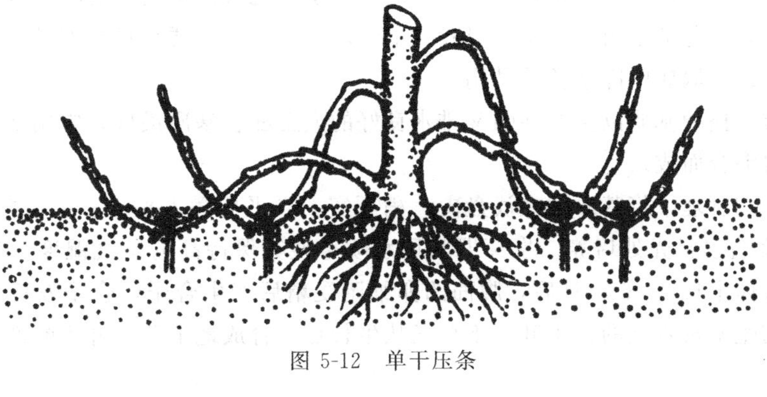

图 5-12　单干压条

(4) 波状压条　在枝条上割伤数处，将割伤处埋入土中，生根后，切开移植，即成新个体。适用于枝梢细长柔软的灌木或藤本。将藤蔓作如此反复多次，一根枝梢一次可取得几株压条。如紫藤、铁线莲属可用（图 5-13）。

图 5-13　波状压条

5.6　分生繁殖

分生繁殖是指利用植物自然分生的可供营养繁殖的变态器官（如萌蘖、吸芽、珠芽、走茎及球根类等），与母体分离或分割进行培养形成独立新植株的繁殖方式。

分生繁殖的优点在于操作简便，分生苗容易成活，成苗较快且新个体能保持母株的优良性状。缺点是由于一次从母株上分离的个体有限，因此繁殖系数较低。分生繁殖多用于宿根花卉、球根花卉。

分生繁殖时间因花卉种类而异。如根茎类型的鸢尾，以花后分株为好；芍药宜在秋季地上部分进入休眠、地下部分还在活动期为好；荷兰菊、玉簪、一枝黄花等夏秋开花的种类，多以春季分株为好。

5.7　孢子繁殖

孢子繁殖在植物界比较普遍，在花卉中仅见于蕨类植物。孢子人工繁殖能取得大量幼苗，但孢子细微，培养期中抗逆力弱，需精细管理，在空气湿度高及不受病害感染环境条件下才易成功。

(1) 孢子的收集　蕨类植物的孢子囊群多着生于叶背。人工繁殖宜选用孢子已成熟但尚未开裂的囊群。用手执放大镜检查，未成熟的囊群呈白色或浅褐色。选取囊群已变褐色但尚未开裂的叶片，放薄纸袋内于室温（21℃）下干燥 1 周，孢子便自行自孢子囊中散出。除尽杂物后移入密封玻璃瓶中冷藏备播种用。

(2) 基质　播种基质以保湿性强又排水良好的人工配合基质最好，常用 2/3 清洁的苔藓与 1/3 珍珠岩混合而成。

(3) 播种和管理　将基质放在浅盘内，稍压实，弄平后播入孢子。播后覆以玻璃保湿，放 18～24℃无直射日光处培养。发芽期间用水喷雾使其保持高的空气湿度。孢子约 20d 开始发芽，原叶体生长 3～6 个月后，腹面的卵细胞受精后产生合子，合子发育成胚，胚继续生长便生出初生根及直立的初生叶。不久又从生长点发育成地上茎，并不断产生新叶，逐渐长大成苗。

(4) 移栽　若原叶体太密，在生长期中可移栽 1～2 次。第一次在原叶体已充分发育尚未见初生叶时，第二次在初生叶生出后进行。用镊子将原叶体带土取出，不能使其受伤，按 2cm 株行距植于盛有与播种相同基质的浅盘中。移栽后仍按播种时相同的方法管理，至有几片真叶时再分栽。

5.8 组织培养

组织培养是指在无菌条件下，分离植物体的一部分（外植体），接种到人工配制的培养基上，在人工控制的特定条件下，使其形成完整新个体的技术。

5.8.1 组织培养的特点

(1) 可控性强　进行组织培养时，对不同花卉所需要的环境条件，可以进行人为控制。由于外植体是在人为提供的培养基中培养，可根据需要调节营养成分及培养条件，摆脱了大自然中四季、昼夜以及多变的气候对其生长带来的影响，更有利于花卉的生长，从而便于稳定地进行花卉周年生产。

(2) 生长周期短，繁殖速度快　组织培养是在完全人为控制的条件下进行的，能够对不同的花卉种类、不同的离体部位，提供针对性较强的生长条件，促进其生长繁殖速度，缩短其生长周期。一般草本花卉 20d 左右即可完成一个繁殖周期；木本花卉的繁殖周期较草本花卉长一些，一般在 1～2 个月内继代繁殖一次，而且每一继代的繁殖数量是以几何级数增长的。例如，兰花的某些种，一个外植体在一年内可增殖几百万个原球茎，有利于大规模的工厂化生产。尤其对于采用常规繁殖方法繁殖率低或难以采用常规繁殖方法繁殖的优良花卉种类，组织培养技术是进行快速繁殖的行之有效的途径。

(3) 节省材料　一株花卉的任一器官、组织均可作为培养的材料。母株上的极小部分作为外植体进行组织培养后都可以繁殖产生大量的再生植株。此特点很好地解决了名贵、珍稀、新特的花卉原材料少、繁殖困难的问题。

(4) 后代整齐一致　组织培养实际上是一种微型的无性繁殖，取材于同一个体的体细胞而不是性细胞。因此，其后代遗传性一致，能保持原有品种的优良性状。

(5) 管理方便　人为提供植物生长所需要的营养和环境条件，因而可以进行高度集约化、高密度的科学生产，有利于自动化和工厂化生产。

5.8.2 组织培养的分类

植物组织培养分类根据分离外植体的不同，可以分为五类。

(1) 植株培养　是具备完整植株形态材料的培养，如幼苗及较大植株的培养。

(2) 胚胎培养　把成熟或未成熟的胚从胚珠内分离出来，在人工合成的培养基上培养，使其发育成为正常的植株。

(3) 器官培养　根据植物及需要的不同，可以分离茎尖、根尖、叶片、叶原基、子叶、花瓣、雄蕊、胚珠、子房和果实等作外植体培养，使其发育成完整植株。其中茎尖是最常选用的器官培养材料，因为茎尖携带的病毒和细菌较少，容易培养成功，后代的形态稳定，成苗容易。

(4) 组织或愈伤组织培养　组织或愈伤组织培养为狭义的组织培养，是分离植物体的各部分组织来进行培养，或者采用从植物器官培养产生的愈伤组织来培养，通过分化诱导可形成植株。

(5) 细胞或原生质体培养（悬浮培养）　由愈伤组织等进行液体振荡培养所得到的能保

持较好分散性的离体细胞或很小的细胞团的液体培养，或是用酶及物理方法除去细胞壁的原生质体培养，皆可通过培养、分化产生植株。

5.8.3 花卉组织培养的主要步骤

花卉的组织培养通常按照以下步骤进行。外植体的选取和采集⟶无菌条件下接种操作⟶初代培养⟶继代培养⟶生根培养⟶试管苗的驯化及移栽。

第一步：将采来的植物材料除去不用的部分，将需要的部分洗干净。把材料切割成适当大小，用自来水冲洗干净。易漂浮或细小的材料，可装入纱布袋内冲洗。洗时可加入洗衣粉清洗，然后再用自来水冲洗干净。洗衣粉可除去轻度附着在植物表面的污物，除去脂质性物质，便于灭菌液的直接接触。当然，最理想的清洗物质是表面活性物质——吐温 80。

第二步：对材料的表面浸润灭菌。要在超净台或接种箱内完成，准备好消毒的烧杯、玻璃棒、70%酒精、消毒液、无菌水等。用 70%酒精浸 10～30s。由于酒精具有使植物材料表面被浸湿的作用，加之 70%酒精穿透力强，很容易杀伤植物细胞，所以浸润时间不能过长。有一些特殊的材料，如果实，花蕾，包有苞片、苞叶等的孕穗，多层鳞片的休眠芽以及主要取用内部的材料，则可只用 70%酒精处理稍长时间。经过处理的材料在无菌条件下，待酒精挥发后再剥除外层，取用内部材料。

第三步：用灭菌剂处理。表面灭菌剂的种类较多，可根据情况选取 1～2 种使用。

第四步：用无菌水涮洗。涮洗要每次 3min 左右，视采用的消毒液种类，涮洗 3～10 次左右。无菌水涮洗作用是免除消毒剂杀伤植物细胞的副作用。

注意：①酒精渗透性强，幼嫩材料易在酒精中失绿，所以浸泡时间要短，防止酒精杀死植物细胞；②老熟材料，特别是种子等可以在酒精中浸泡时间长一些，如种子可以浸泡 5min；③升汞的渗透力弱，一般浸泡 10min 左右；④漂白粉容易导致植物材料失绿，所以对于幼嫩材料要慎用；⑤在消毒液中加入浓度为 0.08%～0.12%的吐温 20 或吐温 80（吐温 20 为月桂酸酯；吐温 80 为油酸酯），可以降低植物材料表面的张力，达到更好的消毒效果。

花卉组织培养的大量繁殖可分为三个阶段。

第一阶段：培养主要为获得无菌外植体，建立无菌培养体系，控制无菌条件，以有利于植物材料生长获得愈伤组织或器官，这是整个培养过程中的关键。

第二阶段：进行增殖培养，不断分化产生新的植株或直接产生不定芽及胚状体，也可根据需要不断反复地进行继代培养，以达到大量繁殖的目的。

第三阶段：是将产生的植株转移进行生根培养，准备移栽入土，可转入生根培养基培养，也可直接切取进行扦插生根，并逐渐进行锻炼，增加光照强度，提高植株抗性，以提高植株的适应。

5.8.4 影响组织培养成功的因素

影响组织培养成功的主要因素可分为三类：外植体的选择、培养基和环境条件。

（1）外植体的选择　外植体是指接种所使用的植物材料。虽然植物细胞都具有全能性，即具有重新形成植株的能力，但不同种类的植物、不同的器官培养成功的难易程度是不同的。

在植株上处于生长旺盛阶段的器官或部位上取的外植体，分化能力较强，生长迅速。同时，幼年态的组织或器官较容易诱导形态的发生，缩短愈伤组织阶段。对花卉植物来说，进行快速繁殖多选用茎尖作为外植体，这主要是因为茎尖携带的病毒和细菌较少，组织培养易成功，后代的性状也较稳定，成苗也容易。许多花卉，如香石竹、菊花、非洲菊、牡丹、玉簪等都是选用茎尖作为外植体。鳞茎、茎段的分生能力不如茎尖，但容易获得，选择适合的培养基也能获得好的效果；嫩叶、花蕾等部位因其细菌污染程度小于其他部位，培养成功的概率也高；采用根作为外植体也有生长速度快、无性繁殖变异小的特点。此外，植物的花、胚也可作为外植体。

除了要注意外植体的取材部位外，还应注意外植体的取材时间。通常作为外植体的组织或器官应处于生长最旺盛的时期。如在植物生长发育成熟期选用花蕾作为外植体，在植物生长的幼年期选用嫩叶作为外植体。

接种前应进行外植体的表面灭菌。通常先用自来水冲洗 20～30min，有泥的应先刷去。冲洗干净后，用 70%的酒精浸泡 10～15s 消毒。接着用无菌水（经高压灭菌的蒸馏水）冲洗数次，再用 0.1%的氯化汞浸泡外植体 5～10min 消毒，最后用无菌水冲洗 3～4 次。带有茸毛不易湿润消毒的材料可加些洗衣粉，但最后还是要用无菌水冲洗数次，并放置于经过灭菌的广口瓶中备用。上述操作皆应在接种箱或超净工作台等无菌环境条件下进行。

此外，外植体的生理年龄、大小都与组织培养的成功与否有很大关系。外植体过大，易因消毒不彻底而造成污染；过小，会引起存活率降低。不同植物器官和组织有不同形态发生能力，易选取形态发育较年轻的组织进行培养。

（2）培养基的配制　培养基的配方有许多种，即使是确定了一种基本的培养基，其中激素、维生素类的含量也不尽相同，这些都会影响到组织培养的成功。例如，在外植体培养的最初阶段，多使用较高浓度的生长素，以促进愈伤组织的生长；而在花卉的培养中，为了避免发生变异，人们希望在培养中产生较少的愈伤组织，而尽快长芽，因此宜适当地控制生长素的用量。

（3）环境条件　光周期、光的波长、光强、温度、培养瓶中的气体和极性等环境条件都会影响组织培养的成功。一般来说，大多数植物要求保持 16h 光照、8h 黑暗以及 26～28℃的最适生长温度。

5.8.5　组织培养在花卉繁殖中的应用

目前许多花卉的组织培养繁殖已成为商品生产的主要育苗方法。用组织培养繁殖成功的花卉如波斯顿肾蕨、多种兰花、彩叶芋、花烛、喜林芋属、百合属、萱草属、非洲紫罗兰、香石竹、唐菖蒲、非洲菊、菊花、秋海棠属、杜鹃花、月季花及许多观叶植物等。

5.8.5.1　花卉良种快速繁殖的应用

良种快速繁育是目前植物组织培养技术在花卉良种扩大繁殖中应用最多、最广泛和最有效的一个方面，也是应用的主流之一。由于许多花卉采用无性繁殖，长期多代无性繁殖以及病害等原因使种性下降，而组织培养的繁殖方法无论对加快繁殖，还是提高种性来讲都是十分适宜的。

5.8.5.2　无病毒植株培养的应用

植物脱毒是目前植物组织培养应用最多、最有效的一个方面。很多花卉都带有病毒，特别是无性繁殖植物。如唐菖蒲、热带兰、香石竹、百合、月季、牡丹、茉莉、杜鹃等。但是，感病植株并非每个部位都带有病毒，如发育旺盛的植物分生组织的生长点细胞是不含病毒的。切取生长点细胞，放入试管培养，并使之分化，可以获得无病毒的植株。由于外围的生长点细胞也有可能被病毒感染，上述脱毒过程有时需要重复多次之后方能得到完全无病毒的植株。

5.8.5.3 花卉育种的应用

植物组织培养技术为花卉育种工作带来了许多新的工作方法和手段，使花卉育种工作能在更多条件下有效地进行，主要的应用有以下几个方面。

(1) 试管内受精 在杂交育种工作中，往往由于柱头、花柱的缘故而影响花粉的萌发及花粉管的伸长，致使亲和性减退。但试管内受精却可以使花粉管不经过柱头及花柱而直接进入胚珠内授精，它对于克服自花不孕或远缘杂交的不亲和现象具有重要作用。

(2) 原生质融合产生体细胞杂种 用溶解酶去除细胞壁，单独培养细胞原生质，在特定的条件下，裸露的原生质可与其他原生质融合。融合的原生质还能再形成细胞壁，这种融合细胞进行分裂和增殖后，诱导形成的新植物体就是体细胞杂种。用这种方法可以得到有性生殖不能获得的种间杂种或属间杂种。

(3) 胚、胚珠和子房培养 胚、胚珠和子房培养统称胚培养，通过杂种胚的培养及胚珠和子房培养而进行的试管受精，以克服远缘杂交的不亲和性和不育性，从而保证远缘杂交的顺利进行。后两者比单独取胚培养更易成功。

(4) 花药、花粉的培养 用花药、花粉的培养得到诱导花粉起源的单倍体植株，再用秋水仙碱等使单倍体植物染色体成倍增加，获得纯合的二倍体，就能在短时期内育成遗传变异固定的纯系，可大大缩短花卉育种的世代和年限。用花药培养单倍体植物已达50种以上。

复习题

1. 简述花卉有性繁殖与无性繁殖的概念及特点。
2. 简述花卉种子的寿命及影响因素。
3. 简述影响种子发芽的休眠因素。
4. 简述种子萌发所需要的条件。
5. 简述花卉种子播种前的处理方法。
6. 简述花卉分生繁殖的特点及类型。
7. 简述花卉扦插繁殖的特点及类型，影响扦插成活的因素。
8. 简述促进扦插生根的方法。
9. 简述花卉组织培养的特点及影响因素。
10. 简述花卉采取的繁殖方法的决定因素。

第6章　花卉的栽培管理

［教学目标］掌握露地一、二生花卉、宿根花卉与球根花卉的繁殖、日常养护、修剪和防寒越冬等技术措施；掌握温室盆栽花卉的日常管理措施；熟悉温室花卉栽培的基质种类，温室切花花卉的栽培管理要点。

6.1　露地花卉的栽培管理

露地栽培是花卉最基本的栽培方式。露地花卉种类繁多，这里主要指用于花坛、花境及园林绿地的花卉，包括一、二年生花卉、宿根花卉、球根花卉等。花卉种类不同，对环境条件要求不同，如果只凭借自然环境条件难以完全满足各类花卉的生态要求。为了使露地花卉生长健壮、姿美色艳，通过一些人为的栽培措施，尽可能改造环境条件，使之满足或接近花卉的生态要求，对于花卉栽培的成功具有重要意义。

6.1.1　露地花卉的一般栽培管理措施

1. 整地做畦

整地的目的在于改良土壤的物理结构，使其具有良好的通气和透水条件，便于根系伸展。整地还能促进土壤分化，有利于微生物活动，从而加速有机肥分解，便于花卉的吸收利用。同时，还可将土壤中的病菌及害虫等翻于地表，经日晒及严寒而杀灭，有预防病虫害发生的作用。

（1）整地深度　整地深度是由花卉的种类和土壤状况而决定的。一、二年生花卉的生长期短，根系分布较浅，为了充分利用表土的优越性，一般深耕20cm左右即可；球根类花卉由于地下部分肥大，对土壤的要求较严格，需深耕30cm左右；宿根花卉根系较大，需深耕40～50cm。另外，整地深度也因土壤质地不同而有差异，一般沙土宜浅耕，黏土宜深耕。新开垦的土地必须于秋季进行深耕，并施入大量有机质肥料，以改进土质。

（2）整地方法　大面积的花圃可以机耕，而一般的花圃或花坛，可人工翻耕。耕地可使土壤充分接触阳光和空气，以促进风化。整地的同时应清除杂草、宿根、砖块、石头等杂物。若不立即栽种时，翻耕后不必急于将土块细碎整平，待到种植前再灌水，然后整平。挖定植穴或定植沟时，应注意将表土与底土分开放置，以便栽苗时将表土层的熟土填入坑底，有利于花卉根系的生长。

（3）整地时间　一般春季使用的土地应于前一年的秋季翻耕。翻耕应注意在土壤干湿度适宜时进行，一般含水量40%～50%时进行最宜。土壤过干时翻耕困难，土块难于破碎，而土壤过湿时翻耕，又易破坏土壤的团粒结构。黏重土壤应预先掺入沙或有机肥后再进行翻耕，以利改变土壤的物理结构。

耙地应于栽种之前进行，当土壤含水量约为60%时进行耙地最适宜。若土壤过干，土块硬不易破碎，应预先灌水湿润土块。当土壤过湿时也不宜耙地，否则易造成土壤板结。

（4）做畦　花卉在圃地栽培时多用畦栽方式，各地区由于降雨量不同，又有高畦与低畦之分。南方多雨地区及低湿地带，均采用高畦；而北方干旱地区，多采用低畦。高畦的畦面高出地面20～30cm，以便排水，并可扩大土壤与空气的接触面积，畦宽100cm，畦两侧排水沟兼做步道，宽约50cm。低畦有利于灌水保湿，畦面低于畦埂10～20cm，畦面宽100～120cm，畦埂宽30cm左右。

2. 间苗和移植

(1) 间苗　主要指播种苗而言。播种后由于出苗稠密，影响幼苗健壮生长时，应进行间苗，以扩大株距，保证花苗有足够的空间和土壤营养面积，利于通风透光，防止幼苗徒长，减少病虫害发生。还可结合间苗选优去劣，选纯去杂。间苗应在幼苗长出1～2枚真叶后分数次进行。间苗工作宜仔细，避免牵动留床苗，并应在雨后或灌水后进行。同时，在间苗之后应再浇一次水，使留床苗的根系与土壤密接。

(2) 移植　是指将幼苗由育苗床移栽到栽植地的工作。除直播于花坛的草花外，都需要移植。通过移植可使花卉苗株在圃地或园林绿地中得到合理的定位，并增大株距，扩大营养面积，增加光照，使空气流通。通过移植，切断主根，促使侧根发生，形成发达的根系。还可抑制苗期徒长，增加分蘖，扩大着花部位。地栽苗在4～5枚真叶时进行第一次移植，盆栽苗当出现1～2枚真叶时开始移植。

移植包括"起苗"和"栽植"两个步骤。移植可大致分为裸根移植与带土移植两类。裸根移植通常用于小苗及一些易成活的大苗；带土移植则用于大苗，少数根系稀少较难移植的种类一般是直播，不得已而移植时也可用此法。大部分花卉需进行两次移植，第一次是从苗床上移出来，先栽植于花圃内；第二次移植是将花圃中栽植的较大的花苗定植到花坛或绿地中。移植的株行距视苗的大小、生长速度和移植后留床期而定。

生产实际中还有"假植"这一环节。当起苗之后来不及栽植的情况下，为防止根系干燥影响成活率，常将已起出的苗在栽植前培以潮润的土壤暂时放置，称"假植"。

移植最好在无风的阴天或降雨之前进行。一天之中，傍晚移植最好，经过一夜缓苗，根系能较快地恢复吸水能力，避免凋萎；早晨和上午均不适合移植，中午的高温、干燥，对幼苗的成活影响很大。

移植之前，对苗床及栽植地均应事先浇足水，待表土略干后再起苗。移植穴要较移植苗根系稍大些，保证根系舒展；栽植深度应与原种植深度一致或稍深1～2cm；栽植之后要将苗根周围的土壤按实，并及时浇透水，幼嫩小苗还应适当遮阳。

3. 灌溉

水是花卉的主要组成成分之一，花卉的生理活动都是在有水参与之下完成的。如果没有水，花卉的生命就会停止，但水分过多时又会对花卉造成伤害。正确浇灌，对花卉生长发育非常重要。

(1) 灌水量及灌溉次数　花卉的灌溉用水量因季节、土质以及花卉种类而异。一般春夏两季气温较高，空气干燥，水分蒸发量大，宜灌水勤些，灌水量大些；秋季雨量稍多，且露地花卉大多停止生长，应减少灌水量，以防苗株徒长，降低防寒能力。就土质而言，沙土透水性强，黏土保水能力强，黏土灌水次数宜少，沙土灌水次数宜多。不同花卉种类灌水量也不同，一、二年生花卉，球根花卉根系浅，灌水次数多些，渗入土层的深度30～35cm为适宜。宿根花卉、木本花卉根系分布深，灌水次数宜少些，花木类灌水渗入土层45cm左右即可满足其生长需要。

(2) 灌溉方法　露地花卉灌溉的方法有漫灌、沟灌、喷灌及滴灌四种。①栽培面积较大的情况宜用漫灌，例如大面积的花圃。②沟灌，即干旱季节时在高畦的步道中灌水，当行距较大时，也可行间开沟灌水。沟灌法可使水完全达到根系区。③喷灌，是利用喷灌设备系统，在高压下使水通过喷嘴喷向空中，然后呈雨滴状落在花卉植物体上的一种灌水方法。喷灌便于控制，可节省用水，能改善环境小气候，但投资较大。草坪及大面积栽培花卉时，宜用喷灌。④滴灌，是利用低压管道系统，使水缓慢而不断地呈滴状浸润根系附近的土壤，使土壤保持湿润状态。这种方式可节省用水，但往往易阻塞滴头，设备成本较高。

(3) 灌溉时间　每天灌水的时间因季节而异。夏季高温季节，宜在清晨或傍晚灌水，以减少水与土壤之间的温差，对花卉的根系有保护作用；冬季宜中午前后灌水。

(4) 灌溉用水　灌溉用水应注意选用软水，避免使用硬水。最理想的是河水、湖水或塘水。自来水也可使用，但必须将其在贮水池内晾晒 2～3d，使氯气挥发后再用。

4. 施肥

(1) 肥料种类　肥料包括无机肥、有机肥、微生物肥等几大主要类型。无机肥又分为氮肥、磷肥、钾肥、微肥；有机肥有堆肥、厩肥、人粪尿，饼肥、鸡鸭粪、腐殖酸肥等。

(2) 施肥方式及方法　施肥的方式分为基肥和追肥两大类。

基肥是在翻耕土地之前，均匀地撒施于地表，通过翻耕整地使之与土壤混合。或是栽植之前，将肥料施于穴底，使之与坑土混合。基肥对改良土壤物理性质具有重要作用。有机肥及颗粒状的无机复合肥多用作基肥。

追肥是在花卉栽培中，为补充基肥中某些营养成分不足，满足花卉不同生长发育时期对营养成分的需求而追施的肥料。在花卉的生长期内需分数次进行。一般当花卉春季发芽后施第 1 次追肥，促进枝叶繁茂；开花之前，施第 2 次追肥，以促进开花；花后施第 3 次追肥，补充花期对养分的消耗。追肥常用无机肥。有机肥中速效性的，例如人粪尿、饼肥等经腐熟后的稀释液也可用作追肥。

追肥的方法常用沟施、穴施、环状施、结合灌水施以及根外追肥等。

沟施，指在花卉植株的行间挖浅沟，将肥料施放其内，覆土后浇水。穴施，指在植株旁侧、根系分布区内挖穴，施放肥料后覆土浇水。环状施，指在植株周围挖环状沟，施入肥料，覆土后浇水。根外追肥，就是将液态肥喷洒于叶面及叶背，营养成分通过气孔被吸收到体内。应注意，根外追肥宜使用无机肥，且所用肥液的浓度不可过高，应控制在 0.5‰～2‰左右。尿素、磷酸二氢钾、微肥等常被用于根外追肥。

由于各种营养元素在土壤中移动性不同，不同的肥料在土壤中施用的深度也不同。氮肥在土壤中移动性差，宜深施至根系分布区内。

(3) 施肥量　因花卉的种类、土质及肥料的种类不同而异。一般，植株矮小的花卉宜少施，植株高大、枝叶繁茂、花朵丰硕的花卉宜多施。一、二年生花卉与球根类花卉比宿根花卉的施肥量宜少些。据报道，当施用 5-10-5 的完全肥时，每 $10m^2$ 的施肥量为球根类花卉 0.5～1.5kg；花坛、花境花卉 1.5～2.5kg；花灌木 1.5～3kg。施肥量还可参考表 6-1。

表 6-1　花卉的施肥量　　单位：kg/hm^2

花卉种类	施肥方式	硝酸铵	过磷酸钙	氯化钾
一年生花卉	基肥	120	250	90
	追肥	90	150	50
多年生花卉	基肥	220	500	180
	追肥	50	80	30

一年之中，春季是多数花卉及花木类发芽时期，宜追肥促生长；春末夏初花卉生长迅速，有些花卉进入花芽分化孕蕾期，是追肥的主要时期；秋季开花的花卉，多从立秋之后开始进入花芽分化，9 月上旬开始追肥促进花芽分化和发育。夏季和冬季多数花卉进入休眠或半休眠状态，应停止追肥。

5. 整形修剪

整形是指根据植物生长发育特性和人们观赏与生产的需要，对植物施行一定的技术措施以培养出所需要的结构和形态的一种技术。修剪是指对植物的某些器官进行部分疏删和剪截的操作。整形是通过修剪技术来完成的，修剪又是在整形的基础上实行的。

露地花卉的整形方式主要有单干式、多干式、丛生式、悬崖式、攀缘式等。单干式，即保留主干，不留侧枝，使枝端只开 1 朵花。单干式造形多见于菊花的独本菊。多干式，即保留3～7 个主枝，其余侧枝全部摘除，使其开出多朵花。菊花的三本菊、五本菊、七本菊等造形属于此类，大丽花中也常见多干式造形。丛生式，即通过多次摘心，促其发生多数侧枝，全株呈低矮丛生状，并开出多朵花。大部分一、二年生花卉如矮牵牛、一串红、美女樱、四季秋海棠、蕾香蓟等均属这种造形。悬崖式，即全株的枝条向下方的同一方向伸展，多用于小菊的造型。攀缘式，多用于蔓性花卉，常将这类花卉引缚在具有一定造型的支架上，如牵牛花、铁线莲、茑萝等常用这种整形方式。

修剪主要包括摘心、除芽、去蕾、折梢、曲枝、修枝等项工作，通过这些措施可使花卉的植株形成或保持理想的株形或冠形。摘心即摘除枝梢的顶芽，促发侧枝。一、二年生花卉及宿根花卉常用摘心法使其增加分枝，使株丛低矮紧凑。但要注意，对顶花为主的花卉及自然分枝能力很强的花卉可不必摘心，如鸡冠花、观赏向日葵、凤仙花、三色堇等。除芽去蕾，指除去过多的侧芽、侧蕾，以保证养分集中供给留下的花朵，如菊花及大丽花常用此法。而折梢、曲枝、修枝等方法常用于木本花卉的整形修剪。

6. 防寒越冬

原产于热带、亚热带地区的耐寒性差的花卉，当在北方地区栽培时，在冬季到来之前必须及时做好防寒工作，以保证其安全越冬。露地花卉常用的防寒措施有如下几种。

(1) 灌水　冬季封冻前灌足防冻水，有防寒效果；春灌有保温、增温效果。因为水的热容量比土壤和空气的热容量大得多，灌水后土壤的导热能力提高，深层土壤的热量容易传导上来，因而可提高地表空气的温度。同时，灌水后可提高空气中的含水量，空气中的蒸汽凝结成水滴时放出潜热，也可提高空气温度。

(2) 包草埋土　冬季到来之前，对于不耐寒的木本花卉，清除枯枝烂叶后，用草绳将枝条捆拢，其外再包 5～8cm 厚的稻草并捆紧，最后在稻草基部堆 20cm 高的土堆并压实。

(3) 设风障　面积大、数量多的草本花卉，常在种植畦的北侧设 1.8m 高的风障，具有防风保温的效果。

(4) 设席圈　植株高大且不耐寒的木本花卉，可在其西面和北面设立支柱，柱外围席，防风御寒效果突出。

(5) 地面覆盖　露地宿根花卉，常于入冬前在株间的地面上覆盖一层 3～10cm 厚的覆盖物。覆盖物采用的是对花卉生长有益无害，资源丰富、价格低、使用方便的材料，如堆肥、秸秆、腐叶、松针、锯末、树皮、甘蔗渣、花生壳等。地面覆盖不但可防止水土流失、水分蒸发、地表板结及杂草产生，而且冬季对土壤有保温作用，覆盖物分解后还能增加土壤肥力，改良土壤的物理性质。此外，用地膜覆盖地表也有较好的保温、保湿效果。

6.1.2 露地一、二年生花卉的栽培管理

露地一、二年生花卉是园林中最常应用的花卉种类，以其丰富的色彩、繁多的种类成为园林中重要的植物材料。一、二年生花卉在栽培技术上有很多共同之处，但二者的生态习性却不尽相同。一年生花卉大多原产热带及亚热带地区，耐寒性差；而大多数二年生花卉原产温带地区，有一定的耐寒力，苗期大多要经过一段1～5℃的低温时期，才能度过春化阶段，否则不能进行花芽分化。多数露地一、二年生花卉均为阳性花卉，在生长发育过程中需要充足的阳光。一年生花卉夏秋开花，多为短日照花卉，二年生花卉春季开花，多为长日照花卉。

近年来，随着育苗技术的发展，许多露地一、二年生花卉生长发育某一阶段是在温室中度过的，露地一、二年生花卉和温室一、二年生花卉的区分变得不明显。

6.1.2.1 露地一、二年生花卉的播种育苗

露地一、二年生花卉多用播种繁殖。喜光照充足、疏松肥沃、排水良好的土壤。春季播种，应在前一年秋季进行整地作业；秋季播种，应在上茬花苗出圃后立即翻耕。一、二年生花卉生长期短，根系较浅，为充分利用表土的优越性，一般翻耕深度为20cm左右。多采用畦播方式播种，南方多雨及低湿处或者性喜高燥的花卉多用高畦，北方多用低畦。

一年生花卉耐寒力弱，具体播种时间因地区而异，南方约在2月下旬到3月上旬，中部地区约在3月上旬至下旬，北方约在4月上中旬。二年生花卉，南方可在9月下旬至10月上旬，北方约在8月底至9月初播种。在华东地区不加保护即可露地越冬，北方，除极少数种类如三色堇、金鱼草外，需在冷床中越冬。

近年来，随着栽培技术的提高和各类栽培设施的广泛应用，温室育苗日益普及，使得一年生花卉和二年生花卉的区分不再明显，人们往往根据需要选择播种时期，进行周年生产。

播种方法主要有露地播种、保护地播种、容器育苗。我国大部分地区四季交替明显，冬天和早春花卉不能露地生长，通过育苗把花卉生长发育的花前阶段，安排在各类保护地内完成，当外界条件能满足其生长发育要求时，再将现蕾乃至含苞待放的植株定植，使开花时间大大提前。近一二年来，容器育苗取代了露地播种和保护地播种，成为最主要的播种方法。

(1) 露地播种　在南方温暖地区，或是一些直根性不耐移植的种类可采用此法。多在苗畦内开沟条播，若是花坛直播，多采用撒播。播种时可施入过磷酸钙，促使根系强大，幼苗健壮。

(2) 保护地播种　在冷床或温床的苗床中进行播种，近年来已逐渐被容器育苗所取代。

(3) 容器育苗　播种基质既要有利于种子萌发、根系伸展和附着，又要为根系发育创造良好的水、肥、气条件，要求有机质含量较高、疏松透气、无病虫、无杂草，有保水保肥能力。常用的有园土、沙、泥炭、珍珠岩等，目前常使用泥炭∶珍珠岩∶蛭石为6∶2∶2的基质。所有播种基质都应经过消毒。

6.1.2.2 露地一、二年生花卉的苗期管理

一、二年生草花以播种繁殖为主要繁殖手段，且生长发育期较短，如果幼苗长势衰弱，后期很难复壮，直接影响植株以后的生长与开花。因此从播种到定植前这一阶段的工作极为重要。

1. 间苗

间苗又称疏苗。对保护地播种和露地播种而言，为保证足够的出苗率，播种量都大大超

过留苗量，造成幼苗拥挤，为保证幼苗有足够的生长空间和营养面积，应及时疏苗，使苗间空气流通、日照充足。

露地播种的花卉一般间苗2次。第1次在幼苗出齐后，每墩留苗2～3株，按一定的株行距将多余的拔除；第2次间苗也叫定苗，在幼苗长出3～4枚真叶时进行，除准备成丛培养的草花外，一般均留一株壮苗，间下的花苗可以补栽缺株，对于一些耐移植的花卉，还可移植到其他圃地继续栽植。间苗后应及时浇水，以防在间苗过程中被松动的小苗干死。

2. 炼苗

炼苗是在保护地育苗的情况下，采取放风、降温、适当控水等措施对幼苗强行锻炼的过程，使其定植后能迅速适应露地的环境条件，缩短缓苗时间，增强对低温、大风等的抵抗能力。

炼苗在定植前5～7d进行，且不可时间过长。炼苗方法主要是：停止加温，放风降温，将玻璃温室的放风口全部打开，塑料温室拱棚的上下放风口揭开。定植前2～3d，在无霜情况下，撤走全部覆盖物，打开所有通风口，减少浇水量，在不萎蔫的情况下尽量减少浇水。

3. 移植

露地花卉，除不宜移植而进行直播的种类外，大都是先育苗，经分苗和移植后定植于花盆、花坛或圃地中。通过移植，增大株距，使光照更加充足、空气更加流通，并且切断主根，促发侧根，形成发达的根群。另外，通过多次移植，还可达到抑制植株生长、防止徒长、推迟花期的目的。

移植一般分两次进行。第1次是将幼苗从苗床或育苗容器中取出，先栽在圃地或小盆中；第二次起苗后，定植于露地或花盆中。第1次移植的时间，应根据幼苗的种类、生长状况及气候条件而定。一般可根据幼苗长出的真叶数来确定；地栽苗一般在幼苗长出4～5枚真叶时移植，盆栽苗一般在幼苗长出2～3枚真叶时移植。较难移植的种类应在更小时进行。第二次移植的时间，根据花苗生长速度、室外气候条件而定。移植前应进行炼苗，具体方法如上文所述。移植时间以无风的阴天或傍晚为好，此时没有直射光、空气湿度高，有利于幼苗复苏。

幼苗移植的程序是先起苗后移植。起苗应在苗床土壤干湿适度的情况下进行。移植有裸根移植和带土移植两种方法。裸根移植适用于小苗和容易成活的种类，带土移植则适用于大苗和较难成活的种类，如紫茉莉、紫罗兰、桂竹香等。移植时，主根发达的，应切断主根，以促生侧根。移植时应边移植边喷水，以保持湿润，待一畦全部栽植完后，充分浇灌。在新根未生出前，不可灌水太多，以防烂根。

6.1.2.3 露地一、二年生花卉的栽培管理措施

1. 灌溉

露地花卉虽可从天然降水中获取水分，但天然降水远不能满足其生长的需要，因此灌溉是花卉栽培的重要环节。灌水量的大小和灌水次数的多少，决定于土壤干湿状况和植株的生长状况。就全年来讲，春夏两季气温较高，蒸发量大，北方雨量较小，灌水要勤。立秋后雨量增加，应减少灌水，可防止秋后徒长和延长花期。就花卉的不同生长阶段而言，种子发芽前后浇水要适中；进入幼苗生长期，应适度减少浇水量，进行扣水蹲苗，利于孕蕾并防止徒长；生长盛期和开花盛期要浇足水；花前应适当控水；种子形成期，应适当减少浇水量，以利于种子成熟。

春秋季在上午或下午浇水，夏季在早晚凉爽时浇水。浇水时应尽量让水温与土温相近，

以免因浇水引起土温骤变而影响根系的吸收。

2. 施肥

基肥要足，追肥要早，这是对一、二年生花卉施肥管理的基本要求。一、二年生草本花卉生长迅速，根系不发达，要施足基肥。

一、二年生草花的吸肥能力以生长前期较强，因此追肥要早。随着植株逐渐发育成熟，生长速度相对减缓，对肥料的吸收能力也相对降低。在幼苗定植成活后，每隔 7～10d 施一次，直到开花时为止。追肥以稀薄的速效性液肥为好。一些花期长的花卉，如长春花、百日草等，在开花中期结合浇水追施一次速效肥，可保持后期花的质量。有更新能力的花卉如一串红、石竹等，在第一次开花后，应重剪并追施 1～2 次充足肥料，可促使第二次开花繁茂。

3. 整形修剪

整形是对植株实行修剪措施，使其形成一定形状。常见露地花卉的整形方式有单干式、多干式、丛生式、悬崖式、攀缘式等。修剪，主要包括摘心、除芽、折梢、曲枝、去蕾、修剪等，通过这些措施保持植株具有一定形式。

在一、二年生花卉的栽培管理中，摘心具有重要作用，可有效控制植株高度；促进侧枝萌发，增加花枝数目；延迟开花期，确保开花整齐一致。一、二年生花卉一般摘心 1～3 次，摘心自定植后开始，到花蕾形成前一个月停止。适合摘心的花卉有百日草、一串红、千日红、金鱼草、万寿菊、旱金莲和四季秋海棠等。但花穗长而大或自然分枝力强的种类不宜摘心，如翠菊、石竹、鸡冠花、罂粟类和紫罗兰等。

6.1.3 露地宿根花卉的栽培管理

宿根花卉以其种类丰富、花期长、适应性强、耐干旱、病虫害少、养护简单、能营造清新自然的园林景观等特点迎合了节约型园林的需求，日益受到人们的重视。

6.1.3.1 宿根花卉的繁殖

1. 种子繁殖

宿根花卉种子的采收、贮藏、播前处理、播后管理基本与一、二年花卉相同。

有些宿根花卉在自然条件下播种，发芽极不整齐，有的还需经过 2 个月自然低温才能发芽出土，故常用一些植物生长调节剂对种子进行处理，促进发芽，提高发芽率。如大花铁线莲的种子，在种子刚萌发时用 500mg/L 的赤霉素处理，可代替部分低温作用，促进种子萌发。人为的低温处理也可促进种子的萌发。芍药自播种到开花持续时间长，播种后当年秋季生根，次年春暖后新芽才出土，因此播种前可先催芽，具体方法是在 20℃条件下，待胚根长出 1～3cm 时，置于 4℃下处理 40d，再将发芽种子转到 11℃条件下培养，子叶迅速伸长，长成正常的幼苗。有些种子可用强酸或强碱处理，待坚硬种皮变软后，再用清水洗净种子后播种。

宿根花卉播种期因种而异，可秋播或春播。一般发芽迅速、无需低温就能发芽生长的，既可秋播亦可春播；低温发芽或秋播后出苗，幼苗需要通过一个冷凉的低温期才能开花的，则必须秋播。秋播苗次年开花期比春播苗要早，如大花桔梗秋季播种，次年 6 月中旬开花；而春季 4～5 月播种，8 月中、下旬以后才可开花。

2. 营养繁殖

(1) 扦插　常用的扦插方法有茎插、叶插、根插等。

叶插用于叶片及叶柄上能发生不定芽及不定根的宿根花卉，它们多具有肥厚的叶片和叶柄。宿根花卉可用叶插的种类较多，如虾钳海棠、蟆叶秋海棠、菊花等。叶插发根的部位有叶脉、叶缘及叶柄。如虾蟆海棠叶插，将叶片上的侧脉于近主脉处切断数处，平卧在插床面上，使叶片和介质密切接触，并用竹枝或铜丝固定，就能在侧脉切断处生根长芽。非洲紫罗兰叶插，能于叶柄切口处生根长芽。

根插仅限于易从根部发生不定芽的种类，如芍药、荷包牡丹、一枝黄花、垂盆草等。芍药等有粗大的根，可选其粗壮的，剪成5～10cm一段作为插穗，全部埋入床内，或顶梢露出土面即可。垂盆草等细小的肉质草本植物的根，可以切成2cm左右的小段，用撒播的方法撒于床面后覆土。

(2) 分株　分株是分割母体发生的根蘖、茎蘖、吸芽、走茎与根茎等，大多数宿根花卉可用此法繁殖。分株时间因种类而异，如根茎类型的鸢尾，以花后分株为好；芍药宜在秋季地上部分进入休眠、地下部分还在活动期为好；荷兰菊、玉簪、一枝黄花等夏秋开花的种类，多以春季分株为好。

(3) 压条　此法繁殖系数低，生产实践中应用较少，一般只用于一些芽变的繁殖保存，如菊花的芽变多用此法繁殖。

(4) 嫁接　同实生苗相比，此法可使植株提前开花，并能保持接穗的优良品质，还可用于品种复壮。菊花常以嫁接法培养大立菊及各种菊艺造型。

(5) 组织培养　此法繁殖速度快，繁殖系数大，苗生长整齐一致，但成本较高。所以多用于一些优良种（或品种）的快速繁殖，并且常常与扦插繁殖等其他无性繁殖方法结合使用。

6.1.3.2 宿根花卉穴盘种苗生产

在宿根花卉的生产中，采用人工或机械方式把种子分播在装满介质的穴盘里，发芽后，幼苗在穴孔里生长直到可以移植，即形成穴盘种苗。穴盘种苗在移植过程中植株和根系一般不会受到损伤。即使根系受到损伤，程度也非常小，大大减少了由于根腐而造成的损失，移植后植株生长整齐。

种子发芽除了种子本身要有很强的活力外，还需要有适宜的温度、湿度、光照和空气。在满足其适宜环境条件下，不论在发芽室内，还是在温室内，种子都可以顺利发芽。

(1) 温度控制　对种子生长发育影响最大的因素，一个是低温极限，一个是高温极限。温控系统运行的低温极限设为15℃，当苗床温度低于15℃时，温控系统自动打开空气加温系统进行空气加温。另一个控制参数是高温极限，系统的高温极限温度，大多植物为32～35℃，当温度超过35℃时，温控系统开启弥雾系统进行微喷降温，为种苗光合作用提供最佳温度条件。

(2) 水分管理　种子在第1阶段湿度必须保持在90%以上。在发芽第2阶段，胚根发出时，介质湿度一定要适当降低，要注意介质表面颜色变化。第3阶段，水分管理总原则是“见干见湿”。既满足种苗快速生长对水分的需求，又不至于因介质过干过湿而使种苗生长受到影响。

(3) EC值调控　种苗生长发育等生理过程离不开营养，营养物质的及时补充，是种苗正常健壮生长的保障。第1阶段发芽完成后，可施用20～25mg/kg的20-10-20肥料。第2阶段，可交替施用100～150mg/kg的20-10-20肥料与14-0-14肥料。第3阶段为生长阶段，此时应提高肥料浓度，交替使用300～400mg/kg的20-10-20肥料与14-0-14肥料。

（4）光照控制　光照对种苗生长速率和方向有一定影响。种子萌发后及时给以充足的光照，可以抑制茎的伸长，防止徒长；光的照射提高了基质温度，会加快种苗生长和茎伸长。记录每天光照时间及强度，及时补光或遮光。

6.1.3.3　露地宿根花卉的栽培管理措施

1. 灌溉

宿根花卉的根系均较强大，并能深入地下，因此多数种类能耐干旱。一般土壤湿度以田间持水量60%～70%为宜。

宿根花卉虽然可以从天然降雨中获得所需要的水分，但是由于天然降雨的不均匀，常常不能满足宿根花卉的生长需要。特别是干旱缺雨的季节，对宿根花卉正常生长有很大影响，灌溉工作是宿根花卉养护管理的重要环节。

宿根花卉幼苗期，因植株过小，宜使用细孔喷壶或雾状喷灌系统喷水，以免水力过大将小苗冲倒并玷污叶面。幼苗栽植后的灌溉对成活关系甚大，一般情况下在移植后要随即灌一次透水；过3～4d后，灌第2次水；再过5～6d，灌第3次水。灌水完成后要及时松土。有些在盛夏易染病的宿根花卉应控制环境湿度。

2. 施肥

施肥可以补充土壤中养分的不足，适时、合理施肥可促进宿根花卉的生长发育。施肥原则，应掌握适时、适量、适措施，注意综合施用、视苗施肥。

露地宿根花卉一次栽植可多年开花，故栽植时应施入大量有机肥料，以长期维持土壤的良好结构。基肥多选用厩肥、堆肥、粪干等，应在早春或晚秋结合耕翻土地混入土中。如以粪干、豆饼、腐叶肥、颗粒肥作基肥，一般可在播种或移植前沟施或穴施。露地宿根花卉的基肥总量应多于追肥，并以有机肥为主。

适宜作露地宿根花卉追肥的有粪干、粪稀、豆饼、麻酱渣等，可沟施或穴施，应距植株稍远；如用人粪尿作追肥，应随水冲施。

在生长旺盛期及开花初期，可在叶面喷施化肥，施用浓度一般不宜超过0.1%～0.3%。叶面施肥常用的肥料有尿素、磷酸二氢钾、过磷酸钙等。宿根花卉在幼苗时期的追肥，主要目的是促进其茎叶的生长，氮肥成分可稍多一些，繁殖生长期，应以施磷、钾肥料为主。宿根（球根）花卉追肥次数较少，一般只需追肥3～4次，第一次在春季开始生长后；第二次在开花前；第三次在开花后；秋季休眠后，应以堆肥、厩肥、豆饼等有机肥料，进行第四次追肥。

3. 中耕除草

松土和除草是宿根花卉养护的重要环节。松土的深度依宿根花卉根系的深浅及生长时期而定，以防伤及花卉根系。松土时，株行中间处应深耕，近植株处应浅耕，深度一般为3～5cm。中耕、除草和施肥往往同时进行。

杂草和花卉争水争肥，严重影响园林景观，必须随时清除。按人工除草要求要做到除早、除小、除尽，不留种子，不留后患。除草不仅要清除栽培地上的杂草，还应将附近环境中的杂草除净。多年生杂草必须连根拔除。最好不用化学除草。此外采用“地面覆盖”，如草炭、塑料地膜等可防止杂草发生。

4. 整形修剪

很多宿根花卉一般不用修剪，自然生长，不用人为控制。有一部分宿根花卉，花叶并茂，枝条生长迅速、茂密，自然生长植株较高，下部枝叶枯黄，植株易倒伏、杂乱，可通过适当的低剪使高度控制在适当的范围内，使枝叶细腻、花枝增多、花数增加、花期一致。有些花卉为了表现其独特的观赏特点，必须采取一些修剪措施。其修剪的手法主要是摘心、除芽、捻梢、曲枝、去蕾、修枝等。如菊花摘心可除去过多的腋芽，限制枝数的增加，促进花芽形成；曲枝法常用于立菊的整形，把强壮直立的枝条向侧方压曲，弱枝则扶之直立；去花蕾是指除去侧蕾而留顶蕾，菊花、大丽花多用此法；修枝就是在宿根花卉开花后，对不具备观赏价值的残枝、残果及枯枝、病虫害枝等剪除，从而改善植株的通风透光条件，减少养分的消耗。

宿根花卉整形的形式一般有：单干式、多干式、丛生式、悬崖式等。整形的形式要根据宿根花卉本身的生物学特性以及观赏的需要而定。

(1) 单干式　只留一个主干，不留分枝，如独头大丽菊和独本菊等。这种方法可将养分集中供给顶蕾，培养大而鲜艳的花朵，可充分表现品种特性。

(2) 多干式　留主枝数个，每一枝干顶端开 1 朵花，开花数较多。如大丽菊、多头菊等。

(3) 丛生式　通过植株的自身分蘖或生长期多次摘心修剪，促使发生多数枝条。全株成低矮丛生状，开花数多。如小菊、棣棠等。

(4) 悬崖式　使全株枝条向同一方向伸展下垂，有些可通过墙垣或花架悬垂而下。多用于小菊类品种的整形。

5. 防寒越冬

宿根花卉防寒越冬是一项保护措施，保证其越冬存活和翌年的生长发育。宿根花卉适应性较强，如萱草、玉簪、菊花、牡丹、月季等都可在露地条件下安全越冬。但也有一些花卉如大丽菊、美人蕉等虽有一定的御寒能力，但冬季仍应加强防护。防寒对于宿根花卉来讲，就是有针对性地保护其根茎生长点和蘖芽。

防寒方法很多，常见应用的主要方法有以下几种。

(1) 覆盖法　在霜冻到来前，在地面上覆盖干草、落叶、泥炭土、蒲帘、塑料膜等，直到翌年春晚霜过后去除覆盖。

(2) 培土法　有些花卉在冬季来临时，地上的部分全部休眠，但根茎生长点还在缓慢生长，如芍药、牡丹、八仙花等。可在这类花卉根部周围培土，起到保温、保墒作用。

(3) 灌水法　秋季浇灌冻水，保护根茎越冬。早春提早浇灌返青水，防倒春寒，既可保墒又可提高地温。

(4) 保护地越冬　有些球根类花卉如大丽菊、美人蕉等在冬季土温降至0℃以下时，地下根茎部分会被冻伤。常用做法是掘出，放入低温冷窖或室温下保存，用木屑、沙、草炭等通气基质堆放保持一定潮湿度，贮藏温度 5～10℃。

6.1.4 露地球根花卉的栽培管理

球根花卉是指植株地下部分贮藏养分，发生变态膨大的多年生草本花卉。球根花卉种类丰富、花色艳丽、花期较长、栽培容易、适应性强，是园林布置中较理想的植物材料之一。

6.1.4.1 球根花卉的繁殖

球根花卉的繁殖方法有以下几种。①分球：广泛应用于各类球根花卉，如百合、唐菖蒲、晚香玉等可分植子球；卷丹、沙紫百合等可分珠芽；秋海棠等分零余子。②扦插：百合、朱顶红等常用肉质鳞叶扦插；大丽花、球根秋海棠用茎插。③播种：除中国水仙外，一般球根花卉均可播种繁殖，但是，异花授粉的球根花卉播种繁殖常发生变异或分离，如为保持品种优良性状，仍以分球或扦插繁殖法为宜。

球根花卉从播种到开花，常需数年，在此期间，球根逐年长大，只进行营养生长。待球根达到一定大小时，开始分化花芽、开花结实。也有部分球根花卉，播种后当年或次年即可开花，如大丽花、美人蕉、仙客来等。对于不能产生种子的球根花卉，则用分球法繁殖。

球根栽植后，经过生长发育，到新球根形成、原有球根死亡的过程，称为球根演替。有些球根花卉的球根一年或跨年更新一次，如郁金香、唐菖蒲等；另一些球根花卉需连续数年才能实现球根演替，如水仙、风信子等。

6.1.4.2 种球的采收与贮藏

（1）种球的采收　球根花卉停止生长进入休眠以后，即叶片呈现萎黄时，即可采收并贮藏。采收要适时，过早球根不充实，过迟地上部分枯落，不易确定土中球根的位置。以叶变黄 1/2～2/3 为采收适期。采收时土壤要适度湿润，掘出球根，去掉附土。

在荷兰有专门采收种球的采收机，采收机的型号、大小与集装箱相配。种球采收后，用于盛装种球的设备，除大集装箱外，还有专门的种球盘。种球采收后，还要进行分级，采用不同型号的种球分级机，有的是衡量周长分级，有的是衡量重量分级。前者一般是机械控制，后者主要是电脑控制。为了配合采后处理和贮藏系统，控制种球的病虫害，采用化学药剂浸泡和热水处理对种球进行消毒。专门的热水处理槽具有优良的循环性能和准确的温度控制性能。

（2）种球的贮藏　种球采收后，经消毒处理，在具有自动温度控制和良好的通风设施的贮藏室进行种球的贮藏。这些贮藏室根据不同种球或同一种球在不同阶段对温度、相对湿度和通风的不同要求，设置成专门的种球干藏室、种球生根室和种球冷藏室。

球根贮藏的方法因种类不同而异。对于通风要求不高，且需保持适度湿润的种类，如美人蕉、大丽花等多混入湿润沙土堆藏；对要求通风干燥贮藏的种类，如唐菖蒲、郁金香、风信子等，可在室内设架，铺以粗铁丝网、苇帘等。春植球根冬季贮藏应保持在 5℃左右，不可低于 0℃或高于 10℃；秋植球根夏季贮藏时，要保持贮藏环境的高燥与凉爽，防止病虫及鼠类危害。

多数球根花卉，于休眠期中进行花芽分化，故贮藏条件合适与否，同以后开花关系很大，不可忽视。

6.1.4.3 露地球根花卉的栽培管理措施

栽培条件的好坏，对球根花卉的开花与新球的生长发育有很大的影响。栽培床如低洼积水，下层应垫设排水物，亦可设排水管。黏重或排水差的土壤可设高床。

球根花卉的栽植深度因土质、栽培目的及种类不同而异。黏重土壤栽培应略浅，疏松土壤可略深；为繁殖而多生子球，或每年掘起采收者，栽植宜较浅；如需开花多和大，或准备多年采收的，可略深；球根栽植深度，大多数为球高的三倍，但晚香玉以球根顶部与地面相平为宜，朱顶红应将球根 1/4～1/3 露于土面之上，百合类大多数种类要求栽植深度为球高的四倍以上。株行距应视植株大小而定，如大丽花 60～100cm；风信子、水仙 20～30cm；

葱兰、番红花等仅为5～8cm。球根花卉的多数种类根少而脆，生长期忌移植。球根花卉大多叶片甚少或有定数，栽培中应注意保护，避免损伤。切花栽培在保证切花长度的前提下，应尽量多保留植株茎叶。花后应及时剪除残花使不结实，以减少养分消耗。以生产球根为目的的栽培，当见花蕾出现时即应将其除去。花后要加强水肥管理，以使球根肥大充实。

栽培球根花卉的有机肥必须充分腐熟，否则会导致球根腐烂。栽培中必须适当控制氮肥用量，以免徒长，使开花时间推迟；要适当多施磷钾肥，促使花大和球根发育充实。

在园林应用中，如地被覆盖、嵌花草坪、多年生花境及其他自然式布置时，有些适应性较强的球根花卉，可隔数年掘起分栽一次。水仙类可隔5～6年，番红花、石蒜及百合类可隔3～4年，美人蕉、朱顶红、晚香玉等在温暖地区均可隔3～4年掘起分栽一次。

6.2 温室花卉的栽培管理

温室栽培花卉，可以打破花卉生长的季节限制，一年四季均可生产；温室还可用来大量引种和发展不适宜本地生长的各种喜温花卉。温室花卉栽培的最大特点，就是其生产过程基本上是在人控环境条件下进行的，受自然条件特别是外界气象条件变化的影响较小。通过人工调节，可以创造出最适宜花卉生长的环境条件。

6.2.1 温室盆栽花卉的栽培管理

将栽植于各种类型和质地的容器中的花卉统称为盆栽花卉，简称为盆花，此种栽培方式历史悠久。盆花既可单一栽植，也可进行不同种类组合栽植。盆栽花卉是花卉生产的重要内容。由于盆栽花卉大多是原产于热带和亚热带的常绿植物，在我国大部分地区栽培都需要设施，因此培育盆栽花卉比露地花卉复杂费工，既要熟悉各种花卉的生长开花习性及对环境条件的要求，又要熟悉各种设施的性能及对环境条件的控制方法，二者配合的好才能培育出优质的盆花。

盆栽花卉的栽培管理措施，也受设施条件好坏的影响。我国北方地区传统盆花的养护，每年10月中旬盆花进小型、简易温室栽培，来年4月中下旬出温室在室外养护，一些耐阴花卉还要设荫棚养护等。目前盆花栽培是在现代化大型温室群中栽培，盆花可全年在温室中养护，栽培管理措施相应有区别。

要取得良好的栽培效果，还必须掌握全面精细的栽培管理技术，即根据各种盆栽花卉的生态习性，采用相应的栽培管理技术措施，创造最适宜的生长环境条件，取得优异的栽培效果，达到花质优美、生产成本低、栽培期短、供应期长、产量高的市场需求。盆栽花卉的栽培管理技术主要包括：基质的选择与配制、盆栽技术、环境条件的控制。

6.2.1.1 基质的选择与配制

盆栽花卉种类很多，生态习性各异，对栽培基质的要求差异很大，为适合各类花卉对基质的不同要求，必须配制多种类型的基质。盆栽花卉的根系局限于有限容积的花盆中，要求基质必须含有足够的养分，具有良好的物理性质。一般盆栽花卉要求的基质要具备以下条件：①质地疏松、空气流通，以满足根系呼吸的需要；②水分渗透性能良好，不会积水；③能固持水分和养分，不断供应花卉生长发育需要；④酸碱度适宜；⑤不允许有害微生物和其他有害物质的滋生和混入。

基质中应含有丰富的腐殖质，以维持良好的团粒结构。丰富的腐殖质可使基质排水良好，土质松软，空气流通，干燥时土面不开裂，潮湿时不紧密成团，灌水后不板结。腐殖质本身又能吸收大量水分，可以保持盆土较长时间的湿润状态，不易干燥。腐殖质是基质中重要的组成部分。

1. 常见基质的种类

用于盆花栽培的基质很多，包括有机基质，如泥炭、锯末、树皮、稻壳、砻糠灰等；无机基质，如沙、蛭石、陶粒、珍珠岩、岩棉、泡沫塑料颗粒等；各种无机基质与有机基质相互混合使用的混合基质3类。

（1）泥炭　是由泥炭藓炭化而成，可分为褐泥炭和黑泥炭。褐泥炭是炭化年代不久的泥炭，呈浅黄至褐色，含多量有机质，呈酸性。褐泥炭粉末加河沙是温室扦插床的良好床土。泥炭不仅具有防腐作用，不易生霉菌，而且含有胡敏酸，能刺激插条生根，比单用河沙效果好得多。黑泥炭是炭化年代较久的泥炭，呈黑色，含有较多的矿物质，有机质较少，呈微酸性或中性，是温室盆栽花卉的重要栽培基质。

泥炭是许多国家公认为最好的花卉栽培基质，现代工厂化育苗均采用以泥炭为主的混合基质。其特点是质地细腻，透气性能好，持水与保水性好，pH偏酸，可单独作基质，亦可与其他基质混合使用。使用泥炭时应注意，泥炭干时，很难湿润，需要用热水或加一些表面活性剂。

（2）腐叶土　由树木落叶堆积腐熟而成，质地疏松，有机质含量高，偏酸性，适于多种盆栽花卉应用。人工制备腐叶土以落叶阔叶树最好，最好是栎树、乌饭树、榆树和柳树等植物的叶子。针叶树及常绿阔叶树的叶子，多革质，不易腐烂，延长堆积时间。阔叶草本植物及禾本科等植物的老茎、硬叶等均不宜用。除人工制备外，腐叶土也可在天然阔叶林中收集。

（3）锯末、树皮、炭化稻壳　锯末是木材加工业的副产品，以栎树、椴树、黄杉、铁杉锯末为好。其特点是质轻，具有较强的吸水、保水力，含有一定营养物质。锯末是一种便宜的花卉栽培基质。如果花卉种植场周围有锯末来源，可以通过以下方法处理后使锯末变为很好的花卉栽培基质。从工厂运来的新锯末，应先了解锯末的来源，确认无毒的锯末，最好选择避风、日光充足的地方堆放1年，使其有足够的时间发酵，直到锯末颜色由浅变深（褐色），然后在烈日下翻晒数次，用日光曝晒法消毒。经过消毒的锯末不应再淋雨或被污物污染，可以随时装盆使用。

树皮的性质与锯末相近，但通气性强而持水量低，且较难分解，用前要破碎，并最好堆积腐熟。最常用的颗粒直径为1.5～6.0mm，一般与其他基质混合使用，用量占总体积的25%～75%。也可单独使用树皮栽培附生性兰科植物，由于通气性强，必须十分注意浇水和施肥。

炭化稻壳也称砻糠灰，是将稻壳经加温炭化而成的一种基质。其特点是容重小，质量轻，孔隙度高，通气性好，持水力强，不易发生过干或过湿现象，富含钾，pH为碱性，使用前需堆积2～3个月，如急需使用时，可用清水冲洗，使碱性减弱后可配制使用。

（4）蛭石　蛭石是由云母类次生矿物质经1093℃高温膨化而成。它为褐色呈片层状，带金属光泽，含铝、镁、铁、硅等。其特点是性状稳定，具有良好的透气性、吸水性及一定的持水能力，质地很轻（容重为60～250kg/m^3），便于运输，绝缘性好，使根际温度稳定。缺点是长期使用，易破碎，空隙变小，通透性降低。一般来讲，蛭石使用1～2次，就不能再用来种植同种花卉，而应改种根系较纤细的花卉。

(5) 珍珠岩　珍珠岩为含硅物质的矿物筛选后，经1200℃高温焙烧膨胀而成的疏松颗粒体。其特点是容重小（80～180kg/m^3），理化性质稳定，易排水，通透性好，pH中性或微酸。单独作基质时，由于质轻，根系接触不良而影响发育，常常与泥炭、蛭石等混合使用。缺点是珍珠岩浇入营养液后，在见光的表面容易生长绿藻，为了控制绿藻滋生，可以更换表层珍珠岩，或经常翻一翻，或避光；珍珠岩粉尘有强刺激性，在使用前最好先用水喷湿，以免粉尘飞扬；珍珠岩的比重比水轻，淋雨较多时会浮在水面，致使珍珠岩与根系的接触不牢，容易伤根，植株也容易倒伏。

(6) 岩棉　岩棉是用60%的辉绿岩、20%的石灰石和20%的焦炭混合，经高温处理压制成供栽培用的岩棉块或岩棉板。岩棉价格低廉．使用方便，安全卫生，这是西方国家广泛采用岩棉栽培蔬菜、花卉的主要原因。岩棉可以用于各种蔬菜、花卉的无土栽培，在营养膜技术、深液流技术、滴灌、多层立体栽培等技术中都可以用岩棉作为基质；特别是对不需要经常更换基质的花卉，非常适合。

岩棉是不可分解的，使用后的处理至今尚未解决。通常的方法是把用过的岩棉作为土壤改良剂，也有的作为岩棉厂的原材料回收利用。

(7) 陶粒　陶粒是由黏土经人工焙烧膨化而成的褐色颗粒，形状一般为球形，大小可根据需要生产。其特点是内部为蜂窝状的孔隙构造，化学性质稳定，孔隙度大，透气性好，有助于花卉的根系进行气体交换。保水、蓄肥能力适中，但对温度的骤变缓冲性较差。陶粒团粒直径比沙、珍珠岩等都大，对粗壮根系的植物来说，根系周围的水气环境非常适合，而对于根系纤细的植物如杜鹃花来说，陶粒间的孔隙大根系容易风干，因此，不宜用来种植这类植物。

(8) 园土　通常指栽植作物多年形成的土壤表层熟土，也指果园、菜园、花园等地的表土，具有较好的土壤团粒结构和较高的肥力。但盆栽花卉时，透气性较差，干时易板结、湿时较黏，使用时要和其他透气性好的基质配合。

(9) 沙　主要是由多种硅酸盐所组成的混合物，是无土栽培或扦插繁殖较常用的介质。其特点是取材广泛，价格便宜，排水良好，通透性强，但其容重过大（1500～1800kg/m^3），保水保肥能力差。一般以粒径0.6～2.0mm的沙作基质为好，不宜单独作栽培基质。

2. 培养土的配制

盆栽花卉的种类不同，其适宜的培养土也不同，即使同一种花卉，在不同生长发育阶段，对培养土的质地和肥沃程度要求也不相同，如播种和弱小的幼苗移植，必须用轻松的培养土，不加肥分或只有很少的肥分；大苗及成长的植株以及球根花卉，则要求较致密的土质和较多的肥分。花卉栽培的培养土，因单一种类难满足栽培花卉多方面的习性要求，故多为数种配制而成。各地区培养土的配制多有不同，可根据当地资源条件，配制出符合栽培花卉生长发育的培养土。

大多数花卉在中性偏酸性（pH为5.5～7.0）培养土里生长发育良好，高于或低于这一界限，有些营养元素即处于不可吸收的状态，从而导致某些花卉发生营养缺乏症，特别是喜酸性土壤的花卉，如兰花、茶花、杜鹃、栀子、含笑和桂花等适宜在pH值为5.0～6.0的培养土中生长，否则易发生缺铁黄化病。强酸性或强碱性培养土，都会影响花卉的正常生长发育，因此在培养土配制过程中要调整好其酸碱度。改变培养土酸碱度的方法很多：如酸性过高时，可在盆土中适当掺入一些石灰粉或草木灰；降低碱性可加入适量的硫黄、硫酸铝、硫酸亚铁和腐殖质肥等。对少量培养土可以增加其中腐叶或泥炭的混合比例。例如，为满足喜酸性土花卉的需要，盆花可浇灌 1∶50 的硫酸铝（白矾）的水溶液或 1∶200 的硫酸亚铁水溶液；另外，施用硫黄粉也见效快，但作用时间短，需每隔 7～10d 施 1 次。

混合后的培养土应具有较低容重，较高的腐殖质含量和通气保水性能强等特点，一般容重（密度）低于 1g/cm^3，通气孔隙度不低于 10%为好。常用培养土成分及配制比例见表 6-2。

表 6-2　常用培养土成分及配制比例

培养土成分	比例	性质	适宜培养的苗木或花卉种类
腐叶土(或泥炭土)＋园土＋沙土	4∶3∶2.5	中性或偏酸性	通用
泥炭土＋园土＋沙土＋饼肥	3∶1.5∶2∶0.5	中性或偏酸性	通用
腐叶土＋泥炭土＋木屑(腐熟)＋蛭石(或腐熟厩肥)	4∶4∶1∶1	酸性	喜酸耐阴花卉
泥炭土(或腐叶土)＋园土＋蛭石＋沙土	4∶2∶2∶1	中性或偏酸性	凤梨科、萝藦科、爵床科及多浆花卉
泥炭土(或腐叶土)＋园土＋蛭石＋沙土	5∶2∶2∶1	弱酸性	天南星科、竹芋科、苦苣苔科、蕨类及胡椒科花卉
腐叶土＋园土＋粗沙＋骨粉(或草木灰)	3∶3∶3∶1	中性或弱碱性	附生型仙人掌花卉(主要包括昙花、令箭荷花等)
腐叶土＋园土＋粗沙＋细碎瓦片屑(或石灰石砾、贝壳粉)	2∶3∶4∶1	中性或弱碱性	附生型仙人掌类花卉(主要包括仙人掌、仙人球、山影拳等)
园土＋沙土＋腐熟木屑(或泥炭土)	2∶1∶1	中性	喜阴湿花卉
堆肥土＋园土	1∶1	中性	一般花木类
水苔＋棕榈纤维	2∶1	弱酸性	气生兰类
松针土		酸性	杜鹃类
泥炭土(或草炭土)＋珍珠岩＋蛭石	1∶1∶1	中性或弱碱性	育苗基质
珍珠岩＋蛭石＋沙土	1∶1∶1	中性	扦插基质

3. 培养土的消毒

为防止培养土中病毒、真菌、细菌、线虫等的危害，对培养土应进行消毒处理，其消毒方法很多，可根据具体条件进行选择。

（1）物理消毒法　①蒸汽消毒：将 110～120℃的蒸汽通入培养土中，消毒 0.5～1h，或将 60～80℃的蒸汽通入培养土处理 1h，可杀灭培养土中的微生物。蒸汽消毒对设备、设施要求较高。②日光消毒：当对培养土消毒要求不高时，可用日光暴晒方法来消毒，尤其是夏季，将培养土翻晒 10～15d，可有效杀死大部分病原菌、虫卵等。在温室中培养土翻新后灌满水再暴晒，效果更好。③直接加热消毒：如果所用培养土的量较少，可用铁锅翻炒杀死有害病虫，将培养土在 120℃以上铁锅中不断翻动，30min 后即达到消毒目的。

（2）化学药剂熏蒸法　化学药剂消毒有操作方便、效果好的特点，但因成本高，只能小面积使用，常用的熏杀剂有福尔马林溶液、溴甲烷、氯化苦等。具体方法如下。

熏蒸前应深耕，以利熏杀剂的化学蒸气向防治目标侵入。土壤应保持一定的温度，以利熏杀剂在土中的运动。土温不应低于 32℃以保持熏杀剂的活性。

溴甲烷是在聚乙烯薄膜覆盖下处理培养土的高毒性、无味的气体，使用时应加入少量氯化苦（催泪气体）作警示。具体的操作是人工在离地面 30cm 处支起薄膜，用土密封薄膜边缘。将熏杀剂引入薄膜中的蒸发皿中。溴甲烷用于培养土消毒效果虽然很好，但因其有剧毒，而且是致癌物质，所以近年来已不提倡使用，许多国家在开发溴甲烷的替代物，已有一些新的药剂问世，但作用效果都不及溴甲烷。

40%的福尔马林500mL/m^2均匀浇灌，并用薄膜盖严，密闭1～2d，揭开后翻晾7～10d，使福尔马林挥发后使用。也可用稀释50倍的福尔马林均匀泼洒在翻晾的土面上，使表面淋湿，用量为25kg/m^2，然后密闭3～6d，再晾10～15d即可使用。

使用氯化苦时，在每平方米面积内打25个深约20cm的小洞，每洞喷氯化苦药液5mL左右，然后覆盖土壤、踏实，并在土表浇上水，提高土壤湿度，使药效延长，持续10～15d后，翻晾土2～3次，使土壤中氯化苦充分散失，2周以后使用。因氯化若是高效、剧毒的熏蒸剂，使用时要戴手套和合适的防毒面具。

6.2.1.2　盆栽技术

1. 上盆

上盆是指将苗床或穴盘中繁殖的幼苗（不论是播种苗还是扦插苗），栽植到花盆中的操作过程。此外，如露地栽植的植株移到花盆里养护，也称为上盆。具体做法是按幼苗的大小选用规格相适应的花盆，用适当的填充物盖于花盆底部的排水孔，盆底可用沙粒、碎石块等填入一层排水物，上面再填入一层培养土，以待植苗，用左手拿苗放于盆口中央深浅适当位置，右手填培养土于苗根的四周，用手指压紧，土面与盆口应有适当距离，约1cm。栽植完毕后，用喷壶充分浇水，暂置阴处缓苗3～5d，待苗恢复生长后，逐渐放于光照充足处。

2. 换盆

换盆就是把盆栽的花卉换到另一花盆中的操作过程。换盆能使植株强健，生长充实，植株高度较低，株形紧凑，但会使开花期推迟。通常在两种情况下需要换盆：其一是随着幼苗的生长，根系在盆内培养土中已无再伸展的余地，生长受到限制，一部分根系常自排水孔穿出或露出土面，应及时由小盆换到大盆中，扩大根系的营养容积，利于苗株继续健壮地生长；其二是已经充分成长的植株，不需要更换更大的花盆，只是由于经过多年的养植，原来盆中的培养土物理性质变劣，养分丧失或为老根所充满，换盆主要是为了修整根系和更换新的培养土，用盆大小可以不变。

(1) 换盆的原则　①由小盆换到大盆时，应根据植株发育的大小逐渐换到较大的盆中，不可换入过大的盆内，盆过大不仅成本高，而且对水分调节不利，苗株根系通气不良，生长不充实，花蕾发育迟缓，着花亦较少。②根据花卉种类确定换盆次数和时间。一、二年生花卉生长迅速，一般到开花前要换盆2～4次，宿根花卉多为1年换盆1次，木本花卉一般2年或3年换盆1次。多年生花卉宜休眠期或春季生长前换盆，常绿种类可在雨季进行，因此时空气湿度较大，叶面水分蒸腾较少。若温室条件适宜，多年生花卉随时可以换盆，但在花芽形成及花朵盛开时不宜换盆。③换盆后，必须保持培养土湿润，第一次应浇透水，以使根与培养土密切接触，此后灌水不宜过多，保持湿润为度，否则易使根部伤处腐烂，待新根生出后，再逐渐增加灌水量，换盆后最初数日宜置阴处缓苗。

(2) 换盆的方法　换盆时用左手按置于植株的基部，将盆提起倒置，并以右手轻扣盆边，土球即可取出。若不易取出时，将盆边向它物轻扣，则可将土球扣出。土球取出后，如为宿根花卉，应将原土球肩部及四周外部旧土刮去一部分，并用剪刀将近盆边的老根、枯根及卷曲根全部剪除，通常宿根花卉换盆时，同时进行分株。一、二年生花卉换盆时，土球不加任何处理，即将原土球栽植，并注意勿使土球破裂，如幼苗已渐成长，盆底排水物可以少填一些，稍稍镇压即可。木本花卉依种类不同将土球适当切除一部分，如棕榈类的修根，可剪除老根的1/3。盆花不宜换盆时，可将盆面周围旧土铲去换以新土，也有换盆效果。换盆的盆土应干湿适度，以捏之成团、触之即散为宜。上足盆土后，沿盆边按实，以防灌水后下漏。

3. 转盆与倒盆

转盆即转换花盆的方向。在我国北方常采用单屋面温室进行花卉生产，光线多自南面一方射入，因此，在温室中放置的盆花如时间过久，由于趋光生长，则植株偏向光线投入的方向，向南倾斜，偏斜的程度和速度，又与植物生长的速度有很大的关系，生长快的盆花，偏斜的速度和程度大一些。为了防止植物偏向一方生长，破坏匀称圆整的株形，应在相隔一定日数后，进行转盆，使植株均匀的生长。双屋面南北向延长的温室或现代化自动控制的温室，光线自四方射入，盆花无偏一方的缺点，不用转盆。

倒盆即倒换花盆的位置，有两种情况需要倒盆：①盆花经过一个时期的生长，株幅增大从而造成株间拥挤，为了加大盆间距离，使之通风透光良好，必须及时倒盆，否则会遭致病虫危害和引起徒长；②在温室中，由于盆花放置的部位不同，光照、通风、温度等环境因子的影响也不同，导致盆花生长情况出现差异。为了使花卉生长均匀一致，要经常进行倒盆，将生长旺盛的植株移到条件较差的温室部位，而将较差部位的盆花，移到条件较好的部位，以调整其生长，通常倒盆常与转盆同时进行。

4. 松盆土（扦盆）

用专用盆花松土工具（小铁耙或小铁锹）或其他用具对盆土进行松耙。松盆土可以使因不断浇水而板结的表土疏松，空气流通，植株生长健壮，同时可以除去土面的青苔和杂草。松盆土后还对浇水和施肥有利。

5. 水肥管理

水肥管理是盆栽花卉生产中十分重要的环节，盆花栽培中浇水与施肥常常结合进行，科学地进行浇水施肥，不仅使盆花生长健壮，而且会使植株花繁叶茂，观赏效果更佳。

（1）浇水方式

① 手工浇水　这是最古老，也是最传统的浇水方式。好处是浇水的人会注意到每一花卉的生长状况，但因经验不一，花卉的生长情况也不同，很难做到浇水均匀。在花卉播种和幼苗生长初期，有时采用浸盆法，把盆放在盛水容器中，使水慢慢从盆底向上渗透，以免从上面直接浇水把幼苗或种子冲走，还能防止土壤板结。如四季秋海棠、大岩桐等幼苗时期，由于花苗太小，必须用盆浸来湿润。目前，人工浇水还使用细雾喷头、喷雾器、洒水壶等。

② 固定式喷雾浇水　大型花卉生产基地常将固定式喷雾系统应用于花卉育苗阶段，在生长床上隔一定距离安装一个喷雾头，而且不能有水喷不到的地方。这些喷头可用人工或自动控制器来控制。

③ 自走式浇水机浇水　根据花卉种类和生产季节设定浇水的频率、水量和浇水速度并根据经验修正浇水程序，以达到最佳的浇水效果。

（2）浇水原则及注意事项

① 根据花卉的种类及不同生长阶段来确定浇水次数、浇水量　草本花卉本身含水量大，蒸腾强度也大，所以盆土应经常保持湿润，而木本花卉则要掌握干透浇透的原则。室内常见喜湿观叶类花卉（如蕨类植物、天南星科植物等）要保持较高的空气湿度；兰科植物、秋海棠类植物生长期要求丰富的水分；多浆植物要求较少水分。同为蕨类植物，肾蕨在光线不强的室内，保持基质湿润即可；而铁线蕨属的一些种，为满足其对水分的要求，常将花盆放置水盘中或栽植于小型喷泉之上。花卉的不同生长时期，对水分的需要也不同。当花卉进入休

眠期时，浇水量应依花卉种类的不同而减少或停止；从休限期进入生长期，浇水量逐渐增加；生长旺盛时期，浇水量要充足；开花前浇水量应予适当控制；盛花期适当增多；结实期又要适当减少烧水量。

② 根据花卉的不同生长季节，确定浇水量　春季天气渐暖，花卉在将出温室之前，应逐渐加强通风，这时的浇水量要比冬季多些，草本花卉每隔 1～2d 浇水 1 次，木本花卉每隔 3～4d 浇水 1 次。在夏季，大多数花卉被放置在荫棚下，但因天气炎热，蒸发量和植物蒸腾量仍很大，一般温室花卉宜每天早晚各浇水 1 次，夏季雨水较多，有时连日阴雨，应注意盆内勿积雨水，可在雨前将花盆向一侧倾倒，雨后要及时扶正恢复原来的位置，雨季要观察天气情况来决定浇水的多少和浇水的次数。秋季天气转凉，放置露地的盆花，其浇水量可减至每 2～3d 浇水 1 次。冬季盆花移入温室，浇水次数依花卉种类及温室温度而定，低温温室的盆花每 4～5d 浇水 1 次，中温及高温温室的盆花一般 1～2d 浇水 1 次，在日光充足而温度较高之处，浇水要多些。

③ 根据不同栽培容器和基质种类确定浇水量　泥瓦盆通过蒸发失去的水分要比塑料盆多，浇水要多些。盆小或植株较大者，盆土干燥较快，浇水次数应多些，反之宜少浇。疏松土壤宜多浇，黏重土壤需少浇。

④ 严格控制水体质量　盆栽花卉的根系生长局限于一定的器皿中，因此对水质的要求比露地花卉高。天然降水是最好的水源；其次是江、河、湖水。但目前大多使用井水和含氯的自来水，需经蓄水池 24h 的储存之后再用。浇水之前，应该测定水分的酸碱度（pH 值）和电导度（EC 值），根据不同花卉的需要分别进行调整。

⑤ 浇水时间　夏季以清晨和傍晚浇水为宜，冬季以上午 10:00 以后为宜。浇水的温度应与空气温度和土壤温度相适应，如果土壤温度过高，水温过低，就会影响根系对水分的吸收。气温高，天气晴朗时，可多浇水；阴天，天气凉爽时，可少浇水。浇水的原则是盆土见干才浇水，浇水就应浇透，要避免多次浇水不足，只湿及表层盆土，形成“腰截水”，下部根系缺乏水分，影响植株的正常生长。

(3) 施肥　盆栽花卉生活在有限的基质中，生长所需要的营养物质要不断补充，在上盆及换盆时，常施以基肥，生长期间施以追肥。

① 有机肥料

a. 饼肥：饼肥为盆栽花卉的重要肥料，常用作追肥，有液施与干施之分。液肥（饼肥末 1.8L＋水 9L＋过磷酸钙 0.09L，腐熟后作为原液）施用时，按花卉不同种类加水稀释，其中需肥较多及生长强健的花卉，原液加水 10 倍施用；木本花卉及野生花卉，原液加水 20～30 倍施用；高山花卉、兰科植物，原液加水 100～200 倍施用。饼肥作干肥施用时，加水 4 份使之发酵，而后干燥，施用时埋入盆边的四周，经浇水使其慢慢分解，不断供应养分。未发酵的饼肥使用过多时，易伤根系，应予注意。饼肥发酵干燥后，亦可碾碎混入基质中用作基肥，但施入量不要超过盆土总量的 20％。

b. 牛粪：牛粪为盆栽花卉常用肥料，常用于香石竹、月季、热带兰等的栽培。牛粪充分腐熟后，可作基肥，牛粪加水腐熟后，取其清液用作盆花追肥。

c. 鸡粪：鸡粪含磷丰富，可用作基肥。适用于各种类型的花卉。尤其适于香石竹、菊花及其他切花栽培。施用前需要发酵，即加入土壤 1～2 份，加水湿润腐熟。腐熟的鸡粪可加水 50 倍作液肥。

d. 蹄片和羊角：这是一种富含氮、磷的迟效性肥料，肥力在施后 1～2 个月起效，肥效持久。常置于盆底或盆边作基肥，蹄片及羊角均不可直接与根系接触，否则易烧伤苗根。二者都可加水发酵，制成液肥，可作各种盆栽花卉的追肥。

② 无机肥料

a. 硫酸铵 [$(NH_4)_2SO_4$]：含氮量为 20%～21%，含硫 24%，是一种酸性肥料，长期施用土壤易板结。硫酸铵在贮存或施用时，都不宜与碱性肥料（如草木灰）或碱性物质（如石灰等）接触或混用。硫酸铵仅适于促进幼苗生长，切花花卉多施硫酸铵易使茎叶柔软而降低切花品质，一般用作基肥时施肥量为 30～40g/m^2，液肥施用量需加水 50～100 倍施用。

b. 过磷酸钙 [$Ca(H_2PO_4)_2 \cdot H_2O$]：含有效磷 14%～20%，其中 80%～95%溶于水，属水溶性速效肥。由于产品中游离酸的存在，因此具有吸湿性和腐蚀性，并稍带酸味；制成颗粒可减少吸湿，便于机械施肥和减少土壤对磷的化学固定。施用时不可与碱性肥料混合，以防酸碱中和降低肥效。温室切花栽培施用较多，常作为基肥施用，施肥量为 40～50 g/m^2，作追肥时，加水 100 倍施用，由于磷肥易被土壤固定，可以采用 2%的水溶液进行喷洒。

c. 硫酸钾（K_2SO_4）：钾含量一般为 50%，还含有硫约 18%。是很好的水溶性肥料，其可作为基肥或追肥。钾离子可被植物直接吸收利用，也可被土壤胶体吸附，而硫酸根则残留在土壤溶液中形成硫酸，增加土壤酸性。施用量以 10～20g/m^2 为宜。在酸性土壤中，多余的硫酸根会使土壤酸性加重，甚至加剧土壤中活性铝、铁对作物的毒害，所以，要适当配施石灰或与磷矿粉混合使用，降低酸性，以提高钾的利用率。在石灰性土壤中，硫酸根与土壤中钙离子生成不易溶解的硫酸钙。硫酸钙过多会造成土壤板结，此时应重视增施有机肥。切花及球根花卉需较多钾肥，基肥用量为 15～20g/m^2，追肥用量为 5～10g/m^2。

d. 二氧化碳（CO_2）：温室中生产的盆栽花卉，可根据花卉长势适当增施二氧化碳（CO_2）气体肥料来提高光合效率。因为空气中二氧化碳含量通常为 0.03%，而光合作用的效率在二氧化碳含量为 0.03%～0.3%的范围内，随二氧化碳浓度的增加而增强。

③ 有机无机混合肥　“矾肥水”是我国花农在实践中创造出的一种能解决喜酸性花卉在栽培中所发生的缺铁现象。“矾肥水”是由黑矾（硫酸亚铁）与肥料配制而成的。其配制比例是黑矾(2.5～3.0kg)＋油粕或豆饼(5～6kg)＋猪粪(10～15kg)＋水(200～250kg)。将 4 种材料在容器内混合。于阳光下暴晒，约经 20d 后，全部腐熟为黑色液体时，即可用来稀释浇花。追肥施用时间在傍晚，施用次数和用量，随季节和花卉的种类不同而异。一般冬季不浇“矾肥水”，凡经过施用“矾肥水”的植株，叶色浓绿，生长强健，着花繁多。

④ 微量元素肥料　微量元素是指自然界中含量很低的化学元素。微量元素通常有两种含义，泛指土壤中含量很低的化学元素；专指在花卉植物体内含量极少，但对花卉正常生长发育不可缺少的元素。目前，已确定的花卉所必需的微量元素有铁（Fe）、硼（B）、锰（Mn）、铜（Cu）、锌（Zn）、钼（Mo）和氯（Cl）等。必需的微量元素在植物内的作用有很强的专一性，是不可缺乏和不可替代的，当供给不足时，植物往往表现出特定的缺乏症状，花卉生长缓慢，质量下降。对于石灰性或碱性土壤，铁等微量元素的含量都会显著减少，易引起花卉缺绿症：如 pH 值$<$5 易造成 Fe、Al 过量而造成花卉植物中毒。但微量元素肥料并不是在任何花卉和在任何类型土壤上都能发挥肥效，在施用前，应预先做土壤化验，了解土壤中微量元素的供给情况。pH 值是影响微量元素有效态的主要因素，应特别注意。

微量元素肥料主要是一些含硼、锌、钼、锰、铁、铜等营养元素的无机盐类或氧化物。我国常用的约 20 种，见表 6-3。

表 6-3 微量元素肥料的种类和性质

微量元素肥料名称	主要成分	有效成分含量(以元素计)/%	性质
硼肥		B	
硼酸	H_3BO_3	17.5	白色结晶或粉末,溶于水
硼砂	$Na_2B_4O_7 \cdot 10H_2O$	11.3	白色结晶或粉末,溶于水
硼镁肥	$H_3BO_3 \cdot MgSO_4$	1.5	灰色粉末,主要成分溶于水
硼泥		约 0.6	生产硼砂的工业废渣,呈碱性部分溶于水
锌肥		Zn	
硫酸锌	$ZnSO_4 \cdot 7H_2O$	23	白色或淡橘红色结晶,易溶于水
氧化锌	ZnO	78	白色粉末,不溶于水,溶于酸或碱
氯化锌	$ZnCl_2$	48	白色结晶,溶于水
碳酸锌	$ZnCO_3$	52	难溶于水
钼肥		Mo	
钼酸铵	$(NH_4)MoO_4$	49	青白色结晶或粉末,溶于水
钼酸钠	$Na2MoO_4 \cdot 2H_2O$	39	青白色结晶或粉末,溶于水
氧化钼	MoO_3	66	难溶于水
含钼矿渣		10	生产钼酸盐的工业废渣,难溶于水,其中含有效态钼 1%～3%
锰肥		Mn	
硫酸锰	$MnSO_4 \cdot 3H_2O$	26～28	粉红色结晶,易溶于水
氯化锰	$MnCl_2$	19	粉红色结晶,易溶于水
氧化锰	MnO	41～68	难溶于水
碳酸锰	$MnCO_3$	31	白色粉末,较难溶于水
铁肥		Fe	
硫酸亚铁	$FeSO_4 \cdot 7H_2O$	19	淡绿色结晶,易溶于水
硫酸亚铁铵	$(NH_4)_2Fe(SO_4)_2.6H_2O$	14	淡蓝绿色结晶,易溶于水
铜肥		Cu	
五水硫酸铜	$CuSO_4 \cdot 5H_2O$	25	蓝色结晶,溶于水
一水硫酸铜	$CuSO_4 \cdot H_2O$	35	蓝色结晶,溶于水
氧化铜	CuO	75	黑色粉末,难溶于水
氧化亚铜	Cu_2O	89	暗红色粉末晶体,难溶于水
硫化铜	Cu_2S	90	难溶于水

铁肥的施用方法：由于铁肥在中性和碱性土壤上极易被固定，在缺铁土壤中，如果直接施用，肥效不高。一般是将铁肥与有机肥料混合施用，或者与有机螯合剂生成螯合态铁，以减少土壤固定。通常施用量为 0.5g/m^2。

硼肥的施用方法：硼肥主要有硼酸和硼砂，可作基肥或根外追肥。通常施用量为 0.5～0.6g/m^2，与有机肥料或常量元素肥料混合均匀后施用效果更好。

锰肥的施用方法：锰肥主要有硫酸锰和炼钢含锰炉渣。易溶性锰肥可作基肥或根外追肥，难溶性锰肥只宜作基肥。锰肥的土壤施用量，一般硫酸锰用量为 0.2～0.5g/m^2，最好与生理酸性肥料或有机肥料混合施用可以提高肥效。喷施硫酸锰溶液浓度为 0.05%～0.1%，溶液喷施量为 10～15mL/m^2。

铜肥的施用方法：易溶性铜肥可以作基肥或根外追肥。难溶性铜肥可根外追肥。铜肥的土壤施用量，一般硫酸铜为 0.5～0.8g/m^2，每隔 1～2 年施一次即可。根外追肥一般使用 0.02%～0.40%的硫酸铜溶液。

锌肥的施用方法：锌肥可作基肥或根外追肥。难溶性锌肥只适宜作基肥。锌肥的土壤施用量，一般为硫酸锌 0.6～0.8g/m^2，最好与有机肥料或生理酸性肥料混合均匀后再施用，但不能与磷肥混合。一般每隔 1～2 年施用一次。根外追肥硫酸锌溶液浓度一般为 0.05%～0.10%。

钼肥的施用方法：钼肥有钼酸铵和钼酸钠，可作基肥或根外追肥。施用量很小，一般施钼酸 0.1～0.2g/m^2，与磷肥配合施用效果更好。常将钼酸盐或氧化钼加到过磷酸钙中制成含钼过磷酸钙施用。含钼工业废渣只适宜作基肥，其肥效一般可持续 2～4 年。

⑤ 新型肥料　氮、磷、钾及微量元素复（混）合肥。在花卉复混肥生产中，除不断调整氮、磷、钾比例外，为了保证花卉鲜艳的色彩，微量元素肥料开始普遍使用。复（混）合肥料养分种类多，而且养分之间可互相增效；对土壤结构的影响比单一肥料更具有优越性。但也存在不足之处，例如；复合肥料的养分比例相对固定，施用复合肥料并不能完全适合各种基质和花卉的需要。所以复混肥料要以花卉需求的养分比例和基质养分供应状况为依据进行配比。

⑥ 多功能肥料　多功能肥料是指在肥料的合成（复混）过程中，根据不同花卉生长规律，在全价肥料中合理搭配上除锈剂或除草剂、各种土壤保湿剂等，除了对花卉的生长提供必需的营养元素外，还对花卉栽培基质起到改善和保护的作用，肥效长、用量少、节约成本，施用后可以达到事半功倍的效果。

⑦ 菌肥（生物液肥）　菌肥是含有大量活性微生物的一类生物性肥料，是一种辅助性肥料，使用时必须与化肥或有机肥料结合。菌肥并不含有植物需要的营养元素，是以微生物生命活动的过程和产物来改善植物营养条件，影响营养元素的有效性，发挥土壤潜在肥力，刺激植物生长发育，抵抗病菌危害，从而提高植物品质。菌肥主要种类有：根瘤菌菌肥，它适于豆科花卉播种拌种。磷细菌菌肥，它可作基肥和追肥。钾细菌菌肥，作基肥效果更好。

⑧ 控释肥　控释肥是近年来发展起来的一种新型肥料，指通过一定技术预先设定肥料在花卉生长季节的释放模式（释放期和释放量），使养分释放规律与花卉养分吸收同步，从而达到提高肥效目的的一类肥料。它是将多种化学肥料按一定配方混匀加工，制成小颗粒，在其表面包被一层特殊的由树脂、塑料等材料制成的包衣，能够在整个生长季节，甚至几个生长季节慢慢地释放植物养分的肥料。其优点是有效成分均匀释放，肥效期较长，并可以通过包衣厚度控制肥料的释放量和有效释放期。控释肥克服了普通化肥溶解过快、持续时间短、易淋失等缺点。在施用时，将肥料与土壤或基质混合后，定期施入，可节省化肥用量 30%～50%。控释肥在花卉上的应用虽能在一定程度上促进花卉的生长、改善花卉的品质，但是具体在某些种和品种的应用上仍有很多问题需要解决，应针对不同花卉的营养特性，研究花卉专用的控释肥，达到肥效释放曲线与花卉的营养吸收曲线相一致。

施肥注意事项：应根据不同种类、观赏目的、不同的生长发育时期灵活掌握。苗期主要是营养生长，需要氮肥较多；花芽分化和孕蕾阶段需要较多的磷肥和钾肥。温暖季节，植株生长旺盛，施肥次数多些；天气寒冷而室温不高时可以少施。观叶植物不能缺氮，观茎植物不能缺钾，观花和观果植物不能缺磷。肥料应多种配合施用，避免发生缺素症。有机肥应充分腐熟，以免产生热和有害气体伤苗。肥料浓度不能太大，以薄肥勤施、少量多次为原则，基肥与基质的比例不要超过1：4。根外追肥温度不要太低，应在中午前后进行。叶面喷肥应多在叶背面进行，因叶片背面气孔多于正面，吸肥力强。同时，应注意液肥的浓度要控制在较低的范围内。无机肥料的pH值和EC值要适合花卉的要求。

6.2.1.3 盆栽花卉的整形

为了使盆花保持株形美观，枝叶整齐，花果繁茂，常采用整形技术调节其生长，以达到观赏效果。整形技术主要包括整形修剪、绑扎与支架、摘心与抹芽等。

(1) 整形修剪 整形修剪的形式很多，概括起来可分为两种类型。①自然式：着重保持植物自然姿态，仅对交叉、重叠、丛生、徒长枝稍加控制，使其更加完美。②人工式：依人们的喜爱和情趣，利用植物的生长习性，经修剪整形做成各种形姿，达到寓于自然又超脱自然的艺术境界。在实际操作中，两种方式很难截然分开，大部分盆栽花卉的整形修剪方式是二者结合。

盆花在移植或换盆时，若伤及根部，需要修根，剪去残冗老根以促进新根发生。但有些生长缓慢的种类及一些球根花卉，不宜修根。对根部已修剪的花卉，地上部也要适当修剪，以保持根冠平衡。

修剪时应使剪口呈一斜面，修剪部位要稍高于芽点，芽在剪口的对方，距剪口斜面顶部1～2cm为宜。若要使枝条集中向上生长则留内方的芽，若要使枝条向四方开展生长则留枝条外侧的芽，剪口处一定要平滑，以利愈合。一般落叶花卉于秋季落叶后或春季发芽前进行修剪，有些种类（如茉莉、月季、八仙花等）于花后剪除残花枝梢，促其抽发新枝，以利后续花朵硕大艳丽。常绿花木不宜剪除大量枝叶，只有在根部受损情况下进行修剪，以利于成活。

(2) 绑扎与支架 盆栽花卉中，有的种类茎枝纤细柔长，有的种类为攀援植物，为了整齐美观或做成扎景，常设支架或支柱，同时进行绑扎。花枝长且易倒伏的（如蝴蝶兰、小苍兰等）常设支柱；攀援性植物（如香豌豆、球兰等）常扎成屏风形或圆球形支架，使枝条盘曲其上，以利通风透光和便于观赏；菊花盆栽中常设支架或制成扎景，形式多样，引人入胜。支架常用的材料有竹类、芦苇以及人工制造的硬塑类和金属类产品等。要求绑扎物与支架形态美观精致，并且耐腐蚀，与盆花能融为一体，达到要求的观赏效果。

(3) 摘心与抹芽 部分盆栽花卉具有分枝少、开花少、花着生枝顶等特点，为了控制其株高，常采用摘心措施。摘心能促发更多的侧枝，有利于花芽分化，还可调节开花的时期。一般摘心于生长期进行，但次数不宜过多。对于一株一花或一个花序，以及摘心后花朵变小的种类不宜摘心。此外，球根类花卉、攀援性花卉、兰科花卉以及植株矮小、分枝性强的花卉均不摘心。

抹芽也称除芽，即将多余的芽全部除去，这些芽有的是过于繁密，有的是方向不当，是与摘心有相反作用的一项技术措施。抹芽应在芽开始膨大前进行，以免消耗营养。有些花卉（如菊花、观赏矮生向日葵等）仅需保留中心一个花蕾时，其他花芽需全部摘除。在观果花卉栽培中，有时挂果过密，为使果实生长良好，也需摘除一部分果实。

6.2.1.4 盆栽花卉生长环境的调控

盆栽花卉对环境的要求差异很大，有的喜阳，有的喜阴，有的喜温暖，有的喜冷凉，对逆境的耐受力也低于露地花卉，尤其是温室盆花更需要精心养护管理。影响盆花生长的主要环境因子包括温度、光照、湿度及空气。一般温室都要配有温度计、照度计和湿度计。温度调控包括加温和降温。常用的加温措施有管道加温、利用采暖设备、太阳能加温等；降温措施常用遮阳、通风、喷水等措施。光照强度可以通过增光和遮阳来调节。通风和喷水可以调节环境湿度。许多调节措施可以同时改变几个环境因素，如通风不仅可以降低温度，也可控制湿度，遮阳对温度、光照和湿度条件都有影响。控制和协调好各项环境因素及其相互关系，在盆花生产中非常重要。

（1）光照调节　光照调节措施包括遮光和补光。

遮光可以直接降低盆花接受的太阳辐射强度，也可以有效降低植株表面和周围环境的温度。遮光材料应具有一定的透光率、较高的反射率和较低的吸收率。常用遮光物有白色涂层（如石灰水、钛白粉等）、草席、苇帘、无纺布和遮阳网。涂白遮光率为14%～17%，一般夏季涂在顶棚玻璃上，秋季洗去，管理省工，但是不能随意调节光照强度，且早晚室内光照过弱。草席和苇帘遮光率因厚度和编织方法不同而异，草席和苇帘不宜做得太大，一般适于小型温室。白色无纺布遮光率在20%～30%。目前，最常用的是遮阳网，其遮光率的变化范围为25%～75%，其遮光程度与网的颜色、网孔大小和纤维线粗细有关。遮阳网的种类很多，目前普遍使用的一种是黑塑料编织网，中间缀以尼龙丝，以提高抗拉强度。质量较好的一种遮阳网为双层，外层为银白色网，具有反光性，内层为黑塑料网，用以遮挡阳光和降温。还有一种遮阳网，不仅减弱光强，而且只透过日光中植物所需要的光，而将不需要的光滤掉。温室的遮阴系统可分为外遮阴和内遮阴，气候炎热地区最好二者兼有，而气候凉爽地区，可以只配备内遮阴系统。

在冬季或连续的阴雨天气会使温室中的光照严重不足，从而导致盆花生长不良，有些花卉必须用光照处理来调节其生长。在温室中应配备补光设施，光源可采用白炽灯、日光灯、高压钠灯、金属卤灯等。

（2）温度调节　温度调节措施主要包括加温和降温。在寒冷的冬季，北方温室内需要加温，但要根据花卉的不同要求，来决定加温的程度。炎热的夏季，南北方温室均需降温。

温室加温设施主要有燃油（煤）热风加温、热水管道加温、蒸气管道加温等，可根据具体条件来选择。在冬季，低温温室花卉生长的最低环境温度不应低于10℃，中温温室花卉生长的最低环境温度不应低于15℃，高温温室花卉生长的最低环境温度不应低于20℃。

在夏季，温室的降温主要靠遮阴和通风，现代温室经常采用湿帘通风系统进行降温。具体做法是在温室靠北面的墙上安装专门的纸制湿帘（厚度10～15cm），在南面对应的温室墙面上安装大功率排风扇，使用时必须将整个温室封闭起来，开启湿帘水泵使整个湿帘充满水分，再打开排风扇排除温室内的空气，吸入外面的空气，外面的热空气通过湿帘时因水分的蒸发而使进入温室的空气温度降低，从而达到降温的目的。

（3）湿度调节　为了满足一般花卉对于湿度的要求，可在室内的地面上、植物台上及盆壁上洒水，以增加水分的蒸发量。最好能设置人工或自动喷雾装置，自动调节。对于要求湿度较高的热带植物（如热带兰花）、食虫植物等专类温室的设计，除通道外，所有地面应为水面，更可增加空气的湿度。在冬季利用暖气装置的回水管，通过室内的水池，可以促进水池中水分的蒸发，达到提高室内湿度的目的。

温室湿度过大，对花卉生长也不利，可以采取通风的方法来降低湿度。应在冬季晴天的中午，适当打开侧窗，使空气流通，但最忌寒冷的空气直接吹向植株，外界空气的湿度同样较高的时候，则需要同时加温又通风。整个夏季必须全部打开天窗，以加强通风，通风除可以降低湿度外，亦可降低室内的温度。

（4）通风　温室如具备了较好的通风设施，对盆花的生产是非常重要的，通风除具有降温作用外，还可降低设施内湿度，补充二氧化碳气体，排除室内有害气体，减少病虫害的发生等。

现代化温室主要采用湿帘系统的大型通风机和温室内部循环风扇。通过大型通风机可以实现温室内外空气交换，而内部循环风扇可以使温室内部空气实现循环，而达到降低叶表面湿度和夏季辅助降温的目的。温室具备了智能化装置，通风换气时，可根据人为设定的温度指标，自动调节窗户的开闭和通风面积的大小。

6.2.2　切花生产及栽培管理

切花生产目前在我国花卉栽培中是一个新兴产业。既不完全同于露地花卉栽培，又不完全同于盆花生产，而是介于二者之间，栽培管理技术比前两者都复杂和细致，可以说是在两种栽培技术基础上发展起来的现代化花卉栽培模式。切花生产要求紧密结合市场需求，进行规模化、批量化生产，要求生产周期快，单位面积产量高，同时包装、贮藏、运输等都需要配套。我国不同地区不同气候条件下，切花生产的方式不同。为了达到周年供应鲜切花，常以温室栽培和露地栽培相结合进行，我国长江以北以温室栽培为主，长江以南以露地栽培为主。

6.2.2.1　基质准备

（1）基质配制　温室切花生产所用的土壤要求人工配制。国外切花生产基地有专门配制基质的场地。利用传送带装置将各种基质配制均匀，然后进行消毒，运到温室内整平作畦。根据栽培花卉种类的不同，配制不同的基质。常用的基质有园田土、腐叶土、沙土、腐熟发酵的锯末或谷糠和泥炭等。配置比例参考盆花基质配制，同时掺一定量的厩肥和骨粉。用于露地切花生产的土壤，可以在原土壤基础上根据不同花卉的需求进行适当改造。土壤黏重瘠薄时可以种绿肥或豆科植物，压青深翻改良土壤，同时结合施厩肥等改良土壤，增加土壤肥力。

（2）基质消毒　切花生产的基质要彻底消毒，特别是温室切花生产的土壤消毒更为重要（见盆栽花卉培养土的消毒部分）。

6.2.2.2　整地作畦

温室切花栽培一般多为地栽，将消毒好的基质拉入温室内，做成宽 1～1.1m 的高畦，畦的长度根据温室的大小而定。露地切花栽培的整地，同露地花卉栽培。

6.2.2.3　切花品种选择

切花生产要严格选择种和品种，不是任何花卉和任何品种都能生产切花。一般作温室切花的品种，应具备冬季能够很好开花、抗病性强、植株直立、花茎较长、花色鲜艳、花形整齐等特性。不同种类的花卉，有不同的切花要求。如切花月季除上述标准外，还要选择花枝数多、花蕾长尖形、花朵较小有香味和茎秆少刺的品种；香石竹要求不易裂蕾的品种；菊花要求花期长、花形整齐、花朵适中、切花吸水性好的品种等。

6.2.2.4　繁殖和育苗

为了提高切花生产的效益，培育高质量的鲜花，在国外多采用无病毒苗木生产切花，如香石竹、菊花、非洲菊、兰花等多种花卉，都采用高温处理加茎尖组织培养脱毒方法，繁殖大量的无病毒种苗，供切花栽培使用。

近几年，我国切花生产也开始学习外国经验，如上海香石竹和菊花生产基本实现利用无病毒苗木栽培。

6.2.2.5 定植

培育好的种苗，根据切花上市时间，分期分批进行定植。不同花卉定植密度不同，如香石竹每平方米苗床上栽植30～40株，月季每平方米苗床上栽植7～9株。尽量选阴天或下午进行定植。有些花卉要带土移栽，有些可裸根移栽，无论哪种栽植方法，栽后都要充分灌水。

6.2.2.6 张网设支架

定植后，茎秆易倒伏的切花种类要张网设支架。如香石竹，为了使苗木直立生长，在苗床两头设立钢架，距床面15～20cm高，张第一层网，以后随着茎的生长而张第二、第三层网，一般张到四、五层为止。网用细铁丝拉成或用尼龙网，使植株生长在网格内，四面都得到支持，保证开花后茎秆不会弯曲，以提高切花质量。

除香石竹生产需张网设支架外，还有许多花卉，如菊花、小苍兰、唐菖蒲等切花生产也需要张网设支架，只是张网设支架层数、密度可根据花卉种类灵活应用。

6.2.2.7 肥水管理

切花生产期间需要不断补充营养和水分，才能保证植株健壮生长。根据切花对肥料的需要量可将切花分为多肥、中肥和少肥三种。如香石竹、一品红为多肥种类，菊花为中肥种类，热带兰为少肥种类。目前国外在花卉栽培上每15～20d对土壤肥力和含水量进行一次分析，根据不同花卉的需求及时补充肥料，或者从花卉养分含量和肥料利用率来确定施肥量。国内目前在花卉施肥方面没有标准的测定方法，仅仅凭生产者的经验来确定施肥量。

灌溉是一项经常性工作，要根据花卉种类、花卉发育时期和不同季节灵活掌握。

6.2.2.8 整形修剪

切花栽培中要提高单株产量和质量，必须进行整形和修剪，不同花卉的整形修剪方法不同。草本类以摘心和除蕾为主。如香石竹定植一个月后摘心，每株保留4个侧枝。在侧枝长20cm左右再进行摘心，促发第二级侧枝，每株保留枝条8～10个。当茎的顶端生出几个花蕾时，只留顶端一个，其余的尽早除去。这样，一株香石竹切花产量为8～10支，每平方米收花量240～300支。木本花卉以修剪和摘蕾为主。如月季冬季强剪，留3～4主枝，而将多余枝剪掉。夏季当新枝生长而其先端着蕾时，应及时将花蕾摘除，每个主枝留下3枝培养，每枝留花蕾一个，多余花蕾要及时除去。一株月季一年切花18～25枝，每平方米收花量135～180枝。

6.2.2.9 切花和包装

不同花卉切花时期不同，应根据花枝发育特点确定切枝时间。如菊花，花朵开放五、六成时开始切枝；唐菖蒲下部一朵花开放时就可以切枝；百合花蕾显色后就可以切枝。剪切花枝后要整理分级，放入冷库贮藏，然后取出按等级10枝扎成一束，用纸包裹，再装入纸箱。不同花卉装的多少不同。一般每箱装200枝左右，运往市场销售。

6.2.2.10 切花贮存与保鲜

切花离开母体后，营养和水分供应被切断，但花枝蒸腾和呼吸仍然继续进行，水分不断丧失，蛋白质、淀粉等不断分解，如果不能及时补充水分和营养，花朵会很快凋萎。因此，切花的贮藏与保鲜，是花卉商品化生产的重要环节。

切花采后的保鲜处理包括预处理液浸渍、贮藏、催开和售后瓶插保鲜等环节。预处理液浸渍就是在贮藏前，用高浓度蔗糖溶液短时间浸渍花茎并用高浓度的硝酸银溶液或硫代硫酸银（STS）浸渍花茎，以延长切花寿命，保持花瓣颜色，这对增进切花品质有较好效果。

切花贮藏是延长切花寿命的主要方法。贮藏的原理是抑制切花的呼吸作用和乙烯的释放。低温贮藏是最基本、最有效的手段。不同花卉贮藏最适温度各不相同，如月季宜在0℃时冷藏，香石竹在0～1℃，唐菖蒲在1～3℃，火鹤在13℃贮藏最好。

为了提高冷藏效果，还可结合低温减压或气调法贮藏。低温减压法是在密封容器内降低压力和空气中的氧气含量来贮藏鲜花，这能明显延长保鲜时间。如月季在0℃、5332Pa压力下能贮藏42d，唐菖蒲在1.7℃、7998Pa压力下可贮藏30d。气调贮藏法是在正常气压下用人工方法降低气调袋中氧气含量，同时保持一定二氧化碳浓度，从而抑制切花的呼吸代谢，降低酶活性，延长切花贮藏寿命。

花苞期采收的切花必须用催花液处理才能开花。香石竹用STS预处理液加上7%蔗糖和0.3‰ 8-羟基喹啉柠檬酸盐（8-HQS）的催花液浸渍花茎，贮藏16～24周后的花苞仍能正常开花；唐菖蒲用1‰硝酸银浸渍茎基1h，之后用20%蔗糖浸24h，在2℃下贮藏3周后，仍有72%花朵开放。

瓶插保鲜液，不同切花保鲜液的配方不同。著名的美国香石竹保鲜液配方是5%蔗糖＋0.2‰ 8-HQS＋0.05‰醋酸银；加拿大渥太华保鲜液配方是0.1‰异抗坏血酸＋4%蔗糖＋0.05‰ 8-HQS。

复习题

1. 简述一、二年生花卉特点及栽培管理要点。
2. 简述宿根花卉的特点及栽培管理要点。
3. 简述球根花卉的特点及栽培管理要点。
4. 简述温室盆栽花卉的基质种类及特点。
5. 简述温室盆栽花卉的栽培管理要点。
6. 简述温室切花花卉的栽培管理要点。

第 7 章　花卉的花期调控

［**教学目标**］通过学习，掌握花期调控的概念、意义、基本原理及调控方法。

在花卉栽培中，采用人为措施和方法，控制花卉开花时间的技术，称为花卉花期调控技术，也称为促成抑制栽培或催延花期。使花期提前的称为促成栽培，使花期推后的称为抑制栽培。

花卉生产栽培中，花卉花期的早晚直接影响其上市时间和商品价值。另外，在花卉应用，特别是草本花卉应用过程中，为了营造特定时间的特殊景观效果，如节日及花展布置等，也需要进行花期调控。此外，花期调控也为杂交育种提供了方便。花期调控已成为现代花卉生产栽培的一项核心技术，成为园艺研究的一个新的热点，越来越受重视。

7.1　花期调控的基本原理

花和花序都是由花芽发育而来。一般将花原基形成、花芽各部分分化与成熟的过程称为花器官的形成或花芽分化。花芽分化是有花植物个体从营养生长向生殖生长转变的结果，是植物从幼年期向成年期转变的标志。这种转变受营养、激素和环境因子等多种信号的影响。不同植物的成花年龄不同，木本植物可能是几年，而草本植物可能是几十天。多年生植物一旦到达成花年龄后，年年开花。

随着分子生物学的发展和发育生物学研究的深入，植物从营养生长向生殖生长的转变，这一植物生活史中一个关键时期的研究也向前推进了很多。研究发现，这种转变的控制是复杂的，常常涉及发育信号和环境信号的整合。近年来，已在拟南芥、金鱼草等植物中找到并克隆出了一些与开花相关的基因。在成花生理研究历史上，环境条件对成花调节的研究很多，现已了解的比较清楚的是温度和光照两个因子。

生产栽培中的花期调控，实际上包括成花调节在内的植物整个生长发育过程的调控。目前花期调控技术主要围绕两方面展开，其一是通过对植物开花机制的了解，改变或干预一些与成花时间、开放过程有关的内部因子或外部因子，主要是外部因子，从而控制开花的时间。目前已知的与植物成花和开花相关的重要因子，主要是开花前的营养生长情况、养分供应情况、体内水分状况、温度、光周期和生长调节物质。其二是通过对植物休眠的了解，控制影响休眠的内外因子，延迟或打破休眠，通过控制生长节律实现花期控制。环境因子中的光周期、温度、水分、营养与休眠有关，短日照、低温、干旱和营养不足能促进植物休眠，而低温和长日照是打破休眠的因素之一。

7.1.1　温度与开花

温度影响植物开花有量和质的作用。所谓温度质的作用，是指温度打破植物休眠和春化作用，即植物在一定的温度条件下才能开始生长和花芽分化，是对植物生长发育限制性的作用。温度量的作用，是指植物可以在比较宽的温度条件下开花和生长，但温度将影响生长速度，从而影响开花的迟早，如由于高温或低温促进或抑制生长，使花期提前或推迟。在花期调节方面质的作用比较受重视，许多花期调控技术也针对此展开。在实际促成抑制栽培中，利用温度质的作用的同时，也在广泛地利用温度量的作用。

（1）诱导休眠和莲座化　某些植物的生活史中存在着生长暂时停止和不进行节间伸长两种状态，分别称这样的情况为休眠和莲座化。植物进入休眠状态时，生长点的活动完全停止；而莲座化植物的生长点还在继续分化，只是节间不伸长，也就是说莲座化是植物处于低生长活性状态。通常意义上讲，影响节间生长和停滞的原因有两种：一种是由恶劣的环境条件导致的植物不进行生长和伸长（强迫休眠），比如低温和干旱；另一种是由植物内在的生长节律引起的休眠和莲座化（生理休眠）。

由生长节律决定休眠的典型花卉是唐菖蒲和小苍兰，它们在球根形成的时候开始进入休眠，高温和低温都不能阻止休眠的发生。大丽花和秋海棠是典型的由外界环境诱导休眠和莲座化的植物，它们在13h以上的长日照下可以不断地生长和开花，一旦移到12h以下的短日照条件下，则生长停止，不久进入休眠，即使回到长日照条件，也不能恢复生长。

种子、球根、芽等都具有休眠性。休眠可划分为初期、中期、后期等不同的阶段，由内在的生长节律引起的休眠，其阶段性更为明确。

（2）打破休眠和莲座化　休眠有不同的阶段，一般处于休眠初期和后期时，容易被打破，而处于中期的深休眠状态不易被打破。强迫休眠较生理休眠易于打破。

能够有效地打破植物休眠和莲座化的温度，因植物的种类不同而异。小苍兰和荷兰鸢尾等初夏休眠的植物，需高温打破休眠；而大丽花、桔梗等秋季休眠的植物，需低温打破休眠。低温打破休眠的有效温度一般是10℃以下，接近0℃最有效。打破休眠和莲座化的低温，还因植物的品种、苗龄、所处的生理状态而不同。

（3）春化作用　低温诱导促使植物开花的作用，称为春化作用。根据植物可以感受春化的状态，通常分为种子春化（如香豌豆）、器官春化（如郁金香）和植株整体春化（如榆叶梅）。春化作用的温度范围，不同植物种类之间差异不大，一般是－5～15℃，最有效温度一般为8～10℃，但是最佳温度因植物种类的不同而略有差异。不同花卉要求的低温时间长短也有差异，在自然界中一般是几周时间。

从整体上看，需要春化作用才能开花的植物主要是典型的二年生植物和某些多年生植物。大苗和多年生植物接受低温时最适温度偏高，比如麝香百合和鸢尾的最适温度为8～10℃。一般而言，必须秋播的二年生花卉种子有春化现象，一年生和多年生草花种子一般没有春化现象，但也有例外，如勿忘我虽然是多年生草本，种子却有春化现象。

春化作用过程没有完全结束前，就被随后给予的高温抵消，此种现象称为脱春化。如果给予了充分的低温，一般不会发生脱春化现象。

（4）花芽分化的温度　香石竹或大丽花只要在可生长的温度范围内，或早或晚，只要生长到某种程度就进行花芽分化而开花。月季也可在一个很广泛的温度范围内进行花芽分化。一般春夏季进行花芽分化的植物，需要在特定温度以上方能花芽分化；秋季进行花芽分化的植物，需要温度降至一定温度之下才能花芽分化。

（5）花芽发育的温度　对一般植物而言，花芽可以在诱导花芽分化的温度条件下顺利发育而开花，但是有些植物花芽分化后，要接受特定的温度，尤其是低温，花芽才能顺利发育开花。很多春季开花的木本花卉和球根花卉，花芽分化往往发生在前一年的夏秋季。有些植物在进行促成栽培时，如果低温处理的时间不够，则导致花茎不能充分伸长。如荷兰鸢尾，在促成栽培时，球根冷藏时间过长，花茎长比叶长显著增加，切花品质降低；反之，如果低温冷藏时间不足，则花茎过短，达不到切花的要求。

7.1.2 光周期与开花

根据植物成花对光周期的反应，可以将其分为3种类型，即短日照植物、长日照植物和日中性植物。短日照植物：要求一段白昼短于一定长度、黑夜长于一定长度（临界暗期）的时期才能成花，如秋菊、蟹爪兰、一品红等；长日照植物：要求经历一段白昼长于一定的临界值（临界日长）、黑夜短于一定长度的时期才能开花，如矢车菊、草原龙胆、蓝花鼠尾草等；日中性植物对光照长度没有一定的要求，这类植物有扶桑、香石竹、百日草等。

植物的光周期反应与植物的地理起源有着密切的关系，通常低纬度起源者多属于短日照植物；高纬度起源者多属于长日照植物。

短日照植物和长日照植物都可以利用日照长度调节花期。利用光周期调控植物的花期是周年生产最常利用的手段。例如，要使短日照植物秋菊在长日照季节开花，需进行遮光，缩短其光期；在秋冬短日照季节抑制其花芽分化，采用灯光照明以加长光期。长日照植物花期的调控则与此相反。

7.1.3 植物生长调节物质与开花

植物生长调节物质是一些调节控制植物生长发育的物质。它分为两类：一类是植物激素，对花期控制有重要作用的主要是赤霉素及6-苄基嘌呤；另一类是植物生长调节剂，主要有乙烯利和矮壮素（CCC）、琥珀酰胺酸（B_9）、多效唑、缩节胺等生长抑制剂。

植物生长调节物质在花期调控中的主要作用如下。

（1）代替日照长度，促进开花　许多花卉在短日照下呈莲座状，只有在长日照下才能抽苔开花。而赤霉素有促使长日照花卉在短日照下开花的趋势，如对紫罗兰、矮牵牛的作用。赤霉素促进长日照花卉在非诱导条件下形成花芽，起作用的部位可能是叶片。对大多数短日照植物来说，赤霉素起着抑制开花的作用。

（2）代替低温，打破休眠　对一些花卉而言，赤霉素有助于打破休眠，可以完全代替低温的作用。如处于休眠各阶段的桔梗，其根系浸于赤霉素溶液中，都可以打破休眠。同样的方法处理蛇鞭菊，则只对处于休眠初期和后期的花卉起作用。用赤霉素处理处于休眠初期或后期的芍药和龙胆休眠芽，也可以打破休眠。对杜鹃花来说，赤霉素处理比低温贮存对开花更有利。每周用赤霉素100mg/L喷杜鹃花植株1次，约喷5次，直到花芽发育健全为止，可以有效地控制杜鹃花花期达5周，并能保持花的质量，使花的直径增大，且不影响花的色泽。仙客来在开花前60～75d用赤霉素处理，即可达到按期开花的目的。用赤霉素浸泡郁金香鳞茎，可以代替冷处理，使之在温室中开花，并且加大花的直径。

乙烯可以打破小苍兰、荷兰鸢尾等一些夏季休眠性球根的休眠，但却促进夏季高温后莲座化菊花的莲座化状态。

一些人工合成的植物生长调节剂，如萘乙酸（NAA）、2,4-二氯苯氧乙酸（2,4-D）、苄基腺嘌呤（BA）等都有打破花芽和贮藏器官休眠的作用。如BA可以打破宿根霞草的莲座状态。

（3）促进或延迟开花　在花卉生产中，利用植物生长抑制剂来延迟开花及延长花期是很常见的。植物生长抑制剂已广泛用于木本花卉如杜鹃花、月季、山茶等。用 B_9 喷洒杜鹃花花蕾，可延迟杜鹃花开花达 10d。用 NAA 及 2,4-D 处理菊花，可以延迟菊花的花期，若与赤霉素混用，效果则大为提高。

7.2 花卉花期调控的常用方法

花卉花期调控的主要技术方法有调节温度、调节光照、施用生长调节物质和利用一些繁殖栽培修剪技术。此外，土壤中水分或养分状态，有时会影响花期或开花量，可作为花期调控的辅助手段。

7.2.1 调节温度

(1) 增加温度　主要用于提供花卉继续生长发育的温度，促进开花。冬春季节，天气寒冷，气温下降，大部分花卉生长变缓或休眠，在5℃以下，大部分花卉停止生长，进入休眠状态，部分热带花卉受到冻害。增加温度阻止花卉进入休眠，防止热带花卉受冻害，是提早开花的主要措施。如瓜叶菊、牡丹、杜鹃花、绣球花、金边瑞香等经过加温处理后，都能提前花期。牡丹提前在春节开放，主要是采用加温的方法，利用经过足够低温处理打破休眠的牡丹，在高温下栽培 2 个多月，即可在春节开花。

(2) 降低温度　秋植球根花卉，除了少数几个种可以不用低温处理能够正常开花外，绝大多数种类在花芽发育阶段必须经低温处理才能开花。这种低温处理种球的方法，常称为冷藏处理。在进行低温处理时，必须根据球根花卉种类和处理目的，选择最适低温。确定冷藏温度之后，除了在冷藏期间连续保持同一温度外，还要注意放入和取出时逐渐降低温度，或者逐渐提升温度。如果在4℃低温条件下冷藏了 2 个月的种球，取出后立即放到25℃的高温环境中或立即种到高温环境，由于温度条件急剧变化，引起种球内部生理紊乱，会严重影响其开花质量和开花期。所以低温处理时，冷藏温度一般要经过 4～7d 逐步降温（1d 降低 3～4℃），直至所需低温；在把已经完成低温处理的种球从冷藏库取出之前，也需要经过 3～5d 的逐步升温过程，才能保证低温处理种球的质量。

一些二年生或多年生草本花卉，花芽的形成需要低温春化，花芽的发育也要求在低温环境中完成，然后在高温环境中开花。对这样的植物，进冷库之前要选择生长健壮、没有病虫危害、已达到需要接受春化作用阶段的植株进行低温处理。冷库处理的花卉植株，当发现土壤干燥时要适当浇水。冷库中必须安装照明设备，每天给予几小时的光照，尽可能减少长期黑暗给花卉带来的不良影响。初出冷库时，要将植株放在避风、避光、凉爽处，使处理后的植株有一个过渡期，然后再逐渐进入正常管理直至开花。

利用低温诱导休眠的特性，一般用 2～4℃的低温冷藏处理球根花卉，大多数球根花卉的种球可长期贮藏，推迟花期，在需要开花前取出进行促成栽培，即可达到目的。

7.2.2 调节光照

(1) 短日照处理　在长日照季节里，要使长日照花卉延迟开花，需要遮光；使短日照花卉提前开花也同样需要遮光。具体的遮光方法是：在日落前开始遮光，一直到次日日出后一段时间为止，用黑布或黑色塑料膜将光遮挡住。由于遮光处理一般在夏季高温期，而短日照植物开花被高温抑制的占多数，在高温条件下花的品质较差，因此短日照处理时，一定要控制暗室内的温度。遮光处理所需要天数，因植物不同而异。如将菊花（秋菊和寒菊）、一品红在 17:00 至次日 8:00 置于黑暗中，一品红处理 40d 开花，菊花经 50～70d 才能开花。采用短日照处理的植株要生长健壮，营养生长达到一定的状态，一般遮光处理前停施氮肥，增施磷、钾肥。

在日照反应上，植物对光强弱的感受程度因植物种类而异，通常植物能够感应 10 lx 以上的光强，而且上部的幼叶比下部的老叶对光敏感，因此遮光的时候上部漏光比下部漏光对花芽的发育影响大。

（2）长日照处理　在短日照季节里，要使长日照花卉提前开花，需要加人工辅助照明；要使短日照花卉延迟开花，也需要采取人工辅助光照。长日照处理的方法大致可以分为下面 3 种。①明期延长法：在日落前或日出前开始补光，延长光照 5～6h；②暗期中断照明法：在半夜用辅助灯光照 1～2h，以中断暗期长度，达到调控花期目的；③终夜照明法：整夜都照明。照明的光强需要 100 lx 以上才能完全阻止花芽的分化。

秋菊是对光照时数非常敏感的短日照花卉，9 月上旬开始用电灯给予光照，11 月上、中旬停止人工辅助光照，春节前菊花即可开放。利用增加光照或遮光处理，可以使菊花一年之中任何时候都能开花，满足人们周年对菊花切花的需求。

试验发现，给大多数短日照花卉延长光照时荧光灯的效果优于白炽灯；给一些长日照花卉延长光照时白炽灯效果更好。

（3）颠倒昼夜处理　有些花卉种类的开花时间在夜晚，给人们的观赏带来很大的不便。例如，昙花在晚上开放，从绽开到凋谢最多 3～4h。为了改变这种现象，让更多的人能欣赏到昙花开放，可以采取颠倒昼夜的处理方法。把花蕾已长至 6～9cm 的植株，白天放在暗室中不见光，19:00 至次日 6:00 用 100W 的光给予充足的光照，一般经过 4～5d 的昼夜颠倒处理后，就能够改变昙花夜间开花的习性，使之白天开花，并可以延长开花时间。

（4）遮阴处理　部分花卉不能适应强烈的太阳光照，特别是在含苞待放时，用遮阳网进行适当的遮光，或者把植株移到光线较弱的地方，均可延长开花时间。如把盛开的比利时杜鹃暴晒几个小时，就会萎蔫，但放在半阴的环境下，每朵花和整个植株的开花时间均大大延长。牡丹、月季和香石竹等适应较强光照的花卉，开花期适当遮光，也可使每朵花的观赏期延长 1～3d。

7.2.3　应用繁殖栽培技术

（1）调节播种期　在花卉花期调控措施中，播种期除了指种子的播撒时间外，还包括球根花卉种植时间及部分花卉扦插繁殖时间。一、二年生花卉大部分是以播种繁殖为主，用调节播种时间来控制开花时间是比较容易掌握的花期控制技术，关键问题是要明确某个花卉种类或品种在何时、何种栽培条件和技术下播种，从播种到开花需要多少天。球根花卉的种球大部分是在冷库中贮存，冷藏时间达到花芽完全成熟后或需要打破休眠时，从冷库中取出种球，放到适宜温度环境中进行促成栽培，在较短的时间里，冷藏处理过的种球就会开花。从冷库取出种球在适宜温度环境中栽培至开花的天数，是进行球根花卉花期控制所要掌握的重要依据。有一部分草本花卉以扦插繁殖为主要繁殖手段，开始扦插繁殖到扦插苗开花是需要掌握的花期控制依据。

（2）使用摘心、修剪技术　一串红、天竺葵、金盏菊等都可以在开花后修剪，然后再施以水肥，加强管理，使其重新抽枝、发叶、开花。例如，不断剪除月季的残花，就可以让月季花不断开花。摘心处理有利于植株整形、多发侧枝。菊花一般要摘心3～4次，一串红也要摘心2～3次（最后一次摘心的时间依预定开花期而定），不仅可以控制花期，还能使株形丰满、开花繁茂。

7.2.4 应用植物生长调节物质

植物生长调节物质的使用方式有3种。①根际施用：例如，用8000μL/L的矮壮素浇灌唐菖蒲，分别于种植初、种植后第4周、开花前25d进行，可使花量增多，按时开放。②叶面喷施：例如，用丁酰肼喷石楠的叶面，可使幼龄植株分化花芽。③局部喷施：例如，用100μL/L的赤霉素喷施花梗部位，能促进花梗伸长，从而加速开花。用乙烯利滴于凤梨叶腋或喷施叶面，凤梨不久就能分化花芽。

使用植物生长调节物质要注意配制方法及使用注意事项，否则会影响使用效果，如赤霉素溶液，要先用95%的酒精溶解，配成20%的酒精溶液，然后倒入水中，配成所需的浓度。

由于植物生长调节物质的不同种类或浓度可以起到不同的调节效果，因此在使用植物生长调节物质调控植物的花期时，首先要清楚该物质的作用和施用浓度，才能着手处理，否则不仅不能收到预期的效果，还会造成生产上的损失。

在花卉花期调控实践中，一、二年生花卉主要是通过栽培措施，如调整播种期、修剪和摘心，并配合环境中温度、光照、养分和水分管理实现花期控制。宿根花卉和花木类如菊花、一品红、杜鹃花等，可依据具体情况综合使用上述手段。球根花卉主要是用温度处理种球、选择栽植期与栽培管理相结合实现花期控制。

不同花卉种类花期调控难易程度不同。要实现某种花卉的花期控制，首先要了解该种花卉的生长发育规律，特别是成花和休眠规律，如花芽分化时期及其与外界环境条件的关系、休眠特性等。目前，人类尚不能实现所有植物种类的花期调控，一方面与尚未解开植物所有的成花问题有关，另一方面与没有真正掌握不同花卉的生长发育特性有关。

由于品种特性不同，同种花卉不同品种花期调控难易程度也有不同，要通过试验选择适用品种。一般情况下，早花品种进行促成栽培比晚花品种容易成功，晚花品种比早花品种更容易实现抑制栽培。

此外，用于花期调控的植物器官或植株的营养状况和健康状况也会影响花期调控效果。需要选择达到一定营养状态，没有病虫害，生长健壮，充实的种子、球根或植株作为花期调控的对象。

总之，花期调控技术不是单项技术，需要配合贮存、栽培、环境控制等多项技术才能实现。花期调控是有地域性的（同一种花卉在不同地域栽培，自然花期不同）。对一些花期控制难度较大的花卉，即使可以借鉴他人的方法和经验，也还需要根据当地的具体环境和条件进行试验，确定具体方案。这一点在环境控制有限的情况下尤其重要。

7.3 花卉花期调控的主要设施和设备

一般在进行花期调控时，需要一些设施和设备，以保证花期调控技术的进行或便于花卉的栽培管理。生产中常用设施主要有调节温度和光照的冷库、温室、荫棚和照明设备。

(1) 冷库 冷库在花期调控中有多种用途，可以贮存种子、球根、地下器官和植株体。最多的是冷藏球根，用于满足花芽发育后期对低温的要求或延长其休眠期；也可用于贮存一些花卉种子和宿根花卉根部（地下芽），以满足低温需求，打破或延迟休眠；还可以将提早开花的花卉移至冷库，降低温度，延长花期，获取最好的利润和社会效益。

（2）温室　温室是花期调控的重要设施之一，能够提供花期控制时所需要的环境条件，并能有效地控制花期调控前后花卉生长发育的环境因子。各种花卉在现代化温室里进行栽培，控制花期相对容易，而且花卉质量远远优于露地栽培。

（3）荫棚　荫棚主要是配合温室使用，用于高温地区或高温季节一些花卉的花期调控。花卉中生和阴生花卉，不适应太阳光的直接照射，在荫棚下生长可以更好地发育，以利于开花。

（4）短日照设备　短日照设备包括棚架、黑布、遮光膜、暗房和自动控光装置等。暗房中最好有便于移动的盆架。

（5）长日照设备　长日照设备包括必要的电灯光照设施、自动控时控光装置等。生产实践中可以借用光合补光照明设备系统，但要注意最适光源可能不同，花期调控中延长照明有效光源主要是荧光灯或白炽灯。

在进行花期调控中，根据不同的花卉和调控技术选用不同的设施设备，有时需要同时使用多种设备。在具体实践中，要结合具体情况，灵活应用，在保证质量的前提下，尽量降低生产成本。

7.4　花卉花期调控实例

7.4.1　一串红

一串红为多年生草本花卉，原产南美热带地区，喜温暖不耐寒，园林中常作一年生栽培。春播，夏、秋季开花。4 月下旬露地播种，国内原来的老品种在 10 月开花，现市场上进口的品种在 7～8 月开花。

要将国内原来的老品种花期调到“十一”，一般提前春播时间。北京于 2 月下旬至 3 月下旬在温室或阳畦播种，4 月中旬后室外露地栽培，正常肥水管理．结合摘心技术，从摘心到开花一般需要 25～40d（因品种而异），一般 8 月下旬到 9 月初进行最后一次摘心，则“十一”开花。也可以采用 7 月上旬进行扦插繁殖，加强夏季管理，“十一”可开花，但比播种苗要低矮。要将花期调到“五一”，则改为秋播，这时需要使用栽培设施，8 月中下旬露地播种，10 月中下旬进温室栽培，常规栽培管理，通过控制水肥、温度、摘心等，控制生长速度，次年 4 月中旬出温室过渡，“五一”可用花。

进口品种因品种、栽培地域、栽培设施、栽培方式等不同，从播种到开花需要 9～11 周。可以根据用花时间和具体栽培方法，推算播种时间。在不适宜露地播种的季节，使用大棚或温室等设施进行栽培或播种，则周年都可以开花。以“太阳神”系列在温室可控环境中的栽培为例。播种于 512 孔穴盘中，使用粗蛭石作基质，pH 值 5.8～6.2，覆盖种子，保持基质湿润，基质温度 22～24℃，光照 200 lx；子叶出土后基质温度降到 18～21℃，逐渐加大光照强度，施用含氮、钾为 14-0-14 的硝酸钾肥；真叶开始生长后，每周浇 1 次氮、磷、钾 20-10-20 的全肥。3～4 周后可定植，保持昼温 21～24℃，夜温 13～16℃。定植在穴盘中 6～8 周可以开花，而定植在 10cm 花盆中需要 7～9 周开花。根据用花时间，推算播种日期，控制温度，不需要摘心，就可实现花期控制。

7.4.2 芍药

芍药为宿根花卉，原产中国北部、日本和西伯利亚。喜凉爽，在中国大部分地区自然花期为5～6月。芍药一般寿命三四十年，实生苗约4年开花，分株苗复壮后直接进入成年期，二三十年后衰老。

芍药花芽为混合芽，开花后在植株基部形成新芽，夏季之前进行叶芽分化，初秋在芽体上部形成花芽。品种不同，花芽分化的进程不同，一般从7月底至9月底开始形成花芽。花芽发育时先形成苞片原基，然后是花萼原基，大多数品种在10月中旬至11月形成花瓣，然后停止发育，经过冬季低温才萌动、生长。次年早春产生雄雌蕊原基，随着花芽生长，节部伸长而逐渐露出地面，这时雄雌蕊原基进一步发育，然后开花。

(1) 促成栽培　利用自然低温，于9月中旬掘起植株种植于盆箱内，放在室外经受自然低温，12月下旬移入温室，采用15℃温度进行栽培，2月中旬后可开花。入温室过早，低温感应量不足，花芽不能发育，形成盲花。一般要求5℃以下的温度至少20d。若要再提早花期，可以将植株进行0～2℃冷藏处理，早花品种需要冷藏25～30d，中晚花品种需要冷藏40～50d。冷藏的时间短，栽培后萌芽所需要的时间就长，并可能出现盲花。一旦萌芽，前期冷藏期长短，对到达开花的时间没有影响。

在8月下旬开始冷藏植株较好。此时是花芽形成开始前或欲要开始，对于芍药来说，不论是否具备花芽形成的形态学特征，只要进入花芽诱导状态，低温就开始有效用。此时低温过程中不进行花芽分化，花芽与冷藏开始时保持同样的状态，在结束冷藏处理后5～10d，花芽迅速发育，这与花芽达到某阶段才能感应低温的郁金香和风信子不同。若再提早进行冷藏，由于出库后温度高而花芽发育时间短，常会导致花的花瓣少而雄蕊多。

在9月上旬冷藏植株，然后在15℃栽植，定植后60～70d可以开花。中晚花品种由于需要较长的冷藏时间，开花会推迟，尽管如此，到12月也会开花。若需要1～2月开花，则需要推迟冷藏植株的时间。

(2) 抑制栽培　若要延迟开花期，可于早春掘起尚未萌芽的植株，采用0℃湿润状态冷藏，以抑制萌芽，在适当时期定植。根据试验，在6～9月定植，30～35d后开花；3～5月及10月定植，45d左右开花。

结合这种促成和抑制栽培，基本能够做到芍药周年开花。不同品种，不同目的，具体调控技术需要研究确定。

7.4.3 郁金香

郁金香为球根花卉，目前栽培的郁金香为园艺杂种，其主要亲本分布于地中海沿岸、中亚细亚、土耳其、中国新疆。地下鳞茎寿命1年。喜凉爽，耐寒，为秋植球根，自然花期4～5月。大多数品种生长温度5～20℃，5℃以下停止生长。生根适温9～13℃，生长适温15～18℃，花芽分化适温17～23℃，高于35℃花芽分化受抑制。外界气候、土壤等影响收获前花芽的发育状况。花芽分化开始于夏季球根采收之前，分化顺序为外花被片、内花被片、雄蕊、雌蕊。其球根需要一定时间的低温才能确保茎达到一定高度并开花，在冬季有充分低温但又不是非常寒冷的地区，球根在地下过冬后即可满足这个要求。

目前郁金香促成抑制栽培主要用于切花生产。庭院应用可采用盆栽方式布置，借鉴相似的技术调控花期。

1. 促成栽培

研究表明郁金香在雌蕊形成后1周内进行冷处理，开花率高，切花品质好。若在花芽的雄蕊形成阶段开始进行冷藏，开花率显著下降。若在花芽发育的更早阶段，即外花被形成阶段冷藏，虽然可以正常开花，但切花品质下降。

球根采收后经清水冲洗、分级、干燥，待花芽发育到一定程度后进行中间温度处理，之后进行冷处理。作为花期调控用的鳞茎应选择无病、种皮栗色、不开裂且有光泽的商品球。

（1）中间温度处理　球根雌蕊形成后，仅少数品种可以直接进行冷处理，大多数品种还需要在中间处理温度下放置一段时间，促进根系发育，防止盲花。首先要抽部分球根，用解剖镜观察鳞茎花芽发育情况，一旦完成雌蕊形成阶段（雌蕊为膨大的三角形），立即进行中间温度处理。10月15日以前处理，最好采用20℃；之后采用17℃处理。中间温度处理所需要的最短时间由品种特性、栽培方式和种球大小决定。

（2）冷处理　主要有5℃和9℃两种处理方式。

① 5℃球冷处理方法　5℃球实际包括5℃和2℃冷库冷藏后的球。准备在1月1日以前种植的球，采用5℃干藏；在此之后种植，则采用2℃冷藏。将5℃或2℃冷藏时间延长2周，可以提高其后在温室中的生长速度，但盲花发生几率增加，所以大多数品种冷藏9～12周，最长不超过14周。5℃冷藏球最迟种植期为1月1日；2℃冷藏球最迟种植期到2月15日。

② 9℃球冷处理方法　先将干种球在9℃冷库中冷藏一段时间实现部分冷处理（这种预冷处理后的球称为9℃球），然后种植到箱内，保持湿度，放到生根室或埋在室外土壤中继续完成冷处理过程。在种球进入生根室或埋于室外土壤前，先将这些环境的土壤或基质温度降到9℃。生根室冷处理如下：10月25日之前保持9℃，然后7℃直到11月5日，之后保持5℃一直到12月1日。从12月1日开始根据芽的伸长情况及时调节温度，降到5～2℃，以后根据芽的长度，控制在2～0℃（最低－2℃）。要保证芽尖与上部箱子底部至少有2cm距离。注意要持续降温，不宜波动，一直到完成全部冷处理的周数。在生根室的最初几周，温度不能高于11℃。温度若偏高，必须通过延长低温处理时间进行补偿，每高于规定温度1℃，低温处理时间延长1d。生根室箱内基质要保持湿度和透气，以基质在手中湿润而不滴水为好。同时注意地面喷水，保持相对湿度在90%～95%。

③ 室外土埋冷处理　这是荷兰传统的球根冷处理方法，只适宜在冬季平均温度在9～0℃，最低为－2℃的地域采用。选择无病虫害土壤，将箱平放在土面上，种球上覆盖5cm的沙子，然后覆层土，最后在土表覆盖泥炭或稻草，覆盖时间以当地气温变化而定，防止温度过低。注意检查埋入种球周围的湿度和温度，保持与生根室同样的条件。整个冷处理时间因品种不同，从14～20周不等。

若9月15日之前进行种球处理，必须采用干球先进行9℃冷藏，干球冷处理时间为2～8周，超过8周可能导致根和茎的发育问题，且种植后没有足够的生根时间，在12月15日之前要结束干球处理，以保证种植后至少有6周的冷处理时间，以使移入温室的球根已有一定长度的根。如果9月15日之后进行种球处理，也可以不经过9℃冷库干存，而直接将种球种植到箱内，然后放入生根室或埋在室外土壤中完成冷处理过程，但一般12月15日后不再进行此项工作。

整个冷处理所需要的最短时间由品种特性、栽培方式和种球大小决定。延长冷处理时间各有利弊，冷处理时间延长1周，在温室的栽培时间缩短3d，但容易出现花茎过长、叶片软、易倒伏和花苞变小等问题。

近年来也有在冷处理的最后3周采用水培，保持5℃的方法，获得了比基质种植更好的根系，然后再移入温室中栽培。

(3) 温室栽培　冷处理后，可以在温室中进行栽培，获得开花植株。温室栽培有地栽和箱栽两种方法。

① 温室地栽　为5℃球主要的栽培方式，9℃球和未处理球也可以采用。在温室中作畦，要求排水好、pH值为6、EC值小于1.5mS/cm的沙壤土。郁金香根系对盐分和氯离子敏感，如果pH值偏高，需要进行土壤淋洗。一般不需要施肥。种植时选择合适的种植密度，控制温度（最初2周9℃，以后18～20℃）、光照、水肥条件和病虫害等。在温室中从栽培到开花的时间取决于品种和前期冷处理时间，5℃球一般为40～60d不等。

② 温室箱栽　箱式栽培的种植时间只能在9月15日到12月15日之间进行，为9℃球和未处理球的主要栽培方式。由于环境调控方便，温室箱栽是郁金香促成栽培中最常用的方法。栽培中使用专门的“种球出口箱”（60cm×40cm×18cm），基质为85%黑泥炭和15%粗沙，pH值6～7，EC值小于1.0mS/cm，无病虫，厚度至少为8.5cm，种球下部基质厚度5cm，上面再覆盖1～2cm沙子；种植密度依据种球规格、花期早晚、品种的叶片数而异，每箱85～130个不等；种植箱和基质需要消毒，以减少病虫害发生。在生根室堆放时注意两层箱之间要保持10cm的距离。获得需要的低温量后直接放到温室栽培架上即可，温度控制在18～20℃，在温室中从栽培到开花的时间取决于品种和前期冷处理时间，25～35d不等。

也可以使用10～15cm花盆采用上述方法栽培郁金香，每盆1～7个球不等，供庭院和室内应用，但需要选择矮生品种。

如果露地秋植时间为11月中旬，2月底到3月中旬开始生长，5月中旬自然开花，则该地区可采用下述促成栽培技术，保证从12月一直到自然花期5月前都有花开放。

12月开花可采用5℃球温室地栽：8月底将适宜的干种球冷藏在5℃冷库一定周数，满足所需低温。于10月下旬在温室中作畦种植，种植前剥去球根外膜，种植后前2周保持9～10℃的土壤低温，之后升温至16℃，保持温室气温18℃，这样12月中旬可开花。

1月开花可采用9℃和未处理球温室箱栽：8月底，先将干种球在9℃预冷冷藏，10月中旬种植到箱内移入生根室继续进行9～2℃冷处理（具体见前所述9℃球冷处理中生根室冷处理过程，12月1日以后未处理的球保持2℃，种植的种球根据芽的长度保持在5～2℃，12月15日之前移入温室苗床上栽培，种植后前2周保持基质温度在9～10℃，2周后基质温度保持在16℃，气温在18℃。1月初可以开花。

或9月中旬将未处理种球直接种植在箱内，放在生根室进行9～2℃冷处理，1月初移入温室苗床上栽培，同上控制基质温度和温室温度，1月底可以开花。

2月开花可采用9℃球温室地栽：9月中旬先将干种球在9℃预冷冷藏，11月中旬在温室土温达到9℃时作畦栽植到温室，继续接受自然低温，12月1日后应保持2℃，1月中旬正常栽培，初栽地温9～10℃，2周后升到16℃，控制好18℃的温室气温温度，2月初可以开花。

3～4月开花可采用未处理球温室地栽：11月中旬将种球直接种植在温室地畦中，使其接受类似生根室9～2℃的自然低温，3月初开始正常栽培，3月底到4月初开花。11月中旬后栽培郁金香球都可以使用该方法。

其他措施也可以促进开花。试验表明，低温处理后的种球栽植后，待株高7～10cm时，在叶筒内滴入400mg/L赤霉素溶液0.5～1mL则可促进开花。必要时可在7～10d后重复1次，促进程度因品种而异，可以提早花期10～15d不等。此种滴药处理，在提早上市期的促成栽培方面已广泛应用。此外，对红色品种还有提早花色素形成、提早着色的效果。注意药剂处理前1～2d控制浇水，保证叶鞘内力水分留存。此外，郁金香属于长日照花卉，电灯照明可以促进开花，和赤霉素结合使用效果更明显。

2. 抑制栽培

郁金香抑制栽培的技术已较成熟，向南半球输出的球根，在−1℃左右的低温进行贮藏，以抑制花芽发育，以后调至20～25℃，促进花芽发育，再进行低温处理，栽培即可。

近年来，荷兰将到达雌蕊形成期的球根，于11月种植在箱内，在9℃下2～4周内生根，之后用−1.5～2℃低温贮藏，采用外盖塑料膜包裹保湿，可于任意时间取出使用。在15℃左右的条件下栽培，则在6～11月开花。另外一种方式是取出在12月直接移到−2℃低温贮藏的球根，用1℃解冻2d，在15℃恒温条件下进行水培，施用氮肥及赤霉素和苄基腺嘌呤混合液，则能于秋季开花。由于在外界气温低于15℃左右的10～11月能够获得栽培适温，以这种方法为基础，可以探讨研究将郁金香在10～11月上市的可能性。

7.4.4 一品红

一品红原产墨西哥和中美洲，为小乔木，生产中多作宿根花卉或一年生花卉栽培。喜温暖、光照充足，不耐寒。生长温度8～30℃；生长适温18～25℃；花芽分化适温18～21℃；低于5℃，高于32℃产生温度逆境。

室外花芽分化开始于9月下旬至10月上旬，这时从茎顶端的分生组织分化最初的花序，其正下面的3枚叶原基的腋芽发育，并分别分化2枚苞叶和2个花序（二次花序），然后各苞叶的腋芽发育，分化1枚苞叶（二次苞叶）和花序（三次花序）。以后苞叶腋芽的发育向前重复，这样继续形成花序，直到次春。花芽分化顺序为萼片、花瓣、雄蕊、雌蕊。在此阶段有一些小花雄蕊退化，仅雌蕊发育；另一些小花雌蕊退化，仅雄蕊发育；于是形成雌花和雄花。花芽形成极快，从花芽开始形成到花粉和胚珠形成，仅需3周时间。

一品红花芽分化受光照和温度的双重影响，在夜温低于21℃以下时，是典型的短日照植物。在春夏进行营养生长，秋季接受短日照开始生殖生长，分化花芽，同时分化苞叶，于秋末冬初开花、苞片着色。在夜温为18～21℃，日照长度低于12.5h条件下进入花芽分化状态，45～55d可以开花。

一品红花芽分化为12h以下的短日照所促进，不同品种临界日长不同，从7.5～12.5h不等；13h日照则花芽分化至少推迟30d以上。一品红大多数品种在夜温20℃左右、13h日照长度（有些品种甚至在长日照条件）条件下可以成花，但在8～9℃，短日照条件下，可以促进以后花芽形成和开花，到开花需要40～50d。在北半球，这样的条件大约在9月20日以后开始，不同地区有差异，在早晚多云、夜温较低地区，花芽分化会提早，反之会延迟。花发育也要求短日照条件，苞片开始变色后才不受光周期的影响。一般10月以后在自然光照条件下就能开花。

研究表明，一品红花芽分化所需要的短日照时数除了与品种有关，还与当时的温度有关，在10～21℃时，临界日长是12～13h；在27℃则需要9～10h。栽培期的平均温度也会影响花期，温度高，花芽分化加快，开花早。20℃是苞片分化和发育的最适温度，温度降低到16～18℃有利于苞片变色，减缓花序发育速度，减少提早落花。不同品种对这一时期的温度要求有差异。

在我国大部分地区自然条件下，一品红9月中下旬开始花芽分化，一般花芽分化完成后45～55d开花，自然开花期为11月中旬前后。为在圣诞节、元旦、春节上市而进行的栽培，需要推迟开花期，进行抑制栽培。而"十一"使用，则要提早花期，进行促成栽培。

(1) 促成栽培　选择早花品种，以节约成本。由于高温影响花芽分化，因而在夏季进行短日照处理时，可以在高寒山地和凉爽地区栽培。8～9h的日照条件，需要40～50d开花，但10月以后仍以自然日照为好。通过早晚遮盖黑布，模拟日出和日落，增加夜长时间，每天保持14h暗期，即18:00到次日8:00进行遮光，夜温控制在18～21℃，直到开花为止，一般品种4周左右苞片变色，6～8周可开花。如果"十一"用花，可在7月底到8月初开始进行遮光处理，9月20日可以有花。同时注意水肥、通风等管理。如果夜温高于21℃，遮光处理的时间需要加长。

(2) 抑制栽培　尽量选用晚花品种。一些晚花品种，结合栽培期间的温度、肥水控制，自然花期会在圣诞节。抑制栽培主要是延迟花芽开始分化的时间。采用照明的方法，在落日后数小时加光照，把光期延长至16h；或在植株上方1m处，平均$4m^2$面积内用60W的白炽灯，在午夜进行2～4h的光中断，可以抑制花芽分化。采用光中断更有效。无论用哪种方法，为了充分抑制开花，最好保持100lx以上的光照强度，持续到希望开始花芽分化时。可以根据具体品种及其在照光结束后将给予的短日照条件，计算出到达开花所需要的天数，从而推算在预期时间开放，应该开始进行花芽分化的时间，作为照明抑制结束的时间。

在实际生产上施行照明抑制，不仅会推迟成花，同时节数增多，使茎伸长，破坏株形。若是采用推迟扦插时期，使开花时茎较短的办法，又会造成发育时期温度不足，茎叶生长瘦弱。为了解决这个矛盾，在栽培上可以考虑在有足够温度的时期进行扦插，当茎过长时，用琥珀酰胺酸5000μL/L处理其顶部。

7.4.5　牡丹

不同地区、不同品种牡丹花芽分化早晚不一，与环境条件、品种特性、养分、芽的大小、芽在枝条上位置等均有关系。几乎所有的牡丹品种在6月初到7月中旬这段时间内都可以进入花芽分化阶段，以6月中旬到7月初开始分化的品种最多，起始分化早的和晚的品种差异可达到一个月以上。雌蕊原基的产生标志着花器官的各部分均已产生，具备开花的基本条件。在北京、菏泽、洛阳等地，中国牡丹品种大约在9月初到10月上旬能够产生雌蕊原基，以9月中下旬比较集中，日本牡丹品种一般于9月底至10月中旬完成雌蕊分化，比中国牡丹品种稍晚。不同地区、不同品种花芽形态分化进程基本相同，依次为苞片原基、叶原基、萼片原基、花瓣原基、雄蕊原基、雌蕊原基。花芽分化进程快慢有别，一方面与品种的遗传特性有关，另一方面与品种的重瓣性有关。重瓣性低的品种，花芽形态分化进程较快，一般历时三个月，重瓣性高的品种花芽形态分化进程较慢，自分化开始至雄蕊、雌蕊瓣化需要6～7个月。

日本'寒牡丹'(中国'秋发牡丹')属于一年二次开花类型。日本'寒牡丹'(中国'秋发牡丹')可以当年于冬、春两季露地二次自然开花。日本'寒牡丹'花芽分化较早，一般始于6月上中旬，大约在8月底前后完成，比普通牡丹早1～2个月，为实现牡丹的周年开花提供了重要的品种资源。中国'秋发牡丹'花芽分化早、分化速度快，与日本'寒牡丹'花芽分化特性相似，一般始于5月底，于9月底基本完成花芽分化。

(1) 促成栽培　牡丹需要经过低温解除休眠的过程，花期调控才能启动。最早的促成牡丹的冷藏开始时间在9月末或10月初。中原地区以前一般是10月底11月初开始起苗，经自然低温一段时间后，上盆移入温室；现在一般9月末或10月初开始起苗，上盆，盆养一段时间促其生根后进入冷库（原来是采用自然低温），冷藏温度0～4℃、冷藏时间6～7周，是比较理想的冷藏处理方法。一般冷藏时间越短，萌发所需时间则越长，花期也相应的延迟，开花质量差，花叶不协调。品种不同，冷藏所需时间也不同，日本品种比中国品种所需时间长。在日本的促成栽培中，认为15℃预冷处理10～20d，然后再4℃下低温冷藏6～7周，对大多数适宜催花的品种均有良好效果。

冷藏结束后转入温室，一般前2周需要低温管理，之后逐渐提高温度。期间，对于休眠程度深、低温作用不完全的花芽，可以配合500～1000mg/L GA_3 处理。牡丹冬季温室催花期间，温度必须逐渐升高，切忌骤然升温或降温。早期，即从萌动至跳蕾期约有15d的发育时间，为茎、叶、花蕾的形态建成期，此期白天应保持7～15℃，夜间5～7℃；中期，从显蕾至圆蕾期约20d，为植株全面生长期，温度白天控制在15～20℃，夜间10～15℃；后期，从圆蕾至开花过程约有20d时间，白天应为18～23℃，夜间15～20℃。

(2) 抑制栽培　秋季上盆的牡丹植株在自然条件下管理至次年1月下旬，此时的花芽分化已全部结束，地下部也已形成庞大的根系。当外界气温开始回升前，将其搬入冷库进行长期冷藏，冷藏温度－0.5～－1℃，温度过低（≤－2℃）易出现发芽率降低或花蕾败育等现象，温度过高（≥0℃）则会在冷库中发芽，进而会造成成花率降低或切花品质降低的现象。冷藏时间不可太长，超过14个月发芽率开始降低，超过20个月顶芽全部干枯。冷藏中空气湿度应大于80%，无法自动调节空气湿度的冷库，可定期（每3周或4周）向花芽喷水。依据市场需求，于预定花期前60d左右（高温季节50d）出库。

此外，带蕾冷藏方式也是目前常用的调控花期的一种方法。将带有花蕾、即将开放的牡丹植株放入冷藏库中，可延迟开花时间。一般冷藏温度2～4℃，依据品种和入库时间的不同可延迟开花5～20d。入库过早，花蕾败育或降低切花品质；入库过晚，则会在冷藏期间开花进而失去商品价值。尤其是在外界气温较高的季节，每天至少需要查看两次，将需要进行冷藏的植株及时入库。许多红色系和粉色系品种受低温影响后会出现花瓣颜色淡化情况，花期调控时需多加注意，切不可过早入库或长时间冷藏。另外，抗病性弱的品种在冷藏中易被病菌侵染。

复习题

1. 花卉花期调控的意义是什么？
2. 花卉花期调控的基本原理有哪些？
3. 花卉的花期调控有哪些方法？
4. 不同栽培类型的花卉主要采用哪些花期调控方法？

第8章 露地一、二年生花卉

[教学目标] 通过学习，掌握一串红、万寿菊、矮牵牛、百日草、麦秆菊、三色堇、金盏菊、雏菊、金鱼草等露地一、二年生花卉的生态习性、繁殖、栽培管理及园林应用；熟悉其他常见露地一、二年生花卉的生态习性、繁殖、栽培管理及园林应用。

8.1 露地一、二年生花卉概述

通常在栽培中所说的一、二年生露地花卉包括三大类：一类是一年生花卉，这类花卉一般在一个生长季内完成其生活史，通常在春天播种，夏秋开花结实，然后枯死，如鸡冠花、百日草、半支莲等；第二类是二年生花卉，在两个生长季内完成其生活史，通常在秋季播种，次年春夏开花，如须苞石竹、紫罗兰等；还有一类是多年生作一、二年生栽培的花卉，其个体寿命超过两年，能多次开花结实，但在人工栽培的条件下，第二次开花时株形不整齐，开花不繁茂，因此常作一、二年生栽培，目前许多重要的一、二年生草花均属此类，如一串红、金鱼草、矮牵牛等。近年来，随着育苗技术的发展，许多一、二年生露地花卉生长发育某一阶段是在温室中度过的，一、二年生露地花卉和一、二年生温室花卉的区分变得不明显。

一、二年生露地花卉是园林中最常应用的花卉种类，以其丰富的色彩、繁多的种类成为园林中重要的植物材料。一、二年生花卉繁殖系数大，生长迅速，见效快。一年生花卉是夏季景观的重要花卉，二年生花卉是春季景观的重要花卉。每种花卉的开花期集中，方便及时更换种类，保证较长期的良好观赏效果。有些种类可以自播繁衍，效果相当于宿根花卉。常布置成花坛、花丛、花群及花台等多种形式，一些蔓性草花又可装饰柱、廊、篱垣及棚架等。

8.2 常见露地一、二年生花卉

8.2.1 一串红 *Salvia splendens* Ker-Gawl.

一串红又名墙下红、撒尔维亚、象牙红等，唇形科鼠尾草属，多年生草本或亚灌木，常作一年生栽培。茎四棱，基部多木质化，株高 80～100cm，有的矮生类型株高仅有 20～30cm；叶片卵形或三角状卵形，对生，有长柄。轮伞花序具花 2～6 朵，密集成顶生假总状花序，花冠唇形，伸出萼外；花萼钟状，长达 5cm，花谢后宿存，仍可观赏；萼冠均红色；小坚果，成熟种子呈卵形，浅褐色。花期 5～10 月，果熟期 7～10 月。（图 8-1）

【产地与生态习性】原产巴西。不耐寒，喜阳光，但也能耐半阴。长日照有利于营养生长，短日照有利于生殖生长。忌霜害，最适生长温度 20～25℃。幼苗忌干旱，又怕水涝，缺水时叶片萎蔫，甚至脱落，过多时也易导致叶片脱落，积水 1d 即涝死。喜疏松肥沃土壤，忌用重茬田土作育苗床土。空气湿度为 60%～70%时最适合幼苗生长。

【繁殖】可播种或扦插繁殖。根据用花时间决定播种日期。春季使用的一串红，应于冬季在温室或温床内提前播种；夏末使用的一串红，可于3月下旬在冷床中播种，然后移入露地苗床养护。播种量20～25g/m²，播后覆细土1cm。一串红幼苗期易得猝倒病，育苗时应注意预防。

为加大繁殖系数，可结合摘心，剪取枝条先端5～6cm的枝段进行嫩枝扦插，株距4～5cm，荫蔽养护，20d左右发根。扦插苗开花比实生苗早，植株高矮也易于控制。

【栽培管理】一串红对水分要求较为严格，苗期不能过分控水，不然容易形成小老苗，水分也不宜过多，否则会导致叶片脱落。成苗期如果营养面积小、光照不足、夜温高、水分多，极易造成徒长，成为高脚苗，育苗时应加以注意。小苗有3～4对真叶时摘心，使生4～6侧枝。移植应带土球，地栽时保持株行距30cm。生长期施用1500倍的硫酸铵以改变叶色。花前追施磷肥，开花尤佳。

1—植株中部；2—植株上部(示花序)；
3—花冠展开；4—花萼展开；
5—上雄蕊；6—小坚果腹面观

图8-1 一串红

一串红常用于节日布置花坛或摆盆花。北京地区“五一”用花，常于8月下旬播种，冬季温室盆栽，不断摘心，不使开花，于“五一”前25～30d，停止摘心，“五一”繁花盛开，株幅可达50cm。“十一”用花，常于2月下旬或3月上旬在温室或阳畦中播种。

【常见品种及类型】栽培常见品种有赛兹勒系列、绝代佳人系列和萨尔萨系列。

(1) 赛兹勒(Si-zzler)系列　是目前欧洲最流行的品种，多次获英国皇家园艺学会品种奖，其中‘橙红双色’(‘SalmonBicolor’)、‘勃艮第’(‘Burgundy’)、‘奥奇德’(‘Orchid’)等品种在国际上十分流行，具花序丰满、色彩鲜艳、矮生性强、分枝性好、早花等特点。

(2) 绝代佳人(Clapatra)系列　株高30cm，分枝性好，花色有白、粉、玫瑰红、深红、淡紫等，从株高10cm开始开花。‘火焰’(‘BlazeofFire’)，株高30～40cm，早花种，花期长，从播种至开花55d左右。另外，还有‘红景’(‘RedVista’)、‘红箭’(‘RedArrow’)和‘长生鸟’(‘Phoenix’)等矮生品种。

(3) 萨尔萨(Salsa)系列　其中双色品种更为著名，‘玫瑰红双色’(‘RoseBioolor’)、‘橙红双色’(‘SalmonBicolor’)，从播种至开花仅60～70d。

【同属常见其他种】同属常见栽培的还有以下几种。

(1) 朱唇(*S. coccinea*)　又名红花鼠尾草。原产北美南部，多年生或多年生作一年生栽培。花萼绿色，花冠鲜红色，下唇长于上唇两倍。自播繁衍，栽培容易。

(2) 一串蓝(*S. farinacea*)　又名粉萼鼠尾草。原产北美南部，在华东地区多作多年生栽培，华北作一年生栽培。花冠青蓝色，被柔毛。

(3) 一串紫(*S. horminum*)　原产南欧。一年生草本。具长穗状花序，花小，长约1.2cm，紫、堇、雪青等色。

【园林应用】常用作花丛花坛的主体材料，也可植于带状花坛或自然式纯植于林缘。矮生品种更宜用于花坛，一般白花、紫花品种的观赏价值不及红花品种。

8.2.2 矮牵牛 *Petunia hybrida* Vilm.

矮牵牛又名洋牡丹、碧冬茄，茄科碧冬茄属一年生草本，作一年生栽培。株高20～

图 8-2 矮牵牛

60cm，全株具黏毛，茎梢直立或匍地生长；叶卵形，全缘，顶端渐尖或钝，几乎无柄，上部叶对生，下部叶多互生，叶质柔软；花单生于叶腋或顶生，花萼 5 裂，裂片针形，花冠漏斗状，长 5～7cm，花径 5cm 以上，花色有白、粉、红、紫、雪青等，有一花一色的，也有一花双色或三色的，微香；蒴果尖卵形（图 8-2）。

【产地与生态习性】原产南美。喜温暖怕寒，干热的夏季开花繁茂。最适生长温度，白天 27～28℃，夜间 15～17℃。忌雨涝，需疏松肥沃的微酸性土壤。

【繁殖】有播种和扦插两种方法。

矮牵牛种子细小，千粒重 0.16g 左右。播种需在温室或拱棚内进行，育苗需 60d 左右。选用疏松的材料配制床土，并过细筛。用育苗盘播种，应先将床土稍压实刮平，用喷壶浇足底水，播后覆细土 0.2～0.3cm，并覆盖地膜，一般播种量为 1.5～2g/m^2（一般出苗率不足 50%）。地温控制在 20～24℃，白天气温 25～30℃，5d 左右齐苗。出苗后及时揭去地膜，室内温度如不太低，可停止加温。当有 1 枚真叶时就应移植，有条件的最好只移植 1 次。营养面积（7～8）cm×（7～8）cm。定植前炼苗 5～7d，终霜后定植露地或上盆。

重瓣或大花不易结实品种采用扦插繁殖。一般 5～6 月或 8～9 月扦插成活率最高。准备采插条的母株应将老枝剪掉，利用根颈处新萌发出的嫩枝做插穗，长 3～4cm，用细沙作扦插基质，扦插深度 1.5cm，插后放在微光处，地温保持 20℃左右，2 周生根，根长 3～4cm 时移入容器中培育成苗。

【栽培管理】矮牵牛的根系如果受伤很多，恢复较慢，在移植定苗时应多带土团，露地种植的株行距约为 30～40cm。可摘心，促使侧枝萌发以增加着花部位。

【常见品种及类型】园艺品种极多，按植株性状分有高性种、矮性种、丛生种、匍匐种、直立种；按花型分有大花（10～15cm 以上）、小花、波状、锯齿状、重瓣、单瓣；按花色分有紫红、鲜红、桃红、纯白、肉色及多种带条纹品种（红底白条纹、淡蓝底红脉纹、桃红底白斑条等）。

（1）单瓣品种

① 大花单瓣系列　花朵直径 10cm 以上，如梦幻（Dreams）系列是美国泛美公司培育的 F_1 代杂种系列，包括矮牵牛的所有基本花色，花期一致，株型紧凑，极耐灰霉病，盆栽和花坛栽培均很受欢迎；彩云（Cloud）系列株高 30～35cm，花期早，花大，花色鲜艳丰富；冰花（Frost）系列品种花瓣都带有白色花边，花期长，花色鲜艳。

② 中花矮牵牛　花朵直径 5～8cm。如佳期（Prime Time）系列，植株整齐，花朵直径 6～8cm，花期长，抗逆性强，花色丰富，除纯色外，还有带条纹品种。

③ 多花型品种　如幻想（Fantasy）系列，矮生，花朵直径 4cm，花期特早，株形整齐，园林应用效果好，花色丰富。

（2）重瓣品种　多数为美国泛美公司培育的 F_1 代杂种系列，如双瀑布（Double Cascade）系列，以其开花早、分枝性好、综合性状优良而受消费者喜爱；二重奏（Duet）

系列，花色由两色组成，鲜艳美丽。

【园林应用】花大而多，开花繁盛，花期长，色彩丰富，是优良的花坛和种植钵花卉，也可自然式丛植，还可作为切花。

8.2.3 花烟草 *Nicotiana alata* Link et Otto

花烟草又名美花烟草、烟仔花、烟草花，茄科烟草属，多年生草本，作一年生栽培。高0.6～1.5m，全体被黏毛；叶在茎下部铲形或矩圆形，基部稍抱茎或具翅状柄，向上成卵形或卵状矩圆形，近无柄或基部具耳，接近花序即成披针形；花序为假总状式，疏散生几朵花，花萼杯状或钟状，花冠淡绿色；雄蕊不等长，其中1枚较短；蒴果卵球状，种子粒径较小，长约0.7mm，灰褐色（图8-3）。

1—花枝；2—叶；3—花冠展开；4—花萼及雌蕊；5—宿存萼及果实

图8-3 花烟草

【产地与生态习性】原产阿根廷和巴西。我国广泛引种栽培。喜温暖，寒冷条件下生长不良。喜阳，稍耐阴。为长日照植物。喜肥沃疏松而湿润的土壤，贫瘠而干燥的土壤生长不良。

【繁殖】播种繁殖。种子喜光，发芽适温20～25℃，播后半月左右发芽，经一次移植后，可摘心促其分枝。露地定植，株行距25cm×30cm。

【栽培管理】栽培管理粗放，栽培中需要阳光充足，光照不足易徒长，着花少而疏，色淡。

【常见品种及类型】同属栽培的还有香花烟草（*N. alata*），多年生做一年生栽培，高60～90cm，花白天闭合，夜间开放。花期夏季，花芳香，花色丰富。

【园林应用】花烟草色彩艳丽，开花醒目，可作为花坛、花境材料，也可散植于林缘、路边，也可作为花丛的主要材料。矮生品种可盆栽。

8.2.4 三色堇 *Viola tricolor* L.

三色堇又名蝴蝶花、猫儿脸、鬼脸花、蝴蝶梅、游蝶花等，堇菜科堇菜属，多年生草本，作二年生栽培或一年生栽培。茎多分枝，常匍匐地面，枝从根际生出，构成紧密低矮的株丛，株高15～30cm；叶互生，基生叶圆心脏形，有长柄，茎生叶卵状长圆形或披针形，边缘具圆钝锯齿；花腋生，有花1～4朵，花径4～8cm；花瓣5枚，不整齐，下面1瓣较大，近圆形；花色通常为黄、白、紫三色，或单色，有纯白、浓黄、浓紫、蓝、青、古铜色等；花期3～8月，果期5～7月（图8-4）。

【产地与生态习性】原产南欧。喜冷凉气候条件，有实验证明，－10℃低温下植株及花均未受冻害。忌高温，炎热多雨的夏季通常不能形成种子。喜阳光充足，略耐半阴。要求肥沃湿润的沙质壤土，在瘠薄土壤中往往开花不良，品种会显著退化，适宜pH值6.0～7.5。

【繁殖】多播种繁殖。播种宜采用较为疏松的人工介质，可采用床播、箱播，有条件的可穴盘育苗。介质要求pH值为5.5～5.8，经消毒处理，播种后保持介质温度18～22℃，避光遮阴，5～7d陆续出苗，一枚真叶时移栽。播种后必须始终保持介质湿润，需覆盖粗蛭石或中沙，覆盖以不见种子为度。

图 8-4　三色堇

【栽培管理】栽植前需精细整地并施入大量有机肥，否则开花不良，定植株距 25～30cm，起苗时应尽量带土团。

【常见品种及类型】300 多年前就开始栽培，又经 100 多年的努力改良，现在园艺上的品种极多，无论花型、大小及色彩，均与原种大不相同。有单色品种类，如纯紫色、金黄色、蓝色、砖红色、橙色、纯白色等；复色品种类，几种色彩混合在一朵花上。

根据花大小和用途可分为四类。

(1) 巨大花系　花径可达 10cm。如'壮丽大花'('Majestic Giant')、'奥勒冈大花'('Oregon Giant')、'罗加和集锦'('Rogglis Elite Mixture')。

(2) 大花系　花径 6～8cm。如'瑞士大花'('Swissis Giant')为花色鲜艳的矮生性品种。

(3) 中花系　花径 4～6cm。如'三马杜'('Tfi-mardeau')、'海玛'('Hiemalis')，适用于布置花坛。

(4) 切花系　品种群植株高，花柄长 15～25cm，适于保护地栽培。

【同属常见其他种】同属常见栽培的种还有香堇和角堇。

(1) 香堇 (*V. odorata*)　被柔毛，有匍匐茎，花深紫堇、浅紫堇、粉红或纯白色，芳香。花期 2～4 月。

(2) 角堇 (*V. cornuta*)　多年生草本，茎丛生，花堇紫色，品种有复色、白、黄色，花朵直径 2.5～3.7cm，微有香气。

【园林应用】三色堇花期较长，色彩丰富，株形低矮，常用于花坛、花境及镶边，也可盆栽及作切花。三色堇耐半阴，在北方炎夏干燥的气候和烈日下往往开花不良，为此常栽植于有疏荫的花境和花带中，或植入林间隙地。

8.2.5　百日草 *Zinnia elegans* Jacq.

百日草又名步步登高、百日菊、对叶梅，菊科百日草属，一年生草本。株高 40～160cm，茎直立而粗壮，中空，被短毛；叶无柄，抱茎对生，卵形至椭圆形，全缘，长 6～10cm，宽 2.5～5cm，具短粗糙硬毛；头状花序单生，花径 3～15cm，花梗甚长；舌状雌花倒卵形，顶端稍向后翻卷，管状两性花上端有 5 浅裂；花有白、黄、红、紫等色，花期从 5 月始至下霜；瘦果，种子千粒重 7.3g (图 8-5)。

【产地与生态习性】原产墨西哥。性强健，适应性强。茎秆坚硬不易倒伏。喜阳光，在肥沃和土壤深厚的环境中生长良好，适宜的 pH 值 6.0～8.0。怕暑热，长江流域开花不良，生长期要求气温 15～30℃，适于北方地区栽植。

【繁殖】以播种繁殖为主。在温室中播种，播种量 $50g/m^2$ 左右，播后覆盖地膜，控制地温 20℃左右，播后 7d 即可出齐。出苗后及时揭去地膜，一般情况下可不再加地温。白天气温控制在 25～30℃，夜间 12～15℃。

【栽培管理】百日草温室育苗时，在幼苗生长后期，为防止徒长，一是适当降低温度，加大通风量；二是保证有足够的营养面积；三是摘心，促使腋芽生长，一般在株高 10cm 时，留下 2～4 对真叶摘心。定植前 5～7d，选具有8～9 对叶的幼苗，放大风炼苗，以适应露地环境条件。盛夏季节生长衰退，开花基本停止，可停止追肥，但要保持湿润，秋后可继续开花。

图 8-5　百日草

【常见品种及类型】品种类型很多。一般分为大花高茎类型，株高 90～120cm，分枝少；中花中茎类型，株高 50～60cm，分枝较多；小花丛生类型，株高仅 40cm，分枝多。按花型常分为大花重瓣型、纽扣型、鸵羽型、大丽花型、斑纹型、低矮型。

【同属常见其他种】其他栽培种还有小花百日草和细叶百日草。

（1）小花百日草（*Z. angustifolia*）　株高 30～45cm，叶椭圆形至披针形，头状花序深黄或橙黄色，花径 2.5～4.0cm。分枝多，花多。易栽培。

（2）细叶百日草（*Z. linearis*）　株高约 25cm。叶线状披针形。头状花序金黄色，舌状花边缘橙黄，花径约 5cm。分枝多，花多。

【园林应用】百日草花大色艳，花期长，株形美观，可按高矮分别用于花坛、花境、花带。也常用于盆栽。

8.2.6　万寿菊 *Tagetes erecta* L.

万寿菊又名臭芙蓉、大芙蓉、蜂窝菊、金菊花等，菊科万寿菊属，一年生草本。株高 30～150cm，茎直立，粗壮，具纵细条棱，分枝向上平展；叶对生，羽状全裂，裂片长椭圆形或披针形，边缘具锐锯齿，上部叶裂片的齿端有长细芒；沿叶缘有少数腺体；头状花序顶生，花径 5～13cm，总苞钟状，舌状花有长爪，黄、红、橘红、白乃至复色，花序梗顶端棍棒状膨大；瘦果线形，基部缩小，黑色或褐色，被短微毛；花期 7～9 月；种子千粒重 3g。

【产地与生态习性】原产墨西哥，中国各地有栽培。在广东和云南南部、东南部已归化。喜温暖，稍耐早霜，要求阳光充足，在半阴处也可开花。抗性强，对土壤要求不严，适宜 pH 为 5.5～6.5。耐移植，生长迅速，病虫害少。

【繁殖】可用播种或扦插繁殖。一般春播 70～80d，夏播 50～60d 即可开花。可根据需要选择合适的播种日期。早春在温室中育苗可用于“五一”花坛，夏播可供“十一”用花。播种量 20～30g/m^2，覆土 0.8～1.0cm，温度控制在 20℃左右。真叶 2～3 枚时，经一次移植，具5～6 对叶片时可定植。

扦插繁殖可取 10cm 长嫩枝作插穗，荫棚遮盖，2 周生根，3 周出圃，约一个月可开花。

【栽培管理】万寿菊栽培容易，对土壤、肥水要求不严，栽植前结合整地可少施一些薄肥，以后不必追肥。花期长，初霜后尚可开花繁茂，但后期植株易倒伏，应注意修剪。

【常见品种及类型】目前市场流行的万寿菊品种多为 F_1 代杂交种，包括两大类：一类为植株低矮的花坛用品种，另一类为切花品种。花坛用品种植株高度通常在 40cm 以下，株形紧密，既有长日照条件下开花的品种，如万夏系列、四季系列、丽金系列，也有短日照品种如虚无系列。切花品种一般植株高大，株高 60cm 以上，茎秆粗壮有力，花径 10cm 以上，多为短日照品种，如欢呼系列、英雄系列、明星系列、丰富系列等。

【同属常见其他种】

孔雀草（*T. patula*）茎多分枝，细长，洒紫晕。头状花序，径 2～6cm，舌状花瓣黄或橘黄色，基部具紫斑。

细叶万寿菊（*T. tenuifolia*）、香叶万寿菊（*T. lucida*）也是万寿菊的同属观赏种。

【园林应用】庭院栽培观赏，或布置花坛、花境，也可用于切花。

8.2.7 麦秆菊 *Helichrysum bracteatum* Andr.

麦秆菊又名蜡菊、贝雕等，菊科蜡菊属，多年生草本，在我国作一年生栽培。株高40～120cm，全株被微毛；叶互生，长椭圆状披针形，基部渐尖，有短柄或无柄，全缘；头状花序单生枝顶，总苞片多层，覆瓦状排列，外层苞片呈膜质，干燥具光泽，形似花瓣，有白、黄、橙、褐、粉红及暗红等色；花于晴天开放，阴天及夜间闭合；瘦果，种子千粒重 0.85g（图 8-6）。

图 8-6 麦秆菊

【产地与生态习性】原产澳大利亚。喜温暖的气候条件，但能耐短时−2～−3℃低温，在春季终霜前定植，不会被霜冻坏。忌酷热。喜充足的阳光，光照不足幼苗生长缓慢。喜适度湿润疏松的土壤。

【繁殖与栽培管理】麦秆菊从播种到部分植株开花，如在冬春育苗需 110d 左右，如果育苗晚，温度高，日照长，则时间显著缩短。为获得较好的绿化效果，通常于 3～4 月间在温室播种，覆土 0.5～0.8cm，地温控制在 20～22℃，床土中性或弱碱性。也可秋播，在温床或冷室中越冬。幼苗有大约 20 枚叶时定植，株距 20～30cm。肥料不宜过多，否则花量虽多但花色不艳。

【常见品种及类型】有高型（90～150cm）、中型（50～80cm）、矮型（30～40cm）等品种和大花及四倍体特大花品种。矮型品种多用于盆栽，目前流行的如比基尼系列、奇兵系列，高型品种多用于切花，如巨人系列。目前世界上栽培最广泛的是其变种帝王贝细工（*H. bracteatum* var. *monstrosum*），花头较长，有较多的花瓣状苞片，还有重瓣品种。

【园林应用】苞片色彩绚丽，干后有光泽，花色花形经久不变，是制作干花的重要材料，可供冬季室内装饰用。还可用于布置花坛、花境或盆栽。

8.2.8 翠菊 *Callistephus chinensis*（L.）Nees

翠菊又名蓝菊、江西腊、五月菊、七月菊等，菊科翠菊属，一年生或二年生草本。茎直立，高 20～100cm，上部多分枝；叶互生，广卵形至三角状卵圆形，长 8cm 以上，具不规则粗钝锯齿，两面疏被短硬毛，叶柄有狭翅，下部叶有柄，上部叶无柄；头状花序单生枝顶，花径3～15cm；总苞片多层，苞片叶状；盘缘舌状花花色丰富，盘心花黄色；雄蕊 5，柱头两裂；瘦果，种子楔形，千粒重 3.4～4.4g（图 8-7）。

【产地与生态习性】原产我国，吉林、辽宁、河北、山西、山东、云南、四川均有分布，朝鲜和日本也有。喜凉爽气候，但不耐寒。白天最适生长温度 20～23℃，夜间 14～17℃，要求光照充足。对土壤要求不严，但喜富含腐殖质的肥沃而排水良好的沙质壤土。

【繁殖】春、夏、秋播种均可，播种期因品种和应用目的而不同。矮型品种四季都可播种，但多行春播。2～3 月在温室中播种，5～6 月开花；4～5 月在露地播种，6～7 月开花；7 月上中旬播种，可在“十一”开花；8 月上中旬播种，冷床越冬，翌年“五一”开花。中型品种通常 5～6 月播种，8～9 月开花，或 8 月上中旬播种，冷床越冬，翌年“五一”开花。高型品种春夏播均可，均于秋季开花。播种量约为 $20g/m^2$，覆土 0.5～1.0cm，地温控制在 18～21℃，空气温度 20～25℃，3d 后出苗。

图 8-7　翠菊

【栽培管理】幼苗有 2～3 枚真叶时移植，移植早晚视播种量及出苗情况而定，有条件的应早移植以减少伤根。幼苗应放在温室前侧光照较强处，以防徒长。当有 8～10 枚真叶时定植。作园林布置时株行距一般为矮型品种 15～18cm；中型品种 20～25cm；高型品种 30～35cm。

翠菊为浅根性植物，生长期应经常灌溉，干燥季节尤应注意水分的供给。忌连作，也不宜在种过其他菊科植物的田内播种。

【常见品种及类型】本属中仅有一个种，但栽培品种极为丰富，花有纯白、雪青、粉红、紫红和黄色等，近年又培育出许多新品种。花型及花瓣形状变化多样。大部分品种为四倍体。

按株型可分为①大型株：高 50～80cm；②中型株：高 35～45cm；③矮型株：高 20～35cm。按花型可分为①单瓣型：花较小；②慧星型：花瓣长而略扭转散向下方，全花呈半球形，似带尾的彗星状；③鸵羽型：瓣细而多，似鸵鸟的羽毛状，极美丽；④管瓣型：瓣管状，不下垂而向上，呈放射状；⑤针瓣型：瓣呈极细之管状，花心似桂花，呈中心托桂状；⑥菊花型：花瓣全部是平瓣的；⑦芍药型：花形似牡丹、芍药；⑧蔷微型：花形似月季。

目前主要栽植的有以下几个系列。

(1) 小行星 (Asteroid) 系列　株高 25cm，菊花型，花径 10cm，有深蓝、鲜红、白。

(2) 矮皇后 (Dwarf Queen) 系列　株高 20cm，重瓣，花径 6cm，花有鲜红、深蓝、玫瑰粉、浅蓝、血红等，从播种至开花需 130d。

(3) 迷你小姐 (MiniLady) 系列　株高 15cm，球状型，花色有玫瑰红、白、蓝等。从播种至开花约 120d。

(4) 波特·佩蒂奥 (PotPatio) 系列　株高 10～15cm，重瓣，花径 6～7cm，花色有蓝、粉、红、白等，从播种至开花只需 90d。

(5) 矮沃尔德西 (Dwarf Waldersee) 系列　株高 20cm，花朵紧凑，花色有深黄、纯白、中蓝、粉红等。

(6) 地毯球 (Carpet Ball) 系列　株高 20cm，球状型，花色有白、红、紫、粉、紫红等。

(7) 彗星 (Comet) 系列　株高 25cm，花大，重瓣，似万寿菊，花径 10～12cm，花色有 7 种。

(8) 夫人（Milady）系列　株高 20cm，耐寒、抗枯萎病品种。

(9) 莫拉凯塔（Moraketa）系列　株高 20cm，花米黄色，耐风雨。

(10) 普鲁霍尼塞（Pruhonicer）系列　株高 25cm，舌状花梢开展，似蓬头，花径 3cm。木偶，株高 15～20cm，多花型，花似小菊，花色多。

(11) 仕女系列　分枝性强，重瓣，花大，花径 7cm。

以上品种均适合盆栽观赏。

【园林应用】翠菊的矮生品种适宜于布置花坛和盆栽，高秆品种常用于切花。

8.2.9　藿香蓟 *Ageratum conyzoides* L.

藿香蓟又名胜红蓟、蓝翠球，菊科藿香蓟属，一年生草本。高 30～100cm，茎基部多分枝，株丛十分紧密；全部茎枝淡红色，或上部绿色，被白色尘状短柔毛或上部被稠密开展的长绒毛。叶对生，有时上部互生，常有腋生的不发育叶芽。花极小，头状花序璎珞状，密生枝顶，花朵质感细腻柔软，花色淡雅，从初夏到晚秋不断；分枝能力极强，可以修剪控制高度。

【产地与生态习性】原产于美洲热带，中国广泛栽培，华南地区有野生。喜温暖，阳光充足的环境。对土壤要求不严。不耐寒，在酷热下生长不良。分枝力强，耐修剪。

【繁殖】播种或扦插。种子发芽适温 21～22℃，喜光，不需覆土，8～10d 出苗。幼苗 15～16℃温度下培养 10～12 周开花。但播种苗高矮和花色往往不一，难以符合布置花坛的要求，故常用扦插法繁殖。分枝能力强，可结合修剪取嫩枝接穗，冬春可在温室扦插，10℃较易生根。

【栽培管理】对温度要求严格，当环境温度在 8℃以下停止生长；要求生长环境的空气相对湿度在 50%～70%，空气相对湿度过低时下部叶片黄化、脱落，上部叶片无光泽；对光线适应能力较强。

【常见品种及类型】有株高 1m 的切花品种（'Bulus Horizom'），也可用于园林背景花卉。另外有矮生种（高 15～20cm）和斑叶种。

【同属常见其他种】

熊耳草（*A. houstonianum*），又名大花藿香蓟、心叶藿香蓟。叶卵圆形，基部心形，表面有褶皱。头状花序，聚伞状着生于枝顶，花序较大；花色有蓝、浅蓝、雪青、粉红和白。原产墨西哥及毗邻地区。引种栽培约 150 年，有许多栽培园艺品种。

【园林应用】霍香蓟株丛繁茂，花色淡雅、常用来配置花坛、地被、花境，也可用于小庭院、路边、岩石旁点缀。矮生品种可盆栽观赏，高杆品种用于切花插瓶或制作花篮。

8.2.10　金盏菊 *Calendula officinalis* L.

金盏菊又名金盏花、长春菊、长春花、长生菊等，菊科金盏菊属，多年生草本，作一、二年生栽培。株高 30～60cm，茎有纵棱。叶互生，椭圆形或椭圆状倒卵形，全缘或有不明显锯齿；头状花序单生，花径 4～10cm，夜间闭合。花色自淡黄至深橙色均有，还有乳白色；花为半重瓣或重瓣。重瓣者有 2 个主要类型：平瓣型，舌状花平展；卷瓣型，舌状花两缘纵向翻卷，形略似半管。总苞 1～2 轮，苞片线状披针形。瘦果，种子千粒重 11g 左右（图 8-8）。

【产地与生态习性】原产欧洲西部、地中海沿岸、北非和西亚，现世界各地都有栽培。

较耐寒，忌酷热，炎热的夏季通常停止生长，适合华北北部、东北和西北的气候条件，在上述地区自春至秋开花不绝，而在长江流域夏季大部分植株常枯萎死亡。喜光。喜疏松肥沃土壤，幼苗在含石灰质的土壤上生长较好，适宜pH值6.5～7.5。

【繁殖】一般用种子繁殖，优良品种也可用扦插扩繁，可自播繁衍。

温暖地区多秋播，北方寒地多春播。同一地区根据用途不同也可秋播或春播。秋播早春开花，“五一”节布置花坛。如果采种一般应秋播，春播常不结实。

秋播于8月上旬至9月上中旬进行，北方宜早，南方宜晚。8月中旬地温高时，露地苗床播种不利于出苗，可将种子放在0℃冰箱中，放置24h后播种，因金盏菊的发芽率相对较低，播种时应注意两点：一是覆土宜薄；二是播种量要大。播后7～10d出苗。有2～3枚真叶时移植于冷床内越冬，冬季加强覆盖保温，防止幼苗受冻。如移入温室内盆栽，2～3个月可开花。

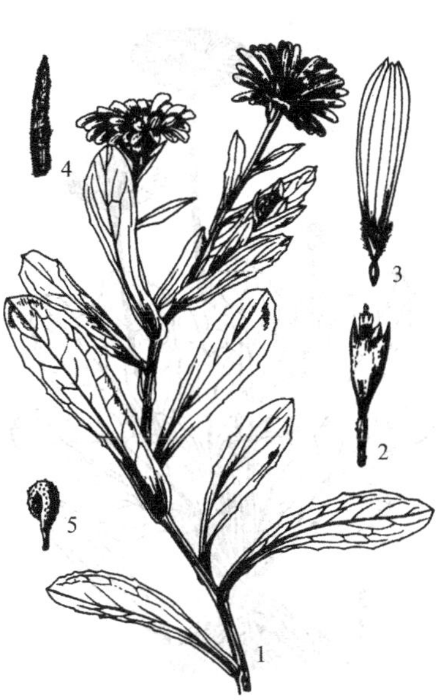

1—植株上部；2—管状花；3—舌状花；4—总苞片；5—瘦果

图 8-8　金盏菊

春播常于2～3月在温室播种，初夏也可开花，但不如秋播繁盛。

【栽培管理】金盏菊具一定的耐寒性，为提早观花和美化花坛，定植期可提早，长江以南大部分省区可在春节过后定植，北方可在4月上旬定植，使其在“五一”前开花。若随时剪除残花，则开花不绝。但自初花期至盛花末期，植株不断长高，故在花坛设计和养护时应予以注意。

【常见品种及类型】常见品种有邦·邦、卡布劳纳、宝石等系列。

(1) 邦·邦（BonBon）　株高30cm，花朵紧凑，花径5～7cm，花色有黄、杏黄、橙等。

(2) 吉坦纳节日（FiestaGitana）　株高25～30cm，早花品种，花重瓣，花径5cm，花色有黄、橙和双色等。

(3) 卡布劳纳（Kablouna）系列　株高50cm，大花品种，花色有金黄、橙、柠檬黄、杏黄等，具有深色花心。

(4) 红顶（TouchofRed）　株高40～45cm，花重瓣，花径6cm，花色有红、黄和红黄双色，每朵舌状花顶端呈红色。

(5) 宝石（Gem）　株高30cm，花重瓣，花径6～7cm，花色有柠檬黄、金黄。

【园林应用】金盏菊植株矮生、密集，花色有淡黄、橙红、黄等，鲜艳夺目，是早春园林中常见的草本花卉，适用于中心广场、花坛、花带布置，也可作为草坪的镶边花卉或盆栽观赏。长梗大花品种可用于切花。

8.2.11　雏菊 *Bellis perennis* L.

雏菊又名延命菊、春菊，菊科雏菊属，多年生草本，常作二年生栽培。植株矮小，全株具毛，高7～15cm。叶基生，长匙形或倒长卵形，基部渐狭，先端钝，微有齿。花葶自叶丛中抽出，头状花序顶生，花径3～5cm，舌状花多轮紧密排列，有白、粉、紫等色。瘦果扁

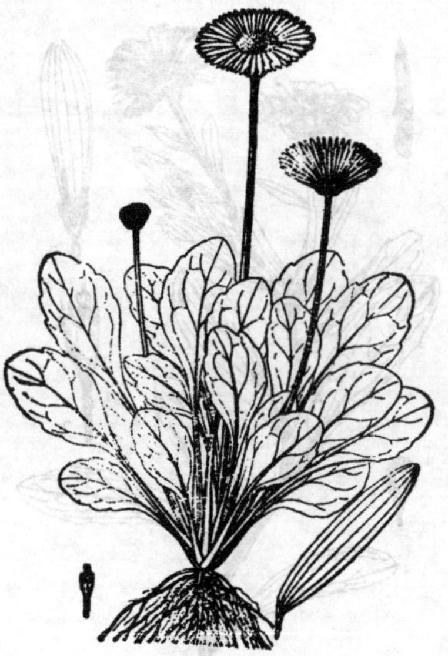

图 8-9 雏菊

平。花期 4～6 月，果期 5～7 月（图 8-9）。

【产地与生态习性】原产西欧。性强健，较耐寒，喜冷凉，可耐 −4～−3℃，怕暑热，夏季比较凉爽的地区花期可以延长。能耐半阴和瘠薄土壤，在排水良好的肥沃土壤上生长最佳。

【繁殖】可播种、分株及扦插繁殖，也可自播繁衍。一般北方于 8 月下旬，南方于 9 月间露地播种，种子 5～10d 萌发，经一次移植后，北方于 10 月下旬移至阳畦中过冬，翌年 4 月初即可定植露地；南方于 11 月上旬移入花坛定植，盖草防寒越冬。

分株繁殖，在夏季到来前将宿根挖出栽入盆内，荫棚越夏，秋季再分株种植。

【栽培管理】雏菊耐移植，即使在花期移植也不影响开花。多于 4 月中上旬即将开花之际再定植于花坛，株距 20cm。栽后灌水并保持盆土湿润。定植后加强养护管理，则花多而叶茂。

【常见品种及类型】经过多年的栽培与杂交选育，在花型、花期、花色和株高方面较野生种有了很大改进，已筛选出许多园艺品种，形成不同的系列品种群。国内外常见的栽培品种群有以下几个系列。

(1) 哈巴内拉系列（Habanera Series） 花瓣长，花径长达 6cm，花期初夏，有白色、粉色、红色。

(2) 绒球系列（Pomponette Series） 花重瓣，花径 4cm，有白色、粉色、红色，具有褶皱花瓣。

(3) 罗加洛系列（Roggli Series） 花半重瓣，花径 3cm，花期早，花量大，有红色、玫瑰粉色、粉红色、白色。

(4) 塔索系列（Tasso Series） 花重瓣，具有褶皱花瓣，花径 6cm，有粉色、白色、红色。

【园林应用】雏菊植株娇小玲珑，色彩丰富，花期较长，优雅别致，是装饰花坛、花带、花境的重要材料或用来装点岩石园。在条件适宜的情况下，可植于草地边缘，也可盆栽装饰台案、窗儿和居室。

8.2.12 波斯菊 *Cosmos bipinnata* Cav.

波斯菊又名秋英、秋樱、大波斯菊、扫帚梅，菊科秋英属，一年生草本。株高 120～200cm。茎纤细直立，株丛开展。叶对生，长约 10cm，二回羽状全裂，裂片稀疏，线形，全缘。头状花序有长总梗，顶生或腋生，花序直径 5～10cm。盘缘舌状花先端截形或微有齿，淡红或红紫色，盘心黄色；瘦果有喙，种子千粒重约 6g。短日照花卉，花期 9 月至降霜。

【产地与生态习性】原产于墨西哥及南美洲，现在各地都有栽培。喜温暖，不耐寒。性强健，耐瘠土，土壤过肥时，枝叶徒长，开花不良。天气过热时，也不能结籽。能自播繁衍。忌大风，宜种于背风处。

【繁殖】用种子繁殖，也可用扦插繁殖。晚霜后直播或于18～25℃温度下播种，约1周发芽，生长迅速。室内播种于晚霜前4周进行，夜温保持在11℃，日间可高2～5℃。播于露地苗床，发芽迅速，生长很快，注意及时间苗。也可用扦插嫩枝繁殖，生根容易。9月下旬起瘦果陆续成熟，容易脱落，应在清晨湿度较高时，采收瘦果已发黑的花序，如待中午气温高时，瘦果往往散开呈放射状立于花托上，一触即落。变种间容易杂交，因而在栽植时应保持一定距离。

【栽培管理】于3月中旬至4月中旬播种，出苗后，过密时可适当间苗。可在幼苗发生4枚真叶后摘心，同时移植、定植，株距50cm。土壤过肥时，植株高大，应及时设立支柱，以防倒伏。其他管理简易，可粗放些。

【常见品种及类型】依据花色、花型分为白花波斯菊、大花波斯菊和紫花波斯菊。

(1) 白花波斯菊（*C. bipinnatus* var. *albiflorus*） 花呈纯白色。

(2) 大花波斯菊（*C. bipinnatus* var. *grandiflorus*） 花大，有紫、红、粉、白等色。

(3) 紫花波斯菊（*C. bipinnatus* var. *purpureus*） 花呈紫红色。

此外，还有早花品种，花期早，对日照反应呈中性。现在还有重瓣品种。

【园林应用】波斯菊植株高大，花茎轻盈艳丽，开花繁茂自然，有较强的自播能力，成片栽植有野生自然情趣。宜植花境、路边、草坪边缘或作为屏障种植，可作为背景材料。也可杂植于树坛中，以增加色彩，还是优良的切花材料。因其抗旱、耐瘠薄，抗逆性强，是公路彩化的优良材料。

8.2.13 鸡冠花 *Celosia cristata* L.

鸡冠花又名红鸡冠、鸡冠头、鸡冠苋、鸡公花等，苋科青葙属，一年生草本。株高30～90cm，茎直立，上部有棱状纵沟，分枝稀少；单叶互生，卵状、卵状披针形或披针形，全缘，有红、红绿、黄、黄绿等色，叶色与花色常有相关性；花小，形成稠密的鸡冠形穗状花序，顶生，肉质，中下部集生小花；花萼膜质，5片，上部花退化，但密被羽状苞片；花萼及苞片有白、黄、红黄、橙、淡红、红和玫瑰紫等色；胞果卵形，内含种子4粒，上部脱落似帽形，种子黑色，有光泽，千粒重0.85g左右（图8-10）。

图8-10 鸡冠花

【产地与生态习性】原产印度。喜炎热而空气干燥的环境，不耐寒，种子发芽适温为21～22℃，开花期最适温度为24～25℃，肥沃湿润的沙质壤土适于鸡冠花生长。可自播繁衍。

【繁殖与栽培管理】播种繁殖。露地播种期为4～5月，3月可播于温床。覆土宜薄，白天保持21℃以上，夜间不低于12℃，约10d出苗。鸡冠花苗期极易感染猝倒病，可采用条播。高性品种的播种期宜早不宜迟，否则花期短。

幼苗期要充分见光，适时通风。每次浇水不宜太多，尤其移苗后缓苗前，土壤湿度不能太大。定植前5～7d加大放风量，降温炼苗，定植株距约40cm。整个养护阶段应及时摘除腋芽，保证主茎肥大有利于花序的发育。

【常见品种及类型】常见栽培的有以下几类，而各类中均有高性和矮性品种。

（1）普通鸡冠花　极少数有分枝，品种间高度差异很大，花扁平皱褶似鸡冠状，花色多，有紫红、粉红、深红、淡黄或乳白等。

（2）子母鸡冠花　高30～60cm，分枝多而斜出，全株呈广圆锥形，紧密而整齐。主干顶生花序大，皱褶，呈倒圆锥状。主序基部旁生多数小序，各侧枝顶端相似。花色鲜橘红、紫红等。

（3）圆绒鸡冠花　高40～60cm，具分枝，不开展，肉质花序卵圆形，表面绒羽状，花紫红或玫瑰红。

（4）凤尾鸡冠花　高60～150cm，全株多分枝而开展，枝端着生疏松的火焰状大花序，表面似芦花状细穗。花色有银白、乳黄、橙红、玫瑰红等。

【园林应用】鸡冠花品种繁多，株型有高、中、矮；形状有鸡冠状、火炬状、绒球状、羽毛状、扇面状等；花色有鲜红色、橙黄色、暗红色、紫色、白色、红黄相杂色等；叶色有深红色、翠绿色、黄绿色、红绿色等。为夏秋季常用的花坛用花。高型品种用于花境、花坛，还是很好的切花材料，切花瓶插能保持10d以上。也可制干花，经久不凋。

鸡冠花对二氧化硫、氯化氢具良好的抗性，可起到绿化、美化和净化环境的多重作用，适宜作厂矿绿化用。

8.2.14　大花马齿苋 *Portulaca grandiflora* Hook.

大花马齿苋又名半支莲、太阳花、龙须牡丹、松叶牡丹、洋马齿苋、死不了，马齿苋科马齿苋属，一年生肉质草本。株高10～20cm，茎直立、匍匐或斜生，紫红色，多分枝，节上丛生毛。单叶互生，肉质，圆棍状，叶腋丛生白色长柔毛；花单生或数朵顶生，花径2～4cm，花有红、黄、白、彤红、紫、粉红、蓝白等色；在充足阳光下，花朵盛开，色泽艳丽，阴天、傍晚至清晨花朵闭合；萼片2，花瓣倒卵形，5瓣或重瓣、半重瓣；蒴果，种子深灰黑色，千粒重0.12g。花期6～9月，果期8～11月。

【产地与生态习性】原产南美巴西，喜温暖而不耐寒，必须栽植于阳光充足处，弱光下花朵常闭合。耐干旱，耐瘠薄，喜沙壤土。

【繁殖】大花马齿苋能自播繁殖，播后2.5～3个月开花。由于种子细小，播种土应过细筛，播后覆0.5cm细土，保持地温23～25℃。一般用种量为$2g/m^2$。为使播种均匀，也可先将种子兑十倍或数十倍的细面沙或细土，混匀后撒播。露地直播在5月中旬后进行。布置花坛时应选用单色花，当播种苗不足时，扦插繁殖，扦插成活率极高。

【栽培管理】大花马齿苋耐粗放管理，无特殊要求。移植后恢复生长容易，大苗也可裸根移植。性喜干旱，除幼苗期外，应掌握水分适当偏少，温度偏高的原则。

【常见品种及类型】大花马齿苋的品种较多，花色通常有绯红、大红、深红、紫红、白、雪青、淡黄、深黄。有很多不同高矮、花期、单瓣或重瓣品种。

现代培育的品种许多是多倍体和杂交一代品种。如太阳钟系列，大花，重瓣，花期比其他品种早两周左右。花色有奶油黄、蓝紫色、金色、芒果色、橘色、粉红、猩红、白色、黄色及各种混合色。

【园林应用】大花马齿苋色彩丰富而艳丽，株矮叶茂，茎、叶肉质光洁，花色丰富，花期长，宜植于花坛、花境、路边岸边、岩石园、窗台花池、门厅走廊，也可辟为专类花坛。可盆栽或植于吊篮中。也可与草坪组合形成模纹效果。

8.2.15 千日红 *Gomphrena globosa* L.

千日红又名火球花、红光球、千年红，苋科千日红属，一年生直立草本。全株有毛，株高60cm以上。茎直立，上部多分枝；叶对生，椭圆形至倒卵形；头状花序球形。2～3个着生于枝顶，花朵直径2.5～3cm，有长总花梗，花小密生，膜质苞片有光泽，紫红色，干后不凋，色泽不褪。胞果近球形，种子千粒重2.5g。花果期6～9月。

【产地与生态习性】原产于亚洲热带，世界各地广为栽培。对环境要求不严，性喜阳光，生性强健，耐干热、耐旱、不耐寒、怕积水，喜疏松肥沃土壤，生长适温为20～25℃，在35～40℃生长也良好，冬季温度低于10℃以下植株生长不良或受冻害。性强健，耐修剪，花后修剪可再萌发新枝，继续开花。花期7～10月。

【繁殖】以播种繁殖为主。种子外密被纤毛，易互相粘连，一般用冷水浸种1～2d后挤出水分，然后用草木灰拌种或用粗沙揉搓，使其松散便于播种。发芽温度以20～25℃为宜。播后2周左右可发芽。矮生品种发芽率低。出苗后9～10周开花。定植株距25～30cm。

【栽培管理】千日红性强健，栽培管理粗放。生长期不宜浇水过多，每隔15～20d施肥1次。为促使其花期开花不断，应不断地摘除残花。花后修剪、施肥可再次开花。植株抗风雨能力较弱，种植宜稍密，以免倒伏。

【常见品种及类型】常见的千日红品种有好兄弟（Buddy）系列、侏儒（Gnome）系列。

（1）好兄弟（Buddy）系列　极矮生种，高15cm，株型紧密丛生，分枝性高，长势强健，耐热、耐旱，多花，紫红色。播种时需覆盖，种子发芽温度为25℃，发芽所需天数为10～14d。生长需全日照。

（2）侏儒（Gnome）系列　株高15cm，花径2cm，生长适温15～30℃，播种后9～12周开花，干旱和高温下仍然可以保持株型和花色，花期持续至霜期。播种时需覆盖，种子发芽温度为21～24℃，发芽所需天数为10～14d。生长需全日照。

【园林应用】千日红植株低矮，花繁色浓，是优良的花坛材料，也适宜于花境、岩石园等应用。球状花主要由膜质苞片组成，干后不凋，是良好的自然干花。

8.2.16 五色苋 *Alternanthera bettzickiana*

五色苋又名模样苋、红绿草等，苋科虾钳菜属，多年生草本，作一年生栽培。茎直立或斜出，分枝多呈密丛状；叶对生，全缘，匙形或披针形，常具彩斑或色晕；头状花序腋生，花小，白色；胞果，含种子一粒，北方通常不结种子。

【产地与生态习性】原产巴西，喜温暖而畏寒，要求日光充足，也略能耐阴。要求土壤通透性好，喜高燥的沙质土。

【繁殖】通常扦插繁殖。基质用河沙、珍珠岩或土壤均可。取具有两个节的枝条作插穗，3月中旬将母株自温室移栽温床，4月起随时摘取新枝于温床扦插，5月间可插于冷床，6月可露地扦插，炎夏扦插后宜略遮阴。如欲加速繁殖，也可提早于冬春在温室中扦插，保持土温20～22℃，3～4d即可生根，两周后可移植花坛。8月中下旬至9月初选取优良的插条扦插于浅箱，留作次年繁殖母株。

【栽培管理】扦插苗长出分枝后即可定植，株距10～15cm，生长期应及时修剪，天旱应及时浇水，每隔半月向茎叶喷施2%的硫酸铵1次。用于花坛布置，350～500株/m^2，一般保持在10cm高，为保持清晰花纹，须经常予以修剪。

【常见品种及类型】五色苋常见品种主要有如下两类。

(1)'小叶绿' 茎斜出，叶片狭，嫩绿色或具黄斑。

(2)'小叶黑'茎直立，叶片三角状卵形，茶褐色至绿褐色。

【同属常见其他种】同属常见栽培种还有可爱虾钳菜（*A. amoena*），别名小叶红、红草五色苋。茎平卧，叶狭，基部下延，叶暗紫红色。

【园林应用】五色苋植株低矮，耐修剪。叶片有红色、黄色、绿色或紫褐色等类型，最适用于毛毡花坛、浮雕花坛。

8.2.17 石竹 *Dianthus chinensis* L.

石竹又名中华石竹、洛阳花、草石竹，石竹科石竹属，多年生草本，但一般作一、二年生栽培。株高30～40cm，茎直立，有节，多分枝，叶对生，条形或线状披针形。花单生枝端或数花集成聚伞花序；紫红色、粉红色、鲜红色或白色，顶缘不整齐齿裂，喉部有斑纹，疏生髯毛；雄蕊露出喉部外，花药蓝色；子房长圆形，花柱线形。蒴果圆筒形，包于宿存萼内，种子黑色，扁圆形。花期5～6月，果期7～9月。

【产地与生态习性】原产于地中海及东亚地区，现世界各地广泛栽培。耐寒冷、耐干旱，不耐酷暑，夏季多生长不良或枯萎，栽培时应注意遮阳降温。喜阳光充足、干燥，通风及凉爽湿润气候。要求肥沃、疏松、排水良好及含石灰质的壤土或沙质壤土，忌水涝，好肥。

【繁殖】常用播种、扦插和分株繁殖。种子发芽最适温度为21～22℃。播种繁殖一般在9月进行。播种于露地苗床，播后保持盆土湿润，播后5d即可出芽，10d左右即出苗，苗期生长适温10～20℃。当苗长出4～5枚叶时可移植，翌春开花。也可于9月露地直播或11～12月冷室盆播，翌年4月定植于露地。扦插繁殖在10月至翌年2月下旬到3月进行，枝叶茂盛期剪取嫩枝5～6cm长作插条，插后15～20d生根。分株繁殖多在花后利用老株分株，可在秋季或早春进行。

【栽培管理】8月施足底肥，深耕细耙，平整打畦。当播种苗长1～2枚真叶时间苗，长出3～4枚真叶时移栽。株距15cm，行距20cm，移栽后浇水。适宜温度15～20℃。冬季温度保持在12℃以上。生长期要求光照充足，夏季以散射光为宜，避免烈日暴晒。温度高时要遮阳、降温。浇水应掌握不干不浇原则。整个生长期要追肥2～3次腐熟的人粪尿或饼肥。要想多开花，可摘心，令其多分枝，必须及时摘除腋芽，减少养分消耗。

【常见品种及类型】品种繁多，花色丰富。除白、粉外，还有紫红、复色以及花色奇特的品种。既有单瓣类型的品种，也有重瓣类型的品种。

【同属常见其他种】同属常见作一、二年生花卉栽培的种还有须苞石竹和石竹梅。

(1) 须苞石竹（*D. barbatus*） 又名美国石竹、五彩石竹、十样锦等。原产中国至俄罗斯，株高45～60cm，茎光滑，微四棱，叶披针形至卵状被针形。头状聚伞花序圆形，苞片先端须状，花瓣有白、粉、绯红、墨紫等色，并具环纹、斑点及镶边等复色以及重瓣品种。

(2) 石竹梅（*D. latifolius*） 又名美人草，为石竹与须苞石竹或常夏石竹（*D. plumarius*）的杂交种，形态介于它们之间。叶较宽，每花序着花1～6朵，花朵直径3cm左右，花瓣表面常具银白色边缘，单瓣或重瓣。背面为银白色，花萼开裂。花期长。

【园林应用】园林中可用于花坛、花境、花台或盆栽，也可用于岩石园和草坪边缘点缀。亦可做地被植物大面积成片栽植。切花观赏亦佳。

8.2.18 凤仙花 *Impatiens balsamina* L.

凤仙花又名指甲花、急性子、小桃红，凤仙花科凤仙花属，一年生草本。株高 20～100cm，茎肉质，近光滑，色浅绿、紫红至黑褐色，常与花色相关。叶互生、披针形，边缘有锐锯齿，叶柄有腺体。花单生或数朵簇生于上部叶腋，或呈总状花序。萼片 3，1 片具后伸的距；花瓣 5，左右对称。花期 6～9 月。蒴果尖卵形，熟时 5 瓣裂。种子千粒重 9g。

【产地与生态习性】原产中国、印度、马来西亚，现世界各地均有栽培。性喜阳光，怕湿，耐热不耐寒。喜向阳的地势和疏松肥沃的土壤，在较贫瘠的土壤中也可生长。

【繁殖】用种子繁殖。3～9 月进行，以 4 月最为适宜。播种前，先将苗床浇透水，使其保持湿润，播种后盖上 3～4mm 一层薄土，注意遮阴，约 10d 后可出苗。当小苗长出 2～3 枚叶时就要开始移植，以后逐步定植或上盆培育。

【栽培管理】凤仙花喜光，也耐阴，夏季要适当遮阴；耐热不耐寒，冬季要入温室，防止寒冻。定植后，对植株主茎要进行打顶，增强其分枝能力，株形丰满。5 枚叶以后，每隔半个月施 1 次腐熟稀薄人粪尿等，孕蕾前后施 1 次磷肥及草木灰。花开后剪去花蒂，不使其结籽，则花开得更加繁盛，基部开花随时摘去，这样会促使各枝顶部陆续开花。

【常见品种及类型】据古花谱载，凤仙花 200 多个品种，不少品种现已失传。根据花型不同，可分为蔷薇型、山茶型、石竹型等。花色有绯红、洋红、桃红、白、紫、橙红以及红白镶嵌等，还有矮生品种，用于花坛布置。

【同属常见其他种】近年来同属栽培的还有苏丹凤仙、何氏凤仙、新几内亚凤仙及赞比亚凤仙。

(1) 苏丹凤仙（*I. wallerana*） 多年生肉质草本，株高 30～70cm。茎直立，绿色或淡红色，不分枝或分枝，无毛或稀在枝端被柔毛。叶互生或上部螺旋状排列，具柄，叶片宽椭圆形或卵形至长圆状椭圆形，花大小及颜色多变化，鲜红色、深红、粉红色、紫红色、淡紫色、蓝紫色或有时白色。原产东非的肯尼亚、坦桑尼亚、赞比亚、莫桑比克、马拉维及博茨瓦纳等国，现在世界各地广泛引种栽培。

(2) 赞比亚凤仙（*I. usambarensis*） 叶狭卵形或长圆状椭圆形，上面被疏柔毛，下面特别是沿中脉和侧脉毛较密，侧脉 8～14 对，边缘具细锯齿或细锯齿状小齿，叶柄上部具许多长 2～4mm 具柄腺体，花粉红色至深红色或朱红色。

(3) 何氏凤仙（*I. holstii*） 多年生草本，株高 60cm，叶互生近卵形，上部叶轮生，卵状披针形。花大，直径 4.5cm，砖红色，单生或两朵簇生。原产于热带东部，为温室盆栽植物，有矮生种。

(4) 新几内亚凤仙（*I. platypatala*） 茎干粗壮，株高比非洲凤仙高大。茎稍棱形，有时带红晕。4 枚以上的叶密集生于节上，类似簇生，叶片长椭圆形，叶表有光泽，叶脉清晰。叶背绿色或具有紫红色晕。花大，花径 4～8cm。

【园林应用】凤仙花因其花色、品种极为丰富，是美化花坛、花境的常用材料，可丛植、群植和盆栽，也可作切花水养。

8.2.19 美女樱 *Verbena hybrida* Voss.

美女樱又名麻绣球、美人樱、铺地锦等，马鞭草科马鞭草属，多年生草本，常作 1～2 年生栽培。茎四棱、横展、匍匐状，低矮粗壮，丛生而铺覆地面，全株具灰色柔毛，长30～

50cm。叶对生有短柄，长圆形、卵圆形或披针状三角形，边缘具缺刻状粗齿或整齐的圆钝锯齿，叶基部常有裂刻。穗状花序顶生，多数小花密集排列呈伞房状；花萼细长筒状，花冠漏斗状，花色多，有白、粉红、深红、紫、蓝等不同颜色，略具芬芳。花期长，4月至霜降前开花陆续不断。果熟期9～10月。

【产地与生态习性】原产于巴西、秘鲁、乌拉圭等南美地区，世界各地均有栽培。喜温暖湿润，喜阳，不耐阴，不耐干旱，对土壤要求不严，但在疏松肥沃、较湿润的土壤中生长健壮，开花繁茂。

【繁殖】主要用播种和扦插两种方法繁殖。种子发芽率较低，仅为50%左右，发芽很慢又不整齐，在15～17℃的温度下，经2～3周才开始出苗。种子播下后，应用浸盆法浇水，放置在阴暗处，不仅要保持土壤湿润，还要保持空气湿润。

扦插可在5～6月进行。取稍木质化的茎，剪成5～6cm，插于湿沙床中后立即遮阴，经2～3d后可略见早晨、傍晚的阳光，大约经2周后可发出新芽、生根。

【栽培管理】晚霜过后，将播种苗或扦插苗定植到露地中，株距30～40cm，定植成活后可摘心，促使其发生更多的分枝。夏季要经常灌水，同时追施液肥1～2次，以保持植株的生长势，为秋季开花打下基础。在长江以南地区入冬后可将地上部分剪掉，让宿根在土中越冬，来年利用其萌发的新枝进行扦插繁殖。

【常见品种及类型】品种丰富，有匍匐型和矮生型，花色多样。匍匐型：高30cm，株幅60cm，适宜种植钵用；矮生型：直立，高20cm，适宜花坛使用。

【同属常见其他种】同属常见有加拿大美女樱、红叶美女樱、细叶美女樱、深裂美女樱等。

（1）加拿大美女樱（*V. canadensis*） 多年生，其矮生变种作一年生花卉栽培。高20～50cm，茎上升而多分枝。叶卵形至卵状长圆形，基部截形或阔楔形，常具3深裂。花色有粉、红、紫或白色。原产于美国的西南部。

（2）红叶美女樱（*V. rigida*） 多年生，高30～60cm，直立，叶片狭长圆形，具锐齿缘，基部楔形。穗状花序密集，花略紫色。还有白色及蓝色变种，播种当年即可开花。原产巴西、阿根廷等地。

（3）细叶美女樱（*V. tenera*）多年生，基部木质化。茎丛生，倾卧状，高20～40cm。叶二回深裂或全裂，裂片狭线形。穗状花序，花蓝紫色。原产巴西。叶形细美，株形整齐，很适草坪边缘自然带状栽植。

【园林应用】美女樱分枝紧密，匍匐地面，花序繁多，花色丰富而秀丽，园林中多用于花境、花坛。矮生品种仅20～25cm，也适作盆栽。

8.2.20 金鱼草 *Antirrhinum majus* L.

金鱼草又名龙口花、龙头花、洋彩雀、狮子花，玄参科金鱼草属，多年生草本，我国多作二年生栽培。茎基部木质化，株高20～90cm。叶对生或上部互生，披针形或矩圆状披针形，全缘，光滑。总状花序顶生，长达25cm以上。小花有短梗，花冠筒状唇形，外被绒毛，基部膨大成囊状，上唇直立2裂，下唇3裂开展。花色有红、紫、白、黄、橙或复色。花期5～6月。蒴果卵形，果熟期7～8月，顶端开裂，种子深灰色，千粒重0.12g（图8-11）。

【产地与生态习性】金鱼草原产地中海沿岸及北非。性耐寒，不耐热。花多而鲜艳。喜光，能耐半阴。喜排水良好的肥沃土壤，适宜pH值6～7。

【繁殖】一般播种繁殖，也可扦插繁殖。

播种繁殖分秋播第2年开花和春播当年开花两种情况。温暖地区多秋播；高寒地区一般春播，但在温室冬春季盆栽时则需秋播。一般春播的不及秋播的生长好，且花期较短。播种时，床土应过筛，浇足底水后撒播，播种量$2g/m^2$左右，播后覆过筛细土2～3mm。也可在夏季剪取嫩枝扦插繁殖。

【栽培管理】花坛定植时应施入大量基肥，高茎种的株距可保持40cm左右，中茎种保持30cm，矮茎种的株行距还可适当缩小。植株长出4枚真叶时可摘心1次，待侧枝长出后再摘心1次，使植株健壮多开花。如专供切花生产，应剪除侧枝。

夏季花后可行重剪，注意防涝、遮阴，秋后又可萌发新的株丛，花期可延续至10月。

【常见品种及类型】栽培品种多达数百个，单瓣或重瓣，大多为二倍体，还有四倍体。

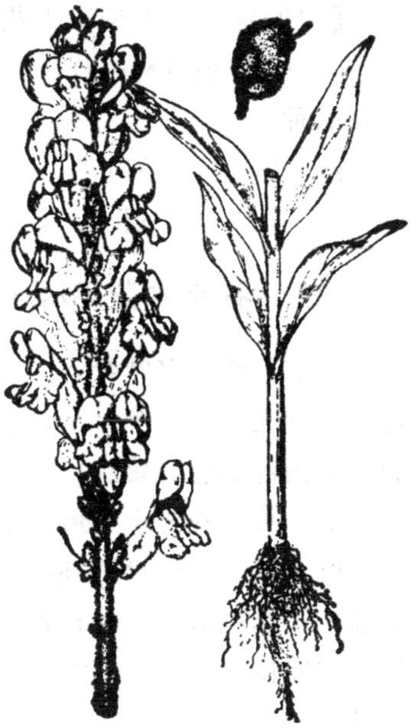

图8-11　金鱼草

根据株型分为矮性品种、中性品种和高性品种。

(1) 矮性品种　株高15～28cm。花色丰富，有的为重瓣性正常花冠，有的为不整齐花冠。

(2) 中性品种　株高45～60cm。花色丰富，有的为优良切花品种，有的适于花坛种植。

(3) 高性品种　株高90～120cm。花大且花期晚，适于切花或花带种植。

根据花型分为金鱼型和吊钟型。

(1) 金鱼型　为正常花型。

(2) 吊钟型　花的上下唇间不合拢，唇瓣向上开放，花呈钟状。

【园林应用】金鱼草花形奇特，花色浓艳丰富，花期长，是园林中最常见的草本花卉。国际上广泛用于盆栽、花坛、窗台、栽植槽和室内景观布置，近年来又用于切花观赏。

8.2.21　毛地黄 *Digitalis purpurea* L.

毛地黄又名自由钟、洋地黄，玄参科毛地黄属，多年生，常作二年生栽培。植株高大，茎直立，少分枝，除花冠外，全株密生短柔毛和腺毛，叶粗糙、皱缩，由下至上逐渐变小。顶生总状花序着生一串斜下垂的钟状小花，花冠紫红色，花冠内侧浅白，并有暗紫色细点及长毛。蒴果卵形，花期5～6月，果熟期8～10月，种子极小，千粒重约0.2g。

【产地与生态习性】同属约有25种，原产于欧洲，中国各地均有栽培。喜温暖湿润，较耐寒，在炎热条件下生长不良。喜阳光充足，耐半阴。耐干旱瘠薄，喜中等肥沃、湿润、排水良好的土壤。

【繁殖】以播种繁殖为主，老株也可分株繁殖。春、夏播于疏松肥沃土壤中，播种适温18～20℃，如播种时间过迟，则翌年春天不能开花或仅有少数开花。初期生长缓慢，幼苗长至8～10cm时移植，翌年定植露地，株距25～30cm。

【栽培管理】适宜勤施肥，但每次施肥量要少。夏季育苗应尽量创造通风湿润凉爽的环境。冬季在北方需冷床保护，翌年5～7月开花，夏秋因酷热而枯死。如环境适宜，花后剪去花梗，留在原地过冬，翌年再次抽葶开花。

【常见品种及类型】大花变种（*D. purpurea* var. *gloxiniaeflora*）、白花变种（*D. purpurea* var. *alba*）、重瓣变种（*D. purpurea* var. *monstrosa*）等。园艺品种有矮型和各种花色，也有切花品种。

【园林应用】毛地黄花型优美，植株高大，花序挺拔，色彩艳丽，为优良的花境竖线条材料，丛植更为壮观。盆栽多为促成栽培，早春赏花。另外，也可作为切花。

8.2.22 羽衣甘蓝 *Brassica oleracea* L. var. *acephala* DC. f. *tricolor* Hort.

羽衣甘蓝又名叶牡丹、花菜、花甘蓝等，十字花科芸苔属，二年生草本。茎基部木质化，直立无分枝；叶互生，基生叶莲座状，无托叶，叶倒卵形，宽大，被白霜，叶缘呈波状皱褶，内叶颜色有紫红、红、淡绿黄、白等；总状花序顶生，花两性，辐射对称，萼片、花瓣各为4枚，花冠十字形；雄蕊6枚，4长2短；角果扁圆柱状；种子千粒重2.9g。

【产地与生态习性】原产西欧。有一定的耐寒性，幼苗经过锻炼能忍受短期－3～－8℃低温，甚至更低。幼苗长到一定大小后，低温下通过春化可抽苔开花。对光要求不严，我国各地均能良好生长。喜湿，有一定耐旱性，在土壤相对湿度70%和空气湿度85%环境下生长良好。适宜pH值6.5～7.0，可以在轻度盐碱土上生长，苗期需氮肥多。

【繁殖】播种时间7～8月份。发芽适温20～25℃，10～13d可发芽。生长适温5～20℃，播种后12周即可观赏。

【栽培管理】有1枚真叶时开始分苗，有8枚左右真叶时上盆。如在长江以南地区布置花坛，于11月份定植；华北地区8～9月露地育苗，在阳畦内越冬，翌年3月下旬至4月上旬定植露地观赏。

【常见品种及类型】主要品种常见有两大类：一类心部呈紫红、淡紫或雪青色，茎紫红色，种子红褐色；另一类心部呈白色或淡黄色，茎部绿色，种子黄褐色。同时叶形有圆叶、皱叶、锯齿叶的变化。目前一般分为切花用品种和盆花、花坛用品种。

【园林应用】在华东、华北地区为冬季花坛的重要材料。其叶色鲜艳，观赏期长，用于布置花坛，具有很高的观赏价值。其叶色多样，是盆栽观叶的佳品。目前欧美及日本将部分羽衣甘蓝品种用于鲜切花销售。

8.2.23 紫罗兰 *Matthiola incana*（L.）R. Br.

紫罗兰又名春桃、草桂花、草紫罗兰，十字花科紫罗兰属，多年生草本，常作一、二年生栽培。全株被星状灰色柔毛。茎挺直，基部稍木质化。叶互生，全缘，长圆形至披针形。总状花序顶生，有粗壮的花梗；花淡紫色和深粉红色，具香气。种子具翼，千粒重1～1.54g。

【产地与生态习性】原产地中海沿岸。全属约50种。紫罗兰喜冷凉，在燥热条件下生长不良，耐寒，冬季能耐短暂－4℃左右低温，在中国华南地区可露地越冬。喜光照充足，稍耐半阴。喜通风良好的环境。要求肥沃湿润深厚的中性或微酸性土壤。除一年生品种外，幼苗需春化才能开花。

【繁殖】以播种繁殖为主，也可扦插。秋播，发芽适温为15～18℃，播后约14d发芽。秋播不可过晚，否则植株矮小影响开花。一年生栽培品种，在夏季较冷凉地区，一年四季均可播种。直根性强，须根不发达，应较早移植，移植时多带宿土，少伤根，提高成活率。定植株距30cm。不可栽植过密，否则通风不良，易受病虫害。

【栽培管理】宜勤施肥，但肥量要少。若作花坛布置，要求植株低矮紧密，则春季需要控制水分。要使花后再次开花，可剪去残枝，加强管理。盛夏季节干枯死亡或处于休眠状态而不开花。夏季高温、高湿要防治病虫害。

【常见品种及类型】栽培品种极多，依株高分为高、中、矮三类；花型有单瓣和重瓣；花期有夏、秋、冬；依栽培习性分为一年生及二年生；花色有纯白、淡黄、雪青、玫瑰红、桃红等色。变种有香紫罗兰（*M. incana* var. *annua*），一年生，香气浓。

【园林应用】紫罗兰花期长，花朵丰盛，色艳香浓，是春季花坛的重要花卉，也可作花境、花带、盆栽和切花。

8.2.24 香雪球 *Lobularia maritium* Desv.

香雪球又名庭荠、小白花、玉蝶球，十字花科香雪球属，多年生草本，作一、二年生栽培。植株矮小，株高15～25cm，株形松散，多分枝。茎纤细，具梳毛。叶互生，披针形，全缘。总状花序顶生，总轴短，小花繁密，呈球状，有白、淡紫、深红、紫红等色，具淡香。花期6～10月。短角果球形。种子呈扁平或短椭圆形，黄色或麦秆黄色，千粒重0.28～0.33g。

【产地与生态习性】原产地中海沿岸，加那利群岛，现在世界各地广为栽培。同属约160种。喜冷凉干燥、阳光充足的气候，能耐轻霜，稍耐阴，忌炎热。对土壤要求不苛刻，较耐干旱贫瘠，忌涝。种子能自播繁殖。

【繁殖】主要以播种繁殖，也可用嫩枝扦插繁殖。可春播或秋播。发芽适温21～25℃，一周左右出苗。幼苗在10～13℃温度下经6～10周开花。

【栽培管理】在昼温16～20℃、夜温9～12℃下生长良好。适时施肥和供水，并置于通风、凉爽处越夏，则秋后开花更盛。夏季有休眠现象，花后将其花序自基部剪掉，秋凉时能再次开花。茎叶容易受肥害，施肥时不要污染茎叶。

【常见品种及类型】香雪球除单瓣品种外，栽培中还有重瓣和斑叶观叶品种，其中斑叶品种叶缘为白色或淡黄色。另有一些矮生种，高仅10cm。常见的栽培品种有黄花香雪球，花朵鲜黄色，花序直径7～10cm。

【园林应用】香雪球植株低矮而多分枝，开花繁茂，花质细腻，幽香怡人，是布置岩石园的优良花卉，也是花坛、花境的优良镶边材料，也可盆栽或作地被，还可用作阳台摆饰或窗饰花卉。

8.2.25 福禄考 *Phlox drummondii* Hook.

福禄考又名草夹竹桃、洋梅花、桔梗石竹，花荵科天蓝秀球属，一年生草本。株高15～45cm，茎直立或匍匐，被短柔毛，成长后茎多分枝。叶全缘互生，长椭圆形，上部叶抱茎。聚伞花序顶部单生，花具较细的花筒，花冠五浅裂。花色丰富，有白、黄、粉红、红紫、斑纹及复色，多以粉及粉红为常见。花期6～9月。蒴果呈椭圆形或近圆形，棕色。种子呈倒卵圆形或椭圆形，背面隆起，腹面平坦，千粒重1.55g。

【产地与生态习性】原产于北美南部，现我国广泛栽培。性强健，喜凉爽和阳光充足的环境，耐寒性较弱，忌炎热多雨、过肥和碱地。

【繁殖】播种繁殖。一般在2～4月播种，种子发芽率较低，应在幼苗期精细管理。可进行1～2次分苗，分苗时要尽量少伤根，可带些土进行移植，一般在5月下旬定植露地及花坛中，定植的株行距应小些，一般为20～35cm，生长期不需特殊管理。蒴果成熟期参差不齐，成熟时能开裂，为避免种子成熟后散失，当整个花序中大部分蒴果发黄时，于总花梗处摘下，晾干脱粒。

【栽培管理】幼苗生长缓慢，虽能露地越冬，但苗太小，不易管理，故常上盆（直径12～15cm）于冷床越冬，翌春3月下旬脱盆定植，株距20～35cm，矮生种15～20cm。若早春播于温室，亦能于9～10月开花，但因酷暑生长不好，株丛小而发育差，观赏价值不高。

【常见品种及类型】依据花色分为单色类型、复色类型和三色类型。

(1) 单色类型　有白、鹅黄，各种深浅不同的红紫色以及淡紫或深紫。

(2) 复色类型　包括内外双色，冠筒和冠边双色，喉部有斑点，冠边有条纹，冠边中间有五角星状斑等。

(3) 三色类型　如玫瑰红而基部白色中有黄心或紫红有白星蓝点等。

依据瓣型分为圆瓣类型、星瓣类型、须瓣类型和放射类型。

【园林应用】福禄考开花紧密，植株较矮，花色多样，姿态雅致，是优良的夏季花卉，可用作花镜、花坛、花丛及庭院栽培，也可作盆花摆放。

8.2.26　蜀葵 *Althaea rosea* Cav.

蜀葵又名蜀季花、一丈红、端午锦，锦葵科蜀葵属，多年生草本，常作一、二年生栽培。全株被毛，植株挺立，不分枝，高达2m。叶大，表面凹凸不平、粗糙，近圆或心形，5～7掌状浅裂，具长柄。花色丰富，有白、黄、粉、红、紫、墨紫及复色，花单生于叶腋。小苞片6～9枚，阔披针形，基部联合，附着于萼筒外。萼片5，卵状披针形。果圆盘形，由排为环形的多心皮组成，种子肾形，易脱落。花期5～9月，由下往上逐渐开放。种子千粒重4.67～9.35g。

【产地与生态习性】原产于我国西南部，现世界各地广为栽培。性强健，喜凉爽气候，忌炎热与霜冻，喜阳光，略耐阴，宜土层深厚、肥沃、排水良好的土壤。不需特殊管理，在大风地区应设支柱，能自播繁衍。

【繁殖】常采用播种繁殖，也可用分株或扦插繁殖。在15℃温度下经2～3周发芽，能自播。一般当年仅形成营养体，翌年开花。扦插选用基部萌蘖作为插穗。

【栽培管理】管理较为简易，且花朵繁多，不断开放。生长期施肥可以使其开花更好，花期适当浇水。北方可露地直播，当年开花，做一年生栽培，在南方多做二年生栽培。

【常见品种及类型】同属约20种，有各种花色品种，也有单瓣、复瓣或重瓣品种。

【园林应用】蜀葵花色丰富，花大色艳，生长健壮，株高杆直，是理想的花境及背景材料，是理想的花境竖向线条花卉，亦可用作切花。植物易衰老，应注意及时更新，以免影响观赏效果。

8.2.27　花菱草 *Eschscholtzia californica* Cham.

花菱草又名金英花、人参花，罂粟科花菱草属，多年生草本，多作二年生栽培。株高30～60cm，全株被白粉呈灰绿色，株形稍铺散。叶基生为主，有少量茎上互生叶，羽状细裂。花单生枝顶，花朵直径5～7cm，具长梗；花瓣4枚，金黄色，十分光亮。有杏黄、橙红、玫瑰红、淡粉红、乳白、猩红、玫红等色。花朵在阳光下开放，阴天或夜晚闭合。种子呈椭圆状球形，千粒重1.43～1.67g。

【产地与生态习性】原产于美国加利福尼亚州。同属123种。喜阳光充足及冷凉干燥气候，不耐湿热，炎热的夏季处于半休眠状态。耐寒，肉质直根，怕涝，宜排水良好、深厚疏松的土壤，能大量自播繁衍。

【繁殖】以种子繁殖。直根性，宜直播或盆钵育苗。嫌光性种子，发芽适温16～20℃，一周左右发芽。北部地区设风障或覆盖即可露地过冬。移苗、定植时植株需带宿土或用盆钵苗，定植株距30～40cm。

【栽培管理】肉质直根，春夏雨水过多时要及时排水，以防根茎霉烂。苗期保证良好的水肥供应，适宜勤施肥，但每次施肥量要少。

【同属常见其他种】同属8～10种，有单瓣和重瓣品种。

（1）丛生花菱草（*E. caespitosa*） 株丛矮，冠幅大于株高，丛生效果好；花黄色，花朵直径约5cm。

（2）兜状花菱草（*E. cuculata*） 幼嫩小叶内卷，花小，黄色花瓣基部有橙黄点，栽培品种较多。

【园林应用】花菱草开花繁茂，枝叶细密，花姿独特优美，花瓣有丝质光泽，舒展而轻盈，具有自然气息，是优良的花带、花境和盆栽材料。因花期短，株形比较松散，不适合花坛应用。

其他常见一、二年生露地花卉见附表1。

复习题

1. 一、二年生露地花卉中有哪些种类不耐夏季高温？又有哪些种类在夏季仍可正常开花？如何选择适宜的夏季花坛材料？

2. 举出10种常用一、二年生花卉，说明它们的主要生态习性和应用特点。

第9章　露地宿根与球根花卉

［教学目标］通过学习，掌握菊花、芍药、鸢尾、萱草、火炬花等常见露地宿根花卉及大丽花、唐菖蒲、水仙、郁金香、风信子、百合、球根鸢尾及蛇鞭菊等常见露地球根花卉的生态习性、栽培管理要点及园林应用。了解其他露地宿根花卉和球根花卉的生态习性、栽培管理要点及园林应用。

9.1　露地宿根与球根花卉概述

宿根与球根花卉皆为多年生花卉。露地宿根与球根花卉种类繁多，花色艳丽，栽培容易，在园林中得到了广泛应用。

9.1.1　露地宿根花卉

宿根花卉是指植株地下部分宿存越冬而不膨大，次年仍能继续萌芽开花，并可持续多年的草本花卉。宿根花卉种类繁多，在园林中得到了广泛应用。

在园林景观布置中，一次种植可多年观赏，使用方便而经济。一、二年生盆栽草花每年种植费用约250元/m^2，四季6次换花及日常的除草、施肥、浇水等养护工作，维护支出达到360元/m^2左右。宿根花卉的种植费用是一次性的，约250元/m^2，每年维护费仅5元/m^2。

宿根花卉大多数种类对环境条件要求不严，病虫害较少，栽培管理较一、二年生花卉简单，大多没有特殊要求，只要依季节和天气的变化，对其进行必要的肥水管理即可正常生长开花。一次种植，管理得当可连续多年开花。

许多著名的宿根花卉以其绚丽多姿的花形、丰富多彩的花色组成了各类宿根植物专类园。此外，宿根花卉还可用来布置缀花草坪、庭院、街道、居住区。将宿根花卉和乔灌木、一二年生草花、草坪合理配置成各类花坛、花境、花丛，形成一个乔、灌、草的复层植物群落，观赏效果极佳，且具有极高的环境效益。宿根花卉的许多种类还是重要切花。许多宿根花卉具有较强的净化环境与抗污染能力，或具有特异芳香与药用功能。

中国宿根花卉种质资源极为丰富，栽培历史悠久，特别是宿根花卉中的芍药、菊花、罂粟、萱草等。然而，与发达国家相比，目前我们国家在宿根花卉的研究和利用等方面还有很大差距，主要表现为：①资源利用率低。尽管我国拥有丰富的种质资源，但资源的开发相对落后，许多优良的种质资源仍处于野生状态，没有得到很好的利用。②品种资源匮乏。宿根花卉育种工作滞后，缺少拥有自主知识产权的花卉品种，目前应用的许多优良品种大多依赖进口。③在园林中尚未得到普遍应用。宿根花卉是极好的园林材料，国外应用很普遍，尤其多见于花境、路边、林缘。④栽培管理水平低。国内园林中应用的宿根花卉，常由于管理不当而不能展现其应有的景观。

9.1.2　露地球根花卉

球根花卉是指植株地下部分贮藏养分，发生变态膨大的多年生草本花卉。根据球根的来源和形态不同可分为鳞茎（如水仙、郁金香、百合等）、球茎（如唐菖蒲、小苍兰等）、块茎（如马蹄莲、仙客来、大岩桐、球根秋海棠等）、根茎（如大花美人蕉、荷花等）、块根（如大丽花、花毛茛）。

球根花卉有两个主要原产区：一是以地中海沿岸为代表的地区，包括地中海沿岸、南非好望角附近和美国加利福尼亚等地。这些地区自秋季至次年春末为降雨期，夏季极少降雨，为干燥期，从秋至春是生长季，是秋植球根花卉主要原产地区。秋天栽植，秋冬生长，春季开花，夏季休眠。这类球根花卉比较耐寒，喜凉爽气候而不耐炎热，如郁金香、水仙、百合、风信子等。二是以南非（好望角除外）为代表的夏雨地区，包括中南美洲和北半球温带，夏季雨量充沛，冬季干旱或寒冷，由春至秋为生长季节，是春植球根花卉主要原产地区。春季栽植，夏季开花，冬季休眠。此类球根花卉生长期要求较高温度，不耐寒。春植球根花卉一般在生长期（夏季）进行花芽分化，秋植球根花卉多在休眠期（夏季）进行花芽分化。球根花卉多要求日照充足，不耐水湿（水生与湿生者除外），喜疏松肥沃、排水良好的沙质壤土。

球根花卉种类丰富，花色艳丽，花期较长，栽培容易，适应性强，是园林布置中较理想的植物材料之一。球根花卉常用于花坛、花境、岩石园、基础栽植、地被和点缀草坪等。同时球根花卉又是重要的切花花卉，如唐菖蒲、郁金香、百合等。此外，部分球根花卉还可提取香精、食用和药用。

9.2 常见露地宿根花卉

9.2.1 菊花 *Dendranthema×grandiflorum*

菊花又名秋菊，古称鞠、寿客、黄花等，菊科菊属多年生宿根草本。茎基部半木质化，青绿色至紫褐色，被柔毛。单叶互生，叶柄长1～2cm，柄下两侧有托叶或退化，叶卵形或长圆形，边缘有缺刻及锯齿，叶形因品种不同而变化较大。头状花序单生或数个聚生茎顶，微香。花序着生两种形式的花：一为筒状花，俗称“花心”，花冠连成筒状，为两性花；另一为舌状花，生于花序边缘，俗称“花瓣”，花内雄蕊退化，雌蕊一枚。舌状花多形大、色艳，形状分平、匙、管、桂、畸等5类。果实翌年1～2月成熟，瘦果褐色而细小，上端稍尖，扁平楔形（图9-1）。

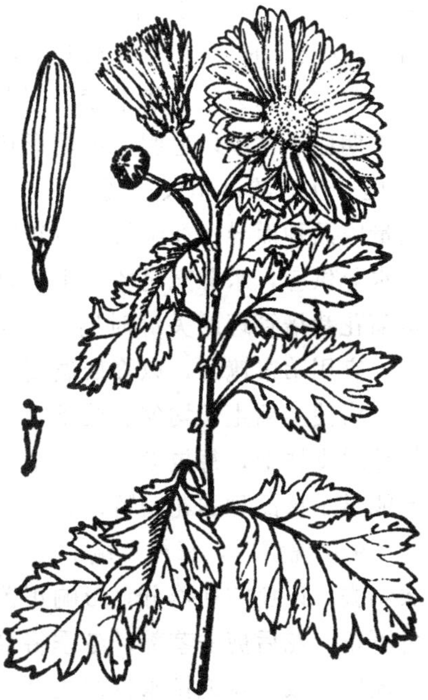
图9-1 菊花

【产地与生态习性】原产于中国，是种间天然杂交而成的多倍体，经历代园艺学家精心选育而成，传至日本后，又掺入了日本若干野菊血统。菊花品种遍布全国各地，世界各国广为栽培。

菊花的适应性很强，喜凉爽干燥气候，较耐寒，小菊类耐寒性更强。菊花喜阳光充足，稍耐阴，较耐旱，忌积涝，喜地势高燥、土层深厚、富含有机质、轻松肥沃而排水良好的沙壤土。在微酸性到中性的土壤中均能生长，而以 pH 值 6.2～6.7 较好。忌连作。

菊花为短日照植物，在每天 14.5h 的长日照条件下，进行营养生长；每天 12h 的黑暗与 10℃的夜温则适于花芽发育。但品种不同，对日照的反应也不同。如夏菊能在夏季长日照条件下进行花芽分化和开花；四季菊对光照不敏感。菊花的花芽分化一般需要生长到展叶 10 枚左右，株高 25cm 以上时方能进行。一般从花芽分化至花蕾初绽，还可展叶 10 枚左右，到开花尚需 45～75d。

【繁殖】菊花的繁殖有营养繁殖和种子繁殖两种方式。

种子在 10℃以上缓慢发芽，适温 25℃。2～4 月间播种，正常情况下当年即可开花。但播种苗很难保持原有品种的特性，一般只用于新品种培育。

营养繁殖包括扦插、分株、嫁接、压条及组织培养等。通常以扦插繁殖为主，扦插繁殖分为芽插、嫩枝插、叶芽插。

分株繁殖于 11 月下旬至 12 月上旬进行，取菊株基部萌发的新芽（即“脚芽”），最好选取远离植株基部在盆边萌发的脚芽，带有一部分根茎切下，这种脚芽节间短，生长旺盛，易生侧枝。自母株切离后，栽于花盆或苗床中，置于温室或冷室中培养。注意追肥、通风。分株也可在春季清明前后进行，把植株掘出，依根的自然形态带根分开，另植盆中。

培养“十样锦”或大立菊、塔菊时，可用黄蒿（*Artemisia annua*）或青蒿（*A. carvifolia*）作砧木进行嫁接。秋末采蒿种，冬季在温室播种，或 3 月间在温床育苗，4 月下旬苗高 3～4cm 时移于盆中或田间，5～6 月间在晴天进行劈接。

压条法通常在繁殖芽变部分时才用。

组织培养技术繁殖菊花，材料少、成苗量大、脱毒、去病并能保持品种的优良特性。

【栽培管理】菊花的栽培形式主要有盆栽、菊艺栽培和切花栽培三种形式。

1. 盆栽菊的栽培管理

(1) 立菊　一株着生数花。通常扦插繁殖。扦插生根后，移至 13cm 盆或露地苗床。当苗高约 10～13cm 时，留下部 4～6 枚叶摘心；如需多留花头时，可再次摘心，即当侧枝生出 4～5 枚叶时，留 2～3 枚叶摘心。每次摘心后，往往发生多数侧芽，除欲保留的侧芽外，其余应及时剥去，以集中营养供植株生长。当侧芽长至 15～20cm 时，定植于 25cm 盆中。生长期应经常施以追肥，可用豆饼水、马掌水或化肥等。苗小时 7～10d 施一次；秋后 5～6d 施一次，浓度稍大；现蕾后 4～5d 施一次。夏季高温及花芽开始分化时应停止施肥；施肥量因品种而异，如细管及单轮宽瓣品种，施肥量不宜过多，否则会影响花型。生长期应注意水分供应，水分充足才能生长良好、花大色艳。花蕾出现后需水更多，需特别注意。夏季是菊花栽培管理的关键时期，此时气温高、雨水大，应注意排水。此外，夏季中午日照强烈，宜用苇帘遮阴，以降低温度，避免日灼。

为使立菊生长均匀、枝条直立，常设立支柱。支柱用细竹或苇秆，将菊枝用细绳、马蔺等结缚支柱上，每枝设支柱 1 根。侧枝所发生的无用侧芽，若任其生长开花，则花形不整，不能显示该品种的花型特征，应随时剥去。

9 月现蕾后，每枝顶端的蕾（正蕾）下方常有 3～4 个侧蕾，当侧蕾可见时，应分 2～3 次剥去，以免空耗养分，影响正蕾质量。花蕾开放后，白花及绿花品种宜移至荫处，否则花色不正。花后剪去茎部，冬季将盆放置在不受霜冻之处或冷床越冬，注意不要过分干燥；温暖地区可栽于露地排水良好之处。

立菊以体态匀称、形美色艳、着花齐为上品。

(2) 独本菊　1株只开1朵花，又称标本菊或品种菊。由于全株只开1朵花，花朵无论在色泽、瓣形及花型上都能充分表现出该品种的优良性状，因此在菊花品种展览中皆采用独本菊形式。独本菊有多种整枝及栽培方法。现以北京地区为例，概述如下。

秋末冬初，选取健壮母株自地下部分萌发的‘脚芽’进行扦插，多置于低温温室内，温度维持0～10℃，作保养性养护。

春天，越冬的菊苗已高20cm左右，于4月初移至室外，分苗上盆。此时不施用底肥。只使用一般培养土即可。5月底进行摘心，留茎约7cm，当茎上侧芽长出后，顺次由上而下逐步剥去，选留最下面的一个健壮侧芽。

入秋（约8月上旬），待该芽长到3～4cm时，从该芽以上2cm处，将原有茎叶全部剪除，从而完成菊花植株的更新工作。入秋后是菊花旺盛生长的季节，应精心培养，给花芽形成打好基础。此时，依植株大小应换入口径相宜的花盆内，并加施底肥，以促进根系及植株加速生长。

8月下旬至9月上旬，菊苗长至30cm左右，由植株背面中央插立支柱，随植株生长渐次绑扎，直至花蕾充实，此时剪掉支柱多余部分。9月中旬日照渐短，花芽逐渐分化，此时应施追肥，如油粕、蹄片泡水等，或施些尿素、磷酸二氢钾等化肥，当花蕾透色时停止追肥。

独本菊以体态匀称、花叶相称、脚叶翠绿不脱落、高度适中为上品。

(3) 案头菊　通常是株高仅20cm的矮小菊株，栽植于10cm左右的小盆中。案头菊株矮、花大、占地面积小、生长期短、观赏时间长。常布置于厅堂、陈列在几案供欣赏。

案头菊的栽培主要掌握选择品种、适时育苗与激素处理三要点。培养案头菊，宜选用花大、花型丰满、叶片肥大舒展的矮化品种，且对B_9等矮化剂有明显效应，如‘绿云’、‘绿牡丹’、‘帅旗’等。

8～9月间，选取母株上部的顶枝扦插，约2周后生根，移至10cm的花盆内。栽后一周即可施些化肥（0.1%尿素及0.5%磷酸二氢钾混合液）以促其旺盛生长；以后逐渐加大肥料浓度，至花蕾透色时停止施肥。每次浇肥水，切忌过多。1周后经常施用完全肥料。

扦插成活后，即用激素进行处理。可使用2%B_9水溶液，第一次在扦插成活后喷在顶部生长点；第二次在上盆一周后全株喷洒，以后每10d喷洒一次，至现蕾为止。喷洒时间以傍晚为好，以免产生药害。

(4) 花坛菊　指布置花坛及岩石园的菊花。用于花坛栽植时，应在生长初期进行多次摘心以养成丛生状，避免植株过高。若布置岩石园，宜选小菊中株矮枝密的品种，任其自然生长，不加整枝。供地栽观赏时，北方地区宜选早花品种及岩菊类（小菊中抗寒品系），以免受早霜为害。

2. 菊艺的栽培管理

菊艺是将菊花进行艺术加工，使形成特定的型式。它具有很高的趣味性、技术性和科学性，深受人们的欢迎。

(1) 悬崖菊　是小菊的一种整枝形式，仿效山野中野生小菊悬垂的自然姿态，经过人工栽培而固定下来。通常选用单瓣品种及分枝多、枝条细软、开花繁密的小花品种。

11月间选取脚芽，置于冷室或冷床中，在有充足日照的条件下培养。春暖后移至室外，可换较大花盆，也可栽植于排水良好的畦内培养。4月下旬定植在50cm左右的大盆中。盆土可按沙∶腐熟马粪∶腐叶土为2∶3∶5的比例配制。栽植后，将花盆置于土台上，用细竹搭架，以便诱引。竹架依植株大小而定，通常是上高下低，上宽下窄，一般架长200～230cm，宽50～70cm，将菊株结缚在架上。结缚工作以下午进行为好，此时枝叶稍柔软、不易折断。此后每长出7～13cm时即结缚一次，力求使主干保持在竹架中线上、侧枝分布均匀。

定植后，选两个健壮的侧枝，使一左一右和主枝一样向前诱引，主枝任其生长，不摘心，其他枝条留2～3叶摘心，如此反复进行，至9月下旬停止。这样可促使多生分枝，形成上宽下窄的株形。茎基部萌出的脚芽，第一次摘心时留高20cm左右，也应多次摘心，以使枝叶覆盖盆面，保持菊株后部丰满圆整。立秋前3～10d进行的最后一次摘心极为重要，摘心过早，则生长过长，株形不佳；过迟则显蕾晚，影响花期。

小菊开花习性是顶端先开，顺次及于下部，上下部花期相差10d左右；欲使开花一致，可下部先行摘心、次及中部和上部，隔3～4d进行一次。生长迅速的品种，也可在处暑（8月下旬）前进行最后一次摘心。

花蕾形成后，应解除支架，使菊株自然下垂成悬崖状。解除支架的适期约在9月下旬至10月上旬。过早，花梗向上弯曲；过迟，花头向下，都有损美观。

地栽的悬崖菊，养护管理与盆栽相似。9月上旬带土球上盆，土球要小于盆径7～13cm，填以肥沃的培养土。悬崖菊采用地栽方式，管理省工，菊株较盆栽者生长更为健壮，但秋后上盆时较费事，且易破坏株形。

悬崖菊鉴赏标准以剔、剪、牵、扎得当；花朵疏、密、先、后一致为上品。

(2) 大立菊　一株着花可达数百朵乃至数千朵以上的巨型菊花。大菊和中菊中有些品种，不仅生长健壮、分枝性强，且根系发达、枝条软硬度适中、易于整形，适于培养大立菊。一般精心培育1～2年，每株可开数十至数千朵花，可用于展览会及厅堂等处。

大立菊一般采用扦插法繁殖。9月份，选取菊株基部萌发的‘脚芽’，自母株切离，插于浅盆中。2～3周生根后，移于12cm的盆中，置于温室或冷室中培养。不时予以追肥。并注意通风，勿使菊苗生长柔弱，以养成肥壮的幼苗。

菊苗生长出6～7枚叶时，进行第一次摘心。随着菊苗生长，可换入20cm的盆中，同时，将离土面7cm以内的芽全部除去，只留上部4～5个壮芽。春季晚霜过后，换入25cm盆中，并移至露地培养，也可栽植于露地。盆栽者当根系充满盆内时，换入更大盆中培养。8月上旬，依植株大小选定适宜花盆，并最后定植于大盆中。通常开花200～300朵者，用口径60cm的花盆；开花500～600朵者用更大的花盆或木桶培养。也可于4月下旬定植于大盆中培养，这样可以避免多次换盆的麻烦，减少人为伤害。

第一次摘心后，所选留的侧枝即为主枝，应向四方诱引于框架上，框架用细竹与竹片扎成。当主枝伸长有5～6枚叶时，留4～5枚摘心，一般摘心4～5次，多的可7～8次。总之，要调节到枝叶比例均匀，若摘心过多，则侧枝过密而相互受压，摘心过少又会影响花朵数。每次摘心应从中间开始，然后摘周边的，最后一次摘心，不应迟于8月上旬。现蕾后，须多次剥去侧蕾，并设立正式竹架。立秋后加强水肥管理，经常除芽、剥蕾。当花蕾直径达1～1.5cm时，用细竹及竹片扎成竹架，架为半球形圆盘状，由相距10cm的竹圈组成，圈数多少因枝条数目而定，一般为4～8圈。通常使花蕾高出竹圈约7cm，用细铅丝把蕾均匀地系于竹圈上，继续养护，以备花期展览布置之用。这样培养的大立菊，1株可开花数百朵。

特大立菊则常用蒿苗嫁接，并用长日照处理，培养2年始成。特大立菊甚至可开花

2000～3000朵以上。

大立菊的鉴赏标准是主干伸展，位置适当；花枝分布均匀、花朵开放一致；裱扎序列整齐，气魄雄伟为上品。

（3）塔菊　通常以白蒿和黄蒿为砧木（北京地区）嫁接的菊花，北京地区约在6月下旬至7月上旬进行。以黄蒿为砧木者常培养立菊；以白蒿为砧木者，可培养成高大的“菊树”，可达2m以上。也可在一株上嫁接不同花形及花色的菊花。因株形呈圆锥状，故称塔菊，又常称为“嫁接菊”、“十样锦”。

将各种不同花形、花色的菊花接在一株3～5m高的黄蒿上，砧木主枝不截顶，任其生长，在侧枝上分层嫁接，呈塔形。各色花朵同时开放，五彩缤纷，非常壮观。培养“十样锦”菊，在选用接穗品种时，要注意花型、花色、花的大小的协调和花期的相近，以使全株表现和谐统一的美。栽培方法，可参照大立菊。

（4）盆景菊　选用小菊适当品种，于10月下旬至11月初，从母株上取壮芽扦插育苗。成活后于1月上盆，3月换盆，至5月进行第二次换盆。换盆时选留根系发达的健壮植株，每株选留4～6条较粗大的侧生根，再把侧根固定到预备好的山石或枯树桩上，进行修剪，然后用铜丝绑扎。夏季，菊苗已长出5～7个芽时，按需要位置留三个芽，稍长后摘心，并不断摘去侧芽。当枝条长至20cm时，依木桩或山石整形，这时已完成盆景的雏形。至9月初进行最后摘心。10月下旬现蕾后在盆内铺上青苔，去掉铜丝，形成自然景观。菊花盆景有古木参天、悬崖临水等造型。如管理得法，可存活应用4～8年。

3. 切花菊的栽培管理

菊花是世界切花市场上最大宗和最畅销的切花，居世界“四大切花”之冠。

鲜切花生产，须做到周年均衡上市。适宜鲜切花的品种多为中菊及少数大菊，要求叶色新鲜健康，无损缺伤残，无病虫害；花枝长70～80cm，茎直，花半开，径5～6cm。瓶插水养花径可达10cm左右，经12～15d不凋。

根据自然花期和生态类型，切花菊通常分为：夏菊（包括春菊），花期4～7月；夏秋菊，花期7～9月；秋菊，花期10～11月；寒菊，花期12月以后。北京地区目前栽培应用较多的是“四季菊”，也称“135天开花菊”，实际为来自日本的夏菊类品种，属于一种过渡类型。

大规模生产切花菊，其种苗主要来自扦插苗，其次为组织培养和分株繁殖苗。为使切花周年供应市场，还需根据产花期来决定育苗时间。

切花菊栽培与一般菊花栽培基本相似，关键是选择排水良好的肥沃沙质壤土。其最佳的耕作方式为高畦滴灌栽培法。在深翻和耙平的耕地上做成高畦，排水良好处畦高10cm，排水不良处畦高20cm，畦幅有120cm和60cm宽两种，畦间宽40～60cm。在距畦土表面5cm左右处埋设滴灌溢水管直接灌溉根系，或直接将滴水管铺置在畦表行间，安设自动控制装置或半自动的人工辅助控制设备控制滴灌频率。

定植密度根据栽培季节与切花需求而定。冬季温室生产，由于光照相对较弱，植株宜稀植。每株3～4枝切花的单头菊比每株一枝的独本菊定植要稀。一般独本菊苗栽植密度为12.5cm×15cm，每株2～3枝切花的多头菊密度为17.5cm×20cm。

土壤的水分管理，以保持土壤湿润为宜。一般小苗定植后需浇一次定根水，以后隔3～4d再浇两遍水。待小苗成活开始生长时，应适当控水，使土壤偏干，便于小苗根系生长（称为“蹲苗”）。保持土壤偏干2～3周后，小苗根系发育基本完成，每隔1～2d视天气、土壤状况适时浇灌。至花前2～3周适当控制水肥管理，直至现蕾开花。

施肥方式分为基肥和追肥，二者分配比例为基肥1/3，追肥2/3。基肥常用农家肥，如堆沤过的牛粪、鸡粪、马粪、猪粪、麻渣、饼肥等。追肥在生长期，结合灌水，施入腐熟的饼肥水和鸡粪稀等。若施用化肥，可在浇水时按20-20-20的N、P、K配比成1∶100的浓度施入。通常，追肥在定植成活后进入旺盛生长期，苗高达到20cm时施入1/2；至现蕾期追施余下的1/2。此外，在温室内进行切花生产时，进行CO_2气体施肥，效果也很显著。

扦插生根苗定植2周左右、4～5枚真叶时，进行第一次摘心，此时植株顶部小嫩叶密集，尚未伸长拔节。用镊子轻轻将幼苗顶端米粒大小的生长点摘去，不久会同时萌发3～4个新侧芽，而且均匀一致。待侧芽长至5～6枚叶时，每芽留2～3枚叶进行第二次摘心。待所有的侧芽全部萌发生长之际，进行选芽定干，要求去弱留强、去细留壮，选取长短、粗细均匀一致的作为切花枝，一般保留4～6支让其生长开花。为保持定干植株的花枝数，多余而不整齐的脚芽与侧芽应及时剔除。

切花菊的周年生产均有相应的品种群与之配套。但在国外，尤其是日本，切花周年生产主要还是应用秋菊类品种，秋菊品种因性状佳、品种多、花形好、花色全，深受消费者欢迎。而其他类群品种性状均不如秋菊类，仅作为周年切花生产的辅助品种。因此，为实现切花菊的周年供应，秋菊类的花期控制栽培就成为菊花生产的重点。采用人工加光或遮光，调节气温及湿度、通风情况，就能使秋菊提前开花，使夏菊延迟开花，使切花生产全年分批均衡上市。人工加光，一般用100W或60W灯泡吊在植株上方约1m处，每盏照射面积$4m^2$。加光及遮光的方法有三种：一是间歇或短暂加光，即在黑夜里加光0.5～1h；二是白天给以若干小时的黑暗处理（即日间遮光）；三是早、晚提前加光，以增加日照时数，或遮光以延长黑夜时间。在黑色塑料棚里遮光培育，既能调节气温及日晒，也能适当提前开花。

【常见品种及类型】世界上约有2万～2.5万个园艺品种，我国现存3000个品种以上。在如此众多的品种中，不仅花色各异，而且花形、瓣形、花期、花朵直径大小、整枝方式及园林应用诸多方面也存在很太差异。为便于菊花的生产和栽培，对菊花的栽培类型及品种进行分类是非常必要的。

（1）依花期分类

① 夏菊：花期5月下旬至7月。

② 秋菊：花期10月中旬至11月下旬。

③ 寒菊：花期12月下旬至1月。

④ 四季菊：四季开花。

（2）依花径大小分类

① 大菊：花朵直径18cm以上。

② 中菊：花朵直径9～18cm。

③ 小菊：花朵直径9cm以下。

（3）依花型分类　舌状花大而艳丽，类型丰富，菊花的花形分类取决于花瓣的形态变化，可分为5类，30型。

① 平瓣类　花瓣全部开展，仅基部结合。花瓣形态变化很大，有宽有窄，有长有短，有直伸、内曲、外曲和扭曲，还有先端开裂成爪状。

② 匙瓣类　花瓣基部结合成管，上部开裂成匙状。匙的长度为花瓣的1/3～1/2，匙的长短宽窄不等；匙头的形状有直伸、内曲等多种变化。

③ 管瓣类　舌状花有 2/3 以上或近全部呈管状。有粗管、中管、细管之分。其管的形状呈直伸、弯曲、弯钩成珠和扭曲等变化。还有的管端开裂成爪状，或者开裂呈星状。

④ 桂瓣类　舌状花少，筒状花先端不规则开裂。

⑤ 畸瓣类。

【同属常见其他种】菊属 30 余种，中国原产 17 种。

野菊（*D. indicum*），全国均有分布；紫花野菊（*D. zawadskii*），分布在华东、华北及东北地区；毛华菊（*D. vestitum*），分布在华中；小红菊（*D. chanetii*），多分布于华北及东北。

【园林应用】菊花是中国十大名花之一，花中四君子之一，也是世界四大切花之一。因菊花具有清寒傲雪的品格，才有“采菊东篱下，悠悠见南山”的名句。中国人有重阳节赏菊和饮菊花酒的习俗，“待到重阳日，还来就菊花。”菊花是最重要的切花，还可用来布置花坛、花镜、花丛花群、种植钵及岩石园。

9.2.2　金鸡菊属 *Coreopsis* L.

菊科一年生或多年生草本。株高 30～100cm，茎直立。叶片多对生，稀互生，全缘，浅裂或切裂。花单生或为疏圆锥花序；总苞 2 列，每列 8 枚，基部合生；舌状花 1 列，宽舌状，黄、棕或粉色；管状花黄色至褐色；花期夏秋。

【产地与生态习性】本属植物约 100 种，分布于美洲、非洲及夏威夷群岛。性强健，耐寒，喜光，耐干旱瘠薄，栽培管理简单。

【繁殖】生产中多用播种或分株繁殖，夏季也可进行扦插繁殖。常能自播繁衍。

【栽培管理】金鸡菊类栽培容易。栽培中肥水不宜过大，以免徒长。定植株行距 20cm×40cm。生长快，3～4 年需要分株更新。入冬前剪去地上部分，浇冻水过冬。

【本属常见种】本属常见栽培的种有大花金鸡菊、大金鸡菊和轮叶金鸡菊。

（1）大花金鸡菊（*C. grandiflora*）　别名剑叶波斯菊。原产美国南部。宿根草本。株高 30～60cm，全株稍被毛。茎有分枝。叶对生，基生叶及下部茎生叶披针形，全缘；上部叶或全部茎生叶 3～5 深裂，裂片披针形至线形，顶裂片尤长。头状花序大，花序直径 4～6.3cm，具长梗，内外列总苞近等长；舌状花通常 8 枚，黄色，长 1～2.5cm，端 3 裂；管状花也为黄色。花期 6～9 月。

（2）大金鸡菊（*C. lanceolata*）　原产于北美，各国有栽培或逸为野生。耐寒性宿根草本。高 30～60cm，无毛或疏生长毛。叶多簇生基部或少数对生，茎上叶甚少，长圆状匙形至披针形，全缘，基部有 1～2 个小裂片。头状花具长梗，花朵直径 5～6cm，外列总苞常较内列短；舌状花 8 枚，宽舌状，黄色，端 2～3 裂；管状花也为黄色。花期 6～8 月。有大花、重瓣、半重瓣等多种园艺品种。

（3）轮叶金鸡菊（*C. verticillata*）　原产北美。宿根草本。株高 30～90cm，无毛，少分枝。叶轮生，无柄，掌状 3 深裂，各裂片又细裂。管状花黄色至黄绿色。花期 6～7 月。

【园林应用】花色亮黄，花姿轻盈雅致，是优良的丛植、片植花卉，还可用于花坛及花境栽植，也可做切花应用。因为易于自播繁衍，常成片逸生为地被。

9.2.3　蓍属 *Achillea* L.

菊科蓍属多年生宿根草本。茎直立，株高 50～100cm。叶互生，羽状深裂。头状花序小，伞房状着生，形成平展的水平面。

【产地与生态习性】本属约100种，分布于北温带。中国有7种，多产于北部。耐寒，性强健，对土壤及气候条件要求不严，日光充足之地和半阴处都能生长，但以排水良好、富含有机质及石灰质的沙质壤土最好。

【繁殖】以分株繁殖为主，春秋均可进行，分株时施以堆肥或少量油粕做基肥，则长势良好。也可播种繁殖，种子发芽力可保持2～3年，发芽适温18～22℃，播后1～2周发芽，苗出齐后，适当间苗。

【栽培管理】栽培管理简单。定植株距30～40cm，花前追肥1～2次有利于开花，冬前剪去地上部分，浇冻水。每2～3年分株更新一次。

【本属常见种】本属常见种有千叶蓍、藏叶蓍、蓍草、珠蓍和矮蓍草。

(1) 千叶蓍（*A. millefolium*） 别名西洋蓍草、锯叶蓍草。原产欧洲、亚洲及美洲。我国西北、东北有野生，园林中多栽培。株高60～100cm，茎直立，稍具棱，上部有分枝，密生白色长柔毛。叶矩圆状披针形，2～3回羽状深裂至全裂，裂片线形。头状花序白色，花序直径约5～7mm，伞房状着生，舌状花4～6个。花期6～10月。有红、黄、粉色品种。

(2) 藏叶蓍（*A. filipendulina*） 别名凤尾蓍。原产高加索。株高1m，茎具纵沟及腺点，有香气。羽状复叶互生，小叶羽状细裂，线形。花白色，伞房状着生。花期7～9月。

(3) 蓍草（*A. alpina*） 原产东亚、西伯利亚及日本。我国东北、华北、江苏、浙江一带均有分布。株高60～90cm，茎直立，全株被柔毛。叶互生，无柄，条状披针形，基部裂片抱茎，缘锯齿状或浅裂。头状花序，花序直径约1cm，在茎顶呈伞房状着生，舌状花7～8个，白色或淡红色，顶端有3个小齿，筒状花白色或淡红色。花期7～8月。

(4) 珠蓍（*A. ptarmica*） 原产欧洲及日本。株高30～100cm，叶披针状线形，有锯状齿缘；花白色，伞房状着生，舌状花白色，8～9个，花期7～9月。

(5) 矮蓍草（*A. nana*） 原产南欧。株高5～10cm，全株密被柔毛。根匍匐状，茎不分枝，但生有具叶的匍匐枝。羽状叶，上部叶无柄。花灰白色，具芳香，舌状花6～8个。花期7～10月。

【园林应用】蓍草类是重要的夏季花卉。开花繁密，能覆盖全株，是花境中理想的水平线条的表现材料。矮生种可用于岩石园，高型种多剪取作为切花，水养持久。

9.2.4 观赏向日葵类 *Helianthus* spp.

菊科一年生或多年生草本。多年生种地下有块茎或根茎先端稍肥大，通常植株高大、被粗刚毛。叶互生或仅下部叶互生，全缘或有齿牙。头状花单生于长梗上或为疏伞房花序；总苞片2列或数列，外列者多呈叶状；管状花两性，可孕，黄褐色或带紫色，先端5裂；舌状花黄色。

【产地与生态习性】约160种，主产北美。宿根向日葵类强健，易栽培，不择土壤，但以富含腐殖质的黏质土壤为好，过于干燥处不利生长。千瓣葵等多数种类在华北地区可露地越冬。花径大小及植株高度常与土地肥力相关，在日照充足、土壤潮湿而肥沃的地方株高而花大。

【繁殖与栽培】宿根向日葵类种子较大、播种容易，10℃以上时，经7～10d即可萌发。做切花及花坛用花，可于4月上、中旬在露地直播，7月下旬至9月开花不绝，可为夏花坛应用。种子发芽力可保持3～4年。可3～4年分株1次，繁殖力较强。在做切花及花坛用花时，为增加着花数，可在定植后进行摘心，以促进分枝。北京等地因自然花期在8月份，为

“十一”用花，常于7月初进行重修剪，不令其开花，则可在“十一”盛开。

【本属常见种】常见种有千瓣葵、坚硬向日葵、大向日葵和柳叶向日葵。

（1）千瓣葵（*H. decapetalus*） 原产北美。多年生草本，高60～150cm。根茎先端稍块状肥大；茎上部分枝、枝条有软毛或粗短毛。叶薄，卵状至卵状披针形，缘有锯齿，三出脉，叶表有粗毛。头状花多数，径约5～7.5cm；多数为舌状花、黄色。花期7～9月。

（2）坚硬向日葵（*H. rigidus*） 原产北美。多年生草本，高30～90cm，茎直立，枝散生，有粗毛。叶对生，质厚、长，15～30cm，长椭圆形至卵状披针形，全缘或稍有齿牙，两面有粗毛。头状花具长梗；茎6.3～10cm，多单生；舌状花多数，长3～4cm；管状花紫至褐色；花期7～8月。

（3）大向日葵（*H. giganteus*） 原产北美。多年生草本，具块茎，性强健，高100～136cm，茎上部分枝，全株被粗毛。叶披针形，长7.5～21cm，全缘或有锯齿缘。头状花数个，具长梗，呈伞房状着生；茎4～7.5cm；舌状花10～20个，长2.5cm，淡黄色；管状花黄色。花期8～10月。

（4）柳叶向日葵（*H. salicifolius*） 原产北美。多年生草本，高2～3m。茎直立、无毛，顶部着生多数叶。叶通常互生，线性至披针形，长20～40cm，宽4～10mm，被粗毛。头状花径约5cm，柠檬黄色；总苞片线状披针形，稍有缘毛；管状花褐色或带紫色。花期9～10月。

【园林应用】宿根向日葵宜栽植于花境或丛植；矮生种可用于花坛；多花性种适作切花栽培，吸水良好，切花持久。

9.2.5 芍药 *Paeonia lactiflora* Pall.

芍药又名将离、余容、黑牵夷，芍药科芍药属多年生宿根草本。根肉质、粗壮、纺锤形或长柱形，粗0.6～3.5cm，浅黄褐色或灰紫色。茎基部圆柱形，上端多棱角，向阳部分多呈紫红晕。基部叶为单叶，其余为二回三出羽状复叶，长20～40cm，小叶有椭圆形、狭卵形、披针形等，叶端长而尖，叶背多粉绿色，有毛或无毛。花单生，具长梗，着生于茎顶或近顶端叶腋处，偶有2～3朵并出的；单瓣或重瓣；萼片5，宿存；雄蕊多数；蓇葖果2～8枚离生，每枚内有种子1～5，种子近球形，褐色；花期4～5月，依地区及品种不同而稍有差异；果熟期8～9月。

【产地与生态习性】原产我国北部，日本、俄罗斯西伯利亚一带也有分布，生于山坡草地。我国东北、内蒙和华北山区仍有野生。目前，除华南部分地区气候炎热，不适于芍药生长外，几乎全国各地皆有栽培。芍药耐寒，北方各地都可露地越冬；夏季喜冷凉气候。喜阳光充足，光照不足亦可开花，但生长不良。要求土层深厚、湿润而排水良好的壤土，在黏土和沙土上，虽可开花，但生长不良。盐碱地和低洼地不宜栽培。

【繁殖】芍药繁殖常采用分株、播种、根插等方法，其中分株繁殖简便易行，可以保持母本的优良特性，提早开花，被广泛采用。

芍药分株宜9月至10月上旬进行，即农历白露至寒露之间。此时分株，土温高于气温，有利于分株后根系伤口愈合萌发新根，增强抗旱耐寒能力。过早分株易于秋发，影响翌年生长开花；过迟分株则根弱或不发新根，来年新株衰弱，甚至因不耐旱而死亡。我国花农谚语有：“春分分芍药，到老不开花”、“七芍药，八牡丹”（指农历）。分株时，要小心挖起肉质根，不能伤根太多，然后顺自然纹理小心地用利刀劈开，每丛要有3～5个芽，剪除腐根，注意不能碰伤芽嘴。分根时，可结合加工白芍。3年生母株可分3～5丛。分株后，稍阴干，待其伤口结成软疤，以草木灰硫磺粉涂伤口，阻止细菌侵入。栽植深度以芽稍露出地面为宜。如土壤湿润，不必浇水，避免伤口腐烂。芍药分株年限以栽培目的不同而异，作花坛栽培或切花栽培时，6～7年分株一次；作药用栽培以采根为目的时，则为3～5年分株一次。

种子繁殖不能保持原有品种的优良性状，所以多在培育新品种或培养根砧时应用。采种时应选择优良的植株，适时采摘微微裂开的蓇葖果。芍药种子成熟后，要随采随播，播种愈迟，发芽率愈低。也可与湿润的细沙混匀，贮藏于荫凉处，保持湿润，9月中下旬播种。播种地应背风向阳，土壤以排水良好、富含腐殖质的沙壤土为好。播种前施基肥，可条播或穴播。条播的行距为30cm，播深3cm，粒距3～4cm，播后覆土，踏实，再覆土6～8cm；穴播的穴距为20～30cm，每穴播种4～5粒。播种后当年秋季生根，冬季保持播种区适当湿润，次年4月初春暖后去除部分盖土，约15d后，新芽出土。

芍药幼苗生长缓慢，第一年只长出1～2枚叶，根长10～14cm，根粗0.4～0.8cm，地上部分根颈处着生顶芽1个。2年生苗生长渐快，株高25～30cm，根长12～16cm，根粗1.4～1.6cm，并有明显的细根6～8条，根颈处着生顶芽2个。一般情况下，处暑至白露期间可移植。发育良好的实生苗，4～5年就可开花。杂交或播种苗，需经2年花期观察，待性状稳定后，择其优者定名应用。作根砧栽培者，约3年以后根部直径达2～3cm时应用。

由于芍药自播种到开花持续时间长，所以播种前多先催芽。最适生根温度是20℃，待胚根长出1～3cm时，放在4℃条件下处理40d，再将发芽种子转到11℃条件下培养，子叶迅速伸长，长成正常的幼苗。

扦插繁殖宜在开花前约两个星期进行。以茎的中间部分作插穗，插穗由两节构成，插在温床内沙层中，深3～4cm，适当遮阴、防雨。每天对插条进行喷水，经45～60d发根，并形成休眠芽。扦插苗在温床内越冬，需盖上一层堆肥或落叶。春天扦插苗发芽时，连苗带土移植到花圃或花盆中去。另外，芍药还可在秋季分根时进行根插。收集健壮的芍药断根，切成5～10cm长的小段，插在翻平整好、深10～15cm的沟中，上面覆5～10cm的碎土，浇1次透水即可。

压条繁殖于春季将嫩茎下部用麻皮轻轻绑扎，用土埋好，随着茎的不断伸长，增添埋土，并保持覆土湿润。夏季包扎部位的茎就会生根。冬季用落叶或腐殖土覆盖，次年从基部剪断，小心保护好新株根部的土，另行栽植。

【栽培管理】除花后孕芽到芽满期间不宜栽植外，其他时期都可栽植。一般与分株繁殖结合进行。春季虽可栽植，但栽后根系受损，吸收肥水能力较差，往往生长发育不良。栽植的株行距为70cm×(90～100)cm（切花栽培是50cm×60cm）。穴深21～24cm，穴口直径18cm，最好上狭下宽；然后将分株的植株，展根平放在穴内。当填入细土到一半时，将根稍稍上提，使根与土壤密切结合。上提高度，以其芽平地为准。栽植过深或过浅都不适宜。过深，芽不容易顶出土面，叶子和植株生长发育都不旺盛；过浅，根颈露出地面，夏季曝晒，植株容易死亡。最后填土至满，捣实并覆9～12cm高土堆，以利识别。

芍药根系粗大，栽植前应将土地深耕，并充分施以基肥，如腐熟堆肥、厩肥、油粕及骨粉等。芍药好肥性强，特别是花蕾显色后及孕芽时，对肥料要求更为迫切。根据芍药不同时期的需要，施肥期可分为3次。花显蕾后，绿叶全面展开，花蕾发育旺盛，此时需肥量大；花刚开过，花后孕芽，消耗养料很多，是整个生育过程中需要肥料最迫切的时期；为促进萌芽，需要在霜降后，结合封土施一次冬肥。施用肥料时，应注意氮、磷、钾三要素的结合，特别对含有丰富磷质的有机肥料，尤为需要。

芍药喜土壤适度湿润。干旱时要注意浇水，多雨时要及时排水，保持干湿相宜。此外，早春出芽前后结合施肥浇一次透水；11 月中、下旬（即小雪前后）浇一次“冻水”有利于越冬及保墒。

芍药开花前除顶蕾外，其下有 3～4 个侧蕾，为了使顶蕾花大色艳，应在花蕾显现后不久，摘除侧蕾，使养分集中于顶蕾。为预防顶蕾受损，除顶蕾外，可先留一个侧蕾，待顶蕾开始膨大，正常发育不成问题时，再将留下的侧蕾及时除去。芍药花葶软，多数品种开花时往往花头下垂，容易倒伏。可在花蕾显色后，设立支柱，支柱形式有两种：一种是单杆式，以扶持花特大而葶软的品种。绑扎时，用小竹竿插入花葶背部土中，然后用细麻丝分三道呈“8”字形绑扎。注意绑扎不能太高，太高花头僵硬，有失美观；二是圈套式，用于一般品种，将松散植株用塑料圈围起来，使花葶相互依附而挺立。芍药开花时气温较高，雨水多，为了免遭雨打，遮蔽日光，调节小气候，以延长花期，保持花色艳丽，可搭棚架。棚高约 2.5m，遮以苇帘。有花棚遮盖的芍药，可延长花期 8～10d。

此外，在施肥、浇水后，应及时中耕除草，尤其在幼苗生长期更需适时除草，加强管理，幼苗才能健壮生长。中耕时，绿叶封田前和花期前后要耕得深，孕芽后要耕得浅。在正常情况下，每年要中耕除草 10～12 次。

【常见品种及类型】芍药品种甚多，全世界目前有 1000 多个。花色丰富、花形多变，园艺上根据色系、花期、植株高度、花形及瓣形等进行分类。

（1）按花形及瓣形分类

① 单瓣类：花瓣约 1～3 轮（5～15 枚），瓣宽大，雌、雄蕊正常。

② 千层类：花瓣多轮，内、外瓣差异较小。

③ 楼子类：有显著的外瓣、通常 1～3 轮；雄蕊均有瓣化，或渐变成完全花瓣；雌蕊正常或部分瓣化，花形逐渐高起。

④ 台阁类：全花可区分为上方、下方两花，两花之间可见明显着色的雌蕊瓣化瓣或退化雌蕊。

（2）按花期分类　可分为早花、中花和晚花 3 类。据根各地的具体气候条件加以区分。如在北京，芍药早花品种花期为 5 月 10～18 日，中花为 5 月 19～25 日，晚花为 5 月 26～30 日。

（3）按花色分类　在现代花卉商品化生产和销售中，按花色分类有重要的应用价值。可分为白色系、黄色系、粉色系、红色系、紫色系和混色系等。

（4）按株高分类　可分为高株品种，株高 120cm 以上，花繁，梗硬，多可用作切花；中高品种，株高 80～119cm，多适用于园林布置；矮生品种，株高 79cm 以下，多适于盆栽。

【园林应用】芍药为我国传统名花，古称“花相”。其适应性强，花期长，品种丰富，可布置芍药专类园；可筑台展现芍药色、香、韵特色；可作花境、花带。我国古典园林中常置于假山湖畔来点缀景色。除地栽外，芍药还可盆栽或用作切花材料。

9.2.6　荷包牡丹属 *Dicentra* Borkh

罂粟科宿根草本。地下茎水平生长，稍肉质。一至数回三出复叶。花序顶生或与叶对生，排成下垂的总状花序。萼片 2，较小而早落，花瓣 4，外侧 2 枚，其基部膨大成囊状，呈心形，先端反卷，内侧 2 枚小而直立，花有红、黄、白等色；花柱纤细，柱头 2～4，鸡冠状或角状。蒴果长形。

【产地与生态习性】本属 15 种，分布于北美和亚洲。我国有 6 种，产于西北、东北及云南。耐寒而忌夏季高温。耐半阴，忌阳光直射。不耐干旱。喜湿润、富含腐殖质、疏松肥沃的沙质壤土。生长期喜侧方遮阴，早春开花，盛夏茎叶枯黄休眠。

【繁殖】主要用分株或扦插繁殖，也可播种。

分株繁殖在春、秋均可进行，春季分株的苗当年可开花。一般 3～4 年分株一次。分株时应避免挖伤地下部分半肉质的根茎。株行距 40cm×80cm。扦插可将根茎截成小段，每段带有芽眼，插于土中。播种繁殖春秋均可进行，春季播种需将种子作湿沙层积处理。实生苗 3 年开花。

【栽培管理】荷包牡丹栽培容易，不需特殊管理，若栽植于树下等有侧方遮阴的地方，可以推迟休眠期，延长观赏期 1 个月左右。在春季萌芽前及生长期施些饼肥及液肥则花叶更茂。盆栽时宜选用深盆，下部放些瓦片以利排水。7 月至翌年 2 月，是休眠期，要注意雨季排水，以免植株地下部分腐烂。11 月除浇防冻水外，还要在近根处施以油粕或堆肥。

7 月，花后地上部分枯萎时，可将植株掘起，栽种在盆中，然后分批放置在温度 12～15℃、空气湿润的温室内，进行促成栽培，约 2 个半月后可开花。花后可放在冷室内，待早春重新栽植露地。

【常见种类及品种】同属植物约 15 种，分布于北美及亚洲。我国有 6 种，产于西北、东北及云南。常见栽培的有以下几种。

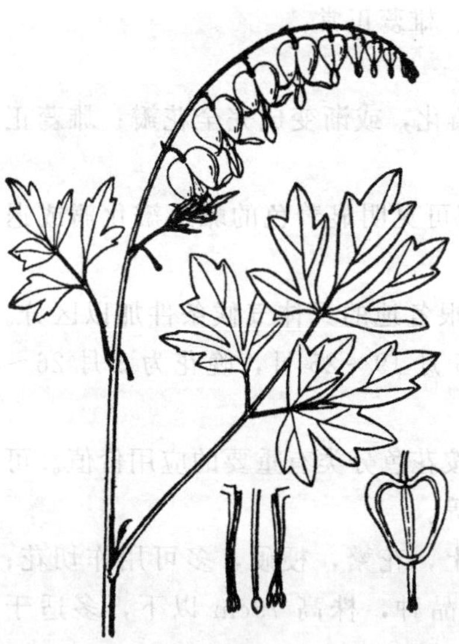
图 9-2 荷包牡丹

(1) 荷包牡丹（*D. spectabilis*） 地下茎稍肉质。株高 30～60cm，茎带红紫色，丛生。叶对生，二回三出羽状复叶，略似牡丹叶片。总状花序，花朵着生一侧，并下垂。萼片 2，小而早落；花瓣 4 枚，外侧 2 枚，基部束状，形似荷包，玫瑰红色，里面 2 枚较瘦长突出于外，粉红色。花期 4～6 月。蒴果（图 9-2）。

(2) 加拿大荷包牡丹（*D. canadensis*） 原产北美。叶背面有白粉，裂片线形。花冠心脏状，绿白色稍带红晕；有短距，花梗短。花期 5 月。

(3) 大花荷包牡丹（*D. macrantha*） 原产我国，分布四川、贵州及湖北西部海拔 1500～2600m 的山地林下。株高 1m，全株无毛。叶片大型，三回三出羽状全裂，末回裂片卵形，具齿牙；下部叶长达 30cm，具长柄。总状花序，花数较少，下垂；花瓣淡绿色或白色，花序长 30～45cm。

【园林应用】荷包牡丹叶丛美丽，花朵玲珑，色彩绚丽。可丛植或做花境、花坛材料，也可作地被植物或植于山石前。低矮品种可盆栽观赏。作切花时，水养可持续 3～5d。

9.2.7 耧斗菜属 *Aquilegia* L.

毛茛科宿根花卉。叶丛生，2～3 回三出复叶。花顶生；萼片 5，辐射对称，与花瓣同色；花瓣 5；雄蕊多数，内轮的变为假雄蕊；雌蕊 5，蓇葖果。

【产地与生态习性】本属植物70种，分布于北温带。我国有13种，产于西南及北部。耧斗菜属性强健，耐寒，华北及华东等地区均可露地越冬。喜肥沃、富含腐殖质、湿润、排水良好的土壤。对夏季高温适应性较差。宜较高的空气湿度。在半阴处生长及开花更好。

【繁殖】播种于春季3～4月和秋季8～9月皆可进行。早春于15～20℃的温室内播种，并保持土壤湿润，一个半月后可发芽。发芽后一般长势较弱，幼苗经一次移植后，苗高10cm左右可定植，株距30～40cm。夏季应半遮阴，冬季寒冷地区可稍加覆盖越冬，次年可开花；若9月上旬播种，次年有30%～40%植株开花。植株生长三年后易衰弱，必须进行分株，使其复壮。分株易在早春发芽之前或落叶后进行。

【栽培管理】初春3月上旬浇返青水，并浇灌1%敌百虫液进行土壤消毒。3～6月北方气候干旱，应多浇水，浇水后要中耕锄草。6～7月种子成熟，注意及时采收。7～8月降雨多，应注意排水以防植株倒伏、腐坏。夏季高温，注意遮阴。注意疏株和修剪，以利通风，可减少病虫害的发生。11月结合清理园地施基肥，并浇透防冻水。

【本属常见种】同属植物约70种，常见栽培的有以下几种。

（1）耧斗菜（*A. viridiflora*） 又名西洋耧斗菜、耧斗花。原产欧洲、西伯利亚。茎高40～80cm，具细柔毛，多分枝。叶基生及茎生，二回三出复叶，具长柄，裂片浅而微圆。一茎着生多花，花瓣下垂（重瓣者近直立）；萼片5，形如花瓣。花瓣卵形，5枚，通常紫色，有时蓝白色。花期5～7月。

变种有大花耧斗菜（*A. vulgaris* var. *olympica*），花大，萼片暗紫色或淡紫色，花瓣白色；白花耧斗菜（*A. vulgaris* var. *alba*），花白色；重瓣耧斗菜（*A. vulgaris* var. *flore-pleno*），花重瓣，多色；红花耧斗菜（*A. vulgaris* var. *atrorosea*），花深红色；斑叶耧斗菜（*A. vulgaris* var. *vervaeneana*），叶有黄斑。

（2）加拿大耧斗菜（*A. canadensis*） 原产加拿大及美国。高型种。二回三出复叶，暗绿色。花数朵着生于茎上；萼黄或红色；距近直伸；花瓣柠檬黄色，顶端近截形；花期5～7月。

变种有矮型变种（*A. canadensis* var. *nana*），高约23cm；黄花变种（*A. canadensis* var. *flavescens*），花浅黄色。

（3）黄花耧斗菜（*A. chrysantha*） 又名垂丝耧斗菜。原产北美。高型种，多分枝，稍被短柔毛。二回三出复叶，茎生叶数个。萼片深黄色，有红晕；花瓣淡黄色，短于萼片，细长而开展。花期5～8月。

变种有淡黄色变种（*A. chrysantha* var. *alba-plena*），花色极淡，时有红晕；金黄变种（*A. chrysantha* var. *flavescens*），花浅黄色，有红晕，距内曲，短于原种；红距变种（*A. chrysantha* var. *jaeschkanii*），株高约45cm，花与距均红色。

（4）华北耧斗菜（*A. yabeana*） 我国陕西、山西、山东、河北等地有分布。茎生叶有柄，一至二回三出复叶；茎生叶小。花顶生，下垂；萼片5枚，紫色，呈花瓣状，基部有囊状距，向内弯曲；萼与花瓣同色同数。

（5）杂种耧斗菜（*A.×hybrid*） 是园艺杂交种。株高约90cm，萼片长，距长；花色丰富，有紫红、深红、黄色；也有矮生品种。花期5～8月，是主要的栽培种类。园艺品种有'麦肯纳'（'Mckana Improved'），萼红或蓝紫色，花瓣黄或淡黄色；'大花麦肯纳'（'Mckana Giant'），萼红、粉红、淡蓝或紫色，花瓣淡黄、黄或粉红色。

【园林应用】耧斗菜叶片优美，花形独特，品种多，花期长，从春到秋陆续开放。自然界常生于山地草丛间，园林中可布置于灌木丛间及林缘。也常作花坛、花境、岩石园的栽植材料。大花及长距品种可作切花。

9.2.8 铁线莲属 *Clematis* L.

毛茛科植物。攀援藤本，少数呈直立草本或灌木。叶对生，单叶或羽状复叶，全缘。花单生或圆锥状花序，无花瓣，萼片花瓣状；雌雄蕊明显，花后花柱伸长并宿存，瘦果聚集成头状果实群；花期6～9月。

【产地与生态习性】同属植物约300种，广布北半球温带。中国约108种，各省有分布，西南为集中分布区。适应性强，生长旺盛；喜凉爽，耐寒性强，多数种类在华北地区能安全越冬；喜基部半阴、上部较多光照环境；喜肥沃，排水良好的黏质壤土；大多喜微酸性和中性土壤，少数喜微碱性土；忌积水和夏季干旱。

【繁殖】通常采用扦插、嫁接、压条繁殖，也可用播种、分株繁殖。扦插在5～8月间进行，取当年生新稍作插穗，具2节，于节下2cm处切断；切口在100～500mL/L吲哚酪酸中浸2～3h可促进生根，一般3～4周生根。压条适用于藤本类，春季进行，3个月后可分栽。3～4年大的植株可分株，秋季进行，栽于背风向阳处。

播种多用于原种或培育新品种，种子发芽快慢因种类而异：发芽快的种如黄花铁线莲20℃下1～2周即可发芽，但如转子莲、红花铁线莲等种类需经1～2℃自然低温才能发芽。一般种子3℃下冷藏40d发芽整齐，或用1000mg/L的赤霉素或丙酮液浸泡2～4h，30d后50%出芽。

【栽培管理】铁线莲根系粗硬而长，纤维状吸收根少。栽培地最忌通气排水不畅与土表温度剧烈变化或暴晒的环境。生长期不易移栽，于早春或晚秋进行移植。种植前要深耕，施足基肥。种植穴不小于40cm，深60～80cm，株距不少于60cm。栽植深度要保持好根茎部位在土表下3～5cm。生长季节要随时注意绑扎，固定蔓生新梢，也可以通过修剪，成球形或篱形。春秋各施一次混合化肥则株壮花茂。

【本属常见种】常见栽培的有铁线莲、杰克曼氏铁线莲、毛叶铁线莲、深红铁线莲、转子莲、黄花铁线莲和南欧铁线莲。

(1) 铁线莲（*C. florida*） 别名番莲。原产中国，分布于华北、西北。多年生攀援草质藤本，长约1～2m。茎棕色或紫红色，具棱，节膨大。叶对生，二回三出复叶。花单生于老枝的叶腋，有长花梗，中下部有一对叶状苞；花开展，花朵直径约5cm；萼片6枚，白色，花瓣状；雄蕊暗紫色，花丝宽线形。

(2) 杰克曼氏铁线莲（*C. jackmani*） 园艺杂交种，是现代铁线莲的重要品种群。多年生攀援草质藤本，长约1～2m。由3朵花组成圆锥花序；花大，扁平，花朵直径约12.5～15cm；萼片4～6枚，宽大，有红、紫、粉、紫堇等多种颜色；花期6～9月。

(3) 毛叶铁线莲（*C. lanuginose*） 原产于中国，特产于浙江东北部。攀援藤本，长1.5～2.0m。茎圆柱形，有棱，棕色至紫红色，幼时被淡黄色柔毛，叶柄常扭曲。单花顶生、花梗直而粗壮；花大，花朵直径7～15cm；萼片6，淡紫色至紫灰色，近椭圆形；雄蕊淡红褐色；宿存花柱纤细，长4～6cm，被稀疏黄色柔毛；花期5～6月，有时秋季也开花。

(4) 深红铁线莲（*C. texensis*） 原产于美国得克萨斯州及墨西哥。攀援藤本，长达2m，茎无毛。羽状复叶，质厚、灰绿色，小叶广卵形，长4～7.5cm。花单生，瓶形而下垂，洋红色，外面无毛；宿存花柱羽毛状，长 2.5～5cm；花期 6 月至晚秋。

(5) 转子莲（*C. patens*） 别名大花铁线莲。原产中国，山东及辽宁东部有分布，日本、朝鲜也有分布。草质藤本，茎圆柱形，长约 1m，棕黑至暗红色，具六条纵纹。羽状复叶，小叶常 3～5 枚，近卵圆形，全缘，基出主脉 3～5 条，小叶柄常扭曲。单花顶生，花梗直而粗壮；花大，花朵直径约 8～14cm；萼片 8 枚，白色至淡黄色，倒卵圆形；花丝线形；宿存花柱被金黄色长柔毛；花期 5～6 月。

(6) 黄花铁线莲（*C. tangutica*） 别名甘青铁线莲。原产于我国华北及蒙古国。花单生，有 3 花呈单聚伞花序，腋生，黄色，花朵直径可达 5cm，花期 7～8 月。

(7) 南欧铁线莲（*C. viticella*） 别名意大利铁线莲。叶 1～2 回羽裂，小叶不对称。花单生或 3 朵簇生，蓝色或玫紫色，花朵直径 5～6cm。夏秋开花。

【园林应用】铁线莲属植物，多数为落叶或常绿草质藤本，花大色艳，花朵显著，有"藤本植物皇后"之美称。可用于花架、棚架、廊、灯柱、栅栏、拱门等的攀援绿化，也可用于攀援常绿或落叶乔灌木，还可作为切花材料。花期 6～9 月，花有芳香气味，是重要的夏秋开花植物材料。

9.2.9 乌头属 *Aconitum* L.

毛茛科多年生宿根草本。块根肥大。茎直立、伏卧或缠绕，少分枝。叶互生，掌状分裂。总状或圆锥状花序，花形奇特，萼片 5，顶端一枚大而呈帽状或盔状，侧面两枚较下面 2 枚宽，花瓣 5，下部 3 枚极小，通常消失，上 2 枚具长爪，雄蕊多数。蓇葖果。

【产地与生态习性】本属约 100 种，分布于北温带。我国有 70 种，多分布在东北及西南等省区。乌头类性耐寒，喜凉爽而潮湿环境，干燥及高温则生育不良。宜栽于沙质壤土，以半阴处为好，自然界多生于草坡及林缘。

【繁殖】播种及分株繁殖。播种以秋季为宜，冬季置于低温温室，翌年春天开始发芽；春播当年不易发芽。播种苗生长慢，2～3 年可开花。秋天花后分株，将母株所生的新块根掰下另行栽植，春季分株生长不良。

【栽培管理】在贫瘠的土壤中易徒长，要防止长势过高，影响观赏效果，摘心可控制株高。生长期忌移栽。乌头茎秆较脆，后期生长过高，易倒伏，后期应设支柱。花后回剪可促进其开花。夏季注意降温排涝。每 3～5 年分栽 1 次。

【本属常见种】常见栽培的有乌头、川乌头和日本乌头。

(1) 乌头（*A. carmichaelii*） 别名华草乌、草乌、草乌头。原产中国，华北、华东、东北地区有分布。宿根草本，具长纺锤形块根。株高 1.5～1.8m。茎直立，光滑有分枝。掌状叶 3 深裂、中裂片羽状深裂，各片裂缘有缺刻，质厚，两面无毛。顶生狭圆锥花序，花大，淡蓝色，顶萼片大形兜状、长 1.5～3cm，侧萼片近圆形，下萼片长椭圆形，花期 7～8 月。常做切花栽培。

(2) 川乌头（*A. carmichaeli*） 原产我国中部。宿根草本，株高 1.5m。地下具纺锤状圆锥形块根，暗褐色。茎直立，下部光滑，上部具柔毛。叶五角形，革质。顶生总状花序，花成串侧向排列，花形奇特，花期 9～10 月。

(3) 日本乌头（*A. japonicum*） 原产日本。宿根草本，株高 60cm。茎直立，圆柱形，地下具纺锤状倒卵形块根。叶互生，5 深裂，裂片倒卵状披针形。花蓝紫色，长 3cm，萼片兜状圆锥形，侧萼片近圆形，基部绿白色，花期晚秋。

【园林应用】叶形美丽，花形奇特，多为蓝紫色或白色，是园林中重要的夏季花卉。可在灌木丛间做自然配置，尤其适于作花境的背景花卉。又可做切花栽培，水养持久。

9.2.10 翠雀属 *Delphinium* L.

毛茛科宿根草本。茎直立。叶掌状三出复叶或掌状浅裂至深裂。花序呈总状或穗状，花左右对称，多为蓝色，也有红、橙红、黄、白等其他颜色；萼片5，花瓣状，后面1枚延长成距；花瓣2～4枚，重瓣者多数，上面1对有距且突伸于萼距内；雄蕊多数或瓣化为重瓣；雌蕊1～5个。

【产地与生态习性】本属约250种，原产北半球温带。我国约有100种，南北各省均有分布。喜光，耐半阴；耐寒，忌炎热，喜夏季凉爽；要求肥沃、湿润、排水好的沙质壤土。

【繁殖】可用分株、扦插及播种法繁殖。春秋均可进行分株，每3～4年分株1次。扦插法可于春季新芽长至15～18cm时，切取扦插于沙中，当年夏秋即可开花；若花后扦插，则采自从地面抽生出的新芽。播种多在春季3～4月及秋季9月初进行，发芽适温为15℃左右，高温对种子萌发有明显抑制作用，若在高温情况下播种，可浸种后置于15℃左右冷库中1周，然后播种。

【栽培管理】选通风良好、日照充足、排水通畅、较干燥的地方栽植。定植前用堆肥或磷钾肥等作基肥，追肥应以氮肥为主。飞燕草类植株高大，易弯曲倒伏，有碍观赏及切花品质，栽培中可用绳、网固定。花后自地面留出15～20cm高进行修剪，还可二次开花。切花时应于花穗上80%花朵开放时切取为宜。老植株易染病虫害，因而常2～3年便移植1次，移植后增施基肥，有利于生长及开花。

【本属常见种】常见种有美丽飞燕草、大花飞燕草和高飞燕草。

(1) 美丽飞燕草（*D. belladonna*） 又名颠茄翠雀，为种间杂种。20世纪初选育成功，是当前主要栽培的园艺品系之一，具有很高的观赏价值。株高50～100cm，茎多分技。叶互生，掌状分裂。总状花序顶生，花大型；花期5～6月。耐寒性较强，适宜布置花境、花带或作为切花。

(2) 大花飞燕草（*D. grandiflorum* var. *chinense*）别名翠雀花。原产中国及西伯利亚，河北至东北等地均有野生。园艺品种极多，是目前广泛栽培的品系之一。株高30～105cm，分枝多，茎叶密布柔毛。掌状叶，细裂，裂片线形。总状花序长，花朵大，花朵直径约2.5～4cm；萼片蓝、淡蓝、莲青及肉色等，多数有眼斑；花期6～9月。适宜丛植，布置花境或作为切花。

(3) 高飞燕草（*D. elatum*） 又名穗花翠雀。原产法国及西班牙山区以及亚洲西部一带。我国内蒙古、新疆等地均有分布。园艺品种约达4000个以上，是现今主要栽培品系之一。株高120～180cm，茎无毛。叶大，稍被毛，掌状5～7深裂，上部叶3～5裂。花穗较长，原始种花为蓝色，在园艺品种中有花萼蓝色、花瓣紫色的品种以及花心是黑色的品种；花期6～8月。适宜丛植，布置花境或作为切花。

【园林应用】飞燕草花序长而挺拔，是春末夏初重要的园林花卉。尤其在花境中使用是较好的线形花材，还可丛植于路旁角隅，也是一种优良的切花。

9.2.11 鸢尾属 *Iris* L.

鸢尾科宿根草本。具块状或匍匐状根茎，或具鳞茎。叶多茎生，剑形至线形，嵌叠着生。花茎自叶丛中抽出，花单生，蝎尾状聚伞花序或呈圆锥状聚伞花序；花从两个苞片组成的佛苞内抽出；花被6片，外3片大，外弯或下垂，称为“垂瓣”，内3片较小，直立或呈拱形，称为“旗瓣”。蒴果长圆形，具3～6角棱，有多数种子。

【产地与生态习性】本属植物约300种，多分布在北温带。我国有60种，主要分布在西北、西南和东北等地区。耐寒性较强，一些种类在有积雪层覆盖条件下，−40℃仍能露地越冬。地上茎叶多在冬季枯死，也有常绿种类，如蝴蝶花。鸢尾类春季萌芽生长较早，春季或夏初开花，花芽分化多在秋季9～10月间完成。

鸢尾类是高度发达的虫媒花，又是雄性先熟的花，因此自花授粉的比率较低。

鸢尾类对土壤水分的要求，依种类不同而有较大差异。鸢尾、蝴蝶花、德国鸢尾、银苞鸢尾及鸢尾类大多数种类均喜排水良好，适度湿润的土壤；溪荪、马蔺、花菖蒲等喜生于湿润土壤及浅水中；黄菖蒲、燕子花等喜生于浅水中。

多数种类喜阳光充足，如花菖蒲、燕子花、德国鸢尾等，若灌木丛或高大树木遮阴下则开花稀少；但蝴蝶花宜在半阴处生长，因此常作地被应用；鸢尾也稍耐阴。

【繁殖】鸢尾类通常用播种与分株法繁殖。

植物学原种能获得正常发育种子的，均可播种繁殖。种子成熟后即播，不宜干藏。实生苗2年后开花。若播后使其冬季继续生长，则18个月即可开花。欲使种子提前发芽，可在种子成熟后，浸种24h，冷藏10d，再播于冷床中，当年秋季（10月末）可发芽。

分株繁殖每隔2～4年进行1次，于春季花后或秋季均可，寒冷地区应在春季。花后分栽的，如栽培管理恰当，初冬来临前花芽分化好，多不影响次年开花。分株前清除残花葶，截短叶丛1/3～1/2，以减少水分的散失；分割根茎时，以每块具2～3芽，并具旺盛生长的新根为好；根茎粗壮的种类，切口宜蘸草木灰或硫黄粉，待切口稍干时再栽植，以防病菌感染。新分栽的株丛，前2～3年生长旺盛，开花多。多年不分株的，生长势明显衰弱，开花少而小。若大量繁殖，可将新根茎分割下来，扦插于湿沙中，保持20℃温度，2周内可生出不定芽。

一些优良的园艺品种需快速大量繁殖时，可用组织培养法。外植体用幼嫩花序，经消毒后接种在MS＋BA5mg/L＋NAA0.1mg/L的诱导培养基上，温度（22±2）℃，光照1500～3000 lx，20d后，形成少量绿色愈伤组织，由愈伤组织表面陆续分化出白色胚状体，再分化出丛生芽。当芽苗长至2cm时分割开，接种在1/2MS＋IBA0.7mg/L＋S3%生根培养基上，1个月后生根，组培苗出瓶以秋冬季为好。出瓶后宜培养在室温15～20℃、相对湿度80%、培养床地温20～24℃条件下，基质宜用粗河沙。

【栽培管理】鸢尾类的栽培管理因对水分及土壤的要求不同而有差异。根据其生物学特性，生态要求特点不同，可分为以下3类。

第一类，要求土壤排水良好且适度湿润的种类，如鸢尾、蝴蝶花等根状茎通常较粗壮、肥大。喜富含腐殖质的黏质壤土，并以含有石灰质的碱性土壤最为适宜，在酸性土中生长不良。要求土壤排水良好，忌水涝与氮肥过多。栽培前应充分施以堆肥，并施油粕、骨粉、草木灰等为基肥。栽培大花品种时，最好施用骨粉或过磷酸钙作基肥。在整地前均匀翻入土中，用量约$50g/m^2$。栽植时宜适当浅植，根颈顶部与地面平；若栽植地为较黏重潮湿的土壤，则要进行土壤改良与筑高垄，以改善土壤的黏重潮湿状况。栽培距离因种类而异，可自(15～40)cm×(20～60)cm不等。春季干旱地区，萌芽生长至开花阶段应保持土壤适度湿润，以保证花叶迅速生长发育对水分的需求；开花后可不必特殊供水，多雨季节更要注意排水，以免招致根茎腐烂。此类鸢尾最忌土壤连作，3～4 年分栽时，务必倒茬换地。生长期追以化肥及液肥，则株强叶茂。

第二类，要求生长于浅水及潮湿土壤，通常植于湖畔及水边。花菖蒲在生长迅速时期要求水分充足，其他时期水分可相应减少；燕子花须经常在潮湿土壤中才能生长繁茂。这一类忌石灰质的碱性土壤，而以微酸性土为宜。栽植前施以硫铵、过磷酸钙、钾肥等作基肥，并充分与土壤混合。栽植时留叶 20cm 长，将上部剪去后再栽植。栽植深度约在根颈上部覆土 2.5cm，株行距 25～45cm；栽植过深、土壤偏碱等因素，均会引起叶色发黄，生长势衰弱。生长季应保持水湿，最好能维持没及根颈基部；冬季要减少水量，即植株基部要露出水面；但土壤须保持适度湿润。

第三类，对环境要求不严，抗逆性强，如马蔺、黄菖蒲等。

鸢尾还可进行促成栽培和抑制栽培。如德国鸢尾在花芽分化后，于 10 月底进行促成栽培，夜间最低温度保持 10℃，并给予电灯照明，1～2 月即可开花。抑制栽培时，于 3 月上旬掘起装箱，在 0～3℃下低温贮藏，若令其开花，则在 60～80d 前停止冷藏，进行栽植即可开花。

【本属常见种】本属植物约 200 种，分布在北温带。我国野生 45 种以上，常见栽培的有以下几种。

(1) 鸢尾（*I. tectorum*） 原产我国，云南、四川、江苏、浙江等省均有分布。多年生草本。根状茎匍匐多节，节间短。叶质薄，交互排列成 2 行。花茎几乎与叶等长；总状花序；花 1～3 朵，蝶形，蓝紫色，外列花被的中央有一行鸡冠状白色带紫纹突起。花期 4～5 月，果期 6～8 月。多生于海拔 800～1200m 的灌丛中，性强健，耐半阴。

(2) 德国鸢尾（*I. germanica*） 原产欧洲中部，世界各国广为栽培。根茎粗壮。叶稍革质，绿色稍带白粉。花葶长 60～95cm，具 2～3 分枝，共有花 3～8 朵，有香气。花期5～6 月。花形及色系均较丰富，是属内富于变化的 1 个种。栽培品种极多，国内通过引种试种，推广的品种有‘魂断蓝桥’（‘Blue Starcato’），花葶高 100cm，花蓝色，皱边，底色为白色；‘梦幻’（‘Beautiful Vision’），花堇粉色；‘紫帆’（‘War Sail’），花葶高 100cm，花砖红色。花期若有庇荫，则开花更好。常用于花坛和花境，也是重要的切花材料。根茎可提取凝脂或浸膏，是名贵的天然香料。

(3) 香根鸢尾（*I. pallida*）又名银苞鸢尾。原产南欧及西亚，各国广为栽培。叶宽剑形，被白粉，呈灰绿色。花葶高于叶片，花白色，略带淡蓝色光泽；花具芳香；苞片淡棕色，花朵开放时转成纸质。花期 5 月。根茎可提炼香精。喜阳光充足与排水良好的普通土壤，栽培容易。

(4) 蝴蝶花（*I. japonica*） 原产我国长江流域，分布几乎遍布全国。日本也有分布。具匍匐状根状茎，较细，入土较浅。叶常绿，深绿色，阔扇形，有光泽。花茎稍高于花丛，2～3 分枝。花朵连续开放，白色、淡蓝、浅紫、深紫，花径 5～6cm，花期 4～5 月。喜温暖向阳或略庇荫处；忌冬寒与晚霜。庭院中多丛栽及布置花坛或作地被植物，也可作切花。全草可入药。

(5) 矮鸢尾（*I. pumila*） 原产西班牙东北部、法国南部与意大利。植株矮小，高不过 15cm。常绿。根状茎形成密丛。旗瓣大于垂瓣，黄、紫或两色。自然生长于由花岗岩形成的裸露岩石或沙质山地或开阔山林地。栽培时需选择略有庇荫、排水良好、较温暖的环境。冬季可耐受短时间－15℃低温。是很好的花坛镶边材料，多种于岩石、假山上，亦可作盆栽观赏。

(6) 溪荪（*I. sanguinea*） 原产亚洲西部、北非及南欧。我国东北各省及日本、朝鲜、俄罗斯也有分布。叶长30～60cm，宽约1.5cm，中肋明显，叶茎红赤色。花茎与叶近等长，苞片晕红赤色，花红紫色。花期5月下旬至6月上旬。自然生长于沼泽地，湿草地或向阳坡地，在水边生长良好。

(7) 燕子花（*I. laevigata*） 原产我国东北、云南，日本及朝鲜也有分布。叶明显无中肋，较柔软。花蓝色至白色，旗瓣直立，垂瓣中央鲜红色，径约10cm。花期4月下旬至5月。生于沼泽地、河岸边水湿地。野生资源丰富。喜水湿，宜庭院及湖畔栽植。

(8) 西伯利亚鸢尾（*I. sibirica*） 原产欧洲中部。根状茎粗壮，丛生性强。叶线形，长30～60cm，宽0.6cm，花茎中空，花顶生，蓝紫色。喜阴，耐旱，是沼泽地绿化和美化的优良材料。

(9) 马蔺（*I. lactea*） 又名马莲。原产中国及中亚细亚、朝鲜。根茎粗短，须根细而坚韧。叶丛生，狭线形，茎部具纤维状老叶鞘，叶下部带紫色，质地较硬。花茎与叶近等长，每茎着花2～3朵，花黄蓝色，中部有黄色条纹。花期5月。对土壤及水分适应性强，作地被及镶边材料。全株可入药。

【园林应用】鸢尾类植物种类丰富，品种繁多，株型高矮大小差异显著，花姿花色多变，生态适应性各异，是园林中的重要宿根花卉。主要应用于鸢尾类专类园，也可在园林中丛植，布置花境、花坛镶边，点缀于水边溪流、池边湖畔，也可点缀岩石园。也是重要的地被植物与切花材料。

9.2.12 石竹属 *Dianthus* L.

石竹科，多年生或一、二年草本。茎节膨大，叶对生。花单生或为顶生聚伞花序；萼管状，5齿裂，下有苞片多枚；花瓣5，具爪，被萼及苞片所包被，全缘或具齿及细裂；雄蕊10，花柱2，蒴果圆筒形至长椭圆形（图9-3）。

【产地与生态习性】本属约600种，分布于北温带。我国有16种，多分布在东北及西南等省区。耐寒而不耐酷热，耐干旱。喜阳光充足、高燥、通风凉爽的环境。喜排水良好、含石灰质的肥沃土壤，忌潮湿、水涝，忌黏土。

【繁殖】播种、分株、扦插繁殖均可，通常以播种为主。春播于4月、秋播于8月进行，可露地直播。发芽适温为15～20℃，温度过高则萌芽受到抑制。苗期生长适温为10～20℃，在北方地区需阳畦越冬，长江流域可露地越冬。幼苗经过二次移植后定植，株行距15cm×20cm。分株繁殖多在4月进行，繁殖前上足底肥，浇足透水，可提高分株繁殖成活率，促其生长。

图9-3 石竹

扦插法生根较好，可于10月至翌年3月进行。将枝条剪成6cm左右的小段，插于露地苗床中。在寒冷地区需在温室内扦插，植株生根后定植。

石竹类花卉，种间易发生天然杂交，田间栽植应注意品种隔离，留种时应严格选种，以保持各品种的优良性状。

【栽培管理】3月上旬浇足返青水。3～6月为石竹生长旺盛期，每月应浇水3～6次，并及时中耕、除草和防治病虫害，并注意适时进行花后修剪。7～8月正值雨季，应注意排水，以防止植株倒伏。11月施肥，浇防冻水。

【本属常见种】本属植物约300种。我国原产16种，南北均有分布。常见栽培的有以下几种。

(1) 高山石竹（*D. alpinus*） 矮生，高5～10cm。叶绿色，具光泽，基生叶线状披针形，基部狭，有细齿牙；茎生叶2～5对；花单生，粉红色，喉部紫色具白色斑及环纹，无香气；花期7～9月。原产俄罗斯至地中海沿岸的欧洲高山地带。多用于花坛。

(2) 少女石竹（*D. deltoides*） 又名西洋石竹。原产西欧及亚洲东部。全株灰绿色，植株低矮，株高15～40cm，具匍匐生长特性。根状茎扩展很快。单叶对生，基部联合，叶鞘包茎，全缘，条形至线形；花色丰富，深粉、白、淡紫等色，有香味，规则对称；花期从5月末至6月末。性喜温暖，喜阳光充足，在肥沃、排水良好、微碱性的土壤中生长良好。排水不良常导致死亡。可布置花坛、作观花地被，也是一种良好的切花材料。

(3) 常夏石竹（*D. plumarius*） 又名羽裂石竹。原产欧洲。植株低矮，高约30cm，茎蔓状簇生，上部有分枝，光滑而被白粉；叶厚，灰绿色，长线形；花2～3朵顶生枝端，瓣燧缘状，裂达于中部，喉部多具暗紫色斑纹，有芳香，花有紫、粉红至白色，单瓣或重瓣；苞片4，卵形，为萼长1/3左右；花期5～7月。喜阳光充足、温暖，在肥沃、排水良好的微碱性的土壤中生长良好。可作花境、切花及岩石园应用。

(4) 瞿麦（*D. superbus*） 原产欧洲及亚洲，我国多数省区均有分布。株高约30～40cm，丛生。叶对生，质软，线状至线状披针形，全缘，具3～5脉；花顶生，呈疏圆锥花序，花色多为淡粉红、白色，少有紫红色，有香气；萼细长，圆筒状，长2～3cm，萼筒基部有2对苞片；花期7～8月。花坛及切花应用。

【园林应用】石竹花朵繁密，色泽鲜艳，质如丝绒，是优良的草花，多用于布置花坛、花境，也可盆栽或作切花。还可大量直播用作地被植物。一些低矮型及簇生种又是布置岩石园及镶边用的适宜材料。

9.2.13 玉簪属 *Hosta* Tratt

百合科宿根草本。地下茎粗大，叶簇生，具长柄。多为总状花序，自下而上同时开1～3朵花，花蓝、紫或白色，花被片基部联合成长管，喉部扩大（图9-4）。

【产地与生态习性】本属植物约40种，多分布于东亚。我国有6种，分布甚广。性强健，耐寒。喜阴湿，畏阳光直射，植于树下或建筑物北侧生长良好。土壤以肥沃湿润，排水良好为宜。

【繁殖】多用分株繁殖。于春季4～5月或秋季10～11月间进行。每3个芽切作一墩，栽在土中即可。每3～5年可分株1次。也可用播种繁殖，种子秋季成熟后晾干，翌春3～4月播种。实生苗2～3年可开花。近年来从国外引进的新的园艺品种，采用组织培养法繁殖，幼苗不仅生长速度快，并比播种苗开花提前。

播种苗第一年生长缓慢，要精心养护。早春要施足腐熟的有机肥，生长期间，特别是3～6月，每月要浇3～5次透水，同时，要追1～2次氮肥和磷肥。7～8月是雨季，要注意及时排水，要防止阳光直接照射。第二年玉簪生长逐渐加速，管理不能放松，要注意早春浇透返青水，秋末浇透防冻水。

【栽培管理】栽培宜选土层深厚、排水良好、肥沃的沙质壤土。种植地点以不受阳光直射的荫蔽处为好。发芽前及花前可施氮肥及少量磷肥。夏季应注意防止蜗牛及蛞蝓危害叶片。

【本属常见种】本属植物约 40 种，我国有 6 种，常见栽培的有以下几种。

(1) 玉簪 (*H. plantaginea*) 原产中国。现各国均有栽培。宿根草本，株高约 40cm。叶基生成丛，具长柄，叶片卵形至心状卵形，基部心形，具弧状脉。顶生总状花序，花葶高于叶片，着花 9～15 朵；花被苞片，白色，管状漏斗形，有芳香。蒴果三棱状圆柱形，成熟时 3 裂。花期 7～9 月。目前，国外常见栽培品种有：'Love pat'，叶蓝灰色；'Gold standard'，叶中部黄色；'France'，墨绿色叶，白边；'Fronge Benefit'，墨绿色叶，白黄边。

图 9-4 玉簪

(2) 紫萼 (*H. ventricosa*) 原产中国、日本及西伯利亚。宿根草本。叶柄边缘常由叶片下延而呈狭翅状，叶片质薄。总状花序顶生，着花 10 朵以上，淡黄紫色，花期 7～9 月。

(3) 狭叶玉簪 (*H. lancifolia*) 又名狭叶紫萼、日本玉簪。宿根草本，根茎较细。叶灰绿色，披针形至长椭圆形，两端渐狭。花茎中空，花淡紫色；花期 8 月。有白边和斑纹的变种。

(4) 白萼 (*H. undulate*) 又名波叶玉簪、间道玉簪、花叶玉簪、皱叶玉簪，为杂交种。叶卵形，叶缘微波状，叶面有乳黄或白色纵纹，花葶超于叶上，花淡紫色。花期 7～8 月。

【园林应用】玉簪类花大叶美，是目前较为理想的耐阴植物，园林中可作地被植物，或植于岩石园及建筑物北侧。近年已选育出矮生及观叶品种，多用于盆栽观赏或切花、切叶。嫩芽可食，全草可入药，鲜花可提制芳香浸膏。

9.2.14 萱草属 *Hemerocallis* L.

百合科宿根草本。根茎短，常肉质。叶基生，二列状，线形；花葶上部有分枝，花大，花冠漏斗形至钟形，裂片外弯，基部为长筒形，内被片较外被片宽，雄蕊 6，蒴果。原种花色为黄至橙黄色。单花开放 1d，有朝开夕凋的昼开型，夕开次晨凋谢的夜开型以及夕开次日午后凋谢的夜昼开型。

【产地与生态习性】本属植物约 14 种，分布于中欧至东亚。我国约 11 种，各省均有分布。萱草类性强健，耐寒，根状茎可在 −20℃ 低温冻土中越冬。适应性强，喜光，亦耐半阴，耐干旱。对土壤选择性不强，以土层深厚肥沃、富含腐殖质、湿润、排水良好的沙质壤土为佳，在其他各类土壤中也可生长。

【繁殖】以分株繁殖为主，亦可播种。分株春、秋季均可进行，每丛带 2～3 个芽，施以腐熟的堆肥。若春季分株夏季就可开花，通常 3～5 年分株一次。

播种繁殖，宜在秋冬季将种子作沙藏处理，春播后发芽整齐。实生苗一般两年可开花。萱草类也可花后扦插茎芽，成活率较高，且茎芽成株的次年即可开花。

多倍体萱草人工辅助授粉可提高结实率。人工授粉前，先要选好采种母株，并选择1/3的花朵授粉，一般连续授粉3次。3个月后，即可收到饱满的种子，采种后，立即播于浅盆中，遮阴，保持温度，40～60d可发芽。待小苗长出几片叶子后，即可栽于露地，株行距20cm×15cm，次年7～8月开花。

【栽培管理】萱草类适应性强，在定植的3～5年内不需特殊管理，在我国南北地区均可露地栽培，栽培地宜适当施入堆肥作基肥。分栽的株行距保持在50cm×50cm；若栽植过密，2年后植株增大，易因通风不良招致虫害。春季少雨地区，萌芽至开花期应及时补充水分。花后自近地面剪除残花茎，并及时清除株丛基部的枯残枝叶。每月追施肥水1～2次，入冬前施1次腐熟的堆肥。盆栽宜用大盆，无论盆栽或地栽，老株栽植3～4年后丛生拥挤，应强制分植，生长开花方能正常。

【本属常见种】本属植物14种，我国约11种，常见栽培的有以下几种。

(1) 萱草（*H. fulva*） 原产中国南部，中南欧及日本也有分布。地下具根状茎和肉质肥大的纺锤状块根。叶基生，长条形。花葶粗壮，高达100cm，螺旋聚伞花序，橘红至橘黄色；花冠漏斗状，有芳香，早上开放，晚上凋谢。花期6～7月（图9-5）。

图 9-5 萱草

变种有长筒萱草（*H. fulva* var. *disticha*），花被管较细长（2～4cm），花色桔红至淡粉红；千叶萱草（*H. fulva* var. *kwanso*），又称重瓣萱草，花半重瓣，桔黄色；斑花萱草（*H. fulva* var. *maculata*），花瓣内有明显的红紫色条纹；玫瑰红萱草（*H. fulva* var. *rosea*）等。

(2) 大花萱草（*H. middendorfii*） 原产日本及西伯利亚西部，我国黑龙江、吉林、辽宁等地有分布。又名大苞萱草。叶长30～45cm，宽2～2.5cm，低于花葶。花黄色，有芳香，花长8～10cm，花梗极短，花朵紧密，具有大形三角状苞片。花期4月下旬至5月下旬。株丛低矮，观赏效果较好。

(3) 小黄花菜（*H. minor*） 原产黑龙江、吉林、辽宁、内蒙古、河北、山西等地。根茎绳索状，较细；植株矮小。花葶顶部叉状分枝；花梗短；花黄色。植株小巧玲珑，叶纤细，适作花坛镶边及岩石园丛植点缀。

【园林应用】萱草花色鲜艳，早春萌芽早，适应性强，管理简单。园林中可在花坛、花境、路边、疏林、草坡或岩石园中丛植、行植或片植。也作切花。根可药用，花可食用。

9.2.15 火炬花 *Kniphofia uvaria*（L.）Oken

火炬花又名火把莲，百合科火炬花属多年生常绿宿根草本。具短而强健的根茎。叶自基部丛生，革质，广线形，长60～90cm，宽2～2.5cm，通常在叶中部或中部以下弯曲，少直立；花茎高达1m，为密穗状总状花序，长15～25cm，初花时鲜红至淡红色，盛花时橘黄至淡黄色，小花稍下垂，花被片6，长2.5～5.0cm，短于其形成的花管；雄蕊6，稍外伸，花期6～10月；蒴果卵形，3室，种子多数。该种为本属中栽培最普遍的一种，有多数种间杂交种及变种。

【产地与生态习性】火炬花原产南非。性强健，喜温暖，较耐寒，露地易于栽培。要求阳光充足，不择土壤，但以排水良好的沙壤或壤土为宜。

【繁殖】可播种繁殖，春、秋均可进行。种子在20～30℃条件下，3～4周发芽。播种前先用60℃水浸泡种子0.5h，然后再播。生产上常采用露地直播。苗高10cm时及时分栽，株行距40cm×40cm。定植地应选择地势高燥、背风向阳处。播种苗一般当年不开花，第二年大量开花结实。火炬花种间自然或人工授粉比较容易，因此播种实生苗间差异大，利用此特点可选出有不同特点的单株。园艺栽培品种只能用分株繁殖来保持品种优良特性。

分株繁殖于春秋进行，华北地区宜在秋季进行。老株根部常缠绕一起，因而应首先掘起植株，剪去老叶，露出基部的短缩茎，连同下面根系一起分离。花后植株体内养分消耗过度，抗寒力降低，分株繁殖可更新复壮。栽植时应施基肥，以利复壮。每2～3年分株一次。

【栽培管理】生长季节应有适量水分供应，防止土壤过分干燥导致生长不良。每年春季应施追肥一次，促其生长。花后剪去残花，防止结实，减少养分消耗，提高抗寒能力。秋季切忌对植株进行修剪，否则易从伤口处造成伤流，降低植株抗寒能力。华北地区冬季用树叶或草帘覆盖保护越冬。

【园林应用】火炬花叶片长，花序大而丰满，可栽植草坪中或做背景栽植。一些高生健壮品种可做花境栽植及切花栽培。

9.2.16 落新妇属 *Astilbe* Buch. Ham.

虎耳草科多年生草本植物。全株皱缩。茎圆柱形，表面棕黄色，基部具有褐色膜质鳞片状毛或长柔。基生叶二至三回三出复叶，多破碎，完整小叶呈披针形、卵形、阔椭圆形，先端渐尖，基部多楔形，边缘有牙齿，两面沿脉疏生硬毛；茎生叶较小，棕红色。圆锥花序密被褐色卷曲长柔毛，花密集，几无梗，花萼5深裂；花瓣5，窄条形。

【产地与生态习性】本属约20种，主要分布于亚洲东南部及北美洲，我国约14种，广布于南北各省。性强健；喜半阴；耐寒；喜肥沃、湿润、疏松的微酸性和中性土，也耐轻碱；忌高温高燥和积涝。

【繁殖】分株或播种繁殖。常于秋季进行分株繁殖，将植株掘起，剪去地上部分，每丛带有3～4个芽重新栽植，分株后施堆肥、油粕等做基肥则利于生长。播种繁殖覆土宜浅，否则不易出苗。春播为好，发芽适温25～30℃。种子有休眠现象，用250mg/L赤霉素或500mg/L丙酮液中浸泡4～5h可以打破部分种子的休眠。

【栽培管理】幼苗可摘心促其分枝。定植前施足基肥，花后及时去除残花，有利于花期延长。生长2～3年需要分株更新。栽培管理简单。蔷薇落新妇的一些品种也常作促成栽培，于10月中旬掘起植株栽植到大盆中，置于室外，至1月中旬以后移进温室，夜温保持在12～15℃，至3月下旬即可开花。

【本属常见种】本属常见栽培种有落新妇、美花落新妇、泡盛草和蔷薇落新妇。

(1) 落新妇（*A. chinensis*） 别名升麻、虎麻。原产中国，长江流域和东北部都有分布；朝鲜、俄罗斯也有分布。地下具粗壮的块状根茎，有棕黄色长柔毛及褐色鳞片。茎直立，株高50～100cm。基生叶多，小叶具长柄，叶缘有重锯齿，叶两面具短刚毛；茎生叶少。圆锥花序长达30cm，花序轴被褐色卷曲长柔毛，花密集，几无柄，花瓣4～5枚，红紫色。花期7～8月。

(2) 美花落新妇（*A. hybrid*） 别名美花升麻。园艺杂交种，目前广为栽培。植株低矮，株高30～50cm。叶羽状，小叶披针形，缘有锯齿。花序高出叶丛，花色有红、白粉等多种。花期4～5月。

(3) 泡盛草(*A.japonica*) 原产于日本，各国均有栽培。株高30～60cm。小叶披针形，2～3回细裂，具粗锯齿，被绣色短毛。穗状花序呈圆锥花状排列，白色。花期5～6月。

(4) 蔷薇落新妇(*A.rosea*) 是泡盛草同落新妇的杂交种。与泡盛草的茎叶及花穗形态相近，花为美丽的淡粉色。欧洲还培育出了矮生的适于盆栽及花坛应用的品种及大花品种。

园艺品种主要是由一些生长在高山地区和温带的种类经人工杂交选育而来的一类较耐寒品种。常见品种有：'菲德西'、'法尔纳'、'火光'、'埃丽'、'幻想'、'终曲'、'粉色幻想'、'塔式'、'紫色光环'。阿伦德思杂交系列是目前市场上比较流行的落新妇品种，株高50～100cm，有紫色品种、桃红色品种、白色品种及红色品种。

【园林应用】落新妇生性强健，在半阴条件下生长较好，适于林下及灌木丛间丛植。其株形挺立，叶片秀美，花色淡雅，高耸于叶面，观赏价值很高，也是花境中理想的竖直线条的材料。

9.2.17 矾根 *Heuchera micrantha* Douglas ex Lindl.

矾根又名珊瑚铃。虎耳草科矾根属多年生宿根花卉。叶基生，阔心形，长20～25cm，叶色丰富，有深紫色、墨绿色、浅绿色等，在温暖地区常绿。花小，钟状，花径0.6～1.2cm，红色，两侧对称。花期4～10月。

【产地与生态习性】本属510种，原产美洲中部。喜阳，耐阴，极耐寒，能在－34℃低温下正常生长。适宜生长在中性偏酸、排水良好、富含腐殖质的肥沃土壤中，忌强光直射，夏季需遮阴。

【繁殖】播种或分株繁殖。春、秋季均可播种，种子需光，发芽适温20～25℃，2～3周萌发，次年开花。秋季也可用带叶柄的叶作全叶插。

【栽培管理】定植地要向阳、排水好。株距30cm。浅根系，不耐旱，生长期应保持土壤湿润。花后去残花可延长花期。夏季和雨季要注意通风。

【常见品种及类型】杂交选育出许多园艺品种，有白、粉、大红各种花色。主要引种栽培的品种有：'巴黎'、'好莱坞'、'草莓漩涡'、'银王子'、'童话'、'饴糖'、'香茅'、'棕色绒毛'、'酒红'、'紫色宫殿'、'米兰'、'夜玫'、'莓果'、'瑞弗安'。

【园林应用】矾根叶色丰富，色彩艳丽，观赏价值极高，是理想的林下花境植物材料。也可用于花坛、花带、地被、庭院绿化等。

9.2.18 桔梗 *Platycodon grandiflorus* (Jacq.) A. DC.

桔梗又名六角荷、铃铛花、包袱花、僧冠花，桔梗科桔梗属宿根草本。块根肥大多肉，圆锥形，皮淡黄白色。茎有乳汁，通常不分枝。叶三枚轮生、对生或互生，叶片卵形至披针形，叶背被白粉。花常单生枝顶，偶见数朵聚生茎顶；花冠宽钟状，5裂，现蕾时膨胀成气球状；通常蓝紫色，也有白色、浅雪青色。花期6～10月。

【产地与生态习性】原产我国，广布华南至东北。朝鲜、俄罗斯远东地区和日本也有分布。性喜凉爽湿润环境，喜阳光充足，但也稍耐阴，耐寒。喜排水良好、含腐殖质的沙质壤土。自然界多生于山坡草丛间或沟旁（图9-6）。

【繁殖】播种或分株繁殖。对于性状稳定的品种，播种苗后代很少变异。播种繁殖春、秋均可进行。种子发芽适温 15～20℃。直根性，不耐移植，最好采用直播。通常于 3 月下旬播种，播前先浸种，播种后在畦面覆盖稻草以保温，经 15～20d 发芽，发芽后注意保持土壤湿润，5～6 月间，追施 1～2 次液肥，以促其生长，春播苗当年可开花。切花栽培多用播种法繁殖，次年即可剪切花。实生苗在 2～4 年内可获得品质优良的切花，而此时老植株根部可以药用，这种更新方法最为经济。分株繁殖在春秋季皆可进行，根应连同根颈部的芽一起分离栽植。一次种植可持续 4～5 年。早花品种 5～6 月切花后可再度发芽，并于 8～9 月第二次开花。

图 9-6　桔梗

【栽培管理】栽培基质以保水力强的含腐殖质丰富的壤土或沙质壤土为佳。当株高 5～7cm 时，抹芽一次或两次，促分枝以多着花，提高观赏价值。盆栽应使植株矮化，多开花；切花栽培，要提高花朵品质，必要时应实行摘芽或疏蕾。正常花期后，立即修剪，留干 25～30cm，追肥，可在国庆节再度开花。雨季应注意排水，防止倒伏。采种一般用第一次花后的种子，二次花后的种子不饱满，发芽率低。11 月上旬把地上部剪掉，并浇防冻水。

【园林应用】桔梗花大，花期长，易于栽培。高型品种可用于花境，中型品种可布置岩石园，矮生品种及播种苗多剪取切花。根为重要药材，幼苗的茎叶可食。

9.2.19　多叶羽扇豆 *Lupinus polyphyllus* Lindl.

豆科羽扇豆属，多年生草本。高 90～150cm，茎粗壮直立，光滑或疏被柔毛。叶多基生，叶柄很长，但上部叶柄短；小叶 5～15 枚，叶背具密毛，托叶尖，1/3～1/2 与叶柄相连。顶生总状花序，深蓝色、紫色、紫红色；萼片 5 枚，分上下不等的两部分；蝶形花冠旗瓣直立，边缘背卷，翼瓣顶端连成一体，包围着龙骨瓣；花期 5～6 月。

【产地与生态习性】原产北美西部，从华盛顿州至加里福尼亚州。性耐寒，可耐－25℃低温，喜凉爽，忌炎热；喜阳光充足，略耐阴；要求略含有机质、微酸性至中性的疏松轻壤或沙壤土；喜低氮、高磷土壤；在碱性土壤上不能生长。

【繁殖】可播种或分株、扦插繁殖。春、秋均可进行。播种第一年无花，翌年开始着花。定植前多施些磷肥，以促其开花。定植株行距为 50cm×50cm。扦插繁殖可保持优良特性。春季剪取根颈处萌芽枝条，长 6～8cm，插于冷床内生根，5～6 月移植一次，秋季定植露地。气候寒冷地区，需保护越冬。夏季凉爽地区栽培，早春用分株法繁殖，一般 2～3 年分株一次。

【栽培管理】羽扇豆具直根性，需容器育苗或直播，移苗宜尽早进行，大苗忌移植。本种喜日照充足、土层深厚及排水良好的环境，如在酸性土壤及夏季凉爽的条件下，可多年生长开花，遇夏季梅雨易枯死。生长季节保持土壤湿润，花后剪去残花，防止自花结实，以促进当年第二次开花。

【常见品种及类型】园艺品种很多，花色有白、红、蓝、紫等。其茎秆长度、花序上的花朵数、颜色及耐热性远远超过原种亲本。

【本属常见其他种】本属植物约200种，常见栽培的还有宿根羽扇豆（*L. perennis*），多年生草本，株高达60cm。花蓝色，偶有紫色、白色，花期5～6月。原产北美的墨西哥、美国的佛罗里达州。耐瘠薄、干旱，较羽扇豆耐寒，欧洲广泛栽培。

【园林应用】本种花序高大（可达80cm以上）、花朵繁密、色彩艳丽，多作花境背景、林缘丛植，也是切花生产的好材料。

9.2.20 景天属 *Sedum* L.

景天科多年生草本，稀1年生。本属主要野生于岩石地带，由于环境条件的不同致使形态上也极富变化。通常根茎显著或无。茎直立，斜上或下垂。叶多互生、密集呈覆瓦状排列，对生或轮生，叶色有紫、红、褐、绿、绿白等。聚伞花序顶生，花瓣4～5枚，雄蕊与花瓣同数或2倍；萼4～5裂；花多为黄色、白色，还有粉、红和紫等色。

【产地与生态习性】本属是景天科中分布最广，种类最多的属，常又分为8个亚属，共400余种，以北温带为分布中心，热带高山也有少数种分布。我国约150种，南北各省都产。多数种类具有一定的耐寒性。喜光照，部分种类耐阴，对土质要求不严。

【繁殖】景天类植物繁殖简单，可以用分株、茎或叶片扦插或用种子繁殖。但是，在大规模生产中，以用茎段扦插最为普遍。大部分景天类植物以茎段扦插为主，但是一些叶片肥厚、叶形较大的景天（如八宝景天等）还可以采取叶插的繁殖方法。

【栽培管理】栽培较容易，不择土壤，但以排水良好而富含腐殖质的土壤对生育有利。露地栽培宜在早春3～4月间充分灌水即可萌发，生育期间适当施以液肥。盆栽者，应保持盆土疏松、排水通畅，并于早春进行分栽。

【本属常见种】本属常见种有蝎子草、费菜、三七景天和佛甲草。

（1）蝎子草（*S. spectabile*） 又名八宝。多年生肉质草本，高30～50cm，地下茎肥厚。茎直立不分枝，圆而粗壮，稍木质化，微被白粉而呈淡绿色，冬季枯萎。叶3～4枚轮生，倒卵形，肉质而扁平，有10个左右浅波锯齿。伞房花序密集，花序直径10～13cm；花瓣5枚，淡红色、披针形；花期7～9月。主要品种有：'Album'花白色；'Atropurpureum'花暗紫色；'Camen'花粉红色；'Meteor'花红色；'PurPureum'花紫色；'Roseum'花粉色；'Rubrum'花红宝石色。

（2）费菜（*S. kamtschaticum*） 多年生肉质草本，高15～40cm，根状茎粗而木质；茎斜伸，地上部分于冬季枯萎。叶互生，间或对生，倒披针形至狭匙形，长2.5～5cm，端钝，基部渐狭，近上部边缘有钝锯齿，无柄；叶色绿、黄绿至深绿，常有红晕。聚伞花序顶生，着花50～100个；花瓣5枚，橙黄色，披针形，花朵直径约2cm。

（3）三七景天（*S. aizoon*） 多年生草本，高30～80cm，根状茎粗，近木质化。全体无毛，直立，无分枝或少分枝。单叶互生，广卵形至狭倒披针形，上缘具粗齿，基部楔形，近无柄。聚伞花序密生，着花近200朵；花瓣5枚，黄色；花期夏秋间。华北可露地越冬。

（4）佛甲草（*S. lineare*） 多年生肉质草本，高10～20cm。茎初生时直立，后下垂，有分枝。3叶轮生，无柄，线状至线状披针形，长2.5cm；日照充足时为黄绿色。聚伞花序顶生，着花约15朵，中心有一个具短柄的花；花瓣5枚，黄色，披针形；花期5～6月。具一定耐寒性。

【园林应用】景天类可布置花境、花坛，用于岩石园或作镶边植物及地被植物应用。盆栽可供室内观赏，矮小种类供盆景中点缀用。切花应用，水养较持久。

9.3 常见露地球根花卉

9.3.1 郁金香 *Tulipa gesneriana* L.

百合科多年生球根花卉。鳞茎圆锥形而一侧扁平，外被淡黄至棕褐色皮膜；茎叶光滑，被白粉，叶 3～5 枚，基生，带状披针形至卵状披针形；花大，单生茎顶，直立杯状或钟状，有红、黄、白、紫、褐等色；花被片 6 枚，离生，倒卵状长圆形。花期 3～5 月，白天开放，夜间及阴雨天闭合（图 9-7）。

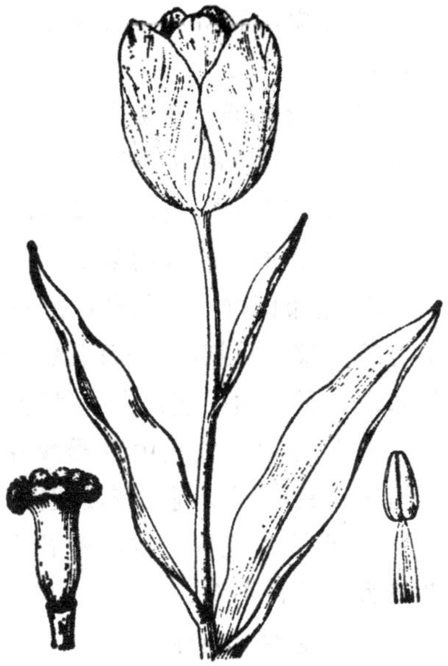

图 9-7 郁金香

【产地与生态习性】原产地中海沿岸及中亚细亚、土耳其等地，现在世界各国均有栽培，尤以荷兰最多。郁金香性喜冬季温暖湿润、夏季凉爽稍干燥、向阳或半阴的环境。耐寒性强，冬季鳞茎可耐－35℃低温，生长期适温 8～20℃，15～18℃为最适温度，喜肥沃、富含腐殖质而排水良好的沙质壤土。

【繁殖】通常分球繁殖。若大量繁殖或培育新品种也可采用播种法。一般露地秋播，越冬后种子萌发出土，到 6 月份地下部分已形成鳞茎，待其休眠后挖出贮藏，到秋季再种植，经过 5～6 年开花。

【栽培管理】华东及华北地区 9～10 月栽植，暖地可延至 10 月末至 11 月初。栽培时，应选避风向阳且土壤疏松肥沃的环境。先深耕整地，施足基肥，筑畦或开沟栽植，栽植深度为球高的 3 倍，不可过深或过浅。栽植行距约 15cm 左右，株距 5～15cm 不等。栽后适当灌水，北方寒冷地区应适当覆盖，早春化冻前及时将覆盖物除去。夏季茎叶枯黄时掘起鳞茎，阴干后贮存于凉爽干燥处。

郁金香类还可盆栽促成栽培。秋季选充实肥大的鳞茎，用口径 17～20cm 左右的花盆栽植，每盆 4～5 球，盆土用一般培养土即可，不需压实，鳞茎顶部与土面齐平，灌透水后将盆埋入冷室或露地向阳处，覆土 15～20cm，经过 8～10 周低温，根系充分生长，芽开始萌动，将盆取出置于温室半阴处，保持室温 5～10℃，显蕾前移到阳光下，使室温增高至 15～18℃，追肥数次后即可于元旦开花。欲使春节开花，可相应延迟移入温室时间。

【常见品种及类型】荷兰皇家球根生产协会根据花期、来历、花形、株形和生育习性将郁金香分为 4 类，15 群。

（1）早花类

① 单瓣早花群：花期早，花单瓣，杯状，花色丰富，茎秆强壮，株高 20～25cm。一些品种有香味。它是促成栽培中的主要品种。

② 重瓣早花群：花期与单瓣早花群相近，花重瓣，形似山药，花色没有其他品种群丰富，花期长，植株低矮，株高 15cm 左右，茎秆健壮，非常适合盆栽。

（2）中花类

① 达尔文群　它是由原种佛氏郁金香与达尔文品种杂交而来。花大，杯状，花色鲜明。植株健壮，株高 50～70cm，非常适合做切花，也适合做花坛和花境。部分品种有香味。

② 凯旋群　凯旋型是由单瓣早花品种群与一些晚花品种群杂交而来的，是最重要和最大的郁金香品种群。花期比达尔文杂交种系早 10d。单瓣花，花高脚杯型，大而艳丽，株高 40～55cm，茎秆健壮，花茎长，瓶插寿命长，适宜做切花。最适宜作室内促成栽培。是目前世界上栽培最多的品种群。部分品种有香味。

（3）晚花类

① 单瓣晚花群　单瓣晚花群花期最晚，株高 65～80cm，差不多是最高的郁金香。花杯状，花色丰富。

② 百合花群　花瓣先端尖，平展开放，形似百合花。植株健壮，高约 60cm，花期长，花色丰富，但品种不是很多。

③ 流苏花群　花瓣边缘有流苏，花形独特可爱，花期长。

④ 绿斑群　花被的某个部位含有绿色斑纹，植株中等偏矮，花期很长。

⑤ 伦布朗群　该品种群的一个主要特征是白色、黄色或红色的花瓣上有红色、紫色和褐色等斑纹。早期的伦布朗品种由于感染病毒病，这些种类已经不在用于商业出售。现在的伦布朗品种是由一些郁金香品种芽变而来的。

⑥ 鹦鹉群　它是由单瓣晚花群和凯旋群芽变而来的，花期较晚。花型大而奇特优美，花瓣边缘具有深缺刻或花瓣扭曲，向外伸展。

⑦ 重瓣晚花群　重瓣晚花群开花较晚，但比单瓣晚花群开花早。花期长，花瓣较多，花较大，品种不多。

（4）变种及杂种

① 考夫曼群　原种为考夫曼郁金香，是开花最早的郁金香种类之一。植株矮小，株高 10～20cm，非常适合岩石园和盆栽。花冠成钟状，花瓣端尖，外侧有红色条纹，开放时几乎完全是平的，花被内外的颜色有时完全不同。叶宽，常有条纹。

② 福氏群　它是由原种福氏郁金香发展而来，花期早。品种间植株高矮不同，但花冠都大，杯状，花被长。叶片宽，有时常有杂色或条纹。大多具有较强的抗病毒能力。盆栽精品，常被称为皇帝郁金香。

③ 格里氏群　格里氏群是由格里氏郁金香发展而来，植株矮小，花朵极大，叶片有紫色或褐色条纹或斑点，抗病毒能力强，自繁能力强。

④ 其他混杂群　它包括除以上之外的原种、变种及其他原种郁金香的杂种，植株矮小，适应性强，适合岩石园和盆栽。

【本属常见其他种】郁金香属植物约 150 种，其栽培品种已达 10000 多个。这些品种的亲缘关系极为复杂，是由许多原种经过多次杂交培育而成，也有些是通过芽变选育的，所以在花期、花形、花色及株形上变化很大。主要种类有以下几种。

（1）郁金香（*T. gesneriana*）　别名洋荷花、草麝香。原产土耳其。株高 20～40cm，直立；叶 3～5 枚，披针形至卵形；花冠钟状，花被片基部具黄色和暗紫色斑点，有时为白色；花有白、黄、橙、红、紫红、黑等色，还有复色、条纹、饰边、斑点及重瓣品种等。

（2）克氏郁金香（*T. clusiana*）　分布于葡萄牙经地中海至希腊、伊朗一带。鳞茎外皮褐色革质，端部附近的内面有毛，具匍匐枝；叶 2～5 枚，灰绿色，无毛，狭线形；花冠漏斗状，先端尖，有芳香，白色带柠檬黄晕，基部紫黑色；为异源多倍体，不结实；花期4～5月。

（3）福氏郁金香（*T. fosteriana*） 原产中亚细亚。茎叶具二型性：高型种株高20～25cm，叶多为3枚，宽广平滑，缘具明显的紫红色线。矮型种株高15～18cm，有白粉。高型种与矮型种两者花型相同，花冠杯状，径15cm，星形；花被片长而宽阔，端部圆形略尖，常有黑斑；花色鲜绯红色，是本属花色最美的一种。

（4）香郁金香（*T. suaveolens*） 原产俄罗斯南部至伊拉克。株高7～15cm；叶3～4枚，多生于茎基部，最下部叶呈带状披针形；花冠钟状，花被片长椭圆形，鲜红色，边缘黄色，有芳香。

（5）格里郁金香（*T. greigii*） 原产土耳其及中国新疆天山地区。株高20～40cm，叶4枚，阔披针形，蓝绿色，有紫褐色条纹，柄有沟；花冠钟状，花被片倒卵形，先端尖锐，洋红色，基部有大型暗色斑点。

（6）考夫曼郁金香（*T. kaufmanniana*） 原产土耳其及我国新疆天山地区。鳞茎卵形，中等大小，外皮褐色，内侧有毛；叶3～4枚，灰绿色；花冠近钟状，花深黄色，外侧带红色，基部无斑点。

【园林应用】郁金香品种繁多，花色明快而艳丽，为重要的春季开花球根花卉。适宜布置花坛、花境或草坪边缘自然丛植，也可作切花。一部分品种可用于促成栽培，满足圣诞节或春节用花需要。

9.3.2 百合属 *Lilium* L.

百合科多年生草本。鳞茎阔卵球形或扁球形，外无皮膜，由多数肥厚肉质鳞片抱合而成。地上茎直立，不分枝或少数上部有分枝；叶片线形、披针形或心形，多互生或轮生，有些种类叶腋处着生珠芽；花单生、簇生或成总状花序；花大形，漏斗状、喇叭状或杯状，下垂、平伸或向上着生，花具梗或小苞片；花被片6，平伸或反卷，基部具有蜜腺；花白、粉、橙、橘红、洋红及紫色，或有赤褐色斑点，常具芳香；蒴果。

【产地与生态习性】百合属约100种，主要原产北半球的温带和寒带，热带极少分布，南半球没有野生种分布。我国有40余种，云南为分布中心。

百合类绝大多数喜冷凉湿润气候，少数种类如王百合、山丹及渥丹能耐干旱环境；喜肥沃、富含腐殖质、排水良好的沙质壤土，忌黏土；多数种类喜微酸性土壤，少数种类如渥丹、湖北百合在含石灰质的土壤上也可良好生长。多数种类耐寒性极强，而耐热性较差。忌连作。

百合类为秋植球根花卉，一般秋凉后才萌生基生根与新芽，但新芽常不出土，翌年春天温暖后才露出地面。花期一般自5月下旬至9～10月。不同种类虽开花早晚和开花难易程度不同，但均属球根花卉中开花最迟的一类。百合类开花后，地上部分逐渐枯萎并进入休眠，休眠期一般较短且因种而异，解除休眠需一定低温，通常2～10℃即可。花芽分化多在球根萌芽后生长至一定大小时进行，具体时间因种而异。

【繁殖】百合类球根花卉繁殖方法较多，可采用分球、分珠芽、扦插鳞片、播种及组织培养等方法，其中以分球法最为常用；扦插鳞片也较普遍；而分珠芽和播种仅用于少数种类或培育新品种。

（1）分球法　母球在生长过程中可不断形成新的小鳞茎，可将这些小鳞茎与母球分离，作为繁殖材料另行栽植。每个母球经一年栽培后可产生 1 至数个小球，其数目的多少因种和品种而异。为使百合多产生小鳞茎，常行人工促成的方法，即适当深栽鳞茎，或在开花前后切除花蕾，有助于小鳞茎的发生。

（2）分珠芽法　适用于能产生珠芽的种类，如卷丹、沙紫百合等，可在花后珠芽尚未脱落前采集并随即播入疏松的苗床，或贮藏沙中待春季播种。

（3）扦插鳞片法　秋季或春季选取成熟大鳞茎，阴干数日后将肥大健壮无病虫的鳞片剥下，斜插于粗沙、蛭石或泥炭中，注意使鳞片内侧面朝上，顶端微露土面。入冬后移入温室，保持室温 20℃，以后鳞片基部伤口处便可产生子球并生根，经三年培养便可长成种球。一般一母球可剥取 20～30 枚鳞片，可育成 50～60 个子球。

（4）播种法　仅用于少数种类和培育新品种。百合种子发芽类型大致可分为子叶出土和子叶留土两种。为使百合发芽整齐、迅速，可行人工催芽。对于子叶出土类的百合种子，用 60℃温水浸种 1d，然后将种子置于 20～24℃温箱中，约经 7d 长出胚根，14d 出芽，于出芽以前播种；子叶留土类型的种子浸种后，在 20～24℃条件下数星期后才出胚根，然后移至 4～5℃冰箱中，3 个月后移回温箱中，经半月出芽。

（5）组织培养法　百合植物体不同部位均可作为组织培养材料。通常采用无病鳞片与花蕾作外植体，以 MS 培养基附加不同激素，调节 pH 值为 5，保持 1000～2000 lx 光照每日 10～12h，在温度 22℃左右条件下，经 30～45d 后，芽逐渐长大，在鳞茎基部可出现根的分化。组织培养解决了由于多年持续营养繁殖引起的老化现象，防止了病害感染，使种球不断得以复壮。

【栽培管理】百合类绝大多数种类适宜生长在半阴环境或疏林下，要求土层深厚，排水良好的微酸性土壤。深翻后施入大量的堆肥、腐叶土、粗沙以利于土壤疏松透气。栽植时期多以花后 40～60d 为宜，即 8 月中下旬至 9 月，秋季开花种类可适当延迟。百合类花卉适宜深栽，尤其对于具茎根的种类，深栽有利于茎根吸收肥分，一般覆土深度为球高的 4 倍。入冬后可用马粪、枯草落叶进行覆盖。

生长季节不需特殊管理，可于春季萌芽后及夏季生长旺盛而天气干燥炎热时适当灌溉，并追施 2～3 次稀薄液肥，花期追施 1～2 次磷钾肥。平时只宜除草不宜中耕，以免伤及“茎根”。百合类不宜每年挖起，一般 3～4 年分栽一次。若以繁殖子球为目的，仍需每年采收。采收后若不能及时栽植，应用微潮河沙予以假植，并置于荫凉处。

百合类是重要切花之一，为使其周年供花不断，可行促成栽培。9～10 月选肥大健壮的鳞茎种植于温室地畦或盆中，尽量保持低温，11～12 月应保持室温 10℃。新芽出土后需有充足阳光，并升温至 15℃。在地上芽出现至花朵着色期间，每周施一次 0.6%硝酸钾，经 12～13 周开花。切取鲜花要适时，有 10 个或更多花蕾的至少有 3 个花蕾着色；有 5～10 个花蕾的必须有 2 个花蕾着色；有 5 个以下花蕾的必须有 1 个花蕾着色才能采收。采收也不可过迟，否则会给采后的处理及销售带来困难。

【常见品种及类型】百合的园艺品种众多，北美百合协会、英国皇家园艺学会依据百合的栽培品种及其原始亲缘种与杂种的遗传衍生关系将百合园艺品种划分为 9 个种系，即亚洲百合杂种系、星叶百合杂种系、白花百合杂种系、美洲百合杂种系、麝香百合杂种系、喇叭形百合杂种系、东方百合杂种系、其他类型及原种（包括所有种类、变种和变型）。常见栽培的主要有三个种系。

（1）亚洲百合杂种系（*Asiatic hybrids*）　亲本包括卷丹、川百合、山丹和毛百合等。

花直立向上，瓣缘光滑，花瓣不反卷。

(2) 麝香百合杂种系（*Longiflorum hybrids*） 又称铁炮百合、复活节百合，花色洁白，花横生，花被筒长呈喇叭状。亲本主要包括台湾百合和麝香百合等。其中这两个种的种间杂种——新铁炮百合（*L.*×*formolongo*），花朵直立向上，可播种繁殖。

(3) 东方百合杂种系（*Oriental hybrids*） 亲本包括鹿子百合、天香百合、日本百合、红花百合等。花斜上或横生，花瓣反卷或瓣缘呈波浪状，花被片往往有彩斑。有香味。

【本属常见种】本属常见种有王百合、麝香百合、百合、渥丹、毛百合、卷丹、湖北百合、山丹、川百合和青岛百合等。

(1) 王百合（*L. regale*） 别名岷江百合、千叶百合。原产四川。鳞茎阔卵圆形，鳞片淡黄褐色，在空气中易变为酒红色；株高可达2m，叶散生，狭条形；花径约12cm，数朵至20～30朵花，着生梗上，花喇叭形，白色，喉部黄色，背部略带红紫色，有香气；花期6～7月。耐寒，耐碱性石灰质土。喜阳，喜半阴，浓荫下易死亡。

(2) 麝香百合（*L. longiflorum*） 别名铁炮百合、复活节百合。原产我国台湾和日本南部诸岛。鳞茎球形或扁球形，黄白色，鳞茎抱合紧密；茎高可达1m，色绿，平滑而无斑点；叶多数，散生，狭披针形；花单生或2～3朵生于短花梗上，平伸或稍下垂，蜡白色，喇叭形，侧向开放，浓香；花期5～6月，本种自花结实容易，变种、品种很多，为当今世界主要切花之一，目前世界各地广为栽培，为促成栽培的主要种类。喜温暖湿润环境，忌干冷和强光，耐石灰质土。

(3) 百合（*L. brownie* var. *viridulum*） 别名布朗百合、野百合、淡紫百合、紫背百合。原产长江流域及以南，甘肃、陕西、河南亦有分布。鳞茎扁平状球形，黄白色，有紫晕；地上茎直立，略带紫色，株高可达2m；叶披针形至椭圆状披针形，多生于茎的中上部，且愈向上愈小至呈苞状；花1～6朵，顶生，喇叭形，侧向开展，芳香，花被片乳白色，基部黄色，背面中肋稍带粉紫色；花期8～10月。鳞茎可食用或药用（图9-8）。

图 9-8 百合

(4) 渥丹（*L. concolor*） 别名山丹。原产我国中部及东北部。鳞茎卵圆形，鳞片较少，白色；株高30～60cm，有绵毛；叶狭长披针形；花1至数朵顶生，花朵直立，不反卷，红色，无斑点；花期6～7月。喜阳，在浓阴下生长势衰退。

(5) 毛百合（*L. dauricum*） 别名兴安百合。原产我国大兴安岭一带。鳞茎较小，径约3cm，白色，鳞片狭而有节，抱合较松；株高60～80cm，绿色稍带褐点；叶披针形，轮生，基部有一簇白色绵毛；花直立，单生或2～6朵顶生，外轮花被片外侧也有绵毛，花红或橙红，有紫红斑点。喜阳，耐严寒，耐微碱土。

(6) 卷丹（*L. lancifolium*） 又名南京百合、虎皮百合。原产我国及日本。鳞茎圆形至扁圆形，白至黄白色；株高50～150cm，茎紫褐色，被蛛网状白色绒毛；叶狭披针形，上部叶腋有深紫黑色珠芽；总状花序，花下垂，花被片披针形，开后反卷，内面散生紫黑色斑点；花期7～8月。性耐寒，耐强烈日照，鳞茎可食用。

(7) 湖北百合（*L. henryi*） 又名亨利百合、鄂西百合。鳞茎扁球形，株高 1.5～2.0m，绿色具褐色斑点；叶二型，上部叶卵圆形密生，无柄，下部叶宽披针形，具短柄；总状花序着花数十朵，每花梗常具 2 花，橙色；花期 7 月。

(8) 山丹（*L. pumilum*） 又名细叶百合。分布自东北至西北。鳞茎卵圆形或圆锥形，白色；茎直立，高 25～60cm；叶条形，互生，先端尖，边缘有小乳头状突起；花 1 至数朵，稍下垂，排成总状花序，花红色，通常无紫斑，有时有少数斑点。耐寒，适应性强，喜阳，不择土壤。

(9) 川百合（*Lilium davidii*） 又名大卫百合。原产我国西南及西北部。鳞茎扁卵形，较小，径约 4cm，白色；株高 60～180cm，茎略被紫褐色粗毛；叶多而密集，线形；总状花序有花数十朵，下垂，砖红色至橘红色，带黑点，花被片反卷；花期 7～8 月。性强健，耐寒。鳞茎可食，重要变种兰州百合为著名食用种。

(10) 青岛百合（*L. tsingtauense*） 又名崂山百合。原产我国山东。鳞茎近球形，白色或略带黄色，株高 50～80cm；叶轮生，椭圆状披针形；花单生或数朵形成总状花序，花被开张，稍弯曲而不反卷，橙黄色或橙红色；花期 5 月中旬至 6 月中旬。耐寒，鳞茎更新能力较差，适应性较差。本种除观赏外，鳞茎亦可食用。

【园林应用】百合种类和品种繁多，色彩艳丽，为重要的球根花卉。宜大片纯植或丛植于疏林下，也可作花坛、花境及岩石园材料或盆栽观赏。百合多数种类为名贵切花，鳞茎营养丰富，有食用、药用等多种用途。花具芳香性的百合还可用于提取芳香油。

9.3.3 风信子 *Hyacinthus orientalis* L.

风信子又名洋水仙、五色水仙，百合科风信子属多年生草本。鳞茎球形或扁球形，外被具光泽的皮膜，其色泽常与花色有关；叶 4～6 枚，基生，带状披针形；花葶高 15～45cm，中空，总状花序密生其上部，小花 10～20 多，斜伸或下垂，钟状，裂片端部向外反卷；栽培品种有红、黄、白、粉红、堇等色，多数园艺品种有香气；花期 4～5 月。蒴果球形（图 9-9）。

图 9-9 风信子

【产地与生态习性】风信子原产地中海东部沿岸及小亚细亚一带。性喜凉爽湿润，阳光充足的环境，较耐寒，喜肥。宜在排水良好肥沃的土壤中生长，在低温黏重土地上生长差。

【繁殖】以分球繁殖为主，鳞茎可于 6 月中、下旬叶黄后掘起风干，贮藏室内，于 10 月露地栽培。分球不宜在采收后立即进行，以免分离后留下伤口，在夏季贮藏过程中腐烂。对于自然分生子球较少的品种可进行人工切割处理，即于 8 月份天气晴朗时，将鳞茎基部切割成放射形或十字形切口，深度大约 1cm，切口处敷硫磺粉以防腐烂，将鳞茎倒置于阳光下吹晒1～2h，而后平摊于室内风干，以后鳞茎切口处会发生许多子球，秋季便可分栽。如果要培育新品种可采用播种繁殖。

【栽培管理】露地栽培时，应选用避风向阳小环境处种植。栽前施足基肥，筑畦或开沟栽植，覆土厚度达球高的 2 倍即可，不可过深或过浅。栽培后期应节制肥水，避免鳞茎腐烂。采收鳞茎应及时，采收过早鳞茎不充实，反之则鳞茎不能充分阴干而不耐贮存。鳞茎不宜留在土中越夏，每年必须挖出贮藏，贮藏环境必须干燥凉爽，将鳞茎分层摊放以利通风。风信子也可水养以促开花。

【常见品种及类型】风信子的常见变种有罗马风信子、早花风信子和普罗文斯风信子。

(1) 罗马风信子（*H. orientalis* var. *albulus*） 原产于法国南部。花期早，植株细弱。叶直立有纵沟，每株抽生数枝花葶，花小，白色或淡青色，宜作促成栽培。

(2) 早花风信子（*H. orientalis* var. *praecox*） 原产于意大利，鳞茎外皮浅紫色，花冠筒膨大且生长健壮，外观与前变种很相似。

(3) 普罗文斯风信子（*H. orientalis* var. *provincialis*） 原产于法国南部、意大利及瑞士。全株细弱，叶浓绿色有深纵沟。花小而疏生，花筒基部膨大，裂片蛇状。

风信子栽培品种繁多，具有各种花色，单瓣或重瓣，大花或小花，早花或晚花以及3倍体、4倍体或其他多倍体品种。园艺上常分为荷兰品系和罗马品系。荷兰品系是由荷兰改良培养而来的品系，花朵大，花序长，园艺品种多属此品系；罗马品系是由法国改良而成，其鳞茎略小于荷兰品系，一球能抽生数枝花葶。

【园林应用】风信子花期早，花色艳丽，植株低矮而整齐，是春季布置花坛、花境以及点缀草坪边缘的优良球根花卉，也可盆栽、水养或作切花观赏。

9.3.4 唐菖蒲 *Gladiolus gandavensis* Vaniot Houtt.

唐菖蒲又名菖兰、剑兰、扁竹莲、十样锦，鸢尾科唐菖蒲属多年生草本。球茎扁球形，外被膜质鳞片；基叶剑形，互生，排成两列；蝎尾状聚伞花序顶生，着花8～24朵，通常排成两列，偏向一侧，花冠呈不规则漏斗状；花有白、粉、黄、橙、红、紫、蓝等色，或具复色及斑点、条纹（图9-10）。

图 9-10 唐菖蒲

唐菖蒲的园艺品种很多，目前国际上对唐菖蒲的分类尚无统一的方案，就其开花习性而言，基本上可分为春花与夏花两大类。春花类，在冬季无冻害地区，秋季种植，次春开花，本类植株矮小，花小，花色变化不多；夏花类，春季栽种夏季开花，本类一般植株高大，花大，花色、花型、花径大小及花期富于变化。目前世界上广泛种植的优良杂种和品种大多属于此类。

【产地与生态习性】全世界唐菖蒲的野生原种约有250种，以南非好望角种类最多，为世界唐菖蒲野生种的分布中心。现在世界各地栽培的唐菖蒲均为种间杂交种。

唐菖蒲性喜温暖，并具有一定耐寒性。不耐高温，尤忌闷热。以冬季温暖，夏季凉爽的气候最为适宜。球茎在4～5℃萌动，生育适温白天为20～25℃，夜间为10～15℃。我国大部分地区均能种植，但因冬季多数地区严寒而不能露地越冬，所以都作春植球根花卉栽培，夏季开花，冬季休眠。我国北方夏季气候凉爽的地区生长开花良好，尤其对小球发育更为有利，而南方盛夏炎热地区，常生长不良，花朵质量较差。土壤以深厚肥沃而排水良好的沙质壤土为宜，黏重土与低洼积水处生长不良，土壤pH值5.6～6.5为佳；要求阳光充足，长日照有利于花芽分化，分化后给以短日照能提早开花。

【繁殖】繁殖方法有分球、切球、播种及组织培养等。其中以分球繁殖为主，播种只用于培育新品种和复壮老品种，切球只在种球较少时采用。

(1) 分球法　将母球上自然分生新球和子球取下来另行种植即称为分球法。方法是当秋季叶片有1/3发黄时，将球根崛起，剪去枯叶，将新生的大球与小球按大小分级，充分晾干后贮藏于5～10℃通风干燥处，次春种植。小球需培育1～2年后开花。

(2) 切球法　当种球数量少时，为加大繁殖系数，可采用切球法。将种球纵切成若干部分，每部分保留1～2个芽和部分茎盘，然后用0.5%高锰酸钾溶液浸泡20min，或将切口用草木灰涂抹以防腐烂。

(3) 播种法　一般在夏季种子成熟采收后，立即进行保护地播种，20～25d出苗，经130～150d室内生长产生子球，第2年春天分栽于露地，加强管理，夏季可有少量植株开花。

(4) 组织培养法　对病毒侵染或退化严重的品种可用茎尖、花器等做外植体进行组织培养。

【栽培管理】栽种唐菖蒲应该选用地势比较高燥，通风良好处，忌低洼阴冷环境，忌连作。栽种前土壤中要施入足够的基肥并加入适量骨粉与草木灰，并调整pH至5.8～6.5。栽种时间因地区、栽培目的及品种特性而异，通常5月栽种，7～8月开花。

唐菖蒲通常采用畦栽或沟栽。大面积切花生产或球根生产宜用沟栽方式，便于管理和节省劳力。栽植前种球可用70%可湿性甲基硫菌灵粉剂800倍液，或苯菌灵1000倍液加1500倍克菌丹液浸泡30min消毒，捞出后直接混合在2倍体积的锯末或稻壳中，置于20～25℃环境中催芽，经5～6d，有60%球茎生根发芽，即可栽植。栽植深度要根据种球大小及土壤性质而定，一般球茎越大，栽植应越深；在黏重土壤中应略浅。通常覆土深度为球高两倍。沟栽时，大球沟距40～60cm，株距25～30cm；畦栽时，大球行距15～20cm，株距10～15cm。在生长期要适时浇水，经常保持土壤湿润，并需施肥3次：第1次在2片叶展开后，施肥以促进茎叶生长；第2次在有4片叶、茎伸长孕蕾时，施肥以促进花枝粗壮、花朵大；第3次在开花后，施肥以促进新球发育。施肥要注意适量，氮肥不可过多，以免引起徒长。花后4～6周当叶片1/3变黄时，可将球茎挖出晾干，按球的大小分级，在5～10℃的环境条件下存放。

以周年供应切花为目的的唐菖蒲，种植时间因地区、栽培条件及品种特性而异，在北方作为夏秋季供花的，可露地栽种，而冬季供花的需温室栽培；在华南与昆明地区，因气候温暖，基本上可以周年露地栽培。

栽种前，应将晾干的球茎在3%的氯乙醇溶液中浸泡2h，取出后置于密封容器中保持25℃，24h后即可栽种。另外可将掘出的种球置于1℃环境条件下20d，再用38℃高温处理10d即可栽种。栽植密度因种球大小而有所差别，大球应稀疏一些，而小球可适当密植，一般以30～60球/m² 为宜。栽种过程中要保持空气清新。苗期温度保持10～15℃，以后随植株生长加温至20～25℃，生长期间须保持阳光充足及每天14h的光照。如果自然光照不足，可用人工光照加以补充。在品种选择时应选用适应性强、开花早、球茎成熟早的品种。

【常见品种及类型】

(1) 依开花习性分类

① 春花品种　植株较矮小，球茎亦矮小，茎叶纤细，花轮小型。耐寒性强。

② 夏花种类　植株高大，花多数，大而美丽。

(2) 依花朵大小分类

① 巨花型　花冠直径 14cm 以上。如辽宁的‘龙泉’、武汉的‘银光’、吉林的‘含娇’等。

② 大花型　花冠直径 11～14cm。如甘肃临洮的‘洮阳红’、荷兰的‘苏格兰’。

③ 中花型　花较小，花冠直径在 7.9～11cm，如甘肃的临洮的‘蓝玉’等。

④ 小花型　花冠直径小于 7.9cm，一般春花类多属于此种类型。

(3) 依生长期分类

① 早花类　生长 60～65d，6～7 片叶时即可开花。

② 中花类　生长 70～75d 后即可开花。

③ 晚花类　生长期较长，经 80～90d，需 8～9 片叶时才能开花。

(4) 依花色分类

唐菖蒲的花色十分丰富又极富变化，大致可以分为十个色系。包括白色系、粉色系、黄色系、橙色系、红色系、浅紫色系、蓝色系、紫色系、烟色系及复色系。

中国栽培的唐菖蒲种球绝大多数是进口的，主要来自荷兰、日本、美国等，品种主要有以下几个色系。

① 白色系　‘白友谊’、‘白雪公主’、‘白花女神’、‘繁荣’、‘佩基’等。

② 粉色系　‘魅力’、‘粉友谊’、‘夏威夷人’、‘玛什加尼’、‘埃里沙维斯昆’等。

③ 黄色系　‘金色原野’、‘金色杰克逊’、‘荷兰黄’、‘新星’、‘豪华’、‘彼德李’、‘聚光’、‘梅格’、‘黄金’等。

④ 红色系　‘红美人’、‘红光’、‘奥斯卡’、‘胜利’、‘青骨红’、‘玫瑰红’、‘火焰商标’、‘欢呼’、‘尼克尔’、‘芭蕾舞女演员’、‘戴高乐’、‘乐天’、‘钻石红’等。

⑤ 紫色系　‘长尾玉’、‘兰色康凯拉’、‘紫色施普里姆’。

⑥ 烟色系　‘巧克力’。

⑦ 复色系　‘小丑’。

(5) 按花型分类

① 大型花　花径大，排列紧凑，花期较晚，新球与子球均发育较缓慢。

② 小蝶型　花朵稍小，花瓣有褶皱，常有彩斑。

【园林应用】唐菖蒲是国内外庭院中常见的球根花卉，也是世界花卉市场上四大著名切花之一。品种繁多，花色艳丽，花梗挺拔修长，花期长，主要用于切花瓶插，制作花束、花篮，也可布置花境或专类花坛。

9.3.5　球根鸢尾类 *Iris* spp.

球根鸢尾是鸢尾科鸢尾属中地下部分具鳞茎的种类的总称。地下鳞茎一般较小，叶数也较少，其他形态特征与前面所讲的鸢尾属相同。

【产地与生态习性】球根鸢尾类性喜阳光充足而凉爽的环境，也耐寒与半阴环境，要求排水良好的沙质壤土。在我国长江以南可露地越冬，华北地区露地越冬需加以保护。本类为秋植球根花卉，花芽分化常在栽植后生长初期进行，翌年早春生长开花，初夏进入休眠。鳞茎寿命 1 年，母球开花后变成残体，被其旁边的新生鳞茎代替。

【繁殖】通常采用分球繁殖。夏季采收后不宜将新生鳞茎分离，以免伤口腐烂。应将鳞茎存放于凉爽通风处贮存，秋季再将子球分离并另行栽植。另外也可采用腋芽、鳞片等器官进行组织培养。

【栽培管理】露地栽培时，应选用向阳而干燥的地方，栽植适期为10～11月。栽植前应施足基肥，以磷钾肥为主。栽植距离与深度按鳞茎大小而定，大鳞茎株行距宜10cm×20cm左右，小鳞茎株行距宜5cm×20cm左右，栽植深度为鳞茎的3倍。栽植后要浇透水。在华北地区露地越冬时应加覆盖物。春季开花后，新生鳞茎进入积累养分阶段，要加强肥水管理以保证新鳞茎生长发育。6月后待地上部分枯萎进入休眠期，挖出鳞茎，在凉爽通风处贮藏。

【本属常见种】本属常见种有西班牙鸢尾、英国鸢尾和网脉鸢尾。

(1) 西班牙鸢尾（*I. xiphium*） 原产西班牙、法国南部及地中海沿岸。鳞茎卵圆形，皮膜褐色，径约3cm；叶线形，具深沟，被灰白粉；花葶直立，着花1～2朵，花有梗，浅紫色或黄色；花被筒部不明显或近无，垂瓣圆形，中央有黄斑，基部细缢，爪部甚长，旗瓣长椭圆形，与垂瓣等长；花期4月末至6月，变种有荷兰鸢尾（*I. xiphium* var. *hybridum*），具各种不同的花色与花形，花大而美丽。

(2) 英国鸢尾（*I. xiphioides*） 原产法国与西班牙。本种与西班牙鸢尾相似，但其花2～3朵；花梗极短，花被筒部0.6～1.2cm，垂瓣较大，基部较宽而呈楔形，旗瓣短于垂瓣，花暗淡紫色，花期5月上中旬。

(3) 网脉鸢尾（*I. reticulata*） 原产高加索。本种鳞茎皮膜乳白色，具明显网纹，地上茎很短或无；叶2～4枚，簇生，四棱形；花单生，筒部细长，垂瓣卵形，喉部白色，具黄色鸡尾状突起；花蓝紫色，有香气，花期3～4月。

【园林应用】球根鸢尾类花卉花姿优美，可用于早春花坛、花境、花丛栽植，也可水养或进行促成栽培以供切花。

9.3.6 番红花属 *Crocus* L.

鸢尾科多年生草本。球茎扁圆或圆形，外皮干膜质或革质；叶基生，线形；花单生，花被片6，花色为白、黄、雪青至深紫色。

【产地与生态习性】主要分布于欧洲、地中海、中亚等地。喜冷凉、湿润和半阴环境。较耐寒，可耐－10℃低温。畏炎热，忌雨涝积水，喜排水良好腐殖质丰富的沙质壤土。不宜多施肥，否则易使球根腐烂。忌连作。

番红花为秋植球根花卉，秋季萌动，经冬春两季迅速生长开花。夏季休眠期进行花芽分化，分化的时期与进程因种而异，但所有种均在秋季种植前完成花芽分化。球茎的寿命为一年，每一母球可形成一个新球。

【繁殖】通常采用分球繁殖，结实种类也可播种繁殖。秋花种类在8月下旬至9月上旬进行种植，而春花种类则在9月下旬至10月上旬种植。

【栽培管理】露地栽培时株行距均为8cm左右，深度为8～10cm。开花期间应注意时常灌水，保持土壤湿润。花后结实的种类应在花后及时剪除花朵，并追施硫酸钾，以促进新球增大。待叶丛枯黄时，将球掘起充分晾干贮存于通风干燥处。

【本属常见种】本属植物有80余种，按花期分为春花类和秋花类。春花种类花葶先于叶片抽出，花期2～3月；秋花种类花葶常于叶后抽出，花期9～10月。主要种类及品种有以下几种。

(1) 春花种类 花葶先于叶抽出，花期2～3月。

① 番黄花（*C. maesiacus*） 原产欧洲东南部及小亚细亚西部。球茎扁圆形；叶6～8

枚，狭线形，明显高于花葶；苞片 1，花被片长 3～3.5cm，金黄色；花期 2～3 月。有许多变种和品种。

② 番紫花（*C. vernus*） 别名春番红花。原产欧洲中南部。球茎扁圆形；叶 4 枚，宽线形，与花葶近等高；苞片 1，花被片长 2.5～3.5cm，喉部具毛，花雪青或白色，常具紫斑；花期 3 月中下旬。有许多变种和品种。

③ 高加索番红花（*C. susianus*） 原产高加索及克里米亚南部。球茎卵圆形；叶 4～6 枚，狭线形；苞片 2，花被片长 3.5cm，花橙色；花期 3 月上中旬。

(2) 秋花种类 花葶常于叶后抽出，花期 9～10 月。

① 番红花（*C. sativus*） 原产西班牙、法国、荷兰、伊朗、印度等国。球茎扁圆形，端部呈冠状；叶多数，狭线形，长可达 30～40cm，灰绿色，具缘毛；苞片 2，花大，芳香，花被片长 3.5～5cm，雪青色、红紫色或白色；花期 9～10 月。

② 美丽番红花（*C. speciosus*） 原产欧洲东南部及小亚细亚。球茎扁圆形；叶 4～5 枚；苞片 2，甚长，花被片长 5cm，内侧雪青色，带紫晕，外侧深蓝色；花期 10 月中下旬。本种花大色艳，为秋花种类中观赏价值最高的。变种和品种很多。

【园林应用】番红花属植物植株矮小，花色艳丽，有些种类开花很小，是早春布置花坛或边缘栽植的好材料。可按花色不同组成模纹花坛，也可三五成群点缀岩石园或自然式布置于草坪上，还可水养或盆栽以供室内观赏。

9.3.7 大丽花 *Dahlia pinnata* Cav.

大丽花又名大理花、天竺牡丹、西番莲、地瓜花。菊科大丽花属多年生草本。地下部分具粗大纺锤状肉质块根，形似地瓜，故名地瓜花。株高依品种而异，50～250cm，茎直立，少数横卧；叶对生，1～3 回羽状分裂，裂片卵形或椭圆形，边缘具粗钝锯齿；头状花序顶生，其大小、色彩、形状因品种而异，花序由外围舌状花与中部管状花组成，舌状花单性或中性，管状花两性；花期 6～10 月；瘦果黑色，长椭圆形或倒卵形，扁平状（图 9-11）。

目前栽培的大丽花园艺品种多为异源 8 倍体，主要亲本为大丽花（*D. pinnata*）和红大丽花（*D. coccinea*）。

【产地与生态习性】大丽花原产墨西哥高原 1500m 以上地带。栽培种和品种繁多，世界各地均有栽培。不耐寒，在酷暑下生长不良，生长适温为 10～30℃。夏季气候凉爽、昼夜温差大的地区生长开花最佳。喜光但不宜过强，夏季幼苗应避免阳光直射。不耐干旱，且怕水涝。土壤以富含腐殖质且排水良好的沙质壤土为宜。大丽花为短日照春植球根花卉，春天萌芽生长，夏末秋初气候凉爽，日照渐短时进行花芽分化并开花。秋天经霜后，枝叶停止生长而凋萎，进入休眠。

【繁殖】一般以扦插及分株繁殖为主，亦可进行嫁接和播种繁殖。

(1) 分株繁殖 春季发芽以前，将贮藏的块根分割，另行栽植。每株块根需带根茎芽 1～2 个，切口处涂草木灰防腐。此法简单易行，成活率高，植株健壮，

图 9-11 大丽花

但繁殖系数低。

（2）扦插繁殖　一年四季皆可进行，但以早春扦插最好。2～3月间，将根丛在温室内囤积催芽，当新芽长至6～7cm，基部一对叶片展开时，剥取扦插。也可留基部一对叶片，截取插穗扦插，当叶腋处再萌生新芽长至6～7cm时，又可进行扦插，如此重复进行。扦插用土以沙质壤土加少量腐叶土或泥炭土为宜，保持温室15～22℃，两周生根。春插苗不仅成活率高而且经夏秋充分生长，当年即可开花。夏季与秋季也可进行扦插，但成活率不及春插。

（3）播种繁殖　播种适宜于矮生花坛品种及培育新品种。春季将种子在露地或温床条播，也可温室盆播，当盆播苗长至4～5cm时，需分苗移栽到花盆或花槽中。播种可迅速获得大批实生苗，且生长势比扦插苗和分株苗生长强健，但大丽花为多源杂种，遗传基因复杂，播种后性状易发生变异。

【栽培管理】大丽花通常有露地栽培与盆栽两种方式。

（1）露地栽培　晚霜过后，选通风向阳高燥地，充分翻耕，施入适量基肥后做成高畦以利排水。栽植时间因地而异，华南地区2～3月，华中地区4月下旬，而华北地区应推迟至5月份栽植。栽植深度以使根颈芽眼低于土面6～10cm，随新芽的生长而逐渐覆土，直到与地表持平。株距因品种而异，高大品种约120～150cm，中高品种60～100cm，矮生品种40～60cm。栽植时需设立支架以防风害。

生长期间应注意整枝修剪及摘蕾等工作。整枝方式依栽培目的及品种特性而定，基本上有两种：一是不摘心单干培养法，即保留主枝的顶芽继续生长，除靠近顶芽的两个侧芽作为替补芽外，其余各侧芽均除去，以使花蕾健壮，花朵硕大。此种方法适宜于特大及大花品种。另一方法是摘心多枝培养法，当主枝生长至15～20cm时，自2～4节处摘心，促使侧芽生长发育。全株保留侧枝数视品种和要求而定，每个侧枝保留1朵花。此法适用于中、小花品种及茎粗壮而中空，不易发生侧枝的品种。

大丽花在栽培过程中应注意施肥，但不可过量。生长期每7～10d追肥1次，夏季天气炎热不宜施用。常用肥料有腐熟人粪尿、麻酱渣及硫酸铵、尿素、硫酸亚铁等。

（2）盆栽　宜选用矮生优良大花品种的扦插苗，以花形整齐者为宜。要控制植株高度在35～60cm，花径在25～30cm。盆土配制应以底肥充足、土质松软、排水良好为原则。通常由腐叶土、粗沙、肥料按比例混合配制，土：沙：肥比例为3：1：1。

盆栽大丽花的整形与修剪的具体方法，基本上与露地栽培相同，但在株形高低、枝条粗细及花朵大小的调整方面要求更为严格。盆栽的大丽花在生长过程中要严格控制浇水，以防徒长与烂根。应该掌握的原则是：不干不浇，见干见湿。

秋后，当大丽花的地上部分枯萎停止生长时，应将块根挖起，使其外表充分干燥，再用干沙埋存，保持温度3～5℃。盆栽花凋谢后，可剪去茎叶，连盆放于3～5℃温室避光处保存。

【常见品种及类型】大丽花栽培品种繁多，全世界约3万个。按花朵的大小划分为大型花（花径20.3cm以上）、中型花（花径10.1～20.3cm）、小型花（花径10.1cm以下）三种类型。按花朵形状划分为：葵花型、兰花型、装饰型、圆球型、怒放型、银莲花型、双色花型、芍药花型、仙人掌花型、波褶型、双重瓣花型、重瓣波斯菊花型、莲座花型和其他花型11种花型。

【本属常见种】大丽花原种约有15个，主要有红大丽花、大丽花、卷瓣大丽花、树状大丽花和麦氏大丽花等。

(1) 大丽花（*D. pinnata*） 现代园艺品种中单瓣型、小球型、圆球型和装饰型等品种的原种，也是不整齐装饰型、半仙人掌型、牡丹型等品种的亲本之一。花朵直径 7～8cm，花单瓣或重瓣，常有变化；单瓣型舌状花 8 枚，重瓣花内卷成管状，雌蕊不完全，花多红色也有紫色、白色等。

(2) 红大丽花（*D. coccinea*） 株高 1～1.2m，形态与大丽花近似，唯植株变小。舌状花 1 轮 8 枚，平展，花瓣深红色、橙黄色及黄色；管状花两性，可育，舌状花不育。是单瓣之原种。

(3) 卷瓣大丽花（*D. juarezii*） 为仙人掌型的原种，也是不整齐装饰型和牡丹型等品种的亲本之一，部分整齐装饰品种中亦有本种血统。花红色，有光泽；半重瓣或重瓣；舌状花边缘向外反卷，花瓣细长，花梗；软弱，花头宜下垂；为天然杂种四倍体。

(4) 麦氏大丽花（*D. glabrata*） 又名光滑大丽花、矮生大丽花。为单瓣仙人掌型的原种，株高 60～90cm，花朵直径 2.5～5cm；舌状花浅紫色。株丛低矮，叶形优美，花梗细长多分枝，宜作花坛及切花用。

【园林应用】大丽花花色艳丽，花形多变，品种丰富，广泛应用于花坛、花境、庭院丛植；矮生品种宜盆栽观赏，高型品种宜作切花。

9.3.8 蛇鞭菊 *Liatris spicata* (L.) Willd.

蛇鞭菊又名舌根菊，菊科蛇鞭菊属多年生草本。株高 60～150cm，全株无毛或散生短柔毛，地下具黑色块根；茎直立，少分枝，叶互生，条形，全缘；花穗长 15～30cm，由许多头状花序组成；花紫红色，从顶部开起，向基部延伸，花期 7～9 月。

【产地与生态习性】原产墨西哥湾，性强健，较耐寒，对土壤选择性不强，要求日光充足。

【繁殖与栽培管理】播种或分株繁殖，春秋皆可。播种苗 2 年开花。定植株行距 20～30cm。栽植前施入基肥，生长期给予充足的水肥，夏季中耕除草时在根部培土，以防雨涝倒伏，开花时为防止花茎倒伏，可设立支柱。种子成熟不一，要陆续采收。

【本属常见其他种】本属植物约 40 种，常见栽培的还有细叶蛇鞭菊（*L. graminifolia*），叶片稀疏，具白点，紫红色；嫣红蛇鞭菊（*L. callilepis*），花胭脂红色。

【园林应用】蛇鞭菊是当今世界花卉市场上不可或缺的品种，盛开时竖向效果鲜明，景观宜人，是优良的插花材料。也可于其他花卉配置布置花径、花境，或自然式丛植点缀山石、篱旁、林缘，矮生变种可用于花坛。

9.3.9 美人蕉属 *Canna* L.

美人蕉科多年生草本。地下根茎粗壮肥大而横卧，地上茎直立不分枝；叶互生、宽大，叶柄鞘状；花两性，大而美丽，不整齐，排成总状或圆锥花序；有苞片，萼片 3，绿色或紫色，似苞片状；花瓣 3，萼片状，绿色或其他颜色，基部合生成管状；退化雄蕊花瓣状，为花中最美丽显著的部分，其中一枚雄蕊瓣化瓣常向下反卷，称为唇瓣。雌蕊亦瓣化形似扁棒状，柱头生其外缘。蒴果球形。

【产地与生态习性】本属 55 种，原产美洲、亚洲及非洲热带地区，中国大部分地区都有栽培。美人蕉类性强健，适应性强，几乎不择土壤，具一定耐寒力。在原产地无休眠性，可周年生长开花。但在我国大部分地区冬季休眠，在华北、东北地区不能露地越冬。本属植物喜温暖或炎热气候，可耐短期水涝，生育适温在25～30℃。

【繁殖】通常分株繁殖。将根茎切离，每丛保留2～3芽，切口处涂抹草木灰防腐。为培育新品种可采用播种繁殖。美人蕉类种皮坚硬，播种前应将种皮刻伤或开水浸泡。一般春季栽植，暖地宜早，寒地宜晚。穴内需施入基肥。丛距80～100cm，覆土8～10cm。开花前要施入1～2次稀薄液肥。花后要从基部剪去残花枝。在长江以南可露地越冬，但经2～3年需挖出重新栽植。长江以北在秋季经1～2次霜后，茎叶大部分枯黄时应将地下茎掘起，适当干燥后贮藏于沙中或堆放于室内，温度保持5～7℃即可安全越冬。贮存时忌水涝潮湿，以防根茎腐烂。

【栽培管理】美人蕉栽培容易，管理粗放，病虫害少。一般春植为主，暖地宜早，寒地宜晚。选择阳光充足的地方栽植。栽前施足基肥。丛距50～100cm，覆土10cm。平时保持土壤湿润，开花前施追肥一次。花后及时摘取残花。初霜后起球晾干，贮藏于沙中，保持5～7℃即可安全越冬。促成栽培可于预定花期前约100d，将根茎在15～30℃中催芽后种植，即可提前开花或于早霜前移入室内，保持适宜温度，即可继续开花。

【本属常见种】美人蕉科仅有美人蕉属一属，约50种。目前园艺上栽培的美人蕉绝大多数为杂交种及混杂群体，主要分为两大系统。①法国美人蕉系统，植株矮生，高60～150cm；花大，花瓣直立而不反曲；易结实。②意大利美人蕉系统，植株较高大，约为1.5～2m；花比前者大，花瓣向后反曲；易结实。主要种及杂种如下。

(1) 美人蕉（*C. indica*） 又名小花美人蕉、小芭蕉，为现代美人蕉的原种之一。原产热带美洲。株高1～1.3m，茎叶绿而光滑，叶长椭圆形，长10～30cm，宽5～15cm；花序总状，着花稀疏，小花常二朵簇生；瓣化瓣狭细而直立，鲜红色，唇瓣橙黄色，上有红色斑点。

(2) 蕉藕（*C. edulis*） 又名食用美人蕉，姜芋。原产印度和南美洲。植株粗壮高大，2～3m，茎紫色；叶长圆形，长30～60cm，宽18～20cm，表面绿色，背面及叶缘有紫晕；花序基部有宽大总苞；花瓣鲜红，瓣化瓣橙色，直立而稍狭；花期8～10月，但我国大部分地区不见开花。

(3) 黄花美人蕉（*C. flaccida*） 又名柔瓣美人蕉。原产美国佛罗里达州至南开罗来纳州。株高1.2～1.5m，根茎极长大，茎绿色；叶片长圆状披针形，长25～60cm，宽10～20cm；花序单生而稀疏，着花少，苞片极小；花大而柔软，向下反曲，下部呈筒状，淡黄色，唇瓣圆形。

(4) 粉美人蕉（*C. glauca*） 又名白粉美人蕉。原产南美洲、西印度。株高1.5～2m，根茎长而有匐枝，茎叶绿色，具白粉；叶长椭圆状披针形，边缘白而透明；花序单生或分叉，着花少，花较小，黄色，瓣化瓣狭长，唇瓣顶部凹入。有具红色或带斑点品种。

(5) 鸢尾花美人蕉（*C. iridiflora*） 原产秘鲁。株高2～4m。叶广椭圆形，表面散生软毛；总状花序稍下垂；花大，淡红色；瓣化瓣倒卵形，唇瓣狭长，端部微凹。

(6) 紫叶美人蕉（*C. warscewiezii*） 原产哥斯达黎加、巴西。又名红叶美人蕉。株高1～1.2m，茎叶均紫褐色并具白粉；总苞褐色，花萼及花瓣均紫红色；瓣化瓣深紫红色，唇瓣鲜红色。

(7) 大花美人蕉（*C. generalis*） 本种为法国美人蕉系统的总称，主要由美人蕉（*C. indica*）杂交改良而来。

【园林应用】美人蕉类茎叶茂盛，花大色艳，花期长，开花时正值夏季炎热少花时节，在园林中应用极为普遍。宜作花境背景或花坛中心栽植，也可丛植于草坪中或作基础栽植。矮生美人蕉可盆栽，或作阳性地被、斜坡地被。

9.3.10 晚香玉 *Polianthes tuberosa* L.

晚香玉又名夜来香、月下香。石蒜科晚香玉属多年生草本，具鳞块茎（上半部鳞茎状，下半部块茎状）；叶片细长带状，全缘，有基生叶和茎生叶，茎生叶向上渐小呈苞片状；穗状花序顶生，每苞片内生 2 花；花乳白色，浓香，至夜晚香气更浓；花期 7 月上旬至 11 月上旬，盛花期 8～9 月间；蒴果球形（图 9-12）。

图 9-12 晚香玉

【产地与生态习性】原产墨西哥及南美洲，目前世界各地广为栽培。晚香玉在原产地不休眠，终年生长，四季开花，但在温带则冬季休眠，只做春植球根花卉栽培。喜温暖湿润，阳光充足的环境，生长适温 25～30℃，白天不低于 14℃，夜温不低于 2℃。对土壤要求不严，以黏质壤土为宜，对土壤湿度反应比较敏感，喜肥沃湿润而不积水的土壤。自花授粉，但雌蕊晚于雄蕊成熟，故自然结实率低。

【繁殖】以分球繁殖为主，也可采用播种繁殖。母球自然繁殖率很高，平均每个母球每年可分生 10 余个子球，其中较大者当年栽种即可开花，较小的要培养 2 年以后才可开花。

播种繁殖经常用于新品种的繁育。发芽适温 25～30℃，播种后一周即可发芽。

【栽培管理】通常 4～5 月份种植，将大小鳞块茎分开种植，栽培深度大者以顶部稍露出土面为宜，小球则应稍低于土面或与土面齐平，但也应视栽培目的、土壤性质而异。深栽有利于球体的生长膨大，浅栽有利于开花。晚香玉苗期生长缓慢，从栽植至萌芽约需 1 个月，栽植前期灌水不宜过多。待花茎抽出后，应经常灌水以保持土壤湿润。雨季应注意排水。晚香玉喜肥，应经常追肥，一般栽植后一个月施肥一次，开花前施肥一次，开花后每一个月或两个月施肥一次。

霜冻前茎叶停止生长，将鳞块茎挖出，略经晾晒，除去泥土及须根，并将球底部衰老部分切去，晾干后贮存于温暖干燥处越冬。

在有高温温室的条件下，也可行促成栽培，球根在 10 月上旬掘出后晾干，10 月底栽入温室，保持 25℃的高温，注意通风和追肥，春节前即可开花。

【常见品种及其类型】晚香玉同属的种类有 12 种，但栽培利用的只有晚香玉，而且品种不多。变种有重瓣晚香玉（*P. tuberose* var. *flore-pleno*）。主要栽培品种有‘Albino’，芽变形成的单瓣品种，花纯白色；‘Dwarf pearl’，矮性品种；‘Variegale’，叶长而弯曲，具金黄色条斑；‘Mexican Early bloom’，单瓣，早生品种，周年开花，以秋季为盛；‘Pearl’，重瓣品种，茎高 75～80cm，花序短，花多而密，花冠筒短；‘Tall Double’，大花重瓣品种，花茎长，适合做切花。

【园林应用】晚香玉是美丽的夏季观赏植物和切花材料，园林中可成片散植，或用来布置岩石园。因花愈至夜晚香气愈浓，可配置于夜花园作花坛材料。也可用作切花，瓶插水养。

9.3.11 葱莲属 *Zephyranthes*

石蒜科多年生矮小草本。植株低矮，高 15～25cm；地下部分具鳞茎；叶基生，线形，稍肉质；花葶中空，从叶丛一侧抽出，花单生其顶端，漏斗状，下部具佛焰苞状的苞片；夏季开花，花色有白、黄、粉红及红等。

【产地与生态习性】本类球根花卉在原产地为常绿性，可周年生长，而我国大部分地区因冬季严寒，只宜作春植球根花卉栽培。性喜光照充足，排水良好，肥沃而略带黏质的土壤；耐半阴及低湿环境，具一定耐寒性。在长江以南可露地越冬，华北及东北地区冬季需贮藏越冬。

【繁殖】主要采用分球繁殖，每 1 个母球可自然分生 3～4 个子球，春季将子球分离栽植，培养 2 年即可开花。也可采用播种繁殖。

【栽培管理】本类植物生性强健，栽培管理简单粗放。春季种植，每穴种 2～3 个，栽植深度以鳞茎顶稍露出土面为宜，间距 15cm。长江以南地区，一经栽植可连年开花繁茂，不必每年挖球重栽。

盆栽植株生长期要有充足的阳光和肥水。一批花凋谢后应停止浇水 50～60d，再恢复供水，如此干湿反复间隔，1 年可开花 2～3 次。盆栽 2～3 年后应将鳞茎取出，进行地栽培养 1～2 年，使鳞茎复壮。

【本属常见种】本属约 50 种，常见栽培的有以下两种。

(1) 葱兰（*Z. candida*） 又名葱莲、玉帘、白花菖蒲莲。原产南美洲，我国各地园林常见栽培。鳞茎圆锥形，径约 2.5cm，具细长颈部；叶基生，狭线形，稍肉质，暗绿色，具纵沟；花白色，无花筒，花被片椭圆状披针形，花径 4～5cm，苞片膜质，褐红色；花期7～10月。

(2) 韭兰（*Z. grandiflora*） 又名红玉帘、红花菖蒲莲、风雨花、红花葱兰。主要分布于墨西哥、古巴等地。其与葱兰的主要区别是鳞茎卵圆形，稍大，颈部较短；叶扁平线形，基部具紫红晕；花具明显筒部，粉红色或玫瑰红色，花径 5～7cm，苞片红色；花期6～9月。据传其花常在风雨来临之前开放，故又称“风雨花”。

【园林应用】葱莲属植物植株低矮整齐，花期长，常用于花坛的镶边材料，也宜在绿地中丛植。最适宜作林下半阴处的地被花卉，或于庭院小径旁栽植，也广泛用于盆栽。

9.3.12 水仙属 *Narcissus* L.

石蒜科多年生草本。地下部分具膜质有皮鳞茎，大多数为卵圆形或球形，具长颈，外被褐黄色或棕褐色皮膜；叶基生，带状、线状或近圆柱状，多数排成互生 2 列状，与花葶同时抽出；花葶直立，圆筒状或扁圆筒状，花单生或多朵呈伞形花序着生于花葶顶端；总苞膜质，管状，花被片 6，基部联合成深浅不等的筒状，花被中央有杯状或喇叭状的副冠，其形状、长短、大小以及色泽均因种而异。本属有些种类为 3 倍体，不能结实，如中国水仙。

【产地与生态习性】水仙属植物主要原产北非、中欧及地中海沿岸，其中法国水仙分布最广，自地中海沿岸一直延伸至亚洲，有许多变种和亚种，中国水仙为主要变种之一，主要集中于中国东南沿海一带。本属植物性喜温暖湿润及阳光充足的环境，尤其是冬无严寒夏无酷暑而秋季多雨的地区最为适宜。多数种类耐寒力较强，在华北地区可露地越冬。对土壤要求不严，除重黏土以及沙砾地以外均可生长良好。土壤 pH 值以中性或微酸性为宜。

【繁殖】水仙类的繁殖以分球为主，将母球上自然分生的小鳞茎分离下来作种球，另行栽植培养。为培育新品种可采用播种法，种子成熟后于秋季播种，翌春出苗，待夏季叶片枯黄后挖出小球，秋季再栽植。另外也可用组织培养法获得大量种苗和无菌球。

【栽培管理】水仙属为秋植球根花卉，栽培方式可分为旱地栽培、露地灌水栽培、无土栽培。

(1) 旱地栽培　选用温暖湿润、土层深厚的土壤于 9 月下旬栽种，栽种前施入充足基肥，生长期追施 1～2 次液肥，养护管理较粗放。夏季叶片枯黄后将球根挖出，贮藏于通风荫凉处。国外露地栽培均用此方式。

(2) 露地灌水栽培　是我国著名的漳州水仙生产球根的方法。具体的栽培方法与步骤如下。

① 种球选择与分级栽培

种球选择极为严格，要求选球体充实无病虫害，无损伤，外鳞片明亮光滑，脉纹清晰的作种球，并按球的大小、年龄分三级栽培。a. 一年生栽培：从二年生栽培后的侧球或从不能作二年生栽培的小鳞茎中选出球体坚实、宽厚、直径约 3cm 的作种球。b. 二年生栽培：经过一年栽培后球呈圆锥形，从中选出球体坚实、顶粗、直径约 4cm 以上的作种球。c. 三年生栽培：也称商品球栽培，是上市出售供观赏前的最后一年栽培，它是从经过二年生栽培的种球中，选择球形矮阔，主芽单一，茎盘宽厚，顶端粗大，直径 5cm 以上的球作种球，种植前剥掉外侧球，并用阉割法除去内侧芽，使每球只留一个中心芽。

② 栽培要点

a. 耕地溶田：8～9 月间把土地耕松，然后放水漫灌，浸田 1～2 周后把水排干，随后再翻耕5～6 次，深度在 35cm 以上。

b. 施肥做畦：水仙需要大量有机肥作基肥，三年生栽培施入有机肥料 750～1500g/m^2，适当拌入一些过磷酸钙，30～75g/m^2；二年生栽培施肥量可减半，一年生栽培还可更少一些。这些肥料应分几次随翻耕土地施入土中。将土壤表面整平后做成宽 120cm，高 40cm 的畦。沟宽 35～40cm，沟底要平滑、坚实，略微倾斜，使流水畅通。

c. 种球阉割：第一、二年生种球不作阉割处理，仅对第三年种球进行阉割。用一特殊的刀将种球内两侧的侧芽全部挖除，只保留中央主芽。阉割的技术难度比较大，阉割时挖口应尽量小，既要除掉全部侧芽又不能伤及主芽及鳞茎盘。

d. 种球消毒：种植前用 40%的福尔马林 100 倍液浸泡种球 5min，或用 0.1%的升汞溶液浸泡半小时消毒。

e. 栽植：一、二年栽培简单粗放。一年生栽培可采用撒播或条播法，30～45 株/m^2；二年生栽培 12～15 株/m^2。第三年栽培要求比较细致，按株行距为 20cm×40cm 在畦面开沟栽植，栽种后覆盖薄土，并立即施以适量腐熟人粪尿，待肥料充分渗入土壤后引水灌溉，使沟水逐渐从畦底渗透至畦面以后，再排出沟水，经数日后将畦边土切下覆盖在畦面上，并再施入一次基肥，最后于畦面覆盖一层稻草，并使稻草两端垂入沟水中，使水分沿稻草上升，保持土壤湿润。

f. 田间管理：水仙类球根花卉喜肥，除要求有充足的基肥外，生长期还应多施追肥。一年生栽培每 15d 追肥一次；二年生栽培每 10d 追肥一次；三年生栽培每周追肥一次。如果肥源不足，也必须保证花前花后各追肥一次。水仙喜湿润，栽植后必须保证沟内有水。水的深度与球龄大小、生长发育时期、季节以及天气情况有关。一、二年栽的球灌水少，三年生栽的球灌水多；生长初期灌水宜深，生长后期水位可略微降低；晴朗干燥天气应多灌水，而阴雨潮湿天气灌水应适当减少。

g. 采收与贮藏：停止生长的水仙经过晒田催熟后，5月底地上部分逐渐枯萎，开始进入休眠，此时将球挖出去掉叶片及须根，并在鳞茎盘处裹上护根泥，保护脚芽不脱落，而后把球摊晒在阳光下，待封土干燥后即可收贮。

(3) 无土栽培　水仙类也可进行无土栽培，用人工配制的营养液在栽培槽内以蛭石等介质进行栽培，此法省工省肥，清洁卫生，效果良好。

【本属常见种】水仙属约30种，栽培品种超过1万多个，且平均每年要增加200～300个新品种。

园艺上常依副冠的大小和色泽的不同而分类，但由于改良品种和种间杂种的不断出现，现有种和品种的分类比较复杂。根据英国皇家园艺学会制定的方案，依据花被裂片与副冠长度的比以及色泽异同进行分类。目前国内外广泛栽培和应用的主要有下列原种和变种。

(1) 中国水仙（*N. tazetta* var. *chinensis*）　别名水仙花、金盏银台、天蒜、雅蒜，是法国水仙的主要变种之一。原产欧洲地中海沿岸，中国、日本、朝鲜有分布。鳞茎肥大，卵状至广卵状球形，外被棕褐色皮膜；叶片狭长带状，长30～80cm，宽1.5～4cm，先端钝圆，叶色翠绿，表面具白粉；花葶自叶丛抽出，稍高于叶，筒状或扁筒状，每球一般抽发花序1～7支；伞形花序，着生于花葶顶端，白色芳香，黄色副冠浅杯状；花期1～2月（图9-13）。

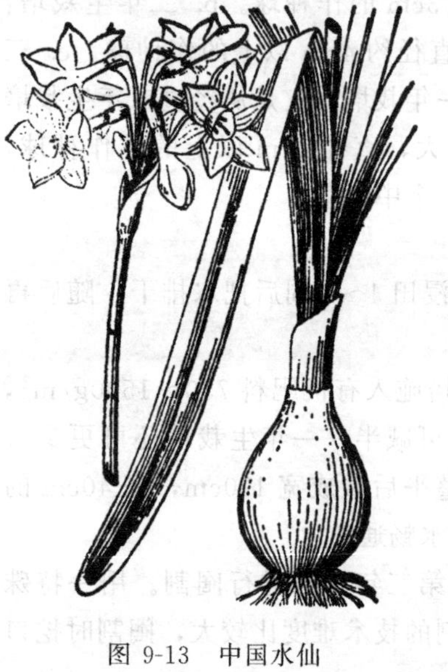

图 9-13　中国水仙

中国水仙尽管有近千年的栽培历史，但品种只有两个。‘金盏银台’的花被纯白色，平展开放，副冠金黄色，浅杯状，花期2～3月。产于浙江沿海岛屿和福建沿海。现福建漳州和上海崇明有大量栽培，远销国内外。‘玉玲珑’的花变态，重瓣，花瓣褶皱，无杯状副冠。产地同上。

(2) 喇叭水仙（*N. pseudonarcissus*）　别名洋水仙、漏斗水仙。鳞茎球形；叶片扁平阔带形，长20～30cm，宽1.4～1.6cm，灰绿色而光滑；花单生，大形，横向或斜上开放；花被片黄色或淡黄色，稍具香气，副冠与花被片等长或稍长，喇叭形，边缘具不规则牙齿和褶皱；花期3～4月。本种有许多变种和园艺品种。华北地区可露地越冬。

(3) 丁香水仙（*N. jonquilla*）　别名长寿花、黄水仙、灯芯草水仙。分布于西班牙东部、丹麦、阿尔及利亚等地。鳞茎小，皮膜黑褐色；叶2～4枚丛生，细长，近圆柱形，有明显深沟，色浓绿；花葶纤细，伞形花序，着花2～6朵，侧向开放，具浓香；花高脚碟状，深黄色，副冠杯状与花被片等长，缘波状，与花被片同色或稍深；花期4月。华东地区可露地越冬。

(4) 红口水仙（*N. poeticus*）　别名口红水仙、雉眼。原产法国至希腊地区。鳞茎较细，卵形；线形叶片4枚，背面具白粉或呈绿色；花葶与叶等长，花单生，少数一葶2花，平伸或斜向开放，色纯白而芳香；副冠橘红色，浅杯状，黄色边缘干膜质而起皱；花期4～5月。

我国华北地区可露地越冬。

【园林应用】水仙花淡雅清秀，花香浓郁，具较高的观赏价值。花期正值元旦、春节，为传统时令名花。尤其适于室内水养，还可雕刻造型，也可用于点缀园林绿地、切花和室内盆栽。

9.3.13 石蒜属 *Lycoris* Herb.

石蒜科石蒜属多年生草本。地下具鳞茎，球形或卵形，外被褐色或黑褐色皮膜。叶基生，线性或带状，端部圆钝。花葶直立，实心圆筒形，端部生伞形花序，有花4～8朵，侧向开放，花冠漏斗状或上部开张反卷，上部6裂，基部合生筒状。雌雄蕊长而伸出花冠外，花色有白、粉、红、黄和橙等。花期8～9月，果期10月。

【产地与生态习性】本属约20种，主要产于中国和日本，中国为本属植物的分布中心，华东、华南及西南地区多有野生。石蒜属植物适应性强，耐旱、耐阴，较耐寒，不择土壤，以土层深厚，排水好，富含有机质的沙质壤土为好。

【繁殖】多数种播种繁殖，但通常分球繁殖。于叶枯后花葶未抽出之前繁殖为好，也可在秋末花后未抽叶之前进行。春秋两季均可栽植，一般暖地多行秋植，寒地春植。

【栽培管理】栽植深度不宜过深，以鳞茎顶部刚埋入土面为宜，过深则翌年不能开花。栽后不宜每年挖采，一般4～5年起球分栽一次。

【本属常见种】

（1）红花品系

① 石蒜（*L. radiata*） 花形较小，花鲜红色，狭倒披针型，强度褶皱和反卷；叶线形，有白粉，中有淡色条纹或淡色带，较窄，约1cm宽，始发于秋季，冬季绿色。

② 鹿葱（*L. squamigera*） 杯状花形，花粉红色，边缘基部微皱缩；秋出叶，淡绿色，质地较软。

（2）黄花品系

① 忽地笑（*L. aurea*） 大花型，花鲜黄色或橙色，花被裂片背面具淡绿色中肋，强度褶皱和反卷；秋出叶，叶片阔条形，粉绿色，中间淡色带明显。

② 中国石蒜（*L. chinensis*） 大花型，花鲜黄色，花被裂片背面具淡黄色中肋，强度褶皱和反卷。

（3）白花品系 长筒石蒜（*L. longituba*）花型较大，花朵纯白色，花被裂片腹面稍有淡红色条纹，顶端稍反卷，边缘不皱缩。花谢后不长叶。

（4）复色品系 换锦花石蒜（*L. sdrengri*）杯状花形，花型中等，花淡紫红色，花被裂片顶端带蓝色，边缘不皱缩。

【园林应用】石蒜属植物性强健，耐阴，最宜作林下地被植物。可丛植或用于溪边石旁自然式布置。露地应用最好与低矮、枝叶密生的一二年生草花混植，是布置花境的优良材料。亦可盆栽或用作切花。

9.3.14 花毛茛 *Ranunculus asiaticus* L.

花毛茛又名芹菜花，波斯毛茛、陆莲花，毛茛科毛茛属多年生草本。地下部分具有纺锤状小块根，似大丽花的块根而形小；基生叶三浅裂或深裂，裂片倒卵形，边缘有齿，有柄；茎生叶无柄，2～3回羽状细裂；花单生枝顶或数朵生于长梗上；萼片绿色，花瓣5～10枚，花主要为黄色，园艺品种有红、白、橙等色，并有单瓣与重瓣之分；花期4～5月。

【产地与生态习性】原产欧洲东南部及亚洲西南部。性喜凉爽及半阴环境，忌炎热，较耐寒，在我国长江以南可露地越冬，适于生长在排水良好、肥水充足、质地疏松的沙质壤土，喜湿润，畏积水，怕干旱，pH值以中性或微碱性为宜。

【繁殖】一般采用分株或播种繁殖，通常以分株为主。分株多在9～10月份进行，将块根自根颈部顺自然分离状态掰开，另行栽植。如果采用播种繁殖通常应在秋天进行，利用人工催芽，将种子浸湿后置于7～10℃下经20d便可发芽。

【栽培管理】应选通风良好及半阴的环境，于9月初栽培，栽植前最好进行块根消毒。露地栽培株行距均为20cm左右，覆土大约3cm。初期浇水不宜过多以免腐烂，生长旺盛时期应经常浇水，开花期宜稍干，花前可追施1～2次液肥，夏季休眠后应将块根掘起，晾干放置于通风处。

【常见品种及类型】园艺种类较多，花常高度瓣化为重瓣型，花色丰富，根据荷兰Krabbendam 1961年的方案，将园艺品种分为四个系统。

(1) 波斯花毛茛系 (Persian Ranunculi) 由花毛茛原种改良而来，主要为半重瓣，重瓣品种，花大，花色丰富，有红、白、栗色和很多中间色，花期较晚，生长稍弱。

(2) 法国花毛茛系 (French Ranunculi) 花毛茛的园艺变种，植株高大，半重瓣，花大，花色丰富。

(3) 土耳其花毛茛系 (Turban Ranunculi) 花毛茛的另一变种，叶片大，裂刻浅，重瓣，花瓣呈波状并向中心内曲，花色多种。

(4) 牡丹花毛茛系 (Peony-flower Ranunculi) 为杂交种，花型特大，有重瓣和半重瓣，株型最高。

【园林应用】花毛茛品种繁多，花大色艳，重瓣程度高，可作切花、盆花或栽植于花坛、花带、林缘等处。

复 习 题

1. 露地宿根花卉与露地球根花卉的园林应用各有哪些特点？
2. 宿根花卉与球根花卉的一般生态习性是怎样的？
3. 按球根来源可将球根花卉分为哪几类？举出其主要代表植物。
4. 举出15种常用露地宿根花卉，说明它们的主要生态习性及应用特点。
5. 举出10种常用球根花卉，说明它们的主要生态习性、栽植时间、栽植深度、采后贮存方法和应用特点。
6. 大丽花属于何种气候类型？其主要生态习性及在栽培中应注意哪些问题？
7. 简述唐菖蒲的生态习性及生物学特性，并制定出冬季促成栽培的主要技术措施。
8. 水仙大面积露地栽培通常有哪两种方法？简述灌水法的主要步骤。

第10章 水生花卉

［教学目标］通过学习，掌握水生花卉的分类、繁殖及栽培管理；掌握荷花、千屈菜、香蒲、花菖蒲、睡莲、王莲、萍蓬草等常见水生花卉的形态特征、生态习性、栽培管理要点及园林应用。熟悉其他水生花卉的形态特征、生态习性、栽培管理要点及园林应用。

10.1 水生花卉概述

水生花卉是指常年生活在水中，或在其生命周期内有段时间生活在水中的花卉。

10.1.1 水生花卉的分类

我国现有水生花卉约900种，依据其生活型可分为4类。

(1) 挺水花卉　根或根状茎生于泥中，植物茎叶高挺出水面，如荷花、香蒲、千屈菜等。

(2) 浮叶花卉　根或根状茎生于泥中，植物叶片通常浮于水面，如睡莲、王莲等。

(3) 漂浮花卉　根悬浮于水中，植物体漂浮于水面，可随风浪四处漂泊，如浮萍等。

(4) 沉水花卉　根或根状茎生于泥中，植物体生于水下，不露出水面，如金鱼藻等。

在园林中主要应用挺水花卉和浮叶花卉。但近年来随着经济的发展，一些大中城市的居民兴起种植观赏水草的时尚。

10.1.2 水生花卉的生态习性

水生花卉对温度的要求，因原产地不同而有很大差异。睡莲的耐寒种类可以在西伯利亚露地越冬；而王莲适宜生长适温25～35℃，低于20℃，植株会停止生长，因此在中国大部分地区不能露地越冬。

水生花卉一般喜阳光，花期尤喜光照充足；花菖蒲、黄花鸢尾可耐半荫；旱伞草较喜阴湿环境。沉水花卉较耐阴，但在室内种植时仍需补光。

水生花卉的对水深的要求，因种类不同而异。挺水花卉和浮叶花卉，一般要求40～100cm的水深；近沼生习性的花卉20～30cm水深即可；湿生花卉只适合种植在岸边潮湿地。

10.1.3 水生花卉的繁殖

水生花卉的繁殖多采用营养繁殖，有时也采用播种法。大多数水生花卉的种子干燥后即丧失发芽能力，成熟后需立即播种或储藏在水中。水生鸢尾类、荷花及香蒲等少数种类，其种实可干藏。

(1) 播种繁殖　播种繁殖一般是随采随播。通常采用盆播。将种子播于有培养土的盆中，上面覆土或细沙。然后，将盆浸入水池或水槽中，初期保持0.5cm深，使盆土湿润即可，随着种子萌发进程而逐渐增加水深。大多数种类水温应保持在18～24℃，王莲等原产于热带的水生花卉需保持24～32℃。种子的发芽速度因种而异，耐寒性种类发芽较慢，需3个月至1年，不耐寒种类发芽较快，播后10d左右即可发芽。

(2) 营养繁殖　营养繁殖以分株繁殖居多，分株一般在春季萌芽前进行，适应性强的种类初夏尚可分栽。水生花卉大多植株成丛或具有地下根茎，可直接分株或将根茎切成数段进行栽植。栽植时应注意水深应逐步加深。

10.1.4　水生花卉的栽培管理

栽培水生花卉的池塘应具有丰富、肥沃的塘泥，并且要求土质黏重。盆栽水生花卉的土壤也必须是富含腐殖质的黏土。

水生花卉一旦定植，追肥比较困难，需在栽植前施足基肥。已栽植过水生花卉的池塘一般已有腐殖质的沉积，视其肥沃程度确定施肥与否，新开挖的池塘必须在栽植前加入塘泥并施入大量的有机肥料。

各种水生花卉，因其对温度的要求不同，采取的栽植和管理措施也应有所差异。

王莲等原产热带的水生花卉，在中国大部分地区进行温室栽培。其他一些不耐寒者，一般盆栽之后置池中布置，天冷时移入贮藏处。也可直接栽植，秋季掘起贮藏。

耐寒的水生花卉可直接栽在深浅合适的水边和池塘中，冬季不需保护。

半耐寒的水生花卉可行缸植，放入池塘特定位置观赏，秋冬取出，放置于不结冰处。也可直接栽于池中，冰冻之前提高水位，使植株周围尤其是根部附近不能结冰。少量栽植时可人工挖掘贮存。

有地下根茎的水生花卉一旦在池塘中栽植时间较长，便会四处扩散，以致与设计意图相悖。因此，一般在池塘内需建种植池，以保证不四处蔓延。漂浮类水生花卉常随风而动，应根据当地情况确定是否种植，种植之后是否固定位置。如需固定，可加拦网。

一般而言，水生花卉喜静水或水流速度缓慢的环境。然而水体流动不畅，水温过高会引起藻类的大量滋生，使水质浑浊。防治的方法是小范围内可撒布硫酸铜，大范围内则需利用生物的相互制约来防治。放养金鱼藻、狸藻等水草和河蚌等软体动物均有效。为防止鱼类噬食水生花卉，常在水中围以铅丝网，上缘稍露出水面即可，以免影响景观。

10.1.5　水生花卉的园林应用

水生花卉因形态优美、色彩丰富、种类繁多，被广泛应用于城市园林水景布置中，它既能美化环境，又能净化水源，是现代园林造景中必不可少的材料，是园林水体周围及水中植物造景的重要花卉，常栽植于各种水体作为主景或配景。同时沉水花卉是丰富水族箱景观的重要材料。另外许多水生花卉具有重要的净化水质的功能，对园林中水体的净化具有重要作用。

10.2　常见挺水花卉

10.2.1　荷花 *Nelumbo nucifera* Gaertn.

荷花又名莲花、荷，古称荷华、芙蕖、芙蓉等，睡莲科莲属多年生挺水植物。地下部分具肥大多节的根状茎，横生水底泥中，通称“莲藕”，节间肥大，其中具多条气腔；节部缢缩，有须状不定根，并向上抽生叶、花梗及侧芽。叶有三种，春季种藕上在水中萌生的圆形小叶称为“钱叶”；最早从藕鞭节上长出的浮于水面的叶称为“浮叶”；继而长出挺水叶称为“立叶”。叶盾状圆形，全缘或稍呈波状，表面蓝绿色，被蜡质白粉，背面淡绿色，叶脉明显隆起，具粗壮叶柄，被短刺。花单生于花梗顶端，高出立叶，花径6～30cm，具清香；花萼4～5枚，花后凋落，花瓣多数，单瓣20枚左右，重瓣者可达100枚以上，千瓣莲可达2000枚以上，呈倒卵形或宽纺锤形，具明显纵脉；雄蕊多数；雌蕊多数、离生，埋藏于膨大的倒圆锥形花托内，俗称“莲蓬”，花托内部为海绵质，上面平坦，具蜂窝状孔洞，每1孔洞内含1球形坚果，即“莲子”。花朵晨开夜闭，花期6～9月，果期8～10月（图10-1）。

图10-1　荷花

【产地与生态习性】荷花的分布以温带和热带亚洲为中心，其确切原产地说法不一，以前认为在亚洲热带的印度等地，近年来根据一些新的考证，认为中国南方为原产地。中国是世界上栽培荷花最普遍的国家之一。

荷花为阳性植物，喜强光照，极不耐阴；喜温暖，耐寒性也甚强，我国东北南部尚能于露地池塘中越冬；对土壤要求不严，但以pH值6.5、富含有机质的黏性湖塘泥为佳；喜湿，喜相对稳定的静水，整个生长期不能缺水，耐水深程度因品种而异，通常适宜水位为0.4～1.0m。

荷花从种植到开花需50～70d，通常8～10℃开始萌芽；12～14℃藕鞭开始伸长，23～30℃为其生长发育适温；盛花期要求较高的温度，以25～33℃为宜；25℃以下开始生长新藕。整个生长期160～190d。

【繁殖】通常以分株繁殖为主，培育新品种也可采用播种繁殖。

3月中旬至4月中旬是翻盆栽藕的最佳时期。过早栽植会有寒流影响，种藕容易受冻害。北方地区遇寒流时可用透明农膜覆盖。栽插前，盆泥要和成糊状，栽插时种藕顶端沿盆边呈20°斜插入泥，碗莲深5cm左右，大型荷花深10cm左右，头低尾高，尾部半截翘起，不使藕尾进水。栽后将盆放置于阳光下照晒，使表面泥土出现微裂，以利种藕与泥土完全黏合，然后加少量水，待芽长出后，逐渐加深水位，最后保持3～5cm水层。池塘栽植前期水层与盆荷一样，后期以不淹没荷叶为度。

播种无严格时间要求，春播或秋播均可，一般月均温在15～30℃间播种均可萌发，以20～25℃最为适宜。夏季7、8月间不宜播种，因气温高，播种苗易受烈日灼伤，并且生长期短，当年不易开花。气温过低时播种，种子浸泡时间长，易霉烂或发芽较慢，幼苗易受冻伤。荷花种皮坚硬，播种前需经过浸种或刻伤处理。通常将成熟种子凹进端剪破，以微露种皮为宜，投入清水中浸泡，3～5d发芽，待长出3～4片幼叶后栽于盛有稀泥的无孔花盆中。

【栽培管理】荷花的栽培方法包括池塘栽植、盆（缸）栽植和盆栽沉水。

(1) 塘植　栽前施腐熟有机肥，然后灌水，搅拌成稀泥状。大型池塘常选用大株形品种，如‘西湖红莲’、‘东湖红莲’、‘碧莲’、‘大洒锦’、‘春不老’、‘红千叶’、‘重台莲’、‘白芍药莲’等品种。塘水深度以0.6m左右为宜。株行距2～3m，栽时将种藕顶芽朝向池塘中心，斜插入泥，深10～15cm，尾部上翘露出水面。

（2）缸植　多用于株形中等品种，如‘艳阳天’、‘秋水长天’、‘东湖春晓’等。缸的口径为0.5m，高0.3m左右，缸内基质为缸高的3/5，每缸栽2支种藕，分别靠近缸边，顶芽同向，呈30°角，尾部稍露泥面。入泥深度根据顶芽壮弱而定，健壮者入泥10cm，细弱者5cm。盆栽以碗莲品种为宜，如‘娃娃莲’、‘桌上莲’、‘玉碗’、‘婴儿红’等品种，用无孔花盆（口径20cm，高15cm左右），每盆栽1支种藕。

（3）盆栽沉水　栽培方法同盆栽，不同之处在于生长季节将盆浸入水中培养。生长初期水面距盆面10～15cm，生长旺期水面距盆面20～30cm。

无论塘、缸、盆植，栽后2～3d后浇灌浅水，以便藕身固定泥中。随着叶片的生长而逐渐提高水位，水深以不淹没立叶为度。生长期间追施腐熟液肥数次，使生长茂盛，延长花期。缸、盆中易生杂草及藻类等，应捞除。缸、盆植荷，北方冬季易受冻害，应移至室内或置于深水塘冰层以下，或将种藕挖出放置室内缸中假植，保持湿润，春季取出栽植。长江流域盆栽，冬季应加盖塑料薄膜。家庭阳台养碗莲，冬季搬至室内冷凉处，盆中不断水，便能安全越冬。

【常见品种及类型】荷花品种很多，依其用途可分为藕莲、子莲和花莲三类。前两者主要为食用，后者主要用于观花。

花莲一般生长势弱，茎叶较小，但开花多，群体花期长，花形、花色丰富，具有较高的观赏效果，是花卉园艺上应用的主要类型。根据花色可分为白色、粉色、红色、乳白色和黄色品种；根据花瓣多少可分为单瓣类、半重瓣类、重瓣类；根据花大小分为大花品种及中小花品种；根据株型大小分为大株型和中小株型品种。现在国内栽培较多的优良品种有：‘千瓣莲’、‘红千叶’、‘粉千叶’、‘一丈青’、‘大洒锦’、‘小洒锦’、‘白雪公主’、‘楚黄’、‘并蒂莲’、‘晨光’、‘黄舞妃’、‘友谊牡丹莲’、‘娇容三变’、‘栀子碗莲’、‘小精灵’、‘莺莺’、‘绿如意’等。

【同属常见其他种】同属植物仅有两种，另一种黄莲花（美国莲）(*N. lutea*）分布于北美至西印度各岛和南美北部，在我国南方亦有栽培。

【园林应用】荷花为我国十大传统名花之一，既可用于大面积水面绿化或可点缀亭榭，又可缸植、盆栽，用于布置庭院和阳台。此外藕、莲子还有食用、滋补和药用之功效。

10.2.2　千屈菜 *Lythrum salicaria* L.

千屈菜又名水枝柳、水柳、对叶莲、败毒草、水枝锦，千屈菜科千屈菜属多年生挺水草本植物。株高30～100cm；根状茎横卧地下，粗壮、木质化；茎直立，四棱形，多分枝具木质化基部；叶对生或3片轮生，披针形或宽披针形，有时基部略抱茎，叶全缘，无柄；长总状花序顶生，花数朵簇生于叶状苞片内，花梗及花序柄均短；花两性，花萼长筒状，裂片4～6枚；花瓣6枚，紫色，雄蕊12枚，2轮排列；蒴果扁圆形，包藏于萼筒内。花期6～9月（图10-2）。

【产地与生态习性】千屈菜原产于欧亚两洲的温带，我国大部分地区都有分布。性喜强光，潮湿及通风良好的环境，尤喜水湿，通常在浅水中生长最好，但也可在陆地深厚土层中生长。耐寒性强，在我国南北各地均可露地越冬。对土壤要求不严，但以表土深厚，含大量腐殖质的壤土为宜。

【繁殖】可用播种、扦插、分株等方法，但以分株为主。分株繁殖可在4月份进行，当天气渐暖时，将老株挖起，抖掉部分泥土，用快刀或锋利的铁锨分成若干丛，每丛有芽4～7

个，另行栽植。

扦插繁殖可在春夏两季剪取嫩枝，长 6～7cm，去掉基部的叶片，仅留顶端 2 节的叶子。将插穗的 1/3～1/2 插入湿沙中，可盆插或露地床插。插后用薄膜覆盖，中午喷 1 次水，保持温度 20～25℃，30d 左右可生根。

种子盆播于 3～4 月间进行。将培养土装入适宜的盆中，灌透水，水渗后撒播。因其种子小而轻，可掺些细沙混匀后再播。播后筛上一层细土，上盖玻璃，20d 左右发芽。

图 10-2　千屈菜

【栽培管理】千屈菜可露地栽培或水池、水边栽植，养护管理简便，仅需冬季剪除枯枝，任其自然越冬。盆栽时应选用肥沃壤土并施足基肥。在花穗抽出以前要经常保持盆土湿润而不积水为宜，待花将开放前逐渐使盆积水，并保持水深 5～10cm，这样会使花穗多而长，开花繁茂。生长期应将盆放于阳光充足、通风良好处。

【常见栽培变种】主要栽培变种有紫花千屈菜、大花千屈菜、大花桃红千屈菜和毛叶千屈菜 4 种。

紫花千屈菜（*L. salicaria* var. *atropur pureum*）花穗大，花深紫红色；大花千屈菜（*L. salicaria* var. *roseum superbum*）花穗大，花暗紫红色；大花桃红千屈菜（*L. salicaria* var. *roseum*）花穗大，花桃红色；毛叶千屈菜（*L. salicaria* var. *tomentosum*）全株被白绵毛。

【园林应用】千屈菜株丛高而密，开花多，花期长，适于水边、池边栽植，也可作为花境背景材料和盆栽观赏。

10.2.3　香蒲 *Typha angustata* L.

香蒲又名长苞香蒲、水烛、蒲黄、蒲草、鬼蜡烛，香蒲科香蒲属多年生挺水草本植物。高 1.5～3.5m；根状茎粗壮，茎直立；叶由茎基部抽出，二列状着生，长带形，长 0.8～1.8m，向上渐细，灰绿色，截面呈新月形；花单性同株，构成蜡烛形的穗状花序，雌雄花序不相连，中间相隔 3～7cm 的裸露花序轴。花期 5～7 月（图 10-3）。

【产地与生态习性】香蒲广泛分布于东北、西北、华北地区。对环境条件要求不严，适应性强，主要生长于湿润的河滩、低湿池、沼泽或池塘的浅水处。性耐寒，对土壤的适应范围广泛，沙壤土及黏土均可生长，以含有机质丰富、淤泥深厚的壤土最适宜。

【繁殖】可行分株或播种繁殖。栽培中通常采用分株繁殖。在春季气温上升到 13℃以上时，将根茎切成 10cm 左右的小段，每段带 2～3 个芽，栽植后根茎上的芽在土中水平生长，待延伸至 30～60cm 时，顶芽弯曲向上抽生新叶，向下发出新根，形成新株，其根茎再次向四周蔓延，3 年后生长势逐渐衰弱，应更新种植。在野生环境中，香蒲可自播繁衍。种子成熟后，飘散在湖、池浅水或湿地上，可自行生长。

【栽培管理】如进行盆栽，可选择口径 50～60cm 大盆，盆底施基肥，可用蹄角 250g。如施用其他肥料，需发酵 1～2 年后使用，其上放入培养土，中间挖穴，植入根茎，覆土弄平，使生长点微露，并经常保持盆内湿润，生长旺期盆内满水。

香蒲喜肥，如底肥不足，可在生长期追肥 2～3 次。在萌发期和发生新株初期可追施尿

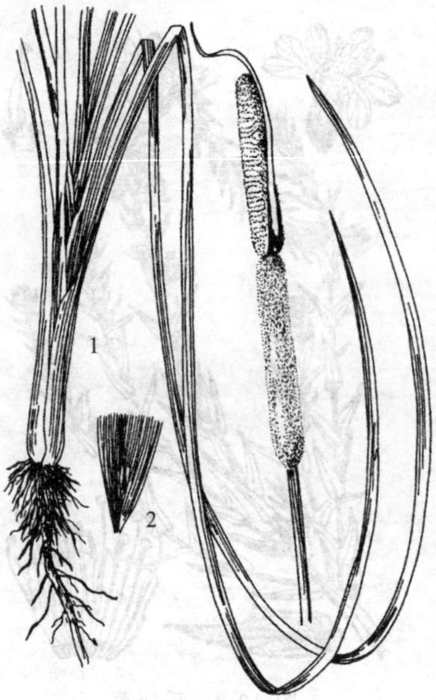

1—植株；2—雌花

图 10-3 香蒲

素，以促使植株健壮生长。在抽苔开花期，植株消耗了大量养分，需追施复合肥，以促进抽苔开花，结合追肥可中耕除草 2～3 次，防止杂草与植株争肥。

【同属常见其他种】同属常见还有宽叶香蒲和小香蒲。

（1）宽叶香蒲（*T. latifolia*） 原产黑龙江、吉林、辽宁、内蒙古、河北、河南、陕西、甘肃、新疆、浙江、四川、贵州、西藏等省区。日本、原苏联、巴基斯坦、亚洲其他地区、欧洲、美洲、大洋洲均有分布。本种高约 1m，叶较宽，1～1.5cm；花序暗褐色，雌雄花序紧密相接，花期时雄花序比雌花序粗壮；本种外部形态近于香蒲，但是，白色丝状毛明显短于花柱，柱头呈披针形，不孕雌花子房柄较粗，不等长，植株粗壮，叶片较宽等明显有别。

（2）小香蒲（*T. minina*） 原产我国黑龙江、吉林、辽宁、内蒙古、河北、河南、山东、山西、陕西、甘肃、新疆、湖北、四川等省区，巴基斯坦、原苏联、亚洲北部和欧洲等均有分布。本种较低矮，株高不超过 1m；茎秆直立、细弱；叶片线形或无，仅具细长大形叶鞘。雌雄花序远离，花果期 5～8 月。

【园林应用】香蒲叶丛细长如剑，色泽淡雅，最适水边种植，也可盆栽；其花序经干制后为极好的切花材料。此外，香蒲是制造人造棉和纸张的原料，叶和假茎分别是编织蒲包及蒲席的原料，白嫩的假茎和根茎可作蔬菜，种子亦称蒲绒，可作枕头填充物。

10.2.4 再力花 *Thalia dealbata* Fraser.

再力花又名塔利亚、水生旅人焦、水竹芋、水莲蕉，竹芋科再力花属多年生大型直立性水生植物。叶基生，卵状披针形，大型，形似芭蕉叶。花为浅灰蓝色，边缘紫色，长 50cm，宽 25cm。复总状花序，花小，无柄，紫堇色，苞片状形如飞鸟，有“水上天堂鸟”的美誉。全株附有白粉。花柄可高达 2m 以上，细长的花茎可高达 1m，茎端开出紫色花朵，像系在钓竿上的鱼饵，形状非常特殊。花期 4～7 月。

【产地与生态习性】原产美国南部和墨西哥的热带地区，是中国近年新引入的一种观赏价值极高的挺水花卉，主要应用于长江以南地区。在微碱性的土壤中生长良好，喜温暖水湿、阳光充足的环境，耐半阴，不耐寒。生长适温 20～30℃，低于 10℃停止生长。冬季温度不能低于 0℃，能耐短时间的－5℃低温。入冬后地上部分逐渐枯死，以根茎在泥中越冬。

【繁殖】分株或播种繁殖，春季进行。

（1）分株繁殖 将生长过密的株丛挖出，掰开根部，选择健壮株丛分别栽植；或者初春从母株上割下带 1～2 个芽的根茎，栽入盆内，施足底肥，放进水池养护，待长出新株，移植于池中生长。

（2）播种繁殖 种子成熟后即采即播，一般以春播为主，播后保持湿润，发芽温度16～21℃，约 15d 后发芽。

【栽培管理】分为露地栽培和盆栽。

（1）露地栽培 再力花对土壤适应性较强，对土壤的肥力也要求不高，但最好能选择肥沃、疏松、有机质含量丰富的土壤进行栽种。圃地生产的栽植密度一般要大些，株行距可控制在 1m×1m；观赏栽培的密度应小些，以利快速成景，株行距可控制在 0.6m×0.6m 左右。再力花的地下茎粗壮，1 年生植株的地下茎直径就可达到 3～4cm，故栽植深度可达 10cm。

露地春季分株后，由于气温较低，一般要求保持较浅水位或只保持泥土湿润即可。生长季节吸收和消耗营养物质多，除了栽植地施足基肥外，追肥是很重要的一项工作，施肥原则是“薄肥勤施”，灌水要掌握“浅—深—浅”的原则，即春季浅，夏季深，秋季浅，以利植物生长。夏季高温、强光时应适当遮阴。

（2）盆栽　设施生产为了管理方便，同时也为提高商品价值，一般采取容器栽植方式。一般应选择高度和内径都大于 20cm 的水生植物栽植容器，如缸、钵、盆、袋等。栽植时先在容器中放入占容器高度 1/3～1/2 深的栽植基质，然后将容器加水至容器高度 2/3 深的位置，便可结合分株进行种植。种植时，一般将营养繁殖体栽种在容器的正中央，深度在 5cm 左右。容器栽植再力花的水层，春季以浅水为主，以利提高基质的温度，促进生根发芽；夏季则以深水为主，以防水温过高而伤害植株；秋冬季适当控水，以利安全过冬。由于栽植容器的基质营养条件有限，除基肥外，追肥次数要明显多于露地生产。

【园林应用】再力花的叶、花观赏价值高，观赏期长，且具有较强的净化水质的作用。常成片种植于水池、湿地，也可盆栽或种植于庭院水体中。

10.2.5　菖蒲 *Acorus calamus* L.

菖蒲又名白菖蒲、藏菖蒲、水菖蒲、大叶菖蒲、泥菖蒲、药菖蒲、臭蒲，天南星科菖蒲属多年生挺水草本植物。根茎稍扁肥，外皮黄褐色，横卧泥中，有芳香。叶两列状着生，剑状线形，对折抱茎，中肋明显，叶片揉碎后具香味。叶状佛焰苞长达 30～40cm，具肉穗花序，花小型，黄绿色。花期 7～9 月。主要变种有金线菖蒲（*A. calamus* var. *variegatus*），叶具黄色条纹。

【产地与生态习性】原产于我国及日本，广布世界温带和亚热带地区。我国南北各地均有分布。喜生于沼泽地、溪流或水田边。耐寒性不强，在华北地区呈宿根状态，每年地上部分枯死，以根茎潜入泥中越冬。

【繁殖】常用分株繁殖。多在春、秋两季将植株挖起，剪除老根，2～3 个芽分成 1 丛。也可播种繁殖，将收集到的成熟红色浆果清洗干净，在室内进行秋播，保持潮湿的土壤或浅水，在 20℃左右的条件下，早春会陆续发芽，后进行分离培养，待苗生长健壮时，可移栽定植。

【栽培管理】栽培水深 5～10cm。本种适应性较强，栽植后保持潮湿或盆面有一定水位即可，不需多加管理。生长适温 18～23℃，10℃停止生长。

【园林应用】菖蒲叶丛翠绿，端庄秀丽，具有香气，适宜水景岸边及水体绿化，丛植于湖、塘岸边，或点缀于庭园水景和临水假山一隅，也可盆栽观赏，叶、花序还可以作插花材料。

10.2.6　石菖蒲 *Acorus tatarinowii* Schott.

石菖蒲又名山菖蒲、药菖蒲、九节菖蒲、水剑草、凌水档，天南星科菖蒲属多年生挺水草本植物。其根茎具气味。叶基生，全缘，剑状线形，排成二列。肉穗花序直立或斜向上，花梗绿色，佛焰苞叶状，与花序等长。花小型，淡黄色。花期 4～5 月。

【产地与生态习性】原产中国及日本，越南和印度也有分布。在中国主要分布于长江流域以南各地。喜阴湿环境，在自然界常生于山谷溪流中或有流水的石缝中。具一定的耐寒性，在长江流域虽可露地越冬，但叶丛上部常干枯，在华北地区则变为宿根状，地上部分枯死，根茎在土中越冬。

【繁殖及栽培管理】早春分株繁殖。春季挖出根茎，选带有须根和叶片的小根茎作种，按行株距 30cm×15cm 穴栽，每穴栽 2～3 株，栽后盖土压紧。适应性强，生长强健，栽培管理粗放简单。生长期间注意松土、浇水，保持阴湿环境，切勿干燥。

【常见品种及类型】常见栽培变种有钱蒲和金线石菖蒲。

(1) 钱蒲（*A. tatarinowii* var. *pusillus*） 株丛矮小，叶极窄而硬，长仅 10cm。

(2) 金线石菖蒲（*A. tatarinowii* var. *variegatus*） 株丛矮小，叶具黄色条纹。

这两种常用于山石盆景中。

【园林应用】常绿而具光泽，性强健，能适应湿润，特别是较阴的条件，宜在较密的林下作地被植物，也可作水边栽植，盆栽观叶及切花。

10.2.7 黄花鸢尾 *Iris wilsonii* C. H. Wright

黄花鸢尾又名黄菖蒲，鸢尾科鸢尾属多年生湿生或挺水宿根草本植物。植株高大，根茎短粗；叶子茂密，基生，绿色，长剑形，长 60～100cm，中肋明显，并具横向网状脉；花茎稍高出于叶，垂瓣上部长椭圆形，基部近等宽，具褐色斑纹或无，旗瓣淡黄色，花径 8cm；蒴果长形，内有种子多数，种子褐色，有棱角。花期 5～6 月份。

【产地与生态习性】原产南欧、西亚及北非等地，现在世界各地都有引种。适应性强，喜光耐半阴，耐旱也耐湿，沙壤土及黏土都能生长，在水边栽植生长更好。生长适温 15～30℃，温度降至 10℃以下时停止生长。

【繁殖及栽培管理】采用种子繁殖。种子成熟后随收随播，成苗率达 80%～90%。

露地栽植时，选择池边湿地，顺池边带形种植，株行距 30cm×40cm，深 6～10cm。盆栽时先要在盆底施基肥，再装入培养土，中间挖穴栽植，栽后覆土，保持湿润或浅水。沉水盆栽，栽植同盆栽，不同之处是将盆沉入池水中，水面高出盆面 10～15cm。

栽培地要通风透光，生长期保持土壤湿润。盛夏天气炎热干燥，部分叶子瘦黄，可向地面经常灌水，以保持浅水为宜。立冬前要及时清理地面枯叶，烧掉或集中起来沤肥。黄花鸢尾的茎粗壮，生长迅速，每 1～2 年应分栽 1 次。进入雨季，高温高湿，叶片变为暗绿，自地表处软化腐烂，一直蔓延到地下部分，最后叶片干枯呈紫褐色。要及时进行病虫害防治，对发病植株应迅速拔除，并在周围喷洒 200 倍的波尔多液防治。

【园林应用】黄花鸢尾叶片翠绿如剑，花色艳丽而大型，可布置于园林中的池畔河边的水湿处或浅水区，点缀在水边的石旁岩边，既可观叶，亦可观花，是观赏价值很高的水生植物。

10.2.8 花菖蒲 *Iris ensata* var. *hortensis* Makino et Nemoto

花菖蒲又名玉蝉花，鸢尾科鸢尾属多年生挺水草本植物。根状茎短粗，须根多数，细条形，黄白色；植株基部有棕褐色纤维状干枯叶鞘，叶基生，线形，长 30～90cm，中脉明显凸起，两侧有多数平行脉；花葶基生直立，非常坚挺，长 40～80cm，上有退化的叶片 1～4 枚；苞片纸质，有花1～3 朵；花大，两性，色彩丰富，重瓣性强，花色鲜紫红色，直径可达 8～15cm，外轮 3 片裂片较大，宽卵状椭圆形，开展或外折，顶端钝，中部有黄斑和紫纹，内轮 3 片花被裂片较小，长椭圆形，直立，雄蕊 3 枚，花瓣状，紫色，顶端 2 裂；蒴果长圆形，种子褐色，有棱。花期 5～6 月，果期 6～8 月（图 10-4）。

图 10-4　花菖蒲

【产地与生态习性】花菖蒲主要分布于我国内蒙古、山东、浙江及东北，朝鲜半岛、俄罗斯、日本也有分布。性喜温暖湿润，耐半阴。喜欢生长于湿润的草甸或沼泽地，常生长于池边湿地及浅水中。生长适温 15～30℃，温度在 20～25℃时，生长最佳。要求土质疏松、肥沃，中性或微酸性。

【繁殖】可采用播种和分株繁殖。

播种可春播或秋播，秋播比春播出苗率高。播前先对种子进行处理，用温水浸泡半天，然后捞出，撒播在装有培养土的浅盆里，培养土用腐殖土 3 份，沙子 1 份和少量蛭石混匀使用。播后盆土浸透，温度保持 20～25℃，15～20d 即可发芽，30d 以后苗出齐，即可移栽。

分株繁殖，于春秋两季将根茎挖出，抖掉泥土，因根茎丛生，环抱紧密，不易分栽，可用快刀或锋利的铁锹直切分成若干株，注意不要碰伤生长点及基部的分蘖芽。

【栽培管理】露地栽培时，选择池边湿地或浅水处栽植，株行距 20cm×25cm，深 6～8cm。盆栽时选大口径的盆，盆底施入基肥后装入培养土，中间挖穴栽植，栽后盆内不能断水。布置水生专类园时，应按规划设计图纸做畦，畦低于地面 4～5cm，其他同露地栽培。

栽培应选择中性或微酸性土壤，如果土质偏碱，可在栽前用过磷酸钙、钾肥等作基肥，并充分与土壤混合。整个生长期应追肥 2～3 次，前期以氮肥为主，后期施用磷、钾肥，结合追肥进行中耕除草。盛夏高温炎热，应经常向叶面喷水、地面灌水，并保持水深 4～5cm，可增加空气湿度，使苗壮叶绿。立冬前清除地面枯叶、烂叶，集中烧掉或沤肥。2～3 年后地下根茎满布时要分栽。

【常见品种及类型】根据产地不同可以将花菖蒲分为江户系（Edo Irises）、伊势系（Ise Irises）、肥后系（Higo Irises）、长井系（Nagai Irises）、大船系（Ohuna Irises）、吉江系（Yoshie Irises）以及美国产花菖蒲系。欧美国家一般按照花型的差异对花菖蒲进行分类，即依据花被层数将花菖蒲分为单瓣型、重瓣型和复瓣型。

花菖蒲的花色多样，主要有蓝紫色、紫色、蓝色、粉色和白色；花色式样主要有 4 种类型即单色式、印染式、磨砂式和镶边式。栽培常见品种有‘江户锦’、‘千代之春’、‘水玉星’、‘清少纳言’、‘美吉野’、‘岐山之春’、‘津之花’、‘苇之浮舟’、‘白玉楼’、‘水天一色’、‘业平’、‘少女白雪’、‘春霞’。

【园林应用】花菖蒲叶色翠绿，花色丰富，既可观叶，又可观花，是园林中很好的绿化材料，在水景、湿地中常能见到其美丽的身影。盆栽可作庭院摆放或室内装饰，还可用于专类园，花可作切花材料。

10.2.9 水葱 *Scirpus tabernaemontani* Gmel.

水葱又名管子草、翠管草、冲天草、莞蒲、莞，莎草科莎草属多年生挺水草本植物。株高 1～2m，具粗壮的根状茎；茎秆直立，圆柱形，中空，粉绿色，基部具 3～4 个膜质管状

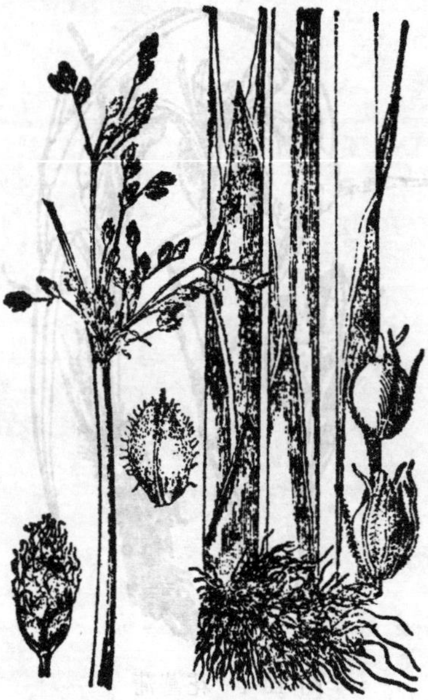

图 10-5 水葱

叶鞘，鞘长可达 40cm，仅最上面的叶鞘具叶片；叶片细线形，长 1.5～11cm；聚伞花序，小穗呈卵形或椭圆形，长 5～15mm，淡黄褐色，密生多数花；小坚果倒卵形，长约 2mm；花期 6～8 月，果期 7～9 月（图 10-5）。

【产地与生态习性】水葱生长于我国东北、西北、西南，朝鲜半岛、日本、澳洲、美洲也有分布。其主要变种花叶水葱产于北美，茎黄绿相间，非常美丽，比水葱更具观赏价值。性喜温暖湿润，在自然界中常生长于沼泽地、沟渠、池畔、湖畔浅水中或湿地草丛中。生长最适宜温度为 15～30℃，10℃以下停止生长。能耐低温，北方大部分地区可露地越冬。

【繁殖】常于 3～4 月份在室内播种，培养土整平压实，其上撒播种子，筛上一层细土覆盖种子，将盆浅浸入水中，使盆土湿透。室温保持 20～25℃，20d 左右即可发芽生根。也可分株繁殖，早春天气渐暖时，把越冬苗从地窖取出，将盆土带苗一起倒扣出来，把土抖掉，用枝剪或铁锹将地下茎分成若干丛，每丛带 5～8 个茎秆。栽到无泄水孔的盆内，并保持盆土一定湿度或浅水，10～20d 即可发芽。如露地栽培，每丛保留 8～12 个茎秆为宜。

【栽培管理】露地栽培时，于水景区选择合适位置，挖穴丛植，株行距 25cm×36cm，如肥料充足，当年即可旺盛生长，连接成片。盆栽可用于庭院摆放，选择直径 30～40cm 无泄水孔的盆，栽后将盆土弄平，灌透水。沉水盆栽与庭院盆栽的不同之处是，把盆浸入水中，茎秆露出水面，旺期水面高出盆面 10～15cm。

水葱喜肥，如底肥不足，可在生长期追肥 1～2 次，主要以氮肥为主配合磷钾肥施用。盆栽水葱的栽培水位在不同时期要有所变化，初期水面距盆面 5～7cm，最好用经日晒的水浇灌，以提高水温，利于发芽生长；生长旺季，水面可距面 10～15cm。立冬前剪除地上部分枯茎，将盆放置到地窖中，并保持盆土湿润。

【园林应用】水葱是观茎花卉，株丛挺立，常用于水面绿化或池旁点缀。也常用于盆栽供室内观赏。

10.2.10 慈姑 *Sagittaria sagittifolia* L.

慈姑又名茨菰、燕尾草、箭搭草、白地栗，泽泻科慈姑属多年生挺水植物。株高 0.5～1.2m。地下具根茎，先端膨大成球茎，即慈姑。球茎表面具膜质鳞片，顶部生有长嘴状顶芽。叶基生，戟形，挺出水面，基部具有 2 长裂片，全缘。叶柄长，中空。花茎直立，三出总状花序轮生于花茎上部，组成圆锥花序，上部为雄花，下部为雌花。花大，白色，不易结实。花期 6～8 月。

【产地与生态习性】亚洲、欧洲、非洲的温带和热带均有分布。同属约 25 种，我国 5～6 种。对气候和土壤的适应性强，池塘或湖泊的浅水处、水田、水沟中均能良好生长。但喜温暖、阳光充足的环境，土壤宜富含腐殖质的黏性土为宜。

【繁殖】通常分球繁殖，也可播种。分球时种球最好在翌春栽植前挖出，也可在种球抽芽后挖出栽植。最适栽植期为终霜过后。整地施基肥后，灌以浅水，耙平后将种球插于泥中，使其顶芽向上隐埋泥中为宜。播种繁殖于3月底至4月初进行。种子播在小盆内，覆土镇压后，将小盆放入大棚内，保持水层3～5cm，在25～30℃温度下经7～10d即可发芽，翌年便可开花。

【栽培管理】春季终霜过后施肥整地，灌浅水，将种球插于泥中，使顶芽向上并稍隐埋于泥中。园林栽培时管理粗放，但作为食物栽培需较精细管理。盆栽时，盆土选富含腐殖质的河泥，株距15～20cm，保持水深5～10cm，置于向阳处栽培。霜前取出根茎，晾干沙藏。如在园林水体中种植，若根茎留原地越冬，必须注意不应使土面干涸，应灌水保持水深1m以上，以免泥土冻结。

【园林应用】慈姑叶形奇特，植株美丽，适应性强，可用于水景园、沼泽园或水池的绿化及培植。也可用于盆栽观赏。地下球茎可食用。

10.2.11　泽泻 *Alisma plantago-aquatica* Linn.

泽泻又名水泻，泽泻科泽泻属多年生挺水花卉。株高可达1m。地下具块状球茎，下部密生须根。叶基生，长椭圆形至广卵形，两面光滑，具长叶柄。花茎直立，高90cm，顶端着生轮生复总状花序，花小色白，花期夏季。全株有毒，地下块茎毒性较大。

【产地与生态习性】本种分布于北温带和大洋洲。我国北部及西北多有野生。喜温暖、阳光充足的环境，稍耐半阴。土壤以富腐殖质而稍带黏性为宜，不喜土温过低，水位过深的地方。

【繁殖及栽培管理】播种或分株繁殖。栽培容易，管理粗放。栽植宜在浅水处或用盆栽置于水中。

【同属常见其他种】同属约3种分布于我国，草泽泻（*A. granmineum* Gmelin）在我国北方普遍分布。

【园林应用】宜作沼泽地、水沟及河边绿化材料，也可盆栽观赏。

10.2.12　梭鱼草 *Pontederia cordata* L.

梭鱼草又名北美梭鱼草，雨久花科梭鱼草属多年生或一年生水生草本。全株鲜绿色，具粗壮地下茎。叶基生，具圆筒形长叶柄；叶形多变，多为倒卵状铍针形，叶基广心形；叶面光滑。花葶直，通常高出叶面；顶生穗状花序长15cm左右，密生蓝紫色小花，上方两花瓣各有两个黄绿色斑点。花期6～10月。

【产地与生态习性】原产北美。喜温暖湿润，光照充足的环境，常栽于浅水池或塘边，适宜生长发育的温度为18～35℃。18℃以下生长缓慢，10℃以下停止生长，冬季必须进行越冬处理。

【繁殖及栽培管理】分株或播种繁殖。分株可在春夏两季进行，自植株基部切开即可。种子繁殖一般在春季进行，种子发芽温度需保持在25℃左右。管理较粗放。

【园林应用】叶色翠绿，花色迷人，花期较长，串串紫花在翠绿叶片的映衬下，别有一番情趣。可用于园林湿地、水边、池塘绿化，也可盆栽观赏。

10.2.13　雨久花 *Monochoria korsakowii* Regel et Maack

雨久花又名水白菜，雨久花科雨久花属一年生挺水植物。地下茎短，匍匐状。地上茎直立，株高50～90cm。叶呈卵状心形，先端尖，全缘，质地较厚，叶片绿色而有光泽。花葶略高于叶丛，顶生圆锥花序。花被蓝紫色，呈花瓣状。蒴果呈卵形。花期7～9月。

【产地与分布】原产于我国东北部，日本、朝鲜及东南亚也有分布。喜温暖、潮湿及阳光充足，也耐阴，但不耐寒。自然界中常生长于水沟，稻田及池塘中。

【繁殖及栽培管理】播种繁殖，自然界中可自播繁殖。管理简单，同一般水生花卉。

【园林应用】雨久花适应性强，叶色翠绿光亮，花大而美丽，夏季开花，可用作水面和岸旁绿化，也可盆栽观赏。

10.3 常见浮叶花卉及漂浮花卉

10.3.1 睡莲属 *Nymphaea* L.

睡莲属是睡莲科多年生浮叶型水生草本植物。根状茎肥厚，直立或匍匐。叶二型，浮水叶浮生于水面，圆形、椭圆状圆形或卵形，先端钝圆，基部深裂成马蹄形或心脏形，叶缘波状全缘或有齿；沉水叶薄膜质，柔弱。花单生，浮水或挺水开放；花色美丽，有红、白、黄、粉、蓝、紫等色；萼片4枚，花瓣、雄蕊多数；浆果球形，包被于宿存的萼片内。花期6～9月，果期8～10月（图10-6）。

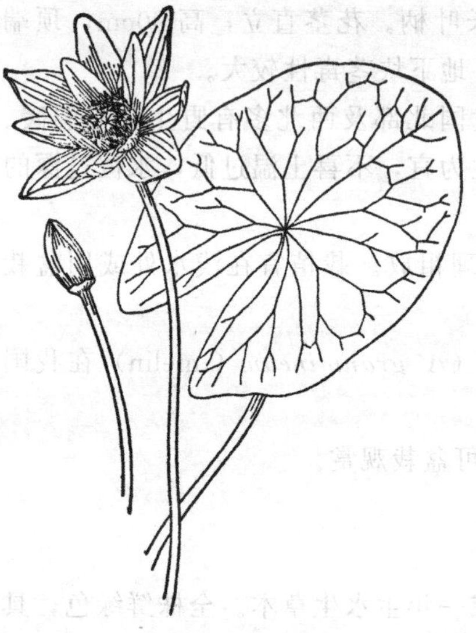

图10-6　睡莲

【产地与生态习性】睡莲属植物原产北非和东南亚的热带地区或北非和欧洲的温带和寒带地区。性喜温暖湿润、阳光充足的环境，土质要求肥沃，以中性土壤为好；适于浅水栽培，水深30～60cm为宜。生长适温15～32℃，低于12℃时停止生长。耐寒种类对低温有一定的抵抗能力，部分品种的根茎冬天在泥中可耐－10～－1℃的低温；不耐寒种类在北方需保护越冬，休眠期温度保持在0℃以上。

【繁殖】可进行种子繁殖或无性繁殖。

（1）种子繁殖　当春季气温上升到20℃左右时，将水藏过的种子在室内播种。播前用20～30℃温水浸种催芽，水刚刚没过种子为宜，每天换水1次。小苗长出2～3片叶，数条根时，将苗移到小盆中。培养土可用2～3份园土加1份细沙、1份腐殖土混匀使用。栽植间距3～4cm，根埋入土中自然舒展开，生长点及叶露出土面，上面覆盖一层细沙。将盆苗浸入向阳的水池中，水深以幼叶漂浮于水面为宜。也可将发芽的种子均匀撒播在具有培养土的盆内，覆盖细土5mm厚，小盆浸入浅水中，水没过盆面1～2cm。视生长情况，从幼苗长出到成苗，需换盆3～4次，盆径逐渐加大，水位逐渐加深，待长出8～10片叶即可定植在大盆中。耐寒种及其栽培品种1～2个月发芽，经2～3年开花；热带种及其栽培品种10～20d发芽，当年或翌年开花。

（2）根茎繁殖　根茎顶芽繁殖应在3～4月进行，用快刀切取带健壮顶芽的根茎，长约6～8cm，其下有侧芽2～3个，作繁殖材料；也可利用根茎侧芽繁殖。分割块茎虽然暂时会削弱原株的生长势，但可加大繁殖系数，所分的新株与原株在营养充足条件下，能很快进入生长阶段，当年即可开花。

（3）叶繁殖　热带睡莲少数品种在叶脐处长出小型植株，称为胎生（viviparity），取出幼苗作繁殖材料。

【栽培管理】采用盆（缸）栽、套盆栽培、沉水栽培、池栽4种。

（1）盆栽或缸栽　此法适合中小型品种，以挺水开花的品种为佳。栽培时可选直径50～60cm，高30～40cm的盆、缸，盆底放入蹄角肥200g并加入250g骨粉，培养土可直接用肥沃的塘泥或头年堆制成的混合肥土，塘泥：园土：厩肥可按1：1：1的比例配制，并堆制1年以上。将培养土装入盆中，盆口留出15～20cm的储水层。栽植方法根据不同品种的生长特性有所区别。对根茎匍匐生长的类型（多数为耐寒品种），可平放入土或呈15°角倾斜入土，使其芽端入土在盆的中心位置，基部紧贴盆边，促使顶部有向前生长扎根的空间。对短粗根茎类型，栽植时，在盆中心挖穴，直立栽入根茎，微露顶芽，栽后保持盆内有水。

（2）套盆栽培　此法适合小型品种。选择盆径25～30cm的盆，栽植法同盆、缸栽。植入块茎后将小盆沉入造型考究的水缸中，用于庭院或家庭摆放。

（3）沉水栽培　适于大中型品种，用于水泥池栽培。栽前将盆按定植图要求，摆放于池中，装上肥土，做法同盆、缸栽培。植入根茎后，将盆沉入水中，分3次放水，使池内水温不发生骤然变化，有利于睡莲快速生长。

（4）池栽　适合于大中型品种。水池深1～1.5m，有排水口与进水口，池底至少有40cm深的肥沃泥土，根茎可按需要直接栽入肥沃的泥土中，以利于形成整体观赏效果。入冬前池内放满水，使根茎在冰层下越冬。

睡莲在不同的生长期对水位要求不同，要注意控制水位变化。盆栽时，初期浅水，旺期满水；沉水栽培时，要分两次放水，第一次放水，水刚刚没过盆，随着叶的生长逐步放水提高水位，生长旺季，将盆整个浸入水中，水面距离盆面30～50cm；池栽时，进入雨季水超过1m深时，要及时排水。

栽培应适时追肥。花期追肥，将磷酸二氢钾用带韧性的纸包好，每缸2包，包上扎出小孔数个，沿盆边插入，施入根茎下10～15cm处，每半月施1次，连施3～4次，促花效果显著。

适时收种，对结实的品种，果实成熟前1周套袋，种子散落袋中可连袋收获。收后将种子洗净，去掉杂质后，低温水藏，耐寒种类保持温度0～5℃，中间定期换水，翌年播种。

越冬时，盆栽可采用窖藏、土藏、水藏。窖藏保持温度在0～5℃，并注意通风。如用土藏，应选择背风向阳处挖假植沟，长度根据数量而定，深40～50cm，沟内浸透水，将地下根茎分层平铺，以沙土分隔上下两层，最上层覆土10～15cm。进入三九天，在沟的上面可覆盖稻草帘。水藏把盆沉入水池。

【本属常见种】全属近40～50种，我国有7种，目前栽培的园艺品种有150余个。通常依据耐寒性将睡莲分为耐寒与不耐寒两大类。

（1）不耐寒睡莲　也称热带睡莲，睡莲属内约有45%的种可在热带或亚热带露地种植。叶缘波状或有明显锯齿，在大缺刻的顶端与叶柄之间有时生出小植株，称为胎生，这种现象只发生于热带睡莲。主要种有下列几种。

① 黄绿睡莲（*N. flavovirens*）　花星状，白色，花径约15～20cm，极香，白天开花。原产墨西哥、秘鲁、巴西等地。

② 黄睡莲（*N. mexicana*）　又名墨西哥睡莲。花鲜黄色，花径10cm，清香，自近中午至约16:00开放。原产美国南部及墨西哥，我国各地栽培供观赏。本种不耐深水。

③ 大睡莲（*N. gigantea*） 花天蓝色，花径 30～38cm，白天开花。原产澳大利亚及新几内亚。

④ 星花睡莲（*N. stellata*）花星状，淡蓝色有时白色。原产东南亚。

⑤ 齿叶睡莲（*N. lotus*） 又名埃及白花睡莲。最古老的栽培品种，花白色，花径 13～25cm，夜间开花到次日午间闭合。原产埃及、中非、西非、马达加斯加、匈牙利等地。

⑥ 红花睡莲（*N.rubra*） 花深紫红色，花径 12～25cm，夜间开花到次日午后。原产印度，孟加拉。

⑦ 延药睡莲（*N. stellate*） 又称蓝睡莲。花瓣白色带青紫、鲜蓝色或紫红色。原产中国湖北、广东及海南岛，印度、越南、缅甸、泰国及非洲亦有分布。

主要栽培品种有'蓝美人'、'达本'、'鲁比'等。

(2) 耐寒睡莲 在睡莲属中半数以上的种可耐霜冻而根部不致死亡，称为耐寒睡莲。叶片圆形或近圆形，叶片上大缺刻与叶柄基部距离小于 1cm，花朵浮在水面上开花，受粉后沉入水中，全部品种均在早上开花，下午或傍晚闭合。主要种及变种有以下几种。

① 香睡莲（*N. odorata*）花香，白色，花径 8～15cm，上午开花。产于美国东部。

② 块茎睡莲（*N. tuberosa*） 花白色，花径最大可达 23cm，有淡香或不香，花开到午后不久即闭合。原产北美。

③ 欧洲白睡莲（*N. alba*） 花白色，有香气，但 1d 后消失。花径 12～15cm，花萼和花瓣不易截然分开。原产欧洲及北非，本种形成的变种及品种极多，可种植于深水中。

④ 小睡莲（*N. tetragona*） 花白色，花径 2～7.5cm，午后开放。原产我国，耐寒性极强。

主要栽培品种有'万维莎'、'科罗拉多'、'黄乔伊'、'莹宝石'、'佛吉妮娅'、'红仙子'、'美洲之星'、'玛莎姑娘'、'德克萨斯'、'豪华'等。

【园林应用】睡莲花色丰富，花形小巧，体态可人，在现代园林水景中，是重要的浮水花卉，适宜丛植，点缀水面，丰富水景，尤其适宜在庭院的水池中布置。睡莲根能吸收水中的汞、铅、苯酚等有毒物质，还能过滤水中的微生物，是难得的水体净化的植物材料，在城市水体净化、绿化、美化建设中倍受重视。

10.3.2 王莲 *Victoria amazonica* Sowerby

睡莲科多年生浮叶植物，多作一年生栽培。地下部分具短而直立的根状茎，侧根粗壮发达；幼叶向内卷曲呈锥状，以后逐渐伸展至成叶时变为圆形，直径可达 100～250cm，表面绿色，无刺，背面网状脉突起，脉上具长刺，叶缘直立高 7～10cm；花单生，大型，径25～35cm，初开为白色，有香气，第二天变为淡红色至深红色，第三天闭合；果实球形，种子多数。

【产地与生态习性】王莲原产南美，为典型的热带植物，喜高温高湿，耐寒力极差。气温下降到 20℃时，生长停滞。气温下降到 14℃左右时有冷害，气温下降到 8℃左右，受寒死亡。王莲喜肥，尤以有机基肥为宜。

【繁殖】多用播种繁殖。露天水池种植王莲需温室育苗。播前进行选种，选择水藏后充分成熟的种子放在培养皿中，培养皿放在玻璃缸的支架上，水面高出种子 3cm。用电加热器控制水温在 28～32℃，20～30d 即可发芽。浸种期间，种脐分泌白色糊状物，可用毛笔轻刷，保持水体清洁。幼苗长出 2～3 片叶时即可上盆，将苗栽在筛过的塘泥加 1/3 沙土的培养土中，生长点微露，上盆后仍浸在温水中，使叶片漂浮于水面。也可直接播种在装有培养土的小盆里，放在玻璃缸中培养。幼苗要经常换水增加氧气，补充光照，100W 光源距离 1m 远，每日光照应在 12h 以上。随着幼苗的生长，经过 2～3 次换盆，当长出 10 片以上叶时，逐步降温炼苗，以适应室内定植的条件。

【栽培管理】露天栽培时，水深 1～1.5m，单株水面不小于 $30m^2$，定植槽直径 1～1.2m，高度低于池面 30～40cm。水温达到 21～25℃时定植，将苗带土坨从盆中脱出，移到具有培养土的定植槽中，培养土可用头年堆制好的混合肥土，可按 1/3 厩肥、1/3 园土、1/3塘泥的配比配制，并堆制 1 年以上使用。也可直接用肥沃塘泥，池底施基肥。种植深度以泥土不盖过心叶苞，叶浮于水面即可。栽后，土面覆盖一层 3～4cm 河沙压住土面，使新植的小苗不易漂浮。

王莲幼苗定植初期，水位宜浅，水面距种植槽面 15～20cm，随着苗的生长，逐渐加水。生长旺期，水面距种植槽面 30～40cm 为宜。7～8 月份时，叶旺盛生长期，可 10～15d 追施尿素 1 次，可用带细孔的薄膜小袋，内装尿素 20～30g，沿槽壁施入泥土 20cm 处，每次追肥变换位置。8～9 月份盛花期，每开 2～3 朵花追施速效性磷肥 1 次，方法同上。

王莲的果实在水中发育，成熟后腐烂，为收种子方便，可用窗纱或纱布袋将果实在成熟前套上，成熟后连袋收获，清理洗净后的种子水藏，水温保持在 5～10℃，要经常换水，供翌年播种。据美国密苏里植物园报道，贮存在湿沙容器中 15.5℃下 8 周的种子发芽率最高。

【同属常见其他种】

(1) 亚马逊王莲（*V. amazonica*） 花萼布满刺，叶缘微翘或几近水平，叶片微红，叶脉红铜色；叶片较大，直径 2.0～2.5m。分布于巴西，哥伦比亚，圭亚那和秘鲁。

(2) 克鲁兹王莲（*V. cruziana*） 其形态基本同王莲，不同之处是叶在整个生长期内保持绿色，叶直径小于王莲，叶的叶缘上翘直立高出近 1 倍，花色也淡于王莲，要求的温度较低，生长温度 18～23℃，低于 15℃停止生长。主产巴拉圭及阿根廷北部。

【园林应用】以英国女王维多利亚名字作为属名的王莲（*Victoria*），拥有着世界上最为优美硕大的独特的圆叶片。在原产地热带美洲水域里，它占据着巨大的水域面积；在许多种植王莲的植物园里，王莲常常是夏日里的焦点。它的叶子观赏期可从 5 月底一直延续到 11 月中，长达半年。而它的花朵花开三变，花期一般有 3d，每天的颜色各不相同，被人们称为“善变的女神”。如今王莲已是现代园林水景中必不可少的观赏植物，在大型水体多株形成群体，气势恢弘；也可孤植于家庭中的小型水池，效果良好。

10.3.3 萍蓬草 *Nuphar pumilum*（Timm.）DC

萍蓬草又名黄金莲、萍蓬莲，睡莲科萍蓬草属多年生浮叶植物。根状茎肥厚呈块状，横卧；叶二型，浮水叶纸质或近革质，圆形至卵形，长 8～17cm，全缘，基部开裂呈深心形，叶面绿而光亮，侧脉细，叶柄圆柱形，沉水叶薄而柔软；花单生，圆柱状花柄挺出水面，萼片 5 枚，倒卵形、楔形，黄色，花瓣状；花瓣 10～20 枚，狭楔形，似不育雄蕊，脱落；雄蕊多数，生于花瓣以内子房基部花托上，脱落；心皮 12～15 枚，合生成上位子房；浆果卵形，长 3cm，具宿存萼片，不规则开裂；种子矩圆形，黄褐色，光亮。花期 5～7 月，果期 7～9 月（图 10-7）。

【产地与生态习性】萍蓬草原产北半球寒温带，我国东北、华北、华南均有分布。喜温暖湿润、阳光充足的环境，水深 30～60cm 较为适宜，生长适温 15～32℃，长江以北冬季需保护越冬。

【繁殖与栽培管理】参见睡莲的繁殖与栽培管理。

【园林应用】萍蓬草为观花、观叶植物，多用于池塘水景布置，与睡莲、荷花、荇菜、香蒲、黄花鸢尾等植物配植，形成绚丽多彩的景观。

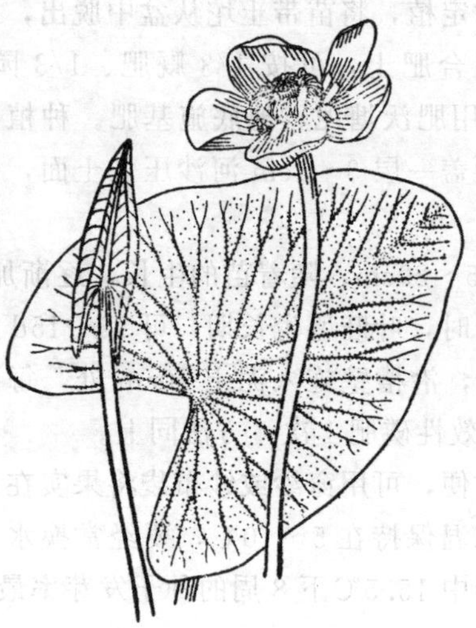

图 10-7　萍蓬草

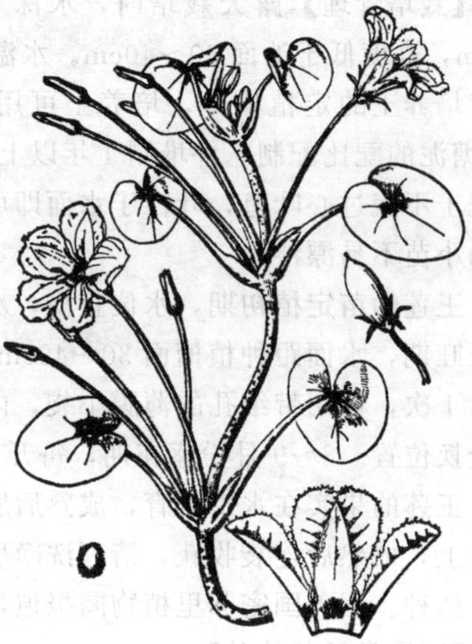

图 10-8　荇菜

10.3.4　荇菜 *Nymphoides peltata* O. Kuntze

荇菜又名水荷叶、大紫背浮萍、水镜草、水葵、莲叶荇菜，龙胆科荇菜属一年生浮水草本植物。茎细长，叶互生，近革质，心形或椭圆形，长15cm，宽12cm，顶端圆形，基部深裂至叶柄处，边缘有小三角齿或呈微波状，上表面光滑，下面带紫色；伞形花序腋生，花冠黄色，边缘流苏状，雄蕊5枚，合生雌蕊，柱头2裂；蒴果长卵形，长2～3cm；种子小，多数，圆形。花果期6～10月份（图10-8）。

【产地与生态习性】荇菜广布于我国华东、西南、华北、东北、西北及台湾等地，日本、俄罗斯也有分布。对环境适应性强，常生于淡水湖泊、池沼静水水面或缓流中。对土壤要求不严，以土质肥沃略带黏性的土壤为宜。生长适温15～30℃，低于10℃停止生长。能耐低温，但不耐严寒。冬季来临，植株极易冻死。

【繁殖】荇菜可自播繁衍，也可分株繁殖，春夏季依靠根状茎分枝形成匍匐茎，在匍匐茎节上生根长叶成为新植株，截取新植株作为繁殖材料。

【栽培管理】荇菜性强健，耐粗放管理。但应注意生长后期疏去大部分未成熟的果实，不使其发育，以免泛滥成灾。

【园林应用】荇菜叶小而翠绿，黄色小花覆盖水面，甚是美丽。在园林中大面积种植可形成“水行牵风翠带长”的景观。主要用于美化浅水池塘。

10.3.5　凤眼莲 *Eichhornia crassipes*（Mart.）Solms-Laub.

凤眼莲又名水葫芦、水浮莲、凤眼兰、洋雨久花等，雨久花科凤眼莲属多年生漂浮植物（浅水处，根可扎入泥中挺水生长）。植株高约30～50cm，茎短缩；根丛生于节上，须根发达，悬垂于水中，具匍匐枝；叶呈莲座状基生，直立，叶片卵形、倒卵形至肾形，光滑，全缘；叶柄基部略带紫红色，中下部膨大为葫芦状气囊，如其根系扎入泥中挺水生长，则不具气囊；穗状花序，花6～12朵；花被蓝紫色，6裂，上面一片较大，在蓝色花被的中央有鲜黄色的斑点，好似眼睛，故名凤眼莲，另5片近相等，外面的基部有腺毛；雄蕊3长3短，长的伸出花被外，3个花丝具腺毛；雌蕊花柱单一，线形，花柱上有腺毛，子房卵圆形；种子多数，有棱。花期7～9月。

【产地与生态习性】凤眼莲原产于南美洲，喜欢温暖湿润、阳光充足的环境，适应性很强。生长适宜温度为20～30℃；在高温高湿的天气里，气温超过35℃，也能正常生长，且分株迅速；气温低于10℃停止生长。

凤眼莲通过叶柄的气囊悬浮于水面上，易浮游扩散，能够迅速掩盖水体，导致水体透光性差；在自然水域中，凤眼莲通过与其他水生植物、藻类竞争矿物质、阳光等资源，从而抑制其他水生生物与藻类的生长。此外，凤眼莲的爆发以及其腐烂阶段会大量地消耗水体中的溶解氧，水下动物如鱼类活动繁殖空间将会减少，甚至会大量死亡。

凤眼莲曾一度被很多国家引进，广泛分布于世界各地，已被列入世界百大外来入侵种之一。

复 习 题

1. 简述水生花卉的概念、类型、常见代表花卉。

2. 水生花卉在繁殖及栽培管理方面应注意哪些问题？

3. 简述水生花卉的生态习性。

4. 简述荷花与睡莲在形态特征、生态习性、繁殖及栽培管理上的异同点。

5. 现有一水池，水深1.5m，若要种植水生植物，在水深10cm，30cm，60cm，100cm，120cm，150cm处各可选择哪几类花卉？

第11章 温室一、二年生花卉

［教学目标］通过学习，掌握瓜叶菊、报春花属、四季秋海棠、蒲包花、彩叶草、洋桔梗、长春花、香豌豆、半边莲等常见温室一、二年生花卉的繁殖及栽培管理技术。

11.1 温室一、二年生花卉概述

温室一、二年生花卉大多采用播种方式进行繁殖，栽培程序复杂，育苗管理要求精细。除采用传统的播种方法外，许多花卉企业采用穴盘育苗的方法，以泥炭、蛭石等轻基质材料作为育苗基质，以穴盘作为播种容器，采用机械化精量播种。

温室一、二年生花卉大都采用温室盆栽的方式，其根系被局限在有限的容器内不能充分伸展，要求栽培基质疏松透气，保水保肥，酸碱适度，无病虫害。

温室一、二年生花卉大多喜光，并且有许多种类冬春季正值开花期，因此需要有充足光照，应置于温室向阳处。

冬春季节，温室一、二年生花卉应置于低温温室培养。此时，许多温室一、二年生花卉正值生长开花期，需肥水较多，应视天气、花卉种类及植株大小不同，适度浇水、施肥，掌握“盆土不干不浇，浇则浇透”的原则。一般间隔2～5d，在中午前后浇水1次，水温应接近室温。对蒲包花、四季秋海棠等，不能采用当头淋水的做法，以免因积水而引起腐烂。

温室一、二年生花卉幼苗上盆栽植后，随着枝叶的不断生长，冠幅增大，需要将小盆换成大盆，以利其正常生长。一、二年生花卉幼苗期生长迅速，在开花前通常要进行多次换盆。

11.2 常见温室一、二年生花卉

11.2.1 瓜叶菊 *Pericallis hybrida*

瓜叶菊别名千日莲、富贵菊、黄瓜花、千夜莲、瓜叶莲等，菊科瓜叶菊属多年生草本植物，在我国作二年生盆栽花卉。全株密被柔毛，叶片大，心脏状卵形，叶缘具不规则锯齿或浅裂，网状脉明显。头状花序簇生成伞房状，周围为舌状花，中央为筒状花。花色多样，有红、蓝、白、紫及复色等色。瘦果纺锤形，并有白色冠毛（图11-1）。

【产地与生态习性】原产非洲北部的加那列岛。性喜凉爽，冬惧严寒，夏忌高温，生长适温15～20℃，怕旱，忌雨涝，温暖地区可作露地二年生栽培。适宜土壤pH值6.5～7.5。喜光，但怕夏日强光。长日照能提前开花，一般播种后3个月开始给予15～16h的长日照，可促使早开花。氮肥过多易徒长。瓜叶菊花期长，从当年11月至翌年5月，盛花期为2～4月。

【繁殖】以播种为主，也可扦插。

瓜叶菊种子小，播种床土要过细筛，进行精细播种。播种量 4g/m² 左右。育苗床土应疏松肥沃，用腐叶土、草炭土加等量园土配制作播种床土较好。把配制好的床土装盘后稍压实刮平，浇足底水，水渗入后撒播，并覆盖薄膜。

播种 4～5d 后出苗，出苗后立即揭去地膜，移到遮光率为 60％的地方适当见光。苗期要防雨，防徒长。幼苗缺水时最好采用浸水法补水，播种盘中表土略见湿时即可。根据播种密度适时分苗。一般出苗后 20d 左右，有 2～3 枚真叶时进行第 1 次分苗，苗距 5cm，或用直径 8cm 左右的容器直接培育成苗。

规模生产时，采用工厂化育苗技术，少量栽培可用花盆播种。根据花期需要，从 4～10 月份都可以播种。早花品种 5～6 个月开花，一般品种 7～8 个月开花，晚花品种 10 个月开花。各地可视具体要求确定播种期。

1—花序枝；2—雄蕊展开；3—雌蕊；4—舌状花；5—管状花展开；6—管状花

图 11-1　瓜叶菊

当有 6～7 枚真叶时，如温度适宜，植株生长迅速，此时对水肥需要量多，应及时浇水施肥，也可采用叶面追肥。苗期气温以 10～20℃为宜，夜间稍低可抑制徒长。一般有 9～10 枚叶时定植于花盆中，如需推迟定植应适当控水。条件适宜时应早定植于盆中，7～8 枚叶时最宜。8～9 月份瓜叶菊苗应在荫棚内生长，南方当气温降至 21℃时可逐步撤除遮阳网，实行全光照育苗。瓜叶菊叶片蒸腾量大，需水多，苗期应注意防止叶片缺水过度萎蔫。

对于不易结实的重瓣品种可于 5～6 月间，采用扦插法繁殖。花后选取生长充实的腋芽扦插，芽长 6～8cm，摘除基部大叶，留 2～4 枚嫩叶插于粗沙中即可，20～30d 生根，然后放在遮光通风处培养。此法也用于因气候原因没有结实的年份的植株生产。

瓜叶菊苗期能感染猝倒病。容易受蚜虫、白粉虱、叶螨、潜叶蝇的侵害，应注意防治。

【栽培管理】

(1) 移植与上盆　从播种到开花，需移植 3～4 次。以北京地区 8 月上旬播种为例，出苗后约经 20d，真叶 2～3 枚时，进行第一次移苗（分苗），株行距 5cm，移于浅盆中。在此期间应逐步增加日照量，以加速生长。移植一周后可施稀薄液肥追肥，使幼苗生长健壮。约 30d 后，真叶抽出 5～6 枚时，选用 7cm 盆进行第 2 次移苗（上盆）。缓苗后每 1～2 周追施腐熟的液肥 1 次，浓度逐次增加。此时，天气转凉，幼苗生长迅速，应给予充足的光照。当根系充满盆内时，进行第 3 次移植，定植于大盆。定植时茎基部以上 3～4 节的腋芽应全部摘除，以减少养分的消耗和保持株型。缓苗需 4～5d，放置于相对阴凉处。

(2) 浇水　瓜叶菊叶大且薄，蒸腾强，平时注意浇水并保持适宜空气湿度，稍有萎蔫就应及时补足水。水分缺乏叶子会萎蔫下垂，严重缺水时，叶片黄枯凋萎。花序出现时，浇水量要逐渐增加，一般每 3d 左右浇 1 次透水，每天喷水一次，使盆土保持湿润。同时经常通风透气，使植株健壮，花色丰艳。夏季勿淋雨，可向地面洒水和向叶面喷水降温，温湿度过高则花小叶大而厚，开花早而花期短。9 月控制浇水量，不干不浇，以防徒长。

(3) 施肥　上盆后可每隔 2 周追肥 1 次。瓜叶菊忌化肥，用有机肥最好，中间可用 0.1％～0.2％的尿素和磷酸二氢钾叶面施肥，雨季忌施肥。生长期每隔 7～10d 浇一次腐熟的稀薄液肥，直至现蕾为止。12月份后控制氮肥，以磷、钾肥为主，有利花芽分化及以后的花色艳丽。

(4) 光照与温度　长日照促进瓜叶菊花蕾发育，能提前开花。在花芽分化已经完成的情况下，增加光照可使其提前开花。瓜叶菊的趋光性很强，单面温室和室内放置时要注意转盆，每周要转盆1次，使其株形紧凑、丰满，并随时调整盆距以利通风透光。

瓜叶菊不耐炎热，应在荫棚越夏并保持适宜温度。幼苗期室温保持7～8℃，一般情况幼苗能经受1℃的低温。超过15℃植株易徒长，影响开花。现蕾时，室温宜在10～13℃，可使植株健壮，花色丰艳。冬季是开花繁茂与否的关键，管理不当，植株会很少开花或不开花。夜间温度最好维持10℃，温度太低，抑制植株生长，花朵变小，甚至受寒害。

(5) 修剪　生长过程中应随时去除植株基部叶腋间萌发的侧芽，以免消耗养分和影响通风。

(6) 花期控制　在花芽分化前2周停止追肥，控制浇水，限制植株的生长，使株形低矮而紧凑，同时促使花芽分化，提高着花率。此期气温应控制在白天21℃，夜间10℃左右为宜。现蕾后正常管理，追施液肥，逐渐恢复并增加浇水，保持充足的光照。

15℃以下低温处理6周左右，可完成花芽分化，其后8周即可开花。开花期间置于8～10℃冷凉环境中，可延续花期30～40d。长日照条件能促进花芽分化。早花品种11月后给予15～16h的长日照条件，12月可以开花。苗期低温处理可延迟开花。

(7) 病虫害防治　瓜叶菊的病虫害主要有白粉病、叶斑病、蚜虫、红蜘蛛、潜叶蛾等。

白粉病防治要注意室内通风透光；浇水要适量；发病后立即摘除病叶，喷洒25%多菌灵或50%托布津500～800倍液防治。叶斑病可用波尔多液、百菌清、硫菌磷、粉锈宁等防治。蚜虫或红蜘蛛可用1500～2000倍乐果稀释液喷杀，也可用溴氰菊酯等药剂防治，用生物防治更好。幼苗期往往发生潜叶蛾，常用1500倍40%乐果稀释液防治，也可用溴氰菊酯等药剂防治。生物防治更好。

【常见品种及类型】瓜叶菊异花授粉，易产生变异，园艺品种众多。花色丰富，除纯黄色外，几乎各色均有；还有舌状花二色、分界明显的所谓蛇目类品种。瓜叶菊大致分为四种类型。

(1) 大花型　花大而密集，花径4cm以上，最大可达8～10cm；多为暗紫色，也有白、深红和蓝色。

(2) 星花型　株形高大而松散，头状花序小，花瓣细短，单株着花120朵左右，为切花类型。

(3) 中间型　花径较星花型大，约3～5cm，多花性，宜盆栽。

(4) 多花型　株形矮小，分枝多；花型中等，着花多，单株可达400～500朵。本型与大花型杂交，可产生大花多花性的类型。

【园林应用】瓜叶菊花期长，花色艳丽，且有一般室内花卉少见的蓝色花，是元旦、春节、“五一”及冬春季的主要花卉之一，可作花坛材料用于室外花卉装饰，烘托节日气氛。高型品种、星型品种适作切花，也可制作花篮、花环或插花等。

11.2.2　报春花属 *Primula*

报春花科宿根草本，多作一、二年生栽培。植株低矮，叶基生，叶丛呈莲座状；伞形花序或头状花序，有时单生成总状花序，花冠漏斗状或高脚碟状，花冠裂片5；花柱二型性；

花有红、白、黄、蓝、紫等色。花期12月至翌年5月。

【产地与生态习性】全世界约有500种，原产北半球温带和亚热带高山地区。我国约有390种，云南是其分布中心。中国报春花属植物可分成30个组，观赏价值高的有中国报春花组、鄂报春组、藏报春组、灯台报春组、钟花报春组和国外报春组等。

报春花属植物喜温暖湿润气候，生长适温13～18℃。日照中性，忌强烈的直射阳光，忌高温干燥；喜湿润疏松的土壤，适宜pH值6.0～7.0，在酸性土（pH值4.9～5.6）中生长不良。

【繁殖】多行种子繁殖，对少数重瓣品种，可用分株繁殖。

报春花种子细小，寿命短，采后应及时播种，正常种子发芽率40%左右。通常6～7月份播种。播种用土可按腐叶土2、壤土1、河沙1的比例配制。先将床土过细筛，装入育苗盘内，用喷壶浇水，撒播，播后可不覆土或覆土0.1～0.2cm，以不见种子为宜，置于荫凉处。床土温度控制在15～21℃，10d后可出苗，若温度超过25℃，发芽率明显下降。有2枚真叶时可移植1次或直接用容器培育成苗。夏季苗期应适当遮阴并注意通风，保持床土湿润。当苗长大后定植花盆中。

播种期可按用花时间确定，如冬季用花则晚春播种，早春用花则初秋播种等。

分株繁殖一般于秋季进行，将报春花从花盆中倒出，进行分株繁殖，每个子株带芽2～3个，移植于直径8cm的容器中培育，也可以直接栽植于直径16cm的花盆中培育。分株繁殖可以保持优良品种及重瓣品种的性状。

【栽培管理】报春花属植物通常作温室花卉栽培，但较耐寒。苗期忌强烈日晒和高温，作温室盆花的如鄂报春和藏报春等，宜用中性土壤栽培，不耐霜冻，花期早。鄂报春在冬暖地区可露地栽培，用于花坛、花境等。作露地花坛布置的欧洲报春类，适生于阴坡或半阴的环境，喜排水良好，腐殖质多的土壤。灯台报春组、钟花报春组的种类，喜肥沃、潮湿但不积水的土壤，生长期需要保持凉爽、空气湿度大的环境，夏季需半阴。

（1）上盆　当播种苗长出1～2枚或3～4枚叶时，可进行两次移苗。苗期夏季应适当遮阴并注意通风，植株长至5～6枚叶时，可移至10cm盆中，7～8枚叶时，定植在17cm盆中。盆土以疏松、有机质丰富、呈微酸性和基肥充足的培养土为宜，按腐叶土2、壤土3、河沙1的比例配制，再加适量的基肥，但藏报春、四季报春喜钙质土，可少量添加石灰，并最好含有适量钙和铁。

（2）浇水　报春花属植物大多喜湿润，而藏报春则宜稍微干燥些；四季报春只要温度水分等环境适宜，可以周年开花。花期结束应保持湿润，移置凉爽庇荫处以半休眠状态越夏。

（3）施肥　报春花定植后，视生长情况，施用追肥。生长期每7～10d施1次液肥，切忌肥水沾污叶片，以免叶片枯焦，可于追肥后，喷清水予以清洗。

（4）光照与温度　除冬季外，其他季节都应遮阴。虽低至3℃也不会受害，但为保证春节前开花，最好冬季夜温在10～12℃，白天在15～18℃。其中报春花特喜冷凉，开花温度约10℃左右，温度不可过高。在生长充分的条件下，10℃低温处理可促进一些种类的花芽分化。

（5）病虫害防治　报春花幼苗易遭病虫危害，应注意预防。常见的病害有灰霉病，可用70%甲基托布津1000倍液防治，每周喷药1次，连续2～3次。常见的虫害有蚜虫、红蜘蛛等，可用40%氧化乐果1000倍液防治。

【同属常见其它种】

（1）报春花（*Primula malacoides*）　别名小种樱草、七重楼等。多年生草本，常作一、

图 11-2 报春花

二年生栽培。产于云南、贵州。株高 20～40cm；叶卵形至矩圆状卵形，叶背被白粉；轮伞花序 2～7 层，花小而多，阔钟形；萼外密被白粉；花色有白、粉红、淡紫等，具芳香。花期 1～4 月（图 11-2）。

报春花园艺品种众多，有大花、多花、重瓣、裂瓣、斑叶等类型，还有高型与矮型之分；花色丰富，花期不同。英国育出 6 倍体品种，花径较大。

(2) 藏报春（*P. sinensis*） 别名年景花、大种樱草等。多年生草本，原产四川、西藏、陕西等地。全株被腺状刚毛。叶椭圆形或卵圆形，基部心脏形，具长柄。花冠高脚碟状，轮伞花序 1～3 层，花萼基部膨大，上部紧缩，呈坛状；花有粉红、深红、纯白、淡青等色。品种类型很多。

① 裂瓣类型 花大，花瓣边缘有缺刻状齿或条裂，稍波皱，是习见的类型。有纯白、鲜红、深红、黑紫、肉红、淡蓝等色。

② 皱叶类型 叶椭圆形，叶缘细裂而卷曲，形似蕨叶。

③ 重瓣类型 雌雄蕊瓣化。

④ 星状变种 花形似樱花，花葶长，适作切花。花色有红、白、淡粉和淡蓝等。

(3) 鄂报春（*P. obconica*） 别名四季报春、球头樱草、仙鹤莲。多年生草本，常作一、二年生栽培。原产湖北、湖南、江西、两广、云贵等地。株高 20～30cm；叶基生，椭圆至长卵圆形，叶背密生白腺毛；伞形花序顶生，1 轮，小花多数，玫红色，花冠漏斗状；花期通常 12 月至翌年 5 月。栽培品种类型有以下几种。

① 大花类型 花大，有纯白、深蓝、红、粉、紫红和肉红等色。

② 巨花类型 由四季报春与 *P. megaseaefolia* 杂交育成。花更大、株矮，适盆栽，花色丰富。

③ 多倍体类型 已育出 4 倍体品种。

(4) 欧洲报春（*P. acaulis*） 别名欧洲樱草，多年生草本。原产西欧和南欧，耐寒。株高 8～15cm；叶基生，倒披针形至倒卵形，叶面具皱；花单生枝端，高脚碟状，有香气，原种花硫黄色，花径 2.5～3.0cm，有的可达 4cm 以上，有白、黄、红、蓝、紫、青铜等色；一般喉部黄色，还有花冠上有各色条纹、斑点、镶边的品种和重瓣品种。花期春季。

(5) 多花报春（*P.* × *polyantha*） 别名西洋报春，多年生草本，常作一、二年生栽培。株高 15～30cm，叶倒卵形，叶基渐狭成有翼的叶柄；伞形花序多数丛生。本种耐寒，忌高温。

多花报春品种极为丰富，如巨花品种'Pacific Giant'，花径达 6cm，密集，早花性，播后 6～7 个月开花，有红、黄、蓝、紫和白等色，适于盆栽；大花品种'Colossea'，花径 4～5cm，花色多为中间色，宜花坛用；'双筒报春'（'Hose in Hose'），萼瓣化显著，呈复瓣或重瓣状。此外，还有具金黄色瓣缘的品种等。

【园林应用】报春花属植物花期很长，是世界著名的盆栽花卉，也是冬春季节重要的温室小型盆花，适宜室内装饰。其中报春花、四季报春、藏报春和欧洲报春适作盆花；较耐寒而适应性强的种类，如多花报春、欧洲报春、黄花九轮草可在温暖地区露地盆栽，也用于春季花坛布置，或用于岩石园、野趣园；少数种可用为切花。

11.2.3 四季秋海棠 *Begonia semperflorens*

四季秋海棠别名瓜子海棠，秋海棠科秋海棠属宿根草本，常作一年生栽培。茎直立，肉质光滑；叶互生，卵圆形至广椭圆形，基部偏斜，绿色、古铜色或深红色；聚伞花序腋生；花单性，花色白、粉、红等，雄花较大，花瓣、花萼各 2 枚，花瓣宽大，萼片较窄小；雌花稍小，花被片 5（图 11-3）。

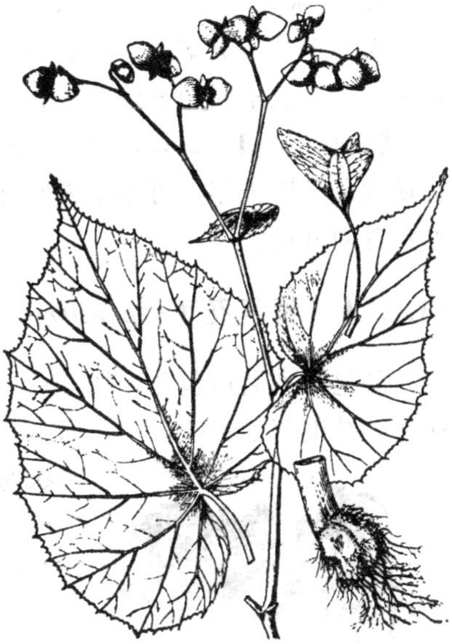

图 11-3 四季秋海棠

【产地与生态习性】四季秋海棠为多源杂种，但主要原种均产于巴西。喜温暖，不耐寒，生长适温 20℃左右，低于 10℃生长缓慢。适宜空气湿度大，土壤湿润的环境，不耐干燥，亦忌积水。喜半阴环境。夏季休眠。

温室栽培应宜置于冷凉处，保持 5～7℃，不可放阳光直射处，全年除炎夏、寒冬期无花或少花外，其他时间均开花，以春季最旺。

【繁殖】可用播种、扦插和分株等方法繁殖。

四季秋海棠种子特别细小（约 70000 粒/g），发芽时对湿度的要求特殊，因而使其成为种苗生产难度极大、成功率极低的种类之一。为提高种苗生产成功率，常采用种子包衣处理，包衣种子非常易于操作，适合机械播种和在穴盘中生长，现已广泛应用。

种子发芽时，基质最好采用育苗专用的 75%泥炭加 25%蛭石或泥炭和蛭石各 50%的基质，温度要保在 25℃左右，空气湿度要接近 100%。四季秋海棠从播种到子叶长出需 20～25d，从子叶长出到 2 枚真叶长出的这段时期，由于是从高湿到低湿状态，极易造成植株脱水死亡，要设法逐渐降低湿度。

此外，四季秋海棠真叶长出后需要一定的光照。苗生长非常缓慢，苗期长，穴盘或基质表面极易长青苔，青苔隔绝了基质中的空气，导致植株生长不良甚至死亡，需及时采取措施防止青苔生长。

采用非包衣种子播种时，可用 10～20 份细面沙或细干土与 1 份种子充分拌匀，然后均匀地撒播。

重瓣品种用扦插法繁殖。扦插四季均可，但最好是冬季温室扦插，夏插易腐烂。选取植株基部枝条作插穗，至少保留 3 个芽；切口要平滑，位于节下，插于干净河沙中，温度保持在 20℃，遮阴喷雾，约 20d 后生根。扦插法繁殖系数低，分枝性弱，株形不丰满。

【栽培管理】栽培基质要求疏松透气，可以用泥炭土、珍珠岩、蛭石及园土等配制而成。

（1）上盆　有两种方式：一是移苗后先上小盆（7～10cm），当根系长满后再换大盆，这样有利于根系的发育和伸展缩短栽培时间；二是直接上大盆（12～16cm），可减少工序节约成本，但小苗根系周围基质的通透性和水分供应状况稍差，不利于根系的发育，前期生长较为缓慢。四季秋海棠叶子脆弱易折，基部叶片容易脱落，上盆时要注意保护。

（2）浇水与施肥　四季秋海棠生长旺盛，生长期应注意补充肥水，每周浇稀肥水一次。

浇水要充足，冬天应减少浇水量。

(3) 整形　栽培过程中要进行摘心以促发侧枝。幼苗5～6枚真叶时需进行摘心，但此时要控制水分，防止徒长，每月追肥2次，有枯枝黄叶及时去除。

在栽培过程中防止阳光直射，开花后5～6月份可采收种子。

【常见品种及类型】目前栽培的四季海棠品种有单瓣和重瓣之分，在花叶的颜色上可分为红叶红花品种及绿叶粉花品种。国内栽培较多的优良品种有绿叶的'天使'('Ambassador')、'派司'('pizzazz')、'超级奥林匹亚'('Superolympia')；古铜叶的'鸡尾酒'('cock-tail')、'元老'('senator')、'舞会'('Party')等，其中'天使'和'元老'是性状一致、叶色不同的姊妹系列，而舞会系列有红叶和绿叶之分，常用于花坛配色布置。

【园林应用】四季秋海棠株姿秀美，叶色油亮光洁，花朵玲珑娇艳，广为大众喜爱，盆栽观赏，已历千年，可作室内装饰、观赏。四季秋海棠也是花坛、吊盆、栽植槽、窗箱等室外布置的材料。

11.2.4　蒲包花 *Calceolaria crenatiflora*

蒲包花别名荷包花、拖鞋花，玄参科蒲包花属多年生草本植物，作一、二年生栽培。植株茎叶被细茸毛；叶对生，卵形至卵状椭圆形。花序为不规则聚伞状，花具2唇，似两个囊状物，上唇小，直立，下唇膨大似荷包状，中间形成空室。花色有黄、乳白、橙红等，其间散生许多紫红色、深褐色或橙红色的小斑点，花径3～4cm，柱头在2个囊状物之间。花期1～5月（图11-4）。

1—植株；2—去掉部分下唇的花；3—雄蕊；4—雌蕊

图 11-4　蒲包花

【产地与生态习性】原产南美洲，澳洲有分布。不耐寒，怕暑热，要求温暖湿润而又通风良好的环境条件。对土壤要求比较严格，以富含腐殖质的微酸性沙质壤土（pH值6）为宜。要求光照充足，夏季忌强光。

【繁殖】以播种繁殖为主，也可嫩枝扦插。

播种期各地不同，一般可于8月下旬至9月初，天气凉爽时进行室内盆播。过早则高温高湿易引起烂苗，太晚则幼苗生长缓慢影响开花。

基质用腐叶土、沙子各半配制，因种子细小，基质需过筛并消毒。播后覆一层过筛的细沙，厚度以不见种子为度，也可不覆土，用浸盆法灌水。出苗前，置于阴处。种子发芽适宜温度为18～20℃，约10d出苗。

【栽培管理】

(1) 移植与上盆　幼苗长出2枚真叶时进行第1次移植，可上7cm盆，再长出数叶后可移入10cm盆，11～12月换大盆定植。盆土可用腐叶土、泥炭土和砂以3∶1∶1比例配制，并可加少量肥料，pH值6.5为宜。为防止腐烂病可加入少量木炭粉。苗期盆土切忌过干过湿，但应注意增加空气湿度。

(2) 浇水　蒲包花生长期前后应保持较高的空气湿度，一般不能低于80%，但土壤水分不可过大。花期不能往花朵上喷水，否则不易结实。由于蒲包花忌干怕湿，故浇水要见干见湿，保持盆土湿润，太湿易引起烂根，过干则易招引红蜘蛛。

(3) 施肥　蒲包花为轻度喜肥花卉，叶有绒毛，浇水、追肥勿使肥水沾在叶上，否则易烂叶、烂心。每7～10d浇1次稀薄液肥，施用化肥的浓度不得超过0.5%。

(4) 光照与温度　播种苗出苗后需立即移至通风透光处，以利幼苗生长，中午光照过强需遮阴。温度以12～15℃为好，生长适温7～15℃，若温度高于20℃，不利其生长和开花。越冬温度应维持在5～10℃，并遮去中午前后的直射光。

长日照促进传统蒲包花品种花蕾发育，但一些新的品种，开花不受温度和日照长度的影响。蒲包花自然授粉困难，可人工授粉，受精后除去花冠，以免花冠腐烂影响结实率。

(5) 病虫害防治　蒲包花幼苗期易发猝倒病，发病后大批幼苗很快倒伏而死。出苗后，每隔7～10d喷1次600～1000倍代森锌液预防此病的发生，同时要适当控制浇水。

【同属常见其他种】

(1) 灌木蒲包花（*C. integrifolia*）　半灌木，高可达1.0m，叶面多皱，圆锥花序密生黄色或赤褐色小花，花径1.0～1.5cm，无斑点。

(2) 松虫草蒲包花（*C. scabiosaefolia*）　一年生草本，高40～70cm，叶羽状分裂；伞房花序，花鲜黄色，花期5～9月。

(3) 墨西哥蒲包花（*C. mexicana*）　一年生草本，高30cm，下部叶深裂或浅裂，上部叶羽状分裂；花小，浅黄色。

(4) 二花蒲包花（*C. biflora*）　宿根草本，花深黄有斑点。花期5～6月。

【园林应用】蒲包花花形奇特，色彩鲜艳，花朵开放时，整株挂满了成串荷包似的花朵。花期较长，是冬春最受人喜爱的盆栽观赏花卉。适合盆栽摆放在案头、窗前等处进行观赏。

11.2.5　彩叶草 *Coleus blumei*

彩叶草别名五色草、锦紫苏、洋紫苏等，唇形科彩叶草属多年生草本，作一、二年生栽培。茎四棱形，基部木质化；叶形因品种不同而多有变化，对生，卵形或圆形，表面绿色，有紫红色斑纹；顶生总状花序，花上唇白色，下唇蓝色；小坚果，种子极细小（图11-5）。

【产地与生态习性】原产印度尼西亚。性喜温暖湿润、阳光充足、通风良好的环境。要求富含腐殖质、肥沃疏松而排水良好的沙质壤土。冬季适宜温度20～25℃，最低越冬温度不可低于10℃，否则叶片变黄脱落，5℃以下则枯萎死亡。

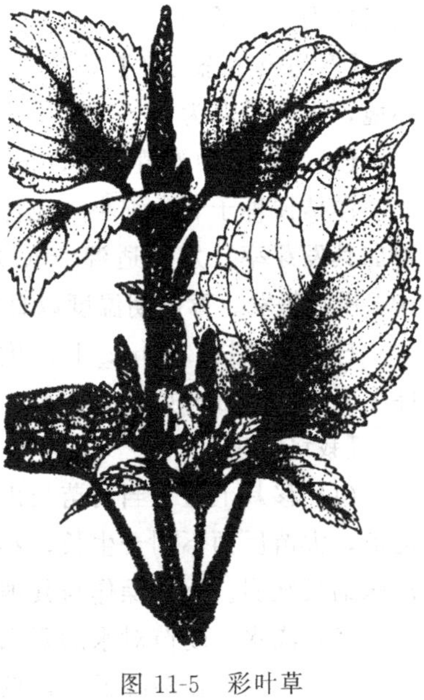

图11-5　彩叶草

【繁殖】播种繁殖或扦插繁殖。

温室内可随时播种，但多于2～3月进行，室外可于5月播种。发芽适温25～30℃，春秋两季均可。发芽时需要充足的光照，保持繁殖沙床湿润，播后2周左右即可发芽，长至4枚真叶时可移植到盆径10cm的小盆中，待幼苗叶片盖住盆时，可定植于大盆内。

只要温度适宜，四季均可进行扦插，一般宜在5～6月进行。插穗选取优良植株嫩枝，基质用疏松的粗沙为宜，气温20℃左右时，约10d即可生根，再过2周就可移植盆内。也可水插，室温18～25℃，散射光照条件下，7d即可生根；室温10～16℃，散射光照时，1个月方能生根。

【栽培管理】

（1）上盆　移植和上盆时，培养土可用2份腐叶土、2份园土、1份砻糠灰混合配制，并施加适量有机肥和骨粉作基肥。

（2）浇水、施肥　第1次浇水要足，若天气炎热，还需适当遮阴。夏季室外养护时置于荫棚的南侧，掌握见干见湿的浇水原则，土壤干旱易使叶片凋萎，空气干燥也易使叶片失去光泽，要经常保持土壤湿润，同时常向叶面洒水，保持叶面洁净。

彩叶草不宜大肥大水，防止株型过高，节间伸长，叶片稀疏。若向枝叶喷洒磷钾液肥，则叶色更为艳丽夺目，不可偏施氮肥，防止叶色变浅。

（3）温度与光照　彩叶草喜光，光线充足能使叶色更鲜艳，阳光不足时枝条徒长，叶色暗淡，缺少光泽，室内陈设时需放向阳处。彩叶草耐寒性不强，冬季温度不低于10℃才能保证叶色。若能保持环境温度有一定的温差，则彩叶草叶色更艳丽。

（4）整形修剪　生长期若植株生长过高，应截顶，促使基部分枝；对生长过盛的植株进行摘心，可促使侧枝萌发，增大冠径，使彩叶草枝繁叶茂、色泽艳丽。若不留种子，宜在花穗形成初期及时摘除，以免消耗养料，导致株形松散，降低观赏价值。

（5）病虫害防治　高温干燥时，要预防红蜘蛛的危害，可及时喷洒40%的氧化乐果乳剂1500倍液防治。

【常见品种及类型】其栽培变种有皱叶彩叶草（*C. blumei* var. *verschaffeltii*），叶面具紫红、桃红、朱红、奶黄等色斑，叶缘具皱纹状花纹。

【园林应用】彩叶草为应用较广的观叶花卉，除可作小型观叶花卉陈设外，还可作室外图案花坛材料，也可作为花篮、花束的配叶使用。

11.2.6　洋桔梗 *Eustoma grandiflorum*

洋桔梗又名草原龙胆、土耳其桔梗，龙胆科洋桔梗属，多年生宿根花卉，常作一、二年栽培。叶蓝绿色，对生，阔椭圆形至披针形，叶基略抱茎；花茎呈总状分枝式，通常在基部形成几个分枝，每枝花茎可着花20～40朵；花漏斗状，花色丰富，有单色及复色，花瓣覆瓦状排列。种子细小。

【产地及生态习性】原产美国南部至墨西哥之间的石灰岩地带。喜欢温暖、光线充足的环境，生长适温为15～25℃，较耐高温。要求疏松肥沃、排水良好的钙质土壤。

【繁殖】播种繁殖为主，也可扦插繁殖。

洋桔梗种子非常细小，无休眠期。目前大部分被做成包衣种子，以利于机械操作，同时增加其发芽率。发芽适温25℃左右，低于15℃会延迟发芽，通常不宜覆土，播种后大约10d开始萌发。育苗期温度以日温25℃、夜温18℃为宜，温度过高会发生“莲座化”现象。

扦插繁殖用2000mg/L浓度的吲哚乙酸溶液速蘸处理，可促使插穗生根。在合适环境条件下，大约15d开始生根。

【栽培管理】

（1）移栽上盆　当幼苗长出2对真叶时，可进行第一次移植，4枚真叶充分展开后即可定植，大苗反而不利于生长，春夏季尤甚。定植已伸长的苗，养分管理要跟上，否则易造成植株细长软弱。上盆操作与其他温室花卉相同。

（2）浇水　幼苗对水的要求相当高，定植后应立即充分浇水，以免造成簇生。花苞出现后，水分应酌量逐渐降低至最低要求，以免造成茎过度柔弱，较高节位的花苞下垂，品质降低。低温高湿，易发生霉菌病，中后期管理上应特别注意通风。

（3）施肥　洋桔梗喜肥，如果基肥不足，必须追肥。追肥按照少量多次的原则，生长前期补充一般的复合肥，注意硝态氮与铵态氮的比例，并视植株生长状况交替施用。通常铵态氮会促进茎叶生长，使叶片大而软，叶色较浓，但易造成徒长。温度过低时不宜使用太多铵态氮，此时可补充硝酸钾及硝酸钙。在花苞形成期，以补充硝酸钾为主。施肥量应根据温度与生长状况而定，以免造成茎干细弱，品质降低。

（4）温度与光照　洋桔梗幼苗的生长速度受温度的影响很大，从播种至4枚真叶，夏季40～50d，冬季则需80～90d。在凉爽条件下育出的正常苗，温度过低时栽植，会使植株看起来有点像簇生，但是其新叶呈直立状，叶片也不会卷曲。

洋桔梗苗期簇生与否、生长期节间伸长的程度、花芽分化的快慢等，皆受温度的影响。因此，秋冬至早春尤要注意保持温度稳定。一般早生种对温度的要求较低，

定植时如光线过强，需遮光50%。定植后三周内，应保持稍低温度、较弱光线和充足水分，并暂不施肥，使根部的生长速度快于地上部分的生长速度。在花苞刚开始出现时，摘除最早出现的1～2个花苞，也可稍增加茎的长度。

【常见品种及类型】目前栽培的品种超过100个，多为杂交一代。依据开花对温度的要求，大致可将其分为极早生、早生、中生、中晚生、晚生等五大类。愈晚生品种对温度的要求愈高。从定植至开花的时间，高温条件下，早生品种为50～60d，低温条件下，晚生品种为4～6个月。

（1）美人鱼系列（Mermaid）　株高15～20cm，花单瓣，径6～8cm，花色有粉红、紫、米色等多种颜色。

（2）伊迪系列（Eeidi）　株高50～60cm，早花种，花径8cm，花色有深蓝、粉、玫瑰红、黄、白、蓝和双色等。

（3）佛罗里达系列（Florida）　株高20～25cm，耐高温，常见有蓝色、粉红色、银白色和天蓝色。

（4）丽莎系列（Lisa）　矮生，株高15～20cm，株型紧凑，早花，冷色调的杯形花，与灰绿色的叶片互相映衬，短日照条件下栽培表现出色，抗丛簇性能稍逊于佛罗里达系列，常见有蓝色、淡紫色、粉红色和白色。

【园林应用】洋桔梗株态典雅，色调清新淡雅。盆栽用于点缀居室、阳台或窗台，呈现浓厚的欧式情调，也可作切花。

11.2.7　长春花 *Catharanthus roseus*

长春花又名金盏草、四时春、日日新、雁来红、五瓣莲、山矾花等。夹竹桃科，长春花属，多年生常绿草本植物，常作一年生栽培。全株无毛或仅有微毛；茎直立，近方形，有条纹，灰绿色；多分枝；叶对生，膜质，倒卵状矩圆形；聚伞花序顶生或腋生，有花2～3朵，花冠高脚碟状，5裂。花玫瑰红、黄、白等色。花期7月中下旬至霜降（图11-6）。

【产地与生态习性】原产南亚、非洲东部及美洲热带，我国西南、中南及华东各地区可室外栽培，长江以北多温室盆栽。喜温暖、阳光充足而稍干燥的环境，忌水湿。耐半阴，怕严寒，最适宜温度为20～33℃。对土壤要求不严，在排水良好，通风透气的沙质或富含腐殖质的松软壤土中生长良好。抗性强，很少发生病虫害。

【繁殖】多用播种繁殖，也可用扦插繁殖。

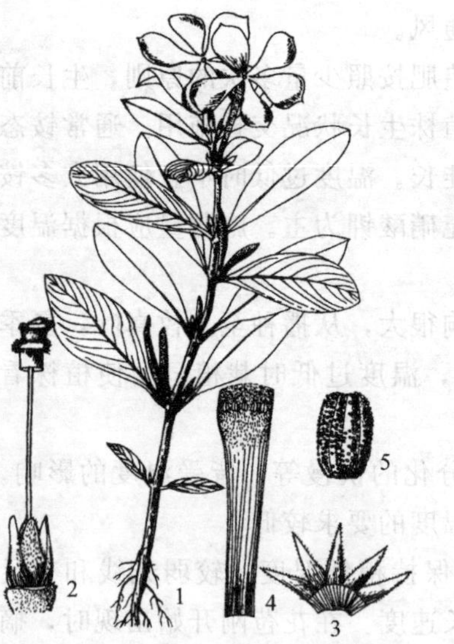

1—花果枝；2—雌蕊和花盘；3—花萼展开；
4—花冠筒展开；5—种子
图 11-6 长春花

一般在气温稳定在10℃左右时即可播种，常于4月上中旬播于露地苗床；苗床要选择地势高爽、朝南向阳、排水良好之地，翻松及平整土地，做成1～2m的畦面，用撒播法播种后，上覆一层细土，用细喷壶浇足水，以后保持苗床湿润。量少时也可盆播，用碎盆片填好下面排水孔，培养土用园土稍加砻糠灰混合，下粗上细，放入盆内八成满，用小木板将盆面土稍压平，即可播种。室内播种四季均可进行，发芽适温为15～18℃。3～4月播种，6～7月即可开花。

在温室内全年都可进行扦插繁殖，一般取越冬盆内的老株的嫩枝做插穗，扦插于冷床内，生根适温为20～25℃。

【栽培管理】

(1) 移植与上盆　当播种苗长至4～5枚真叶时可移植一次，长到6～7枚真叶时即可上盆定植。盆土可用园土、腐叶土及砻糠灰以1∶0.5∶0.2比例混合使用。

(2) 浇水　在生长期注意浇水，但不能积水。定植初期注意天旱浇水、松土除草。炎夏连续大雨，要及时排水，勿使盆中积水。

(3) 施肥　定植初期约10d施1次稀薄追肥，以20%～30%有机肥为宜，以后每月施1次薄肥。

(4) 光照与温度　夏季置荫棚下养护，秋末入温室，冬季室温不可低于5℃。

(5) 修剪与换盆　长春花生长较快，为促其多生分枝，株态丰满，花繁叶茂，生长期间可进行1～3次摘心，以促分枝；2～3年换盆1次。

【常见品种及类型】'杏喜'('Apricot Delight')，株高25cm，花粉红色，花径4cm，红眼；'蓝珍珠'('Blue Pearl')，花蓝色，白眼；'葡萄'('Grape')花玫瑰红色；'椒样薄荷'('Popper mint')，花白色，红眼；'冰粉'('Icy Pink')，花粉红色。

【园林应用】长春花花形整齐，既适于盆栽，室内观赏；又可布置花坛、花境，作庭园美化材料。

11.2.8 香豌豆 *Lathyrus odoratus*

香豌豆别名豌豆花、麝香豌豆、花豌豆，豆科香豌豆属一、二年生蔓性草本。全株或多或少被毛。茎攀缘，多分枝，具翅。羽状复叶，上部小叶变为卷须，仅留下部2小叶，宽椭圆形。总状花序腋生，具1～4朵花，长于叶；花下垂，极香，通常紫色，也有白色、粉红色、紫堇色及蓝色等各种颜色；花期6～9月（图11-7）。

【产地与生态习性】原产意大利西西里岛。生长温度为5～20℃，气温超过20℃，生长势衰退，花梗变短，连续30℃以上即会死亡。喜冬季温暖、夏季凉爽的气候。喜光，不耐炎热。对土壤要求不严，但在排水良好、土层深厚、肥沃、pH值6.5～7.5的土壤中生长良好。忌积水、忌连作。在长江中下游以南地区能露地过冬。

【繁殖】播种繁殖，也可嫩枝扦插。

香豌豆的播种期通常在8～9月，10～11月开始开花，开花期依播种期而定。苗高15～18cm时，留基部3对侧芽予以摘心，此后须做支架将长出的枝条逐步引其上，卷须应及早摘除。开花期间，随时摘去开谢的花朵，可延长开花期，否则植株一经结实，就很快停止生长和开花。

香豌豆亦可以盆栽，定植于盆内，香豌豆不耐移植。

【栽培管理】香豌豆的栽培宜采用地床，床宽 100～120cm，栽植 3～4 行，株距 20～40m. 栽植不宜过密，否则由于光线不足，通风不良，花蕾甚易坠落，床土宜深些。培养土为腐叶土、堆肥土、壤土以 1∶1∶4 比例配制，并适量加入过磷酸钙、骨粉、草木灰及石灰等，香豌豆不喜酸性土。

图 11-7　香豌豆

生长要求光线充足，通风良好。栽培期间温度不应过高，开花前，白天温度应为 9～10℃，最高不要超过 13℃；夜间温度以 5～8℃为宜。温度过高则植株尚未充分成长即出现花蕾，故应随时摘除。开花时温度可稍为提高，夜间温度可维持 10～13℃。

香豌豆根系强健，不需浇水过多，室内空气应保持干燥，注意通风。生长期间给予追肥，以有机肥为主。施磷、钾肥料，可使花色鲜艳，生长健壮。

切花栽培多为高畦地栽培，预先施足基肥，定植株距为 30～40cm。花蕾形成期间可向茎叶喷施 0.2%～0.4%磷酸二氢钾。

采取切花应在花序的第一朵花盛开时剪取。花枝采取后，每 50 支为一束，然后在基部浸水，使之吸饱水分后运输，切花可供观赏 5～6d。

【常见品种及类型】花型依据旗瓣的形态可分为平瓣型、卷瓣型、皱瓣型三种类型。其中皱瓣型品种有很高的观赏价值。香豌豆有半重瓣和重瓣品种。依花期不同可分为三种类型。

(1) 冬花类　花形大轮，为中日性品种，温室栽培供冬季切花。

(2) 夏花类　最强健，抗寒力强，夏天露地开花。

(3) 春花类　开花早，为长日性品种，春天在户外开放，抗寒力稍弱。

原种花色旗瓣为紫色，翼瓣为蓝色；栽培品种的花色极为丰富，有红，粉红、黄，白、紫、褐及肉色等。温室栽培一般为冬花类品种。

【园林应用】　香豌豆花型独特，枝条细长柔软，可作冬春切花材料，也可盆栽供室内陈设欣赏，春夏还可移植户外任其攀援作垂直绿化材料，或为地被植物。

11.2.9　半边莲 *Lobelia chinensis*

半边莲又名急解索、细米草、半边花、水仙花草、镰么仔草等，桔梗科半边莲属多年生草本植物。全株光滑无毛，呈平卧状，茎圆形，叶互生，无柄，披针形。花瓣 5 枚类似莲花瓣，长 8～10mm，因花瓣均偏向一侧而得名，花期 5～8 月（图 11-8）。

【产地与生态习性】分布于华东、华中、两广、云、贵、川及台湾等地。印度以东的亚洲其他各国也有分布。喜潮湿环境，稍耐轻微干旱，耐寒，可自然越冬，野生于田埂、草地、沟边、溪边潮湿处。土壤以排水好、肥沃、疏松的腐叶土或泥炭土为合适。

【繁殖】用播种、扦插、分株等方法繁殖。生产上以分株和扦插繁殖为主。

图 11-8　半边莲

（1）分株繁殖　春季 4～5 月间，新苗长出后，根据株丛大小，每株丛可分 4～6 株不等，按行距 15～25cm，株距 6～10cm 栽种。

（2）扦插繁殖　高温高湿季节扦插为宜，将植株茎枝剪下，扦插于土中，温度在 24～30℃，土壤保持潮湿，大约 10d 便可成活，来年春季移栽于大田。

【栽培管理】幼苗期注意松土除草。栽种后施 1 次农家肥；夏季收获后追施 1 次畜粪或硫酸铵、尿素等；冬季施腐熟肥或堆肥。遇干旱季要灌水，经济保持土壤湿润，以利生长。

【同属其他种】

（1）山梗莱（*L. etinus*）　又称六倍利。原产南非。多年生草本，常作一、二年生栽培，有乳汁，高 16～30cm，茎多分枝，开展呈半匍匐性。叶倒卵形、倒披针形或剑形，边缘具不整齐疏齿，花单生叶腋，花色淡青或堇蓝色，喉部白色或带黄色。

（2）墨西哥半边莲（*L. fulgens*）　原产墨西哥。多年生草本，高 60～90cm，常被短柔毛，并具褐色或青铜色晕，叶披针形，暗红色，花鲜红或暗红色。

【园林应用】可用作道路边缘、溪边种植观赏或作林下地被应用，也可盆栽观赏。

11.2.10　猴面花 *Mimulus luteus*

玄参科沟酸浆属，多年生草本植物，常作 1～2 年生栽培。高 30～40cm。茎粗壮，中空，伏地处节上生根。叶交互对生，卵圆形。顶生总状花序，花对生在叶腋内，漏斗状，黄色，花两唇，上两下三裂，花期 4～5 月，通常有紫红色斑块或斑点。种子细小。栽培变种的花冠底色为不同深浅的黄色，上具各种大小形状不同的红、紫、褐斑点（图 11-9）。

【产地与生态习性】猴面花原产南美洲的智利，北美洲西部可见野生猴面花。喜较干燥的环境，阴雨天过长，易受病菌侵染。喜冷凉气候，怕酷热，度夏困难；不耐霜寒，温度降到 10℃以下时会进入休眠。最适温度为 15～28℃。最适空气相对湿度为 40%～65%。

【繁殖】可用播种、扦插或分株法繁殖。

温室栽培通常秋播，适温 13～18℃，因种子细小，宜用平盘或穴盘育苗，不需覆土。2～3 枚真叶移植 1 次，苗高 10cm 左右时定植于花盆或以株距 25cm 植于花坛。勤浇水和施肥，保持土壤潮湿和肥力充足。宜摘心促分枝，分枝多可陆续不断开花，花期达 3～4 个月。越冬适温 10℃，能耐 2℃低温，北方冬季可阳畦过冬；如果在温室过冬可提早开花。

嫩枝扦插应保持 13～15℃温度。

分株繁殖在 2～3 月土壤解冻后进行。把母株从花盆内取出，抖掉多余的盆土，尽可能分开盘结的根系，

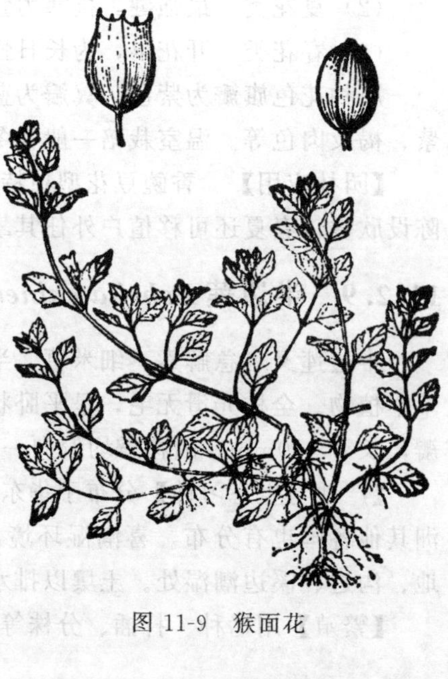

图 11-9　猴面花

用利刃剖开成两株或两株以上，分开的株都要带有相当的根系，并对叶片适当修剪，以利于成活。

【栽培管理】在晚秋、冬、早春三季，由于温度较低，要给予直射光。若遇到高温天气或在夏季，需要遮掉大约50%的阳光。

遵循“淡肥勤施、量少次多、营养齐全”的施肥（水）原则。苗高10cm时可定植，定植后摘心，以泥炭土、腐质土、珍珠岩为基质，施入腐熟有机质底肥，生长期每半月施肥1次，开花后增施磷、钾肥，置于阳光充足的露地栽培。越冬适温10℃。

常见病害叶斑病、白粉病，可用65%代森锌可湿性粉剂500倍喷洒。虫害有芽虫危害，可用40%氧化乐果1500倍喷杀。

【常见品种及类型】

（1）智利沟酸浆（*M. cupreus*） 植株丛生，较圆整。花初开时黄色，后转为鲜铜黄色。变种有鲜红、深紫红、火红等色，并具褐斑。半耐寒性多年生草本，常作一、二年生栽培，枝条开展而匍匐，密布黏毛。叶长圆状卵形，有短柄。花淡黄色，有褐色斑点，花期6～10月。

（2）多色沟酸浆（*M. variegatus*） 植株较矮，花较大。通常喉部白色，下唇中部裂片有两条黄色条纹，上有褐点，裂片红紫色，背部青莲色。园艺变种有橙红、火红等色，并有各种形状斑点。

（3）红花沟酸浆（*M. cardinalis*） 株高30～90cm。叶卵形，有尖齿，基部抱茎。花红色或红，黄两色，花形大，上唇外翻。

【园林应用】猴面花花大色艳有斑纹，花期春夏或夏秋，花色繁多，有红、橙、黄、紫等色。花繁茂，植株紧密，耐湿性强，适于花坛栽种或用盆花作景观布置，观赏效果好。

复习题

1. 简述温室一、二年生花卉的栽培管理要点。

2. 布置“五一”和“十一”花坛常用花材有哪些种类？请做出“五一”花坛的育苗计划（应包括一、二年生露地花卉和温室花卉）。

3. 以报春为例，试做出用于春节市场供花的一、二年生花卉的栽培计划。

第12章 温室宿根与球根花卉

［教学目标］通过学习，掌握宿根霞草、非洲菊、花烛属、大花君子兰、鹤望兰、秋海棠属、新几内亚凤仙、长寿花、非洲紫罗兰、金鱼花、喜荫花、六出花和金粟兰等常见温室宿根花卉以及仙客来、大岩桐、球根秋海棠、马蹄莲、虎眼万年青、朱顶红属、文殊兰属、小苍兰属和蜘蛛兰属等常见温室球根花卉的生态习性、栽培管理要点、繁殖技术、观赏特性及园林应用。

12.1 温室宿根与球根花卉概述

温室花卉是指冬季不能露地栽培而必须在温室内越冬的花卉。此类花卉主要属于原产热带和亚热带的植物，耐寒性较差，其中有些种类大部分时间需要在温室栽培，也有些需在严冬季节移入温室越冬。主要分为温室宿根花卉和温室球根花卉，其中温室宿根花卉是指植株越冬温度在5℃或10℃以上，在我国长江流域以北地区需温室栽培的宿根花卉，这类花卉在华南地区可露地栽培；温室球根花卉是指在当地不能露地越冬，需在温室中栽培或整个生长过程需在温室中进行的球根花卉。

我国地域辽阔，气候差异很大，在温室栽培条件下，各种花卉都可以在温度、湿度、光照、通风等方面满足要求。现代温室还广泛地使用自动控制以调节各种环境条件，大规模地应用于众多的促成栽培以及专一性的切花生产，其栽培方法也各有不同。

12.2 常见温室宿根花卉

12.2.1 宿根霞草 *Gypsophila paniculata*

宿根霞草又名锥花丝石竹、满天星，石竹科丝石竹属多年生草本植物。茎纤细，多分枝而开展，节处膨大。单叶对生，狭披针形至线状披针形，全缘。小花繁多，组成疏散的圆锥花序，花白色，花瓣5枚，长椭圆形；萼短钟状，5裂。花期5～6月。

【产地与生态习性】产于欧洲地中海沿岸及亚洲北部。性喜凉爽干燥，耐寒性较强，也相当耐热，但高温多湿易受害。耐瘠薄和干旱，要求疏松透气、中性或微碱性（pH值7.0～7.2）的土壤。肉质直根，不耐移植，不宜露地栽培（怕雨淋），要求严格遮雨栽培。

生长适温10～25℃，耐热性差。高海拔冷凉地区较适宜露地栽培；平地夏季高温，需在温室中栽培，遮阴30%～50%，才能顺利越夏。避免长期潮湿，忌积水。如条件适宜，全年均能开花。

宿根霞草属长日照植物，花芽分化需要13h以上的日照。不同类型的宿根霞草临界日长有差异，一般大花型品种比小花型品种对日照时间敏感。在自然生长情况下，一般秋季定植，翌年5～6月开花。

【繁殖】可用播种、扦插或分株繁殖，也可采用组织培养技术。

播种宜在秋至早春进行，播种后稍覆细土，保持湿度，温度控制在15～20℃，5～7d发芽，苗高7～10cm时定植。

3～4月和9～11月为扦插适期，15d左右生根，生根率在90%以上。夏季高温，不宜扦插，若需扦插应有自动喷雾及降温设施。冬季扦插可采用电热床，控温在10～15℃，1个月左右生根。

组织培养以嫩茎为外植体，光强3500lx，温度20～22℃，分化培养基采用MS+BA 0.5mg/L+NAA 0.1mg/L；生根培养基用1/2 MS+NAA 0.1mg/L，15～20d生根；当根长至1cm时及时出瓶。

【栽培管理】定植后及生长前期浇水要充分，株高20cm以上时，浇水量酌减，花前控水能促进开花。排水不良或长期淋雨，易致根部腐烂。

苗长至8～10节时，摘心促生侧枝，最终保留健壮一致的侧枝4～5对。植株长高后应设立支柱或网，避免倒伏。

定植后1个月开始追肥，前期以腐熟的饼肥和尿素为主，中后期以磷钾肥为主。开花前半个月停止施肥。追肥用营养液效果更好。

宿根霞草夏季需遮光，冬季应保温。日温15～22℃，夜温不低于10℃。每天16h以上光照可防止发生莲座状叶丛。

【常见品种及类型】主要园艺变种有大花宿根霞草（*G. paniculata* var. *grandiflora*）、矮宿根霞草（*G. paniculata* var. *compacata*）和重瓣宿根霞草（*G. paniculata* var. *flore-pleno*）。重瓣宿根霞草在切花生产应用中占主体地位，其主要品种有以下几种。

（1）'仙女'（'Bristol Fairy'） 小花型品种。花白色，对温度适应性强，夏季高温条件下能生长发育，冬季低温条件下亦能开花，不易产生莲座丛生，栽培较容易。促成条件下可以周年开花，是目前切花市场的主要品种。

（2）'完美'（'Perfecta'） 大花型品种。色洁白，节间短，粗壮，特别适合于制作胸花和花束。自然花期比'仙女'晚7d，栽培要求较高，易产生莲座丛生，低温时不能开花。随着设施的改进，该品种栽培面积不断扩大，有后来居上之势。

（3）'钻石'（'Diamond'） 中花品种。花白色，植株较矮，多分枝，株形丰满，自然花期比'仙女'晚20多天。低温下开花延迟。

（4）'火烈鸟'（'Flamingo'） 花淡粉色，易褪色，花小，茎细长，分枝少，春季开花，自然花期比'仙女'迟数天。开花习性与'仙女'相似。

（5）'红海洋'（'Red Sea'） 花深桃红色，花大，茎坚挺，花色艳，不褪色。适合高寒地区春季栽培，秋季上市；在温暖地区，从秋至春都可开花。

【园林应用】宿根霞草枝干纤细，线条优美，分枝开张有立体感，点点小花，像繁星闪烁，晶莹亮丽，故又名满天星。常用于插花，宛若上覆薄纱，如云如雾，尤其陪衬深色的花朵，更显娇艳，是世界流行的鲜切花花材，也是很好的干花材料。

12.2.2 非洲菊 *Gerbera jamesonii*

非洲菊又名扶郎花，菊科大丁草属多年生常绿草本。全株被细毛。叶基生，具长柄，叶矩圆状匙形，基部渐狭，羽状浅裂或深裂，顶裂片大，叶背被白色绒毛。头状花序单生，花序梗长，高出叶丛；舌状花1～2轮或多轮，倒披针形或带形，端部3齿裂，有白、黄、橙红、淡红、玫瑰红和红等色；筒状花较小，与舌状花同色或异色，端部2唇状；花径8～15cm。周年开花，但以5～6月和9～10月为盛花期。

【产地与生态习性】原产非洲南部的德兰士瓦。性喜温暖、光照充足和通风良好的环境。生长适温20～25℃，冬季温度12～15℃，低于10℃时停止生长。喜富含腐殖质、疏松肥沃、排水良好的微酸性（pH值6.0～6.5）沙壤土，忌黏重土壤。

【繁殖】可用播种、分株和组织培养法繁殖。

原种与某些栽培品种可用播种繁殖。非洲菊种子寿命很短，通常在种子成熟后即播。种子发芽率较低，仅30%～40%。种子好光，播种后可不覆土或略覆一层薄薄的粗蛭石。发芽适温20～25℃，4～6d发芽，子叶展开后可分苗，2～3枚真叶时上盆或定植露地，定植后，2～3个月可开花。

扦插最好在3～4月进行，如加强管理，可在下半年开花。夏季扦插则要到第二年春天才能开花。

组织培养以叶片为外植体，可大量生产试管苗。

【栽培管理】非洲菊的栽培包括切花栽培和盆花栽培。

切花栽培主要采用地栽方式。非洲菊喜疏松、富含有机质的微酸性沙质壤土。可在土壤中加入泥炭、树皮等加以改良，保证其透水、透气。非洲菊有收缩根，栽植宜浅，过深则生长缓慢，甚至死亡。

(1) 浇水　非洲菊小苗期宜保持适当湿润与蹲苗，生长旺盛期应供水充足，花期灌溉要注意勿使叶丛中心沾水，否则易引起花芽腐烂。

(2) 施肥　非洲菊为喜肥宿根花卉，特别是切花品种花头大，重瓣性高，需肥量大。追肥时应注意花前以钾肥为主，花后以氮肥为主。生长温度最适宜的季节，每5～6d追肥1次，生长略缓的季节每10d一次。4～5月与9～10月两次开花高峰前追肥量应酌情增加。若高温或偏低温引起植株半休眠状态，则应停止追肥。

(3) 温度和光　生长初期，适宜的气温为白天24℃，夜间21℃，土温18℃左右。3周后，白天温度18～25℃。秋冬季气温至少保持在15℃，夜间不低于12℃。非洲菊对温差反应敏感，夜温应比昼温低2～3℃；温差过大，会造成畸形花序。

非洲菊对光照长度不敏感，但生长需要有充足的光照以保证形成健康的花蕾。因此，冬季应有强光照，夏季则应适当遮阴。从10月至翌年3月白天延长光照时间4～5h，不仅能加快非洲菊的生长速度，而且也能使植株生长整齐。夏季需要适当遮阴，以免温度过高，生长不良。

(4) 剥叶与疏蕾　叶片的生长和数量直接影响非洲菊的出花率和品质。除幼苗期外，要经常不断地剥叶，剥叶可以抑制过旺的营养生长，减少老叶对养分的消耗，促使植株由营养生长转向生殖生长，可加强植株的通风透光，减少病虫害的发生。剥叶要根据该株丛的叶数来决定，每株保留12～14枚功能叶，多余的叶片要逐个剥去。

适当疏蕾可提高切花品质，使花朵更具商品价值。初花期，功能叶少于5枚或很少时，应将花蕾摘除，不让其开花。当同一植株上同时具有3个以上发育程度相当的花蕾时，应将多余的花蕾摘除。

切花栽培应特别注意选择适宜的品种。如冬季进行温室切花栽培，需选择在冬季较低的温度和光照下仍可正常开花的品种。如'Yellow Clementine'（花黄色）或'Apple Blossom'（花粉色）等。一般品种适宜温度较高和光照充足的环境，宜在春天至秋天栽培。

切花适宜在植株挺拔、生长旺盛，花茎直立、花朵开展，最外轮花的花粉开始散出时切取。切忌在植株萎蔫或夜间花朵半闭合状态时剪取花枝。

非洲菊盆栽可在幼苗有4～5枚叶时上盆，栽植时，以根颈部露出地表少许为宜。盆土可用腐殖质土或泥炭、壤土、粗沙按3∶2∶1混合，加0.5份腐熟粉碎的有机肥与0.01%的骨粉；盆底排水口要保持通畅。上盆定植后，冬季的土壤温度最好保持在18～20℃，2～3周后，温度可降低至15℃。

【常见品种及类型】非洲菊同属植物约45种。四季有花，花色有大红、橙红、淡红、黄色等，以春秋两季最盛。

品种可分为矮生盆栽型和现代切花型。盆栽类型主要是F1代杂交种，具花期一致、色彩变化丰富、生育期短、习性整齐、多花性强等特点。切花类品种花梗笔直、花径大的可达15cm，花期长、终年可开花、观赏时间持久，瓶插寿命长达7～10d。切花型又可分为单瓣型、半重瓣型、重瓣型；根据颜色可分为鲜红色系、粉色系、纯黄色系、橙黄色系、纯白色系等。

【园林应用】非洲菊花大色艳，风韵秀美，装饰性强，水养期长，花期长，单花期10～15d，瓶插可观赏2～3周，耐长途运输，为国际流行的重要切花，与月季、唐菖蒲、香石竹列为世界最畅销的“四大切花”。盆栽用于装饰厅堂、花池，布置窗台、案头。

在温暖地区，可作露地宿根花卉应用，丛植于庭院，配置于花坛，或装饰于草坪边缘，观赏效果极佳。

12.2.3 花烛属 *Anthurium*

花烛属又名安祖花属、火鹤花属，天南星科常绿多年生植物。或低矮丛生，或蔓生具气生根。有茎或无茎，直立。叶革质，全缘或分裂。佛焰苞卵圆形、椭圆形或披针形，革质，具金属光泽，开展或弯曲，有深红、玫瑰红、粉色、白色、黄色。肉穗花序黄或白色，直伸或卷曲（图12-1）。

图12-1 花烛

【产地与生态习性】本属约580种，原产南美洲哥伦比亚西南部热带雨林中。喜较高且较恒定的温度，不耐寒。夏季生长适温20～25℃，多数种类生长的最低温度为15℃，10℃左右停止生长。花烛和水晶花烛的冬季最低温度为13℃，否则叶缘黄化，理想温度为16℃；红鹤芋冬季最低温度为10℃，理想温度为13℃。喜高湿环境，又不喜浇水过多，多行叶面喷水。不耐干燥，适宜的空气相对湿度80%以上。不耐强光，全年宜在适当遮阴的弱光下栽培，光线过强会使叶片受伤。冬季可增加些光照，以利于根系发育，促使生长健壮。要求排水通气良好的栽培基质。不耐盐碱。自然授粉不良，要采种和育种，需进行人工授粉。

【繁殖】一般用分株、分茎、扦插、播种和组织培养法繁殖。

播种法多用于育种，授粉后8～9个月果实成熟，采后即播，多用碎苔藓作播种基质。25℃温度条件下20d左右发芽，播后3～4年开花。每两年换盆1次，

分株繁殖要选择健壮的母株，在根颈处切割，用湿润的苔藓包裹，促使发生新根，长出新的植株，然后切离母体另行栽植。

具直立茎的种类可用插条繁殖。将直立的茎分段剪切，每段约2～3节，切口消毒后插于湿润苔藓中，经1～2个月便能发根成苗，待苗高10cm再移植于培养土中。

大规模工厂化生产，多采用组织培养法育苗。取芽或幼嫩的茎叶作外植体，经愈伤组织诱导分化出芽。试管苗可在试管内生根，也可不经生根直接移栽。小苗出瓶后，严格在弱

光、湿润、温暖的环境中培养。可先于容器内培养2个月，待植株生长健壮后，再移至大田或大棚内的苗床上定植。组培苗经分植后，3年即可开花。

【栽培管理】花烛属是喜肥植物，栽植时需放腐熟的人畜粪肥或饼肥作基肥，早期勤施稀薄氮肥；花茎开始形成时，增施含磷钾及微量元素的复合肥。盆栽观赏时，盆土必须排水通气良好，有较好的保水保肥能力。栽植时，盆底应多垫碎瓦片、粗石砾等排水物。栽后每天喷水2～3次，并向周围地面洒水，以提高空气湿度，促使生出新根，注意盆内不可浇水过多，以免引起根部腐烂。5月移出温室，在荫棚下栽培，设法保持环境湿度；若在能够控制环境条件的现代化温室栽培，可不移出。10月移入温室弱光处，控制浇水，多行叶面喷水。经常追肥，以使叶片色泽鲜艳，生长发育旺盛，但应注意，本种不耐盐碱，追肥以低浓度的有机肥料为宜。为使根部湿润，常于根部四周填加苔藓保水。切花栽培多行温室地栽，栽培床要高出地面，以减少地温的影响。

花烛栽培成败的关键有三条：一是要经常保持较高的空气湿度；二是维持较高的温度；三是保证排水通气良好。为保证排水通畅，应多置碎瓦片、粗石砾等排水物。

【同属常见其他种】本属植物有600种以上。主要分为两大类：一类为切花品系；另一类为盆花品系。目前栽培的多为杂种。

(1) 花烛（*A. andraeanum*） 又名安祖花、红掌。原产哥伦比亚。多年生附生性常绿草本。叶长椭圆状心脏形，长30～40cm，宽10～12cm，叶柄长于叶片。花梗从叶腋处抽生，长约50cm，超出叶片之上。佛焰苞阔心脏形，革质，长10～20cm，宽8～10cm，表面不平，呈橙红至鲜朱红色，有漆一样的光泽。肉穗花序长约6cm，圆柱形，直立，先端黄色。花期持久，全年均能开花。

20世纪60年代盛行于欧美各国，70年代末传入中国。近年来，各国纷纷进行杂交育种，育出许多花形优美、花色艳丽的园艺品种。美国夏威夷为世界花烛的主要栽培中心。目前观赏栽培的多为其园艺品种，常见的有以下几种。

①‘白苞’花烛（‘Album’）：具白色佛焰苞，基部紫色。

②‘大苞’花烛（‘Giganteum’）：佛焰苞较大，长达20cm，橙红至红色。

③‘红苞’花烛（‘Rubrum’）：佛焰苞深红色，花序白色，先端黄色。

④‘密叶’花烛（‘Compctum’）：花叶均较小而密，矮生强健。

⑤‘可爱’花烛（‘Amoenum’）：佛焰苞深桃红色，肉穗花序白色，端部黄色。

⑥‘克氏’花烛（‘Closoniae’）：佛焰苞心形，端白色，中央带淡红色，有沟。

⑦‘红绿’花烛（‘Obake’）：苞大型，上部鲜红色，从中央到先端绿色。

⑧‘粉绿’花烛（‘Rhodochlorum’）：高达1m，苞粉红色，中心绿色。

(2) 红鹤芋（*A. scherzeranum*） 又名猪尾花烛，红掌。原产哥斯达黎加、危地马拉。多年生附生性常绿草本植物。叶丛生，具短柄，革质，长圆状披针形，端渐尖，长15～30cm、宽约6cm，深绿色。花梗长25～30cm，佛焰苞宽卵形，有短尖，长5～20cm，宽4～10cm，鲜红色。肉穗花序橙红色，长约10cm，螺旋状卷曲。周年开花，主要花期2～7月。主要用于盆栽观赏，也可做切花，水养期长。

主要园艺品种有以下几种。

①‘矮花烛’（‘Pygmaeum’）：苞肉红色，肉穗花序橙色，叶长仅10cm。

②‘黄苞’花烛（‘Flavescens’）：苞黄色。

③‘白斑’花烛（‘Albistriatum’）：苞紫色，具白斑。

④‘玫红’花烛（‘Roseum’）：苞玫瑰红色。

⑤‘大白’花烛（‘Maximum Album’）：苞大型，白色，肉穗花序殷红色。

⑥‘红点’花烛（‘Minutepunctatum’）：苞大型，白色，满布玫瑰红色小斑点。

（3）水晶花烛（*A. crystallinum*） 多年生附生常绿草本植物。原产于秘鲁、哥伦比亚的新格林纳达。茎叶密生，叶卵状心形，幼叶紫色，后变为有丝绒光泽的碧绿色；叶脉粗，银白色；叶背淡红色。花超出叶片之上。佛焰苞细窄，带褐色，肉穗花序圆柱形，带绿色。它是优良的观叶植物，宜室内盆栽观赏。

（4）胡克氏花烛（*A. hookeri*） 叶长椭圆形，长 80cm，宽 25cm，几无叶柄，鲜绿色，有光泽；佛焰苞有淡绿色晕，肉穗花序紫色。

（5）华美花烛（*A. magnificum*） 叶心形，革质，橄榄色，有丝绒般光泽，叶脉细，银白色。

（6）蔓性花烛（*A. polyschistrum*） 叶似枫叶，边缘波状，暗绿色，基部红色。茎伸长较长，节间长 5～10cm，每节着生 1 枚叶片，并于节上抽生许多细气根。

（7）长叶花烛（*A. longifolium*） 叶长椭圆形，基部心形，长 60～100cm，深绿色，有光泽，叶脉象牙白色。佛焰苞条状披针形，长 10cm，绿色或黄色。

（8）大叶花烛（*A. veitchii*） 形态与长叶花烛相似，叶长 45～90cm，区别在于叶面凹凸不平，佛焰苞绿色或象白色。此种被誉为“花烛皇”。

【园林应用】花烛属植物花、叶俱美，可盆栽作室内装饰，四季常青，繁花不断，观赏价值极高。也可作切花，水养期长，可达半月以上，是目前国际花卉市场上流行的高档切花。

12.2.4 大花君子兰 *Clivia miniata*

大花君子兰又名剑叶石蒜、达木兰，石蒜科君子兰属。根肉质，粗长，不分枝，圆柱形。茎粗短，高 4～10cm，被叶鞘包裹，形成假鳞茎。叶二列状，交叠互生，扁平宽大，呈带状，表面深绿色，有光泽。伞形花序，顶生，花葶粗壮，着花 7～50 朵；花被片 6 枚，2 轮，基部合生成短筒，呈漏斗形；花有橙黄、橙红、鲜红、深红、橘红等色；盛花期 2～3 月，1 个花序可开放达 30 多天，有的植株在 8～9 月可再次开花。浆果球形，绿色，成熟时红色，1 个果实具种子 1～40 粒，种子白色，形状不规则。

【产地与生态习性】大花君子兰原产非洲南部的山地森林中。常年温度在 15～25℃，形成畏寒惧热的习性，要求温暖湿润和半阴环境。10℃以下生长缓慢；5℃以下处于相对休眠状态；0℃以下受冻害；30℃以上徒长，叶片过长，花葶过高，观赏价值降低。栽培过程中要保持环境湿润，空气相对湿度 70%～80%，土壤含水量 20%～30%。大花君子兰在华东以北地区温室栽培，至华南和西南地区则可露地栽培。大花君子兰每年可开花 1～2 次，第一次在春节前后，第二次在 8～9 月，只有部分植株能开两次花。

【繁殖】可用播种和营养繁殖。

（1）播种繁殖 从播种到开花需 3～4 年。人工授粉才结实。授粉后 8～9 个月果实变红可采收。种子采收后在通风透光处放置 10～15d 完成后熟，40℃温水催芽 24h，室温 20～25℃，10～15d 可发芽。叶长至 4～5cm 时可分苗上盆。

（2）营养繁殖 君子兰的营养繁殖主要采用分株法。分株时，先将君子兰母株从盆中取出，去掉宿土，找出可以分株的腑芽，用锋利的小刀进行分割，割后立即用干木炭粉涂抹伤口防止腐烂。种植时，种植深度以埋住子株的基部假鳞茎为度。种好后随即浇一次透水，待到 2 周后伤口愈合时，再加盖一层培养土。一般须经 1～2 个月生出新根，1～2 年开花。

【栽培管理】要求疏松肥沃、排水良好、富含腐殖质的微酸性沙壤土。浇水应掌握“见干见湿，浇则必透”的原则。切勿积水，以防烂根，尤其是冬季室温低时更应注意。根据发育阶段和肥料性质进行合理施肥，要做到“薄肥勤施”。一般 3～5 月份和 8～10 月份每月追肥一次，6～8 月份和 10 月份后停止追肥。

不宜强光照射，夏季需置荫棚下栽培；秋、冬、春季需充分光照。君子兰室内莳养，由于受侧向光影响，叶片往往发生不规则现象，为使植株整齐美观，层次明晰，需进行人工整形。

① 机械整形　将两条竹篾弯成半圆形，顺君子兰扇形叶片的两端插入土中，形成半圆形夹圈，夹住叶片，逐步使叶片的方向与位置趋于需要的状态。

② 日光整形　君子兰养护过程中，要根据实际情况转动花盆的位置，使叶片受光的刺激向所需的方向移动，起到调整作用。

【常见品种及类型】大花君子兰的主要变种有黄花君子兰（*C. miniata* var. *aurea*），花黄色，基部色稍深；斑叶君子兰（*C. miniata* var. *stricta*），叶上有斑。

大花君子兰在我国东北地区栽培极为普遍，长春市是其栽培和育种中心，培育出了许多性状优异的品种。叶色有绿和浅绿之分；叶态有直立、斜展和弓垂之别；长度有短叶型（30cm 以下）、中叶型（30～50cm）和长叶型（50cm 以上）的差异。

【同属常见其他种】　君子兰属植物共 3 种，主产南非，中国引入栽培 2 种。

（1）垂笑君子兰（*C. nobilis*）　原产南非好望角。本种叶片较大花君子兰稍窄，叶缘有坚硬小齿；花茎高 30～45cm，着花 40～60 朵，花被片也较窄，花漏斗状，橘红色，开放时下垂，故名垂笑君子兰。花期夏季。

（2）细叶君子兰（*C. gardenii*）　与垂笑君子兰相似，叶窄曼拱状下垂，深绿色；花 10～14 朵，伞形花序，橘红色或黄色。花期冬季。少见栽培。

【园林应用】大花君子兰叶片青翠挺拔、高雅端庄，花亭亭玉立、仪态文雅、色彩绚丽。极适应室内散射光环境，是布置会场、厅堂，美化家庭环境的名贵花卉。

12.2.5　鹤望兰 *Strelitzia reginae*

鹤望兰又名极乐鸟之花，旅人蕉科鹤望兰属多年生常绿草本植物。株高 1～2m，根肉质、粗壮，茎不明显。叶基生，对生二列状，革质，长圆状披针形，长约 40cm，宽约 15cm；叶柄有沟，比叶片长约 2 倍。花多腋生，花梗与叶近等长；总苞舟状，横伸，长约 15cm，深绿色，基部与上缘红色，内着花 6～8 朵，顺次开放；花被片 6 枚，外花被 3 枚，橙黄色；内花被 3 枚，舌状，天蓝色。花期从 9 月至翌年 6 月（图 12-2）。

【产地与生态习性】原产南非。喜温暖湿润、光照充足的环境。生长适温 25℃左右，也较耐寒，华南地区可露地栽培。耐旱力强，不耐水湿。要求疏松肥沃、排水良好、土层深厚的稍黏质土壤。

【繁殖】用分株或播种法繁殖。

分株宜 4～5 月进行。用刀切分，每子株应有 2～3 个带根叶丛，切口要涂以草木灰或灭菌剂以防腐烂，表面晾干后栽植。肉质根很脆，容易受伤，要精细操作，以免栽后生长势弱或感染病害。分株后先假植于花盆，待根群旺盛后再定植。假植期间必须加以遮阴，以日照

50%～70%为佳，忌强光直射。

播种繁殖在种子成熟后应立即进行，种子发芽率极低，发芽适温 25～30℃，经 20d 左右发芽。播种成苗后先假植于花盆或塑胶袋，加以培养，2～3 年后再定植。播后 3～5 年具有 9～10 枚叶片才能开花。

1—植株基部；2—叶片；3—花及佛焰苞

图 12-2　鹤望兰

【栽培管理】华南地区可露地栽培。华东地区，冬季室温以 10℃左右为宜，可在塑料大棚保护下越冬。我国北方地区，于中温温室栽培，可地栽或盆栽。地栽多用于切花生产，因为鹤望兰肉质根粗而长，要求土层深厚，应深翻 60～70cm，施足基肥。栽时注意事项同分株繁殖，株行距 80cm×80cm。盆栽选用高筒大盆，盆径宜在 66cm 以上，以满足根系生长的需要。为使排水良好，盆底应多垫些排水物。夏天置荫棚下栽培，保证水分、光照充足，否则开花不良，甚至不开花。为保持环境湿润，可向叶面和地面喷水；雨后及时排水，倒出盆中积水，不使伤根。每半月追施稀薄液肥 1 次，苗期多施氮、磷肥，花芽分化和花期则增施磷、钾肥。花谢后，未经人工授粉的残花应及时剪去，以免消耗养分。每年冬季或早春加以培土、整枝、施肥，有利于植株生长。成株栽植数年后，若丛生拥挤，应分植，才能促使新枝萌发。盆栽每2～3 年换盆、分株 1 次。切花栽培，当总苞内第 2 朵花初放时从基部剪下，注意勿伤及叶柄。

鹤望兰是鸟媒植物，在原产地由蜂鸟传粉。在栽培中，必须于花期进行人工授粉才能结实。授粉后约 3 个月种子成熟。

【同属常见其他种】同属植物还有 4 种，皆可供观赏。

(1) 白花鹤望兰（*S. alba*）　花白色。

(2) 尼古拉鹤望兰（*S. nicolai*）　茎高约 5m，叶大柄长，基部心脏形。总苞红褐色，外花被片白色，内花被片蓝色。花期 5 月。

(3) 大鹤望兰（*S. angusta*）　是本属中植株体量最大者，高可达 10m，叶着生茎顶，形似芭蕉叶，叶长 60～120cm，柄长 100～200cm。总苞深紫色，长 30～40cm，外花被片白色，内花被片紫色。

(4) 小叶鹤望兰（*S. parvifolia*）　叶棒状，花大型，外花被片深橙红色，内花被片紫色。

【园林应用】鹤望兰叶姿挺秀，花形奇特，宛若仙鹤翘首远眺，花色艳丽夺目，成株一次能开花数十朵。而且四季常青，花期很长，观赏价值极高，是珍贵的大型观花、观叶植物。宜布置于厅堂、门侧、会议室等光线较充足处。鹤望兰又是名贵切花，水养期可达15～20d。在我国华南地区，是布置庭院，配植花坛、花境理想的植物材料。

12.2.6　秋海棠属 *Begonia*

秋海棠科多年生肉质草本。根状茎，单叶，稀掌状复叶，互生或基生；叶片常偏斜，边缘常有不规则疏而浅锯齿，叶柄较长，柔弱；花单性，多雌雄同株，极稀异株，聚伞花序，

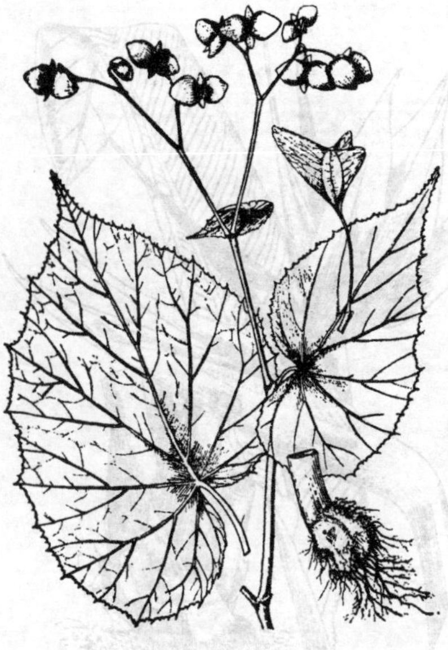

图 12-3　秋海棠

花被片花冠状；花药顶生或侧生，蒴果有时浆果状，种子小，长圆形，浅褐色（图 12-3）。

【产地与生态习性】秋海棠属植物大多原产热带、亚热带地区，多数野生于林下肥沃疏松的腐叶土、荫湿的岩石、沟谷和茂密的苔藓层中，少数种类附生于树丛上。

依其耐寒性可分为高温性，中温性和低温性三大类。高温性种类如球根类的帝王秋海棠、根茎类的桐叶秋海棠等，越冬温度在 15℃以上；中温性秋海棠较多，大多数根茎类秋海棠均属此类，越冬温度不低于 10℃；低温性秋海棠多属球根类，如秋海棠、中华秋海棠，可在长江流域露地越冬。一般来讲，根茎类的适宜生长温度为 20～22℃，最低越冬温度 10℃；须根类的适宜生长温度为 18～21℃，最低越冬温度 12℃。秋海棠类一般喜湿，要求较高的空气湿度。对土壤 pH 的要求，根茎类一般为 pH 值 6.5～7.5，须根类一般为 pH 值 5.5～6.5。秋海棠对光照敏感，多数观叶种类宜在弱光和散射光下生长，根茎类以 200～300 lx，须根类以 410 lx 为佳。

【繁殖】可用播种、扦插、分株繁殖，一般多用扦插繁殖。扦插可用茎插、叶插和根插。茎插用于须根类，春季 20℃以下，20～30d 生根。叶插和根插多用于根茎类。叶插在整个生长季内均可进行，以气温在 20～25℃为宜，一般在 4～5 月间选取成熟健壮叶片，用小刀横切叶片主叶脉分枝处下端，1 枚大叶常可切 10 刀左右，然后平放于沙床上贴紧，保持湿润，1 个月后叶脉切断处便可生根发芽。根插是将根茎剪成 3～5cm，斜插或平插于沙床上，使之产生不定根和不定芽。

【栽培管理】观叶类秋海棠种类繁多，栽培管理也各有不同。须根类秋海棠往往体量较大，根系发达，生长旺盛，需较大的花盆，盆栽用土微酸性且富含腐殖质。须根类和根茎类都喜湿润，空气湿度保持在 80%时生长佳，高温季节，早晚要喷雾数次。但不能将水直接喷于叶面。休眠季节只要保持盆土湿润即可。生长季节每 2 周施 1 次无钙薄肥，注意勿使肥水沾染叶片以免叶片腐烂。家庭种植可采用景箱式。

【常见品种及类型】该属植物种类繁多，共约 500 种。除澳大利亚外，全世界从热带到亚热带广泛分布。栽培种类依据地下部分及茎的形态，大体分为球根类、根茎类和须根类。观叶秋海棠集中于后两类。

(1) 球根类　地下部分具块茎或球茎。夏秋花谢后，地上部分枯萎，球根休眠。如球根秋海棠（见温室球根花卉），主要观赏美丽的花朵。

(2) 根茎类　根状茎匍匐地面，节密多肉，叶基生。6～10 月为生长季，要求高温多湿。开花后休眠。本类主要是观叶秋海棠。

(3) 须根类　多为常绿亚灌木或灌木，植株较高大且分枝较多。通常分为四季秋海棠（见温室一、二年生花卉）、竹节秋海棠和毛叶秋海棠三组。

【同属常见其他种】

(1) 蟆叶秋海棠（*B. rex*）　原产印度阿萨姆地区。根茎类，叶大，偏耳形，表面暗绿色带皱纹，中间具银白色斑纹和银白边，叶背紫红色。花小，淡红色簇生。园艺品种较多，有大叶、小叶、涡叶和裂叶等品种。

(2) 铁十字秋海棠 (*B. masoniana*) 原产马来西亚至我国南方。根茎类。叶宽卵形，皱缩不平，黄绿色具淡红褐色的十字型斑纹。花小，绿白色。

(3) 枫叶秋海棠 (*B. heracleifolia*) 原产墨西哥。根茎类。叶近圆形，7～9 掌状裂，深达叶片中部。圆锥花序大，可达 45～60cm；花小，白色或粉色。

(4) 莲叶秋海棠 (*B. nelumbiifolia*) 原产墨西哥。根茎类。叶圆形至卵圆形，形似莲叶。花小。

(5) 伏地秋海棠 (*B. scandens*) 又名常春藤秋海棠。全株光滑无毛，茎细长，下垂或匍匐。叶厚，椭圆状披针形，有钝锯齿，呈波状；叶色灰绿。花小，白色。

(6) 银星秋海棠 (*B. argenteo-guttata*) 亚灌木，茎直立，多分枝，株高 60～120cm，茎红褐色，茎节处膨大，叶表绿色，其上密布银白色斑点，叶背微皱，略带红晕，腋生花序，花白色染红晕，蒴果玫红、粉红色。

(7) 绒叶秋海棠 (*B. cathayana*) 茎高 60～80cm，肉质，被红色毛，叶斜卵形；花朱红色或白色。

(8) 竹节秋海棠 (*B. president-carnot*) 又名慈姑秋海棠，多年生小灌木，全株无毛。叶互生，坚硬，长圆形而偏斜，边缘波状，表面绿色，有多数白色小斑点，叶背深红色，花及花梗深红色，小花下垂，雌花 3 翼，雄花 4 瓣。

(9) 榆叶秋海棠 (*B. ulmifolia*) 株高 50cm，茎分枝，有绒毛。叶长椭圆形，边缘有双锯齿，叶面有毛，叶色淡绿。花小，白色。

(10) 珊瑚叶秋海棠 (*B. coccinia*) 株高 60～80cm，半灌木状，全株无毛，茎直立，有分枝。叶长椭圆状卵形，先端尖，叶缘波状，叶色鲜绿，叶柄短。花及花梗鲜红色。

【园林应用】该类群植物花朵鲜艳美丽，体态多姿，花期较长，易于栽培，长期以来作园艺和美化庭院的观赏植物，是夏季花坛的重要材料。也可作室内流行的观赏盆花。少数种类可供药用。

12.2.7 新几内亚凤仙 *Impatiens hawkeri*

凤仙花科凤仙花属多年生常绿草本植物。株高可达 60cm。植株挺直，株丛紧密矮生。茎暗红色，肉质，粗壮，含水量高而稍肉质。茎上部叶 3 枚轮生，卵状长圆形，10～15cm 长；绿色、深绿、古铜色；叶表有光泽，叶脉清晰，叶缘有尖齿。伞房花序，花单生或呈腋生，花径 5～7cm；花色丰富，红、紫、粉、白等色。多分枝。蒴果。

【产地与生态习性】原产于非洲南部。喜半阴，光照 50%～70%最好，光照不足易徒长，严重时不开花。喜温暖，不耐寒。喜疏松、排水好的微酸性土壤。怕寒冷，遇霜全株枯萎。雨季排水不良，通风不好，易患白粉病或使根茎腐烂以至落叶，注意通风，降低温度。

【繁殖】新几内亚凤仙的繁殖有播种、组培、扦插 3 种方法。

播种繁殖时间一般在 3～4 月，适时采收，随采随播。发芽适温 22℃。组培繁殖方法已获得成功，并已开始规模化生产。生产中因新几内亚凤仙自花授粉能力较差，组培成本高，所以常采用扦插法进行繁殖。扦插季节以春、夏、初秋为宜，温室内可周年进行繁殖。插穗可直接采自叶腋间的幼芽，作微扦插，繁殖速度相当快；也可以将当年生枝条截成几段，每段 2～3 节。扦插基质用素沙或蛭石均可。为了提高扦插生根率，插穗用 ABT 生根粉速蘸处理后，5～6d 即有新根产生，2 周后，当根长 2～3cm 时，即可上盆。

【栽培管理】新几内亚凤仙的栽培适宜温度为16～24℃。温度低于15℃或高于32℃将影响正常生长，光照要求3万～5万勒克斯。若温度适合，可周年开花。新几内亚凤仙管理需要精细，浇水以“见干见湿”为原则。每隔7～10d喷一次叶肥或每隔半月施一次沤制的稀薄肥水，其长势更加喜人。栽后2～3周当苗高达到10～15cm时，施复合肥0.5g/L，少量多次，养分过多，叶片有褐色斑点，肥料含氮量控制在50～100mg/L。光照强时开花早、小，此时，要经常摘心积累营养以促发侧枝，使株形更加丰满。

【常见品种及类型】

(1) 爪哇系列　绿叶系，株高25cm，分枝性好，株形紧凑，单瓣花，花径6～7cm，是目前花色最丰富的品种系列之一。常见品种有‘Boogie’、‘Sugar’、‘Mazurka’、‘Taratella’、‘Merengue’、‘BoSsa Nova’、‘Debka’、‘Minuet’、‘Calipso’、‘Ballet’等。

(2) 光彩系列　绿叶、铜叶、斑叶系，单瓣花，株高25～35cm，株型紧密。常见品种有‘Lily Gini’、‘Winy Giny’、‘Goldy Gini’、‘Birdy Gini’、‘Ricky Gini’、‘Twiny Gini’等。

(3) 探戈系列　叶棕绿色，花单瓣，花径6cm左右，橙色花，分枝性强，开花繁茂。常见品种有‘Harmony Grape’‘Harmony Violet’、‘Harmony Pastel Rose’、‘Harmony Lavender Purple’、‘Harmony Pink’、‘Harmony Flame’、‘Harmony Orange’、‘Harmony White’等。

【园林应用】新几内亚凤仙株丛紧密，开花繁茂，花期长，花色丰富、娇美，目前在园林中广泛应用。用来装饰案头墙儿，别有一番风味。露地栽培，从春天到霜降花开不绝。因其花色丰富，株形优美，是园林摆花的好材料，也是作花坛、花境的良素材。

12.2.8　长寿花 *Kalanchoe blossfeldiana*

长寿花又名寿星花、圣诞伽蓝菜、矮生伽蓝菜、燕子海棠、十字海棠，景天科伽蓝菜属。多年生亚灌木状多浆植物。全株无毛，株高10～30cm，幅宽15～30cm。叶对生，阔卵圆形，肉质。圆锥状聚伞花序，直立，单株有花序6～7个，着花80～290朵，小花高脚碟状，花色有绯红、桃红或紫红等。花期1～4月。

【产地与生态习性】大部分种原产于非洲马达加斯加。喜温暖稍湿润和阳光充足环境，在室内散射光的条件下也生长良好；不耐寒，生长适温为15～25℃，夏季高温超过30℃，则生长受阻，冬季室内温度需12～15℃。低于5℃，叶片发红，花期推迟。冬春开花期如室温超过24℃，会抑制开花，如温度在15℃左右，开花不断。耐干旱，对土壤要求不严，以肥沃的沙壤土为好。长寿花为短日照植物，对光周期反应比较敏感。生长发育好的植株，给予短日照（每天光照8～9h）处理3～4周即可出现花蕾开花。

【繁殖】长寿花可通过播种、扦插或组织培养繁殖。

(1) 播种繁殖　长寿花种子很小，在21℃光照条件下容易发芽；红光对发芽有促进作用，而远红外有抑制作用。种子繁殖出来的小苗到开花所需的时间较长，需用6～10个月的时间。

(2) 扦插繁殖　通过扦插繁殖的苗株到开花一般只需14周的时间，最长的只需17周的时间。采穗母株通常由专门的繁殖商进行保存，然后周年在国际间卖无根的扦插苗。在冬季通过人工长日照措施保证采穗母株进行营养生长而不开花。顶芽扦插可直接插在最终要栽的花盆里。品种间节间长度不同，对插穗长度要求也不同。典型的插穗应该有一对成熟的叶子。因为生根很容易，所以不需生根激素进行处理。愈伤组织的快速形成需要21～25℃的温度，其中以22～24℃温度最佳，需14～21d可以生根。

【栽培管理】长寿花根系比较细弱，栽培基质中至少应该含有50%的草炭，并保持良好的通气条件。常采用的是草炭中掺入珍珠岩或蛭石的混合基质，基质的pH值应该在5.8～6.5较为合适。盆栽后，在稍湿润环境下生长较旺盛，节间不断生出淡红色气生根。过于干旱或温度偏低，生长减慢，叶片发红，花期推迟。盛夏要控制浇水，注意通风，若高温多湿，叶片易腐烂，脱落。生长期每半月施肥1次。为了控制植株高度，要进行1～2次摘心，促使多分枝、多开花。长寿花定植后2周，可用植物生长调节剂控制植株高度，达到株美、叶绿、花多的效果。在秋季形成花芽过程中，可增施1～2次磷钾肥。

【常见品种及类型】

(1) 红色系 'Debbie'、'Red Miriam'、'Tenorio'、'Caroline'、'Arjuno'、'Nathalie'、'Miranda'、'Singapore'。

(2) 粉色系 'Mirijam'、'Purple Miriam'、'Sensation'、'Sumba'。

(3) 黄色系 'Alexandra'、'Beta'、'Coronado'。

【园林应用】长寿花花期临近圣诞节，且花期长，花色丰富，适合在室内培养，成为人们衬托节日气氛的"节日用花"。另外，由于其花小而紧密，整体观赏效果好，是花坛的优良材料。在当今的花卉立体装饰中，长寿花是一种重要而常用的植物材料。

12.2.9 非洲紫罗兰 *Saintpaulia ionantha*

非洲紫罗兰又名非洲堇，非洲紫苣苔，苦苣苔科非洲紫罗兰属多年生草本植物。全株有毛；叶基部簇生，稍肉质，叶片圆形或卵圆形，背面带紫色，有长柄。花1～6朵簇生在有长柄的聚伞花序上；花有短筒，花冠2唇，裂片不相等，花色多样，有白色、紫色、淡紫色或粉色。蒴果，种子极细小（图12-4）。

【产地与生态习性】原产于热带非洲南部。喜温暖湿润和半阴气候，宜通风良好，忌高温，生长适温18～26℃，冬季室温以15℃左右为宜，不低于10℃，否则容易受冻害。较耐阴，宜在散射光下生长。宜肥沃疏松的中性或微酸性土壤。采种欲结实良好，需人工授粉。授粉后6～9个月果实成熟。

图12-4 非洲紫罗兰

【繁殖】非洲紫罗兰常用播种、扦插和组培法繁殖。

播种春秋皆可进行，以9～10月播最好。这时播种发芽率高，幼苗生长健壮，翌年春天即可开花。若早春2月播种，到8月可以开花，但生长较弱，开花少，而且容易发生病害。非洲紫苣苔种子细小，可采用播种秋海棠和大岩桐的方法，播后不必覆土，保持湿润，温度20～25℃，15～20d发芽。经移苗最后定植于10～12cm盆中。从播种到开花需180～250d。

扦插时选生长充实的叶片，带叶柄2～3cm切下；插于沙或蛭石等基质中，只插入叶柄，保持较高的空气湿度，用苇帘遮阴，温度20～25℃，约20d生根，两三个月后生出幼苗，即可上盆。从扦插到开花需时4～6个月。

分株一般在春季换盆时进行。

除此之外，目前世界各花卉生产国皆采用组织培养法大量繁殖。非洲紫苣苔是非常适于用组织培养方法繁殖的花卉。

【栽培管理】盆土可由腐叶土和壤土等量混合配制而成。栽培过程中，应经常保持较高的空气湿度，适当浇水，勿过湿，以免茎叶腐烂。夏季气温高，蒸腾量大，需充分灌水，并喷水降温和增加空气湿度。此时尤应注意通风良好。切忌强光直射，宜在荫棚下栽培。冬季室温在15℃左右，可以保持正常叶色越冬。若低于10℃，则生长缓慢，开花终止，叶片下垂，叶色不良。冬季浇水，水温不可过低，以20～25℃的水温最为适宜。每半月追施腐熟的液肥1次。盛夏及越冬时不施追肥。追肥时勿使肥水玷污叶片，若沾上肥水，应及时用清水冲去。非洲紫苣苔也适于用水培法栽培。

【常见品种及类型】常见栽培的是本种与东非紫罗兰（*S. confusa*）的杂交种。园艺品种很多，目前栽培的有三大品系：大花系、间色系和重瓣系。有大花、单瓣、半重瓣、重瓣、斑叶等，花色有紫红、白、蓝、粉红和双色等。

【同属常见其他种】

(1) 东非紫罗兰（*S. confusa*） 外形与非洲紫苣苔相似，但植株较小，叶肉稍薄，叶面纤毛有长短两种。

(2) 格罗奇氏非洲紫罗兰（*S. grotei*） 茎长5～15cm，匍匐分枝，从节处生根，叶柄长，叶圆形，径3～8cm，有粗锯齿，基部心形，绿色，密生长短不等之纤毛。花堇色，喉部暗色，花被裂片边缘有腺毛。本种茎匍匐，向四方伸展，特宜吊盆观赏。

【园林应用】植株矮小，四季开花，花色丰富，花形俊俏雅致，气质高雅，花姿妩媚，花期长、较耐阴，极适宜室内环境，是优良的室内小型盆花，有“室内花卉皇后”的美称。

12.2.10 金鱼花 *Columnea gloriosa*

金鱼花又名可伦花，苦苣苔科金鱼花属常绿植物。茎匍匐，长达90cm，密集丛生状。叶对生，节间短，肥厚，具红色微毛。花腋生；花冠筒状，基部有距，先端明显而唇形，外形似金色，红色，喉部黄色。冬、春季开花。

【产地与生态习性】原产马达加斯加。喜温暖、湿润，不耐寒；喜光照充足，但忌强光直射；喜疏松肥沃、排水良好的腐殖质土壤；生长适温为18～22℃，当冬季温度低于10℃或夏季温度高于30℃都容易导致落叶。

【繁殖】以扦插繁殖为主，可剪取带节枝条，每段8cm左右，上部叶片剪去半片，下部全部剪除，保持半阴湿润环境，30d左右可生根上盆。也可用分株法繁殖，在早春或晚秋进行，每丛必须带顶芽1～2个，每盆栽2～3株。

【栽培管理】培养介质可用泥炭土、珍珠岩、蛭石等量混合；或用泥炭藓、蕨根、树皮块等材料，用多孔花盆栽培，以利通风和排水良好。室内培育应将盆株置于全天无阳光直射处，开花前可移到阳光充足的地方。金鱼花对低温较敏感，气温降至10℃以下叶色变黄，出现斑驳并脱落。浇水应本着“宁湿勿干”的原则，春秋干燥季节叶片水分蒸发旺盛，应增加浇水次数。生长季节要注意保持高湿的环境，可采用喷雾法加湿，或经常用清水喷洒盆株及周围地面。但当花蕾上色或进入开花期，喷雾即应停止，否则叶片产生黄斑。生长旺盛期每1～2周施肥一次，并多加磷肥，以利花蕾的形成。金鱼花较耐修剪，久不修剪开花部位上移，可在花后对其主侧枝进行轻短截，使之形成更多分枝。

【同属常见其他种】

(1) 小叶金鱼花（*C. microphylla*） 又名钮扣金鱼花，产于哥斯达黎加。茎纤细，分枝蔓生。叶对生，小叶。花单生叶腋，橘红色。花期春、夏季。

（2）细叶金鱼花（*C. stavanger*） 又名思达金鱼花，挪威育成的杂交品种。蔓生、悬垂。花大而多，绯红色，花期冬春。

（3）大金鱼花（*C. magnifica*） 又称鲸鱼花。产哥斯达黎加、巴拿马。茎直立，枝条有毛。花冠猩红色。

（4）邦吉金鱼花（*C. banksii*） 茎多分枝；叶光滑而具蜡质，叶背红色，叶更小，深绿色；着花更繁茂，花大红色，唇瓣有黄纹。观赏价值高。

【园林应用】金鱼花枝叶茂密，茎蔓悬垂自然。开花盛期一株较大的植株可同时开花百余朵，且花大色艳，颇为壮观，是非常理想的喜阴悬垂观叶和赏花植物。

12.2.11 喜阴花 *Episcia cupreata*

喜阴花又名红桐草、红绳桐，苦苣苔科喜阴花属多年生草本植物。植株低矮，全株密生细柔毛，茎细长，走茎腋生，并向四周伸出匍匐枝，红色或绿色，顶端着生子株。单叶对生，叶片大，卵圆形，长5～12cm，宽2.5～7cm。叶面铜绿色或鲜绿色，主脉和侧脉有银白色。夏季开花，花腋生，长2.5cm，宽2cm，花冠筒状，鲜红色。花期6～9月。

【产地与生态习性】原产墨西哥、古巴、西印度群岛。喜阴凉、湿度大、通风良好的环境。耐寒性差。适宜生长在疏松透气、排水良好的壤土中。

【繁殖】可用播种、扦插和分株法繁殖。但一般用扦插和分株。

分株是喜荫花常用的繁殖方法。在春末夏初进行分株。分株与换盆换土结合进行。将植株从盆中倒出，连根分成数块丛株，分盆进行栽植，即可成新株。

从春末到秋初均可进行扦插。扦插多采用叶插法。选择发育健壮的植株，取下健壮的带柄叶片，将叶柄插入河沙或其他扦插基质中。插后15d左右即可生根成活。

【栽培管理】喜阴花盆栽要求土壤疏松透气、排水良好，可用园土、腐叶土和河沙等量混合并加少量基肥配制成，也可单独用苔藓种植。每年春季换盆。生长适温20～30℃，越冬温度为10℃。生长期间光照不能过强也不能过弱，应保持半阴状态。生长季节每半个月施1次稀液肥，并注意施肥时不要把肥水洒到叶面上，否则易引起叶片腐烂。

【园林应用】喜阴花植株低矮，茎叶繁茂，花朵鲜红艳丽，可做小型盆花于室内茶几、窗台等处陈设，也可在阳台、走廊处吊盆栽培悬挂观赏，细长的走茎，顶端开放的红色花朵轻盈飘逸。

12.2.12 六出花 *Alstroemeria aurantiaca*

六出花又名黄六出花、秘鲁百合、智利百合、水仙百合，六出花科六出花属（原属石蒜科六出花属）多年生草本植物。株高60～120cm。叶多数，叶片披针形，有短柄或无柄。伞形花序，花10～30朵，花被片橙黄色、水红色等，内轮有紫色或红色条纹及斑点。花期6～8月。

【产地与生态习性】原产南美洲智利。喜干燥凉爽，光照充足环境，忌炎热水湿；要求疏松肥沃、排水良好、微酸性的沙壤土，不耐瘠薄。最适温度为15～25℃，本种以及以本种为主的一部分杂交品种，较耐寒，冬季能耐短时间的－15～－10℃低温。本属其余种不耐寒。

【繁殖】六出花通常以分株繁殖为主，也可播种繁殖，快繁时用茎尖组培。

播种于秋季进行。10月中旬播种，经过1个月0～5℃的自然低温处理，种子萌动，然后移于15～20℃下，约15d发芽，发芽率可达80%以上。苗期生长适温10～20℃，当苗高5cm左右（2～3月）时定植。移时注意勿伤根系。移植时间以翌年早春2～3月为佳，夏、秋季节即可开花。

分株繁殖于9月中旬至10月上旬气候凉爽时进行，分株前应注意土壤墒情，使土壤疏松、不干不湿。将植株在地上部30cm处剪除。分株时将植株挖起，尽量少伤根茎，轻轻抖动周围土壤，根茎清晰可见，用剪刀将根茎切断，以保留2～3个老的芽为宜。六出花的根茎上有许多隐芽，分段切开栽植后，会刺激隐芽萌发，形成新的植株。

【栽培管理】六出花盆栽常用12～15cm的盆。10月中旬盆栽，栽植深度3～5cm，栽后浇透水。生长期每半月施肥一次。入冬后，新芽生长迅速，茎叶密生，影响基部花芽生长，需疏叶，去除细小的叶芽，保留粗壮的花芽，达到株矮、花多的目的。

切花栽培多行地栽，株行距40cm×40cm。应选通透性好、疏松肥沃、排水性好的沙壤土，土层厚度要在50cm以上，土壤pH值为6.5左右。定植前结合整地施入充足的基肥，常用腐熟的有机肥料，并施入适量的磷钾肥，以30～40kg/m^2为宜。在植株生长前期（10月下旬至翌年2月中旬），不需追施肥料。六出花是喜光植物，生长季节要求光照充足，最适光照时数为13～14h。在旺盛生长期，应充分供水，保持80%～85%的空气相对湿度。每隔10～20d追施化肥1次，氮、磷、钾之比为3∶1∶3，浓度为0.3%，以尿素、硝酸钾、硫酸铵为宜。同时用0.2%的磷酸二氢钾作根外追肥，每10d一次。盛夏（6月下旬至8月中旬）高温长日照条件下植株进入半休眠状态。8月下旬至9月上旬天气转凉后，若管理适当，植株可迅速恢复生长，并且有一定的产花量。冬季低温时应注意控制水分。

栽培中要搭架拉网，防止植株倒伏，网格间距为15cm×15cm。植株高40cm时，即应拉网扶持，随植株生长，可拉网3～4层。

【常见品种及类型】六出花与红六出花（*A. haemantha*）、鹦鹉六出花（*A. pulchella*）、紫条六出花（*A. ligtu*）等，经过多年的杂交选育，产生了众多性状优异的品种。花色有白、粉、粉红、杏黄、深黄、浅黄、橘红、紫红及复色等。主要品种可分白、黄、粉、红4个色系。

（1）白色系 ‘兰花’（‘Orchid’）、‘蒙娜丽莎’（‘Monalisa’）、‘斑马’（‘Zebra’）等。

（2）黄色系 ‘金丝雀’（‘Canaria’）、‘黄魁’（‘Yellow Heming’）等。

（3）粉色系 ‘芭蕾’（‘Balleriana’）、‘帕特里克’（‘Patricia’）、‘苹果花’（‘Applebossom Storcross’）等。

（4）红色系 ‘卡娜’（‘Cona’）、‘晚霞’（‘Red Sunset’）、‘红鸟’（‘Red Bird’）等。

【同属常见其他种】六出花属约有50个种，并有众多的园艺栽培品种。常见种类有以下几种。

（1）黄六出花（*A. aurdntiaca*） 原产智利，株高50～100cm，花黄至橙黄色，先端稍带绿色，有葡萄酒色条纹。着花10～30朵，用于切花栽培。

（2）智利六出花（*A. chilensis*） 原产智利。株高1m以上，花淡红色、红色或白色，花大。

（3）紫斑六出花（*A. pelegrina*） 原产智利。株高近1m；外轮花瓣红色，内轮花瓣橙红色，具深紫色条斑，也有白色变种。

（4）紫条六出花（*A. ligta*） 原产智利。株高70cm左右，外轮花瓣淡紫色至红色，内轮花瓣带黄色并具紫色条纹。英国曾用本种与紫斑六出花杂交育成杂交种（A.

ligta var. *angustifolia*)，其花为桃红与肉红色，是重要的切花系统。

(5) 淡紫六出花（*A. pelegrina*） 原产智利。株高 30cm，花淡紫红色，有紫红色条纹。

(6) 鹦鹉六出花（*A. pulchella*） 株高 50～100cm，花暗红色，先端带绿色，内轮花瓣有褐色条纹。

(7) 变色六出花（*A. versicolor*） 原产智利。株高 15～30cm，花黄色，有紫色斑纹。园艺品种有多种花色。

【园林应用】六出花花朵大、花色丰富，切花水养期长（在 20℃下，可水养保鲜 12d），是当今世界流行的切花花卉，亦适用于花坛、花境，矮生种或品种可盆栽观赏。

12.2.13 金粟兰 *Chloranthus spicatus*

金粟兰又名珠兰、鱼子兰、茶兰，金粟兰科金粟兰属多年生草本。茎直立稍铺散，高 30～60cm；茎圆柱形，无毛。丛生型，茎节明显，叶对生，厚纸质，椭圆形或倒卵状椭圆形，基部楔形，边缘有钝齿，齿尖有腺体，叶面光滑，稍呈泡皱状，穗状花序排列成圆锥花序状，通常顶生，花小似鱼籽，黄色，为两性花，不具花被，有浓郁香气。花期 4～7 月，果期 8～9 月（图 12-5）。

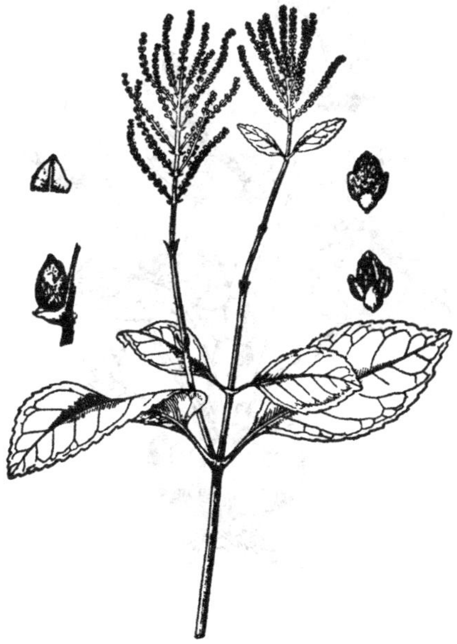

图 12-5 金粟兰

【产地与生态习性】主要分布于中国云南、福建等地。喜温暖湿润的环境，一般能忍耐 5～10℃的低温。要求排水良好和富含腐殖质的酸性土壤，根系怕水渍。在阳光直射和排水不畅的地方以及碱性土壤均不适宜种植。

【繁殖】可采用分株、扦插繁殖。

分株结合春季换盆进行。一般 3～5 年生的株丛，具有 15～20 个分枝时，即可进行分株。分株时将母株从盆中倒出，抖去部分泥土，小心切成 2～3 个株丛，每丛至少有 2～3 个带有健壮根的枝条，分栽上盆，浇透水，放入庇荫处，以后每天喷 1～2 次水，15d 左右即可按一般方法管理。

扦插一般在春季萌芽前进行，用套盆法效果较好。用一只小瓦盆，口径 15cm 左右，堵住底孔使之不漏水，另取一只口径 35cm 左右的大盆，底孔不堵。将小盆置于大盆中央，两盆之间填上培养土，向小盆内注水，使水从小瓦盆壁渐渐渗入土中。插穗选 6～10cm 的健壮枝条，保留最上 1 对叶，插入土中一半，掌握好盆土湿度，不使之过湿，30d 生根发叶，当年秋天或来年春天分盆。苗长 4～5 节时，注意摘心，以促生分枝。

【栽培管理】金粟兰盆栽最好用腐叶土或泥炭加上 1/4 的珍珠岩或河沙和少量基肥配成的培养土。华北地区温室栽培，保持 10℃以上温度。春、夏、秋三季应遮去 70%以上的阳光，冬季遮去 30%左右阳光；夏季可搬入室外荫棚中栽培。栽培种应经常保持盆土潮湿和较高的空气湿度，但不能积水。由于金粟兰开花次数多，而且花期较长，所以对肥料的要求也较高。一般在开花前就应施入氮、磷结合的肥料 1～2 次，也可在肥液中加入适量的过磷酸钙。施入后不但花蕾多，而且开出的花也比较香。第一次花谢时，应再施入上述肥料，每

15d左右施1次就能促使第二次再开花吐香。此外，金粟兰从幼苗时起就要多摘心，以利于多分枝、多开花。

【园林应用】金粟兰茎直立稍铺散，既能很好地覆盖地面，又能自成一完整的珠丛，具有较高的观赏价值。花期正值夏秋炎热季节，可持续50～70d，花香醇和、耐久，有醒神消倦之效。

12.3 常见温室球根花卉

12.3.1 仙客来 *Cyclamen persicum*

仙客来又名兔子花、萝卜海棠、一品冠，报春花科仙客来属多年生草本。肉质块茎扁圆形；叶丛生于块茎顶端的中心部位，叶片大而肉质，心脏形，表面深绿色具灰白或淡绿色斑块，背面紫红色，边缘有大小不等的齿，叶柄肉质，褐红色；花单生，萼片5裂，花瓣5枚，基部联合成短筒，开花时花瓣向上反卷，也有狭长扭曲或瓣尖圆钝皱摺，或边缘裂缺向内扣；花基部常有深红色斑，有些品种有香气；花期冬季。受精后花梗下弯，蒴果球形，种子褐色（图12-6）。

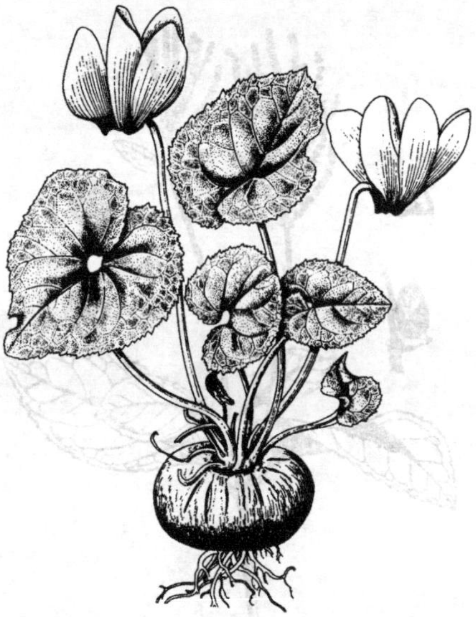
图12-6 仙客来

【产地与生态习性】仙客来原产地中海沿岸东南部。不耐寒，喜凉爽、湿润及阳光充足的环境，忌阳光直射，喜疏松、肥沃、排水良好而富含腐殖质的沙质微酸性土壤。

【繁殖】一般采用播种繁殖。结实不良的品种，可采用分割块茎法繁殖。

北方宜在立秋以后播种。仙客来种子发芽率为85%～95%，且发芽迟缓出苗不齐。为提早发芽，促使发芽整齐，播前可行浸种催芽。即把种子用30～32℃的温水浸泡1～2h，浸种时捞去漂浮的秕子，用温水浸后用清水冲洗2～3次，再改用冷水浸1～2d，取出播种。

播种基质以壤土、腐叶土及河沙等量混合而成，以点播或条播法播种，播种距离为1.5～2.0cm，覆土0.5～0.7cm，浸水法浇水，覆盖置于通风向阳处。播后约20d发芽，幼苗长出2～3枚真叶时，可分栽上盆。

块茎分割有两种方式，一是在4～5月选肥大充实的球，将顶部削平，以0.8～1.0cm的距离划成棋盘式格子，按格子线条从块茎顶部向下切，深达球的1/3～1/2，然后栽植于花盆中，并置荫蔽处，保持盆土湿润。秋凉后每一小格子长出小芽，此时将原切口加深，待芽长大时将块茎倒出，除去泥土，将球彻底分开，每盆栽植一块，使其成为新株。二是在8月下旬块茎即将萌动时，将其自顶部纵切分成几块，每块带一个芽眼。切口应消毒，稍微晾晒后即可分栽于花盆内，经精心护理，不久可展叶开花。

【栽培管理】仙客来生长适温18～20℃，冬季室温不宜低于10℃，忌炎热，夏季气温达到30℃时进入休眠状态，叶黄枯萎，秋凉后再抽发新叶。叶片要特别注意保持洁净，以利光合作用的进行。

生长期相对湿度70%～75%为宜，土壤不宜过于干旱，即使只经1～2d过分干燥，根毛也会受到损伤，植株发生萎蔫，生长受挫，恢复缓慢。仙客来是短日照植物，短日照促进花芽分化。

仙客来的栽培管理大致可分为5个阶段。

(1) 苗期　当播种苗长出一枚真叶时，进行第一次分苗。当幼苗具有3～4枚真叶时，移入10cm盆中，以后随着植株增大，再换较大盆。换盆时间最迟不可超过6月份。如果苗小，可使其留在小盆中越夏。幼苗要遮阴，并经常松土、除草、浇水、施肥。

(2) 夏季保苗阶段　夏季气温高，极不利于仙客来生长，应用降温设备降低环境温度，才能使其安全越夏。可将其置于户外加有防雨设备的荫棚中，并保持通风。控制浇水，停止施肥。

(3) 第1年开花阶段　秋后恢复生长，可逐步增加浇水量，施薄肥，在室外一般可施3次肥。10月中旬进温室，每月施肥2～3次。12月中旬至翌年2月一般不施肥，但如在温度较高环境中，可不停止施肥。一般11月开始开花。

(4) 夏季休眠阶段　5月后，叶片逐渐发黄，应逐渐停止浇水，使其休眠。在叶子全部枯萎后，要置于低温通风处，使球根安全越夏。花盆应侧放，避免受潮，也不可过分干燥。

(5) 第2年开花阶段　炎夏过后，应把盆扶正，略微浇水，促使萌芽。萌芽后，用新培养土换盆，去掉腐败根系，在温室内养护，约12月开花。开花后又进入夏季球根休眠时期。

目前，先进的栽培设施可保证仙客来终年生长，盆花周年供应。

【常见品种及类型】现代仙客来的变种与栽培品种很多。主要变种有大花仙客来（*C. persicum* var. *giganteum*），花大，花色白、红或紫色；暗红仙客来（*C. persicum* var. *splendens*），花大，暗红色。

栽培品种依据花型可分为以下几种。

(1) 大花型　花大，花瓣平伸，全缘；开花时花瓣反卷。有单瓣、复瓣、重瓣、银叶、镶边和芳香等品种。叶缘锯齿较浅或不明显。

(2) 平瓣型　花瓣平展，边缘具细缺刻和波皱，比大花型花瓣窄；花蕾尖形，叶缘锯齿明显。

(3) 洛可可型　花瓣边缘波皱有细缺刻，不像大花型那样反卷开花，而呈下垂半开状态；花瓣宽，顶部扇形；味浓香，花蕾顶部圆形，叶缘锯齿显著。

(4) 皱边型　花大，花瓣边缘有细缺刻和波皱，开花时花瓣反卷。

(5) 重瓣型　花瓣10枚以上，不反卷，瓣稍短，雄蕊常退化。

【园林应用】仙客来株形优美，开花繁茂，花色艳丽，花形奇特，花期长达半年之久，有些种类具香气。宜盆栽，点缀花架、几案、书桌。

12.3.2 大岩桐 *Sinningia speciosa*

苦苣苔科大岩桐属多年生草本。地下具扁球形块茎，全株有粗毛，茎极短；叶常对生，极少为3叶轮生，长椭圆形或长椭圆状卵形，边缘有锯齿；花顶生或腋生，呈钟状，1～3朵聚生叶腋，有极强的丝绒感，颜色丰富，有单瓣、重瓣之分，自然花期4～6月；果熟期6～8月（图12-7）。

【产地与生态习性】原产巴西。喜高温潮湿的半阴环境；喜轻松肥沃、排水良好并富含

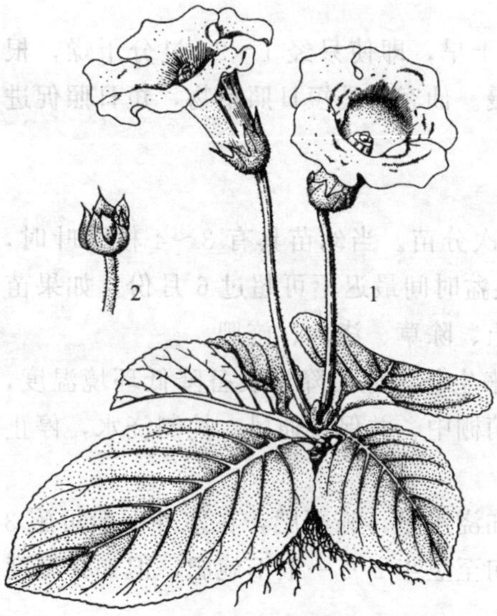

1—植株；2—花萼及果实

图 12-7　大岩桐

腐殖质的土壤。

【繁殖】播种繁殖为主，也可采用扦插及分割块茎法。

在18℃以上的温室内周年均可进行播种。大岩桐种子极细小，大约20000粒/g，发芽需见光，覆土宜极薄或不覆土。播种基质按腐叶土：园土：河沙以3：2：2的比例配制，并加入少量过磷酸钙。

播种需保持温暖而空气潮湿的环境，发芽适宜温度为20～22℃，夜温控制在18～21℃，15～20d发芽，一般出苗率在20%左右。生出2枚真叶时分苗，株距1.5cm。幼苗长至5～6枚真叶时，移入口径7cm的花盆中，定植于14～16cm盆中。定植时，施予充足基肥，每次移植后1周开始追施稀薄液肥，每周1～2次。从播种到开花需5～8个月时间。

大岩桐种子量大，幼苗易得，因此扦插与分割块茎法应用较少。

【栽培管理】大岩桐冬季休眠，休眠期应保持干燥，温度8～10℃左右。经过休眠的块茎，依照需要的花期，随时取出栽植。覆土以盖没块茎为度，经浇水露出块茎顶部。盆土以腐叶土或泥炭土，加1/3珍珠岩或河沙，掺部分腐熟基肥配成。

通常情况下，从叶片伸展到开花前，可每隔10d左右施1次稀薄的饼肥水；花芽形成时，增施1次过磷酸钙。花期浇水要充分，花盛开时停止追肥。花后浇水宜逐渐减少，尤其夏季高温潮湿季节。大岩桐叶片有绒毛，上盆、浇水、施肥时，要避免沾染叶面，沾染时用清水喷洗，否则易致叶片腐烂，影响生长和观赏。

大岩桐为半阴性植物，忌强光直射，光照强度为5000～6000 lx时，即可正常生长，夏季宜放在室内通风良好又稍见阳光处。

大岩桐生长需维持较高的空气温湿度。但花蕾抽出时温度不可过高，且需适当通风，否则花梗细弱。1～10月温度宜保持18～23℃；10月至翌年1月保持10～12℃。

【常见品种及类型】常见3个品种群。

(1) 野生品种群　形态同野生原种，花小而下垂，但花色丰富，有蓝、紫、堇、红、白等色。

(2) 大花品种群　花大、下垂。

(3) 现代品种群　花大、直立，花色丰富，有近黄色者；有重瓣类型和带斑点、斑纹或镶边等花色变化。

此外还有一些属间杂种，一般少见栽培。

【园林应用】大岩桐花大色艳、花量大、花期长是少数能在夏季室内开花的花卉之一，是节日点缀和装饰室内及窗台的理想盆花。也可作花坛用花。

12.3.3　球根秋海棠 *Begonia tuberhybrida*

球根秋海棠又名球根海棠，为秋海棠科秋海棠属多年生植物。块茎为不规则扁球形，株高30～100cm，茎直立或铺散，有分枝，肉质，有毛；叶互生，多偏心脏状卵形；花单性同株，雄花大，单瓣、半重瓣或重瓣；雌花小，花瓣5枚，有白、黄、橙、紫等色及复色；花期夏秋季节。

【产地及生态习性】原产南美洲秘鲁和玻利维亚等国。性喜温暖湿润环境，喜散射光，不耐强光、忌高温，喜疏松肥沃、排水良好的微酸性沙质壤土。

【繁殖】以播种繁殖为主，也可扦插或分割块茎。

温室内可周年播种繁殖，球根秋海棠种子极为细小，为25000～40000粒/g，播种时可掺细沙，或进行包衣处理，不覆土。为提早花期可于前一年秋季进行播种，室温保持7℃以上，冬季可不休眠。播种基质按腐叶土∶沙质壤土∶河沙以1∶1∶1的比例进行配制，并加约1%的过磷酸钙，用细筛过筛，适度镇压后播种，保持土壤湿润，约15～25d后发芽。出现第1枚真叶分苗，株距1.5cm，温度维持在18～19℃。幼苗长至叶片相互接时进行第2次移植，株距2cm。此后温度宜稍降低，夜间保持10～13℃，最后定植14～16cm的花盆中。

扦插只适用于保留优良品种或不易采收种子的重瓣品种。扦插在夏季进行，常用新芽做插穗，一般6月以前扦插为宜，这样秋季即可开花并能形成块茎。插穗长7～10cm，河沙或水藓做基质，温度维持23℃，相对湿度80%，15～20d可生根。

分割块茎形成的植株，株形不好，块茎也不整，而且切口容易腐烂，所以很少应用。

【栽培管理】块茎通常于2～3月间在温室内催芽，生芽后栽植于10cm盆中，2个月后定植于17～20cm的盆中。块茎也可不经催芽直接定植于花盆中，覆土约1cm。

栽植用土以通气良好、保水力强的腐叶土或泥炭土与壤土和沙等量混合最宜，并加适量腐熟有机肥、骨粉或1%的过磷酸钙。

平时宜保持盆土湿润，叶面不需洒水，秋季叶有水时，易使叶片腐败。开花期间应保持充足的水分供应，但不可过量，浇水过多易落花，并引起块茎腐烂。花谢后应控制浇水，保持半干。果熟后逐渐停止浇水。

基肥常用充分腐熟的有机肥加骨粉、羊角、马蹄片、过磷酸钙等。追肥常用液肥，不可浇于叶片上，否则极易腐烂。花蕾出现至开花前，每周追施薄液肥2次，1次过磷酸钙，有利花大色艳和花期持久。

生长适温为20～24℃，一般不超过25℃，超过32℃时则茎叶枯落，甚至引起块茎腐烂。球根秋海棠不耐强光，光线太强会使植株矮化，叶片增厚而卷缩，花被灼伤；过度荫蔽则植株徒长，开花减少。气温低于15℃以后，植株逐渐枯萎，进入休眠期，可放在5～10℃的室内干燥处贮藏越冬，温度最好保持在10℃左右。

【常见品种及类型】球根秋海棠为种间杂交种，经100多年杂交选育而成。可分为三大品种类型。

（1）大花类　花径达10～20cm，有重瓣品种，茎粗大直立，分枝少，最不耐高温，腋生花梗顶端着生1朵雄花，大而鲜美，一侧或两侧着生雌花，是球根秋海棠最主要品种类型，有山茶型、蔷薇型、皱边山茶型、镶边型等花型。

（2）多花类　茎直立或悬垂，细而多分枝。叶小，腋生花梗着多花，适于作盆花和花坛材料。有多花型、大花多花型等花型。

（3）垂枝类　枝条细长下垂，有的长达1m。花梗也下垂，适宜吊盆观赏。有小花垂枝型和中花垂枝型两类。

【园林应用】球根秋海棠园艺品种多姿多彩，是世界著名的夏秋盆栽花卉。适宜布置于会议室、餐桌及案头，其垂枝类品种，最宜室内吊盆观赏。在一些凉爽地区，也常用球根秋海棠布置花坛，效果极好。

12.3.4 马蹄莲 *Zantedeschia aethiopica*

马蹄莲又名水芋、观音莲，天南星科马蹄莲属植物。块茎褐色、肥厚、肉质；叶基生，下部有鞘，叶片箭形或戟形，先端锐尖，叶鲜绿有光泽；花梗与叶柄等长，佛焰苞白色，质厚，呈短漏斗状，肉穗花序短于佛焰苞，圆柱形，鲜黄色，雄花着生在上部，雌花着生在下部，雄花具离生雄蕊2～3枚，雌花上有数枚退化雌蕊。花有香气。花期12月至翌年5月，盛花期2～3月（图12-8）。

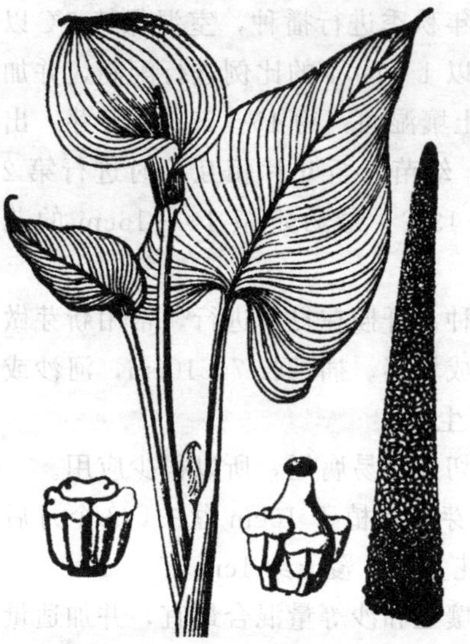

图 12-8　马蹄莲

【产地与生态习性】原产非洲南部的河流旁或沼泽地中。性喜温暖湿润，不耐寒冷与干旱。喜光，稍耐阴。喜疏松、肥沃、含腐殖质丰富的沙质壤土。同属植物有7种。中国广泛栽培的为本种。

【繁殖】以分球繁殖为主，也可播种繁殖，彩色马蹄莲多采用组织培养繁殖。

分球春秋两季均可进行。休眠期剥离块茎周围的小球，带2～3个芽另行栽植，培养1～2年便可开花。

种子成熟后即行播种。发芽适温为22℃左右，约20d出苗，培养2～3年后开花。

【栽培管理】马蹄莲常地栽生产切花，也作盆栽观赏。栽培要求疏松、肥沃的黏质壤土，定植前施足基肥。切花定植采用东西向做畦，株行距根据种球大小而定。一般开花大球的株距20～25cm，行距25～35cm。定植后应浇透水，以利于块茎快速发芽生长。

盆栽多用25cm的筒子盆，盆土宜肥沃而略带黏质。生长期间保持盆土湿润，经常向叶面与地面洒水。花后逐渐停止浇水。进入休眠期将花盆移出室外，放于干燥通风处。完全休眠后，取出块茎，晾干贮藏，秋季再行栽植。

马蹄莲喜温暖湿润的环境条件，生长适温15～25℃左右。冬季保持夜温在10℃以上能正常生长开花，最低温度不能低于0℃。生长期内应充分浇水。

马蹄莲为喜肥植物，在生长期间，每两周追施肥料一次，但切忌肥水浇入叶柄，否则易造成块茎腐烂。气温较高时应多施肥水；而当气温低时，应减少肥水供应。

定植后，为促使其提早生长开花，从6月下旬到8月下旬用遮阳网覆盖，遮光30%～60%。但马蹄莲在秋、冬、春三季需充足的阳光，光线不足着花少。越夏若要保持不枯叶，至少需遮光60%以上。花期需要阳光，否则佛焰苞带绿色。

自定植后的第二年开始摘芽，保证3～4株/m²，每株带10个芽左右，其余全部摘除。否则子球或小球会发生大量芽体，造成株间通风不良，而且植株营养生长过旺，易造成与生殖生长的不平衡，使花量减少。此外，植株生长过于繁茂时，可除去老叶、大叶或切除叶片的1/3左右，以抑制其营养生长，促使花梗不断抽生。

【常见品种及类型】主要变型有小马蹄莲，植株比原种低矮，多花，四季常开，耐寒性较强。常见栽培的品种有，①白柄品种：块茎较小，生长缓慢，叶柄基部白色，佛焰苞阔而圆，平展，色洁白，花期早，花数多；②绿柄品种：长势旺盛，植株高大，块茎粗大，叶柄基部绿色，花梗粗壮，花小，佛焰苞长大于宽，黄白色，基部有明显的皱褶，开花迟；③红柄品种：植株较强壮，叶柄基部稍带红晕，佛焰苞较大，长宽相近，圆形，色洁白，基部稍有皱褶，花期中等。

【同属常见其他种】马蹄莲属常见栽培的种还有黄花马蹄莲、红花马蹄莲及银星马蹄莲等。

（1）红花马蹄莲（*Z. rehmannii*） 植株较矮小，高约 30cm，叶呈披针形，佛焰苞较小，粉红或红色。

（2）黄花马蹄莲（*Z. elliotiana*） 株高 90cm 左右，叶片呈广卵状心脏形，鲜绿色，上有白色半透明斑点，佛焰苞大型，深黄色，肉穗花序不外露。

（3）银星马蹄莲（*Z. albomaculata*） 株高 60cm 左右，叶片大，上有白色斑点，佛焰苞黄色或乳白色。

此外还有星点叶黄花马蹄莲（*Z. jucunda*）、黄金马蹄莲（*Z. pentlandii*）等种。

【园林应用】马蹄莲叶片翠绿，形状奇特；花苞洁白硕大，是重要的切花花材，可制作花圈、花篮、花束等，也可作盆栽供室内陈设观赏。

12.3.5 虎眼万年青 *Ornithogalum caudatum*

虎眼万年青又名鸟乳花，百合科虎眼万年青属多年生球根花卉。鳞茎大，卵圆形，外皮膜质，淡绿色；叶片基生，带状，端部呈尾状长尖，长 30～60cm，宽 3～5cm；花葶粗壮，长达 1m；密集总状花序，着花 50 余朵，花被片 6 枚，分离，白色、橙色，中间有一绿色带，有重瓣种；花期 5～6 月。

【产地与生态习性】原产非洲南部，性喜温暖，不耐寒，冬季喜阳光充足，夏季宜半阴，要求肥沃而排水良好的沙质壤土。

同属植物约 150 种，我国引入栽培的还有伞形鸟乳花（*O. umbellatum*）。

【繁殖及栽培管理】常用分球繁殖。8～9 月掘起鳞茎，按大小分级栽种，操作简单，管理方便。但需要注意在栽种时，不要把小球种得太深，通常盖土的厚度不要超过球径的 1 倍。

【园林应用】虎眼万年青常年嫩绿，幽雅朴素，质如玛瑙，观赏价值极高，可作基础种植或地被植物应用，是布置庭院和岩石园的优良材料，也可盆栽作室内观赏。此外虎眼万年青切花品种，其花枝较长，花朵繁密，吸水性佳，瓶插观赏期长达 1 个多月。

12.3.6 朱顶红属 *Hippeastrum*

石蒜科球根花卉，鳞茎卵状球形，外皮呈褐色至淡绿色，皮色与花色相关，褐色者多为红花品种，而淡绿色者多为白花或白花具红色条纹品种。叶片 4～8 枚，二列状着生，扁平带形或条形，略肉质，与花同时或花后抽出；花葶自叶丛外侧抽出，粗壮而中空，扁圆球形，伞形花序；花大型，漏斗状，平展或下倾，红色、白色或带有白色条纹。花期从冬末到初夏（图 12-9）。

【产地与生态习性】本属植物主要原产于美洲热带和亚热带，为常绿和半常绿球根花卉。喜温暖湿润、忌强光，要求富含腐殖质、疏松肥沃、排水良好的沙质壤土。夏季宜凉爽，温

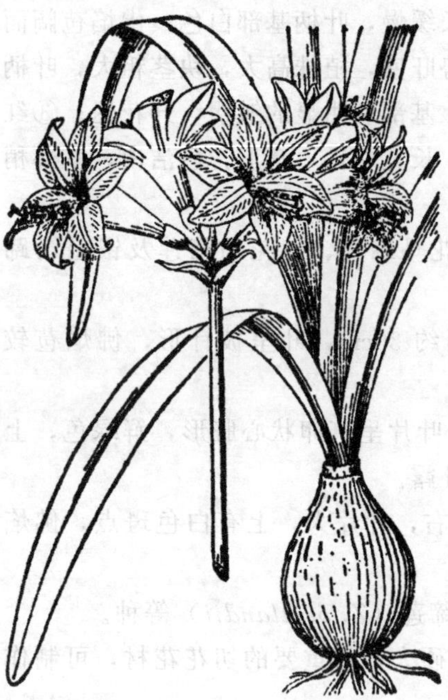

图 12-9　朱顶红

度 18～22℃。冬季休眠期要求冷凉干燥，气温不可低于 5℃。华北地区作温室盆栽。

【繁殖】用播种、分球、切割鳞茎及组织培养等方法进行繁殖。

朱顶红种子采收后应立即播种（花期需人工辅助授粉），播种后置于半阴处，保持湿润及 15～18℃的温度，约 10d 发芽，发芽率高。播种用土可按腐叶土：园土：河沙为 2：3：1 的比例混合配制。生出 2 枚真叶时分苗，次年春季上盆，经 1～2 年栽培，便可开花。

分球繁殖于 3～4 月份进行，将母球周围的小球取下，分级贮藏于干沙中，可盆栽也可地栽。栽种时应将小鳞茎顶部露出土面。

鳞片扦插可获得大量子球，扦插通常于 7～8 月份进行，将母球纵切若干等份，再用锐利小刀切分鳞片，外层鳞片每 2 枚为 1 个插穗，内层鳞片每 3 枚为 1 个插穗，且均需带有部分鳞茎盘。泥炭混合河沙作为基质，并加少许草木灰使呈碱性（pH 值为 8）。保持适度湿润，温度27～30℃，经 6 周后，鳞片产生 1～2 个小球，并在下部生根。子球长出 2～3 枚叶片时，可栽植，2 年后能长成开花鳞茎。

【栽培管理】朱顶红属花卉在华东地区露地栽培，常于 3～4 月栽植，大球栽植距离为 20～35cm，以鳞茎顶部稍露出土面为宜，不宜深栽。通常每隔 2～3 年挖球重栽 1 次。

华北地区多行盆栽，依据鳞茎大小确定用盆大小，一般直径 7cm 左右的大球，可在 20～30cm 的盆中栽 1 球。盆栽基质以沙质壤土：腐叶土：河沙为 5：3：1 的比例混合而成，也可用腐叶土：堆肥土：河沙按照 3：3：1 的比例混合。腐叶土可掺稻壳、煤炭渣，加少量骨粉和蹄片作基肥。盆土不应过于疏松，否则延迟开花或减少开花数。

鳞茎初栽时不灌水，待花葶从鳞茎中抽出 2～5cm 时或不开花鳞茎花葶抽出 10cm 左右时开始灌水，初期灌水量较少，至开花前逐渐增加，开花期应充分灌水。生长期浇水保持湿润，忌过湿过干。8 月以后生长逐渐停止，入冬后保持干燥，放于 10～13℃处休眠越冬。

生长适温 18～25℃，冬季休眠后地上部分枯死，应剪除枯叶并覆土，保持干燥，温度 10～13℃，促使其充分休眠。

【常见品种及类型】朱顶红属植物园艺品种很多，一类是大花圆瓣类，此类花大型，花瓣先端圆钝，有许多色彩鲜明的品种，多用于盆栽观赏。常见品种如‘苹果花’（‘Apple Blossom’），花大，粉色，有红纹；‘红猛士’（‘Red Lion’），花硕大，瓣近圆形，呈浓艳的大红色；‘白皇后’（‘White Queen’），白色花朵硕大，花瓣圆，植株较矮，白色等。另一类为尖瓣类，其花瓣先端尖，性强健，适于促成栽培，多用于切花生产。

【同属常见其他种】

（1）朱顶红（*H. rutilum*）　又名柱顶红、华胄兰、孤挺花、百子莲。鳞茎肥大，近球形，径 5～7.5cm，外皮黄褐色或淡绿色，因花色而异；叶两侧对生，宽带形，先端稍尖，6～8 枚，花后伸长。总花梗中空高出叶片，被白粉，着花 1～4 朵；花喇叭形，花期由冬末至春天，有时可延至初夏。蒴果球形，秋季成熟。现代栽培品种主要为杂交大花种，花色有白、淡红、玫红、橙红、大红或具有各色条纹，大花品种花径22cm以上。

(2) 花朱顶红 (*H. vittatum*) 又名百枝莲，花华胄兰。鳞茎球形，直径5～8cm；叶6～8枚，与花同时抽出或花后抽出，带状，长约50cm；花3～6朵，平伸或稍下垂，花被片红色，中心及边缘具白色条纹，或白色具红紫色条纹；花期春夏。本种杂交种很多，世界各地广泛栽培。

(3) 孤挺花 (*H. paniceum*) 株高30～60cm。鳞茎洋梨状，叶带状，长约50cm，平滑而有纵沟，鲜绿色。花葶比叶长，实心；伞形花序着花6～12朵，稍俯垂，漏斗状；花淡红色，有深红色斑纹，具芳香；花期初秋，为半耐寒性球根植物。

(4) 王百枝莲 (*H. reginea*) 株高30～50cm，大型鳞茎球形，径5～8cm；叶于花后充分生长，长约60cm，宽约4.5cm；花葶着花2～4朵，鲜红色，无条纹；花被片倒卵形，锐头；花期冬春。栽培历史悠久，有重瓣品种，种间杂交种很多。

(5) 网纹百枝莲 (*H. reticulatum*) 鳞茎颈部短。叶4～6枚，倒卵状披针形，长约30cm，宽5cm，基部较狭，与花葶同时抽出；花葶圆筒形，着花3～6朵，花被片倒卵形，喉部无副冠，花鲜红紫色，具暗红色棋盘状条纹；花期9～12月。

【园林应用】朱顶红属植物花大色艳，宜于切花或盆栽观赏。在温暖地区还可配置于露地庭院或林下自然布置。

12.3.7 文殊兰属 *Crinum*

石蒜科球根花卉。具鳞茎。叶多常绿，阔带形或剑形，无柄。花葶直立，实心，高于叶丛；伞形花序顶生，外具两枚大形苞片，着花20余朵；花白色、或有红纹、或带红色，漏斗形或高盆状，无副冠；种子大，绿色。花期多在夏季。同属植物有100种以上，分布两半球热带及亚热带地区（图12-10）。

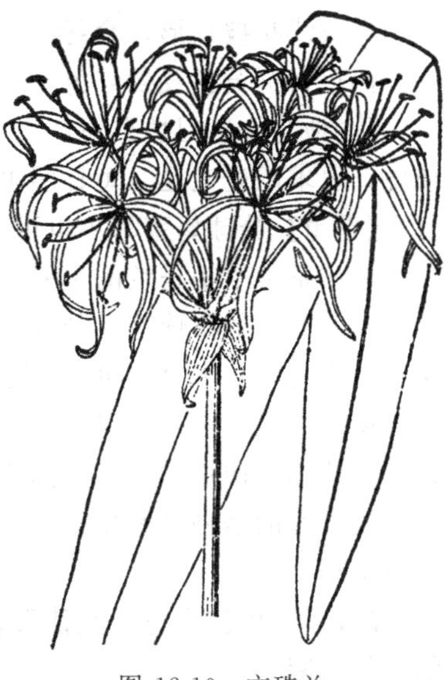

图12-10 文殊兰

【产地与生态习性】文殊兰属植物多分布于热带、亚热带的海岸地区。我国主要分布于福建、台湾、广东、广西等省区，常生于海滨地区或河旁沙地。喜温暖、湿润，喜光稍耐阴，忌强光，耐旱、耐湿，耐寒力因种而异；喜腐殖质含量高、疏松肥沃的沙质壤土。

【繁殖与栽培管理】常用播种和分株繁殖。播种通常采种后即播，用土宜砂质壤土或腐叶土。温度保持20～25℃，播后盆土不宜太湿，约2周发芽，待幼苗出土生长后，再逐渐增加浇水量。播后3～4年开花。

不结实品种采用分株繁殖。于早春或晚秋结合换盆进行。将母株四周发生的吸芽分离，另行栽植。栽时不宜过浅，以不见鳞茎为度。栽后充分灌水，置荫蔽处。

盆栽以腐殖质含量高、疏松肥沃、通透性能强的沙质培养土为宜。

一般生长适温15～20℃，冬季休眠温度10℃为宜。文殊兰属植物根肉质而发达，生长迅速，生长期应经常保持盆土湿润，追施液肥。花前追施磷肥，可使花大色艳。花后及时剪除花葶，以免影响鳞茎发育。夏天移至荫棚下，冬季在冷室越冬。休眠期停止施肥，控制浇水。

【本属常见种】

(1) 文殊兰(*C. asiaticum* var. *sinicum*) 又名十八学士、白花石蒜。常绿球根花卉，株高可达1m。鳞茎长圆柱形。叶多数密生，在鳞茎顶端莲座状排列，条状披针形，边缘波状。花葶从叶腋抽出，着花10～20朵；花被片线形，宽不及1cm，花被筒细长；花白色，具芳香。原产广东、福建和台湾。原种(*C. asiaticum*)，产于印度。叶边缘不呈波状，花被裂片及花被筒均较短。

(2) 西南文殊兰(*C. latifolium*) 又名印度文殊兰。株高30～60cm，鳞茎球形，叶带状，伞形花序着花10～20朵。花高脚碟状，白色有红晕；花被筒长约9cm，稍弯曲，带绿色，裂片椭圆状披针形，外侧中央淡红色，小花梗极短。原产云南、广西、贵州；越南、印度和马来西亚有分布。

(3) 穆尔氏文殊兰(*C. moorei*) 又名粉花文殊兰。株高60～150cm。大型鳞茎卵形，子球多数；叶12～15枚，带状，革质大型，叶缘有宽锯齿；伞形花序着花6～10朵；花白色带粉色，筒部长约10cm，有芳香。原产南非。有白花和叶上有黄色条纹的斑叶变种。

(4) 红花文殊兰(*C. amabile*) 又名苏门答腊文殊兰。株高60～100cm。鳞茎小。叶20～30枚，带状，全缘，鲜绿色。花大，有强烈香气；花被筒部暗紫色，花被裂片内有白色、红色或紫红色纵纹，反曲，外侧紫红色。不能结实。子球繁殖。原产苏门答腊。

【园林应用】可作庭院装饰、花卉绿地草坪的点缀栽植及房舍周边的绿篱，也可作盆栽，用于室内花卉装饰。

12.3.8 小苍兰属 *Freesia*

鸢尾科多年生草本。球茎长卵形或圆锥形，外被纤维质棕褐色皮膜；叶片二列状互生，狭剑形或线状披针形，全缘；花茎细长，穗状花序顶生，着花5～10朵，花偏生一侧，花小，白色、鲜黄色及桃红色，具芳香。

【产地与生态习性】原产南非，为秋植球根花卉，冬季开花，夏季休眠。性喜凉爽湿润环境，要求阳光充足，短日照可促进花芽分化。喜肥沃湿润而排水良好的沙质壤土。

【繁殖】分球繁殖为主也可播种繁殖。

分球是繁殖小苍兰的主要方法。休眠以后取出球茎，分别剥下枯死老球茎产生的新球茎及新球茎产生的小球茎，分级贮藏于凉爽通风处，8～9月再行栽植。周径6～7cm可作为开花球；周径2cm以下的可用于扩大繁殖，经培养后成为开花球。

播种一般于5月初采种，及时播种于浅盆中，播后遮阴并保湿，最适发芽温度为20～22℃，约15d便可发芽。苗高5～6cm时移植，冬季入温室越冬，3～5年可以开花。

国外育的播种繁殖品种，6～7月播种，翌年2～3月开花，株高达60～70cm，极适于切花栽培。

【栽培管理】小苍兰宜秋天栽植，培养土为腐叶土、壤土及河沙等量混合或以2∶1∶1的比例配制。

栽种时圆锥状球尖向上与土表平齐；栽植时用13～17cm的花盆，每盆5～7球，栽植宜稍深。小球种植于浅盆中，株行距2～3cm。为使发芽迅速而整齐，栽植时通常只覆土1cm，待真叶3～4枚时再添土至2.5cm左右。栽后常置于冷凉处，10月下旬移入温室。加强室内通风，翌年2月即可开花。花后继续供水、施肥，并慢慢减量至球茎休眠。

小苍兰花茎细弱，在3～4枚叶时容易倒伏，因此在3枚叶刚开始生长时要及时设立支柱或拉网。

出芽前后保持充足的水分，以后逐渐减少浇水，保持土表稍干即可，忌过干过湿。成苗10～15d后开始追施液肥，每15d一次，按尿素∶磷酸二氢钾∶水为1.5∶1∶2000的比例配制喷洒叶面。抽薹时要求水分充足，出蕾前避免追肥。

小苍兰耐寒力较弱，长江流域与北方均不能露地越冬。生长适温15～20℃，冬季以14～16℃为宜，越冬最低温度为3～5℃，初入温室5～10℃即可。初生苗需通风透阳，但光线不能太强，光照太强、湿度和温度过高均会引起幼苗死亡，温度高时要适当遮阴。

常用改变栽植期、调节温度和日照长度等措施来控制花期。元旦用花时，在7～8月，将球茎放在15～17℃下处理7d，即可打破休眠。栽培中保持15～20℃，精心管理，元旦即可开花。12月上旬供花，可在8月下旬至9月上旬，将球茎直立放于球根贮藏箱中，球茎间隙填以湿苔藓或湿锯末，放入8～10℃的冷库中处理30～40d，然后上盆定植，遮阴保温，待芽变绿后逐渐给予光照，10月下旬移入温室，11月加温，12月上中旬就能开花。春节开花，可在春节前1个月，选健壮植株移入18～20℃的温室中，春节时即可开花。

【本属常见种及品种】

（1）小苍兰（*Freesia refracta*） 又名香雪兰、小葛兰。球茎圆锥形，基生叶约6枚，线状剑形，二列互生，质较硬，全缘；顶生穗状花序，下具膜质苞片。花茎通常单一，花穗呈直角横折，偏生一侧，花小，疏散直立，狭漏斗形，具浓香，黄绿色至鲜黄色；花期春季（图12-11）。

图12-11 小苍兰

小苍兰园艺品种非常丰富，花色有白、红、紫、鲜黄等。

（2）红花小苍兰（*Freesia armstrongii*） 又名红花香雪兰、长梗香雪兰。花茎强壮多分枝，花筒部白色，喉部橘红色，花被片的边缘粉紫色；花期较迟。本种与小苍兰杂交育出许多园艺品种。

（3）白花小苍兰（var. *alba*） 叶片与苞片均较宽。花大，纯白色，花被片近等大，花筒渐狭，内部黄色。

（4）鹅黄小苍兰（var. *leichlinii*） 叶阔披针形，基部成白色膜质的叶鞘。花大，鲜黄色，花被片边缘及喉部带橙红色，有香气。

（5）白花狭管小苍兰（var. *xanthospila*） 花白色，花筒狭窄。

常见的优良品种：‘黄芭蕾’（‘Yellow Ballet’），单瓣，大花，纯黄色，花期极早；‘金色航线’（‘Linebelt Yellow’），单瓣，花硕大，鲜橙黄色，花被片圆钝，茎叶挺直，生长势强健，宜促成和抑制栽培；‘雅典娜’（‘Athenae’），单瓣，大花，纯白色，花期早，适于促成栽培；‘帝蓝’（‘B1uelmperial’），重瓣，大花，深蓝紫色，花被片厚而圆钝，花茎粗，生育旺盛。

【园林应用】小苍兰属植物姿态清秀，花色鲜艳，具浓郁香气，盆栽是元旦、春节点缀厅堂案头的佳品，也是重要的小型切花。在温暖地区可用于花坛、花境、或自然式片植。花可提取香精油。

12.3.9 蜘蛛兰属 *Arachnis*

石蒜科春植球根花卉。鳞茎大型，卵状，被皮膜。叶阔带状，有柄或无柄。花茎实心；

伞形花序，下承以卵状披针形的苞片；花白色，有芳香；花被管长筒状，上部扩大；花被片6，线形或披针形；雄蕊6，着生喉部，花丝下部合生呈杯状或漏斗状的副冠。

【产地与生态习性】原产热带美洲。性喜温暖湿润，阳光充足。宜富含腐殖质的沙质壤土或黏质壤土。在温室常作常绿球根花卉栽培；也可作露地春植球根栽培。

【繁殖与栽培】分球繁殖。

一般春天结合换盆进行分球。冬天放温室内阳光充足处，适当控制浇水。夏天置荫棚下，花期需充分灌水。

露地栽植，在4月份将贮藏的鲜茎囤放于日照充足的温暖处，促使根部活动。5月下旬栽植，栽植场所应选光照良好，富含腐殖质的沙质壤土或黏质壤土处。于秋天深耕40cm左右，施入牛粪、腐叶土等整平作畦。第2年春天栽植前再次翻耕，施入基肥后栽植。栽植深度为鳞茎上覆土2～3cm，鳞茎间距15～20cm。秋末及时采掘，鳞茎充分干燥后，放于8℃左右处干藏。以备翌年春天栽植。

【本属常见种及类型】本属植物约50种，常见栽培的有以下几种。

（1）美丽蜘蛛兰（*H. speciosa*） 又名美丽水鬼蕉，原产西印度群岛，1759年传入欧洲。鳞茎球形，径7.5～10cm。叶片12～20枚，倒披针状长椭圆形，鲜绿色，基部有纵沟。花葶扁，灰绿色；伞形花序，长达23cm，着花10～15朵；花雪白色，有香子兰的香气；花由外向内顺次开放；总苞片5～6枚，披针形，绿色；花筒部带绿色，花被片线形，比筒部长，副冠齿状漏斗形。花期晚秋，其他季节亦开放。

（2）蜘蛛兰（*H. americana*） 又名美洲水鬼蕉，水鬼蕉。原产热带美洲，1758年传入欧洲。鳞茎径7～11cm。叶剑形，直立，端锐尖，鲜绿色。花葶扁平，高30～70cm；花白色，无梗，呈伞状着生；有芳香；花筒部长短不一，带绿色；花被片线状，一般比筒部短；副冠钟形或阔漏斗形，具齿牙缘。

（3）蓝花蜘蛛兰（*H. calathina*）又名蓝花水鬼蕉，原产安第斯山、秘鲁、玻利维亚，1796年传入欧洲。鳞茎球形，颈部呈圆锥状。叶一般6～8枚，多呈二列重迭互生；带状。花葶二棱形，高约60cm；花无梗，2～4朵伞状着生；白色，芳香；花筒部绿色，上部漏斗状开展；花被片披针形，与筒部同长；副冠漏斗形白色，有绿色线条。花期6～7月。有大花变种。

（4）黄蜘蛛兰（*H. amancaes*） 又名黄水鬼蕉，原产秘鲁和智利。叶4～5枚左右疏生，剑形或带状，端尖，有网状脉，鲜绿色。大多直立，基部呈管状包围花葶。花葶三棱形，着花3～6朵，下垂，花大型鲜黄色，有芳香，花筒长6～9cm，下部绿色，上部黄绿色，花被片狭披针形。花期6～7月。

【园林应用】蜘蛛兰类花形奇特，花姿素雅，宜布置花坛或盆栽观赏。

复习题

1. 简述温室宿根花卉的栽培管理要点。
2. 举出10种常用的温室宿根花卉，简要说明其生态习性及栽培管理要点。
3. 仙客来分布于地中海沿岸，简述其生态习性及栽培管理要点。
4. 主要靠播种繁殖的球根花卉有哪些？
5. 球根秋海棠在栽培管理过程中，应注意哪些主要问题？

第 13 章 温室亚灌木与木本花卉

［教学目标］通过学习，掌握香石竹、倒挂金钟、天竺葵属、全苞花和木茼蒿等常见亚灌木花卉以及杜鹃花属、一品红、木槿属、龙吐珠、三角梅和五色梅等常见木本花卉的生态习性、栽培管理要点、繁殖技术、观赏特性及园林应用。

13.1 温室亚灌木与木本花卉概述

亚灌木花卉是指茎干基部木质化的多年生花卉。其性状介于草本花卉与木本花卉之间。许多我们常见的花卉如香石竹、天竺葵、倒挂金钟、文竹、木茼蒿等即为亚灌木花卉。一串红也是亚灌木花卉，但常作一年生栽培。亚灌木花卉大多喜凉爽气候，不耐炎热和寒冷，我国北方地区常作温室栽培。

木本花卉是指具有观赏价值的木本植物。通常具有鲜艳的花色、优美的花形、浓郁的花香。木本花卉种类繁多，生态习性各异，习惯上将其归入园林树木学范畴。本章主要介绍我国北方温室栽培的重要木本花卉。

13.2 常见温室亚灌木花卉

13.2.1 香石竹 *Dianthus* caryophyllus L.

香石竹又名康乃馨、麝香石竹，石竹科常绿亚灌木，常作多年生栽培。株高 30～60cm；茎、叶光滑微具白粉，茎基部常木质化；叶对生，线状披针形，全缘，基部抱茎，灰绿色。花通常单生，或 2～5 朵簇生；花色有白、水红、紫、黄及杂色等；具香气；苞片 2～3 层，紧贴萼筒；萼筒端部 5 裂，裂片广卵形；花瓣多数，倒广卵形，具爪；花期 5～7 月；温室栽培可四季有花，而以 1～2 月为盛花期（图 13-1）。

【产地及生态习性】原产欧洲南部、地中海沿岸至印度。性喜干燥、阳光充足、通气良好的环境。喜肥，要求排水良好、腐殖质含量丰富的黏质壤土，最适宜的土壤 pH 值 6.0～6.5，忌连作。喜冷凉气候，但不耐寒，生长适温 20℃左右。

香石竹在长江以南可以露地越冬，如在上海虽能露地越冬（稍加覆盖更好），但不开花，若为冬春供应切花，仍需温室地栽。华北地区作温室栽培。

【繁殖】香石竹可用扦插、播种、组织培养等方法繁殖。花坛香石竹在大规模生产时，以播种为主，少量繁殖时可用扦插法；切花香石竹一般以组织培养法获得的大量脱毒苗为母本，然后采用扦插法繁殖。

除炎热夏季外，其他任何时间皆可进行扦插繁殖，以 1～3 月效果最好，成活率达 90％以上。扦插床现多用 1/2 泥炭＋1/2 珍珠岩。插穗应选用植株中部粗壮而节间短的侧枝。一般说来 1 月扦插的插穗，要选节间 1cm 左右的侧枝，3～4 月份插穗要选节间 2cm 左右的侧枝，插穗长 4～10cm。植株基部与顶部的侧枝均不宜作插穗。插穗取下后，除留顶端的3～4

1—植株；2—花
图 13-1 香石竹

片叶外，将其余叶片全部摘除，将其浸泡于水中，吸足水分后再行扦插。插穗基部入土 1cm 为宜，株行距均为 3～4cm，插后遮阴、喷水，保持 13～15℃，20～30d 后即可生根。为提高插穗的成活率可用 0.01‰～0.1‰的萘乙酸（NAA）及吲哚丁酸（IBA）处理。

香石竹的繁殖和栽培除传统的方法外，国外广泛应用组织培养和无土栽培。例如英国生产香石竹，大部分用组织培养提供无菌苗，运用无土栽培方式进行大规模生产。

【栽培管理】扦插成活后移至露地苗床进行培育，1 个月后再移植 1 次。土壤要具有一定通透性，使用大量有机肥料，使其疏松肥沃。一般 3 月份移植的幼苗，5 月份即可定植于大田，9 月中下旬开花；5 月移植的幼苗，最迟至 6 月定植，10～12 月份开花。定植株行距为 25～30cm。

香石竹较喜肥，施肥的原则是薄肥多施。定植初期每周施肥 1 次，生长旺盛的 4～5 月以及 8～9 月可每周 2 次。在栽培过程中要特别注意排水，水分过多，根部缺氧，生长不良。摘心也是香石竹栽培的重要措施之一，当苗高 15cm 时，要进行第 1 次摘心，从第 4 对叶以上处摘心，通常保留 2 个侧枝，去掉其余的侧芽；1.5～2 个月后，再摘心整枝 1 次，选 4～5 个健壮侧枝，其余侧芽全部仔细剥去。霜降前后，要将植株带土球移进温室地栽，并将其余不必要的芽全部剥去。在温室种植的密度可远大于露地种植的密度。进入温室以后立即用尼龙绳拉网格，使每 1 株在 1 个网格内，防止倒伏。网格要随植株的生长而相应提升，一般可增加到 3～4 层。

【常见品种及类型】

(1) 露地栽培型

① 一季开花类　花坛香石竹（Border Carnation），耐寒，在上海可露地越冬，在北京冷床越冬，通常作二年生栽培。花梗细、花瓣有锯齿、芳香。花坛香石竹在 150 年以前曾风靡一时，当今除少数品系作为一二年生草本花卉用于花坛外，已少见栽培。

② 四季开花类　四季开花，而以夏天为盛。多具一、二年生习性。主要有以下品种类型。

a. 延命菊型香石竹（Margeurite Carnation）育出年限久，由多种杂交育出，比花坛香石竹花大、株高、花瓣齿裂深、花色丰富。一般作一、二年生花卉栽培。

b. ‘Chaboud’香石竹（Chaboud Carnation）是由延命菊型香石竹和树型香石竹品种间杂交而得。花大轮、香味浓、分枝力强。宜秋播，从 6 月到秋天陆续开花。

c. ‘Enfant de Nice’香石竹（Enfant de Nice Carnation）叶宽，茎粗、节长、花大轮、花瓣齿裂浅，花容丰满圆润，花色丰富。

d. 巨花型香石竹（Supergiant Carnation）是延命菊型香石竹改良的大花品种。花大、茎粗、叶宽、花瓣缺刻少、花色丰富、多重瓣性。

(2) 温室栽培型　四季开花，适于温室地栽或盆栽。主要用于切花生产。

① 四季开花型香石竹（Perpetual Carnation）　通常所说的香石竹，大半是指这类香石竹。温室栽培，也宜露地栽培。花梗多分枝，陆续开花。花大、芳香、花色丰富。在良好栽

培条件下，可连续开花数年。茎基部木质化。这类品种主要由美国育出。

② 玛尔美逊型香石竹（Malmaison Carnation） 由法国育出。叶宽而厚，反卷，株稍低。花大、萼短、花瓣圆、萼易裂。因它发枝力弱，现已少见栽培。

③ 小花型香石竹（Sprays Carnation） 在欧美用于桌饰等很受欢迎。

在我国目前常见栽培的基本是温室栽培的四季开花型的香石竹和露地栽培的花坛香石竹。

【园林用途】香石竹以切花为主，是世界产量最大、产值最高、应用最普遍的切花花卉之一。是制作插花、花束、花篮、花环等的极好材料。花坛香石竹可用于布置花坛。

13.2.2 倒挂金钟 *Fuchsia* hybrida

倒挂金钟又名吊钟海棠、吊钟花、灯笼海棠，柳叶菜科倒挂金钟属。常绿丛生亚灌木或小灌木。株高30～150cm。枝细长，嫩枝晕粉红或紫红色，老枝木质化。叶对生，卵形至卵状披针形，叶缘具疏齿。花腋生，花梗长约4cm，花朵倒垂，萼筒和萼裂片等长，萼裂片平展或反卷，深红色；花瓣4枚，从萼筒中伸出，抱合或略开展；花色多样；重瓣品种花瓣多达10多片（图13-2）。

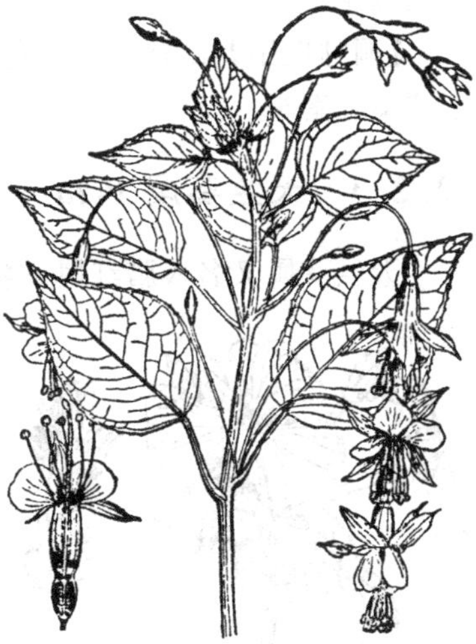

图13-2 倒挂金钟

【产地与生态习性】原产秘鲁、智利、阿根廷、玻利维亚、墨西哥等中、南美洲国家，现在世界各国广泛栽培。喜凉爽湿润、日照充足、空气流通的环境。不耐高温，生长适温10～15℃，超过30℃，生长恶化，处于半休眠状态，35℃以上，则枝叶枯萎，甚至死亡。稍耐寒，冬季室温宜保持10℃左右，可耐3～5℃的低温，3℃以下会发生寒害。稍耐阴，夏天应在半阴处栽培，忌雨淋。要求腐殖质丰富、疏松肥沃、排水良好的沙质壤土。温室栽培，花期春夏。

【繁殖】以扦插繁殖为主，除炎热的夏天外均可繁殖，一般于春秋两季进行。北京常在冬季温室扦插，2月份最好。以健壮的顶梢为插穗，宜随插随剪，插穗长5～6cm，插时保留顶部叶片，保持10～15℃，10～12d生根。生根后，要及时移苗上盆，否则苗株易腐烂。也可播种繁殖，倒挂金钟一般不结实，必须进行人工授粉，待种子成熟即可播种。有的品种人工授粉也不结实，则只能无性繁殖。

【栽培管理】倒挂金钟栽培管理中最关键的是安全越夏问题。我国大部分地区夏季炎热多雨，难以满足倒挂金钟要求凉爽干燥生长环境的需要。栽培中要采取各种降温措施，如在荫棚下栽培；经常向叶面和地面喷水；加强通风等。若能在控温的现代化温室栽培，夏季室温保持25℃以下则可正常生长不休眠。为使生长迅速，开花繁密，要加强水肥管理，除炎夏外，每半月追肥1次。栽培中应多次摘心，以形成丰满的株形，摘心后15～20d即可开花。本种趋光性强，要经常转盆，以免苗株长偏。夏季高温叶片枯落时，剪除上部枝条，控制浇水，使之进入休眠，待秋季气温降低时，植株萌芽，再逐渐浇水施肥，使其正常生长。

【常见品种及类型】本种系经过长期杂交选育而成的，其亲本一般认为主要是短筒倒挂金钟（*F. magellanica*）和长筒倒挂金钟（*F. fulgens*）。园艺品种极多，有单瓣和重瓣品种；花色有白、粉、橘黄、玫瑰紫、茄紫等；有的品种低矮、适于盆栽；有的生长粗壮，宜作嫁接砧木；有的叶片美丽，可供观叶盆栽；还有花小繁密和大花疏花的品种。

【同属常见其他种】同属植物约100种，大部分产于美洲热带及新西兰。

(1) 短筒倒挂金钟（*F.magellanica*） 原产秘鲁和智利南部。株高约100cm。叶卵状披针形，对生或轮生，缘具疏齿，有缘毛，叶面鲜绿色，有紫红条纹。花单生叶腋；花梗细长下垂，长约5cm；萼筒短，绯红色，约为萼裂片长的1/3；花瓣短，莲青色。花期夏秋。有许多园艺品种。

(2) 白萼倒挂金钟（*F.×albacoccinea*） 为栽培种。萼筒长，白色，萼裂片反卷。花瓣红色。

(3) 长筒倒挂金钟（*F.fulgens*） 原产墨西哥。株高100～200cm，地下具块状根茎。叶较大。萼筒长管状，基部细，鲜朱红色，长5～7cm；花瓣短，深绯红色。花期夏季。

(4) 三叶倒挂金钟（*F.triphylla*） 原产西印度群岛。低矮丛生灌木，高20～50cm，叶常3叶轮生，表面绿色，背面鲜红褐色，叶脉上密被绒毛。花朱红色。萼筒长，花瓣短。花期全年。

【园林应用】倒挂金钟花色艳丽、花形奇特、花期较长，为我国常见盆栽花卉，可布置于花架、案头、窗台和会场。夏季凉爽地区可作露地花坛材料。

13.2.3 天竺葵属 *Pelargonium* L. Herit.

天竺葵属又名入腊红属，牻牛儿苗科亚灌木。常有强烈气味；茎粗壮多汁；叶对生，圆形、肾形或扇形，掌状脉或羽状脉，分裂，边缘波状，具齿；具托叶；伞形花序腋生，花左右对称，花萼有距与花梗合生，花瓣与花萼均5枚，蒴果成熟时，5瓣开裂，果瓣向上旋卷（图13-3）。

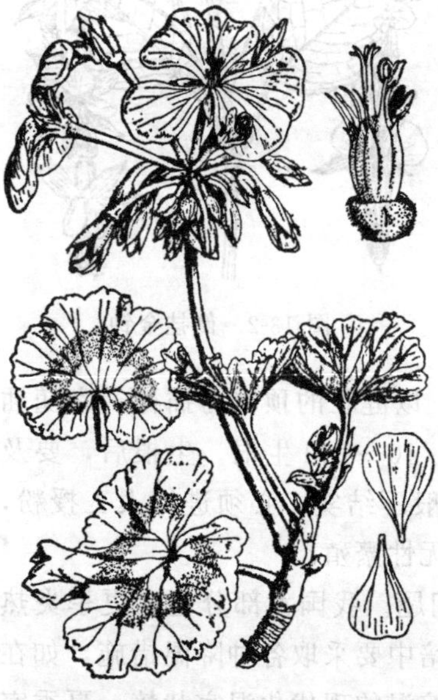

图13-3 天竺葵

【产地及生态习性】天竺葵属植物多数原产南非。性喜冷凉气候，能耐0℃低温，夏季高温季节进入半休眠状态。不耐水湿，稍耐干燥，宜排水良好的肥沃壤土。喜阳光充足，否则开花不良。

【繁殖及栽培管理】繁殖以扦插为主，也可采用播种法和组织培养法。

扦插时期以春秋较为适宜，9～10月扦插，可在冬春开花。天竺葵类植物茎嫩而多汁，夏季高温时扦插易腐烂，茎粗者尤甚。选用插条长10cm，以顶端部最好，生长势旺，生根快。在切取插穗后，切口宜干燥1d后再行扦插，插于沙床或膨胀珍珠岩和泥炭的混合基质中，注意勿伤插条茎皮，否则伤口易腐烂。插后放半阴处，保持室温13～18℃，插后14～21d生根，根长3～4cm时可盆栽。生根后及时移于7～10cm盆中，最后定植于15cm盆内使之开花。扦插过程中用0.01%吲哚乙酸溶液浸泡插条基部2s，可提高扦插成活率和生根率。一般扦插苗培育6个月开花，即1月扦插，6月开花；10月扦插，翌年2～3月开花。

天竺葵类多数为盆栽。盆栽用土以排水良好、富含腐殖质的壤土为宜。定植时以饼肥、过磷酸钙等作基肥，生长期间常追施液肥，但肥料及灌水均不宜过量，否则易导致茎叶徒长，开花延迟。

【同属常见其他种】同属约250种，主要产于南非。我国引入栽培约7种。

（1）天竺葵（*P. hortorum*） 又名洋绣球、入腊红、石腊红。Bailey认为天竺葵是以蹄纹天竺葵（*P. zonale*）和小花天竺葵（*P. inquinans*）经杂交育种而产生的园艺杂种。茎肉质，株高30～60cm；叶互生，圆形乃至肾形，径7.5～12.5cm，通常叶缘内有蹄纹。通体被细毛和腺毛，具鱼腥气味。伞形花序顶生，总梗很长，花在蕾期下垂，花瓣近等长，下3瓣稍大。花色有红、淡红、粉、白、肉红等色。有单瓣和重瓣品种，还有彩叶变种（*P. hortorum* var. *marginatum*），叶面具黄、紫、白色的斑纹。在北京主要花期为5～6月，但除盛夏休眠外，其他季节只要环境条件适宜，皆可不断开花。上海自10月到翌年5月陆续开花。

（2）蹄纹天竺葵（*P. zonale*） 又名马蹄纹天竺葵，亚灌木，株高30～80cm，茎直立，圆柱形肉质。叶倒卵形或卵状盾形，通常叶面有浓褐色马蹄状斑纹，缘具钝锯齿。花瓣为同一颜色，深红到白色；上部2瓣极短，花瓣狭楔形，萼筒比萼片长4～5倍。本种育出彩叶品种极多。

（3）盾叶天竺葵（*P. peltatum*） 又名藤本天竺葵、常春藤叶天竺葵。原产南非好望角。茎半蔓性，多分枝，匍匐或下垂。叶盾形，有5浅裂，稍有光泽。花梗长7.5～20cm，有4～8花，花有白、粉、紫和桃红等色。上2花瓣有暗色斑点和条纹；下3瓣较小。花期冬春。

（4）大花天竺葵（*P. grandiflorum*） 又名蝴蝶天竺葵、洋蝴蝶、毛叶入腊红。茎直立，株高约50cm，全株具软毛；叶上无蹄纹，广心脏状卵形乃至肾形，叶缘齿牙尖锐，不整齐；花大，径可达5cm，数朵簇生总梗上，花的上2瓣较宽，各有1块深色的块斑。花色有紫、淡紫、红、绯红、淡红、白等。花期4～6月，为一季开花种。本种系由大红天竺葵、篱天竺葵（*P. cucullatum*）、心叶天竺葵（*P. cordatum*）及硬叶天竺葵（*P. angulosum*）等杂交而成。

（5）芳香天竺葵（*P. odoratissimum*） 又名极香天竺葵、麝香天竺葵、圆叶天竺葵、苹果香草。茎细弱蔓性，老茎木质化，新枝新叶常簇生于茎顶部，每节抽生叶2～3片，分枝1～3枝。花梗也由节上抽出。伞形花序，花小，白色，上2瓣具红紫色斑纹。含芳香油。手触叶片，即发出诱人香气。

（6）香叶天竺葵（*P. graveolens*） 原产好望角。半灌木，高约1m。叶掌状，5～7深裂，裂片再羽状浅裂，有气味。花桃红或淡红色，有紫色条脉，上2瓣较大。花期夏季。茎叶含芳香油。

（7）菊叶天竺葵（*P. radula*） 原产南非好望角。茎具长毛。叶似香叶天竺葵，但裂片更狭，叶三角形或五角形，2回羽状深裂，各裂片间远离，呈骨骼状。全株白粉。花玫瑰红色，带紫色斑点和条纹。花期夏季。

【园林用途】天竺葵属植物是重要的盆栽花卉。栽培极为普遍。有观花和观叶两类。北京、上海、东北等地常用为春夏花坛材料，是“五一”花坛布置常用的花卉。在冬暖夏凉地区，周年可做露地栽植。香叶天竺葵、菊叶天竺葵和芳香天竺葵等可提取香精，供化妆品、香皂工业用，常作为经济作物大片栽植。

13.2.4 金苞花 *Pachystachys lutea* Nees

金苞花又名黄花狐尾木、黄虾花、金包银，爵床科厚穗爵床属，常绿亚灌木。株高30～

70cm，茎直立，多分枝，基部木质化。单叶对生，长椭圆形，先端尖，叶脉鲜明，叶面皱褶，有光泽，叶缘波状。穗状花序顶生，由直立的心形苞片整齐重叠而成，呈四棱形，长达10～15cm，苞片心形，金黄色，长约3cm；花乳白色，唇形，长5cm左右，从苞片中伸出。花从基部向上陆续开放，每花可开数天，金黄色苞片可保持2～3个月仍鲜丽如初。

【产地与生态习性】原产秘鲁和墨西哥。我国20世纪80年代引作盆栽。喜温暖湿润、光照充足的环境，冬季温度不可低于15℃，不耐强光直晒，而光照不足又不能开花，宜置于明亮的散射光下栽培。无明显的休眠期，在适温下，周年都可生长开花。要求富含腐殖质，疏松肥沃的沙质壤土。

【繁殖】主要用扦插繁殖，生长季都可进行。扦插时间最好在4月，从老株上取长8～10cm嫩梢（枝条没有花苞且半木质化），扦插于沙或蛭石中，温度保持在21℃以上，湿度约80%，约半个月生根，若6月份扦插，则1周就可生根。扦插小苗上盆时，可用塘泥2份、碧糠灰1份、并加豆饼粉或鸡粪作基肥，幼苗1周后才能逐步让它见光。对成活后的小苗，要进行摘心，第1次留1～2节摘心，待新梢长出2～3对叶时，再留1对叶摘心，停止摘心后，2～3个月就可开花。

【栽培管理】除盛夏外，其他季节应充分光照，光照不足，则茎叶徒长，不仅造成株形散乱，而且会影响开花数量和色泽。盛夏是金苞花的盛花期，应置于通风良好的稍荫蔽处养护。加强水肥管理，保持盆土湿润，每月追肥1次。秋末移入温室，若室温在15℃以上，仍能持续抽蕾开花。其生长最适温度为20℃，室温不可低于10℃，否则叶片发黄，甚至脱落。春天，结合换盆进行修剪，促使多分枝，多开花。易受粉虱、红蜘蛛和蚜虫的危害，应及时防治。

【园林用途】金苞花株丛整齐，花色金黄，花期极长，观赏价值很高，适作会场、厅堂、居室及阳台装饰，是室内优美的盆栽花卉。在我国南方还可用于花坛、花境布置。

13.2.5 木茼蒿 *Argyranthemum frutescens*（L.）Sch. Bip.

木茼蒿又名蓬蒿菊、木春菊，菊科常绿亚灌木。高可达1.5m，全株光滑无毛，多分枝。单叶互生，二回羽状深裂，裂片线形，端突尖。头状花序着生于上部叶腋，具长总梗，花径约5cm；舌状花1～3轮，狭长线形，白色或淡黄色；筒状花黄色；花期全年。

【产地与生态习性】原产欧洲南部加那列群岛。性喜凉爽湿润环境，生长适温15℃左右。不耐炎热和雨水浸淋，夏季炎热多雨时，叶片发黄常易脱落。耐寒力较弱，华东、华北地区无霜期露地栽培，冬季需移入温室或冷床越冬。我国云南省昆明地区可露地越冬，且生长良好，几乎全年开花。木茼蒿要求土壤湿润，但忌积水，以疏松肥沃、有机质丰富的沙质壤土为宜。

【繁殖】以扦插为主，全年皆可进行，但应避开炎热的夏天。扦插时期依所需开花期而定。若"五一"用花，要在9～10月时扦插；若需早春开花，可在6月扦插。插床填以河沙，插穗切取后，先插入水中数小时再行扦插，一般插后2～3周生根。

【栽培管理】扦插苗生根后应及时上盆，栽培基质以园土3份、腐叶土2份、河沙1份充分混合为宜。当幼苗长至10cm左右时摘心，使其多发侧枝，形成丰满株形。若露地栽植，应选用湿润、肥沃、腐殖质含量丰富的沙质土。夏季应适当遮阴、防雨。冬季移入温室栽培，温度在10～20℃为好。要求阳光充足，在11月至翌年4月，每天可增加光照4h。生长初期追肥宜淡，以后逐渐加浓，但炎夏不可追肥。经常进行叶面喷水，保持环境湿润。

【常见类型及品种】

（1）黄花木茼蒿（*A. frutescens* var. *chrysaster*） 1874年在法国由播种苗选育而成。适于冬季促成栽培用。生长非常旺盛，舌状花黄色。

（2）重瓣木茼蒿（*A. frutescens* var. *florepleno*） 1912年在英国育出。是木茼蒿的重瓣变种，比一般品种生势弱，着花少。用于盆栽和切花。

【园林用途】木茼蒿生长强健，株丛整齐，花繁色洁，花期很长，是重要的节日用花。多用于冬春切花或盆栽，在温暖地区常用作花坛或花境材料。

13.3 常见温室木本花卉

13.3.1 杜鹃花属 *Rhododendron* Linn.

常绿或落叶灌木，稀乔木或匍匐；叶互生，全缘，稀有缘毛及细齿；花常多数组成顶生伞形总状花序，偶有单生或簇生；萼片小，5深裂，花后不断增大，花冠钟状、漏斗状或管状，裂片与萼片同数，雄蕊5～10枚或更多。

【产地与生态习性】杜鹃花属植物是北温带分布的大属，主产东亚和东南亚。中国是杜鹃花属的集中产地，集中分布于西南山区。种类繁多，生态习性差异较大，多数产于高海拔地区，性喜凉爽湿润气候。要求富含腐殖质、疏松、湿润及pH值在5.5～6.5的酸性土壤。对光有一定要求，但不耐曝晒，在烈日下嫩叶易灼伤枯死。最适生长温度为15～25℃，若温度超过30℃或低于5℃则生长趋于停滞。

【繁殖】杜鹃类可用播种、压条、嫁接、扦插等方法进行繁殖，采用何种方法，取决于繁殖的目的要求与所具有的环境条件。

（1）播种法 如以引种驯化或获取新品种为目的，应采用播种繁殖。常绿杜鹃类最好随采随播，落叶杜鹃可将种子贮存至翌年春天再播。由于种子细小，多用盆播。在浅盆内先填入1/3碎瓦片和木屑以利排水，而后放入一层碎苔藓或落叶以免细土下漏，再放入经过蒸汽消毒的泥炭土或养兰花用的山泥，或用筛过的细腐叶土混加细沙土，略加压平后即可播种。播种前用浸盆法浸湿盆土，播种不宜过密，播后略筛一薄层细沙覆盖或不覆土，盖上塑料薄膜或玻璃，置阴凉处，保持温度15～20℃，约20d即可出苗。苗期应注意喷雾，每日喷雾1～2次，当小苗有2～3枚真叶时分苗，秋后进行分栽。落叶类杜鹃播种后需3～4年开花，而常绿类杜鹃需5～6年。

（2）扦插法 扦插是繁殖杜鹃最常用最方便的方法，用此法繁殖能早日获得大苗，但优良品种成活率较低。一般说来，最适宜并能大量扦插的时间是5～6月，其次在9～10月也较适宜。扦插时选节间较短的当年生半木质化枝条，自基部切下作插穗，修平基部切口，顶端留叶3～5枚，插后保持空气湿润及25～30℃的室温，注意遮阴，1个月后即可生根。扦插基质与播种基质基本相同，也可用河沙、蛭石、珍珠岩等。

（3）嫁接法 杜鹃花的嫁接技术主要用于西鹃的繁殖。常用嫩枝劈接的方法，嫁接苗借助于砧木的强壮根系与良好的适应能力，使一些扦插难以生根的品种长得快，长势好，提早成形开花。选作砧木的植株，根系必须强壮，在适应环境、生长速度、抵抗病虫害等方面具有明显优点。毛鹃是嫁接西鹃的最好砧木。落叶杜鹃可在3～4月进行嫁接工作，常绿性杜鹃可在落花后进行。

(4) 压条法　扦插不易成活的种类可采用此法。由于杜鹃花枝条较脆，故用壅土压条法，入土部分应行刻伤，一般半年可生根。

【栽培管理】杜鹃花类是典型酸性土植物，对土壤酸碱性要求严格。适宜的土壤 pH 值 5～6，pH 值超过 8，则叶片黄化，生长不良而逐渐死亡。盆土可按腐殖土∶苔藓∶山泥为 2∶1∶7 的比例混合而成。国外栽培杜鹃花均为人工配制介质，主要成分是泥炭、苔藓和珍珠岩 3 种。杜鹃花的上盆时间，正常情况都在秋季至春季开花前进行。栽培多年的杜鹃花，盆土肥力大减，结构变差，应每隔 2～3 年换盆 1 次，植株较大的 3～5 年换盆 1 次。

杜鹃花对水分特别敏感，栽培管理上应注意浇水问题。生长季节浇水不及时，根端失水萎缩，随之叶片下垂或卷曲，嫩叶从尖端起变成焦黄色，最后全株枯黄。浇水太勤太多则易烂根，轻者叶片变黄，早落，生长停止，严重时会引起死亡。判断盆土干湿，不能只看盆土表面，要用手触摸，盆土干硬，手指无法摁动说明已很干燥；如果盆壁颜色暗沉，说明盆土潮湿，泛白则干；如果发现叶片稍呈软垂，应立即浇水。如果因浇水不当，使水分经常偏多，老叶变薄，生长停止，叶片失绿泛黄，挽救的办法是将植株置于通风良好地段，控制浇水次数与水量，加强病虫害防治，细心养护，需半年至一年才可恢复过来，这一时期严禁施肥。

施肥也是栽培杜鹃花的重要环节。基肥用长效肥料如蹄甲片、骨粉、饼肥、粪干等有机肥料，在上盆或换盆时埋入盆土中下层。追肥应用速效肥，用量要淡，次数宜多，做到薄肥勤施。施肥要根据杜鹃花各个生长阶段的不同需要而定：开花前每 10d 追施一次磷肥，连续进行 2～3 次；露色至开花应停止施肥；开花以后应立即补给氮肥；7～8 月生长停滞不宜施肥；秋凉季节一般 7～10d 追施一次磷肥，直至冬季，以使花蕾充实。

杜鹃花具有很强的萌芽力，栽培中应注意修剪，以保持株形完美。常用的方法有摘心、剥蕾、抹芽、疏枝、短截等。摘心是当新梢长至一定高度后，将顶芽摘除，或去掉一小段嫩梢，以达到控制植株高度，并促使侧枝萌发的目的。剥蕾是为控制开花过早、过多，减少养分消耗，从秋冬至开花前剥除部分或全部花蕾，有利于抽梢和培养树冠。抹芽是在杜鹃花生长期间，抹去茎干上萌生的幼嫩不定芽，秋季萌芽旺盛阶段，要加强抹芽工作。疏枝与短截是将不必要的枝条从基部加以剪除，或剪除一部分，主要目的是控制植株高度。杜鹃花花蕾在枝条顶端，短截宜在花芽分化前进行，且愈早愈好。

【本属常见种】

杜鹃花属植物约有 900 种，中国约有 530 种，除新疆、宁夏外，南北各地均有分布，尤以云南、西藏、四川种类最多，为杜鹃花属的世界分布中心。

杜鹃花品种很多，全世界达数千个，中国通常栽培的约有二三百个。根据形态特征与亲本来源，可将中国栽培的杜鹃品种分为东鹃、毛鹃、西鹃与夏鹃 4 类。东鹃即东洋鹃，来自日本，包括石岩杜鹃（*R. obtusum*）及其变种。毛鹃即毛叶杜鹃，包括锦绣杜鹃（*R. pulchrum*）、白花杜鹃（*R. mucronatum*）及其变种。西鹃泛指来自欧洲的品种，最早在荷兰、比利时育出，系由皋月杜鹃（*R. indicum*）、映山红（*R. simsii*）及白花杜鹃（*R. mucronatum*）反复杂交而成，是品种最多，花色、花形最美的一类。夏鹃主要亲本为皋月杜鹃，因在 5 月下旬至 6 月开花，故称夏鹃。

(1) 杜鹃（*R. simsii*）又名映山红、照山红、野山红。分布于我国长江与珠江流域各省。落叶灌木，高可达 3m，分枝多，枝条细而直；叶片卵形、椭圆形或倒卵形；花

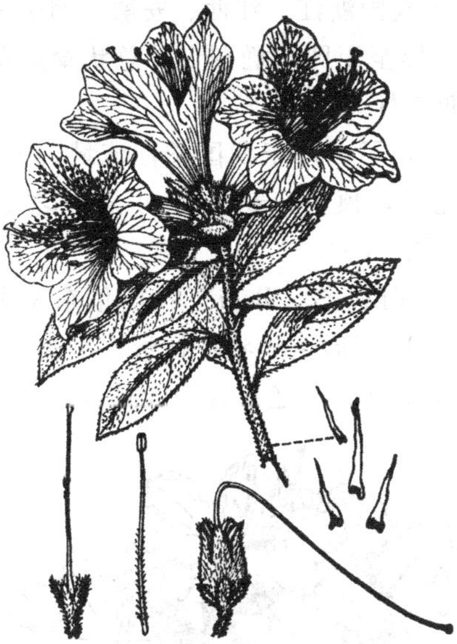

图 13-4　杜鹃

图 13-5　照山白

2～6 朵簇生枝顶，蔷薇色、鲜红色或深红色；萼片小，有毛；花期 4～5 月。变种有紫斑杜鹃、彩纹杜鹃。在长江流域多生于丘陵山坡，在云南，常见于海拔 1000～2600m 的山坡上（图 13-4）。

（2）照山白（*R. micranthum*）　又名照白杜鹃、铁石茶、白镜子。产于我国东北、华北、山东、陕西、甘肃等地。常绿灌木，高 1～2m；小枝细，具短毛及腺鳞；叶厚革质，倒披针形；短总状花序，生于二年生小枝顶端，着花 15～20 朵，花白色；花期 5～6 月（图 13-5）。

（3）马缨杜鹃（*R. delavayi*）　又名马缨花、马鼻缨。产于我国云南、贵州和广西，缅甸也有分布。常绿灌木至小乔木，高 2～15m，树皮呈不规则状剥落；叶革质，矩圆状披针形，簇生枝顶；伞形花序顶生，着花 10～20 朵；花冠钟状，深红色，极艳丽（图 13-6）。

图 13-6　马缨杜鹃

图 13-7　云锦杜鹃

（4）云锦杜鹃（*R. fortunei*） 又名天目杜鹃。产于我国浙江、江西、安徽、湖南等地。常绿灌木至小乔木，高3～4m，枝条粗壮直立；叶矩圆形至矩圆状椭圆形；总状伞形花序，顶生，着花6～12朵，花冠漏斗状钟形，粉红色；花期5月（图13-7）。

（5）羊踯躅（*R. molle*） 又名闹羊花、黄杜鹃、六轴子。产于我国长江流域各省。落叶灌木，高0.5～2.0m；叶矩圆状披针形；总状伞形花序，顶生，着花5～9朵；花冠宽钟状，金黄色，花期5月。全株剧毒，人畜食之会死亡（图13-8）。

（6）白花杜鹃（*R. mucronatum*） 又名毛白杜鹃、白杜鹃。分布于我国华东及湖北，日本也有分布。半常绿灌木，高1～2m；叶二型，春叶披针形至卵状披针形，早落，夏叶矩圆状披针形，宿存枝顶；花1～3朵簇生枝顶，花冠宽钟状，白色，花期5月（图13-9）。

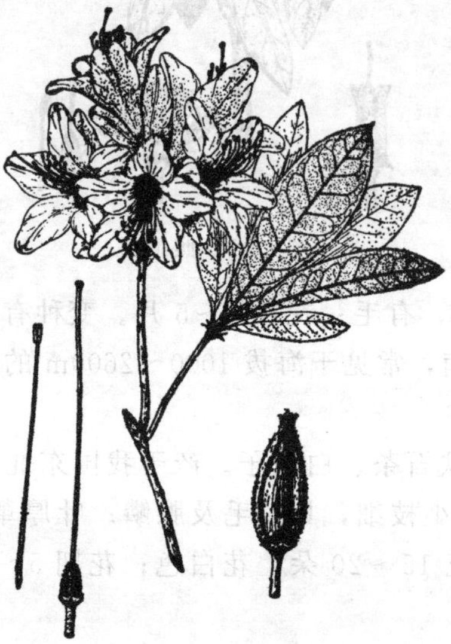

图13-8 羊踯躅

图13-9 白花杜鹃

【园林应用】杜鹃花为我国传统名花，它以种类、花形、花色的多样性被人们称为“花木之王”。在园林中宜丛植于林下、溪旁、池畔等地。也可用于布置庭院或与园林建筑相配置。另外广泛应用于盆栽或加以整形修剪，培养成各种桩景。

13.3.2 一品红 *Euphorbia pulcherrima* Willd. et Kl.

一品红又名象牙红、圣诞树、猩猩木、老来娇，大戟科大戟属直立灌木。株高1～2m，茎光滑有乳汁；叶互生，卵状椭圆形至披针形，长7～15cm，全缘或具波状齿，有时具浅裂；杯状花序多数，顶生枝端，下具12～15枚披针形苞片，开花时呈朱红色；花小，无花被，着生于总苞内；总苞坛状，淡绿色，边缘齿状分裂；花期12月至翌年2月（图13-10）。

【产地与生态习性】原产墨西哥与中美洲。为短日照植物，在日照10h左右，温度高于18℃的条件下开花。性喜温暖湿润及阳光充足的环境，对土壤要求不严，但以微酸性肥沃沙质壤土为好。耐寒性弱，冬季温度不得低于15℃。对水分要求严格，土壤湿度过大会引起根部发病，进而导致落叶；土壤湿度不足，植株生长不良，并会导致落叶。

【繁殖】以扦插为主。硬枝与嫩枝均可用于扦插，但以嫩枝扦插生根快、成活率高。硬枝扦插可在春季换盆时进行，剪一年生粗壮枝条的中下段10～12cm作插穗，剪口处立即涂以草木灰，以防白色乳汁流出；稍干后即可插入盛有干培养土的盆中，一日后方可浇水。扦插成活后不需移植，可直接培养成盆花。也可插入木箱或扦插床中，待其生根后再移入小花盆。嫩枝扦插是在当年生新枝长到6～8片叶子时，取6～8cm长、具3～4节的一段嫩梢，在节下修平，立即投入清水中，以阻止乳汁外流，然后扦插。

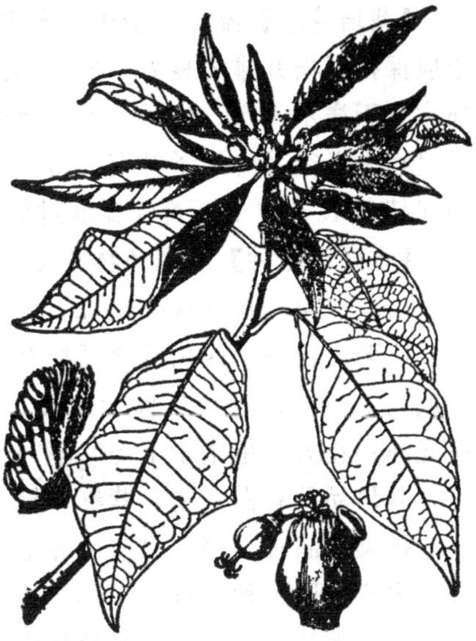

图 13-10　一品红

【栽培管理】我国南方暖地可露地栽培，北方地区则需温室培养。盆栽植株可在4月中旬后移出温室，萌发新梢后换盆。换盆时应结合修剪，剪除老根与枯、弱、病枝，并在留存枝条基部5cm处短截。盆土应用轻松肥沃的培养土，盆底施用腐熟的肥料作基肥。5～6月进行松土并施入一次浓肥。生长期间进行1～2次摘心，促生侧枝。在北方地区，每年10月上中旬移入温室内培养，保证光照充足，室温保持20℃，夜间温度不低于15℃。12月中旬后进入开花阶段，应逐渐加强通风。花后减少浇水并进行修剪以促休眠。一品红既不耐干旱又不耐水湿，栽培中要根据植株生长发育时期、生长状况、天气状况以及盆土的干湿等因素，灵活掌握浇水。如一品红生长旺盛，应适当控制水分，以免引起徒长，破坏株形。

一品红是短日照花卉，利用短日照处理可使提前开花，满足“七一”、“八一”、“十一”等节日用花需求。

【常见品种及类型】一品白（*E. pulcherrima* var. *alba*），总苞片乳白色；一品粉（*E. pulcherrima* var. *rosea*）总苞片粉红色；重瓣一品红（*E. pulcherrima* var. *plenissima*），顶部总苞下叶片和瓣化的花序形成多层瓣化瓣，红色；亨里埃塔·埃克（‘Henrietta Ecke’），苞片鲜红色，重瓣，外层苞片平展，内层苞片直立。

【园林应用】一品红花色艳丽，观赏期长，又正值圣诞节、元旦开花，最适作盆栽观赏或切花。我国南方温暖地区可露地栽培，布置花坛、花篱或作基础栽植。

13.3.3　木槿属 *Hibiscus* Linn.

锦葵科草本、灌木或小乔木。叶互生，掌状浅裂、深裂或不分裂；具托叶，有时早落；花两性，单生叶腋或形成总状花序；花瓣5，基部与雄蕊柱合生；雄蕊多数，下部合生构成雄蕊柱；花柱长，伸出雄蕊柱外。

【产地与生态习性】木槿属植物约200种，在热带、亚热带、温带地区广泛分布，我国约24种，主要产于长江以南各省区。性喜温暖湿润环境，不耐寒，适宜肥沃而排水良好的土壤，要求光照充足。

【繁殖】可用扦插、嫁接法和播种繁殖，其中扦插法最为常用。

扦插可在春、夏两季进行。插穗用粗约1cm的二年生健壮枝条，最好选用侧枝中段，切成长约15cm的插穗。扦插土多用排水良好，通气性强的粗沙，也可用蛭石或珍珠岩作扦插基质。扦插后应保持扦插床湿润并遮阴，在18～25℃条件下，20d后即可生根。生根后要逐渐加强光照，一个半月后即可上盆。为提高扦插成活率，尤其对于难成活的品种，可用生根粉或其他植物激素进行处理。

【栽培管理】温室栽培用土多为腐叶土、园土、河沙等量混合，加入适量腐熟堆肥，盆土应保持轻松并排水良好。3～4月修剪并换盆。生长期浇水要充分，但也不可使其受涝。通常每天浇水1次，浇透为度，夏季可每日早晚各浇1次。该类植物对肥料需求较大，在生长过程中必须及时给予补充，可每周追施液肥1次。夏季移至室外阳光充足处，冬季气温必须保持在15℃以上，否则温度过低会引起落叶。

【本属常见种】本属植物约200种，常见温室常绿种类如下。

(1) 扶桑（*H. rosa-sinensis*） 又名朱槿、朱槿牡丹。原产我国南部，福建、台湾、广东、广西、云南、四川等地区均有分布。常绿灌木，茎直立，多分枝，高可达6m，盆栽者一般高1～3m；叶片广卵形至卵形，先端突尖或渐尖，叶缘有粗锯齿或缺刻，叶面深绿，有光泽；花大，单生于上部叶腋间，有单瓣、重瓣及斑叶品种；原种花红色，中心部分深红色，栽培品种有白、粉、紫红、橙、黄等色；花期夏季，冬季在室内也可开花。

扶桑的品种很多，目前世界上大约有3000个以上，其中夏威夷培育的占绝大多数。变种有朱槿（原变种）(*H. rosa-sinensis* var. *rosa-sinensis*)，喜光，喜温暖湿润气候，不耐寒，华南多露地栽培，长江流域及其以北地区需温室越冬。喜肥沃湿润而排水良好土壤；重瓣朱槿（变种）(*H. roses-sinensis* var. *rubro-plenus*)，亦称朱槿牡丹、月月开、酸醋花，该变种与原变种主要不同处在于花重瓣，红色、淡红、橙黄等色。栽培于中国广东、广西、云南、四川、北京等地。

(2) 拱手花篮（*H. schizopetalus*） 又名吊钟花、吊篮花、风铃扶桑花。常绿灌木，枝细长悬垂；叶卵状椭圆形，叶质较厚，脉明显；花单生叶腋，花梗细长，花大而下垂；花瓣深细裂成流苏状且反卷，雄蕊及花柱远超过花冠，外形似吊灯；花红色至橙红色。温室栽培花期12月至翌年5月，南方露地栽培花期4～7月。

【园林应用】木槿属温室盆栽种类，花期很长，花大色艳，是布置花坛、会场、公园的名贵盆栽花木。在云南、福建、广东一带可露地栽植，尤其适于做花篱。

13.3.4 龙吐珠 *Clerodendron thomsonae* Balf.

龙吐珠又名麒麟吐珠，马鞭草科赪桐属。常绿蔓生灌木，在原产地高可达5m。茎四棱状；单叶对生，卵状椭圆形，长4～11cm，全缘；顶生或枝端腋生聚伞花序，花萼白色，5裂合生，花蕾球形，花冠裂片5枚，红色，展开后呈星状，雄蕊及花柱长而突出，花期5～6月；核果蓝绿色，有光泽，北方盆栽由于积温不足，种子多不成熟（图13-11）。

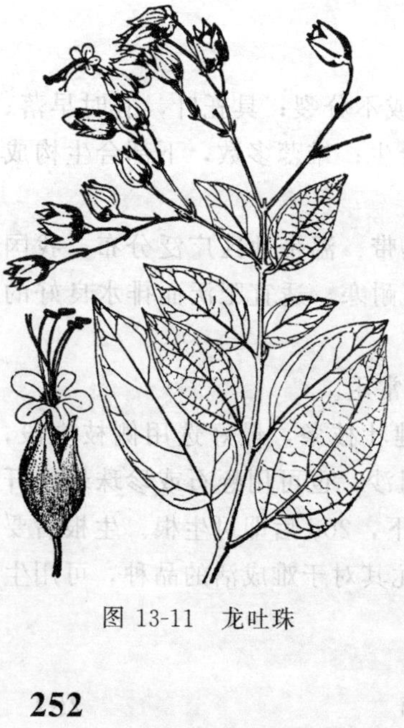

图13-11 龙吐珠

【产地与生态习性】原产西非热带地区，主要分布在几内亚、塞拉利昂、利比亚、加纳等国家，当地年降水量1000mm左右，最低气温在10℃以上。19世纪后期引入中国，华南露地栽培，其他地区盆栽。喜温热湿润、光照充足环境。18℃以上开始生长，最适生长温度在25℃左右；略耐半阴，光照充足有利花芽形成；具深根性，适生于肥沃湿润、排水良好的壤土，也耐瘠薄土壤，忌积水；萌芽力强，耐修剪。

【繁殖】主要采用扦插和播种繁殖。

① 扦插繁殖　一般于每年5～6月进行，可选健壮无病枝条的顶端嫩枝，也可将下部的老枝剪成8～10cm的茎段作为插穗。插床可用泥炭、珍珠岩、腐叶土、河沙和蛭石等基质，以春、秋季扦插最好，扦插适温为21℃，插床温度为26℃，对生根十分有利。插后3周可生根。如用0.5%～0.8%吲哚丁酸溶液处理插穗基部1～2s，可生根快而多。

② 播种繁殖　种子寿命短，采后即播。用浅盆撒播，温度保持在24℃，10d可出苗，苗高10cm时换盆移栽。播种法不易成活，建议使用扦插法繁殖。

【栽培管理】春季结合换盆，可施入基肥，生长季每10～15d可追施1次稀薄的液肥。夏季置荫棚下栽培；可设立不同造型的支架，任其缠绕生长；结合摘心促生分枝，可增加开花量。

【园林应用】龙吐珠花形奇特、开花繁茂，开花时深红色的花冠由白色的萼内伸出，状如吐珠。主要用于温室栽培观赏。

13.3.5　三角梅 *Bougainvillea spectabilis* Willd

三角梅又名叶子花、毛宝巾、洋紫茉莉、三角花、九重葛，紫茉莉科叶子花属，乔木或灌木或为常绿攀援灌木。有枝刺，枝条常拱形下垂，密被柔毛。单叶互生，卵形或卵状椭圆形，长5～10cm，全缘，密生柔毛。花3朵顶生，各具1枚叶状大苞片，鲜红色，椭圆形，长3～3.5cm；花被管长1.5～2cm，淡绿色，顶端5裂。瘦果有5棱（图13-12）。

图13-12　三角梅

【产地与生态习性】同属约18种，原产于南美巴西。喜温暖湿润环境；喜光，光照不足会影响开花；适宜生长温度为20～30℃，不耐寒。三角梅喜肥。夏季供水不足或冬季浇水过量，易造成植株落叶，浇水一定要做到适时、适量，花后浇水要减少。对土壤要求不严。

【繁殖】可采用组培和扦插法。组培繁殖适宜工厂化、大规模生产。扦插是三角梅传统繁殖方法，扦插时，选择花后成熟枝条作插穗，截成每段长15cm，插入插床，插床要保持湿润，温度保持在25℃左右，大约1个月可生根。为促进插穗生根，可用20mg/L IBA处理插穗。生根一个月后移栽上盆，每盆以栽1～3株为宜，注意遮阴，缓苗后给予充足的光照，进入正常肥水管理，一般第二年即可开花。

【栽培管理】三角梅萌芽率高，要使其保持优美树形，需要经常修枝整形。一般每年可进行两次修剪，一次是结合换盆，从基部剪除过密枝、纤弱枝、病虫枝以及徒长枝，保留的枝条，也要剪除顶梢；另一次是在花后新梢生长前再适当进行疏枝，剪去枯枝、过密枝及内膛枝。在新枝生长过程中，还要及时剪除其顶梢，促发更多的新枝，才能多形成花芽，保证年年开花旺盛。生长5～6年，还需短截或进行更新一次。三角梅在高温和短日中诱导成花，而15℃中温则长日与短日均能诱导成花。所以，可使它在“五一”、“十一”开花，满足节日的需要。

【常见品种及类型】

(1)‘大红（深红）三角梅’(‘Crimsonlake’)　叶大且厚，深绿无光泽，呈卵圆形，芽心和幼叶呈深红色，枝条硬、直立，茎刺小，花苞片为大红色，花色亮丽，花期为3～5月、

9～11月。

(2)‘金斑大红三角梅’(‘Lateritia Gold’) 叶宽卵圆形至宽披针形，先端渐尖或急尖，叶基部楔形或截平，叶长达7cm，叶缘具黄白色斑块，新叶的斑块为黄色，渐变为黄白色；苞片单瓣，深红色，先端急尖至圆钝，整苞片近圆形；萼管红色，长约1cm，萼管顶端裂片白黄色。

(3)‘橙红三角梅’(‘Auratus’) 叶色翠绿无光泽，叶大且薄，呈椭圆形。芽心和幼叶呈深绿色，茎干刺小，枝条硬能直立，叶状苞片橙红色，花期3～5月、8～10月。

(4)‘金边白花三角梅’(‘WhiteStripe’) 花叶，叶心草绿色，叶周缘是金黄色，所以得名金边。叶薄呈长椭圆形，茎干刺小不明显，枝条软，花苞片为纯白色，花期3～4月、10～12月。

【同属常见种】光叶子花(*B. glabra*) 叶无毛或疏生柔毛；苞片长圆形或椭圆形，长成时与花几等长；花被管疏生柔毛。常见品种有以下几种。

①‘新加坡大宫粉三角梅’(‘Singapore Pink’) 长形叶，叶大，亮绿，花苞片为宫粉色，叶片花苞征较窄较长，花形极大。

②‘金叶三角梅’(‘Golden Lady’) 叶较小，叶面光亮，叶片金黄色，枝上刺较多，花苞片淡紫色。

③‘银边浅紫(粉粧)三角梅’(‘Eva’) 叶片椭圆，银边斑叶，开浅紫色花，花量较少，花形较小。

④‘金斑浅紫三角梅’(‘Hati Cadis’) 长形叶较大，金边斑叶，开浅紫色花。

⑤‘白苞(色)三角梅’(‘Elizabeth Doxey’) 叶色浅绿，卵圆形、长卵圆形至披针形，先端渐尖至急尖，基部楔形至宽楔形；苞片白色，略带红斑，萼管白色，略带绿。

【园林应用】三角梅树势强健，花形奇特，花色鲜艳、色彩丰富、花期长、适应性强、易造型，既可作观赏盆花，制成微型盆景、小型盆景、水旱盆景等置于阳台、几案，十分雅致；也可栽作花篱及花坛布景等；亦可做切花。

13.3.6 五色梅 *Lantana camara* L.

五色梅又名马缨丹、臭草、七姐妹、山大丹、如意草、五彩花、五雷丹、五色绣球、变色草、大红绣球等，马鞭草科马缨丹属直立或半藤本状灌木。株高1～2m。茎枝四棱形，有刺或有下弯钩刺。全株被短毛，有强烈气味。叶对生，卵圆形，具锯齿，上面粗糙，两面有硬毛。花梗自叶腋抽生，顶生头状伞形花序，小花密生，花冠初开时常有黄、粉红色，继而变成橘黄或橘红色，最后呈红色，花期夏季。

【产地与生态习性】原产巴西，广布热带和亚热带各地。喜光，稍耐阴；耐干旱瘠薄，在疏松肥沃排水良好的沙壤土中生长较好；不耐寒。

【繁殖】多采用播种法和扦插法。南方多采用播种法，采种后可于秋末在高温室内播种，也可春播。播种苗可用来布置花坛，肥水管理适当，当年9月就可开花。北方多采用扦插法，5月剪取五色梅的一年生枝条，长10～15cm，每条有3～4个芽，插入沙土中，经常保持插床土壤湿润，经40～50d即可生根，同时抽生新枝。

【栽培管理】盆栽五色梅春季出房前应翻盆，宜施入充足的基肥。五色梅耐修剪，要使其成为圆头状优美树冠，需经常进行摘心。当幼苗长到约10cm高时即摘心，促使其从基部萌发分枝，保留3～5个枝条作为主枝，待主枝长到一定长度再行摘心。位于上部的主枝先摘心，位于下部的主枝后修剪，上部主枝在摘心时去枝量略多于下部主枝，这样各枝间生长匀称，便形成了圆头状株形。植株成形之后，随着枝条不断生长，以后要经常疏枝和短截。每年春季结合换盆，把过密枝、纤弱枝、交叉枝及病虫枝从基部疏剪掉。保留的枝条，根据生长情况分别留 2～4 个芽短截。开花后及时剪除残花，以免消耗养分。生长期要保持充足的阳光和湿润的土壤，不要太干，特别是开花期间。

【园林应用】五色梅花色美丽，观花期长，绿树繁花，常年艳丽，抗尘、抗污力强，华南地区可植于公园、庭院中做花篱、花丛，也可于道路两侧、旷野形成绿化覆盖植被。盆栽可置于门前、居室等处观赏，也可组成花坛。

复习题

1. 一品红为典型的短日照花卉，要使其在“十一”开花，应采取哪些栽培措施？
2. 切花香石竹有哪几种繁殖方法？其中最常用的是哪种？简述其主要技术要点。
3. 杜鹃花在栽培管理过程中应注意哪些问题？
4. 三角梅在栽培管理过程中应注意哪些问题？

第14章 室内观叶植物

[教学目标] 通过学习，掌握马拉巴栗、朱蕉类、变叶木、吊兰、吊竹梅、喜林芋、竹芋类、花叶万年青、花叶芋等常见室内观叶植物的生态习性、栽培管理要点及园林应用；熟悉常见室内观叶植物的繁殖方法。

14.1 室内观叶植物概述

室内观叶植物是指能适应室内环境条件，较长时间在室内栽植，以观叶为主的观赏植物。

室内观叶植物多用营养繁殖。在栽培管理中基质、浇水和施肥是最需重视的几个环节。

室内观叶植物主要集中于几个科，如棕榈科、天南星科、龙舌兰科、百合科、五加科、鸭跖草科、凤梨科等。一般均喜排水良好的疏松土壤，大部分种类喜中等光照，有一定的耐阴能力，但不同种间即使是同科同属生态习性也各有不同，应充分了解，尽量满足其生态要求，才能得到生长健康、叶色美丽的植株。

14.1.1 室内观叶植物的分类

室内观叶植物，大多原产于热带、亚热带森林中，形成了喜温、喜湿、耐阴的习性，但观叶植物种类众多，对环境条件的要求也因种而异。

按观叶植物越冬所需的最低温度，可以将其分为高温型、中温型、低温型。高温型一般要求冬季室温不低于10～15℃，如海芋、广东万年青、虎尾兰、龙血树、竹芋类；中温型冬季最低室温在5～10℃，如朱蕉、凤梨类的部分品种、铁线蕨、豆瓣绿、彩叶草等；低温型冬季最低室温可低至0～5℃，如橡皮树、吊兰、常春藤、一叶兰等。

按观叶植物对光照的要求，可分为阳性植物、中性植物和阴性植物。阳性植物：喜阳光，在全光照下生长最好，在荫蔽条件下生长不良或死亡，室内观叶植物中此类较少，如变叶木；中性植物：一般需要充足的光照，但有一定的耐阴能力，在室内环境下可以生长良好，如橡皮树、榕树等；阴性植物：喜生于荫蔽条件下，在光照充足或有直射光时，常生长不良，甚至发生叶子灼伤，如一叶兰、花叶万年青、豆瓣绿等。

按观叶植物对水分的需求量及其对水湿和干旱环境的适应能力，可分为水生植物、湿生植物、中生植物、旱生植物。水生植物：常年生活在水中，或在其生命周期内有段时间生活在水中，如香蒲、菖蒲、石菖蒲；湿生植物：喜潮湿环境，适宜在水分供应充足的环境中生长，甚至可以生活在水中，如龟背竹、伞草等；中生植物：一般观叶植物均属这一类型，它们喜欢湿润环境，但忌水分过多；旱生植物：喜生于干燥环境中，需水量较少，如景天科植物、龙舌兰、虎尾兰、芦荟等。

14.1.2 室内环境的特点和植物选择

室内环境与室外环境的主要差别在于光照。建筑内大多数场合只有散射光，且不同位置光照条件有差异。在一些现代化宾馆、酒店中常有专门为室内观叶植物设计的大厅，有大面积的玻璃或人工照明设备，适合绝大部分观叶植物生长。另外在南窗处，离窗 50～80cm 的位置内，阳光较为充足，可放置天门冬、三角梅、仙人掌类、鸭跖草等喜阳的观叶植物；在东窗和西窗附近及南窗 80～150cm 的区域，有部分直射光，绝大部分观叶植物都适合在此处生长；在南窗的 1.5～2.5m 范围内及北窗附近，有光照但无直射光，文竹、观叶秋海棠、龟背竹、豆瓣绿、喜林芋属可在此处正常生长；在离窗较远的阴暗处，只能选择最耐阴的种类，如一叶兰、冷水花及部分蕨类等。

空气湿度也是影响室内观叶植物生长的一个重要因素。在北方，尤其是在冬季取暖季节，空气湿度较低，而室内观叶植物中，原产于热带雨林的种类很多，这类植物往往需要较高的空气湿度，因此，像观叶秋海棠类、竹芋和肖竹芋类、蕨类等一般不适合在北方地区生长。

温度对室内观叶植物的影响相对较小。一般人体所感受的最适温度为 15～25℃，这也是大多数植物生长的最适温度。在冬季，长江流域一般不进行采暖，室内温度甚至低于 10℃，一些喜高温的种类，如肖竹芋属、变叶木等往往生长不良。另外，在一些大型宾馆饭店，长时间使用空调设备，昼夜温差小，也会对植物的生长产生不良影响。

总之，室内空间或每一房间的不同角落的光、温、湿都会有所不同，特别是光照，因此要根据具体位置选择适宜的种或品种。

14.1.3 室内观叶植物的栽培管理

室内观叶植物一般原产于热带、亚热带，喜微酸性土壤。部分种类如凤梨类、竹芋类、龟背竹喜酸性土壤。

浇水应根据植物种类、生长发育阶段、气温、基质性质而定。根据浇水量和间隔时间可分为 3 类。一类冬季需要完全干燥，主要是仙人掌和景天科肉质植物，从春季到秋季为活动期，浇水应见干见湿，即第一次浇水后等盆土完全干燥后再浇，浇水原则是宁干勿湿；第二类占室内观叶植物的大多数，四季都要见干见湿，但冬季浇水的间隔期应较夏季为长；第三类观叶植物喜湿，这类植物常叶大而薄，根部较为细弱，如白网纹草、部分观叶秋海棠等，这类植物在表土干燥后就应浇水。

施肥的基本方法与一般花卉相似，但室内观叶植物的主要观赏部位是叶，因此应保持氮肥供应。施无机氮肥时应注意，在基质中施入氨态氮肥，pH 值会上升，施入硝态氮肥，pH 值会下降。此外，观叶植物还需要相当数量的钙和镁。对彩叶植物应注意氮肥用量，氮过量常使叶色暗淡或失去斑叶。

14.1.4 室内观叶植物的园林应用

室内观叶植物是指能适应室内环境条件，较长时间在室内栽植，以观叶为主的观赏植物。观叶植物大多以叶之形、色、斑纹取胜，但部分种类也有美丽的花朵，可花叶兼观。

室内观叶植物是室内花卉装饰的重要植物材料。在室内应用时可根据室内环境及植物种类灵活运用，可按按规则式、自然式、镶嵌式（以特制的半圆形盆固定于墙壁栽培）、悬垂式（利用吊盆栽植悬垂性花卉，点缀立体空间）、组合式（多种手法灵活搭配在一起）、瓶栽式（利用大小不同、形态各异的玻璃瓶、金鱼缸或水族箱栽培各种矮小植物，形成景观园艺）的方式布置。

14.2 常见室内木本观叶植物

14.2.1 马拉巴栗 *Pachia aquatica* Aubl.

马拉巴栗又名发财树，木棉科马拉巴栗属。常绿乔木，高可达10m，常矮化盆栽。树皮光滑，灰绿色。茎基部常浑圆膨大。掌状复叶。

【产地与生态习性】原产中南美洲墨西哥、哥斯达黎加等国。喜酸性土；耐干旱又耐水湿；喜温暖，最适温度为22～35℃，冬季需保持室温6℃以上；喜阳光但幼树耐阴，在半日照和荫蔽处均能迅速生长。

【繁殖】可播种、嫁接或扦插繁殖。用种子繁殖最为理想，可产生茎基膨大而美观的植株。播种应在秋季，除去果皮，间距10cm播种，出芽后半年苗高30cm即可上盆。扦插易生根，多于春夏季剪取枝条扦插，30d生根。

【栽培管理】马拉巴栗顶端优势明显，分枝少，可用摘心去顶的方法促其分枝，亦可使茎基膨大。上盆时应施以有机肥作基肥，生长期应补给少量的磷钾肥。夏季适当遮阴，烈日直射可能使叶片枯焦。喜湿，应保持盆土湿润。

【园林应用】可作为盆栽，装饰于庭院、室内。在中国这种植物象征着财运。

14.2.2 榕属 *Figcus* L.

桑科，常绿乔木或灌木。有乳汁。叶片互生，多全缘；托叶合生，包被于顶芽外，脱落后留一环形痕迹。花多雌雄同株，生于球形、中空的花托内（图14-1）。

【产地与生态习性】原产于亚洲热带湿润的森林地带，多分布在印度及马来西亚等地。喜高温、多湿和散射光环境。越冬温度一般为5℃以上，个别种类耐寒性强。室内养护要求光线充足和通风良好。以疏松、肥沃、排水良好的沙质壤土为宜。

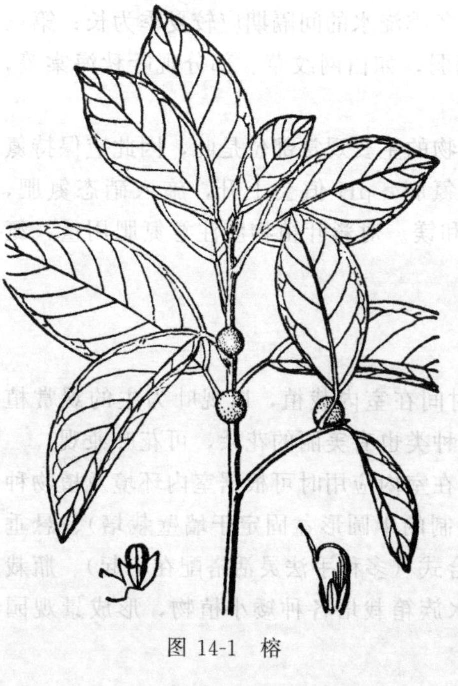

图14-1 榕

【繁殖】扦插或高位压条繁殖。枝插或芽叶插，在5～7月进行。枝插，取一年生、生长充实的枝中段作插穗，每插穗有3～4节，上部留1～2片叶，切口涂抹草木灰，稍晾干，插入湿润沙土中，保持25～30℃的高温，约1个月生根。压条宜于6月中下旬，选取母株茎干上生长充实的半木质化枝条，环状剥皮，宽约茎干粗的1/10，随即包以苔藓或湿润的腐叶土，用塑料薄膜包扎其外，维持基质湿润，1个月左右生根。待根系发育良好，于秋季剪下上盆栽植。

【栽培管理】盆栽幼株上盆后，生长较快，应及时摘心，促进侧枝萌发，一般保持3个主枝，丰满树体。生长旺期，植株需水肥量大，可每10d追肥一次，并充分浇水。冬季控制浇水，将盆置于阳光充足处，并经常叶面喷水或清洁叶面，保持叶色青翠亮丽。生长多年的植株，当盆土表面出现少量地上根时，就要及时换盆，一般2年一次。盆栽为培育小型植株，避免植株旺长，可在春季换盆时，适量断根，栽种到稍大一号的盆中；或在夏季生长期，适当修剪整枝，促下部萌枝，矮化树体。

【本属常见种】本属植物约1000种，中国有20种，分布于西南至东南一带。常见种类有垂榕、琴叶榕和橡皮树。

(1) 垂榕（*F. benjamina*） 原产于印度、东南亚和澳大利亚一带。又名垂叶榕、细叶榕、小叶榕、垂枝榕。自然分枝多，小枝柔软如柳、下垂。叶片革质，亮绿色，卵圆形至椭圆形，有长尾尖。幼树期茎干柔软，可进行编株造型。叶片茂密丛生，质感细碎柔和。品种有‘花叶垂枝榕’（‘Gold princess’），常绿灌木，枝条稀疏，叶缘及叶脉具浅黄色斑纹。

(2) 琴叶榕（*F. pandurata*） 又名琴叶橡皮树，常绿乔木。自然分枝少。叶片宽大，呈提琴状，厚革质，叶脉粗大凹陷，叶缘波浪状起伏，深绿色有光泽。风格粗犷，质感粗糙。

(3) 橡皮树（*F. elastica*） 又名印度橡皮树、印度胶榕、橡胶榕。原产于亚洲热带湿润的森林地带，多分布在印度及马来西亚等地，中国南方可露地栽培。树体高大、粗壮。叶片厚革质，有光泽，长椭圆形，长10～30cm，叶面暗绿色，背面淡绿色；幼叶初生时内卷，外面包被红色托叶，叶片展开即脱落。耐0℃低温。园艺品种极多（图14-2）。

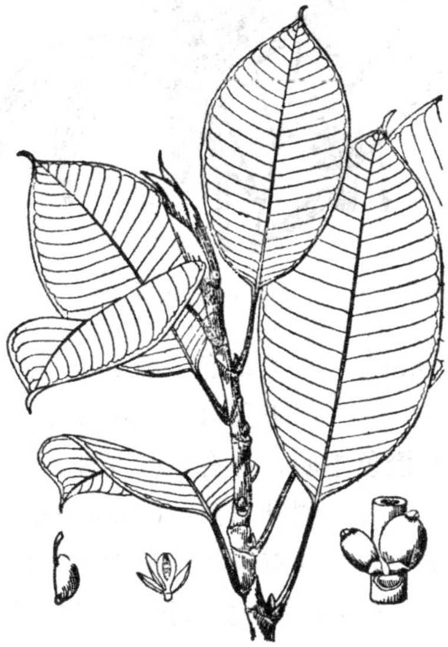

图14-2 印度橡皮树

【园林应用】本属植物多为常绿树，叶色苍翠，郁郁葱葱，遮阴效果好。因种不同而风格各异或粗犷厚重、或高雅潇洒，是室内常用的美丽中、大型盆栽观叶植物，具有很高的观赏价值。

14.2.3 朱蕉属 *Cordyline* Comm. ex Juss.

朱蕉属又名千年木属，龙舌兰科灌木至乔木。根茎块状，匍匐，常发生萌蘖。茎直立不分枝。叶剑形，革质刚硬，密生于枝顶。圆锥花序顶生或侧生，花小，多为白色。

【产地与生态习性】原产亚洲、非洲、大洋洲。通常喜高温高湿。空气湿度不足时，易使叶梢变成棕褐色并导致叶片脱落。夏季宜置半阴处，忌直射强光。不耐寒，越冬时不可低于10℃，空气湿度在50%～60%以上。

【繁殖】播种、分株、扦插均可，一般以扦插繁殖为主。6～10月气温25℃左右，剪取成熟顶端枝条作插穗，至少具3个茎节，顶部留2～3叶，插于湿润沙土中，保温、保湿，30d可生根。也可高枝压条，在5月中旬，利用成熟枝条顶端压条。播种繁殖，夏末秋初采收成熟的种子，泡洗干净，播于疏松、湿润的沙土中，很快发芽。也可切取地下根茎，每段2～3cm或切取3～5cm茎干，横排于培养土中，覆土1cm，保湿，不久生根发芽。

【栽培管理】朱蕉属植物叶片具斑纹品种，强光下易日灼，故夏季需遮光。多年生长的植株，下部叶片脱落严重，影响观赏效果，应及时短截，促发侧枝，扩大冠幅。居室摆设，光照不足或地下根系密集，易造成叶色消退。环境过于干燥、长期不换盆、冬季空气湿度过

图 14-3 朱蕉

低等，都能造成叶片顶端枯萎，下部叶片脱落。室内通风不良、干燥，极易诱发红蜘蛛、介壳虫，应及早控制，叶面勤擦洗、喷水，并多见阳光，保持叶色艳丽。

【本属常见种】

（1）朱蕉（*C. fruticosa*） 原产亚洲热带及太平洋各岛屿。常绿灌木，茎单干，叶宽披针形，长 30～60cm，斜上伸展。顶生圆锥花序长约 30cm；花白色，有时淡红、淡紫色（图 14-3）。

栽培品种很多，主要有：'亮叶'朱蕉（'Aichiaka'），叶绿色，有红色条斑；'夏威夷'小朱蕉（'Baby Ti'），形小，叶狭窄，向下弯曲，铜绿色带红色，边缘红色，有光泽；'斜纹双色'朱蕉（'Baptistii'），叶宽，反曲，深绿色，有淡红及黄色条斑；'彩虹'朱蕉（'Nishikiba'），叶绿色，杂有红色及乳黄色条斑；'三色'朱蕉（'Tricolor'），叶鲜绿色，有乳黄色、草绿色条斑，边缘具红色及粉红色斑块。

（2）绿玉蕉（*C. indivisa*） 产于新西兰。高达 8m，单干，茎细柔，叶窄长，黄绿色，具橙色中肋，并有紫叶变种。

（3）剑叶朱蕉（*C. australis*） 产于澳大利亚。茎单干或叉状分枝，叶无柄、剑状，先端尖，叶缘有不明显的齿牙。顶生或侧生总状花序，花淡蓝色。

【园林应用】朱蕉属植物株形美观，色彩华丽高雅，栽培品种很多，叶形也有较大的变化，为优美的室内观叶植物。

14.2.4 龙血树属 *Dracaena* Vand. ex L.

龙舌兰科，亚灌木、灌木或乔木。叶长剑形，有短叶柄；叶面常具各种斑点和条纹；叶密生枝顶。圆锥花序；子房 3 室，每室 1 胚珠。果实浆果状，球形。

【产地与生态习性】约 150 种，原产亚洲和非洲热带。喜高温高湿，冬季最低温度不可低于 10℃，要求充足的光线，否则叶色不美。喜肥沃土壤。

【繁殖】扦插、埋条或播种繁殖。扦插播种方法与朱蕉属相似，埋条可用老的无叶枝干，剪成 10cm 左右的小段，平埋于繁殖床中，基质以等量的泥炭土和素沙混合，保持湿度和 21～24℃的温度，即可生根发叶。

【栽培管理】盆栽基质宜排水良好的稍黏质土壤，一般由黏质壤土加腐叶土和河沙配成。春季换盆，一般 2～3 年换盆 1 次。生长季要保持充足的水肥，6～9 月，应每 15d 追肥 1 次。

【常见品种及类型】

（1）密叶龙血树（*D. deremensis* 'Compacta'） 又名绿密龙血树、阿波罗千年木、太阳神。叶片披针形，褶皱，仅长 10～15cm，深绿色具光泽，节间甚短而呈密集的莲座状。

（2）绿竹叶龙血树（*D. sanderiana* 'Virescens'） 又名富贵竹，为原产喀麦隆的竹叶龙血树（*D. sanderiana*）的栽培品种。叶披针形，中部为绿色，叶缘为乳白或淡黄色。

【本属常见种】

（1）香龙血树（*D. fragrans*） 又名香千年木、巴西千年木、巴西铁。原产几内亚、塞拉里昂至东南非洲热带。乔木，高 6m 以上。叶簇生，长 30～90cm，宽 3～10cm；叶绿色或具彩色条纹。花被带黄色，有芳香。是本属中最常见的栽培种，有金边、金心、银边等品种。

（2）长花龙血树（*D. angustifolia*） 东南亚广泛分布。灌木状，高 1～3m。茎不分枝或稍分枝，有疏的环状叶痕，皮灰色。叶生于茎上部或近顶端，彼此有一定距离，条状倒披针形。圆锥花序，花绿白色，1～3 朵簇生；花序轴无毛；花丝丝状。

（3）银星龙血树（*D. godseffiana*） 又名星千年木、矮千年木。原产新几内亚。高 30～50cm，叶矩圆形至短圆状卵形，浓绿色，具黄色至乳白色斑点，果实球状，黄绿色或带红色。

（4）虎斑龙血树（*D. goldieana*） 原产新几内亚。亚灌木，单干细长，高约 2m。叶卵形，具急尖的短尖头，长 10～12cm，宽 8～13cm，绿色有光泽，有多数鲜绿色和银灰色的斑点及不规则横带，呈虎斑状，侧脉下陷，叶背中脉非常显著，嫩叶背带红色，叶柄长，有深沟。

（5）剑叶龙血树（*D. cochinchinensis*） 分布于越南、老挝及中国的广西、云南。常绿乔木状植物，茎高可达 5～15m。茎粗大，分枝多，树皮灰白色，光滑，叶聚生在茎、分枝或小枝顶端，花序轴密生乳突状短柔毛，花丝扁平，部有红棕色疣点；花柱细长。本种在叶基部和茎、枝受伤处常溢出少量红棕色液汁，花序轴密生乳突状短柔毛，很容易识别。

（6）海南龙血树（*D. cambodiana*） 又名小花龙血树。分布于海南西南部，也分布于越南、柬埔寨。乔木状，高 3～4m，茎不分枝或分枝，树皮带灰褐色，幼枝有密环状叶痕。叶聚生于茎、枝顶端，几乎互相套迭，剑形，薄革质；花序轴无毛或近无毛；花丝扁平，无红棕色疣点；花柱稍短于子房。

（7）矮龙血树（*D. terniflora*） 产于云南南部，也分布于孟加拉、印度至马来西亚。小灌木状，高不到 1m，具粗厚的根。茎不分枝或有时稍分枝，有疏的环状叶痕。叶生于茎上部或顶端，彼此有一定距离，椭圆形或椭圆状披针形；总状花序顶生。

（8）细枝龙血树（*D. gracilis*） 产于广西南部，也分布于东南亚。高 1～5m，茎常具许多分枝，分枝较细，具疏的环状叶痕。叶生于分枝上部或近顶端，彼此有一定距离，狭椭圆状披针形或条状披针形。圆锥花序生于分枝顶端，较短；花通常单生。

【园林应用】中型至大型盆栽植物。树体健壮雄伟，叶片宽大，叶色优美，质地紧实，具有现代风格。尤其适用于公共场所的大厅或会场布置，增添迎宾气氛。也可切叶。

14.2.5 变叶木 *Codiaeum variegatum*（L.）A. Juss.

变叶木又名洒金榕，大戟科变叶木属常绿灌木。高 50～250cm，光滑无毛。叶互生，叶形变化丰富。有椭圆形、卵形、戟形、线形、旋转形、披针形等，叶色亦多变，有、红、黄、紫、绿等色并杂以各色斑点条纹。花小，单性同株，长总状花序（图 14-4）。

【产地与生态习性】原产马来西亚，性喜高温多湿和光照充足的环境。生长适温 20～30℃，冬季最低温度不可低于 15℃，否则易引起叶片脱落。性强健，不择土壤。

【繁殖】多用扦插法繁殖，也可用播种或压条。春末夏初，剪取一年生带有顶芽的茎段 10cm 为插穗，插于沙中，保持 22～26℃，经 20～30d 可生根；高压法春至夏季均可进行，20～30d 可生根。播种法多用于杂交育种。冬春开花，人工授粉后 6～7 个月种子成熟，采种后应立即播种，约 2 周后发芽。

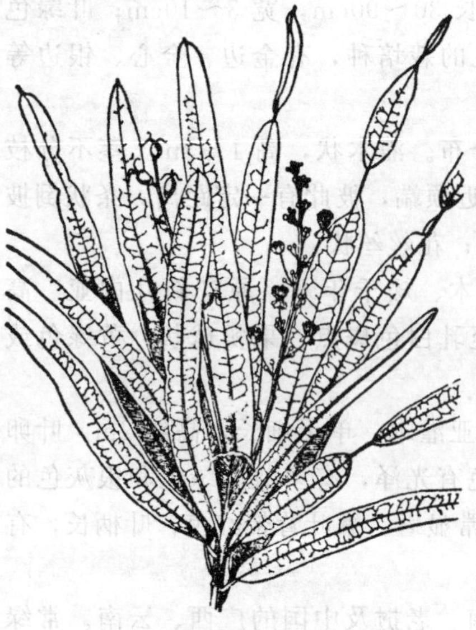

图 14-4　变叶木

【栽培管理】对土壤适应性较强，但以肥沃富含有机质且排水良好者为佳，盆栽可用腐叶土或塘泥。生产中常用河沙 30%、泥炭 30%、粗枝 20%、椰糠 20%配制培养土。喜光，夏秋季可稍遮阴，冬天应注意避风保暖。喜湿润环境，生长季应给予充足水分。喜肥，生长季每 1～2 周施 1 次液肥，每月施 1 次有机肥。注意氮肥不可过多，否则叶色变绿，暗淡不美丽。

【常见品种及类型】变叶木品系较多，依叶形可分为如下变型。

宽叶变叶木（*C. variegatum* f. *platyphyllum*），叶宽可达 10cm；细叶变叶木（*C. variegatum* f. *taeniosum*），叶宽只有 1cm 左右；长叶变叶木（*C. variegatum* f. *ambiguum*），叶长可达 50～60cm；扭叶变叶木（*C. variegatum* f. *crispum*），叶缘反转扭曲；角叶变叶木（*C. variegatum* f. *cornutum*），叶有角棱；戟叶变叶木（*C. variegatum* f. *lobatum*）：叶戟形；飞叶变叶木（*C. variegatum* f. *appendiculatum*），叶片分为基部和端部两大部分，中间仅由叶脉连接。

【园林应用】变叶木是自然界中颜色和形状变化最多的观叶树种，叶形千变万化，叶色绚丽多彩，质感厚重，是室内高档的中、大型盆栽彩叶植物。北方常见盆栽，用于点缀案头、布置会场、厅堂。

14.2.6　龟背竹 *Monstera deliciosa* Liebm.

龟背竹又名蓬莱蕉、电线草，天南星科龟背竹属常绿攀缘藤本。茎粗壮，高可达 7～8m，茎生多数深褐色气生根。叶二裂状互生，幼叶心形，无孔全缘，成叶羽状分裂，厚革质，叶脉间有长椭圆形或菱形孔洞。佛焰苞淡黄色，革质，长约 30cm，肉穗花序长 20～25cm，花两性，下部花可育，浆果（图 14-5）。

【产地与生态习性】原产墨西哥热带雨林，常利用气生根攀援于高大树木或附生树上。性喜温暖湿润及荫蔽环境，不耐寒，冬季应保持 13～18℃，夜间不可低于 5℃，保持湿润，不耐干燥；忌强光直射；宜轻松、肥沃土壤。

【繁殖】可扦插、压条或播种繁殖。一般采用扦插繁殖，于 5～6 月间取带有一成熟叶片的顶芽，插于泥炭和沙等量混合的基质中，叶片卷起，温度保持在14～17℃间即可生根，如需大量繁殖，可将植株砍成若干段，每段 1～2 个芽眼进行扦插。在夏秋季节，将龟背竹侧枝整段劈下，带部分气生根，栽于木桶或大缸中，易成活且迅速成形。播种繁殖也可，种子应随采随播，但北方难以获得种子。

图 14-5　龟背竹

【栽培管理】龟背竹喜光，但应避免夏日中午的直射光。光照越多，叶子越大，裂口也越多；同时龟背竹的耐阴性也很强，可在相当暗的地方放置一段时间。喜湿，空气湿度应保持在60%～70%。生长季应有充足的水分供应，掌握宁湿勿干的原则。6月以后每2周施肥1次，若能将气生根引入基质中，将有利于植株吸收养分。

【常见品种及类型】迷你龟背竹（*M. deliciosa* var. *minima*），叶片长仅8cm；蔓状龟背竹（*M. deliciosa* var. *borsigiana*），茎叶的蔓生性状特别强；石纹龟背竹（'Marmorata'），叶片淡绿色，叶面具黄绿色斑纹；白斑龟背竹（'Albo-Variegata'），叶片深绿色，叶面具乳白色斑纹。

【同属常见其他种】

（1）多孔龟背竹（*M. friedrichsthalii*） 叶片长卵形，深绿色，中肋至叶缘间有椭圆形窗孔，窗孔外缘至叶缘的间距稍宽。

（2）洞眼龟背竹（*M. epipremnoides*） 大型种，叶厚似树藤，叶片长70～80cm，深绿色。

（3）翼叶龟背竹（*M. standleyana*） 叶卵圆形，叶长15～20cm，叶基钝圆，叶面浓绿色，叶柄宽扁，具翅翼，长10～30cm。品种有斑纹翼叶龟背竹（'Variegata'）：叶面深绿色，有乳白色的斑点或斑纹。

（4）斜叶龟背竹（*M. obliqua*） 叶长椭圆形，叶基钝歪。

【园林应用】龟背竹株形优美，叶片形状奇特，叶色浓绿，且富有光泽，整株观赏效果较好。

14.2.7 鹅掌柴 *Schefflera octophylla*（Lour.）Harms

鹅掌柴又名鸭脚木，五加科鹅掌柴属常绿小乔木。掌状复叶，小叶5～8枚，卵状长圆形，有明显脉纹，叶柄长。圆锥花序顶生，花先为绿色，后渐变为淡粉色、浓红色。果深红色（图14-6）。

【产地与生态习性】原产澳大利亚较高海拔地区，是本属中最常见栽培的种。喜温暖湿润，较喜阳光。

【繁殖】多用种子繁殖。播种行春播，保持盆土湿润，在20～25℃条件下，发芽良好，生长迅速，2～3周可出苗。当苗高5～7cm时移植1次，次年即可定植。

也可扦插繁殖，于春季进行，用带2～3个节的枝条，去掉下部叶片，插在排水良好的基质中，保温保湿，一般20～25℃，约1～2个月即可上盆。

图14-6 鹅掌柴

【栽培管理】盆栽用土常以园土加1/3的腐叶土，平时应保持盆土湿润。喜光，但夏季应避免阳光直射，尤其是花叶品种尤忌强光，冬季应尽量放在窗台等光线充足处。夏秋生长季，每月施肥1次。越冬温度最好保持在12℃以上，不可低于5℃，否则易落叶。鹅掌柴生长较慢，又易发生徒长枝，平时需注意经常整形和修剪。每年春季新芽萌发之前应换盆，去掉部分旧土，用新土盆栽。多年生老株在室内栽培显得过于庞大时，可结合换盆进行修剪。

【园林应用】大型盆栽植物，适用于宾馆大厅、图书馆的阅览室和博物馆展厅摆放。春、夏、秋也可放在庭院荫蔽处和楼房阳台上观赏。盆栽布置客室、书房和卧室，具有浓厚的时代气息。

14.2.8 福禄桐 *Polyscias. guifoylei* Bailey

福禄桐又名圆叶南洋森、圆叶南洋参，五加科福禄桐属。常绿性灌木或小乔木，植株多分枝，茎干灰褐色，密布皮孔。枝条柔软，叶互生，奇数羽状复叶，小叶3～4对，对生，椭圆形或长椭圆形，锯齿缘，叶绿常有白斑，散形花序，花小形，淡白绿色。

【产地与生态习性】原产于南太平洋和亚洲东南部的群岛上。喜高温、湿润和明亮光照。耐寒性差，越冬最低温度8℃以上，较耐高温；喜较高空气湿度，盆土不耐积水，怕干旱；要求疏松、肥沃、排水良好的沙质壤土。

【繁殖】扦插繁殖。生长季取1～2年生枝条，长10cm左右，去除枝条下部叶片，插于湿沙中，保持25℃及较高空气湿度，4～6周可生根盆栽。也可高位压条繁殖，5～6月选1～2年生枝条环状剥皮，宽1cm左右，用泥炭土和薄膜包扎，50～60d生根。

【栽培管理】盆栽植株每年春季换盆，更换新土，如地上植株略高，可适当修剪矮化株形，选盆宜稍小，控制株体过大。生长期始终保持盆土湿润，勿过干或过湿，并经常喷水。每半月施肥1次，注意氮肥不可过量，可增施磷、钾肥。盛夏季节适当遮阴，忌强光暴晒，以避免叶片枯黄。冬季将盆置于室内，注意保温，盆土适当干燥，有利于植株安全越冬。

【常见品种及类型】福禄桐根据叶片有3种，分别是圆叶福禄桐、细叶福禄桐和羽叶福禄桐。圆叶福禄桐较为常见，叶缘镶有不规则的乳白色斑，深受花卉爱好者喜爱。

【园林应用】福禄桐茎干挺拔，叶片鲜亮多变，是较为流行的观叶植物，可用不同规格的植株装饰客厅、卧室、书房、阳台等处，既时尚典雅，又自然清新。另有花叶、银边品种。

14.3 常见室内蔓生类观叶植物

这类植物的枝条细长而柔软，不能保持直立状，枝条稍长就会向下悬垂，可长达数米。如从大厅高处向下延伸可形成绿色瀑布或珠帘垂吊。如依附于直立物生长又成攀缘植物。

14.3.1 吊兰 *Chlorophytum comosum*（Thunb.）Baker.

吊兰又名垂盆草、挂兰、钓兰、兰草、折鹤兰，百合科吊兰属，多年生常绿草本植物。根状茎平生或斜生，有多数肥厚的根。叶丛生，线形，叶细长。有时中间有绿色或黄色条纹。花茎从叶丛中抽出，长成匍匐茎在顶端抽叶成簇，花白色，常2～4朵簇生，排成疏散的总状花序或圆锥花序偶然内部会出现紫色花瓣。花期5月（图14-7）。

【产地与生态习性】原产于南非。性喜温暖湿润、半阴的环境。适应性强，较耐旱，不甚耐寒。不择土壤，在排水良好、疏松肥沃的沙质土壤中生长较佳。对光线的要求不严，一般适宜在中等光线条件下生长，亦耐弱光。

【繁殖】多采用分生繁殖。温室内四季皆可进行，常于春季结合换盆，将栽培2～3年生的植株，分成数丛，分别上盆，先于阴处缓苗，待恢复生长后，正常管理或分割匍匐枝顶端小植株另栽植。个别品种开白色花后结果，可采集种子繁殖，但子代叶色会发生退化，影响观赏价值。

【栽培管理】生长势强，栽培容易。生长季置于半阴处养护，忌强光直射，以避免叶片枯焦死亡。但长期光照不足，不长匍匐枝。浇水以表土见干浇透为原则，并经常叶面喷水，保持湿润，如盆土及环境过干、通风不良，极易造成叶片发黑、卷曲。平时追肥应适量，尤其花叶品种，追肥过多，叶片斑纹不明显。由于生长旺盛，应每2年分栽或移植1次，并经常除去枝叶，对于过长匍匐枝，可随时疏除，以保持良好株形。

图 14-7　吊兰

【常见品种及类型】金边吊兰（*C. comosum* var. marginatum），叶缘金黄色；银心吊兰（*C. comosum* var. *mediopictum*），叶片沿主脉具色宽纵纹；中斑吊兰（'Vittatum'），栽培最普遍，叶片中央为黄绿色纵条纹；镶边吊兰（'Variegatum'），叶缘有白色条纹；黄斑吊兰（'Mandaianum'），叶面、叶缘有黄色条纹；

【同属常见其他种】宽叶吊兰（*C. elatum*）原产南非。多年生常绿草本，具根茎。叶基生，宽线形，全缘或稍波状，叶丛间抽出走茎，长30～50cm，花茎细长，生走茎上，超出叶上，花后有时成匍枝，可生根发芽，总状花序，花白色，每苞腋内着花2朵，花被两轮，6片；花期春夏间，室内冬季也可开花。常见变种有金心宽叶吊兰（*C. elatum* var. *mediopictum*），叶沿主脉具黄白色宽纵纹；金边宽叶吊兰（*C. elatum* var. *varzegatum*），叶缘黄白色；银边宽叶吊兰（*C. elatum* var. *marginata*），叶缘绿白色。

【园林应用】株态秀雅，叶色浓绿，走茎拱垂，是优良的室内中、小型盆栽或吊盆观叶植物。室内亦可采用水培，置于玻璃容器中，以卵石固定，既可观赏花叶之姿，又能欣赏根系之态。也可点缀于室内山石之中。

14.3.2　天门冬属 *Asparagus* L.

天门冬属又名文竹属，百合科。根系稍肉质，具小块根。茎柔软丛生。叶片多退化，呈鳞片状；其“叶”实为窄细的叶状茎。

【产地与生态习性】本属植物约有300种，作为观叶或切叶被利用的几乎全原产于热带南非。中国有24种，分布于南北各地。喜温暖、湿润的气候条件。耐寒，可耐2～3℃低温，不耐高温，气温高于32℃时停止生长；室内以明亮散射光为最好，耐半阴。

【繁殖】播种或分株繁殖。2～4月种子成熟后，去掉果皮，晒干。可随采种随播种或沙藏。播种前浸种24h。将种子点播于湿润沙土中，温度保持在15～20℃，经30～40d发芽出土。待苗高5～10cm时即可分苗。或在春季换盆时，分割株丛密集的植株，每丛3～5株，分别栽植。

【栽培管理】夏季阳光直射，极易造成叶片发黄、焦灼。生长季保证水分供应，尤其是空气湿润，干旱或积水生长不良。生长期浇水过多，易叶片发黄、脱落，烂根。春夏为生长旺季，保证充足浇水施肥，秋后控制水肥。冬季入室，置于光照充足处，经常叶面喷水，保持空气湿润，有利于叶色亮丽，果实变为鲜红。

【本属常见种】

(1) 文竹 (*A. setaceus*) 又名云片竹、山草、刺天冬、云竹、羽毛天门冬。多年生攀援性草本。幼时茎直立，生长多年可长达几米以上；茎细，绿色，其上具三角形倒刺。叶状枝纤细，刚毛状，6～12 枚成簇，水平排列呈羽毛状。6～7 月开花，小型，白色。

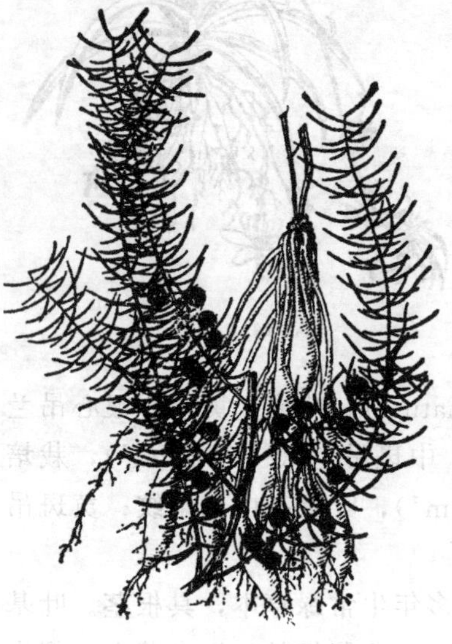
图 14-8 天门冬

(2) 天门冬 (*A. cochinchinensis*) 又名三百棒、武竹、丝冬、老虎尾巴根、天冬草、明天冬。根部纺锤状，叶状枝一般每 3 枚成簇，淡绿色腋生花朵，浆果熟时红色(图 14-8)。

(3) 绣球松 (*A. retrofractus*) 又名松叶天冬、密叶天冬。常绿亚灌木。具纺锤状块根。株高可达 1m 左右。茎直立，丛生，多分枝，茎上有刺。叶状枝针形，密集簇生，浓绿色，犹如小松针。小花白色，有香气。

(4) 非洲天门冬 (*A. densiflorus*) 亚灌木。茎和分枝有纵棱。叶状枝每 3 枚成簇；茎上的鳞片状叶基部具硬刺，分枝上的无刺。总状花序单生或成对，通常具十几朵花；花白色。原产非洲南部。品种有：狐尾天门冬('Myers')，株高 30～50cm，茎自植株基部以放射形生出，直立向上，叶状枝密生，呈圆筒状，针状而柔软，形似狐尾。

【园林应用】天门冬属植物株丛茂密，色浓绿或翠绿，"叶"细碎，质感柔和，是美丽的绿色植物。一些种类适宜室内盆栽或垂直绿化，一些可用于花坛，也是重要的切叶花卉。

14.3.3 吊竹梅 *Zebrina pendula* Schnizl

鸭跖草科吊竹梅属，常绿宿根草本。茎分枝，匍匐性，节处生根；茎有粗毛，茎与叶稍肉质。叶互生，基部鞘状，卵圆形或长椭圆形；叶面银白色，中部及边缘为紫色，叶背紫色。花小，紫红色 (图 14-9)。

【产地与生态习性】原产墨西哥。喜温暖湿润，不耐寒，越冬温度需高于 10℃。喜光，在阳光充足处种植，茎粗叶密，叶色鲜亮；也较耐阴，但过荫处常使茎叶徒长，叶色变淡。

【繁殖】扦插和分株繁殖。吊竹梅的茎接触土壤就会生根，将已生根的茎节切下即可上盆。也可切取茎条，任其干燥 1～2d，插入泥炭和沙的混合基质中，极易生根。由于老植株基部叶片枯黄脱落，影响观赏，因此一年左右即需更新。

【栽培管理】盆栽时常采用等量泥炭土、腐叶土、粗沙混合，保持土壤湿润和较高的空气湿度，每两周施肥一次，氮肥不可过多，否则易失去斑纹。夏季可摆放于无直射光的窗口，冬季应置于向阳处。生长季及时摘心可使株形丰满。

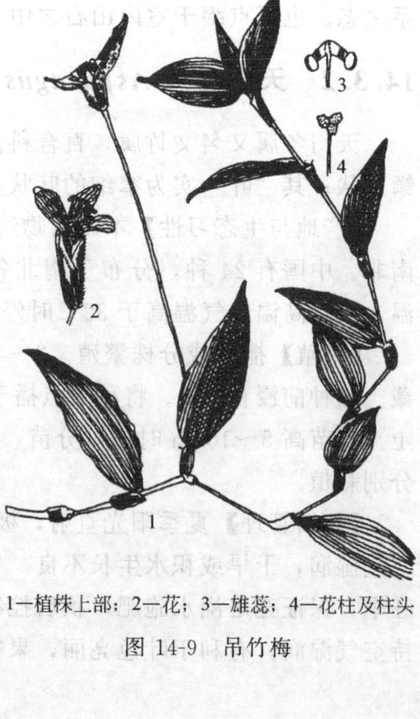

1—植株上部；2—花；3—雄蕊；4—花柱及柱头

图 14-9 吊竹梅

【常见品种及类型】异色吊竹梅（*Z. Pendula* var. *discolor*），叶上有两条明显的银白色条纹；小吊竹梅（*Z. pendula* var. *minima*），叶细，植株矮小；四色吊竹梅（*Z. pendula* var. *quadricolor*），叶暗绿，有粉、红、白色条纹。

【园林应用】吊竹梅枝繁叶茂，四季常青，株形丰满秀美，茎蔓匍匐下垂，适用于盆栽或吊盆悬挂观赏，布置几架、窗台、书柜、门厅之上，任其自然悬垂。亦可瓶栽水养。

14.3.4 淡竹叶 *Lophatherum gracile* Brongn.

淡竹叶又名白斑叶水竹草、白花紫露草，鸭跖草科紫露草属多年生草本植物。具木质根头，须根中部膨大呈纺锤形小块根。茎蔓生或直立，疏丛生，节易发根。叶互生，卵形，叶面绿色，质薄。叶鞘平滑或外侧边缘具纤毛；圆锥花序，分枝斜升或开展，小花白色；苞片2枚，阔披针形。夏秋开花。花果期6～10月（图14-10）。

图14-10 淡竹叶

【产地与生态习性】原产于美洲和非洲南部，我国分布于长江以南各省区。生于山坡、林地或林缘、道旁荫蔽处。喜高温、多湿的半阴环境。生育适温20～28℃；耐阴湿；宜肥沃、疏松的壤土。

【繁殖及栽培管理】扦插繁殖。春到秋季，取6～12cm茎段作插穗，保持湿度，2～3周可生根。栽培容易，生长快。生长期水分要充足，冬季减少浇水。光照不足或水分太大易徒长。摘心或修剪可以促分枝。

【园林应用】质感轻盈，生长繁茂，是室内容易栽培的小型盆栽观叶植物，适宜吊挂观赏。

14.3.5 喜林芋属 *Philodendron* Schott

喜林芋属又名蔓绿绒属，天南星科。常绿灌木、藤本或寄生植物。观赏部位主要是多样化的叶形和叶色，并且部分种类幼龄叶与老龄叶的形态区别很大。佛焰苞花序多腋生，不明显。

【产地与生态习性】大多原产热带雨林，许多种常附生于大树上，气生根可直达地面。喜高温高湿，空气湿度应保持在70%以上，但在稍干燥的条件下也可生长良好；越冬温度不可低于12℃。耐阴，置于无直射光的室内2～3月尚可生长良好。

【繁殖】以扦插繁殖为主。将茎蔓切成带2～4节的小段，插入湿润沙土中或下部用苔藓包缚，部分种类也可水插，保持高温、高湿，则生根容易。为了得到更多的插穗，可以去顶促萌，即生长季节切除植株的顶端，打破顶端优势，促进侧芽快速萌发，切除顶芽后10d左右茎干基部的芽就会萌发，当侧芽长到5～8cm时，取下扦插。也可分株繁殖，生长季剥离植株基部已生根的萌蘖，另行栽植即可。

【栽培管理】喜林芋属植物常见栽培形式为绿柱式。生长旺季保证水分供应，盆土以草炭土与粗沙等量混合，并保持湿润状态。夏季需水多，可经常叶面喷水或自柱子顶端淋水，并每3～4周浇施1次以氮肥为主的复合液肥，水肥不足，下部叶片变黄脱落，生长瘦弱。入冬生长缓慢，应减少浇水，并置于室内明亮处养护，保持室内温度在15℃以上。

【本属常见种】

(1) 白苞喜林芋（*P. erubescens*） 原产哥伦比亚。攀缘植物，茎粗壮，新梢红色，老时灰绿色。叶片长楔形，基部半圆，长 16～35cm，宽 13～19cm，有深红紫色晕，边缘为透明的玫瑰色。植株一般不开花，花后死亡；白色肉穗花序。本种栽培极广，常见品种红苞喜林芋‘Green Emerald’，又名红柄喜林芋、芋叶蔓绿绒，茎幼龄时绿色至红色，老龄时呈灰色。叶鞘深玫瑰红色，不久脱落；叶柄深红色；叶片长楔形，基部半圆形，叶面深绿色有光泽，晕深红紫色，边缘为透明的玫瑰红色，幼龄叶深紫褐色。

(2) 裂叶喜林芋（*P. selloum*） 又名春芋、春羽。茎木质状，高可达 150cm，有气生根。叶片长 60～90cm，宽 30～70cm，羽状分裂，羽片再次分裂，最上的裂片呈不规则三裂，有平行而显著的脉纹。花单性，佛焰苞肉质，白色或黄色；肉穗花序直立。

(3) 心叶喜林芋（*P. gloriosum*） 攀缘植物。叶片长 10～40cm，心状长圆形，分裂。

(4) 天鹅绒喜林芋（*P. melanochrysum*） 茎蔓生，叶卵形、卵状心形或箭形，长 45～75cm，深橄榄绿色，具铜质光泽，叶脉浅色。

(5) 圆叶喜林芋（*P. scandens*） 又名藤叶喜林芋、攀援喜林芋。高大攀援，茎细长；叶较小，圆形，全缘，叶基浅心形，先端有长尖，叶片绿色，少数叶片也会略带黄色斑纹。

(6) 琴叶喜林芋（*P. panduraeforme*） 又名琴叶蔓绿绒、琴叶树滕。常绿藤蔓植物。茎节处有气生根，可攀附支柱上。叶掌状 5 裂，形似提琴，基裂外张，耳垂状，中裂片狭，端钝圆。

【园林应用】本属植物株形优雅美丽，端庄大方，叶大而美丽，多作大型盆栽，是室内优良的观叶植物。

14.3.6 绿萝 *Epipremnum aureum*（Linden et Andre）Bunting

绿萝又名黄金葛、魔鬼藤，天南星科麒麟叶属。常绿藤本，茎长数米。茎叶粗细大小变化很大。节上有气生根，修剪后易萌生侧枝。叶片呈椭圆形或长卵心形，通常绿色，光亮，叶基浅心型，叶端较尖，全缘。

【产地与生态习性】原产马来西亚、西印度、新几内亚。性强健。喜温暖、湿润的散射光环境。冬季温度须高于 5～8℃；要求疏松、肥沃、排水良好的沙质壤土。

【繁殖】通常采用扦插法。茎节极易生根，春末夏初选取健壮的绿萝藤，剪取 15cm～30cm 的枝条，将基部 1～2 节的叶片去掉，注意不要伤及气根，然后插入素沙或水中，深度为插穗的 1/3，淋足水放置于荫蔽处，每天向叶面喷水或覆盖塑料薄膜保湿，20～25℃条件下，3 周可生根。成活率均在 90%以上。

【栽培管理】常将幼株 3 株栽植在直径 25～35cm 的花盆中，盆中央树立一直径 8cm 棕柱，高 80～150cm，让绿萝沿棕柱向上生长，随时捆扎，不使顶尖向下，保持半阴、高温环境，叶面及棕柱常喷水，气生根扎柱丝中固定；也有做吊盆悬垂的。

适应性强，养护简单。生长季充分浇水施肥，如施肥不足，叶片发黄，但施肥过多，茎徒长，破坏株形。盛夏避免直射光，并经常叶面喷水。秋季勿浇水过多，否则极易烂根。冬季室内养护，如光照不足，叶片易徒长，叶片斑纹减少；温度过低，植株易受冻。

【常见品种及类型】青叶绿萝，叶子全部为青绿色，没有花纹和杂色；黄叶绿萝，叶子为浅金黄色，叶片较薄；花叶绿萝，叶片上有颜色各异的斑纹，依据花纹颜色和特点。

【园林应用】绿萝缠绕性强，气根发达，叶色斑斓，四季常绿，是优良的观叶植物，既可让其攀附于用棕扎成的圆柱、树干上，摆于门厅、宾馆，也可培养成悬垂状置于书房、窗台、墙面、墙垣，也可用于林荫下做地被植物。

14.3.7 合果芋 *Syngonium podophyllum* Schott

合果芋又名白蝴蝶、箭叶芋，天南星科合果芋属。常绿藤本，蔓性强，茎部常有气生根。叶大有长柄，叶形变化较多，叶子在幼龄期和成熟期的形状不同：幼龄期的新叶呈箭头状或朝形，而成熟的老叶则是3裂或5裂的掌状叶（掌状叶多至9～11裂）；近叶基之裂片左右两侧，常有小型耳垂状小叶；叶脉内叶基至叶端整齐而平行伸展，形成缘脉。初生叶色淡，老叶呈深绿色，且叶质加厚。佛焰苞浅绿或黄色（图14-11）。

图14-11 合果芋

【产地与生态习性】原产中美、南美热带雨林中。喜高温多湿。适应性强，生长健壮，能适应不同光照环境。喜高温多湿和半阴环境。不耐寒，怕干旱和强光暴晒。

【繁殖】常用扦插、分株、组织培养繁殖。

扦插繁殖的扦插基质为草炭土2份、园土1份、沙1份混合。生根温度为20～25℃。

组培繁殖常用茎顶和侧芽作外植体。茎顶经常规消毒后接种在添加6-苄氨基腺嘌呤5mg/L和吲哚乙酸2mg/L的MS培养基上，45d后将不定芽转移到添加吲哚乙酸2mg/L的1/2MS培养基上诱异生根，经20～25d后成为完整的小植株。

分株繁殖宜结合换盆进行。

【栽培管理】栽培合果芋的盆土，可用塘泥3份，堆肥和沙各1份混合。生长期每半月施肥1次，促进植株生长繁茂、分枝多。夏季适当遮阴，避免强光直射，提高空气湿度。夏季茎叶生长迅速，盆栽观赏需摘心整形。吊盆栽培，茎蔓下垂，如过长或过密也需疏剪整形，保持优美株态。成年植株在春季换盆时可重剪，以重新萌发更新。冬季室内养护，冬季停止施肥，减少浇水，室温保持在12℃以上。5～10月生长旺季保持盆土湿润，每2周浇施一次稀薄肥水，每月喷一次0.2%的硫酸亚铁溶液。合果芋生长速度较快，每年都要换盆一次，生长过程中还应进行适当修剪，剪去老枝和杂乱枝。

【常见品种及类型】 箭头合果芋（'Albelineatum'），幼叶箭形，掌状3裂，叶绿色，叶脉两侧呈银白色，成熟叶深绿色；白纹合果芋（'Albo-virens'），幼叶狭长箭形，淡绿色，向内趋于淡白色，叶缘宽绿色；粉蝶合果芋（'PinkButterfly'），叶盾形，淡绿色，中部淡粉色；银叶合果芋（'SilverKnight'），叶心形，叶面乳白色带浅黄，叶缘绿色，叶柄长；翠玉合果芋（'Variegata'），叶箭形，绿色，具不规则白色斑块，叶柄短；白蝶合果芋（'WhiteButterfly'），叶盾形，浅白色，叶缘具绿色条块和斑纹，叶柄长。

【同属常见其他种】

（1）耳合果芋（*S. auritum*） 叶掌状，幼叶3裂，成熟叶5裂，中裂最大。叶厚，浓绿色，有光泽。

（2）铜叶合果芋（*S. erythrophyllum*） 叶箭形，成熟叶3裂，叶面铜绿色，染有粉红或淡红色。

（3）大叶合果芋（*S. macrophyllum*） 叶心形，较大，不分裂，淡绿色。

（4）绿金合果芋（*S. xanthophilum*） 叶箭形，狭窄，叶面淡黄绿色。

（5）绒叶合果芋（*S. wendlandii*） 叶长箭形，深绿色，中脉两侧具银白色斑纹。

【园林应用】合果芋株态优美、叶形多变、色彩清雅，与绿萝、蔓绿绒被誉为天南星科的代表性室内观叶植物，也是欧美十分流行的室内吊盆装饰材料，还可用做插花的陪叶材料。

14.3.8 常春藤属 *Hedera* L.

五加科。常绿攀缘灌木，具气生根。单叶互生，全缘或浅裂，有柄。花两性，单生或总状伞形花序顶生；花萼全缘或5裂，花瓣5。浆果状核果，含3～5枚种子（图14-12）。

图14-12 常春藤

【产地与生态习性】分布于亚洲、欧洲及美洲北部，我国有常春藤（*H. nepalensis* var. *sinensis*）和台湾菱叶常春藤（*H. rhombea* var. *formosana*），广布于西部、西南部经中部至东部，常攀登于墙壁上或树上，为庭园观赏植物之一。性强健，适应性强，生长适温为20～25℃。较耐寒，在略荫蔽的环境下生长最好，但在光线充足或无直射光的环境中都能正常生长，对土壤及水分要求均不严格，以中性或微酸性的土壤为宜。

【繁殖】扦插繁殖，一年四季均可，最佳季节为秋季。选取嫩枝作插穗，若选用多年生老枝，扦插苗不具攀援性。也可选取含2～3个芽眼的茎段泡在水中，20℃下10d生根。

栽培管理注意事项：基质应排水良好，可用2份泥炭土和1份松针土混合。常春藤喜光，但也有较强的耐阴性，但过于荫蔽时，花叶变绿，生长势减弱。夏季温度超过30℃，生长缓慢，易感染病虫害。加拿利常春藤的耐热性比洋常春藤好。冬季忌室温过高，不可超过15℃，喜较高湿度，作图腾柱式栽培往往生长更佳。

【本属常见种及品种】

（1）洋常春藤（*H. helix*） 茎蔓长达30m，叶卵形或宽卵形，长4～10cm，不裂或3～5裂。叶片深绿色，叶背浅绿色，叶脉色较淡。花小，黄色。果球形，黑色。常春藤原产欧洲至俄罗斯高加索地区。相对耐寒，可忍受短时间的0℃低温。

目前栽培的多为形态颜色各异的栽培品种，如‘冰雪常春藤’（‘Glacier’），又称冰纹叶常春藤，茎节短，叶片较密。叶形小，长3～4cm，宽2～3cm，叶片底色绿，由白色过渡到黄绿色斑纹，叶缘白色或浅粉色；‘金心常春藤’（‘Goldheart’），叶面浓绿色，中心具金黄色斑块；‘银后常春藤’（‘Silver Queen’），叶面中心灰色或蓝绿色，具乳白色宽边，冬季呈淡红色；‘三色常春藤’（‘Tricolor’），叶淡绿色，具白边，秋季呈玫瑰红色，该品种观赏效果佳，但长势弱。

（2）加拿利常春藤（*H. Canariensis*） 叶深绿色，中脉灰绿，茎和叶柄都呈暗红色，叶较大，呈心形，长8～12cm，是常春藤中的大叶种。变种斑叶加拿利常春藤叶片较小，叶缘为轮廓清晰的白色。冬季不应低于10℃。

【园林应用】本属植物是优美的攀援性植物，叶形、叶色极富变化，叶片亮丽光泽，四季常青，是垂直绿化的重要材料。有些品种宜作疏林下地被，又耐室内环境，适于室内垂直绿化或小型吊盆观赏，布置在窗台、阳台等高处。也是切花装饰的特色配材。

14.4 常见室内草本观叶植物

14.4.1 冷水花属 *Pilea* Lindl.

荨麻科多年生草本植物。地下有横生的根状茎。地上茎丛生，肉质，节间膨大，多分枝。叶片对生，呈不规则圆形，叶面绿色，具多条银白色条纹。酷热夏季，淡雅的叶片能带来凉爽之感，得名冷水花（图 14-13）。

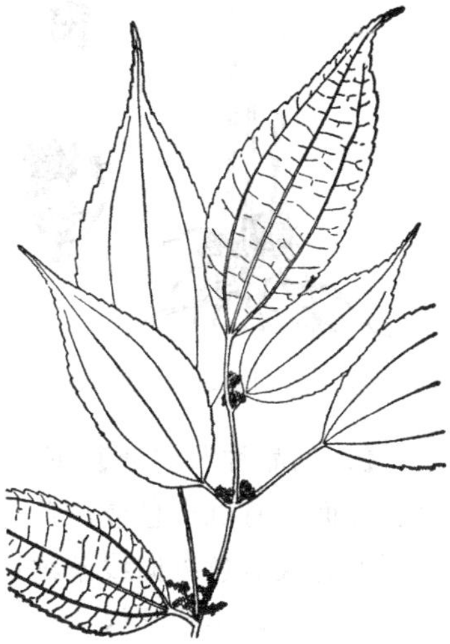
图 14-13 冷水花

【产地与生态习性】原产于热带和温带。喜温暖、湿润的半阴环境。不耐寒，冬季温度不低于 5℃。对光照敏感，强光暴晒，叶片变小，叶色消退；光线过暗，茎叶徒长，茎干柔软，株形松散；以明亮散射光为宜。较耐水湿，不耐干旱。要求疏松透气、排水良好的壤土。能耐弱碱性土。

【繁殖】扦插或分株繁殖。扦插在春秋进行，剪取茎顶 8～10cm 的茎段，留上部叶片，插于细沙土中，保持 20～25℃及较高的空气湿度，10d 即可生根。分株结合春季换盆进行，老茎留基部 2～3 节短截，可促再萌生侧枝成型。

【栽培管理】上盆新株成活后，可摘心促发分枝，丰满株形。生长期保证充足水分，追肥过多，植株易徒长。栽植久的老株，要及时扦插更新，新株成型快。由于生长快，要随时修剪整形，使叶丛通风透光。夏季高温干燥应遮去 70% 的光照。并及时叶面浇水，但高温期叶面切勿经常积水，否则容易造成黑色斑点。秋季开始控水，逐渐增强植株耐寒力。冬季保持盆土稍干状态，若叶面过干，可于中午用温水喷雾，避免介壳虫发生危害。

【本属常见种】本属植物约 200 种。中国 70 余种，分布于西南部至华东地区，但作为观叶植物栽培种类大部分原产热带。

（1）冷水花（*P. notata*） 又名白雪草、透白草、花叶荨麻、铝叶草。叶片卵状椭圆形，先端尖，叶缘上部具疏钝锯齿；绿色的叶面上三出脉下陷，脉间有 4 条断续的银灰色纵向宽条纹，条纹部分呈泡状突起，叶背浅绿色。

（2）镜面草（*P. peperomioides*） 又名镜面掌。老茎木质化，褐色，极短；叶片丛生，盾状着生，肉质，近圆形，浅绿色，有光泽。因叶形似镜子而得名。

【园林应用】冷水花属植物株形圆浑紧凑，叶片花纹美丽，清新淡雅，适应性强，是室内装饰植物的佳品。用于中小型盆栽。

14.4.2 一叶兰 *Aspidistra elatior*

一叶兰又名蜘蛛抱蛋，百合科蜘蛛抱蛋属常绿宿根草本。单叶基生，叶柄绿色，直立，长 20～30cm，叶长卵形，全缘，深绿色，长 20～25cm，顶部渐尖，边缘波状。花紫色，单瓣，花梗较短，直接长在匍匐茎上，花紧贴地面，好似一只抱着蛋的蜘蛛，花期春季。浆果球形（图 14-14）。

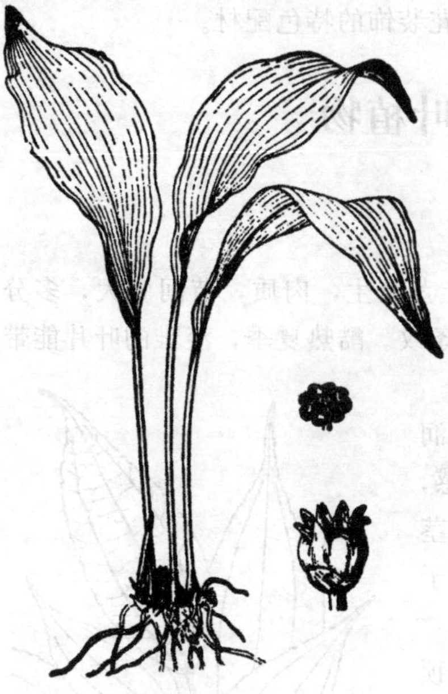

图 14-14　一叶兰

【产地与生态习性】本属植物有13种，分布于亚洲的热带和亚热带地区。中国产8种，分布于长江以南各省区。多野生于常绿阔叶林下或溪流岩石边。性喜阴湿温暖的环境，忌干燥和直射阳光。要求疏松而排水良好的土壤，耐阴性极强，耐寒力强，0℃以下仍可安全越冬，是极好的室内装饰植物，常作中小型盆栽。

【繁殖】一般分株繁殖，全年均可进行，但以3～4月间最佳，用锋利刀片将匍匐根茎切开，分成数丛，每丛应有5～6片叶，上盆即可。

【栽培管理】一叶兰喜疏松、排水良好的沙质壤土。喜阴，可在室内完全无直射光处摆放数月。若阳光过强，盆土过湿易引起老叶脱落。适宜的生长温度为10～20℃，冬季在0℃、微弱光线下仍可不受冻害。空气湿度保持在40%～60%即可。生长季可每月施肥1次，斑叶品种施肥量过大，会使斑点消失。盆栽一般2～3年换盆一次，换盆可结合分株进行。

【常见品种及类型】斑叶一叶兰，又名洒金蜘蛛抱蛋、斑叶蜘蛛抱蛋、星点蜘蛛抱蛋。绿色叶面上有乳白色或浅黄色斑点；金线一叶兰，又名金纹蜘蛛抱蛋、白纹蜘蛛抱蛋。绿色叶面上有淡黄色纵向线条纹；白纹一叶兰，又名白纹蜘蛛抱蛋。叶片镶嵌淡黄白色纵条纹，或半片叶黄，半片叶绿。

【同属常见其他种】

(1) 九龙盘（*A. lurida*）　原产我国广东。多年生常绿草本。叶鞘生于叶基部，不等长，紫褐色，枯后裂成纤维状。叶单生，纤细，坚硬，上面具槽；叶片狭矩圆形至矩圆状披针形，顶端渐尖，基都楔形。

(2) 台湾蜘蛛抱蛋（*A. attenuata*）　原产我国台湾。多年生常绿草本；叶倒披针形，端尖，基部狭，有长柄。花葶高6cm，花阔圆筒状钟形。花期春季。

【园林应用】一叶兰叶形挺拔整齐，叶片浓绿光亮，质硬挺直，植株生长丰满，气氛宁静，整体观赏效果好，又耐阴、耐干旱，是室内绿化装饰的优良喜阴观叶植物。还可作切叶。

14.4.3 竹芋属（*Maranta*）与肖竹芋属（*Calathea*）

竹芋科多年生草本。具根茎；茎通常不分枝。叶基生或茎生，叶片通常阔大，常有美丽的色彩；叶柄短或极长，具鞘。花序头状或球果状，无柄或具柄；苞片2至数枚，通常螺旋排列，稀2行排列；花两性，不对称，花冠管短或长，外轮退化雄蕊1枚，通常较大；种子3颗，有胚乳和2裂假种皮（图14-15）。

【产地与生态习性】约150种，大多原产中南美洲的热带雨林，性喜高温多湿及半阴环境，生长适温16～25℃，越冬温度不低于10℃。要求较高的空气湿度。冬宜阳光充足，夏需半阴。

【繁殖】一般采用分株繁殖。春季将根茎部置于温水中切割，每丛均需带有根茎、根系和叶片。也可用扦插繁殖。

【栽培管理】竹芋类对环境条件要求相对严格，栽培上应注意满足其要求。盆栽土壤以腐叶土、泥炭土和素沙混合为好。温度超过 32℃，低于 10℃，均对其生长不利，冬季最好保持在 13～16℃。对湿度要求高，应保持在 70%～80%，特别是新叶长出后，湿度还应提高。最好将盆钵放在吸水材料，如苔藓、湿沙上。一般冬季需充足光照，夏季切忌曝晒。

图 14-15　竹芋

【常见种】

(1) 花叶竹芋（*M. bicolor*）　又名二色竹芋。株高25～35cm。叶卵形至椭圆形，先端有小突尖，粉绿色，中脉两侧有暗褐色斑块，背面粉绿或淡紫；花序腋生，白色。

(2) 条纹竹芋（*M. leuconeura*）　又名豹纹竹芋。株高 20～30cm；叶宽椭圆形，叶面绿色，中脉两侧有 5～8 对黑褐色大斑块，叶背淡紫色。园艺品种较多，如红脉竹芋，主脉及羽脉红色，中脉两侧具银绿色至淡黄绿色齿状斑块；白脉竹芋，中脉两侧有深绿色或深棕色斑块，叶背天蓝色。

(3) 孔雀肖竹芋（*C. makoyana*）　株高 60cm。叶长可达 20cm，灰绿色，表面密集从中心叶脉延伸至叶缘的深绿色丝状斑纹，叶背紫色带同样斑，叶柄深红色。

(4) 绒叶肖竹芋（*C. zebrina*）　又名天鹅绒竹芋、斑叶竹芋。株高 30～80cm。叶长椭圆形；叶面淡黄绿色至灰绿色，中脉两侧有长方形浓绿色斑马纹，并具天鹅绒光泽，叶背浅灰绿色，老时淡紫红色。

(5) 金花肖竹芋（*C. crocata*）　又名黄色竹芋，株高 30cm，叶椭圆形，浓绿色，叶背红褐色。苞片鹅黄色。

(6) 箭羽肖竹芋（*C. lancifolia*）　又名披针叶竹芋。株高 20～30cm；叶黄绿色，叶面沿侧脉交互分布大小不同的卵形至椭圆形墨绿色小斑块。

【园林应用】竹芋类植物株态秀雅，叶色绚丽多彩，斑纹奇异，有如精工雕刻，别具一格，是优良的室内中、小型盆栽观叶植物。它也是插花的珍贵衬叶。

14.4.4　广东万年青属 *Aglaonema* Schott

广东万年青属又名亮丝草属、粗肋草属，天南星科多年生常绿草本。茎直立或上升，高 40～70cm。叶柄长 5～20cm，1/2 以上具鞘；叶片深绿色，卵形或卵状披针形，不等侧，基部钝或宽楔形，表面常下凹，背面隆起。花序柄纤细，佛焰苞长圆披针形，基部下延较长，先端长渐尖；肉穗花序圆柱形，长为佛焰苞的 2/3。花期 5 月。

【产地与生态习性】原产亚洲热带，生长在热带阴凉湿润的丛林中。生性强健，耐阴力极强。喜温暖，最适生长温度 20～28℃，能耐短时高温，越冬温度一般要求 13℃以上，否则生长缓慢或停止。喜湿，但波叶亮丝草对空气湿度要求不高。

【繁殖】常用扦插和分株繁殖。扦插一般在 4 月进行，剪取 10cm 左右的茎段为插穗，沙插或切口包以苔藓盆栽，保持 25～30℃的温度，80%的湿度，约 30d 生根。广东万年青叶汁有毒，切取插穗时应小心。分株常于春季结合换盆进行，从茎基部分枝切开，伤口涂以草木灰，以防腐烂，分别上盆。

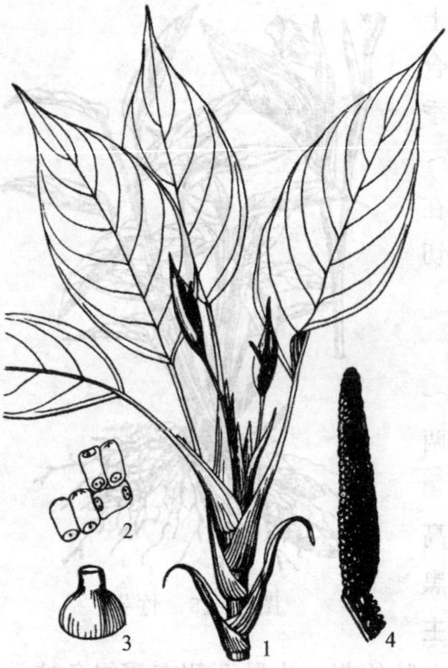

1—植株上部；2—雄花；3—雌花；4—花序

图 14-16　广东万年青

【栽培管理】广东万年青属植物性强健，栽培管理无特殊要求。栽培基质应疏松透气，一般以腐叶土、沙质壤土为宜，pH 值 5.5 左右。喜散射光，忌强光直射，一般夏秋季遮去 65%～75%的光，冬季遮去 50%；在室内观赏时，极耐阴，可长时间摆放。喜空气湿润，但某些种，如波叶亮丝草，相对于竹芋属、肖竹芋属、花叶万年青属更耐低空气湿度，适于北方地区应用。生长期可追施 N∶P∶K＝3∶2∶1 的液肥。

【本属常见种】

(1) 广东万年青（*A. modestum*）　又名亮丝草、粤万年青、粗肋草、大叶万年青、竹节万年青。原产于中国广东等地。株高 50～60cm。茎直立，无分枝，青绿色；茎上有节，节部有凸起的环痕，状似竹节，节上常残存黄褐色叶鞘。叶片椭圆状卵形，有 4～6 对侧脉，基部浑圆，顶端渐尖，叶柄长（图 14-16）。

(2) 斑叶万年青（*A. pictum*）　原产苏门答腊和马来西亚。叶长椭圆形，稍薄，长 10～20cm，叶暗绿包有光泽，具灰绿色的大型花斑。有许多变种。

(3) 波叶亮丝草（*A. crispum*）　原产东南亚。叶长卵形，长 10～18cm，叶绿而有光泽，具灰白色斑纹。

(4) 圆叶亮丝草（*A. rotundum*）　原产苏门答腊。叶卵形，长约 13cm，柄短；深绿色具铜质光泽，细脉粉红，叶背紫红色，具金属光泽。

(5) 白肋万年青（*A. costatum*）　原产马来西亚。矮生种，叶宽卵形，长约 13cm，深绿色，具白色斑纹和中肋。性较耐寒。

【园林应用】本属植物株形丰满端庄，叶形秀雅多姿，叶色浓绿光泽或五彩缤纷，又具有极强的耐阴、耐寒力，特别适宜于其他观叶植物无法适应的阴暗场所，如走廊、楼梯等处。可以瓶插水养，也是良好的切叶。

14.4.5　花叶万年青属 *Dieffenbachia* Schott

花叶万年青属又名黛粉叶属，天南星科常绿亚灌木状多年生草本。茎秆粗壮多肉质，株高可达 1.5m。叶片大而光亮，着生于茎秆上部，椭圆状卵圆形或宽披针形，先端渐尖，全缘，长 20～50cm、宽 5～15cm；宽大的叶片两面深绿色，其上镶嵌着密集、不规则的白色、乳白、淡黄色等色彩不一的斑点，斑纹或斑块；叶鞘近中部下具叶柄。花梗由叶梢中抽出，短于叶柄，花单性，佛焰花序，佛焰苞呈椭圆形，下部呈筒状。其园艺品种甚多，不同的品种叶片上的花纹不同。

【产地与生态习性】多原产南美。喜温暖、湿润和半阴环境。不耐寒、怕干旱。生长适温 18～25℃，越冬温度 15℃以上，如低于 10℃，则叶片发黄脱落，根部腐烂。忌强光直射，喜柔和的散射光。较耐肥，要求疏松肥沃、排水良好的土壤。

【繁殖】常用分株、扦插繁殖，但以扦插为主。有时可采用播种繁殖，大规模繁殖常采用组织培养。

25℃的温度下可随时进行扦插，剪取10～15cm长的嫩枝，保留上部叶片，切口用草木灰或硫磺粉涂敷，插于沙床或用苔藓包扎切口，保持较高的空气湿度，置半阴处，日照约50%～60%，在25～30℃温度条件下，插后15～30d生根，待茎段上萌发新芽后移栽上盆。也可将老基段截成具有3节的茎段，直插土中1/3或横埋土中诱导生根长芽；带茎顶的一段可以水插，28～30℃水温下，14d可生根。

可利用基部的萌蘖进行分株繁殖，一般在春季结合换盆时进行。操作时将植株从盆内托出，将茎基部的根茎切断，涂以草木灰以防腐烂，或稍放半天，待切口干燥后再盆栽，浇透水，栽后浇水不宜过多。10d左右能恢复生长。

【栽培管理】喜排水良好的轻松土壤，可用腐叶土和粗沙混合使用。春夏两季应大量供水，并经常向叶面和叶背喷水。高温干燥易发生红蜘蛛。低温时可控制水量。3～8月每周追肥1次，生长季应多施氮肥，成形后应控制肥量以稳定株形。10月以后，开始控制浇水，以增强抗寒力。冬季入室，置于明亮光线处，温度保持在10～15℃，盆土微干，但空气干燥时，可在中午以温水喷雾，提高空气湿度，否则其叶片大而柔软，易弯垂，不挺直。

【本属常见种】

(1) 花叶万年青（*D. picta*） 叶常聚生枝顶，叶柄长10～15cm，基部约1/2呈鞘状，叶矩圆形至矩圆状披针形，长15～30cm，叶面绿色，有白色或淡黄色不规则的斑纹。是最常见的栽培种。常见品种为白玉黛粉叶（'Camilla'），株高40cm，叶片乳白色，叶缘周边深绿色（图14-17）。

图 14-17 花叶万年青

(2) 大王黛粉叶（*D. amoena*） 又名豆花叶万年青。株高可达2m以上。叶片大，浓绿色，布满黄色斑点。著名品种有'暑白黛粉叶'（'Tropic Snow'）。

(3) 鲍斯氏花叶万年青（*D. bausei*） 又名星点黛粉叶。叶片黄绿色，有白色和深绿色的鲜明斑点，叶背和叶柄淡绿色。为花叶万年青和维氏万年青（*D. weirii*）的杂交种。

(4) 哑蕉（*D. seguine*） 茎粗壮，叶柄绿色，有白色点纹，叶片卵圆形，基部圆形或心形，先端突然变窄。原产西印度群岛。

【园林应用】花叶万年青叶片宽大、黄绿色，有白色或黄白色密集的不规则斑点，有的为金黄色镶有绿色边缘，色彩明亮强烈，优美高雅，观赏价值高，是目前备受推崇的室内观叶植物之一。植幼株小盆栽，可置于案头、窗台观赏。中型盆栽可放在客厅墙角、沙发边作为装饰，令室内充满自然生机。

14.4.6 花叶芋 *Caladium bicolor* Vent.

花叶芋又名彩叶芋，天南星科花叶芋属多年生块茎植物。叶基生，心形或箭头形，绿色，具白、粉、深红等色斑。佛焰苞绿色，上部浅绿色到白色（图14-18）。

【产地与生态习性】花叶芋原产巴西、几内亚、泰国等热带地区。喜高温、高湿和半阴环境。不耐低温，越冬块茎贮藏温度不低于15℃，否则易受冻腐烂；气温高于20℃，块茎开始发芽生长；低于12℃，地上叶片枯黄。喜充足的光照，忌强光暴晒。光照不足，叶色

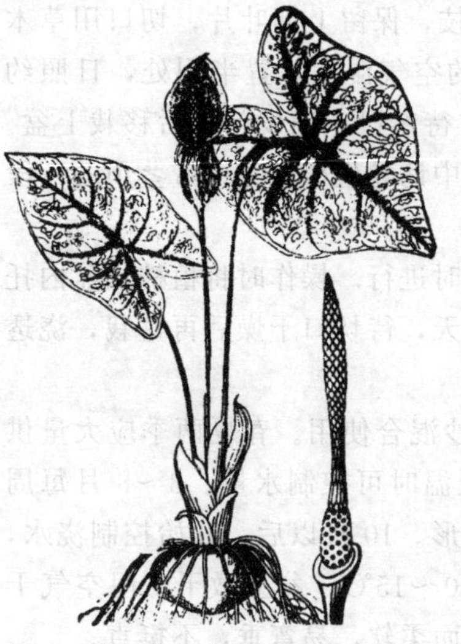

图 14-18 花叶芋

差，易徒长，叶柄伸长，叶片易折断，株形不均衡。要求疏松、肥沃、排水良好的微酸性腐殖土。

【繁殖】多用分割块茎的方法繁殖。每年3～4月将块茎周围的小块茎剥下，晾干数日，上盆栽培；或在块茎萌芽时，用刀纵切块茎，每块应有2～3个芽，切口涂以草木灰。稍晾干后栽种在苗床上覆土，保温及给予充足的光照，待发根后，即可上盆栽植。生产栽培中用叶片和叶柄进行组培繁殖。

【栽培管理】盆栽宜用肥沃疏松的土壤。室内要求有阳光照射，避免过阴过湿，否则会引起叶片徒长、倒伏。生长期需充分浇水，每月可施2次液肥。当温度降至15℃以下时，茎叶开始变软萎蔫，逐步进入休眠状态。此时，应把块茎连盆一起置于较温暖处，或把块茎储藏于干燥沙土中，保持18℃，当翌年春天温度回升至20℃，即可上盆。

【常见品种及类型】本种由两种花叶芋属植物杂交而成。品种繁多，按叶脉颜色可分为绿脉、白脉、红脉三大品种群。

绿脉类如'白鹭'('White Candium')，叶白，质地薄，宜半阴；'白雪公主'('White Princess')，小叶种，叶纯白色，脉及边缘为深绿色。

红脉类如'雪后'('White Queen')，叶色较白，略皱；冠石('Keystone')，大叶种，叶深绿色，具白色斑点，主脉橙红色。

白脉类如'海鸥'('Seagull')，叶绿色；主体('TheThing')，大叶种，叶中心为乳白色，叶缘绿色，主脉白色，叶面嵌有深红斑块。

【园林应用】花叶芋叶片色泽美丽，变化极多，适于温室栽培观赏，夏季是花叶芋的主要观赏期，叶子的斑斓色彩充满着凉意，是室内重要的中、小型盆栽彩叶植物。

14.4.7 白鹤芋 *Spathiphyllum kochii* Engl. et Krause

白鹤芋又名苞叶芋、白旗苞叶芋，天南星科白鹤芋属。根茎极短。萌蘖多。叶基生；叶片长椭圆形，端长尖，中脉两侧不对称；叶面深绿，有光泽，叶脉明显；叶柄长于叶，下部鞘状。佛焰苞长椭圆状披针形，白色，稍向内翻转；肉穗花序黄绿色或白色；花茎高出叶丛。

【产地与生态习性】原产于哥伦比亚。喜温暖、湿润的半阴环境。耐阴性强，忌强光直射。耐寒性差，越冬温度应在14～16℃；适宜富含腐殖质、疏松、肥沃的土壤。

【繁殖】常用分株、播种或组培繁殖。分蘖多，分株结合春季换盆进行，栽培容易。也可人工授粉，种子采收后立即播种，不宜久存。播种温度25℃，温度过低，种子易腐烂。目前生产中主要用组培繁殖，量大且株丛整齐。

【栽培管理】喜肥，生长旺季肥水充足，生长壮。冬季应置花盆于光照充足处，若长期光线阴暗，不易开花。室内空气太干燥，新生叶变小，发黄，甚至脱落。冬季保持盆土偏干，有利于安全越冬。若生长旺盛，要定期移植，维持土壤良好透水通气状态。及时拔去过密的植株，剪除垂下的软枝。

【常见品种及类型】'绿巨人'('Sensation')，株高1m左右，叶宽披针形，宽15～

25cm，亮绿色，叶柄长30～50cm，佛焰苞大型，白色，长18～20cm；‘大银苞芋’（‘Mauraloa’），杂交品种，株丛高大挺拔，高50～60cm，叶长圆状披针形，鲜绿色叶脉下陷，佛焰苞初为白色，后变为绿色。

【园林应用】白鹤芋翠绿叶片，洁白佛焰苞，非常清新幽雅，是世界重要的观赏花卉，具有纯洁平静、祥和安泰之意。可盆栽观赏，在南方，配置小庭园、池畔、墙角处，别具一格。其花也是极好的花篮和插花的装饰材料。

14.4.8 海芋属 *ALocasia* Schott

天南星科多年生草本。地下有肉质根茎，茎粗短。叶具长柄，下部多少具长鞘；叶片幼时通常盾状，成年植株的多为箭状心形，边缘全缘或浅波状，有的羽状分裂几达中肋。肉穗花序，粗而直立，短于佛焰苞；佛焰苞管部卵形、长圆形，席卷，宿存，果期逐渐不整齐地撕裂；花单性，子房卵形或长圆形，浆果大都红色，椭圆形，倒圆锥状椭圆形或近球形。

【产地与生态习性】本属有70种，分布于亚洲热带和美洲热带。我国产4种，分布我国南部和西南部。海芋属植物要求高温高湿，冬季室温应保持20℃以上，不可低于15℃。在半阴而闷湿处生长最好。不喜空气流通。

【繁殖】常利用根茎扦插或分离萌蘖。插穗切口要涂以硫黄粉或草木灰，插于沙或苔藓中。以5～8月为适期。有的种类植株基部能分生小球，可将它栽于盆中，在30℃以上温度下发芽。此外，也可采用播种法，发芽适温为24℃左右。

【栽培管理】盆栽用土可用泥炭土、腐殖质壤土和河沙等量混合，并加入少量苔藓及木炭块。也可单用苔藓栽培。春季3月换盆。盆底部要放碎瓦片等排水物，厚度约为盆高的1/3。植株宜高植，以利排水，盆土应高出盆边，土面覆以苔藓，可促进新根发生。放背风的半阴处栽培。为保持较高的相对湿度，可向叶面和周围地面洒水。但不可过分水湿，以免引起根部腐烂。

【本属常见种】

（1）海芋（*A. macrorrhiza*） 叶片大而薄，盾形，叶柄长，深绿色。斑叶海芋（*A. macrorrhiza* var. *variegata*），叶片浓绿色，具乳白色和浅绿色斑块（图14-19）。

（2）美叶芋（*A. sanderiana*） 又称美叶观音莲。叶长箭形，银绿色叶面有光泽，具有灰白色叶脉，主侧脉突出明显。

（3）楼氏海芋（*A. lowii*） 叶形大，阔心脏形，叶面淡棕绿色，叶脉灰绿色。

（4）大叶观音莲（*A. longiloba*） 叶箭形，叶长30～50cm，叶柄细长挺立，叶面墨绿色，叶脉银灰绿色。

（5）莫特方坦观音莲（*A. mortefontanensis*） 叶长50cm，长箭形，淡蓝绿色，具银、绿脉纹。

（6）沃森观音莲（*A. watsoniana*） 叶形大、皱褶、革质，叶蓝绿色，具银、白脉纹，叶背紫色。

（7）科氏观音莲（*A. korthalsii*） 叶箭形，淡绿色，具银白色脉纹。

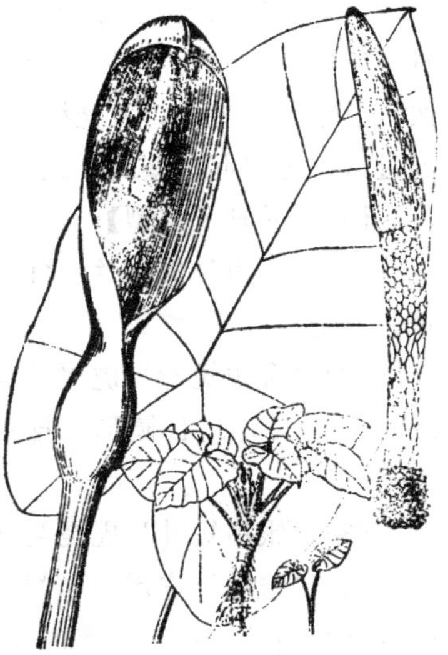

图14-19 海芋

【园林应用】海芋株形挺拔，茎干粗壮古朴，叶片肥大、光亮，是大型观叶植物，宜用大盆或木桶栽培，适于布置大型厅堂或室内花园，也可栽于热带植物温室，十分壮观。

14.4.9　虎尾兰 *Sansevieria trifasciata* Prain

虎尾兰又名虎皮兰，百合科虎尾兰属多年生草本植物。具有匍匐的根状茎，每一根状茎上长叶2～6片。叶基生，直立，厚革质，长30～120cm，基部渐狭成沟状，端部渐尖；两面具明显的浅绿色和深绿色相间的云状横纹。花葶长30～60cm，总状花序单生，花白色至淡绿色，有香味。花期春季（图14-20）。

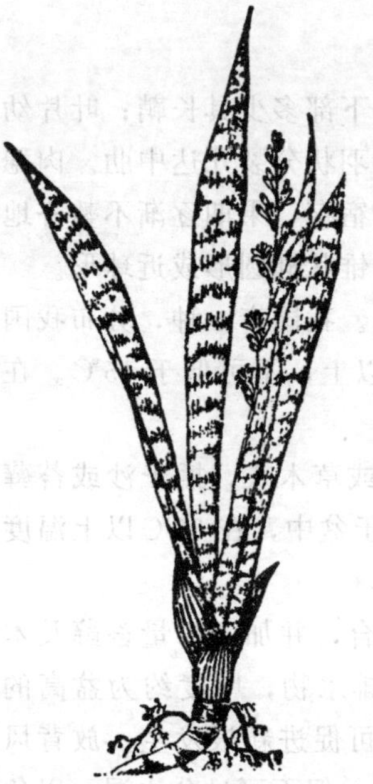

图14-20　虎尾兰

【产地与生态习性】原产非洲热带及印度东部热带干旱地区。性强健，抗逆性强，喜温暖、光照充足的干燥环境。不耐寒，生长适温20～30℃，冬季温度10～15℃，不可低于5℃；夏天需适当遮阴，冬季应置光线充足处。较耐通风不良。宜通气排水良好的土壤。

【繁殖】用扦插和分株法繁殖。温度15℃以上可随时进行扦插，但以夏季最宜。选取健壮充实的叶片切成10cm左右的段，稍晾干切口，插于繁殖床上，深度2～3cm。床土可用河沙、珍珠岩或蛭石。温度保持20～25℃，约2周切口处发生不定根，并抽出根状茎，根状茎伸出土面后，即形成新株。待苗高10cm左右时即可上盆。

有彩色镶边的品种，应用分株法繁殖（因扦插苗彩色镶边消失）。分株于4～5月结合换盆进行，每新株至少带一条根茎和吸芽，有2～4枚叶片，上盆约1个多月后就能长出新叶。

【栽培管理】盆土可用腐叶土、壤土和河沙等量混合，再酌加适量腐熟的堆肥土。虎尾兰适应性强，管理简单，注意苗期不可浇水过多，否则常致根茎腐烂。

可常年温室栽培，或置于室外及阳台养护。虽稍耐阴，但长期光照不足，会使叶片变暗发旧、彩色斑纹褪色，降低观赏价值。春、夏生长旺盛季节，可充分浇水，但不可过量。每月可施肥1～2次。秋后要减少浇水，使盆土处于稍干燥状态。因生长较快，每年需换盆1次。秋末移入温室，放光线充足处。冬季室温保持10℃以上，注意节制浇水。浇水多、室温过低，是引起根茎腐烂或造成植株死亡的主要原因。

【常见品种及类型】

(1)‘金边’虎尾兰（‘Laurentii’）　每丛生叶8～15枚，叶形、叶色同原种，叶缘镶金黄色宽边。

(2)‘金边短叶’虎尾兰（‘Golden Hahrii’）　由‘金边’虎尾兰枝变产生，高仅20～25cm，叶短，阔长圆形，排列成低矮莲座状，叶缘镶乳白色至金黄色的宽边，观赏价值很高。

(3)‘银边短叶’虎尾兰（‘Silver Hahrii’）　短叶，缘具银白色。

(4)‘银脉’虎尾兰（‘Bantel Sensation’）　株形较‘金边’虎尾兰小，叶也较细短，叶缘具银白色镶边，叶部也有宽窄不等的银白色纵纹。

(5)‘黄斑’虎尾兰（‘Craigii’）　叶缘具奶油色或米黄色斑等。

【园林应用】虎尾兰剑叶挺直、斑纹美丽，适应性强，管理简单，是良好的室内观叶植物，布置厅堂、会场都甚相宜。尤其小型彩叶品种，小巧玲珑，斑纹醒目，是室内盆栽的珍品，可陈设于窗台、案头和几架上。叶片可作为插花的配叶。

14.4.10 豆瓣绿属 *Peperomia* Ruiz et Pavon

豆瓣绿属又名草胡椒属，胡椒科常绿肉质草本。全株光滑。直立或丛生叶片密集着生，不同种类叶形各异，全缘，多肉，叶面多有斑纹或透明点。花小，两性，密集着生于细长的穗状花序上。

【产地与生态习性】本属植物约 1000 种，原产于美洲的热带和亚热带地区，中国有 9 种，分布于中国西南部和中部。喜温暖、湿润环境。不耐旱，怕高温，越冬温度不低于 10℃，盛夏温度超过 30℃抑制生长；喜散射光，忌强光直射；要求腐殖质丰富而排水良好的沙质壤土。

【繁殖】扦插繁殖。直立型种类可用枝插法，在 5～6 月进行，选取顶端枝条 4～5cm，留上部 3～4 叶，晾干一天使切口干缩，再插于半湿润的细沙土中，适温下 20d 左右生根。从生型种类，可用叶片扦插，切取充实的叶片，带 2～3cm 长的叶柄，约 1 个月发根，但此法易使叶面斑纹消失；也可分株，在春季结合换盆时进行。

【栽培管理】生长期必须保持盆土湿润和足够的空气湿度，但盛夏气温超过 30℃时，盆土不易过湿，放置室外应避免雨淋，以防烂根。叶面可适当喷雾或周围场所喷水，增加空气湿度，忌自上而下叶面淋浇。春秋季适量施用稀薄液肥，切勿过量，尤其少用氮肥，以避免花叶品种斑纹消失。秋后控制浇水，冬季盆土稍干即可。从生型植株，叶片生长较快，生长期可剪取过密重叠叶或叶柄过长的叶片扦插。直立型植株生长强健，可摘心促侧枝萌发，丰满株形。通常每 2 年换盆 1 次，剪除地下部老根及地上部叶柄过长的叶片，保持株形整齐匀称。

【本属常见种】

(1) 豆瓣绿 (*P. tetraphylla*) 丛生草本。茎匍匐，多分枝；叶密集，有透明腺点，干时变淡黄色，阔椭圆形或近圆形；叶脉 3 条，细弱，通常不明显；叶柄短，无毛或被短柔毛。穗状花序单生，顶生和腋生。生于潮湿的石上或枯树上（图 14-21）。

图 14-21 豆瓣绿

(2) 西瓜皮椒草 (*P. sandersii*) 又名西瓜皮、银白斑椒、无茎豆瓣绿。丛生型。植株低矮，株高 20～25cm。茎极短。叶近基生，心形；叶脉浓绿色，叶脉间为白色，半月形的花纹状似西瓜皮；叶片厚而光滑，叶背为紫红色；叶柄红褐色。多为小型盆栽。

(3) 垂椒草 (*P. scandens*) 又名蔓生豆瓣绿。蔓生草本，茎最初匍匐状，随后稍直立；茎红色，圆形，肉质多汁。叶片长心脏形，先端尖；嫩叶黄绿色，表面蜡质；成熟叶片淡绿色，上有奶白色斑纹。穗状花序长 10～15cm。多悬挂栽培。栽培品种有'斑叶垂椒草'('Variegata')。

(4) 皱叶椒草 (*P. caperata*) 又名皱叶豆瓣绿。丛生型。植株低矮，高约 20cm。茎极短。叶长 3～4cm，叶片心形，多皱褶，整个叶面似波浪起伏，暗褐绿色，具天鹅绒般的光泽；叶柄狭长，红褐色。穗状花序白色，长短不一，一般夏秋开花。多为小型盆栽。

【园林应用】豆瓣绿属植物或小巧玲珑，或直立挺健，叶片肉质肥厚，青翠亮泽。可用于微小型盆栽，点缀案头、茶几、窗台，娇艳可爱。蔓生型植株可攀附绕柱，别有一番情趣。

14.4.11 伞莎草 *Cyperus alternifolius* L.

伞莎草又名水棕竹、旱伞草、风车草，莎草科莎草属常绿草本植物。高 40～160cm，茎秆粗壮，直立生长，茎具三棱，丛生；叶退化成鞘状生于茎基部。叶状苞片非常显著，约有 20 枚，近等长，长为花序的两倍以上，宽 2～11mm，呈螺旋状排列在茎秆的顶端，向四面辐射开展，扩散呈伞状；聚伞花序，有多数辐射枝，小穗多个，密生于第 2 次分枝的顶端，小穗椭圆形或长椭圆状披针形，具 6 朵至多朵小花，开花时淡紫色或绿白色；花两性，花柱 3 枚；果实为小坚果，椭圆形近三棱形，长约 1mm，9～10 月成熟。

【产地与生态习性】伞莎草原产于非洲马达加斯加，我国南北各地均有栽培。性喜温暖、阴湿及通风良好的环境，适应性强，对土壤要求不严，以保水力强的肥沃的土壤最适宜。沼泽地及长期积水地也能生长良好。不耐寒冷，生长适温 15～25℃，冬季室温应保持 5～10℃。

【繁殖】可播种、分株、扦插繁殖，但以分株和扦插为主。

播种是在 3～4 月份，将种子取出，均匀地撒播在具有培养土的浅盆中，播后覆土，浸透水，盖上玻璃，温度保持 20～25℃，10～20d 发芽。

分株繁殖可在 4～5 月份换盆时进行，将老株丛用快刀切割分成若干小株丛作繁殖材料，每部分可带老茎秆 1～2 枝，待新茎秆长出后将老茎秆剪掉。扦插一年四季都可进行，剪取健壮的顶芽茎段 3～5cm，对伞状叶略加修剪，插入沙中，使伞状叶平铺紧贴在沙土上，保持插床和空气湿润，室温以 20～25℃为宜，20d 左右在总苞片间会发出许多小型伞状苞叶丛和不定根。用伞状叶水插育苗也可以培育出大量的植株。

【栽培管理】伞莎草生长强健，栽培容易，冬季于温室栽培，春季出房后放荫棚下方养护。生育期间经常保持湿润，或栽于浅水中。每半个月可追肥 1 次，生长即会繁茂。冬季室温不可低于 5℃，应适当控制水分。气温过低、盆土干燥、缺肥或盆中茎秆过密，植株易变黄枯萎。肥料宜用油粕、草木灰等。尤宜适量施入磷肥和钾肥，其植株色泽鲜艳。

伞莎草喜荫湿，刚上盆的新株正处于缓苗阶段，应放荫棚下缓苗，保持土壤湿润。生长期每 10～15d 追施 1 次稀释饼肥水或麻渣水，剪掉黄叶，保持株形美观。高温炎热的季节，应保持盆内满水，避免强光直晒。立冬前进温室越冬，此时应适当控制水分，稍见光。植株生长1～2 年后，当茎秆密集、根系布满盆中时，应及时分盆。

【常见品种及类型】矮伞莎草（'nanus'），植株低矮，高 20～25cm。银线伞莎草（'striatus'），茎及苞片有白色线条，呈白绿相间。

【园林应用】伞莎草株丛繁密，叶形奇特，是室内良好的观叶植物，除盆栽观赏外，还是制作盆景的材料，也可水培或作插花材料。江南一带无霜期可作露地栽培，常配置于溪流岸边假山石的缝隙作点缀，别具天然景趣，但栽植地光照条件要特别注意，应尽可能考虑植株生态习性，选择在背阴处进行栽种观赏。

复 习 题

1. 室内观叶植物分为哪些类型？列举各类的代表植物。
2. 如何根据室内具体的环境条件选择适宜的观叶植物？
3. 室内观叶植物在浇水时应掌握什么原则？
4. 天南星科是室内观叶植物中最重要的科之一，请列举属于此科的观叶植物。

第15章 兰科花卉

［教学目标］通过学习，掌握兰科花卉的分类、繁殖与栽培管理、园林应用；掌握常见地生兰如春兰、建兰、蕙兰、墨兰、寒兰等与附生兰如蝴蝶兰、卡特兰、石斛、文心兰、兜兰、万带兰等的生态习性、栽培管理、园林应用。了解其他兰科花卉的生态习性及园林应用。

15.1 兰科花卉概述

全世界约有兰科植物500属20000种，分布于热带、亚热带与温带地区，尤以南美及亚洲热带地区为多。另外，各个种及种间杂交产生的园艺栽培品种更是丰富多彩，据英国山德氏兰花杂种登记目录（Sander's List of Orchid Hybrids）正式登记的在4万以上，而且以每年1000个以上的品种递增。中国约有兰科植物166属1000多种，主要分布于长江流域及其以南地区。

兰科植物为单子叶植物，为地生、附生或腐生的多年生草本、亚灌木，极少为攀援藤本。常具根状茎或假鳞茎。多数兰科植物的根常与真菌共生。叶通常互生，2列或螺旋状排列，或生于假鳞茎顶端、近顶端，带状或圆柱状。通常有鞘，抱茎。花茎顶生或侧生，单花或多花排列成总状、穗状、伞形或圆锥花序；花常有香气或鲜艳颜色；花被片6，2轮排列，外轮3枚称为萼片，内轮3枚，侧生的2枚称为花瓣，中央的1枚称为唇瓣；唇瓣常有复杂的结构和艳丽的色彩，呈各种形状，其上还有腺体、褶片或腺毛等附属物。雄蕊的花丝和雌蕊的柱头合成柱状体，称为蕊柱，顶端有药床和背生雄蕊1枚，少数2枚，前上方有一柱头穴，称为药腔。花粉多结合成团块，与花粉块柄、粘盘、蕊喙柄合生在一起，称为花粉块，但并非所有花粉块都具有这四部分。昆虫或鸟类传粉或自花传粉。果为蒴果，种子特多而极小，无胚乳，胚小，未分化。

15.1.1 兰花的分类

兰花的分布相当广泛，自北纬72°一直延伸到南纬52°，其中80％～90％的种类生长在以赤道为中心的热带、亚热带地区。因生长环境差异较大，生态习性差异也较大，通常分为附生兰、地生兰、腐生兰三大类。附生兰多分布于热带、亚热带地区，生长在树干、岩石上，根系的大部分或全部裸露在空气中，吸收雨水及空气中的水分和养分。地生兰绝大多数产于温带地区，也有产于亚洲热带地区的。腐生兰通常生活在死亡并已腐烂的植物体上，仅有少数几个属，著名中药天麻即是腐生兰中的一种。

习惯上也将地生兰称为中国兰，附生兰称为洋兰，但这种分类方法并不科学，被称为洋兰的一些种，我国境内也有分布，如石斛属在我国就发现有60多种。

15.1.2 兰花的繁殖

兰花种子细小，且胚分化不完全，几乎无胚乳，在自然状态下，兰花种子很难发芽，并且幼苗生长缓慢。兰花的繁殖常用无性繁殖方法，其中分株是最传统的方法，近年来兰花的组培快繁已成为兰花商品化生产中最主要的繁殖方法。

（1）分株繁殖　地生兰的传统繁殖方法是分株繁殖，附生兰的繁殖也可采用此法。分株常结合换盆进行，一般 2～3 年 1 次，时间依据兰花种类不同稍有差异。早春开花的种类，如墨兰、春兰、蕙兰、寒兰等，应在花后生长势相对减弱时分盆，或在休眠期花芽尚未伸长之前分盆；夏秋季开花的种类，如建兰宜在早春分盆。分株前 10d 最好不浇水，使盆土略干，将兰株从盆中倒出后，清除泥土，冲洗干净，放在通风处晾干，至根皮灰白色，根稍软时即可分株。分株时在假鳞茎之间空隙较大的地方切开，切口涂草木灰或硫黄粉防腐。

（2）扦插繁殖　选取未开花的充实的假鳞茎，从根际剪下作插条用，每 2～3 节为一段，直立扦插在泥炭和苔藓基质中，深度约一半。放在半阴、潮湿、温度较高的环境中，经 1～2 个月后，待新芽生出 2～3 条小根后即可上盆。

（3）组织培养　兰花茎尖的组织培养，最早是法国人莫雷尔（Morel）在 1960 年获得成功的。50 年来，这项技术被广泛应用于兰花繁殖，目前已有近 70 个属，数百种兰科花卉可用组培进行快繁。一般以初生茎的顶芽为外植体，消毒后接种于培养基上，置 25℃±3℃左右的弱光培养室中培养，当形成原球体时，移入光培养室，光照强度 1000～2000 lx。原球体可进行分割，以扩大繁殖系数。适时将原球体移入液体培养基内进行旋转培养，原球体长大时转入分化培养基，使其分化芽和根。当幼苗生长到 10～12cm 高、有根 2～3 条时即可移出试管种植，一般 3～5 年开花。

（4）种子繁殖　兰花种子不易发芽。播种时多采用成熟而未开裂的果实，用 75%酒精消毒，在无菌条件下取出种子，用 10%次氯酸钠溶液或漂白粉清液浸泡，然后播于培养基上。置 25℃±3℃、湿度 60%～70%的条件下进行培养，以后的培养程序似上述组织培养。

15.1.3　兰科花卉的园林应用

中国传统名花中的兰花仅指分布在中国的兰属植物中的若干种地生兰，如春兰、蕙兰、建兰、墨兰和寒兰等；兰花的花色淡雅，其中以嫩绿、黄绿的居多，但尤以素心者为名贵；兰花的香气，清而不浊，一盆在室，芳香四溢，“手培兰蕊两三栽，日暖风和次第天；坐久不知香在室，推窗时有蝶飞来”。兰花的叶终年鲜绿，刚柔兼备，姿态优美，“泣露光偏乱，含风影自斜；俗人那解此，看叶胜看花”。中国人历来把兰花看作是高洁典雅的象征，并与“梅、竹、菊”并列，合称“四君子”。

附生兰有的花大色艳，如卡特兰、石斛、蝴蝶兰、大花蕙兰、万带兰等；有的花形奇特、花香馥郁，如指甲兰。附生兰是近年来市场上最受欢迎的室内盆花之一。

15.2　常见地生兰

通常所说的中国兰专指兰属中的地生兰类，这类兰花通常花小而不鲜艳，但甚芳香，叶姿优美，深受我国和日本、朝鲜人民的喜爱。兰花在我国的栽培历史十分悠久，至少可追溯到唐朝末年，唐朝唐彦谦有《咏兰》诗云：“清风摇翠环，凉露滴苍玉。美人胡不纫，幽香蔼空谷。”宋代已有专门的兰谱——“金漳兰谱”问世。

15.2.1　产地与生态习性

中国是兰属植物分布中心之一，以地生兰为主，除华北、东北外，各地都有分布。春兰和蕙兰是比较耐寒的种，分布在甘肃南部，陕西秦岭以南、河南、安徽、湖北、云南及浙江尤为丰富。寒兰、建兰则稍向南，在湖南、江西、浙江、台湾、福建、广东、广西、四川、贵州、云南都有分布。墨兰分布较窄，主要在台湾、福建、广东、广西、海南、云南有分布。

地生兰喜温暖湿润气候，生长期适温为15～25℃，春兰和蕙兰耐寒力较强，可耐夜间5℃的低温，建兰和寒兰要求温度较高。花芽在冬季有显著的休眠期，从10月至翌年2月需低温（10℃以下）刺激才能开花。要求空气湿润，在生长期要求湿度70%左右，休眠期为50%左右。对光线要求不高，一般要求冬季阳光充足，夏季遮阴60%～70%。地生兰是比较耐干旱的植物，它的假鳞茎能储藏水分，要求富含腐殖质，疏松透气的微酸性（pH值5.5～6.5）的土壤，喜通风良好和没有污染的空气。

15.2.2 繁殖与栽培管理

用营养繁殖（包括分株和组织培养）和播种繁殖。具体方法见上节。

地生兰喜润而畏湿，南方多用其原产地林下的腐殖土，北方多使用泥炭土和堆制的腐叶土，用瓦盆或紫砂盆栽植。为排水良好，盆底需加碎瓦片或木炭块。兰花栽植深度以假鳞茎上端齐土面为宜。栽兰场地要求通风良好，空气湿润，荫蔽度60%～70%。

(1) 浇水　兰花用水以微酸性至中性（pH值5.5～6.8）为宜。雨水最好，泉水、河水次之，自来水最次。春季气温低，兰花尚未开始生长，浇水量宜少；夏秋兰花生长旺盛，浇水量宜多；秋后天气转凉，浇水酌减；冬季休眠、气温低，浇水次数宜减，水量也少。春、冬季宜于中午浇水，夏秋在早晨或傍晚浇水，避免夏季中午用自来水淋灌。要求空气和土壤湿润，夏季应注意将空气湿度保持在45%～60%。

(2) 施肥　掌握淡肥勤施的原则，气温15～30℃的晴天施肥最适宜，阴雨天不施。有机肥要充分腐熟后施用，叶面喷施用化肥，浓度掌握在0.1%～0.3%。

(3) 遮阴和防雨　兰花除早春和冬季外，都要遮阴。夏、秋季9:00～16:00要遮去阳光60%～70%。兰花的耐阴程度因种类而异，墨兰耐阴性最强，建兰、寒兰次之，春兰和蕙兰需光照较充足，在遮阴时应予以区分。连续下雨或暴雨时应注意防雨。

(4) 修剪　随时剪去枯叶、病叶，剪时注意工具消毒。花芽出土后，如数量过多，应除去弱芽，保留壮芽。植株生长不良时，要摘除花朵。花后及时清除残花。

(5) 防冻　秋末气温降至2～3℃时应及时入室。

(6) 喷雾增湿　在干旱季节，应喷雾降温，增加湿度，最好装置自动喷雾器。

15.2.3 主要的栽培种及品种

在长期的栽培中，地生兰仅限于少数的几个种。由于受到技术条件和科学知识的限制，只是从自然变异中进行选择，没能像附生兰那样进行品种间、种间甚至属间的杂交，因此，品种的改良比较慢。目前主要的种及品种如下。

15.2.3.1 春兰 *Cymbidium goeringii* (Rchb. f.) Rchb. f.

春兰为多年生草本，地生。假鳞茎稍呈球形，不甚显著。有叶3～5（8）枚，叶长25～60cm，宽6～12mm，线状披针形或带形，边缘有细锯齿。花葶直立，高10～25cm，花单生，少数2朵；黄绿色或白绿色，有清香。花期2～3月。蒴果长圆形，种子多而细小，胚小，无胚乳（图15-1）。

清代鲍薇省将春兰分为梅瓣、水仙瓣、荷瓣、素心瓣、蝴蝶瓣5类。但其中素心瓣在各瓣之中都有，故不能作为一类；蝴蝶瓣可与其他花、叶畸形者作为畸形类；而一般野生春兰可称为竹叶瓣。

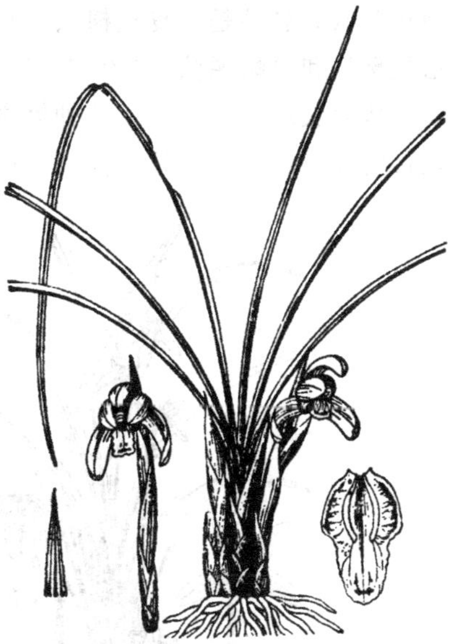

图 15-1 春兰

(1) 梅瓣春兰　萼片短圆，先端有小尖，稍向后弯，形似梅花花瓣；花瓣短，边紧，向内成兜，紧靠蕊柱；唇瓣短而硬，不反卷。品种约100个，主要品种如‘宋梅’、‘西神梅’、‘万字’、‘逸品’等。

(2) 水仙瓣春兰　萼片稍长，中部宽，两端狭窄，基部略呈三角形，形似水仙花瓣；花瓣短，有兜或浅兜；唇瓣大而下垂，反卷。有20～30个品种，主要品种如‘龙字’、‘翠一品’、‘汪字’等。

(3) 荷瓣春兰　萼片宽大、质厚，基部较窄，先端宽阔，形似荷花花瓣；花瓣稍向内弯，但不起兜，形似蚌壳；唇瓣阔而长、反卷。有10～20个品种，主要品种如‘大富贵’、‘郑同荷’、‘张素荷’、‘翠盖’、‘绿云’等。

(4) 畸形春兰　花的萼片、花瓣、唇瓣都有变化，有的瓣数增加，有的减少，约有数十个品种。畸叶的叶片变宽、扭曲，叶色变化有白或黄色线条或斑点，即叶艺品种。

(5) 竹叶瓣春兰　一般野生兰花，萼片、花瓣狭长，两端窄，形如竹叶，唇瓣长而反卷。也有不少优良品种。

春兰是中国最古老的花卉之一，以高洁、清雅、幽香而著称。叶姿优美，花香幽远，被誉为美好事物的象征，父母以兰命名以表心，画家取兰作画以寓意，诗人咏兰赋诗以言志。

15.2.3.2　蕙兰 *C. faberi* Rolfe

蕙兰又名九子兰、九节兰、夏兰。假鳞茎不明显。叶5～8枚，带形，直立性强，长25～80cm，宽7～12mm，基部常对折而呈V形，叶脉透亮，边缘常有粗锯齿。花葶直立，高30～50cm，有花5～12朵或更多，浅黄绿色，有香气，花径5～6cm，唇瓣中裂片反卷，有透明小乳突。花期4～5月。分布与春兰相同。

蕙兰品种很多，在传统上通常按花茎和鞘的颜色分为赤壳、绿壳、赤绿壳、白绿壳等，在花形上也和春兰一样分为梅瓣、水仙瓣、荷瓣等；花上无其他颜色，色泽一致的称为“素心”。传统名品有：‘大一品’、‘程梅’、‘上海梅’、‘关顶’、‘元字’、‘染字’、‘潘绿’、‘荡字’、‘楼梅’、‘翠萼’、‘极品’、‘庆华梅’、‘江南新极品’、‘端梅’、‘崔梅’、‘荣梅’等。

蕙兰是中国栽培最久和最普及的兰花之一，国家二级重点保护野生物种。“蕙质兰心”，比喻女子心地纯洁，品质高雅。

15.2.3.3　建兰 *C. ensifolium* (L.) Sw.

建兰又名四季兰、秋蕙、骏河兰、夏蕙。假鳞茎卵球形，包藏于叶基之内。叶2～6枚，有光泽，长30～60cm，宽1～2.5cm。花葶直立，高20～30cm，有花5～9朵，花常有香气，色泽变化较大，通常为浅黄绿色而具紫斑；萼片近狭长圆形或狭椭圆形；花瓣狭椭圆形或狭卵状椭圆形，长1.5～2.4cm，宽0.5～0.8cm，近平展；唇瓣近卵形，长1.5～2.3cm，略3裂；蒴果狭椭圆形，长5～6cm，宽约2cm。花期通常为6～10月。有品种50以上，如‘金丝马尾’、‘铁骨素’、‘大青’、‘银边大贡’、‘大风素’、‘龙岩素’等。2006年评选的中国建兰八大名品是‘夏皇梅’、‘君荷’、‘盖梅’、‘光登绿梅’、‘红一品’、‘光登黄梅’、‘五岳麒麟’和‘峨嵋弦’（图 15-2）。

建兰栽培历史悠久，品种繁多，在我国南方栽培十分普遍，是阳台、客厅、花架和小庭院台阶陈设佳品。花开盛夏，凉风吹送兰香，使人倍感清幽。

图 15-2 建兰

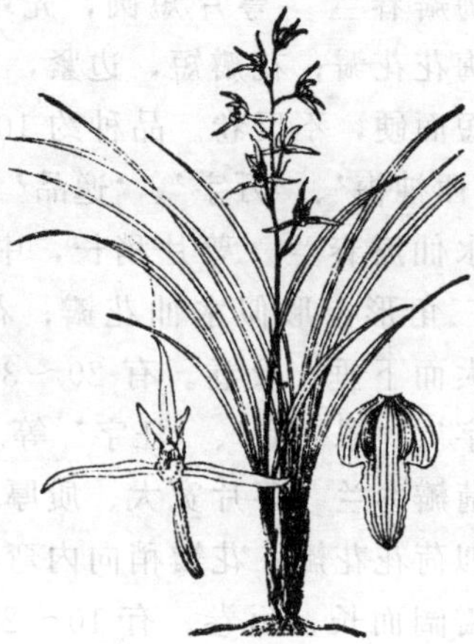

图 15-3 寒兰

15.2.3.4 寒兰 *C. kanran* Makino

寒兰叶 3～7 枚，带形，薄革质，暗绿色，前部边缘常有细齿。花葶高出叶丛，有花 10 余朵，疏生；花常为淡黄绿色而具淡黄色唇瓣，也有其他色彩；花瓣常为狭卵形或卵状披针形；唇瓣近卵形；蕊柱稍向前弯曲，两侧有狭翅。蒴果狭椭圆形，长约 4.5cm，宽约 1.8cm。花常有浓烈香气，花期 8～12 月（图 15-3）。

寒兰分布于中国、日本南部、朝鲜半岛南端。

寒兰通常以花被颜色来分变型，有青寒兰、青紫寒兰、紫寒兰、红寒兰四种。其中以青寒兰和红寒兰为珍贵。台湾所产的所谓素心寒兰，花色淡绿，属青寒兰类型，其名品为‘寒香素’、‘广寒素’、‘寒山素’。在日本名品为‘曰妙’、‘丰雪’。红寒兰的名品为‘日光’，均属稀有珍品。

寒兰株形修长健美，一茎多花，花瓣较为细长和狭窄，色泽丰富，诱人的芳香十分持久。当今寒兰栽培以日本较多，被列为最受欢迎的兰蕙。除各色花艺外，一些罕见的叶艺铭品价值更高。

15.2.3.5 墨兰 *C. sinense* (Jackson ex Andr.) Willd.

墨兰又名报岁兰、丰岁兰、入岁兰。叶 4～5 枚，剑形，全缘，有光泽。花葶直立，有花 7～17 朵，色多样，有香气。花期 9 月至翌年 3 月。分布在福建、台湾、广东、广西、海南、云南。以广东、台湾栽培最多。墨兰有秋季开花的品种称为秋墨，如‘秋榜’、‘秋香’等；有元旦、春节开花的报岁型如‘白墨’、‘徽州墨’、‘银边报岁’、‘仙殿白墨’、‘企剑白墨’、‘金边墨’等。台湾的品种更加丰富，有观花的、有线艺的，不下百个。

传统上地生兰品种的选育主要集中于花形和花色的变异，类型不甚丰富。但近年来，由于和国外交流的增多，地生兰的栽培和新品种的选育有了突飞猛进的发展，尤其是“艺兰”品种的选育。叶艺的分类相当繁复，按日本和我国台湾的标准，艺纹有 25 种之多，每种花纹称为一艺，具备多种花纹斑点的称为“综合艺”。常见有斑、缟、斑缟、爪、绀帽子、曙等。艺兰多见于墨兰、寒兰和建兰，其中墨兰中最为常见且名品最多。

墨兰花期正值二十四节气之尾的大寒季节，农历旧的一年将终，新的一年即将开始，用它装点室内环境和作为馈赠亲朋的主要礼仪盆花。花枝也用于插花观赏。

15.3 常见附生兰

附生兰是指生长在热带或亚热带，附生于森林的树干或崖壁阴湿处的兰科植物，其中一部分尤喜湿处。附生兰是一个极为庞大的家族，400 余属 2 万余种，其中已栽培观赏的有 100 余属，但常见的只有 30 余属。依据其观赏特性，大致可分为 3 类，花大而色艳者，是目前市场上最为常见的热带兰花，如卡特兰、石斛、蝴蝶兰、大花蕙兰、万带兰等；第二类主要包括一些花形奇特、花香馥郁的小型花，如指甲兰；此外，还有一类具有自然美丽脉纹的斑叶种类，如石蚕属、斑叶兰属、云叶兰属，由于这类赏叶兰花的叶多为心形，尤似美丽的宝石，在国外被称为宝石兰。

附生兰是近年来市场上最受欢迎的室内盆花之一。大花蕙兰、蝴蝶兰是春节花卉市场的畅销产品。

15.3.1 产地与生态习性

附生兰种类繁多，生态习性差异较大。根据温度可大致划分为高温、中温和低温三大类。

(1) 高温类　大多原产热带或亚热带低地，如蝴蝶兰、安诺兰、指甲兰和蜘蛛兰等。其生长所需的温度冬季夜间平均应在 18～21℃，日间平均在 21～24℃。

(2) 中温类　大多原产于亚热带和热带高山区，如卡特兰、文心兰、石斛兰、兜兰、贝母兰等。冬季夜间平均应在 15～18℃，日间平均在 21℃。夏季夜间平均应在 21～24℃，日间平均在 26～29℃。

(3) 低温类　多原产于亚热带高山或温带降雪区。如杓兰、三尖兰、独蒜兰和美洲杓兰等，生长所需的温度冬季夜间平均应在 10～13℃，日间平均在 15～18℃。夏季夜间平均保持在 18～20℃。

如果把常见的附生兰按其喜光程度排列一个顺序，大致为万带兰＞文心兰＞石斛兰＞卡特兰＞贝母兰＞蕾丽兰＞蝴蝶兰＞兜兰＞齿瓣兰。万带兰等需较强光照的种类冬春二季可置于全光照条件下生长，夏秋二季约 50％的光照即可；贝母兰、蝴蝶兰等较耐阴者，夏季上午约 40％的光照，下午 25％～30％即可。特别耐阴的种类，如兜兰，冬季也需适当遮阴。

附生兰大多喜空气湿润，一些好湿气的气生兰，如蝴蝶兰、齿瓣兰、万带兰等，在生长期内，气温高时，空气湿度白天应保持在 70％～80％，夜间为 80％～90％。

用营养繁殖和播种繁殖。具体方法见本章第一节。

大部分附生兰的根群是气生根，往往依附于岩石、树干之上，裸露而生，仅少数有苔藓植物依附，或个别长根可介入泥土或苔藓之中。通常它们仅靠空气湿度和雾露、雨水，供应水分，所以大部分附生兰，只适宜无土栽培。不论其是附生性、半附生性和可地生性，都要求有比地生根的国兰更为疏松，更能疏水、透气的基质栽培，否则难以养好。

15.3.2 繁殖与栽培管理

(1) 盆器　除切花用的附生兰在热带地区作露天地栽外，大多盆栽。瓦盆是附生兰种植最常用的容器，与地生兰容器不同的是盆器四周多孔，适合于多孔盆栽植的有卡特兰、石斛、大花蕙兰等附生性种类；兜兰大多为地生兰，通常使用一般花盆。目前市场上塑料盆大量应用，在选择塑料盆时应注意底部孔洞的大小和多少，孔多而大者，适合栽植附生兰；根系粗壮，生长迅速的种类，如虎头兰，不宜选用塑料盆；一些附生性状极强、气生根极发达的种，如万带兰、指甲兰、奇唇兰类，宜选用木框种植。

(2) 栽培基质　附生兰的根多暴露于空气中，在人工栽培的条件下，基质除起固定作用外，还必须具有透气和保水的作用。常见基质有苔藓、蕨根等。

(3) 浇水　性喜湿润而惧怕过多的水分滞留。浇水量以基质润透为度，但究竟几天浇水一次，要根据兰花的种类、基质、栽培环境和当地的气候条件而定。通常不可使基质完全干燥。冬季浇水时，应注意水温适宜，不可太低。蝴蝶兰、卡特兰、石斛等，冬季浇水时切勿在叶心或叶面上留有积水，以免因水分不蒸发而导致烂心、烂叶。

(4) 施肥　附生兰的生长速度较慢，对肥料的需求较少。有机肥要经过发酵2～3个月后才可施用，一般应以20～30倍水稀释，无机肥一般要稀释1000～10000倍；对于幼苗N：P：K=3：1：1，对成长的植株为1：1：1，为促使开花，则为1：3：1。施肥季节一般从春末开始，秋末停止，避免在30℃以上和10℃以下施肥。

15.3.3　主要的栽培种及品种

15.3.3.1　石斛属 *Dendrobium* Sw.

石斛属茎丛生，直立或下垂，圆形，不分枝或少数分枝，具多节。具少数或多数叶，叶互生，扁平，圆柱状或两侧压扁。总状花序直立或下垂，生于茎的上部节上。花通常大而艳丽，萼瓣相似，离生；侧裂片宽阔，基部着生于蕊柱足上，形成萼囊，唇瓣着生于蕊柱足末端，3裂或不裂。中裂片基部的附属物常为二叉状；蕊柱细长，具明显的蕊柱足；蕊喙较长，2裂；花粉团蜡质，4个。

石斛属1000余种，是兰科中种类最多的属之一。原产于亚洲、大洋洲的热带和亚热带地区，我国有60多个原生种。

【本属常见种】

(1) 石斛（*D. nobile*）　又名金钗石斛。花2～3朵，直径5～12cm，白腊色。萼片长圆形、钝尖，花瓣宽，卵圆形，边波状，尖端紫色。唇瓣圆形，两面具短柔毛，唇瓣紫色，有黄白色边缘，先端有紫点。颜色与斑纹有许多变异。花期1～6月。分布于中国西南部。

(2) 细茎石斛（*D. moniliforme*）　又名水山石斛、铜皮石斛、台湾石斛。茎直立，细圆柱形，具多节。叶数枚，二列，常互生于茎的中部以上，披针形或长圆形。总状花序2至数个，通常具1～3花；花黄绿色、白色或白色带淡紫红色；唇瓣白色、淡黄绿色或绿白色，带淡褐色或紫红色至浅黄色斑块，花期通常3～5月。分布于中国、印度东北部、朝鲜半岛南部、日本（图15-4）。

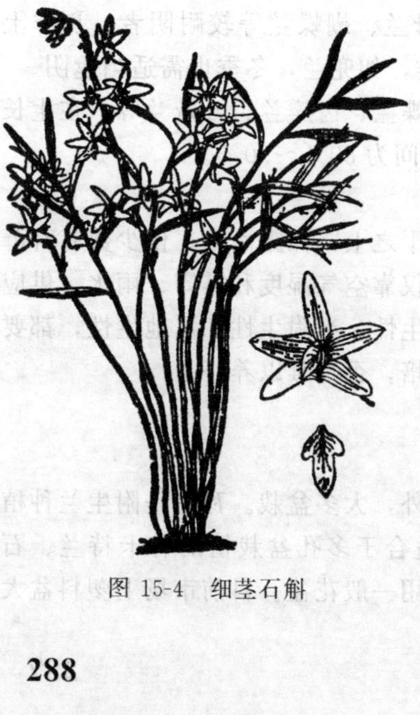

图15-4　细茎石斛

(3) 密花石斛（*D. densiflorum*）　又名黄花石斛。高约60cm，茎棒状，4棱，有革质椭圆形叶3～5枚，近顶生。花序下垂，花多而密集，淡黄至金黄色，花径5～6cm，花期3～5月。分布于广东、广西、云南。

(4) 蝴蝶石斛（*D. phalaenopsis*）　又名秋石斛。高30～60cm，上部有叶，花序顶生或近顶生，有花4～18朵，花玫瑰色、白色或紫色，直径7～10cm，艳丽，适作切花。花期5～11月。原产澳大利亚，是切花石斛最主要的亲本之一。

(5) 流苏石斛（*D. fimbriatum*） 茎近圆形，表面具槽；叶2列，近水平生长，花期无叶；总状花序下垂，有花6～12朵，黄色；花期3～4月。分布于中国、印度、尼泊尔、锡金、不丹、缅甸、泰国、越南。我国分布于广西、贵州、云南等地。

(6) 束花石斛（*D. chrysanthum*） 又名金兰。茎下垂，圆柱形伸长，不分枝。叶二列多枚，卵状披针形，基部具鞘。花序伞状，侧生于有叶的茎上部节上，腋生；花金黄色，有香气，唇瓣两侧各具1血红色斑块；蒴果长圆柱形。花期9～10月。分布于中国、印度、尼泊尔、锡金、不丹、缅甸、泰国、老挝、越南。

(7) 鼓槌石斛（*D. chrysotoxum*） 又名金弓石斛。茎直立，肉质，纺锤形，具2～5节间，具多数圆钝的条棱，近顶端具2～5枚叶。叶革质，长圆形。总状花序近茎顶端发出，斜出或稍下垂，长达20cm；花质地厚，金黄色，稍带香气；花瓣倒卵形，等长于中萼片，宽约为萼片的2倍，先端近圆形，具约10条脉；唇瓣的颜色比萼片和花瓣深，近肾状圆形。花期3～5月。分布于中国、印度、缅甸、泰国、老挝、越南。

在园艺上，石斛兰的品种依据花期可分为春石斛和秋石斛两大系。春石斛为花生于节间的节生花落叶类，一般作盆花栽培；秋石斛为整个花序着生于茎顶部的顶生花常绿类，为流行的切花。

15.3.3.2 卡特兰属 *Cattleya* Lindl.

卡特兰属茎通常膨大成假鳞茎状，顶端具1～2枚叶，叶革质或肉质。花单朵或数朵成总状花序，通常花大而艳丽。唇瓣大，其侧裂片包围蕊柱。原产美洲热带和亚热带，其中以哥伦比亚和巴西最多。

卡特兰易于种间和异属杂交，人工培育的品种层出不穷，每年均有数以百计的新品种发表。其杂交品种花色各异，分为红花系、紫花系、黄花系、白花系、绿花系、黄花红唇系、白花红唇系和斑点花系。

【本属常见种】

(1) 卡特兰（*C. labiata*） 假鳞茎扁平，棍棒状，长15～25cm；叶1枚，与假鳞茎等长，长椭圆形，厚革质。花序具短梗，有花2～5朵，直径18～20cm，白色或淡红色，唇瓣白色，中间有一个红色大斑块，边缘强烈褶皱；萼片披针形。花期10月至翌年3月。分布在西印度群岛（图15-5）。

图15-5 卡特兰

(2) 花叶卡特兰（*C. mossiae*） 叶常为1枚，长圆形，长达25cm。花3～5朵，花径16～24cm；花玫瑰色，有白色变异；花期3～8月。分布于委内瑞拉。

(3) 橙黄卡特兰（*C. citrina*） 顶端两枚灰绿色叶，不同于其他种。4～5月开花，单朵，黄绿色，花大而芳香。产于墨西哥。

(4) 硕花卡特兰（*C. gigas*） 植株高大，假鳞茎纺锤状，长达25cm；叶长椭圆形，革质，长约25cm；花序有花2～3朵，花大，花瓣白色，唇瓣红色，喉部浅黄色，边缘有白色镶边。花期夏季。产于哥伦比亚，生于雨林中。

(5) 秀丽卡特兰（*C. dowiana*） 假鳞茎纺锤状，长约20cm；顶生叶厚革质，长约20cm；花2～6朵，花大，花朵直径可达16cm，花瓣黄色，唇瓣黄色，满布红色条纹，边缘强烈褶皱。花期夏季。产于哥斯达黎加和哥伦比亚，生于雨林中树上。

(6) 瓦氏卡特兰（*C. warneri*）假鳞茎棍棒状，长约25cm；叶革质，与假鳞茎等长，椭圆形；花序有花2～5朵，花大，直径达15cm，浅紫色，唇瓣有红褐色斑块，边缘强烈皱曲。花期夏季。产于哥伦比亚，生于海拔500～1000m的山地雨林中。

(7) 中型卡特兰（*C. intermedia*） 植株丛生；假鳞茎圆柱状，长25～40cm，稍肉质；叶两枚，卵形，长7～15cm；花序有花3～5朵或更多，长达25cm，花中等大，直径约10cm，淡紫色或浅红色，唇瓣舌状，深红色。花期夏秋季。产于巴西，多生于溪旁树上或石壁上，由于过量采集，已濒临绝种。

卡特兰是最受人们喜爱的附生性兰花。花大色艳，花容奇特而美丽，花色变化丰富，有“兰花皇后”的誉称。花期长，一朵花可开放1个月左右；切花水养可欣赏10～14d。卡特兰与石斛、蝴蝶兰、万带兰并列为观赏价值最高的四大观赏兰类。

15.3.3.3 蝴蝶兰属 *Phalaenopsis* Bl.

多年生草本植物（图15-6）。根丛生，扁如带，表面多疣状突起。茎不明显，叶丛生，浅绿色，倒宽卵状长圆形，长20～30cm，宽4～6cm，叶背有红褐色斑点。花葶向上，呈弓形，有花2～3朵。圆锥花序，花序末端有一对伸长的卷须。花径10～12cm，白色，在唇瓣与蕊柱上有深黄斑及紫点。花期大多在秋季。本属约70个原生种，分布于亚洲与大洋洲热带与亚热带地区，种属间杂交容易，产生了大量的品种。

我国约有6个原生种，蝴蝶兰、滇西蝴蝶兰、海南蝴蝶兰、华西蝴蝶兰、版纳蝴蝶兰和产于台湾的小兰屿蝴蝶兰。

本属从花上可大体分为大花型与小花型两类。近代作为商品生产的都是杂交后代，品种甚多。园艺上，按花色大致可分为白花系、红花系、黄花系、斑点花系和条纹花系5大系列。

【我国原生种】

(1) 蝴蝶兰（*P. aphrodite*） 茎很短，常被叶鞘所包。叶片稍肉质，常3～4枚或更多，上面绿色，背面紫色，椭圆形、长圆形或镰刀状长圆形，先端锐尖或钝，基部楔形或有时歪斜，具短而宽的鞘；总状花序侧生于茎的基部，不分枝或有时分枝，有花5～10朵或更多；花瓣菱状圆形，先端圆形，基部收狭呈短爪，具网状脉。花期4～6月。原产于菲律宾、印度尼西亚、巴布亚新几内亚和澳大利亚，附生于雨林树上（图15-6）。

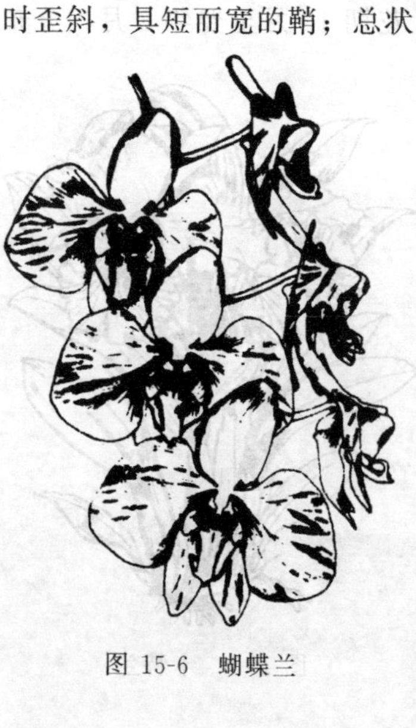

图15-6 蝴蝶兰

(2) 滇西蝴蝶兰（*P. stobariana*） 茎很短，叶卵状披针形，斜长圆形或椭圆形，旱季常凋落，花期具叶。花序侧生于茎的基部，常斜立，不分枝，疏生花；花苞片卵状三角形，先端锐尖；花开展，萼片和花瓣褐绿色；花瓣椭圆状倒卵形，基部楔形收狭，侧裂片上半部淡紫色，下半部黄色，直立，狭长。花期5～6月。生于海拔1350m的山地林中树干上，分布云南西部。

(3) 海南蝴蝶兰（*P. hainanensis*） 茎被叶鞘包裹，叶在花期常凋落，叶鞘宿存，花序侧生于茎的基部，有时分枝；疏生花；花苞片小，卵形，花梗连同子房纤细，花开展；花瓣匙形，侧裂片直立，镰刀状长圆形，中裂片近馒形或提琴形，较肥厚。花期 7 月。产于中国海南，生于林下岩石上。

（4）华西蝴蝶兰（*P. wilsonii*） 又名小蝶兰、楚雄蝶兰。气生根发达，簇生，表面有疣状突起的纵沟；茎很短，叶稍肉质，长圆形或近椭圆形，先端钝，旱季落叶，开花时无叶或仅留小叶；花序柄暗紫色，花苞片膜质，萼片和花瓣白色带淡粉红色的中肋或全体淡粉红色；花瓣匙形或椭圆状倒卵形。花期 4～7 月。产于中国广西、贵州、四川、云南、西藏，海拔800～2000m 的山地疏生林下荫湿的岩石上。

（5）版纳蝴蝶兰（*P. mannii*） 又名曼氏蝴蝶兰、曼尼氏蝴蝶兰。茎粗厚，具数个节，叶两面绿色，长圆状倒披针形或近长圆形，先端锐尖，花期具叶；花序侧生于茎，不分枝或有时分枝，花序柄粗壮，花瓣近长圆形，唇瓣白色，侧裂片直立，近长方形。花期 3～4 月。分布于尼泊尔、印度、缅甸、越南以及中国大陆的云南等地，生长于海拔 1350m 左右的地区，多见于常绿阔叶林中树干上。

（6）小兰屿蝴蝶兰（*P. equestris*） 茎很短，被叶鞘所包，具 3～4 枚叶。叶稍肉质，淡绿色，长圆形或近长椭圆形，先端钝或稍不等侧 2 裂，基部楔形并且扩大为抱茎的鞘。花序从茎的基部发出，斜立，不分枝或有时分枝；花序柄暗紫色，花序轴暗紫色，曲折，疏生多数花；花淡粉红色带玫瑰色唇瓣；花瓣菱形，先端钝，基部收狭。花期 4～5 月。产台湾东南部（小兰屿岛），菲律宾也有分布。

蝴蝶兰的学名按希腊文的原意为“好似蝴蝶般的兰花”。蝴蝶兰色彩丰富，从纯白、粉红、纯黄、白花红心到黄花红斑、红点、红线都有。在花的尺寸上也有惊人的成就。新春时节，蝴蝶兰植株从叶腋中抽出长长的花梗，并且开出形如蝴蝶飞舞般的花朵，深受人们的青睐，素有“洋兰王后”之称。

15.3.3.4 大花蕙兰 *Cymbidium hybridum*

以兰属中大花附生类为主要亲本进行杂交育种，所产生的一类色泽艳丽、花朵硕大的品种称为大花蕙兰。主要亲本有美花兰（*C. insigne*）、虎头兰（*C. hookerianum*）、碧玉兰（*C. lowianum*）、西藏虎头兰（*C. tracyanum*）、象牙白花兰（*C. eburneum*）、红柱兰（*C. erythrostylum*）等。多分布在喜马拉雅山东段、横断山脉南段至中南半岛的印度洋季风区。

（1）按开花时间分类如下

① 早花型品种 秋冬（9～12 月）开花，主要由红柱兰杂交而来，或具有建兰血统。该类品种大多花瓣优质，形态优美，坚韧耐开，多为黄花品种，也有一些粉红花品种。如‘福星’、‘黄金小神童’、‘彼得’等，主要用于“国庆”与“元旦”两个传统节日的礼品花。

② 中花型品种 冬春（1～2 月）开花品种，一般在春节前后开花。如‘钢琴家’、‘月光’、‘甜蜜’和‘棉花糖’，花有香味，具有建兰血统。

③ 晚花型品种 晚春（3～5 月）开花。如‘红唇’、‘深红宝石’是目前颜色最深的酒红色品种之一，花质绒状，阳光下非常漂亮。

（2）按颜色可分为下面几个系列

① 红色系列 如‘红霞’、‘亚历山大’、‘福神’、‘酒红’、‘新世纪’。

② 粉色系列 如‘贵妃’、‘梦幻’、‘修女’。

③ 绿色系列 如‘碧玉’、‘幻影’、‘往日回忆’、‘世界和平’、‘钢琴家’、‘翡翠’、‘玉禅’。

④ 黄色系列 如‘黄金岁月’、‘龙袍’、‘明月’、‘幽浮’。

⑤ 白色系列 如‘冰川’、‘黎明’。

⑥ 橙色系列 如‘釉彩’、‘梦境’、‘百万吻’。

⑦ 咖啡色系列 多见于垂花蕙兰系列，如‘忘忧果’。

⑧ 复色系列 如‘火烧’。

大花蕙兰植株挺拔，花茎直立或下垂，花大色艳，主要用作盆栽观赏。适用于室内花架、阳台、窗台摆放。如多株组合成大型盆栽，适合宾馆、商厦、车站和空港厅堂布置。

15.3.3.5 文心兰属 *Oncidium*

文心兰又名跳舞兰、舞女兰、金蝶兰，附生或地生。假鳞茎基部为2列排列的鞘所包被，顶端生1～2枚叶。叶扁平或圆筒状，革质、肉质至膜质。花序自假鳞茎基部发出，通常大型、分枝，具多数花；花常为黄色或金黄色，具先端二裂的唇瓣。

全属约有750个野生种，原生于美洲热带地区，种类分布最多的有巴西、美国、哥伦比亚、厄瓜多尔及秘鲁等国家。目前已被引种栽培的野生种达70余种。

【本属常见种】

(1) 皱状文心兰（*O. crispum*） 花大，皱瓣，花径8cm，花瓣褐色具金黄色中心。

(2) 同色文心兰（*O. concolor*） 花大，花径4cm，花瓣柠檬黄色，唇瓣黄色。

(3) 大花文心兰（*O. macranthum*） 花大，花径10cm，花瓣黄色，萼片棕色、波状。

(4) 金蝶兰（*O. papilio*） 花瓣深红色、有黄色横条纹，唇瓣黄色、具褐红色斑点。

(5) 豹斑文心兰（*O. pardinum*） 花鲜黄色，具棕色斑纹。

(6) 华彩文心兰（*O. splendidum*） 花黄色、具棕色条纹，唇瓣大、金黄色。

(7) 小金蝶兰（*O. varicosum*） 花黄绿色，花径3cm。

文心兰是一种极具观赏价值的兰花，是世界上重要的切花品种之一。植株轻巧、潇洒，花茎轻盈下垂，花朵奇异可爱，形似飞翔的金蝶，极富动感。

15.3.3.6 兜兰属 *Paphiopedilum* Pfitz.

兜兰又名拖鞋兰，地生或附生。根状茎不明显或罕有具细长横走的根状茎，无假鳞茎，有稍肉质的根。茎短，包藏于叶基内。叶基生，多枚，2列，对折。花单朵或少数有数朵；花苞片小，花大，两枚侧萼片合生，花瓣较狭，常水平伸展或下垂，唇瓣大，兜状。

本属约65种，分布于亚洲热带地区到太平洋岛屿，我国有18种，主产西南各省区，华南亦有少量种类分布。众多野生种很早就被广泛引种栽培，通过长期栽培和人工育种，现已育出许多园艺品种。

【本属常见种】

(1) 杏黄兜兰（*P. armeniacum*） 斑叶种，叶长条状，上面有网格状云斑，背面密布紫点；花单朵，杏黄色，唇瓣为椭圆状卵形的兜。花期4～5月。产于我国。

(2) 同色兜兰（*P. concolor*） 又称黄花兜兰。斑叶种，叶有不规则的斑纹，背面密布紫红色点；花葶短，花紧靠叶面开放，花1～2朵，深黄色均匀分布紫红小斑点，唇瓣兜部呈长卵形，爪极短。花期5～6月。产于我国。

(3) 麻栗坡兜兰（*P. malipoense*） 斑叶种，叶上面有网格状纹斑，叶背密布紫点；花淡黄色，有紫红色斑点和条纹，花葶直立有毛，花1～2朵。花期12月至翌年早春。产于我国，是兜兰属已知种类中最原始的代表，具香味，是良好的杂交亲本。

(4) 虎斑兜兰（*P. markianum*） 绿叶种，狭长披针形，叶基部龙骨状突起，叶反面基部有细紫点；花单朵，花梗有紫毛；背萼及萼片上有红褐色线状粗条纹。花期秋季。产于我国云南碧江地区。

(5) 硬叶兜兰（*P. micranthum*） 斑叶种，叶上面有网状云斑，背面密布紫点；花单朵，白色，有淡粉红色网纹，唇瓣兜部前伸，宽椭圆状卵形，长达6cm。花期3～4月。产于我国，是我国特有种。

(6) 韩氏兜兰（*P. hangianum*） 植株丛生，叶3～5枚，革质，宽带形，长12～25cm，宽3～4.6cm，叶面深绿色，叶背浅绿色；花单朵，极芳香，花瓣白色，基部有红色斑点并密生长毛，唇兜圆球形，白色，退化雄蕊盾状，白色有深红色网状斑纹。花期春季。产于越南，是现今所发现有香味的兜兰中最香的，是香花兜兰育种的极佳种质。

(7) 卷萼兜兰（*P. appletonianum*） 叶基生，2列，4～8枚；叶面有深浅绿色相间的网格斑明显或不甚明显，背面淡绿色；花葶直立，紫褐色，顶端通常生1花；花直径8～9cm；花瓣下半部有暗褐色与灰白色相间的条纹或斑及黑色斑点，上半部淡紫红色，退化雄蕊中央深绿色，边缘淡绿色；花瓣近匙形，中部至基部边缘波状并在上侧近边缘处具10余个黑色疣点，下侧边缘亦有少数黑疣点。花期1～5月（图15-7）。

图15-7 卷萼兜兰

兜兰株形娟秀、花形奇特、花色丰富、花大色艳，是极好的高档室内盆栽观花植物。其花期长，每朵开放时间，短的3～4周，长的5～8周。兜兰因品种不同，开放的季节不同，多数类型冬春时节开花，也有夏秋开花的品种，如果栽培得当，一年四季均有花看。

15.3.3.7 万带兰属 *Vanda coerulea* Griff. ex Lindl.

万带兰又名万代兰。茎伸长，粗壮。具多数叶，2列，通常有3种形态：扁平而背呈龙骨状；圆柱状；半圆柱状而在向轴面具有一纵槽。总状花序从叶腋发出，直立，疏生少数或多数花，花色艳，常稍肉质，萼瓣近等大或萼稍大，基部常收狭而扭曲，大多具方格斑纹；侧裂片小，中裂片大而伸展。花粉块蜡质，2个（图15-8）。

图15-8 万带兰

该属植物全世界约有60个原生种，全部为附生植物。广泛分布于东半球的热带和亚热带地区，自印度往东至中国南部、东南亚、新几内亚、澳大利亚及菲律宾、所罗门群岛等太平洋岛屿均有分布。中国分布于云南、广东、海南、台湾。

万带兰的杂种和园艺品种极多，色彩丰富，从白、蓝、黄到红、粉都有。产于我国的万带兰原生种主要如下。

(1) 棒叶万带兰（*V. teres*） 常绿，茎木质，攀援状；叶棒状，两列状着生；总状花序腋生，疏生少数花，花大，花朵直径7cm以上，紫红色，内外花被片近同形，基部收窄，唇瓣上面被毛，黄色，下面无龙骨状突起，蕊柱粗短。花期 7～8 月。原产于云南南部。

(2) 白柱万带兰（*V. brunnea*） 茎长，具多数短的节间；叶两列，革质，带状，长 22～25cm，宽约 2.5cm，先端有 2～3 个尖齿状缺刻；花序腋生，有花 3～5 朵，花瓣质厚，黄褐色带深褐色网状脉纹，唇瓣有许多褐色条纹，蕊柱白色稍带淡紫色晕。花期冬春季。原产于我国云南东南部至西南部、广西，缅甸和泰国亦产，生于海拔 800～1800m 的林中。

(3) 琴唇万带兰（*V. concolor*） 茎长；叶二列，革质，带状叶长 20～30cm，宽 1～3cm，中部以下常呈“V”字形对折，先端有 2～3 个不等长的尖齿状缺刻；花序腋生，有花 2～8 朵，花瓣黄褐色，有褐色条纹，唇瓣有许多褐色斑点和条纹。花期春季。原产于我国广东、广西、云南和贵州，生于海拔 800～1200m 的林中。

(4) 纯色万带兰（*V. subconcolor*） 茎粗壮，长可达 20cm；叶二列，带状，长 14～20cm，宽约 2cm，先端有 2～3 个不等长的尖齿状缺刻；花序腋生，有花 3～6 朵，花质厚，花瓣黄褐色，有网格状脉纹，唇瓣白色，有许多紫色斑点和条纹。花期冬春季。原产于我国海南和云南，生于海拔 600～1000m 的疏林中。

(5) 垂头万带兰（*V. alpina*） 茎直立，长约 5cm；叶厚革质，带状，长 10～11cm，宽约 1cm，中部以下呈“V”字形对折；花序短，腋生，有花 1～2 朵，花瓣黄绿色，质厚，唇瓣肉质，绿黄色带深紫红色条纹。花期夏季。原产于我国云南南部，锡金和印度也有，生于高山阔叶林中。

(6) 大花万带兰（*V. coerulea*） 茎粗壮，长 2～8cm，基部有许多气生根；叶二列，带状，长 7～12cm，宽约 1cm，尖端有缺刻；花序腋生，长达 36cm，疏生许多花，花瓣质厚，白色有蓝色网纹斑，唇瓣细小，肉质，深蓝色。花期冬春季。原产于云南南部。印度、缅甸、泰国亦有分布。生于海拔 700～1600m 的疏林中。

(7) 雅美万带兰（*V. lamellate*） 茎粗壮，长达 30cm；叶二列，带状，长 15～20cm，宽约 2cm，先端具两个不等长的尖齿状缺刻；花序腋生。长约 20cm，有 5～15 朵花，花瓣质厚，黄绿色有褐色斑块和条纹，唇瓣白色带黄，先端钝或圆形。花期春夏季。原产于我国台湾的兰屿，琉球群岛和菲律宾亦产，生于低海拔林中。

万带兰是世界上栽培较多和最受欢迎的附生兰之一，花朵大，花色鲜艳，尤以蓝色花朵最为突出。可用于盆栽或吊盆观赏，也可摆放在客厅、书房或悬挂于窗台、阳台。由于花期长，耐贮运，常用作切花观赏、制作新娘捧花和贵宾礼仪花束。

图 15-9 指甲兰

15.3.3.8 指甲兰属 *Aerides* Lour.

茎较长，常分枝，具粗厚的根。叶形扁平或圆柱状。总状花序或圆锥花序通常较长且具多花；花中等大，常芳香；唇瓣 3 裂，有距；距向上弯或伸直，内有胼胝体或附属物；蕊柱短，一般具较长的蕊柱足；花粉块 2，有裂隙。具蕊喙柄和较大的粘盘。

全世界约 40 种，分布于亚洲热带地区。

【本属常见种】

(1) 指甲兰（*A. falcata*） 无假鳞茎，茎粗壮，直立向上，有许多带状水平或弯曲的叶片。总状花序腋生，多花，花径约 3cm，白色，均有点、纹，有香气；花期 7～9 月（图

15-9)。分布于云南金平。印度东北部、缅甸、泰国、柬埔寨、老挝、越南也有分布。

(2) 多花指甲兰（*A. rosea*） 茎粗壮，叶肉质，狭长圆形或带状。花序轴较长，密生许多花。花期 7 月。分布于广西西南部、贵州西南部、云南东南部至南部。不丹、印度东北部、缅甸、老挝、越南也有分布。

(3) 扇唇指甲兰（*A. flabellata*） 茎粗壮，叶厚革质，狭长圆形或带状。总状花序疏生少数花；花质地厚，黄褐色带红褐色斑点；唇瓣白色带淡紫色斑点，3 裂。花期 5 月。分布于云南东南部至南部。缅甸、老挝、泰国也有分布。

(4) 香花指甲兰（*A. odorata*） 茎粗壮，叶厚革质，宽带状。总状花序下垂，近等长或长于叶，密生许多花；花大，开展，直径约 3cm，芳香，白色带粉红色。花期 5 月。分布于广东、云南西部。广布于热带喜马拉雅至东南亚。

复 习 题

1. 具有较大观赏价值的兰科花卉有哪些常见属？形态和习性上有哪些特点？
2. 兰花的繁殖方式有哪些？
3. 比较地生兰和附生兰栽培管理的异同点。
4. 根据温度、光照等生态因子，附生兰可分为哪几类？
5. 兰花在园林中有哪些用途？

第16章 仙人掌与多浆植物

[教学目标] 通过学习，掌握仙人掌及多浆植物的主要生态习性及栽培管理要点；掌握仙人掌、令箭荷花、蟹爪兰、仙人指、昙花、金琥、生石花、芦荟等的形态特征与栽培管理；熟悉仙人掌及多浆植物的繁殖方法与园林用途；了解其他仙人掌与多浆植物的形态特征、栽培管理与园林应用。

16.1 仙人掌与多浆植物概述

多浆植物也称多肉植物，全世界多浆植物有1000多种，分属40个科。这类植物具有肥厚多汁的肉质茎或肉质叶，大部分生长在热带或亚热带干旱地区或森林中，其体态清雅奇特，花色艳丽多姿，颇具趣味性。

仙人掌科植物是多浆植物中最大的一类，不但种类多，且具有其特有的刺座，同时其多样的形态、繁多的种类、艳丽的花色也是其他多浆植物所无法比拟的。因此常将仙人掌科植物另列一类，而将仙人掌科以外的其他多浆植物称为多浆植物，或统称多浆植物。

多浆植物除仙人掌科植物以外，还包括番杏科、景天科、大戟科、萝藦科、百合科、龙舌兰科、菊科和马齿苋科等几十个科的植物。

仙人掌及多浆植物从形态上看，可分为叶多浆植物和茎多浆植物。叶多浆植物，贮水组织主要分布于叶片内，叶片为植株主体，且形态变异极大；茎多浆植物，贮水组织主要在茎内，茎为植株主体，且呈多种变态，能代替叶片进行光合作用。

16.1.1 产地与生态习性

仙人掌科植物原产南北美洲热带、亚热带大陆及附近一些岛屿，部分生长在森林中。多浆植物的多数种类原产南非，仅少数分布于其他各洲的热带、亚热带地区，南非有“多浆植物宝库”之称。

仙人掌类及多浆类植物不耐寒，耐热，忌湿，喜阳。但由于产地不同，其生态习性也有很大差异。一部分种类如昙花、量天尺等，产于热带雨林中，要求荫蔽、潮湿及空气湿度高的环境；而大多数生长在干燥、高热、多风的沙漠或半沙漠地带，由于那里全年除了3～4个月为雨季外，其余全为旱季，大多数这类植物具有耐旱、喜干、忌湿的习性；少部分多浆植物由于产于亚热带或温带地区的高山上，由于强烈的太阳辐射，加上干旱、大风及低温，使得这些植物被有稠密的绒毛或蜡层。也有些种类生于海边或盐碱地带，它们为适应环境也往往具有多浆的特点。

16.1.2 繁殖技术

仙人掌及多浆植物可通过扦插、嫁接、分株、播种等方法进行繁殖。

(1) 扦插　主要是利用此类植物营养器官具有较强的再生能力，能产生不定芽和不定根的特性，切取茎节或茎节的一部分，插入或平放在生根介质中，令其形成新的植株。插穗可以是茎、叶、根和不定芽等，其中以茎作插穗最普遍。扦插成活的个体不仅比播种苗生长快，而且可提早开花，并能保持原有的品种特性。切取插穗应保持母株株形完整，切下部分首先置于阴处一至数日后再插。扦插基质应选用通气、保水和排水良好的材料，如珍珠岩、蛭石等，含水较多的种类也可用河沙。扦插环境要求光线柔和，并有一定的空气湿度，温度保持在 18～25℃，并尽可能保持稳定。在有保护设施的条件下四季均可扦插，但以秋季为好，雨季扦插易烂根。

(2) 嫁接　主要用于仙人掌科、大戟科、萝藦科的少数种类。嫁接具有生长快、长势旺、繁殖材料利用率高、简化栽培管理等优点。主要用于根系不发达、生长缓慢或不易开花的种类，以及自身球体不含叶绿素，不宜用其他方法繁殖的种类。嫁接时间主要取决于砧木和接穗的生长情况和天气状况，一般说来，当砧木和接穗都明显生长，气温达到 20℃、空气湿度不太高时都可进行。嫁接主要有平接和劈接两种方法。

平接适宜于柱状或球形种类，是目前使用最普遍的方法。通常在砧木高低适中的部位及接穗下部各横切一刀，立即将接穗按在砧木切面上，并用细线或塑料条纵向捆绑，使接口密接。劈接主要用于蟹爪兰、仙人指、假昙花的嫁接和叶仙人掌作砧木时的嫁接。劈接时将砧木从需要的高度横切，并在顶部或侧面切成楔形切口。接穗下端两侧也削成楔形，并嵌入砧木切口内，然后用仙人掌刺或竹针固定。

刚嫁接完的植株应放于避光干燥的室内，注意适当通风，并加强细致管理，逐渐加强光照。盆土不要过度潮湿，浇水时千万不可淋在接穗或愈合面上。砧木上新生芽要及时除去，待接穗已长出新的刺座或已明显增大，才可进行常规管理。

(3) 分株　仙人掌类植物分株繁殖使用较少，仅用于易生子球，且子球与母球无明显大小差别的种类。分株在多浆植物中使用较多，龙舌兰科、百合科、凤梨科的大部分种类，以及景天科、萝藦科的一些种类，母株的根颈部常有许多吸枝，这些吸枝和母株形状相同，只是略小，可在春天或生长初期结合换盆，把这些吸枝分出单独上盆。

分株是植物繁殖中最简便、安全的方法，但繁殖系数不大，而且往往会因为将生长旺盛、株形丰满的大型丛生植株过早分割，降低其观赏价值。因此，分株时必须根据实际情况慎重对待，切不可滥分。

(4) 播种　播种法可一次性获得大量种苗，是非常重要的繁殖方法。仙人掌及多浆植物室内盆栽时，常因光照不足或授粉不良不易结实，可采用人工辅助授粉的方法促其结实。播种时，需根据种子的新鲜程度、气温情况、生长休眠期等因素来确定播种期。一般说来，夏季休眠的种类最好在 9～10 月播种，冬季休眠的种类在春季播种。播种尽可能在昼夜温差大时进行，这样出苗比较整齐，出苗后幼苗的生长较快。

播种通常有两种方法，即催芽播种和直接盆播。催芽播种，即先把种子放在小盘或培养皿内催芽，种子出芽后，再移到盛土的播种盆中，这种方法较麻烦，但发芽较快。仙人掌属和叶仙人掌属的种子粒大皮厚，直接盆播发芽较为困难，常用催芽播种的方法。

16.1.3　栽培管理

多数仙人掌及多浆植物的原产地是干旱缺水的，在栽培管理中要适当控制水分，浇水过多易造成烂根现象。对于多绒毛及细刺的种类、顶端凹入的种类，不可自顶部浇水，否则上部存水后易造成植株腐烂甚至死亡，栽培中常采用浸盆法浇水。多数种类要求排水通畅、透气性良好的石灰质沙土或沙质壤土。

仙人掌及多浆植物中的地生类，通常在5℃以上即可安全越冬。附生类四季均需温暖，通常12℃以上为宜，空气湿度也要求相对高些。

在栽培过程，若室内光线不足，易引起地生类落刺或植株变细。而附生类除冬天需要阳光充足外，其他季节以半阴条件为好。

16.1.4 园林应用

仙人掌及多浆植物在园林中应用比较广泛。世界各地都有一些专类园或专类温室，收集了大量仙人掌及多浆植物，构成热带、亚热带干旱沙漠景观。此外不少仙人掌及多浆植物都有药用价值，如阿拉伯国家最先将芦荟作为药用植物使用。

16.2 常见仙人掌及多浆植物

16.2.1 仙人球 *Echinopsis tubiflora*（Pfeiff.）Zucc. ex A. Dietr.

仙人掌科仙人球属。植株幼龄时球形，老年则呈柱状，球体暗绿色，具11～12棱；刺锥状，黑色；花长喇叭形，白色，傍晚开放，翌晨凋谢（图16-1）。

原产阿根廷及巴西南部的干旱草原，喜阳光充足，但夏季需遮阴。要求中等肥沃且排水良好的土壤，夏季宜放于室外，北方地区需温室越冬。

繁殖方法简单，可在生长季节从母球剥离子球分植，采用播种繁殖也很容易。

本种性强健，生长较快，开花容易，栽培十分普遍，既是大众化的盆花，也是嫁接其他仙人掌类植物的良好砧木。

图16-1 仙人球

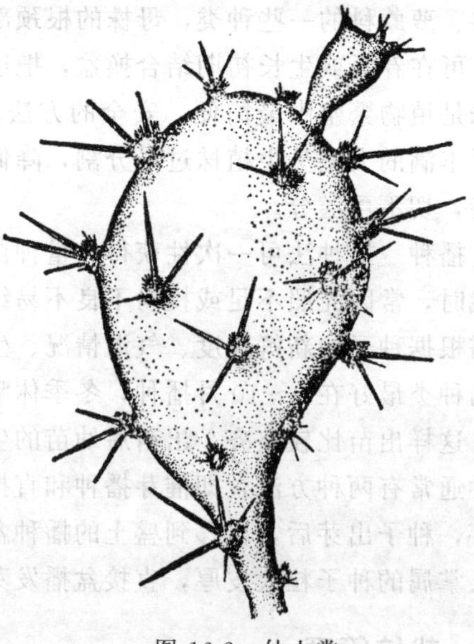

图16-2 仙人掌

16.2.2 仙人掌 *Opuntia stricta*（Haw.）Haw. var. *dillenii*（Ker-Gawl.）Benson

仙人掌科仙人掌属。肉质灌木，茎基部稍木质化，茎节扁平，肥厚肉质，椭圆或长圆形，蓝绿色，被蜡粉；刺窝分布均匀，有多数黄色钩状毛，很快脱落；花黄色，着生于茎节上部（图 16-2）。

原产美洲，性强健，甚耐干旱。喜阳光充足，冬季要求冷凉干燥。对土壤要求不严，在沙土和壤土中皆可生长，忌积涝。

多在夏季扦插繁殖，插条应选用生长健壮的茎节，切后宜晾晒 3～5d，待切口干燥后再插入扦插床内。插后应保持土壤湿润，但不可浇水太多。

本种株形高大，花色艳丽，我国西南、华南及福建、浙江可露地生长，其他地区皆作盆栽。

16.2.3 令箭荷花 *Nopalxochia ackermannii* Kunth

仙人掌科令箭荷花属，附生仙人掌类。灌木状，植株基部主干细圆，分枝扁平呈令箭状，绿色；茎边缘具钝齿，齿间的刺座有短刺；花着生于茎先端两侧，喇叭状，白天开花，每朵仅开放 1～2d，有紫红、大红、粉红、洋红、黄、白、紫等色（图 16-3）。

图 16-3　令箭荷花

原产墨西哥与哥伦比亚，性喜温暖、湿润气候及富含腐殖质的土壤。冬季需阳光充足，温度宜保持在 10℃左右。夏季要求通风和轻度光照，温度控制在 25℃以下，不可阳光直射。

生长季节每 20d 需施腐熟液肥一次，显蕾后增施一次磷肥，促使花大色艳。生长期间需剪除过多的侧芽和基部枝芽。因其变态茎柔软，应及时设立支架，以防折断，也有利于通风透光，使株型匀称。花蕾出现后，浇水不宜过多，否则导致落蕾。开花时盆土不宜太干燥，以延长花期。多用扦插繁殖，春季将变态茎剪成 10～15cm 长的插穗，先晾 2～3d 后再插，在半阴环境下 25～30d 即可生根。也可用嫁接或播种繁殖。

园艺品种多达 1500 个以上，有‘小朵粉’、‘大朵红’、‘大朵紫’、‘大朵黄’和‘大朵白’等。同属小花令箭荷花（*N. phyllanthoides*）也见于栽培，花小，着花繁密。

令箭荷花品种繁多，花大色艳，习性强健，栽培容易，是一种广泛栽培的室内盆栽花卉。

16.2.4 山影拳 *Cereus* sp. f. *monst*

山影拳又名仙人山，为仙人掌科天轮柱属几个柱形种类的 7～8 个畸形石化变异品种的泛称。因植株芽上的生长锥分生不规则，而使整个植株不规则增殖，长成参差不齐的岩石状。茎浅绿至深绿，花白色，夜开昼合。

原产阿根廷及巴西。性强健，生长迅速，喜光照充足，也耐半阴。盆栽要求排水良好的沙质土。生长季节可放置于室内向阳、通风处，浇水不宜过勤。夏季高温季节，应经常喷水以保持空气湿润。

以扦插繁殖为主，除冬季及高温潮湿季节外，其他时间都可进行。扦插应在插穗切口稍干燥后进行，插后除非盆土太干，否则不要浇水。另外还可用嫁接法繁殖。

在室内散射光线下生长良好，是一种广受欢迎的室内盆栽植物。

16.2.5 蟹爪兰 *Schlumlergera truncata* (Haw.) Moran

蟹爪兰又名蟹爪、蟹爪莲，仙人掌科蟹爪兰属，附生仙人掌类。茎扁平多分枝，常成簇而悬垂；茎节倒卵形或矩圆形，先端平截，两端有尖齿，连续生长的节似蟹足状；花着生于节顶端，左右对称，花瓣反卷，淡红色。花期11月底至12月（图16-4）。

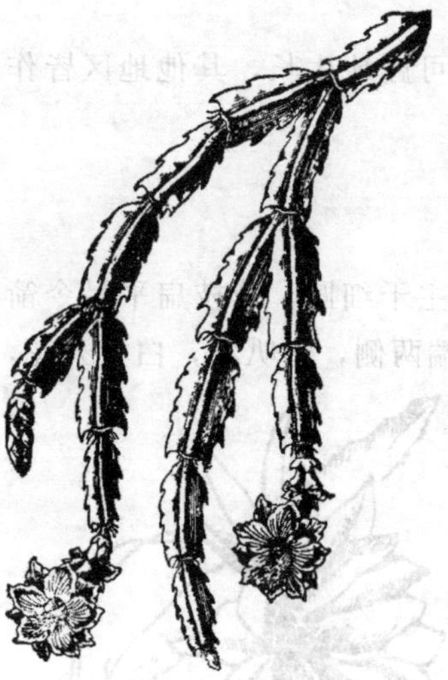
图 16-4 蟹爪兰

原产巴西，性喜温暖湿润的气候及富含腐殖质的土壤，冬季要求光线充足，夏季需要遮阴，忌空气干燥、炎热及通风不良。

生长期间可施用稀薄液肥，入秋到开花前应适当加大肥水供应。秋凉后需移至室内阳光充足处，同时对植株进行修剪，对茎节过密者要进行疏剪，并去掉过多弱小花蕾。冬季室温以15℃为宜。可采用扦插或嫁接法繁殖。

栽培品种多达200个以上，花色有白、粉、橙、紫红及橙黄等不同浓淡色彩，变化很多。

蟹爪兰株型优美，花朵艳丽，室内生长良好，是一种理想的冬季室内盆栽花卉。

16.2.6 仙人指 *Schumbergera bridgesii*

仙人掌科仙人指属，附生仙人掌类。多分枝，向外铺散下垂，茎节扁平，与蟹爪兰极其相似，不同之处是：仙人指茎节边缘无尖齿，只呈浅波状，形如长指甲；花辐射对称，花色多洋红，花期2～3月，比蟹爪兰晚1～2月。

原产巴西，生态习性、栽培要点及繁殖方法与蟹爪兰相似。

16.2.7 昙花 *Epiphyllum oxypetalum* (DC.) Haw.

仙人掌科昙花属，附生仙人掌类。茎稍木质，扁圆柱状，分枝呈扁平叶状，边缘波状无刺；花大型，着生于叶状枝边缘；花萼筒状，红色；花重瓣纯白色；花期夏季，夜间开放，清晨前凋谢（图16-5）。

原产美洲热带。本种喜温暖湿润及半阴环境，生长季节应充分浇水，夏季设立遮阴设施，冬季需有充足光照，室温保持10℃左右。

多用扦插繁殖，可在生长季节剪取生长健壮的变态茎进行扦插，20～30d即可生根。也可采用播种繁殖。

在我国华南、西南个别地区及台湾可露地栽培，其他地区多作盆栽观赏。

16.2.8 量天尺 *Hylocereus undatus* (Haw.) Britton & Rose

量天尺又名三棱箭，仙人掌科量天尺属。攀援植物，有附生习性，可利用气生根附生于树干、墙垣或其他物体上。茎深绿色，粗壮，具三棱，棱边缘有刺座；花大型，白色，芳香，花期夏季，晚间开放（图16-6）。

原产中美及西印度群岛。喜温暖湿润气候，盆栽用土可由腐叶土、粗沙及腐熟鸡粪或牛

图 16-5　昙花

图 16-6　量天尺

粪等量混合而成。夏季要求供水充足，并于室外培养。冬季要求光照充足，温度保持在10℃左右。

本种性强健，生长迅速，与其他仙人掌类植物亲和力强，通常做砧木使用。

16.2.9　金琥 *Echinocactus grusonii* Hildm.

仙人掌科金琥属。茎球形，深绿色；棱约 20 条，沟宽而深，峰较狭；刺座很大，顶端新刺座上密生黄色绵毛，刺金黄色，7～9 枚呈放射状；花着生于茎顶部，钟形，黄色（图16-7）。

原产墨西哥中部沙漠地区。性强健，喜富含腐殖质及沙砾的沙质壤土。要求阳光充足，但夏季要求半阴，以防顶部灼伤。生长适温 20～25℃，冬季宜维持在 8～10℃。

以播种繁殖为主，也可扦插、嫁接。

常见园艺变种有白刺金琥（*E. grusonii* var. *albispinus*）、狂刺金琥（*E. grusonii* var. *intertextus*）和裸琥（*E. grusonii* var. *subinermis*）。

金琥球体浑圆、花色艳丽，是较珍贵的仙人掌类植物。热带、亚热带地区多成片植于岩

图 16-7　金琥

图 16-8　鼠尾掌

石园中，北方作盆栽观赏。

16.2.10 鼠尾掌 *Aporocactus flagelliformis*（L.）Lem.

鼠尾掌又名金纽，仙人掌科鼠尾掌属。变态茎细长，多分枝，匍匐状扭曲下垂，具气生根，一般长达 20～30cm，幼茎亮绿色，后变灰绿色，茎粗 1.5～2.0cm，具浅棱 10～14。刺座小，排列紧密，辐射刺 10～20 枚，针形，新刺红色，后变黄或褐色。花冠粉红色，漏斗状，长约 9cm，直径 7cm，昼开夜合，可连续开放 1 周。浆果球形，红色。花期 4～5 月(图 16-8)。

原产于墨西哥及中美洲。喜温暖而昼夜温差较大、夏季湿润、冬季干燥、阳光充足的环境。不耐寒。要求肥沃、透气、排水良好的土壤。

鼠尾掌茎纤细扭垂，颜色浓绿，花色鲜艳，为良好的室内花卉。适于盆栽布置窗台、几架，也可作悬吊栽培观赏。

16.2.11 岩牡丹 *Ariocarpus retusus* Scheidw.

仙人掌科岩牡丹属。植株呈球形或扁球形，有许多疣状突起，疣状突起呈莲座状，绿色或灰绿色，表面被白粉，上扁平或微凹，植株中部刚长出的疣突有刺，但很小而且早衰，疣突间有白色或淡黄色绵毛。夏季开花，花漏斗形，花被片白色，具红色中脉，长约 4cm，直径约 5cm。浆果光滑，以后变干，种子黑色。

原产于墨西哥北部。喜温暖、阳光充足及空气流通，甚耐寒。要求排水良好、透气的沙砾土，耐干旱，忌积水。

其大型变种玉牡丹（*A. retusus* var. *major*），植株比岩牡丹大 2～3 倍，疣状突起呈较阔的三角形。

岩牡丹外形与仙人掌类其他植物差异很大，十分奇特，适于作室内小盆栽。

16.2.12 绯牡丹 *Gymnocalycium mihanovichii* var. *friedrichii* Hibotan

绯牡丹又名红牡丹、红灯、红球，仙人掌科裸萼球属瑞云球的栽培变种。茎球形，深红、橙红、粉红或紫红色，易孳生子球，具 8 条棱，棱背薄瘦，其上簇生刺。花生于近顶部刺座上，漏斗形，粉红色，常数朵同时开放(图 16-9)。

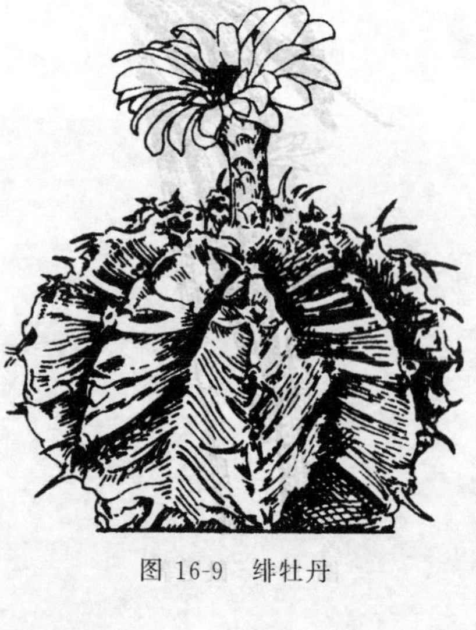

图 16-9　绯牡丹

原种瑞云球（*G. mihanovichii*）原产巴拉圭。喜温暖，不耐寒，喜阳光充足，宜排水良好的肥沃土壤。

绯牡丹由于球体本身无叶绿素，无法进行光合作用，必须嫁接，依靠砧木提供营养，才能正常生长。砧木常用量天尺、仙人掌和叶仙人掌等习性强健的仙人掌类植物。在温室内全年都可进行，但以春末夏初成功率最高。嫁接方法一般用平接，而用叶仙人掌作砧木时，则用嵌接的方法。

绯牡丹小巧艳丽，十分惹人喜爱，为小型盆栽佳品，在沙漠景观布置中有万绿丛中一点红的效果。

16.2.13 燕子掌 *Crassula obliqua* Haw.

景天科青锁龙属。多年生常绿多肉植物。多分枝，枝上有明显的环状节，老茎半木质化，外皮灰白色，嫩枝绿色，内含大量水分。叶对生，叶片厚肉质倒卵形，具短柄，全缘，表面光滑，翠绿色，中央微凹，上被白霜，叶长3～5cm。老株春季开花，花小，呈粉红色。花期从12月中旬至翌年3月，持续开花达3个月。

原产于热带非洲地区，现我国及世界各地均广泛栽培。性喜阳光充足，但在室内散射光条件下也能生长良好。耐干旱、瘠薄，不耐寒，忌水湿。在排水良好的沙质土中生长良好。冬季越冬不低于8℃。

燕子掌茎叶青翠常绿，花色鲜艳，花期较长，是花、叶、茎俱佳的观赏植物，适合在室内陈设观赏。

16.2.14 景天 *Sedum erythrostictum* Miq.

景天又名玉树，景天科景天属。多年生草本，高30～70cm；茎直立，不分枝；叶对生，稀互生或三叶轮生，长圆形至卵形，顶端骤尖，钝头，基部短渐尖，边缘有疏锯齿。伞房花序顶生；花密生，直径约1cm；花梗较花短，或与花等长；萼片5，披针形；花瓣5，白色至浅红色，宽披针形；雄蕊10枚，与花瓣等长或稍短，花药紫色。花期8～9月，果期9～10月（图16-10）。

图 16-10 景天

原产北温带和热带地区。喜日光充足、温暖、干燥通风环境，忌水湿，对土壤要求不严格。性较耐寒、耐旱。

景天是园林中布置花坛、花境和点缀草坪、岩石园的好材料。

16.2.15 莲花掌 *Aeonium tabuliforme* f. *cristata*

景天科莲花掌属。多年生肉质草本。株高可达60cm，有匍匐茎。叶丛紧密，直立呈莲座状，叶倒卵形，肉质、无毛，表面被白粉，以翠绿色为主，少数为粉蓝或墨绿色。花梗自叶丛抽出，花茎柔软，有苞片，具白霜。聚伞花序，有花8～24朵，花冠红色，花瓣披针形不张开。花期6～10月（图16-11）。

图 16-11 莲花掌

原产于墨西哥。喜温暖、干燥和阳光充足环境。不耐寒，耐半阴，怕积水，忌烈日。宜肥沃、疏松和排水良好的沙质壤土。

叶丛紧密排列成莲座状，美丽如花朵。适宜浅盆栽植或组合盆景装饰欣赏，气候适宜地区可作花坛镶边。

16.2.16 生石花 *Lithops* N. E. Br.

生石花又名石头玉，屁股花，番杏科生石花属所有物种的总称。多年生小型多肉植物，茎很短，变态叶肉质肥厚，两片对生联结而成为倒圆锥体。种类及品种较多，各具特色。3～4年生的生石花秋季从对生叶的中间缝隙中开出黄、白、粉等色花朵，单朵花可开3～

7d。开花时花朵几乎将整个植株都盖住，非常娇美。

原产非洲南部、南非纳米比亚等极度干旱少雨的沙漠砾石地带。喜温暖及阳光充足环境，怕低温，忌强光，生长适温为10～30℃。宜生长在疏松的中性沙壤土。

生石花外形奇特，花色艳丽，娇小玲珑，是世界著名多年生小型多肉植物，享有“生命宝石”的美誉，深受国内外花卉爱好者青睐。

16.2.17 宝绿 *Glottiphyllum linguiforme* (L.) N. E. Br.

宝绿又名舌叶花、佛手掌，番杏科舌叶花属。多年生常绿草本。株高15cm。茎极短或无茎，肉质。叶舌状，对生成紧密的二列状或丛生，抱茎，长约10cm，宽约3cm，鲜绿色，肥厚，平滑有光泽，横切面为三角形，叶端略向下翻。花自叶丛中抽出，形似菊花，花冠金黄色。花期4～6月（图16-12）。

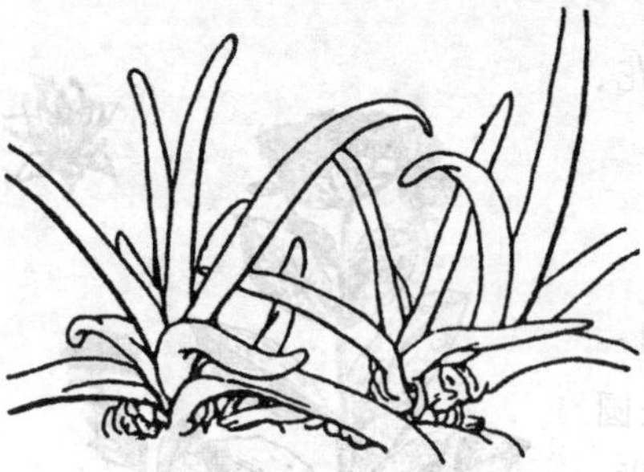
图16-12 宝绿

原产于南非。喜冬季温暖，夏季凉爽干燥环境，不耐寒，亦不耐高温，生长适温18～22℃，超过30℃温度时，植株生长缓慢且呈半休眠状态。喜光，可耐半阴。宜于肥沃、排水良好的沙壤土。

宝绿叶片翠绿透明，清雅别致，花形优美似菊，花色艳丽，适宜盆栽，陈设在书桌、窗台、几案。热带地区园林中可供布置岩石园。

16.2.18 龙舌兰 *Agave americana* L.

龙舌兰又名龙舌掌、番麻，龙舌兰科龙舌兰属。多年生常绿大型草本，叶呈莲座状，通常30～40枚，有时50～60枚，倒披针状线形，长1～2m，中部宽15～20cm，基部宽10～12cm，叶缘具有疏刺，顶端有1硬尖刺。圆锥花序大型，长达6～12m，多分枝；花黄绿色；花被管长约1.2cm，花被裂片长2.5～3cm；雄蕊长约为花被的2倍。蒴果长圆形，长约5cm。

常见变种有金边龙舌兰（*A. americana* var. *marginata*），叶片两侧呈黄色宽条纹，叶面宽大；金心龙舌兰（*A. americana* var. *mediopicta*），叶片中央呈淡黄色；银边龙舌兰（*A. americana* var. *marginata-alba*），叶片两侧呈白色。

原产墨西哥，喜温暖干燥和阳光充足的环境，稍耐寒，适应性强，较耐阴，耐旱性强。要求肥沃而排水良好的沙质壤土，生长期每月施肥一次，夏季增加浇水量。入秋后生长缓慢，应控制浇水，力求干燥，停止施肥，适当培土。冬季温度不得低于5℃。

常用分株或播种繁殖。分株应在4月换盆时进行，将母株托出，把旁生蘖芽剥下另行栽植。龙舌兰为异花授粉植物，需人工授粉才能结实，采种后于4～5月播种，2周后发芽。

龙舌兰叶片坚挺，常用于盆栽观赏，适于布置小庭院，栽植于花坛中心或点缀草坪等。

16.2.19 芦荟 *Aloe vera* (L.) Burm. f.

百合科芦荟属多浆植物。有短茎，叶呈莲座状排列，肥厚多汁，粉绿色，近茎部有斑点，边缘有刺状小齿；总状花序，苞片披针形，先端尖；花淡黄色，稍有红色斑点（图16-13）。

原产南非，性强健，喜光。生长适温20～30℃，耐旱力强，能忍受干燥空气，室内栽培要求阳光充足，冬季室温应在 5℃以上。浇水不宜过多，水分太多会引起腐烂。

常用分株及扦插繁殖。春季换盆时，取下老株周围幼株，分别上盆栽植。也可于 5～6 月采用扦插繁殖，从叶顶端 10cm 处剪取插穗，稍晾干后插于素沙中，保持湿润，经 20～30d 即可生根。

芦荟四季常青，适于布置厅堂。

图 16-13 芦荟

16.2.20 虎刺梅 *Euphorbia milii* Des Moul.

虎刺梅又名铁海棠，大戟科大戟属。蔓生灌木。茎多分枝，具纵棱，密生硬而尖的锥状刺，常呈 3～5 列排列于棱脊上。叶互生，通常集中于嫩枝上，倒卵形或长圆状匙形，全缘；二歧聚伞花序，生于枝上部叶腋；总苞钟状，高 3～4mm，直径 3.5～4.0mm，边缘 5 裂，上部具流苏状长毛。花果期全年。

原产非洲，中国南北方均有栽培。常见于公园、植物园和庭院中。喜温暖、湿润和阳光充足的环境。稍耐阴，但怕高温，较耐旱，不耐寒。以疏松、排水良好的腐叶土为最好。

该种具有诸多园艺栽培类型，其中以苞叶黄白色的较为特殊。

16.2.21 绿玉树 *Euphorbia tirucalli* L.

绿玉树又名光棍树、绿珊瑚、铁罗、神仙棒，大戟科大戟属。灌木或小乔木，可高达 2～9m；叶细小互生，呈线形或退化为不明显的鳞片状，早落，常呈无叶状态；杯状聚伞花序生于枝顶或节上，有短总花梗，总苞陀螺状。花期 6～9 月，果期 7～11 月。

原产非洲东部，广泛栽培于热带和亚热带，并有逸为野生现象。中国南北方均有栽培，或作为行道树（南方）或温室栽培观赏（北方）。喜温暖（25～30℃）及阳光充足，耐旱、耐盐、耐风，能于贫瘠土壤生长。

复 习 题

1. 简述仙人掌及多浆植物的主要原产地。
2. 简述仙人掌及多浆植物的主要生态习性。
3. 简述仙人掌及多浆植物各种繁殖方法的技术要点。
4. 简述仙人掌及多浆植物栽培管理过程中应注意的问题。
5. 简述仙人掌及多浆植物在园林中的作用。

第17章 观赏凤梨

［教学目标］通过学习，掌握观赏凤梨类植物如水塔花属、果子蔓属、铁兰属、丽穗凤梨属和尖萼凤梨属等植物的生态习性、栽培管理要点、繁殖技术、观赏特性及园林应用。

17.1 观赏凤梨概述

凤梨科植物是单子叶植物中非常庞大的一个类群，有44～46属2000余种。凤梨科植物叶片颜色丰富多彩，有红、黄、绿、粉红、褐、紫等色，不少种类具有色彩相间的纵向条纹或横向条纹或横向斑带。叶子的形状大小不一，即使同属的不同种类，外形也往往大不相同。凤梨科植物主要分布于南美洲雨林区至多岩礁的海岸林带。从大西洋东部到太平洋西部，以及西印度群岛、加勒比海诸岛屿热带高温高湿地区。

大多数凤梨科植物都没有茎或很短，花茎一般颇长，从中央抽出，花序为顶生的穗状、总状、头状或圆锥花序，花色有黄、白、红、紫等，十分艳丽。叶子排列成莲座丛，有些莲座叶丛结构疏松，叶子大致排列成圆形；另一些莲座叶丛排列呈管状。大多数种类叶片的基部相互紧叠，承担着“贮水器”或“水槽”的作用，“水槽”的口径小的只有几厘米，大的数十厘米。

凤梨科植物可分为附生凤梨和非附生凤梨。附生凤梨，幼株逐渐生长时，纤细坚韧的根附在树皮之上，沿着树干的表面伸展。附生凤梨是美洲森林中最具特色的景观，栽培的凤梨科植物大多数属这一类。

观赏凤梨以凤梨科植物附生种类为主，一般附生于树干或石壁上，性喜温暖、潮湿的半遮阴环境。常见的种类和品种，主要分布于水塔花属（*Billbergia*）、果子蔓（*Guzmania*）、铁兰属（*Tillandsia*）、丽穗凤梨属（*Vriesea*）和尖萼凤梨属（*Aechmea*）等几个类群。它们以观花为主，也有观叶的种类，其中还有不少种类既可观花又可观叶。

观赏凤梨株形独特，叶形优美，花形花色丰富，花期长，观花观叶俱佳，而且绝大部分耐阴，适合室内长期观赏。

17.2 常见观赏凤梨

17.2.1 水塔花属 *Billbergia*

凤梨科多年生常绿草本。无茎；叶旋叠状或簇生，背面被粉状鳞片，边有小刺或细锯齿；叶基部相互抱合，植株中心成筒状。花葶直立或下垂，通常长于叶，顶生穗状或穗状圆锥花序；花为蓝色、红色或绿黄色，有具颜色的苞片。本属很多种开花1次性，只开花1次，以后不再开花。

【产地与生态习性】同属植物有50～60种，原产巴西。我国温室多有栽培。

水塔花属植物多原产巴西，附生在热带森林的树杈或腐殖质中。喜温暖湿润环境，需要空气湿度大。不耐寒，温度宜20～28℃，冬季温度可稍低，但不得低于5℃。耐半阴，夏季应遮去强光。盆土以疏松、排水良好的酸性土为宜，以沙与泥炭或腐殖土混拌为宜，忌黏重土壤。

【繁殖】常用分割吸芽繁殖。水塔花开花前后其基部可萌生数个分蘖芽，待蘖芽长至4～5枚叶时，用利刀自基部切下，伤口阴干后扦插沙床上，保持土温约25℃，加以遮阴，2～3周即可生根，生根后再上盆栽植。目前，商品生产多采用腋芽组培繁殖。

【栽培管理】多温室盆栽。用土可以泥炭土、腐叶土和壤土等量混合，再加部分河沙，也可单用水苔栽植。注意必须排水良好，在花盆底部碎盆片等排水物上，宜填以水苔一层，而后再填入盆土。在生长期间经常喷水、洒水保持较高的空气湿度。每半月可追施液肥1次。在开花前增施磷肥，可使花色更加艳丽。花期放于温度较低处，并稍干燥，可延长花期。花后有短暂休眠期，应控水停肥。开花后老株逐渐萎缩，可待春季换盆时，将老株切除，只栽植新芽，保证翌年植株生长健壮，株形优美。

近年来国际上已广泛采用水培法培养水塔花类植物。

【同属常见其他种】

(1) 水塔花（*B. pyramidalis*） 茎极短。叶6～15枚，莲座状排列；阔披针形，长30～45cm，直立至稍外弯，顶端钝而有小锐尖，基部阔，边缘至少在上半部有棕色小刺；上面绿色，背面粉绿色，表面有厚角质层和吸收鳞片。穗状花序直立，略长于叶；苞片披针形至椭圆状披针形，长5～7cm，粉红色；萼片有粉被，暗红色，长约为花瓣的1/3，裂片钝至短尖；花瓣红色，长约4cm，开花时旋扭。

(2) 垂花水塔花（*B. nutans*） 又名狭叶水塔花、垂花凤梨。地生，几乎无茎；呈莲座叶丛，叶12～15枚基生；叶较硬，带状，长30～45cm，宽约1.3cm，先端下垂，叶缘锯齿稀疏；表面平滑，叶背被鳞片，并有灰绿色条纹，基部集生成筒；花葶长30cm，先端下垂，具花4～12朵，花序轴膝状折曲；总苞片狭，紧贴花葶，粉红色到淡红色；花萼3枚，长1.3～2.7cm，橙红色，边缘蓝紫色；花瓣3枚，长3.6～4cm，绿色，边缘蓝紫色，先端急尖，反折。

(3) 秀丽水塔花（*B. amoena*） 又名美萼水塔花。植株中型，苞红色，花瓣浅紫色。有变化非常丰富的变种。如可爱秀丽水塔花（*B. amoena* var. *amoena*），叶绿色有光泽，具粉乃至红色苞片，萼与花瓣绿色，端暗蓝色；红叶秀丽水塔花（*B. amoena* var. *rubra*），植株比其他变种大2～3倍，叶红色，有白至黄色的斑，叶长约60cm；绿花秀丽水塔花（*B. amoena* var. *viridis*），花绿色，叶有红、绿、乳黄、粉色的斑点，姿态和形状与红叶秀丽水塔花相似，是本种中最美的观赏变种。

(4) 莫雷氏水塔花（*B. morelii*） 叶披针形，弓状外展，旋叠成短筒状，长30～40cm，宽约5cm，光滑，两面均为有光泽的绿色，叶缘稍具绿色的小软刺。花葶细长，约30cm，上着花10～12朵，苞片桃红色，花瓣紫堇色，开张，萼红色多毛。

(5) 美叶水塔花（*B. sanderiana*） 叶约20枚旋叠着生，长约25cm，宽约6cm，叶缘密生长约1cm的黑色刺状锯齿。花葶细长平滑，顶端着生稀疏的圆锥花序，花瓣绿色，先端蓝色，萼上有蓝色的斑点。

(6) 斑缟水塔花（*B. zebrina*） 叶旋叠着生，下部呈筒状，叶带状，长70～85cm，宽约7cm，叶质坚硬，叶缘具长刺，深绿色，叶背或两面具白色的斑点和横纹。花葶下垂或侧倾，比叶短，着花10～30朵，萼被白粉，苞淡红色。

【园林应用】水塔花株形典雅，叶片青翠亮泽，花色鲜艳夺目，开花植株叶绿花红，十分醒目，为优良的观花赏叶室内盆栽花卉。

17.2.2 果子蔓属 *Guzamania*

果子蔓属又称擎天凤梨属、星花凤梨属、姑氏凤梨属，凤梨科多年生常绿草本。茎短缩，莲座状叶片丛生于短茎上；叶片多为带状，叶缘无刺，柔软，呈淡绿色；多数种类在春季开花，穗状花序从叶筒中央抽出，花梗全部被苞片包裹，在顶端形成星形或锥形的花穗，小花黄色、白色或紫色，生于花苞片之内，开放时才伸出其外；少数种类的花穗不成星状，而是由直立疏生的苞片构成，外形如爆竹串状。

【产地及生态习性】同属植物约有120种，主要分布于中、南美洲的热带和亚热带地区，多生于热带雨林的树上或林中，附生或地生。

喜温暖高湿的环境。生长适温20～30℃，越冬温度10℃以上，低于10℃容易受害；湿度85%以上；弱光性，喜半阴，春、夏、秋三季需遮去50%～60%的阳光，冬季不遮光或少遮光；要求富含腐殖质、排水良好的土壤。

【繁殖】播种或分蘖芽繁殖。人工杂交才能结出种子。将种子播于水苔，约1个月后发芽，视幼苗生育情形，适期移栽，培育3～4年可开花。常用蘖芽繁殖，母株开花后，从株丛基部萌发子株，待子株长至10～12cm高，一般具有8枚叶时切割下来，插于疏松腐叶土中，待根系发育充分，上盆养护。目前，生产上大量采用腋芽组培繁殖。

【栽培管理】除开花期稍干外，其他各季均要保持盆土湿润及较高的空气湿度，叶筒中经常有水。一般生长旺期，叶筒始终满水，并每隔15d，叶面或叶筒施液肥。为保持水质清洁，叶筒水分可定期倾倒，更换清水。秋天则使其稍干，减少浇水。冬季只要叶筒底部湿润即可，因室内空气干燥，通常每周叶面喷水1次。

盆栽宜选择小盆，一般2～3年后母株开始凋萎，应及时更新。为促进开花，可采用乙烯利倒入叶筒水中，熏蒸植株，经处理3个月左右，即可开花。同时，开花前后应适当控水，保证花茎充实。

【同属常见其他种】多数为附生种类，有观叶和观花种类。常见种类为姑氏凤梨(*G. lingulata*)，株高30cm。叶片舌状，基生，长达40cm，宽约4cm，弓状生长，全缘，绿色，有光泽。花序苞片鲜红色，小花浅黄白色，每朵花开2～3d。有许多栽培品种。

【园林应用】中型盆花。叶色终年常绿，苞片色艳耐久，花梗直立挺拔，色姿优美，适于室内观赏。

17.2.3 铁兰属 *Tillandsia*

凤梨科多年生附生常绿草本。地下大多无根或很少根，地上部附生于它物上。叶片簇生成莲座状；叶窄长，向外弯曲，开展，几乎无叶筒；叶数较多，开花时约有50枚。花序椭圆形，呈羽毛状；苞片2列，对生重叠；苞片间开出各色小花；花期可长达几个月。冬春开花后，莲座状叶丛会逐渐枯死。

【产地与生态习性】同属植物有400种，原产地范围广，从潮湿雨林到干旱沙漠都有分布，植株大小差异大。喜温暖和高湿环境，不耐寒，冬季温度不低于10℃；宜阳光充足，但夏季忌阳光暴晒；稍耐干；要求疏松、排水良好的腐叶土或泥炭土。

【繁殖】分株繁殖，春季花后结合换盆进行，同时可将已开过花的母株去掉。也可分割蘖芽繁殖，一般待蘖芽长到10cm高左右，子株已有自己的根系，用刀切割下栽植，成活率高。铁兰属植物开花后，经人工授粉，可以收到种子。种子细小，多采用浅盆撒播，少覆土，盆上盖玻璃，保湿，发芽率高。目前，商品生产多采用腋芽组培繁殖。

【栽培管理】铁兰属多为附生种，常用苔藓、树皮等作为基质，盆底部填充一层颗粒状排水物。盆土保持稍湿润即可，切勿积水。夏季高温季节适当遮阴，避免阳光直射；叶面经常喷水，但叶缝间不能积水，否则叶片腐烂；空气湿度过低，会引起叶尖干枯，叶子皱缩卷曲。初夏及秋天应给予微弱光，土壤稍干，易形成花芽；冬季保持盆土稍干，尽量减少浇水，给予充分阳光，叶片硬而灰白的需要强光照，叶片软而绿的需中等光照。生长季浇水肥，主要喷施在叶片上，每周1次，氮磷钾的比例为30∶10∶10。

【同属常见其他种】

（1）铁兰（*T. cyanea*） 又名紫花凤梨、紫花木柄凤梨，原产于厄瓜多尔、危地马拉。株高20～30cm。叶片簇生或莲座状，长30～40cm，宽1.2～2.5cm，灰绿色，基部呈紫褐色条形斑纹。花茎短，长20cm；花序椭圆，苞片粉红色，苞片间开出蓝紫色小花，状似蝴蝶，观赏期可达数月。

（2）亚历克斯铁兰（*T. utriculata*） 又名气生菠萝、空气草。附生茎短。叶狭长，有刺状锯齿，常基生；叶上面凹陷，基部呈鞘状，有盾状具柄的吸收水分的鳞片。花两性，稍两侧对称，花序为顶生的圆锥花序。

（3）长苞凤梨（*T. lindenii*） 又名长苞铁兰、李氏铁兰。花茎高约30cm；穗状花序扁平，稍窄；苞片鲜红色，排成二列；小花，蓝色，具白色的喉部。

（4）银叶花凤梨（*T. argentea*） 无茎。叶片长针状，叶色灰绿色，基部黄白色，花序较长而弯，花黄色或蓝色，小花数少并且排列较松散。

（5）雷葆花凤梨（*T. leiboldiana*） 株高30～60cm。叶片绿色，长约30cm，宽约5cm，具漏斗形莲座。花梗较长，穗状花序具有略带卷曲的苞片，苞片周围为管状的蓝色花朵。

【园林应用】小型盆花。叶片细长如兰，苞片绚丽夺目，株形娇小迷人，华贵而雅致，为室内美丽盆花。也可吊盆观赏。

17.2.4 丽穗凤梨属 *Vriesea*

丽穗凤梨属又名斑氏凤梨属、花叶凤梨属、剑凤梨属，凤梨科多年生常绿附生草本。叶丛呈疏松的莲座状；叶长条形，平滑，多具斑纹，全缘。复穗状花序高出叶丛，时有分枝，顶端长出扁平的多枚红色苞片组成的剑形花序；小花多呈黄色，花期很短，但艳丽的苞片维持时间长。冬春开花后，老株逐渐枯死，基部长出蘖芽。

【产地与生态习性】同属植物约有250种，原产于中南美洲和西印度群岛。喜温暖、湿润。不耐寒，生长的适宜温度为18～28℃，冬季温度不低于10℃；较耐阴，怕强光直射，春夏秋三季应遮光50%左右；以疏松、肥沃、排水良好的腐叶土与沙混拌为宜。要求每天3～4h直射光才能开花，浇水适量，土壤不可过湿。

【繁殖】常用分株或播种繁殖。分株结合春季换盆进行。老植株在开花前后，可自叶丛基部叶腋间生出蘖芽，待蘖芽长至8～15cm时，用利刀自基部切下，稍晾干后栽植。有些种类不易产生蘖芽，可在开花时进行人工授粉，收获小粒种子播种育苗，此法易丧失母本优良性状。目前，商品生产多采用腋芽组培繁殖。

【栽培管理】生长期叶面要充分浇水和施肥，保持叶筒始终有水，半月更换新水，以防其内水分变臭，盆土不宜过湿。每天保证3～4h以上的直射光，中午遮阴，光照不足不易开花。生长季每半个月施一次稀薄液肥。冬季应置于室内阳光充足处，停止施肥，控制浇水，保持盆土不干，叶筒底部湿润即可。花后为延长观赏期，可及早清除基部蘖芽及枯萎黄叶。如需利用蘖芽繁殖，可及早将花苞从基部剪除，防止结种，促蘖芽生长。

【同属常见其他种】常见种类有莺歌凤梨、虎纹凤梨和彩苞凤梨。

（1）莺歌凤梨（*V. carinata*） 小型种，株高20cm。叶片带状，质薄，自然下垂；叶色鲜绿，有光泽。花茎细长直立；穗状花序不分枝或少分枝；苞片基部鲜红色，先端黄色；小花黄色。花苞可保持1个多月。

（2）虎纹凤梨（*V. splendens*） 又称丽穗兰、火剑凤梨、红剑。株高50～70cm，叶剑状条形，长30～45cm，宽2.5～5cm，有灰绿色和紫黑色相间的虎斑状横纹。花葶直立，花序梗长15～25cm，无分枝；苞片红色，相互叠生成扁平剑状，长20～30cm，宽2～3cm；小花淡黄色。花苞可保持5个多月。

(3) 彩苞凤梨（*V. poelmanii*） 又名火炬、火剑凤梨、大鹦哥凤梨，是*V. gloriosas*与*V. uangeertii*的杂交种。中型种，株高20～50cm。叶丛生呈莲花状，叶片宽线形，鲜绿色，有光泽，叶缘无锯齿。花茎直立抽出，长达35～40cm；苞片深红、橙红、绯红或黄和红的复色；复穗状花序扁平，有多个分枝；小花黄色，先端略带黄绿色。整个花序像燃烧的火炬，可保持3个月。

【园林应用】丽穗凤梨属植物叶色多变，苞片艳丽，花序独特优美，观赏期长，花叶皆可观赏，是一种优良的观花赏叶的室内盆栽花卉。也可做切花。

17.2.5 尖萼凤梨属 *Aechmea*

尖萼凤梨属又名光萼荷属、珊瑚凤梨属，凤梨科多年生附生草本，也可地生。茎甚短。莲座状叶丛基部围成筒状；叶片带刺，10～20枚，长30～60cm，革质，叶色富于变化。穗状花序直立，多分枝，密聚成阔圆锥状球形花序。本属植物在植株生长成熟后才开花，每株一生只开1次花，大多春夏季开花；花谢后，苞片及叶片可持续观赏数月之久，基部老叶逐渐枯萎。

【产地与生态习性】本属植物约有150种，原产于中美和南美洲的热带和亚热带地区。喜温暖和阳光充足环境。不耐寒，越冬温度应保持在5℃以上；较耐半阴，盛夏期可稍遮阴；较耐干旱，盆土宜稍干，要求保水和透气好的腐叶土或泥炭土与粗沙混拌。适宜空气相对湿度为50%～60%。

【繁殖】分株和播种繁殖。本属植物开花后需人工授粉，获得细小种子。将种子撒播于浅盆土中，温度保持25℃左右，约1个月出苗，3～4年后可开花。但花叶品种播种繁殖容易失去母本的优良性状，多采用分株繁殖，即母株开花后，基部蘖芽长至8～10cm，用利刀自蘖芽基部切下，稍阴干后插于沙土中培养，生根后，新叶开始生长时，上盆栽植。

【栽培管理】生长期需水量大，叶筒要经常灌满水，但盆土湿润即可，勿积水；叶面及周围场所要经常喷水，保持较高的空气湿度。盛夏中午需遮去直射强光，初夏和秋天宜微弱阳光。花后和冬季休眠季节须保持盆土适当干燥，置于光照充足处，温度低于15℃，倒掉叶筒内的贮水，否则植株易腐烂。由于植株开花后逐渐枯萎，可将子株留在母株上继续生长，待母株枯死后清除掉，将大型子株重新栽植。

【同属常见其他种】

蜻蜓凤梨（*A. fasciata*）又名美叶光萼荷、斑粉菠萝、银纹凤梨。原产巴西东南部，常附生于雨林树杈上。多年生附生草本，株高60cm。叶10～20余枚旋叠状着生并围成一个漏斗状莲座叶丛，较薄。叶片条形或剑形，有横纹，蜡质，被灰色鳞片，灰绿色，有虎斑状银白色横纹，边缘密生黑色小刺。花茎直立，穗状花序，有分枝，密集成球形，高约30cm；苞片淡玫瑰红色；小花初开为紫色，后变为桃红色。花期夏季。苞片可观赏2～3个月。

【园林应用】尖萼凤梨属叶形、叶色及叶片的花纹、斑块富于变化，花苞硕大艳丽，挺立贮水杯中，是花叶俱美的室内中、小型盆栽观赏植物。小型植株可吊挂。

复 习 题

1. 观赏凤梨分为哪些类型？列举各类的代表植物。
2. 观赏凤梨在浇水时应掌握什么原则？
3. 观赏凤梨的繁殖方式有哪些？
4. 简述水塔花冬季栽培的主要技术措施。
5. 简述铁兰的生态习性及生物学特性。

第 18 章　食虫植物

［**教学目标**］通过学习，熟悉常见食虫植物如猪笼草、捕蝇草、茅膏菜、瓶子草等的形态特征、生态习性及观赏特性；了解其主要的繁殖方法。

18.1　食虫植物概述

具有捕食昆虫能力的植物称之为食虫植物。

18.1.1　食虫植物的含义和特点

食虫植物是一个稀有种群，全世界已知的食虫植物共 10 科，21 属，600 多种，典型的有猪笼草、捕蝇草、茅膏菜、瓶子草等。

食虫植物是由叶片变化而来的变态植物，叶具有各种神奇的食虫功能，是一类十分奇特的趣味植物。食虫植物一般具备引诱、捕捉、消化昆虫、吸收昆虫营养的特点，甚至可以捕食一些蛙类、小蜥蜴、小鸟等小动物，所以也称为食肉植物。

食虫植物有根、茎、叶，可以靠自己制造养料而生活下去，食虫只是食虫植物营养的补充来源。食虫植物大多生活在高山湿地或低地沼泽中，以诱捕昆虫或小动物来补充营养物质的不足。

食虫植物具有 5 种基本的捕虫机制：①具有含消化酶或细菌消化液的笼状或瓶状捕虫器（猪笼草、瓶子草）；②周身布满黏稠液滴的黏液捕虫器（茅膏草、捕虫堇）；③快速关闭的夹状捕虫器（捕蝇草）；④能产生真空而吸入猎物的囊状捕虫器（狸藻）；⑤具有向内延伸的毛须而将猎物逼入消化器官的龙虾笼状捕虫器（螺旋狸藻）。

18.1.2　食虫植物的繁殖方式

食虫植物的繁殖可用有性繁殖和无性繁殖。

（1）有性繁殖　大多数食虫植物能够产生种子。一年生食虫植物初春种子萌发，到了夏季时植株已有一定大小，便可开花，秋季收获种子。多年生食虫植物则在春、夏季开花，秋季收获种子。播种方法和普通花卉相似，由于自然条件下结实率很低，此种方法实际生产中很少使用，一般只用于育种。

（2）其他繁殖　在商业上大量繁殖皆采用扦插繁殖、组织培养。

① 扦插法　切下一段带节的茎，插在栽培基质中即可，为了减少水分的散失，必须将枝条上的叶片做适度的修剪。许多食虫植物可由叶片繁殖。剪下叶片，平铺于栽培基质表面，经过一段时间就能产生许多新芽，对于叶片会卷曲，不易与土壤接触的种类可在叶上盖适量的泥炭土，将部分的叶片掩盖，再喷水。对于有些无法叶插的种类，根插是较好的繁殖方式。

② 分株法　许多食虫植物会由根部产生新的萌蘖，或是从侧芽、走茎长出新芽。将新芽从母株分离下来，即可单独栽植。

③ 高空压条法　有些食虫植物难以成功扦插，可用高压法。选取一段末端含有几个节

的枝条，在适当的部位进行环状剥皮，包上潮湿的水苔，再用塑料膜包扎防止水分散失，最外层再包扎一层铝箔纸来避光。

④ 组织培养　商业大规模生产大多采用这种方式。但组织培养要求技术高，需要特殊操作设备，并且成本较高，小规模生产不宜采用。

18.2　常见食虫植物

18.2.1　猪笼草 *Nepenthes mirabilis* (Lour.) Druce

猪笼草是猪笼草科猪笼草属全体物种的总称。

多年生半木质化常绿藤本植物，攀援于树木或者沿地面而生。叶一般为长椭圆形，末端有笼蔓，在笼蔓的末端会形成一个瓶状或漏斗状的捕虫笼，并带有笼盖。猪笼草生长多年后才会开花，花一般为总状花序，少数为圆锥花序，雌雄异株，花小而平淡，白天味道淡，略香；晚上味道浓烈，转臭（图 18-1）。

图 18-1　猪笼草

捕虫笼的形状和色彩各不相同，有圆筒形、卵形、喇叭形等；有红、绿、玫瑰等色，色彩很鲜艳。捕虫袋的上面有半开的盖子，能开能闭。袋口边缘向内卷，袋内有液体，里面含有酶，能分解蛋白质。袋口内壁能分泌香甜的蜜汁，蜜汁有轻微的麻醉作用。小昆虫被引诱到瓶中，被液体粘住，无法逃生。

猪笼草是最典型的食虫植物，它形态构造奇特，捕虫能力很强，一个叶片的袋内能捕食各种虫子达上千只，是消灭各种蚊蝇、蚁类等的绿色卫士。它的种子细小，呈线形，在自然状态下，常在大雨来临之际果皮裂开，其尖端插入泥土内，以免被雨水冲去。猪笼草的叶片中由于具有叶绿素，也能进行光合作用而自养，特别是人工栽培的猪笼草，大多已失去了食虫特性，主要靠光合作用制造营养来进行生长。

本科植物仅此一属，170 余种，分布于东半球热带地区，如东南亚、澳大利亚、非洲马达加斯加等地。20 世纪 90 年代以后，我国不断从国外引进各种优良猪笼草的品种及类型，如绯红猪笼草（*N.* ×'Coccinea'）；戴瑞安娜猪笼草（*N.* ×'Dyeriana'）；绅士猪笼草（*N.* ×'Gentle'）；宝琳猪笼草（*N.* ×'Lady Pauline'）；红灯猪笼草（*N.* ×'Rebecca Soper'）；米兰达猪笼草（*N.* ×'Miranda'）。

猪笼草以其原生地海拔的不同（以海拔 1200m 为标准），分为低地猪笼草和高地猪笼草。低地地区的气候全年炎热潮湿，因此低地猪笼草对温差没有过多的要求；而高地地区的气候则为全年白天温暖，晚上凉爽，因此它们的健康生长需要一个温差较大的环境。

猪笼草喜温暖、湿润的半阴环境，不耐寒，怕干燥和强光。野生的猪笼草多生长于山坡湿地。在含沙质较多且有机质丰富的酸性土壤中，植株生长旺盛，茎粗叶茂，瓶状体长可达 15cm 左右，且叶色翠绿。猪笼草生长最适温度为 25～30℃，冬季温度低于 15℃时植株停止生长，10℃以下的温度常使叶片边缘遭受冻害。另外，猪笼草对水分的反应比较敏感，在高温高湿的条件下才能正常生长发育，如果温度变化过大或过于干燥，都会影响瓶状体的形成。

可采用播种、扦插、压条、组织培养等方法繁殖。

① 播种繁殖　自然条件下受精率极低，多数种子为无效种子。在原产地可通过人工授粉，提高猪笼草的受精结实率，采种后立即播种，用水苔作基质，种子播在水苔上，经常浇水，盆口用塑料薄膜遮盖，保持较高的空气湿度。播种后30～40d可萌发，此法一般只用于育种。

② 扦插繁殖　在4～6月份生长旺季进行，选取1～2年生健壮且无病虫害的枝条，切成10～12cm插条，用100mg/kg的IBA溶液处理5h后扦插于泥炭中，也可用75%红壤+25%河沙作为基质，每天淋水2～3次，保持温度25～30℃，空气相对湿度90%以上，插后20～25d可生根。

③ 压条繁殖　在生长旺期选择健康枝条，把叶腋下部的茎割伤并用苔藓包扎，保持苔藓湿润，生根后可剪离母体，上盆栽植。

④ 组织培养　猪笼草的大规模繁殖，可采用组织培养法。通常在生长季节选取生长旺盛猪笼草的3～4cm长的顶芽或带侧芽的茎段为外植体，接种到培养基1/2MS+(0.5～2.0)mg/L BA+(0.05～0.1)mg/L NAA+(0～0.05)%活性炭上进行培养。

对土壤要求不严，在各种基质上均可生长，但喜湿润的沙质酸性土。生长适温为25～30℃，15℃以下植株停止生长，10℃以下盆栽苗叶片边缘遭受冻害；夏季温度高时生长不良。秋冬季放在阳光充足处，否则，叶笼形成慢而小，笼面颜色暗淡；夏季强光直射时，必须遮阴或移入室内。猪笼草对水分反应比较敏感，空气相对湿度在80%～90%时生长最佳，生长期需经常喷水，以保持周围的高湿环境。

猪笼草美丽的叶笼十分奇特，其大小和颜色各不相同，具有极高的观赏价值。常用于室内盆栽或吊盆观赏，可点缀客室、花架、阳台和窗台或悬挂小庭园树下和走廊旁，造型优雅别致，趣味盎然，深受人们喜爱。

18.2.2　捕蝇草 *Dionaea muscipula* Ellis

捕蝇草又名维纳斯捕蝇草、食虫草、捕虫草、苍蝇地狱，茅膏菜科捕蝇草属多年生常绿草本植物。叶从根颈处长出，排列成莲座状。叶柄宽大呈叶片状，上部着生的2片“叶瓣”对生成略为展开的贝壳状。每个“叶瓣”内侧中央都有3条尖锐的刚毛排成三角形；“叶瓣”的内表面上有许多略带紫色的腺体；“叶瓣”边缘有许多尖锐的棘突。花为白色，2～14朵聚成伞形花序，花序葶长10～40cm，花瓣5枚，长约1.2cm，顶端有不规则的凹缺。果实为蒴果，卵圆形，长不及0.6cm。

捕蝇草“叶瓣”内侧的刚毛对触动极为敏感，当蚊、蝇及其他小昆虫触动刚毛后，在0.3～0.5s的时间内，即引起“叶瓣”闭合，而“叶瓣”边缘伸出的尖锐的棘突，像夹子一样相互交错合拢，防止捕到的昆虫逃走。捕蝇草“叶瓣”内表面上的腺体，能分泌消化液将猎获物的柔软部分消化吸收，变成自己的营养。捕蝇草消化吸收小昆虫的过程需7～10d，然后“叶瓣”再慢慢打开，等待其他昆虫前来。

捕蝇草属只有捕蝇草一种。仅存于美国南卡罗莱纳州东南方的海岸平原及北卡罗莱纳州的东北角。性喜阴凉湿润的环境，常野生于潮湿的沙质或泥炭湿地或沼泽地。喜酸性土，基质以泥炭藓为宜，需经常保持湿润，用不含钙的酸性水浇灌易成活。在7～30℃气温下均能健壮生长，生长最适气温为15～20℃。夏季生长适温25～30℃，冬季7～10℃。在热带、亚热带地区种植时，越夏较困难，要特别防止高温对植株的影响。

可用播种、分株和扦插等方法繁殖。以分株法为主，适宜在秋季至冬季进行。当捕蝇草花谢后，经过一段时间，花梗上会生出一些小植株，将小植株从花轴上取下栽植即可成活。播种可秋季在花盆内进行，基质选用泥炭土和苔藓的混合物，播后保持湿润，于翌年春季发芽。扦插以叶片扦插为主，剪取成熟的叶片插于泥炭藓中，保持中等温度，插后20～25d生根。目前，采用植株的叶片和花序梗作为外植体进行组培繁殖，可生产出大量的试管苗。

盆栽幼苗生长缓慢，需保持较高的空气湿度。生长期不用施肥，必要时可用小的昆虫喂食。冬季11月至翌年3月进入休眠期，室温不宜过高，仍需保持较高的空气湿度。整个生长期需充足阳光，盛夏高温季节稍加遮阴。

捕蝇草因其株形矮小，一般作小型盆栽，可置于无强光直射的书桌、几案、窗台或阳台上观赏，也可在庭院内专辟栽植槽，群丛栽培，别具一格。

18.2.3 瓶子草属 *Sarracenia* L.

瓶子草科多年生草本植物。根状茎匍匐，有许多须根，叶基生成莲座状叶丛，叶有2种类型。春季长出的叶呈瓶状，喇叭状或管状，如喇叭开口，顶上有盖；囊壁开口光滑，生有蜜腺及一排排的倒刺。盛夏长出的叶如剑状，这种叶片无捕虫囊，只通过光合作用来制造养分。瓶子草的花形也相当奇特，白色或浅白色，雌蕊的柱头先端展开如伞状，具有较高的观赏价值。

瓶子草的瓶状叶是有效的昆虫陷阱。瓶状叶以其鲜艳的色彩及香甜的蜜汁引诱昆虫前来采吃，而光滑的内壁及密生的倒刺毛使前来的昆虫有去无回。瓶子草的消化液含有蛋白分解酶，它可将昆虫的蛋白质溶解，变为氨基酸被瓶壁吸收。

本属共有9种和许多的亚种、变种及人工培育的品种。均产于北美。近年我国有少量引进。

喜温暖、湿润、阳光充足的环境，不耐寒，冬季越冬温度5℃以上。喜疏松透气的栽培基质，一般以水苔栽培为宜。常用播种和分株繁殖。播种繁殖适用于大量繁殖，先将坚硬的种皮磨破，再进行播种，播种一般于8～9月进行。

栽培管理过程中应注意，夏天宜于荫棚下培养，需经常浇水、喷雾，以降低温度，保持较高的空气湿度。冬季可适当降低湿度，越冬温度5～8℃为宜。

目前主要作为小型盆栽奇趣植物观赏。

18.2.4 茅膏菜属 *Drosera* L.

茅膏菜科多年生草本植物。根状茎短，具不定根，鳞茎状球形。叶互生或基生而莲座状密集，被头状粘腺毛，幼叶常拳卷；托叶膜质，常条裂。聚伞花序顶生或腋生，幼时弯卷；花萼5裂，稀4～8裂，基部多少合生，宿存；花瓣5，分离，花时开展，花后聚集扭转，宿存于顶部（图18-2）。

本属100余种，分布于世界的热带至温带地区，少数分布至寒带，我国有6种，除1种产东北外，其余均产自长江以南各省，常见的有茅膏菜（*D. peltata*）、圆叶茅膏菜（*D. rotundifolia*）、长叶茅膏菜（*D. indica*）。

本属植物体有多种颜色，其叶面密被分泌黏液的腺毛，当小虫停落叶面时，即被黏液黏

图 18-2　长叶茅膏菜

住，而腺毛极其敏感，有物一触，即向内和向下运动，将昆虫紧压于叶面。当小虫逐渐被腺毛分泌的蛋白质分解酶所消化后，此腺毛复张开而又分泌黏液。

目前主要作为小型盆栽奇趣植物观赏。

复习题

1. 食虫植物有什么特点？
2. 食虫植物有哪些繁殖方式？
3. 举出 4 种常见食虫植物，说明其主要的观赏特点、生态习性及繁殖栽培要点。

第19章 蕨类植物

［教学目标］通过学习，掌握蕨类植物的生态习性、繁殖及栽培管理；掌握鹿角蕨、鸟巢蕨、铁线蕨、肾蕨、荚果蕨等常见蕨类植物的形态特征、生态习性、园林应用。了解其他蕨类植物形态征、生态习性及园林应用。

19.1 蕨类植物概述

蕨类植物是世界上古老的植物之一，远在4亿年前就生存于地球上。其种类繁多，有70多个科，12000种，广布于世界各地，尤以热带和亚热带地区最为丰富。我国是世界上蕨类植物分布最为丰富的地区之一，约有2600种，其中半数以上为中国特有种或属。

蕨类植物植株丛生、叶形丰富、叶片细致、叶色浓绿、姿态潇洒，耐阴，病虫害少，适宜于点缀厅堂和卧室，是重要的室内观叶植物；还可用于庭院绿化，布置专类园；另外，蕨叶是重要的插花材料。

日本和欧美把蕨类植物视为高贵素雅的象征，这些国家已成立了许多专门生产观赏蕨类的公司和苗圃。但我国对蕨类植物的开发利用较晚，1991年，我国才成立蕨类学会。随着花卉业的发展，蕨类植物必将以其独特的观赏价值而备受人们青睐。

19.1.1 蕨类植物的特性

蕨类植物为多年生草本植物，稀木本；陆生或附生，少数水生；直立，少数为缠绕攀援型。

蕨类植物均具独立生活的配子体和孢子体。孢子体有根、茎、叶之分，其形态特征因种而异，千变万化。有的高大似乔木，有的矮小如草；常绿或落叶；单叶或复叶，叶形极富变化。孢子囊的形态和着生位置也因种而异，孢子呈粉状，多为黄褐色。孢子成熟时自孢子囊中散出，落地后萌发生长为原叶体，称为配子体。配子体上生雌雄配子，经受精作用后，产生合子，由此生长发育成为绿色孢子体。在叶片上产生孢子囊，内生孢子，孢子落地发芽而又发育成原叶体。这种二倍体的孢子体世代和单倍体的配子体世代相互交替，组成了蕨类植物的生活史。

19.1.2 蕨类植物的繁殖

(1) 孢子繁殖

蕨类植物的孢子，多产生于叶片背面的孢子囊内，育苗前收集孢子作播种材料。当孢子开始散出时，连同叶片一起剪下，放入纸袋内。为不损伤叶片，也可用干净新纸袋或塑料袋套住叶片，轻弹，使孢子落入袋内。孢子在收集后要尽快播种，因孢子愈新鲜，发芽率愈高，且发芽愈快。为刺激孢子萌发，播种前可用300mg/L的GA_3溶液处理15min。

育苗用的土壤多用腐叶土、泥炭土、河沙等混合配制而成，常用的配方按腐叶土：壤土：河沙为6：2：2的比例。以上各种原料必须过筛后拌匀，蒸汽灭菌后才能使用。另外，播种用的育苗盘或花盆也需消毒。

播种前，将装有基质的育苗容器放在浅水中，让水从排水孔渗入，使基质充分润透，然后撒播孢子。用 GA_3 处理过的孢子可用喷壶喷在基质上，注意须稀播，以免原叶体缠绕在一起。喷后不用盖土，盖上平板玻璃。播种后，育苗容器宜放在25℃、空气温度80%以上处，每天光照4h以上。1个月后，孢子开始萌发，长出幼小原叶体，如过密，可进行移栽，把原叶体一块块移入新盆。原叶体接着长成扁平心脏形或带状，在其腹部长出颈卵器和精子器，每天喷雾2次，持续1周，精子借水游动与卵结合，形成合子，约1周后发育成孢子体小植株。从播种到长成叶片需2～3个月。当孢子体长出3～4枚叶后进行移栽，仍用混合土作基质，当苗高10～15cm时栽于花盆。

孢子繁殖技术要求严格，需要一个高温高湿的环境，人工环境中的一切用品包括容器、栽植材料和室内空间都应严格消毒，并保持室内清洁卫生；夏季干燥季节，室内地面及四周要经常喷雾或洒水，以保持室内潮湿。通常播种容器或播种箱放在水槽或盆内，让容器或箱底吸收水分，以保持经常湿润状态。

(2) 分株繁殖

蕨类植物的根状茎可以分枝扩散或形成丛簇。分株前若对粗壮的根状茎进行切割，可促使侧芽形成。分株繁殖一般于春季结合翻盆进行，把植株从盆中倒出，根据需要将一株分成数株，每株须带有根和叶。分株时要小心，注意根状茎的生长形式，切勿损伤生长点，保持根部有尽量多的土壤。剪掉衰老和损伤的叶、根。按照原来的土壤水平线重新栽植分株，充分浇水。分株繁殖无严格的季节要求，如若需要，一年四季皆可进行。

(3) 扦插繁殖

有的蕨类植物，叶片扦插可以生根。取叶片插于沙床中，生根后移入容器中进行培育，成苗后上盆栽植。

(4) 分栽不定芽

有些蕨类植物，在叶腋内或叶片上能长出幼芽。可以直接将这些幼芽从母株上取下培养，以河沙与泥炭1∶1混合作基质，将其一半埋入基质，伤口最好用杀菌剂处理，以免腐烂，充分浇水，用玻璃加以覆盖。

(5) 组织培养

对产生孢子量少或不产生孢子以及用孢子繁殖困难的种类，或对名贵种类迅速扩大繁殖，可用组织培养方法进行离体快繁。要进行大规模现代化商品化生产，也需要用组织培养法繁殖。

19.1.3 蕨类植物的栽培管理

通常蕨类植物处于不同生长期，对光线的要求不同。一般生长初期即抽芽期，需防止阳光过强，要多加庇荫；休眠期须放在光线充足处。一般来说，多数蕨类植物喜过滤性、间接或反射散射光。如光线不足，则植株徒长，显得衰弱或软萎。

蕨类植物多喜潮湿，对土壤湿度和空气湿度要求较高，尤其在幼苗期。生长期每天必须浇水和叶面喷水，以保持湿度。发现植株因缺水而凋萎时，必须立即将盆浸入清水中，地上部分喷雾。若缺水不十分严重，几小时后即可恢复；若24h内仍未恢复，需将地上部分萎叶全部剪去，可能会重新萌发新叶。若地上部分先黄化后凋萎，这可能是浇水太多，土壤排水不良引起的，必须整株拔出，修剪腐根，重新栽植。浇水最好在早晨进行，特别是叶片分裂细碎的种类如晚间浇水，水滴滞留在叶隙间，蒸发较慢，易引起腐叶。

蕨类植物对温度的要求因原产地的不同而有差异。原产热带的蕨类植物，生长适温一般为21～27℃，冬季要求12～15℃，若气温低于10℃，生长停止；原产温带或亚热带的蕨类植物，生长适温为16～21℃，冬季最低可耐7℃；北方露地生长的蕨类植物，冬季能耐－20～－16℃的低温，如荚果蕨。一般性的半不耐寒种类，生长适温19～24℃，冬季在10℃以下易受冻害。

蕨类植物最忌闷热，在夏季需多通风。在通风时要注意水分供给，使环境中空气新鲜且不干燥。幼苗期应避免“穿堂风”。

蕨类植物喜肥，要求土壤富含有机质、疏松透水，以微酸性（pH值5.5～6.0）最为适宜。基质一般以泥炭土、腐叶土、珍珠岩或粗砂按2∶1∶1配制，或腐熟的堆肥、粗沙或珍珠岩按1∶1配制。蕨类植物的根较柔弱，不易施重肥。栽植时，基质中可加入基肥；生长期内可追施液态肥，浓度不宜超过1%，直接撒入根系，最多每周1次。当温度降低，空气干燥，根系活动减弱时可进行叶面施肥，以利于植物体的吸收。充足的氮会使植株生长旺盛，不足时会使植株老叶呈灰绿并逐渐变黄，叶片细小；过量氮易使植株徒长并降低抗性。磷对蕨类植物的根系生长很重要，缺少会使植株矮小，叶子深绿，根系不发达。此时，可对叶面喷施KH_2PO_4、$Ca_3(PO_4)_2$、过磷酸钙补充磷的不足。钾可增强光合作用，促进叶绿素形成。缺乏则老叶出现斑点，并逐渐枯黄。另外，缺钙会抑制植株生长，使叶片扭曲，从叶尖开始逐渐死亡。缺Mg会使老叶逐渐变色但叶脉仍保持深绿。缺Fe会使新生蕨叶变灰绿并逐渐枯黄，叶脉显衰变黑。缺Mn会使新叶出现坏死斑点。缺B导致顶芽死亡。缺Cu使叶片褪绿，幼叶逐渐变黄，最后脱落死亡。

总之，蕨类植物的施肥应薄施、勤施，同时根据需要进行叶面喷施或根外追施。

盆栽的蕨类植物每2～3年须换盆一次，换盆时间在2～8月份皆可进行，要注意不要伤根。重新上盆时，先在盆底放约2cm厚的一层碎砖，以利排水；再铺厚度约2cm的木炭，以吸收土壤残留的多余盐分与有毒气体等；而后加一层骨粉（富含磷肥），以利根部生长。将植株放入盆后，再填入配制好的基质。

19.1.4 蕨类植物的园林应用

蕨类植物以其独特的叶形、优美的株姿在观叶植物中占有重要地位。盆栽室内观赏可布置厅堂、会场，点缀书房、卧室；选用蕨根、树皮或苔藓等作为栽植材料，或用棕绳将植株根部包好，放入多孔篮或花盆中，作悬吊栽培，观赏效果极佳；叶形奇特、优雅，可用作插花植物材料；在南方温暖湿润地区，可植于水池边、树荫下或溪流旁，还可用来布置阴生植物园。

19.2 常见蕨类植物

19.2.1 鹿角蕨 *Platycerium wallichii* Hook.

鹿角蕨又名蝙蝠蕨、二叉鹿角蕨，水龙骨科鹿角蕨属，附生性大型蕨类。株高40～50cm，具异型叶，一种为营养叶（也称不育叶），新叶绿白色，老叶深绿色圆肾形，边缘波状，中心部高突，呈覆瓦状紧实地附着在树干或其他支持物上，以聚积腐殖质并包裹在根的周围，从而保护蕨根和贮藏水分，使其免受干旱的威胁；另一种叶为孢子叶（也称能育叶），灰绿色，叶面密生短柔毛，分叉成窄裂片，2～3 裂，形似鹿角。同属常见的还有三角鹿角蕨（*P. stemaria*），可育叶基部呈三角状耳垂形，网脉明显，叶片直立，有光泽；二歧鹿角蕨（*P. bifurcatum*），叶丛生，下垂，顶端分叉呈凹状深裂，形如“鹿角”。

原产热带、亚热带地区，天然生长在树木的树皮、树枝上，靠吸收树表面的腐烂有机质为营养。忌强烈的阳光直射，在明亮的室内前窗附近生长良好。温室栽培夏季应遮去50%～70%的阳光，冬季遮 30%左右比较合适。生长适温 16～21℃，冬季温度不低于 10℃。适合生长的空气湿度为 70%，亦能忍受相对湿度 50%～60%的干燥环境。但若温度升高，则必须相应的升高空气湿度，尤其当温度在 24℃以上时，更应保持较高的空气湿度和良好的通风。

鹿角蕨株形奇特，姿态优美，叶片苍绿下垂，是珍奇的观赏蕨类。是室内绿化装饰的重要材料，适于点缀客厅、窗台、书房，非常别致，富有情趣。

19.2.2 鸟巢蕨 *Neottopteris nidus* (L.) J. Sm.

鸟巢蕨又名巢蕨、山苏花、王冠蕨，铁角蕨科巢蕨属，多年生常绿附生性蕨类植物。株形呈漏斗形或鸟巢状；株高 100～120cm，根状茎短，顶部密生条形鳞毛，鳞片端部呈纤维状分枝并卷曲；叶片辐射状丛生于根茎顶部，叶柄近圆棒形，长约 5cm；叶片带状阔披针形，浅绿色，革质，长可达 120cm，宽约 15cm，羽状脉，顶端和一条波状的边脉相连；叶全缘，有软骨质的边，反卷；孢子囊群线性，着生于成熟叶片背面上部中脉两侧，叶片下部不育。

同属常见的还有狭基巢蕨（*N. antrophyoides*）、大鳞巢蕨（*N. antiqua*）。

巢蕨属植物主要分布在亚洲热带地区，分布于我国的台湾、广东、广西、海南、云南等地，亚洲热带其他地区也有。生长在中、低海拔山区。成丛附生于雨林中的树干或岩石上。喜温暖湿润的庇荫环境，中等强度光照最适宜生长，否则会使叶片变黄、萎缩。要求空气相对湿度 80%以上，宜用通气透水的基质栽培。

鸟巢蕨株形丰满，叶色葱绿，有很高的观赏价值。宜作大、中型盆栽，布置于厅堂、会场等处；室内也可悬吊观赏；叶片是插花高级材料。在温暖地区，鸟巢蕨还可植于水池边、庇荫处或溪流旁。

19.2.3 铁线蕨 *Adiantum capillus-veneris* L.

铁线蕨又名铁丝草、美人粉，铁线蕨科铁线蕨属多年生常绿草本。株高 15～35cm，直立而开展；根状茎横走，密被淡褐色鳞片；叶柄墨黑明亮，2～3 回羽状复叶，小叶片薄革质，卵状三角形，鲜绿色，缘 2～5 浅裂，裂片边缘小脉顶部生孢子囊群，囊群盖呈肾形至卵圆形。

本属植物约 200 种，广布于热带和亚热带地区，少数分布于温带地区，以南美洲种类最多。我国约有 40 种，分布于浙江、江西、福建、广东、广西、台湾、云南等省（区）。多生于山地、溪边和山石上。常见种类如下。

(1) 扇叶铁线蕨（*A. flabellulatum*） 株高 20～50cm，根状茎短，有光泽；叶片扇形至不整齐的阔卵形，2～3 回掌状分枝至鸟足状二叉分枝。分布于中国台湾、福建等地。生于阳光充足的酸性红、黄壤上，是酸性土指示植物。

（2）团羽铁线蕨（*A. capillus-junonis*） 株高20～25cm，羽片团扇形，基部有关节和叶柄相连，叶轴顶部常延伸成鞭状，顶部着地即生根。适于小盆栽植。群生于湿润石灰岩脚、阴湿墙壁基部石缝中或荫蔽湿润的白垩土上。

（3）美丽铁线蕨（*A. formosum*） 根状茎下垂，有时再形成小植株；叶片宽三角形，3～4回羽状分裂，基部窄三角形，顶端圆形，具齿或分裂。原产澳大利亚、新几内亚。

（4）楔叶铁线蕨（*A. raddianum*） 叶丛生，宽三角形，2～4回羽状分裂，裂片圆形或长圆形。原产热带的巴西。现世界各国普遍栽培，有大量的栽培品种如'秀丽'（'Elegantissimum'），叶片灰绿色，下垂，小裂片扇形；'光辉'（'Brilliant Else'），与'秀丽'相似，但幼叶略带红色；'双小叶'（'Double Leaflet'），小羽片2～4回羽状分裂，似有薄雾之感，观赏价值很高；'金叶'（'Goldelse'），小裂片呈金黄色。

喜温暖、潮湿和半阴环境，不耐寒，忌阳光直射和风吹，长时间阳光照射会使大部分叶片褪绿、变黄，进而全株死亡。喜疏松肥沃的石灰质土壤，为钙质土指示植物。

铁线蕨叶片形似方片，叶柄乌黑纤细，株态秀丽多姿，可置于案头、几架等处，也可悬吊观赏。在温暖地区，常栽于土假山隙缝、背阴角等处。叶片可作插花的配料，十分优雅。全株可药用。

19.2.4 肾蕨 *Nephrolepis cordifolia*（L.）C. Presl.

肾蕨科肾蕨属多年生常绿草本。根状茎直立，短而粗健，木质，密被蓬松的黄褐色鳞片。叶簇生；柄坚硬，深禾秆色至浅褐色，幼时密被与根状茎上同样的鳞片，以后渐变稀疏；叶片倒披针状长圆形，一回羽状；顶生羽片与侧生羽片同形，侧生羽多数（可达40对），互生或有时近对生。

目前国际上十分流行的品种为'波士顿蕨'（'Bostoniensis'），叶密集丛生，淡绿色；叶大，羽状深裂，细长，可达1m，全缘或微有齿，叶展开后，拱曲下垂。本品种是用于室内装饰的最美丽的蕨类植物之一，对室内空调环境亦能适应。'少年特地皱叶肾蕨'（'Teddy Juniner'），'波斯顿蕨'的改良品种，植株较矮；小叶宽线形，波形扭曲状，新叶黄绿色，后为翠绿色。观赏价值高，可盆栽或吊盆栽植。

肾蕨叶色翠绿，四季常青，可点缀书桌、茶几、窗台和阳台，也可吊盆悬挂于客室和书房。在园林中可作阴性地被植物或布置在墙角、假山和水池边。也是重要的插花衬叶，其叶片可作切花、插瓶的陪衬材料，近年来将肾蕨加工制成干叶，成为新型的干花配叶材料。

19.2.5 荚果蕨 *Matteuccia struthiopteris*（L.）Todaro

球子蕨科荚果蕨属落叶蕨类。为大型陆生蕨，植株高达1m左右；根状茎直立，连同叶柄基部密被针形鳞片。叶簇生，典型的二型叶，营养叶矩圆状倒披针形，二回深羽裂，新生叶直立向上生长，全部展开后呈鸟翼状；孢子叶从叶丛中间长出，有粗硬而较高的柄，挺立，长度为营养叶的一半，羽片荚果状，孢子叶10月份成熟。

分布于东北、华北、陕西、四川、西藏等地。多成片生于900～3200m高山林下。耐寒，喜中等光照强度（3000～4000 lx），喜潮湿而富含腐殖质的土壤。

荚果蕨是北方地区理想的地被植物，8～9月荚果蕨叶片成熟，叶片颜色翠绿，婀娜多姿，给人以赏心悦目的感觉，是很好的观叶植物，具有很高的观赏价值。因其株型美观，秀丽典雅，也适于盆栽观赏。

19.2.6 凤尾蕨 *Pteris cretica* L. var. *nervosa* (Thunb.) Ching et S. H. Wu

凤尾蕨又名凤尾草、井栏边草，凤尾蕨科凤尾蕨属多年生常绿草本植物。植株高60～70cm。根状茎直立，顶端具钻形鳞片。叶多数，簇生，革质，羽状复叶，分不育叶和孢子叶二型，孢子叶羽片条形，叶轴上部有狭翅，下部羽片常2～3叉；不育叶羽片较宽，具不整齐的尖锯齿。孢子囊群沿羽片顶部以下的叶缘连续分布，囊群盖狭条形。

分布于中国除东北、西北以外的地区，朝鲜和日本也有分布。生于石灰岩缝或林下，海拔400～3200cm。喜温暖、半阴和潮湿的环境，宜碱性土壤，为钙质土壤指示植物。

凤尾蕨株形优美，叶丛细柔，色泽鲜绿，格调清新，极富观赏性，宜作为盆栽观叶植物，室内观赏。切叶可配置切花插瓶。

19.2.7 翠云草 *Selaginella uncinata* (Desv.) Spring

翠云草又名龙须、蓝草、剑柏、蓝地柏、地柏叶、伸脚草、绿绒草、烂皮蛇，卷柏科卷柏属多年生匍匐蔓生草本。植株长30～60cm，主茎柔软纤细，有棱，伏地蔓生横走，节上生不定根，侧枝多回分叉，向上伸展。叶二型，中叶长卵形，渐尖；背叶矩圆形，排列成平面，下面深绿色，上面带碧蓝色。

原产于中国，分布于西南、华南地区及台湾省。生于海拔40～1000m的山谷林下，多腐殖质土壤或溪边阴湿杂草中，以及岩洞内，湿石上或石缝中。喜温暖湿润的半阴环境，忌强光直射。

翠云草属小型观叶植物，株态奇特，羽叶似云纹，四季翠绿，并有蓝绿色荧光，清雅秀丽，盆栽适合案头、窗台等处陈设。成片蔓生如锦，美丽动人，可应用于岩石园、水景园等专类园中，宜作园林地被，点缀假山石。盆栽吊挂观赏时，自然下垂，姿态优美，可在盆景上作装饰之用。

19.2.8 松叶蕨 *Psilotum nudum* (L.) Beauv.

松叶蕨又名松叶兰、松叶米兰、铁扫把，松叶蕨科松叶蕨属多年生草本植物。匍匐状地下茎，呈二叉分枝；地上茎直立或下垂，高15～80cm，绿色，下部粗2～3mm，向上部多回二叉分枝，小枝三棱形。叶退化；孢子叶阔卵圆形，二杈。孢子囊球形，蒴果状。

原产于我国西南至东南，广布于热带和亚热带。附生于树干或岩石上。性喜温暖、潮湿及半荫的环境。生长适温为21～27℃，冬季要求1～15℃。要求高空气湿度和土壤湿度，尤其在幼苗期更加重要。适栽于肥沃、湿润、疏松、排水良好的土壤中。

松叶蕨枝条形态柔美，又具一定的耐阴性，为一美丽的观赏植物，极富观赏价值。可作盆栽观赏和室内装饰。

19.2.9 瓶尔小草 *Ophioglossum vulgatum* L.

瓶尔小草又名一叶草、一枝箭、独叶一枝枪，瓶尔小草科瓶尔小草属多年生草本。株高15～25cm。根状茎短而直立。叶常单生于总叶柄基部以上，总柄深埋土中；叶肉质或革质，暗绿色，宽卵形或狭卵形，基部下延。孢子囊穗自总柄顶端生出，具长柄，远高出叶上，狭条形，先端有小突尖。同属常见种如下。

(1) 狭叶瓶尔小草（*O. thermale*） 叶单生或2～3叶，长2～5cm，宽3～10mm，同自

根部生出，营养叶披针形、披针状椭圆形或倒披针形，基部窄楔形，近中脉的侧脉与之呈窄锐角的斜交，即近中脉的侧脉与中脉不平行。

（2）心叶瓶尔小草（*O. reticulatum*） 营养叶叶片为卵形或卵圆形，长 3～4cm，宽 2.6～3.5cm，先端圆或近于钝头，基部深心形，有短柄，边缘多少呈波状，革质，网状脉明显。

瓶尔小草叶形奇特别致，是优良的盆栽观叶植物。

复 习 题

1. 简述蕨类植物的特点及观赏价值。
2. 蕨类植物在栽培管理中应注意哪些问题？
3. 蕨类植物的繁殖方法有哪些？
4. 若是将蕨类植物用于室内摆放，你认为应选择哪些种类？为什么？
5. 试举出 5 种蕨类植物，说明其生态习性、栽培管理要点及园林应用。

附表 1　其他常见一、二年生露地花卉

中文名称	学　名	科名	高度/cm	观赏特性	花期或观赏期	生 态 习 性	繁 殖
虞美人	*Papaver rhoeas* L.	罂粟科	60	一株上花蕾很多，此谢彼开，可保持相当长的观赏期	5～8 月	耐寒，怕暑热，喜阳光充足的环境，喜排水良好、肥沃的沙壤土	春播或秋播可自播
蛇目菊	*Sanvitalia procumbens* Lam.	菊科	50	舌状花黄色，基部红褐色，管状花紫褐色	6～9 月	喜阳光充足，耐寒力强，耐干旱，耐瘠薄	春播秋播均可
茑萝	*Quamoclit pennata* Bojer	旋花科	5m	花开时节，其花形虽小，但星星点点散布在绿叶丛中，活泼动人	7～9 月	喜光，喜温暖湿润环境，不耐寒	春播
香彩雀	*Angelonia salicariifolia* Humb.	玄参科	40～60	花朵虽小，但花型小巧，花色淡雅，花量大，开花不断，观赏期长	7～9 月	喜温暖，耐高温，对空气湿度适应性强，喜光	春播
夏堇	*Torenia fournieri* Linden ex Fourn.	玄参科	30	花白或堇蓝色	夏秋	喜温暖湿润及半荫环境	春播
桂竹香	*Cheiranthus cheiri* L.	十字花科	30～60	花红、粉、紫，具香味。	4～6 月	较耐寒，喜向阳地	秋播
五色椒	*Capsicum frutescens* L. var. *cerasiforme* Bailey	茄科	30～60	果实由绿变白、红、黄、橙、紫、蓝等色	夏季	喜温暖，不耐寒，可耐干热	春播
银边翠	*Euphorbia marginata* Pursh.	大戟科	50～80	夏季梢叶边缘白色，可观赏。花小，白色	夏季	喜生温暖向阳处，不耐寒，耐干旱，直根性	春季直播
地肤	*Kochia scoparia*(L.)Schrad.	藜科	100～150	株形整齐呈卵圆至圆球形，草绿色，秋凉变红	春至秋	喜阳不耐寒，耐炎热，耐干旱瘠薄	春季直播可自播
雁来红	*Amaranthus tricolor* L.	苋科	60～100	优良的观叶植物，可作花坛背景、篱垣或在路边丛植	6～10 月	耐干旱，不耐寒喜湿润向阳及通风良好的环境，忌水涝和湿热	春播
紫茉莉	*Mirabilis jalapa* L.	紫茉莉科	100	花小而繁茂，红、粉、黄、白或复色	夏秋	喜温暖向阳，不耐寒，直根性	春播
旱金莲	*Tropaeolum majus* L.	旱金莲科	半蔓性，蔓长可达 150cm，匍匐地面高 20cm	花径 4～6cm，乳白、浅黄、橘红、深紫等色	7～9 月	喜凉爽，畏寒，需光照充足	春播扦插

参 考 文 献

[1] 中国农业百科全书编辑委员会．中国农业百科全书（观赏园艺卷）．北京：中国农业出版社，1996.
[2] 陈俊愉，程绪珂．中国花经．上海：上海文化出版社，1990.
[3] 中国科学院中国植物志编辑委员会．中国植物志．北京：科学出版社，1993.
[4] 刘燕．园林花卉学．北京：中国林业出版社，2009.
[5] 陈雅君．花卉学．北京：气象出版社，2010.
[6] 张克中．花卉学．北京：气象出版社，2006.
[7] 芦建国．花卉学．南京：东南大学出版社，2004.
[8] 包满珠．花卉学．北京：中国农业出版社，2003.
[9] 傅玉兰．花卉学．北京：中国农业出版社，2003.
[10] 刘庆华．花卉栽培学．北京：中国广播电视大学出版社，2001.
[11] 秦魁杰．温室花卉．北京：中国林业出版社，1999.
[12] 李嘉珏．中国牡丹与芍药．北京：中国林业出版社，1999.
[13] 鲁涤非．花卉学．北京：中国农业出版社，1998.
[14] 北京林业大学园林系花卉教研组．花卉学．北京：中国林业出版社，1990.
[15] 姚琢．花卉学．北京：中国建筑工业出版社，1989.